Finanzwirtschaft des Unternehmens

Roger Zantow

Finanzwirtschaft des Unternehmens

Die Grundlagen des modernen Finanzmanagements

2., aktualisierte Auflage

ein Imprint von Pearson Education
München • Boston • San Francisco • Harlow, England
Don Mills, Ontario • Sydney • Mexico City
Madrid • Amsterdam

Bibliografische Information Der Deutschen Nationalbibliothek

Die Deutsche Nationalbibliothek verzeichnet diese Publikation in der Deutschen Nationalbibliografie; detaillierte bibliografische Daten sind im Internet über *http://dnb.d-nb.de* abrufbar.

Umwelthinweis:
Dieses Produkt wurde auf chlorfrei gebleichtem Papier gedruckt.
Die Einschrumpffolie – zum Schutz vor Verschmutzung – ist aus
umweltverträglichem und recyclingfähigem PE-Material.

10 9 8 7 6 5 4 3

12 11 10

ISBN 978-3-8273-7278-9

© 2007 Pearson Studium
ein Imprint der Pearson Education Deutschland GmbH,
Martin-Kollar-Straße 10-12, D-81829 München/Germany
Alle Rechte vorbehalten
www.pearson-studium.de
Lektorat: Martin Milbradt, mmilbradt@pearson.de
Korrektorat: Dunja Reulein, München
Einbandgestaltung: Thomas Arlt, tarlt@adesso21.net
Herstellung: Elisabeth Prümm, epruemm@pearson.de
Satz: Thorsten Schlosser, mediaService, Siegen (www.media-service.tv)
Druck und Verarbeitung: Kösel, Krugzell (www.KoeselBuch.de)

Printed in Germany

Inhaltsübersicht

Inhaltsverzeichnis

Kapitel 3 Kreditfinanzierung 137

Kapitel 7 Finanzderivate

Vorwort

Als Lehrbuch zur Unternehmensfinanzierung konzentriert sich dieses Buch auf die grundlegenden Elemente der Finanzwirtschaft, die typischerweise im ersten Kurs zur Finanzierung an Fachhochschulen, Universitäten sowie Berufsakademien gelehrt werden.

Zahlreiche Abbildungen, Beispiele und Tabellen liefern das Gerüst für eine übersichtliche Darstellung von Elementen der Finanzierung. Ausgehend davon werden dem Leser aber auch anspruchsvollere Weiterentwicklungen und Beziehungen nahe gebracht. Es werden nationale und internationale Finanzmärkte sowie klassische Finanzierungsinstrumente und die sich rasant entwickelnden modernen, oft höchst innovativen Entwicklungen vorgestellt.

Für ein erfolgreiches Lernen ist es notwendig, – erstens – die Beispiele im Lehrbuch genau nachzuvollziehen und – zweitens – die Aufgaben am Ende jedes Kapitels zu bearbeiten. Ein derartiges aktives Lesen ist für das Verständnis des Stoffes und für das Erreichen einer notwendigen Punktezahl in Prüfungen unerlässlich.

Zum Aufbau dieses Lehrbuches

Das Kapitel 1 schafft die wichtigsten begrifflichen Grundlagen. Im Vergleich zur ersten Auflage dieses Buches wurde das erste Kapitel insbesondere durch Ausführungen zu mezzaninem Kapital und zu als Benchmarks dienenden Zinsen am Geldmarkt ergänzt. Die Ausführungen zu Formen des mezzaninen Kapitals werden auch in den folgenden Kapiteln intensiviert.

Die Kapitel 2 bis 7 stellen die Finanzwirtschaft des Unternehmens nach Finanzierungsformen gegliedert vor. Dabei beziehen sich die Kapitel 2 bis 4 auf Formen der Außenfinanzierung, denen in Kapitel 5 die Innenfinanzierung gegenüber gestellt wird. Neu im zweiten Kapitel ist die Integration einer Passage zur finanziellen Sanierung. Außerdem tritt dort an die Stelle der alleinigen Darstellung des Private Equity nun eine umfassendere Erörterung der verschiedenen Organisationsformen von Beteiligungsfinanzierungen, zu denen Private Equity als nur eine Variante zählt. In das dritte Kapitel wurden wegen deren Bedeutung für die Kreditkonditionen der Banken einige Hinweise zu Basel II aufgenommen. Im vierten Kapitel wurde die Erörterung des wichtigen mezzaninen Finanzierungsinstruments Genussschein besonders intensiviert. Kapitel 6 hat ausgegliederte Finanzierungsformen zum Gegenstand, die unter Einschaltung spezieller Finanzierungsgesellschaften vorgenommen werden. Das Kapitel 7 geht auf Hilfsinstrumente der davor behandelten Finanzierungsformen ein, die Finanzderivate. Dabei stellt es nun auch die mittlerweile für Industrieunternehmen relevanten Kreditderivate vor. Im Kapitel 8 wird die Perspektive gewechselt: Bei der Investitionsrechnung steht nicht die Kapitalbeschaffung, sondern die Kapitalverwendung im Mittelpunkt. Das Kapitel 9 schließlich bezieht sich wie das erste Kapitel auf die gesamte Thematik des Buches. Es geht auf Institutionen und Methoden des Finanzmanagements ein und wurde um Abschnitte zu Finanzierungsregeln und -modellen sowie zur optimalen Diversifizierung der Kapitalanlage ergänzt. Am Ende des Buches findet der Leser alle Lösungen zu den Aufgaben im Text.

An sachlich geeigneten Stellen wurden nützliche Beiträge der Finanzierungstheorie eingefügt. Das Buch orientiert sich im Aufbau jedoch weiterhin primär an den realen Phänomenen.

Zusatzmaterialien zum Buch

Dozenten stehen auf der Companion Website zum Buch alle Abbildungen und Tabellen des Buches sowie ein Foliensatz für ihre Lehrveranstaltungen zur Verfügung.

Studenten finden auf der Website *www.pearson-studium.de* zusätzliche Übungsaufgaben, Multiple-Choice-Tests und wichtige Links aus der Finanzwirtschaft. Außerdem steht eine Übersicht mit den wichtigsten Kennzahlen aus der Finanzwirtschaft zum Download bereit.

Danksagungen

Ich danke den Lesern der ersten Auflage, die mir konstruktive Verbesserungsvorschläge gemacht haben. Besonderen Einfluss hatten auf meine Arbeit die unmittelbaren Reaktionen meiner Studenten, deren Beurteilung mir immer sehr am Herzen liegt. Meinem geschätzten Kollegen Herrn Prof. Dr. Günther Dierolf schulde ich Dank für Anregungen, speziell für Beispiele und Aufgaben.

Konstruktive Kritik und Anregungen von Studenten, Kollegen und anderen Lesern sind mir sehr willkommen. Senden Sie Ihre Meinung per Mail an den Verlag Pearson Studium: *wirtschaft@pearson-studium.de*.

Roger Zantow
München

Grundlagen der betrieblichen Finanzwirtschaft

1

ÜBERBLICK

Lernziele dieses Kapitels

- Der Leser soll als Basis für die folgenden Kapitel die wichtigsten finanzierungs-relevanten Grundkategorien kennenlernen: Ein- und Auszahlungen beziehungsweise Einnahmen und Ausgaben, Kapital und Vermögen, Kapitalbindung, -freisetzung, -zuführung und -entzug, Kapitalbedarf, Finanzierung und Investition.

- Neben anderen Zielsetzungen soll insbesondere die für Finanzierungsfragen besonders relevante Liquidität in allen wichtigen Aspekten erfasst werden: Alternative Definitionen der Liquidität und Liquidität als spezifisches finanzwirtschaftliches Ziel.

- Dem Verständnis des Aufbaus der ersten sechs Kapitel des Buches dient die Systematisierung der Finanzierungsformen mit Einordnung der Begriffe
  - Innen- und Außenfinanzierung,
  - Eigen-, mezzanine und Fremdfinanzierung,
  - Selbstfinanzierung.

- Der Leser soll sich zur Grundlegung für das Folgende auch über die Systematik der Finanzmärkte im Klaren sein: Geldmarkt, Kapitalmarkt, Kreditmarkt und Markt für Finanzderivate sowie nationale Finanzmärkte, Finanzmärkte eines Währungsgebiets und internationaler Finanzmarkt (Euromarkt). Als wichtige Daten des internationalen Finanzmarkts ist es für den Leser auch hilfreich, die bedeutendsten Referenzzinssätze der Geldmärkte kennenzulernen.

1.1 Grundkategorien

1.1.1 Einnahmen/Ausgaben und Einzahlungen/Auszahlungen

Unternehmungen beschaffen Güter und Leistungen (Produktionsfaktoren) aus ihrer Umwelt, transformieren sie in vermarktungsfähige Güter und Leistungen und setzen sie wieder an ihre ökonomische Umwelt ab. Den güterwirtschaftlichen Strömen (einschließlich Leistungen) zwischen Unternehmen und Umwelt stehen *Einnahmen* und *Ausgaben* gegenüber. Sie sind das wertmäßige Äquivalent der ein- und ausgehenden Güterströme. Je nachdem, ob die Gegenleistung bar bezahlt wird oder nicht, erfolgt der dem güterwirtschaftlichen Strom entgegengesetzte Strom als Zahlung oder als Änderung von Forderungen und Verbindlichkeiten. Sind die Gegenströme dabei bare Zahlungen, also ein Unterfall der Einnahmen und Ausgaben, so spricht man von *Einzahlungen* und *Auszahlungen*. Das Begriffspaar der Ein- und Auszahlungen ist so gesehen von dem der Einnahmen und Ausgaben zu unterscheiden. Einnahmen und Ausgaben sind weiter definiert, da man zu den Einnahmen neben den Einzahlungen auch Erhöhungen von Forderungen zählt sowie die Senkungen von Verbindlichkeiten. Analog dazu zählen zu den Ausgaben neben den Auszahlungen die Erhöhungen von Verbindlichkeiten und die Senkungen von Forderungen.

- Einzahlungen/Auszahlungen sind Veränderungen der Zahlungsmittel,

- Einnahmen/Ausgaben sind Veränderungen des Saldos aus Zahlungsmitteln, Forderungen und Verbindlichkeiten. Dabei führen Einnahmen zu Sollbuchungen auf den betroffenen Konten und Ausgaben zu Habenbuchungen.

Beispielsweise stellt der Einkauf von Waren auf Ziel zwar eine Ausgabe, aber keine Auszahlung dar. Andererseits bedeutet die spätere Begleichung der Lieferantenrechnung eine Auszahlung, aber keine Ausgabe.

Allerdings werden die Begriffspaare Einzahlungen/Auszahlungen und Einnahmen/ Ausgaben sehr oft nicht unterschieden. In der Praxis verwendet man Einnahmen/Ausgaben oft nur im Sinne von Zahlungen, also Einzahlungen/Auszahlungen. Und in der Theorie wird oft der Einfachheit halber von Kreditvorgängen abstrahiert, so dass die beiden Begriffspaare Einnahmen/Ausgaben und Einzahlungen/Auszahlungen dann doch wieder zusammenfallen.

Die Finanzierungslehre befasst sich primär mit Zahlungen, weshalb im vorliegenden Buch die Begriffe Ein- und Auszahlungen eine größere Bedeutung haben als die Begriffe Einnahmen und Ausgaben. Das zentrale finanzwirtschaftliche Ziel der Liquidität bezieht sich auf das Zahlungsvermögen, das zum Beispiel durch Zugang noch so hoher Forderungen nicht gesichert werden kann, solange keine Einzahlungen, also Geldzugänge, erfolgen.

Von den genannten Begriffspaaren sind folgende zu unterscheiden, die keine finanzwirtschaftlichen Stromgrößen darstellen:

- Erträge/Aufwendungen (Kategorien der Gewinn- und Verlustrechnung in Handelsbilanzen)

- Betriebseinnahmen/-ausgaben (Kategorien der Gewinn- und Verlustrechnung in Steuerbilanzen)

- Leistungen/Kosten (in der betriebsinternen Kosten- und Leistungsrechnung)

1.1.2 Kapital und seine Veränderung

Der Begriff des Kapitals wird nicht einheitlich verwendet. In der Betriebswirtschaftlehre gibt es einen weiteren klassischen und einen engeren modernen Kapitalbegriff. Beide Begriffsfassungen haben ihre eigene Berechtigung und werden in diesem Buch je nach Zusammenhang angewendet, auch wenn man damit immer gezwungen ist, die Art der Begriffsverwendung aus dem Zusammenhang zu erschließen oder im Einzelfall zu erläutern. Allerdings sind die praktischen Konsequenzen der Begriffsunterschiede für unsere Überlegungen gering.

1.1.2.1 Klassischer betriebswirtschaftlicher Kapitalbegriff

Die in ihren Anfängen zum guten Teil aus der Buchhaltungslehre hervorgegangene Betriebswirtschaftslehre orientiert sich stark an Bilanzen. Einer der Gründerväter der deutschen Betriebswirtschaftslehre, Schmalenbach, sieht im *Kapital* die abstrakte Wertsumme der Bilanz.[1] Dies ist der *klassische betriebswirtschaftliche Kapitalbegriff* in seiner weiteren Form. Da die Bilanzsumme auf Aktiv- und Passivseite gleich ist,

---

1 Vgl. Schmalenbach, Eugen: *Kapital, Kredit und Zins in betriebswirtschaftlicher Beleuchtung*, bearbeitet von R. Bauer, 4.A., Köln/Opladen 1961, S. 37.

sind so verstanden die Positionen auf beiden Seiten der Bilanz Kapital nach unterschiedlichen Einteilungen. Die Aktivseite der Bilanz zeigt, worin das Kapital im Unternehmen gebunden ist. Das Kapital ist gebunden in verschiedene Arten von *Vermögen*, so dass Vermögen eine Erscheinungsform des Kapitals darstellt, es ist Kapital eingeteilt nach Formen seiner Bindung, untergliedert in Anlage- und Umlaufvermögen. Die Passivseite dagegen zeigt die Quellen des Kapitals. Sehr oft verwendet man den klassischen betriebswirtschaftlichen Kapitalbegriff enger lediglich in Orientierung an der Passivseite der Bilanz, auf der man erkennt, wer Ansprüche an das Unternehmen hat, Eigentümer oder Dritte. Das so verstandene Kapital zeigt die Herkunft der Werte des Unternehmens, unterteilt in Eigen- und Fremdkapital.

Tabelle 1.1

Merkmale von Eigen- und Fremdkapital

	Eigenkapital	Fremdkapital
Haftung für Verbindlichkeiten des Unternehmens	ja	nein
Form des Ertrags	gewinnabhängig	nicht gewinnabhängig
Befristung	nein	ja
Mitspracherecht im Unternehmen	ja	nein

1.1.2.2 Monetärer betriebswirtschaftlicher Kapitalbegriff

In der modernen Geldwirtschaft wird das Kapital klassischer Definition normalerweise in Form von Geldmitteln (Zahlungen) in das Unternehmen eingebracht. Man kann jedoch auch auf das Medium Geld verzichten und das Kapital im klassischen Sinne in Form von Forderungen oder eines sonstigen Vermögensgegenstandes einbringen. In diesem Fall erfolgen gedanklich aufgespalten die Zuführung von Kapital einerseits und die Bindung von Kapital in ein bestimmtes Vermögensgut andererseits in ein und demselben Vorgang. Modellhaft lässt sich dann *Kapital* einfach als die Geldmittel betrachten, die im Unternehmen eingesetzt werden (*monetärer betriebswirtschaftlicher Kapitalbegriff*). Der monetäre Kapitalbegriff ist enger als der klassische, weil er sich auf eine bestimmte Vermögensart, die Geldmittel, bezieht und nicht auf das gesamte Vermögen. Er eignet sich speziell für die Erörterung von Liquiditätsfragen.

Tabelle 1.2

Kapitalbegriffe

Weiter klassischer Kapitalbegriff	Kapital ist die abstrakte Wertsumme der Bilanz
Enger klassischer Kapitalbegriff	Kapital zeigt die Herkunft der Werte des Unternehmens, unterteilt in Eigen- und Fremdkapital
Monetärer Kapitalbegriff	Kapital sind im Unternehmen eingesetzte Geldmittel

1.1.2.3 Kapitalbindung, -freisetzung, -zuführung und -entzug

Je nach verwendetem Kapitalbegriff als Bestandsgröße richtet sich natürlich, was man unter Kapitalveränderungen als Stromgrößen versteht. Wir verwenden für die folgenden Gedankengänge den monetären Kapitalbegriff (Kapital als Geldmittel), so dass unter Kapitalveränderungen Zahlungen zu verstehen sind, unterteilbar in Ein- und Auszahlungen.

Versteht man Kapital als Geldmittel im Sinne des monetären Kapitalbegriffs, so sind

- Kapitalbindung (oder -verwendung),

- Kapitalfreisetzung (oder -rückfluss),

- Kapitalzuführung (oder -beschaffung) und

- Kapitalentzug (oder -abfluss)

als Veränderungen der Zahlungsmittel aufzufassen. Die vier Begriffe der Kapitalbewegung lassen sich so beschreiben, wobei der monetäre Kapitalbegriff zugrunde gelegt wird:

- **Kapitalbindung** ist die Verwendung des Geldes für Unternehmenszwecke. Das sind *Investitionen in einem weiteren Sinne. Investitionen in einem engeren Sinne* sind demgegenüber umfangreiche langfristige Kapitalbindungen (zum Beispiel in große Anlagegüter).

- **Kapitalfreisetzung** ist das Gegenstück zur Kapitalbindung. Sie erfolgt, indem das Unternehmen durch Erfüllung des Unternehmenszwecks wieder Geld erwirtschaftet. Weit überwiegend erfolgt die Kapitalfreisetzung über den Umsatzprozess. Man kann von *Desinvestition* als Gegenbegriff zum oben genannten weiten Investitionsbegriff sprechen oder aber auch von *Innenfinanzierung*, wie sie am Ende dieses Kapitels definiert und im fünften Kapitel behandelt wird.

- **Kapitalzuführung** wird als *Außenfinanzierung* bezeichnet und im zweiten bis vierten Kapitel ausführlich erörtert. Sie bezeichnet die Beschaffung von Geldern von außerhalb des Unternehmens.

- **Kapitalentzug** schließlich ist das Gegenstück zur Außenfinanzierung, somit *negative Außenfinanzierung*. Mit dem Kapitalentzug ist der Abfluss von Kapital an die wirtschaftliche Umwelt des Unternehmens gemeint. Er umfasst die Rückzahlung von Kapitalzuführungen sowie die Bezahlung von Kapitalerträgen (Zinsen, Gewinne) an diejenigen, welche die Mittel zur Verfügung stellen.

Kapitalbindung und -freisetzung sind insofern *intern*, als sie im Zusammenhang mit der Erfüllung des Unternehmenszwecks anfallen. Auslöser von Kapitalbindung und -freisetzung sind im Regelfall nicht finanzwirtschaftliche Entscheidungen, sondern leistungswirtschaftliche, das heißt Entscheidungen im Zusammenhang mit der Erfüllung der Sachaufgabe eines Unternehmens. Kapitalzuführung und -entzug dagegen sind als *externe* Zahlungen charakterisierbar, weil sie einen Zufluss zum oder Abfluss vom Interessensbereich des Unternehmens darstellen. Kapitalzuführung und -entzug fallen nicht automatisch mit Erfüllung der leistungswirtschaftlichen Funktionen an, sondern gehen auf spezielle finanzwirtschaftliche Entscheidungen zurück. Dann ergeben sich die Einteilungen der Kapitalströme gemäß Tabelle 1.3 und Abbildung 1.1.

Tabelle 1.3

Systematik betriebswirtschaftlicher Kapitalströme

Kapitalherkunft und -hinkunft	Einzahlungen	Auszahlungen
intern, d.h. verbunden mit Unternehmensleistung = **primär leistungswirtschaftlich bedingte Zahlungen**	Kapitalfreisetzung = Desinvestition (insbesondere durch Umsätze)	Kapitalbindung = Investition i.w.S.
extern, d.h. finanzielle Beziehung zur Umwelt des Unternehmens = **primär finanzwirtschaftlich bedingte Zahlungen**	Kapitalzuführung = Außenfinanzierung	Kapitalentzug = negative Außen- finanzierung

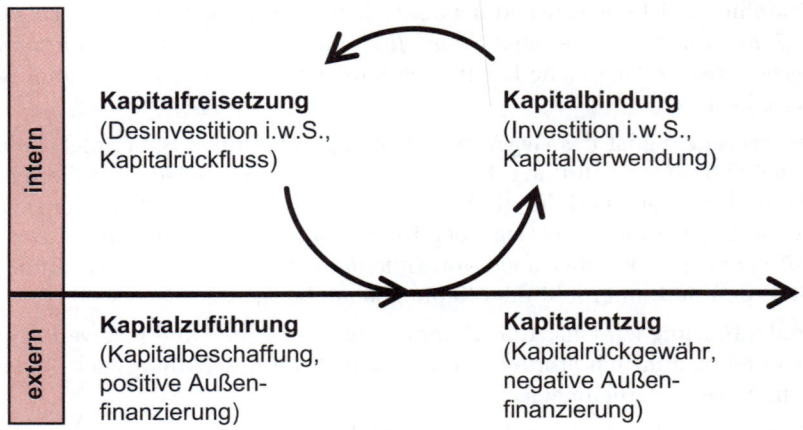

Abbildung 1.1: Systematik betriebswirtschaftlicher Kapitalströme

1.1.3   Kapitalbedarf

1.1.3.1   Kapitalbedarf als Bruttogröße

Wir definieren hier als *Kapitalbedarf* – gleichbedeutend mit *Bruttokapitalbedarf* – die bis zu einem bestimmten Zeitpunkt aufgelaufenen

- Auszahlungen

und ausdrücklich lediglich als *Nettokapitalbedarf* zu einem Zeitpunkt die Differenz von

- Auszahlungen und
- Einzahlungen,

die bis zu diesem Zeitpunkt angefallen sind. Eine Unterscheidung zu Geld- oder Finanzierungsbedarf wird dabei nicht gemacht. Dazu ein einfaches Beispiel:

Beispiel **Ermittlung des Nettokapitalbedarfs**

Ein Unternehmen erwartet in den nächsten vier Monaten die Ein- und Auszahlungen laut Tabelle 1.4. Der Kapitalbedarf (Bruttokapitalbedarf) baut sich bis zum vierten Monat auf 84.000 Euro auf. Dem stehen im vierten Monat kumulierte Einzahlungen von 50.000 Euro gegenüber, so dass sich ein Nettokapitalbedarf von 34.000 Euro ergibt. Die zusätzlich erforderliche Finanzierung muss in diesen vier Monaten zur Deckung des Nettokapitalbedarfs also 34.000 Euro betragen.

Tabelle 1.4

Kumulierung des Kapitalbedarfs

Monat	1	2	3	4
Auszahlungen [T€]	30	10	21	23
Kapitalbedarf = Bruttokapitalbedarf = kumulierte Auszahlungen [T€]	30	40	61	84
Einzahlungen [T€]	2	7	19	22
Einzahlungen kumuliert [T€]	2	9	28	50
Auszahlungen minus Einzahlungen [T€]	28	3	2	1
Nettokapitalbedarf = kumulierte Differenzen der Auszahlungen und Einzahlungen [T€]	28	31	33	34

In Abbildung 1.2 ist der Kapitalbedarf vertikal aufgetragen. Dunkel schattiert dargestellt ist der Nettokapitalbedarf, die gesamte Höhe bis zur Obergrenze der Treppe markiert dagegen den (Brutto-)Kapitalbedarf.

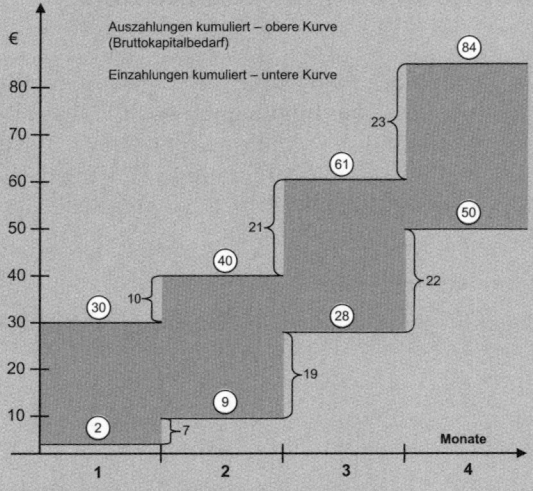

Abbildung 1.2: Kapitalbedarf – grafische Darstellung

1.1.3.2 Außenfinanzierungsbedarf

Der Kapitalbedarf wird in der Betriebswirtschaftslehre oft auch anders definiert. Eine *wichtige Variante des Kapitalbedarfsbegriffs* ist die Deutung des Kapitalbedarfs als Differenz allein der leistungswirtschaftlich bedingten Zahlungen, also: Kapitalbedarf = Kapitalbindung minus Kapitalfreisetzung. Diese Variante liegt nahe, wenn man Finanzierung – enger als in diesem Buch – primär nur als Außenfinanzierung interpretiert. Dann ermittelt man im leistungswirtschaftlichen Bereich den Kapitalbedarf, der im (Außen-) Finanzierungsbereich als durch Eigen- oder Fremdfinanzierung zu deckender Kapitalbedarf interpretiert wird. Wir bezeichnen diese Größe hier zur Abgrenzung von der oben gewählten Definition des Kapitalbedarfs als *Außenfinanzierungsbedarf*.

$$\text{Außenfinanzierungsbedarf} = \text{Kapitalbindung} - \text{Kapitalfreisetzung}$$

1.1.3.3 Betragliche und zeitliche Dimension des Kapitalbedarfs

Für das Verständnis des Kapitalbedarfs ist die Erkenntnis wichtig, dass der Kapitalbedarf nicht nur eine *betragliche Dimension* hat (Höhe des Geldbetrags), sondern auch eine *zeitliche Dimension* (Länge der Bindung des Geldbetrags). Je nachdem, ob ein Unternehmer 1 Mio. Euro als Überbrückung für anstehende Gehaltszahlungen für einige Tage benötigt oder aber für eine Investition in Maschinen des Anlagevermögens, in denen das Geld für Jahre gebunden ist und entsprechend lange finanziert werden muss, ergeben sich unterschiedliche Kapitalbedarfe.

1.1.3.4 Umschlagdauer und Kapitalbedarf

Folgendes extrem vereinfachtes Beispiel macht klar, wie ein durch Lohnkosten bedingter Kapitalbedarf durch die Kapitalbindungszeit (synonym verwendete Begriffe sind Bindungsdauer oder Umschlagdauer des Kapitals) beeinflusst wird. Dabei wird nur der Bruttokapitalbedarf betrachtet.

Beispiel   **Kapitalbedarf für Lohnkosten**

Das Kapital werde durch entstandene Lohnkosten gebunden, die mit Beginn der Produktionszeit anfallen und deren Bindung erst nach Eingang der Bezahlung der Produkte wieder freigesetzt ist. Die Lohnkosten sind täglich 100 Euro und werden auch Tag für Tag ausbezahlt. Die Kapitalbindungszeit (Umschlagdauer des Kapitals) in den Produkten addiert sich zu sechs Tagen und setzt sich so zusammen:

- Produktionszeit: ein Tag
- Lagerzeit der Produkte: zwei Tage
- Kundenziel (Dauer bis zur Zahlung nach Lieferung): drei Tage

---

In Abbildung 1.3 ist die Kapitalbindungshöhe vertikal aufgetragen und die Kapitalbindungszeit horizontal. Die genannten Teilbindungszeiten sind durch unterschiedliche Schattierungen verdeutlicht (dunkel: Produktionszeit; ohne: Lagerzeit, hell: Kundenziel).

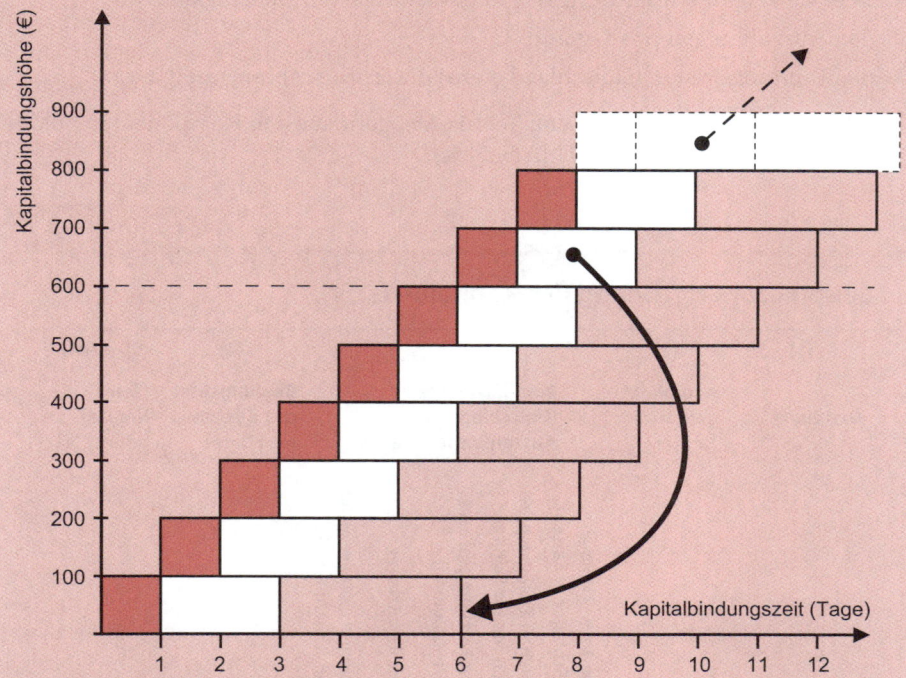

Abbildung 1.3: Kapitalbedarf (brutto) für Lohnkosten

Wegen der Kapitalbindungsdauer (Kapitalumschlagdauer) von sechs Tagen und täglichem Beginn einer Kapitalbindungsperiode überschneiden sich sechs Perioden, sodass die Kapitalbindung das 6-Fache der Kapitalbindung eines Prozesses mit sich bringt. Ein Prozess, in dem das Kapital sechs Tage gebunden ist, führt dazu, dass sich sechs gleichartige Prozesse überlagern, die je 100 Euro Kapital binden, sodass insgesamt 600 Euro gebunden sind. Der siebte Prozess in der Abbildung beginnt erst, nachdem der erste Prozess abgeschlossen ist, schließt sich also zeitlich an den ersten der dargestellten Prozesse an (dicker Pfeil). Es ergibt sich die Formel:

$$\text{Kapitalbedarf} = \text{Kapitalhöhe} \times \text{Kapitalbindungszeit}$$

Beispiel   ## Ermittlung des Kapitalbedarfs

Tabelle 1.5 zeigt die Ermittlung des Kapitalbedarfs in Abhängigkeit von

- den Auszahlungen pro Tag und
- den Bindungsfristen (Umschlagdauern) dieser Auszahlungen in Tagen

bei einer einfache Produktion von Tennisschlägern aus den Komponenten Schläger (ohne Saiten), Saiten und Hilfsmaterial.

Tabelle 1.5

Beispiel zur Errechnung des Kapitalbedarfs

(1) Kostenart	(2) Auszahlungen pro Tag [€]	(3) Bindungsfristen (Umschlagdauer) der Auszahlungen (Tage)					(4) Bindungsfrist pro Kostenart (Tage)	(5)=(2)×(4) (Teil-)Kapitalbedarf [€]
		im Materiallager (Schläger u. Saiten)	wegen Zielinanspruchnahme für Schläger	im Fertigungsprozess (Bespannung)	im Absatzlager	wegen Zielgewährung an Abnehmer		
		+15	−10	+2	+8	+5		
Materialeinzelkosten Schläger	2.500	+15	−10	+2	+8	+5	+20	50.000
Materialeinzelkosten Saiten	500	+15	−	+2	+8	+5	+30	15.000
Materialgemeinkosten	100	+15	−	+2	+8	+5	+30	3.000
Fertigungseinzelkosten	200	−	−	+2	+8	+5	+15	3.000
Fertigungsgemeinkosten	60	−	−	+2	+8	+5	+15	900
Herstellkosten								71.900
+ 10 % Vertriebs- und Verwaltungskosten								7.190
Summe = Kapitalbedarf								**79.090**

Eine derartige Rechnung, entwickelt von Rieger, einem der Urväter der Betriebswirtschaftslehre, hat nur Bedeutung für die Klärung der grundsätzlichen Zusammenhänge zwischen

- Kapitalbindungsdauer sowie Höhe der Kapitalbindung pro Tag einerseits und
- Kapitalbedarf andererseits.

Sie hat dagegen keine praktische Relevanz für die Kapitalbedarfsplanung. Unter anderem lassen sich nämlich die beiden genannten Einflussfaktoren auf den Kapitalbedarf (Auszahlung pro Tag und Bindungsfrist in Tagen) normalerweise nur sehr schwer für alle relevanten Teilprozesse im Unternehmen ermitteln oder prognostizieren. Wir werden im neunten Kapitel die verschiedenen Formen der Finanzplanung und damit auch Kapitalbedarfsplanung der Praxis kennenlernen.

Das Kapital ist, wie im Tennisschläger-Beispiel bei den verschiedenen Kostenarten ersichtlich, nicht in voller Höhe vom Anfang bis zum Ende eines Produktions- und Lagerprozesses gebunden. Die Abbildung 1.4 nach Perridon/Steiner[2] zeigt für wichtige Kostenarten, in welchen Teilprozessen das entsprechende Kapital gebunden ist. Die Länge dieser Prozesse beeinflusst die Höhe der Kapitalbindung und somit auch die Höhe des Kapitalbedarfs, wie im Tennisschläger-Beispiel geschildert.

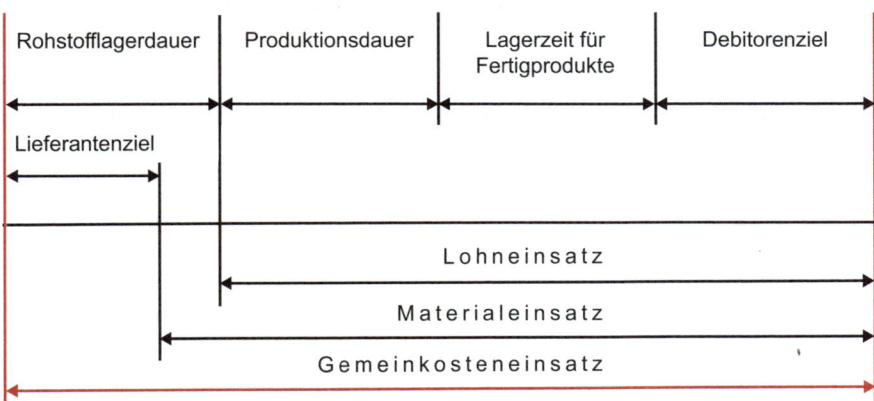

Abbildung 1.4: Kapitalbindung im Umlaufvermögen (nach Perridon/Steiner)

Die Kapitalbedarfsermittlung in Abhängigkeit von Bindungsdauern (Umschlagdauern) lässt sich rein formal einfach in eine Kapitalbedarfsermittlung auf der Basis von *Kapitalumschlaghäufigkeiten* umformulieren. Das zeigen die folgenden Zeilen.

$$\text{Kapitalumschlaghäufigkeit von Vermögensgütern p.a.} = \frac{360 \ [\text{Tage}]}{\text{Kapitalumschlagdauer [Tage]}}$$

beziehungsweise umgekehrt:

$$\text{Kapitalumschlagdauer [Tage]} = \frac{360 \ [\text{Tage}]}{\text{Kapitalumschlaghäufigkeit p.a.}}$$

2 Perridon, L./Steiner, M.: Finanzwirtschaft der Unternehmung, 14. Auflage, München 2007, S. 633.

Beispiel: Ist die Kapitalbindungsdauer 30 Tage, so ist die Kapitalumschlaghäufigkeit p.a. 360 Tage : 30 Tage = 12 (mal).

$$\text{Kapitalbedarf} = \text{Kapitalumschlaghöhe pro Tag} \times \text{Kapitalumschlagdauer [Tage]}$$

$$= \frac{\text{Kapitalumschlaghöhe p.a.}}{360 \text{ [Tage]}} \times \frac{360 \text{ [Tage]}}{\text{Kapitalumschlaghäufigkeit p.a.}}$$

$$= \frac{\text{Kapitalumschlaghöhe p.a.}}{\text{Kapitalumschlaghäufigkeit p.a.}}$$

Mit am stärksten wird in der Praxis der Kapitalumschlag von Lagern sowie der des Debitorenbestandes hinsichtlich des resultierenden Kapitalbedarfs beachtet. Dabei gilt jeweils, dass die Kapitalumschlaghöhe p.a. gleich dem Jahresumsatz ist, denn die Vermögensgüter werden durch den Umsatz in Geld umgeschlagen. Der Kapitalbedarf ergibt sich in Höhe des zu finanzierenden Lager- beziehungsweise des Debitorenbestands.

Tabelle 1.6

Relationen zwischen Kapitalumschlagdauer, Kapitalumschlaghäufigkeit und Kapitalbedarf bei Absatzlager und Debitorenbestand

	Absatzlager	**Auszahlungen**
Kapitalumschlag-dauer	$\dfrac{\text{Absatzlager [€]} \times 360 \text{ [Tage]}}{\text{Umsatz [€]}}$	$\dfrac{\text{Debitoren [€]} \times 360 \text{ [Tage]}}{\text{Umsatz [€]}}$
Kapitalumschlag-häufigkeit p.a.	$\dfrac{\text{Umsatz p.a.}}{\text{Absatzlager}}$	$\dfrac{\text{Umsatz p.a.}}{\text{Debitoren}}$
Kapitalbedarf	$\dfrac{\text{Umsatz p.a.}}{\text{Absatzlagerumschlaghäufigkeit p.a.}}$	$\dfrac{\text{Umsatz p.a.}}{\text{Debitorenumschlaghäufigkeit p.a.}}$

Die Höhe des Absatzlagers und des Debitorenbestands soll dabei repräsentativ für den Jahresdurchschnitt sein.

Während der Debitorenbestand zu Kapitalbedarf führt, führt der Kreditorenbestand zu einer Reduzierung des Kapitalbedarfs. Ist beispielsweise der Jahresumsatz 1,2 Mio. Euro und die für das Jahr repräsentative Höhe des Kreditorenbestands 50.000 Euro, so ergeben sich Kapitalumschlagdauer und Kapitalumschlaghäufigkeit der Kreditoren wie folgt:

$$\text{Kapitalumschlagdauer der Kreditoren} = \frac{\text{Kreditoren [€]} \times 360 \text{ [Tage]}}{\text{Umsatz [€]}}$$

$$\text{Kapitalumschlaghäufigkeit der Kreditoren p.a.} = \frac{\text{Umsatz p.a.}}{\text{Kreditoren}}$$

Der auch viel beachtete Kapitalbedarfseffekt der Kreditoren ist negativ, also eine Kapital-ersparnis, weil das Unternehmen seine Einkäufe nur verzögert bezahlen muss.

$$\text{Negativer Kapitalbedarf}_{\text{Kreditoren}} = \text{Kapitalersparnis}_{\text{Kreditoren}}$$
$$= \frac{\text{Umsatz p.a.}}{\text{Kreditorenumschlaghäufigkeit p.a.}}$$

Ist also beispielsweise der Umsatz p.a. 1,8 Mio. Euro und der für das Jahr typische Kreditorenbestand 100.000 Euro, so errechnen sich

- eine Kapitalumschlagdauer der Kreditoren von (100.000 Euro × 360 Tage)/1,8 Mio. Euro = 20 Tage,
- eine Kapitalumschlaghäufigkeit p.a. von 360 Tage/20 Tage = 18,
- eine Reduzierung des Kapitalbedarfs von 1,8 Mio. Euro/18 = 100.000 Euro, das ist die Höhe des Kreditorenbestands.

Beispiel

Kapitalumschlaghäufigkeit und Kapitalbedarf im Warenlager

Eine Schuhhandelskette ermittelt ihren Kapitalbedarf des kommenden Jahres für das Warenlager aus dem Umsatz (500 Mio. Euro) und der Umschlaghäufigkeit des Warenlagers (5 Mal im Jahr).

a) Wie hoch ist der Kapitalbedarf im kommenden Jahr?

$$\text{Kapitalbedarf} = \frac{\text{Umsatz p.a.}}{\text{Umschlaghäufigkeit p.a.}} = \frac{500 \text{ Mio.}}{5} = 100 \text{ Mio. €}$$

b) Man will für 5 Mio. Euro eine kleine Filialkette aufkaufen. Dafür sollen keine Mittel von außen aufgenommen werden. Vielmehr will man das nötige Geld auf-bringen, indem man die Umschlaghäufigkeit des bestehenden Warenlagers erhöht. Wie hoch muss die Umschlaghäufigkeit im Altunternehmen dazu sein?

Der Kapitalbedarf des Altunternehmens für das Warenlager muss um 5 Mio. Euro auf 95 Mio. Euro gesenkt werden. Das bedeutet, dass die Umschlaghäufigkeit p.a. des Warenlagers auf folgenden Wert gesteigert werden muss:

$$\text{Umschlaghäufigkeit p.a.} = \frac{\text{Umsatz p.a.}}{\text{Kapitalbedarf}} = \frac{500 \text{ Mio}}{95 \text{ Mio.}} = \underline{\underline{5,26}} \text{ p.a.}$$

Neben den viel verwendeten Umschlaghäufigkeiten für Absatzlager, Debitoren und Kreditoren gibt es unter anderem auch Definitionen für das Anlagevermögen und für das Gesamtunternehmen:

Kapitalumschlaghäufigkeit des Anlagevermögens p.a.

$$= \frac{1 \,[\text{Jahr}]}{\text{durchschnittliche Abschreibungsdauer des Anlagevermögens [Jahre]}}$$

$$\text{Kapitalumschlaghäufigkeit des Gesamtunternehmens p.a.} = \frac{\text{Umsatz p.a.}}{\text{Gesamtkapital}}$$

Die Formel für die Kapitalumschlaghäufigkeit des Anlagevermögens entspricht der oben kennengelernten Formel Kapitalumschlaghäufigkeit = 360 Tage / Kapitalumschlagdauer in Tagen. Im speziellen Fall misst man in Jahren statt in Tagen und verwendet die Tatsache, dass die Kapitalumschlagdauer des Anlagevermögens mit der Abschreibungsdauer gleichgesetzt werden kann.

Die Kapitalumschlaghäufigkeit des Gesamtunternehmens ist eine der beiden Teilkennzahlen, aus denen sich die viel beachtete betriebswirtschaftliche Kennzahl *Return on Investment* (ROI) zusammensetzt:

$$\text{ROI} = \text{Umsatzrentablilität} \times \text{Kapitalumschlaghäufigkeit des Unternehmens}$$

$$= \frac{\text{Gewinn}}{\text{Umsatz}} \times \frac{\text{Umsatz}}{\text{Eigenkapital} + \text{Fremdkapital}} = \frac{\text{Gewinn}}{\text{Eigenkapital} + \text{Fremdkapital}}$$

$$= \frac{\text{Gewinn}}{\text{Gesamtkapital}}$$

1.1.4 Finanzierung, Finanzwirtschaft und Finanzmanagement

Finanzierung wird in der Praxis vorwiegend als Kapitalbeschaffung verstanden, bei der monetären Interpretation des Kapitalbegriffs bedeutet das Geldbeschaffung. Sie dient der Kapitalbedarfsdeckung. Teilbereiche der so verstandenen Finanzierung sind Kapitalzuführung (Einzahlungen aus Außenfinanzierung) und Kapitalfreisetzung (Einzahlungen aus Innenfinanzierung), die man auch unter dem Begriff der Kapitalherkunft zusammenfasst.

Finanzierung ist die Kapitalbeschaffung für die Unternehmung (Kapitalherkunft, Einzahlungen).

Die Finanzierung (Einzahlungsseite) zur Kapitalbedarfsdeckung ist in der betrieblichen Wirklichkeit nicht isolierbar von der Entstehungsseite des Kapitalbedarfs und der Anlage von überschüssigen Finanzmitteln, der Auszahlungsseite. Die Finanzwirtschaft der Unternehmung bezieht sich gleichzeitig auf die Einzahlungs- und Auszahlungsseite, sie bezieht sich auf das Gesamtunternehmen aus der speziellen Perspektive der Zahlungswirksamkeit der Unternehmensfunktionen.

Finanzwirtschaft umfasst die Kapitalbeschaffung und -verwendung der Unternehmung.

Der Begriff der Finanzwirtschaft wird in einem anderen Sinne als hier manchmal auch auf das staatliche Finanzwesen bezogen, uns geht es aber um die Finanzwirtschaft der Unternehmung oder betriebliche Finanzwirtschaft.

Als Funktion des **Finanzmanagements** kann man die zielgerichtete Gestaltung der betrieblichen Finanzwirtschaft verstehen. Der Bereich der externen Finanzbeziehungen (Kapitalzuführung und Kapitalentzug) wird oft primär durch das Finanzmanagement aktiv gestaltet. Bei den internen Finanzbewegungen muss sich das Finanzmanagement meistens den dominierenden leistungswirtschaftlichen Belangen des Unternehmens, der Erfüllung des sachlichen Unternehmenszwecks, unterordnen und eher passiv agieren. Oft sind mit dem Begriff des Finanzmanagements auch die mit der Managementaufgabe betrauten leitenden Personen gemeint. Welche Definition zutrifft, lässt sich jeweils aus dem Zusammenhang erschließen.

Tabelle 1.7

Finanzwirtschaft der Unternehmung

	Kapitalherkunft/Finanzierung Einzahlungen durch ...	Kapitalverwendung Auszahlungen durch ...
externe Finanz-beziehungen	... Kapitalzuführung (positive Außenfinanzierung)	... Kapitalentzug (negative Außenfinanzierung)
interne Finanz-beziehungen	... Kapitalfreisetzung (Innenfinanzierung, Desinvestition)	... Kapitalbindung (Investition im weiteren Sinne)

1.2   Finanzwirtschaftliche Ziele

Ein spezielles Ziel im Rahmen des Zielsystems der Unternehmung, dessen Erreichung vor allem vom Finanzleiter zu überwachen ist, ist die Liquidität. Der Finanzbereich ist natürlich sämtlichen Unternehmenszielen verpflichtet, auf die er einen Einfluss hat. Hier sind vor allem noch die Gewinnziele zu nennen, seien sie absolut formuliert (zum Beispiel Gewinn laut Kostenrechnung oder laut Handelsbilanz) oder relativ (etwa Rentabilität des Gesamtkapitals). Beispiele für andere Ziele sind Umsatzmaximierung, Selbstständigkeit, Prestige oder soziale Ziele.

1.2.1   Liquidität

Der Liquiditätsbegriff wird wie andere zentrale Begriffe der Betriebswirtschaftslehre sehr unterschiedlich verwendet. Tabelle 1.8 stellt die wichtigsten Liquiditätsbegriffe einander gegenüber. Dabei werden die liquiden Mittel als Bilanzpositionen definiert. Die Bilanzposition der liquiden Mittel umfasst Zahlungsmittel (Kasse, Bankguthaben und erhaltene Schecks) und Wertpapiere des Umlaufvermögens. Neben den liquiden Mitteln laut Bilanz stehen dem Unternehmen eventuell zusätzlich freie Kontokorrentkreditlinien (oder andere Kreditlinien) für sofortige Zahlungen zur Verfügung.

Tabelle 1.8

Liquiditätsbegriffe

1. Liquidität im Sinne von Liquiditätsreserven
Liquiditätsreserve ist die Summe der liquiden Mittel. Hierzu zählen in der Bilanz aktivierbare Guthaben. Sieht man die Kennzahl nicht allein als Bilanzkennzahl, so zählen hierzu auch freie Kontokorrentlinien, die sofort für Zahlungen beansprucht werden können.

2. Liquidität im Sinne von Geldnähe eines Vermögensguts

Liquiditätsbegriff, der erfasst, wie leicht und wie schnell Vermögensgüter zu Zahlungsmitteln gemacht werden können.

3. Liquidität im Sinne von Liquiditätsgraden (relative Liquidität)

$$\text{Liquidität 1. Grades} = \frac{\text{liquide Mittel}}{\text{kurzfristiges Fremdkapital}} \times 100\%$$

$$\text{Liquidität 2. Grades} = \frac{\text{liquide Mittel} + \text{kurzfristige Forderungen}}{\text{kurzfristiges Fremdkapital}} \times 100\%$$

$$\text{Liquidität 3. Grades} = \frac{\text{Umlaufvermögen}}{\text{kurzfristiges Fremdkapital}} \times 100\%$$

Im Zähler der Brüche stehen jeweils liquide Mittel beziehungsweise relativ schnell liquidierbare Aktiva, im Nenner die bald zum Abfluss liquider Mittel führenden kurzfristigen Fremdkapitalien (nach anderen Definitionen nur die kurzfristigen Verbindlichkeiten, also keine kurzfristigen Rückstellungen).

Wird ein Liquiditätsgrad nicht allein als Bilanzkennzahl aufgefasst, so ist unterstellt, dass bestehende Kontokorrentkreditlinien (und eventuelle andere zugesagte Kredite) bereits zur Beschaffung liquider Mittel verwendet wurden. Andernfalls muss man jeweils zu den bilanzierten Guthaben liquider Mittel noch die sofort für Zahlungen verwendbaren freien Kontokorrentlinien hinzuaddieren.

4. Liquidität als jederzeitige Zahlungsfähigkeit

Zahlungsfähigkeit im Sinne des Liquiditätspostulats kann gegeben sein oder nicht (Ja/Nein-Aussage), es gibt keine intensitätsmäßigen Abstufungen. *Zeitpunktliquidität* ist gegeben, wenn das Unternehmen zu jedem *Zeitpunkt* zahlungsfähig ist, wenn also immer die Guthaben an Zahlungsmitteln einschließlich der freien Kontokorrentlinien für die zwingenden Zahlungen ausreichen:

$$\text{Zahlungsmittel} \geq \text{zwingende Auszahlungen.}$$

Für eine Plan*periode* definiert man als Vorschrift:

$$\text{Anfangsbestand Zahlungsmittel} + \text{Einzahlungen während der Periode}$$
$$- \text{zwingende Auszahlungen während der Periode} \geq 0.$$

Die Erfüllung dieses Liquiditätspostulats nur am Ende einer Planperiode garantiert die sogenannte *Periodenliquidität* als rechnerische Liquidität am Periodenende, aber keine Liquidität zu allen Zeitpunkten während der Periode.

Auch hier ist wieder zu unterstellen, dass freie Kontokorrentkreditlinien bereits zur Beschaffung liquider Mittel verwendet wurden. Andernfalls müsste man jeweils zu den bilanzierbaren Guthaben liquider Mittel noch die sofort für Zahlungen verwendbaren freien Kontokorrentlinien hinzuaddieren.

Zu 1. Liquiditätsreserven Normalerweise wird in einem Unternehmen eine minimale Reserve an liquiden Mitteln, die sogenannte Liquiditätsreserve, durch die Finanzleitung festgelegt, die aus Sicherheitsgründen nicht unterschritten werden darf. Die Einhaltung der Zahlungsfähigkeit ist umso sicherer, je höher die bereitgehaltene Liquidität ist. Je schlechter die erreichte Qualität der Liquiditätsplanung ist, sei es aus Nachlässigkeit oder weil die Verhältnisse im Unternehmen und auf den Märkten es nicht anders erlauben, desto höher muss die Liquiditätsreserve sein. Die Höhe der Liquiditätsreserve hängt auch vom subjektiv erwünschten Sicherheitsgrad ab. Allerdings sind liquide Mittel, über die jederzeit disponiert werden kann, unverzinslich oder relativ niedrig verzinslich. Nicht ausgenutzte Kontokorrentlinien sind genauso für Zahlungen einsetzbar wie bilanzierbare Zahlungsmittelguthaben; deshalb sind freie Kontokorrentlinien hier mit zu berücksichtigen, wenn der Begriff nicht allein bilanzbezogen aufgefasst wird.

Zu 2. Geldnähe Vermögensgüter können mehr oder weniger schnell verkauft werden, um Zahlungsmittel zur Verfügung zu haben. Je leichter diese Umwandlung ist, desto günstiger für die Sicherung der Zahlungsfähigkeit. Die Umwandlung ist besonders leicht, wenn es einen gut funktionierenden Markt für das betreffende Vermögensgut gibt. Optimal ist eine Börse mit hohen Umsätzen für derartige Güter. Beispielsweise sind Aktien oder Rentenpapiere, die mit hohen Umsätzen an großen Börsen gehandelt werden, von ausgezeichneter Geldnähe. Solche Vermögensgegenstände sind fast so liquide wie Zahlungsmittel selbst, erbringen aber tendenziell höhere Erträge. Das Beispiel der Aktien und Renten weist auf eine weitere Qualität der Geldnähe hin: Wertschwankungen weniger unterworfene Vermögensgüter wie Rentenpapiere sind bessere geldnahe Reserven als Vermögensgüter mit volatilerem Wert wie Aktien.

Zu 3. Liquiditätsgrade Setzt man Vermögensgegenstände unterschiedlicher Geldnähe jeweils zum kurzfristigen Fremdkapital (oft nimmt man auch nur die kurzfristigen Verbindlichkeiten, also Fremdkapital ohne Rückstellungen) ins Verhältnis, dessen Bezahlung als Erstes gesichert sein muss, so ergeben sich die Liquiditätsgrade. Die Liquiditätsgrade werden oft bei der Bilanzanalyse errechnet. Neben den bilanzierbaren Guthaben von liquiden Mitteln sind bei differenzierter interner Analyse im Rahmen des Finanzmanagements unausgenutzte Kontokorrentkreditlinien in den Formeln zu den Liquiditätsgraden wie Zahlungsmittel zu behandeln.

Sollgrößen für die verschiedenen Liquiditätsgrade sind branchentypisch oder unternehmensindividuell festzulegen. Banken verwenden als Faustregel für die meistbeachtete Liquidität zweiten Grades mindestens 100 Prozent, das heißt das kurzfristige Fremdkapital sollte immer durch liquide Mittel (einschließlich unausgenutzter Kontokorrentkreditlinien) und kurzfristige Forderungen gedeckt sein. Das Soll für die Liquidität ersten Grades kann deutlich darunterliegen, das für die Liquidität dritten Grades muss darüber sein.

Kritisch muss zur Errechnung der Liquiditätsgrade aus Bilanzen gesagt werden:

- Es ist für externe Analytiker, welche die Bilanz mit einigen Monaten Verzögerung erhalten, wenig sinnvoll, die Liquidität ersten oder zweiten Grades zu ermitteln, da eine eventuell errechnete zu niedrige Liquidität mittlerweile schon zur Zahlungsunfähigkeit geführt haben müsste. Der Externe interessiert sich deshalb am ehesten für die Liquidität dritten Grades, die einen etwas längerfristigen, strukturellen Charakter hat. Für das Finanzmanagement des Unternehmens dagegen, dem die Zahlen sehr zeitnah vorliegen, sind alle Liquiditätsgrade bedeutsame Faktoren.

- Die Liquiditätsgrade kranken an dem Problem, dass für die Zähler und Nenner der Quotienten nur sehr grob bestimmt ist, innerhalb welcher Zeit sie für Zahlungen zur Verfügung stehen (Liquiditätsnähe der Vermögenspositionen im Zähler) beziehungsweise zum Zahlungszwang führen (Fälligkeiten des Fremdkapitals im Nenner). Deswegen ist nicht garantiert, dass die Zahlungsfähigkeit bei günstigen Kennzahlen tatsächlich gegeben ist.

- Es gibt neben dem kurzfristigen Fremdkapital weitere kurzfristige Zahlungszwänge, die nicht aus der Bilanz zu ersehen sind, weil die Zahlungen bei Bilanzierung nicht fällig sind. Beispiele sind Lohnzahlungen, Zinszahlungen oder Ratenzahlungen.

- Die in die Liquiditätsgrade eingehenden Bilanzpositionen sind bilanzpolitisch beeinflussbar und somit auch die Liquiditätsgrade selbst, etwa durch Wahl des Bilanzstichtags bei Saisonbetrieben oder durch Bewertung der Vorräte (mit Bedeutung für die Liquidität dritten Grades).

Zu 4. Liquidität als jederzeitige Zahlungsfähigkeit Die *Liquidität* als zwingendes Unternehmensziel ist im Sinne dieser vierten Definitionsmöglichkeit zu verstehen. Dieses Ziel ist entweder eingehalten oder nicht eingehalten, es gibt keine intensitätsmäßigen Abstufungen. Formal lässt sich die so verstandene Liquidität als *strenge Nebenbedingung* im Zielsystem des Unternehmens auffassen. Dabei darf der Wortteil „Neben" nicht als Abwertung falsch verstanden werden. Vielmehr ist keine einzige Zielkombination möglich, die nicht die Liquiditäts-Nebenbedingung erfüllt.

Die Bedeutung des Liquiditätsziels konkretisiert sich in der Insolvenzordnung. In deren § 17 ist bezüglich der Insolvenz festgelegt:

> *„(1) Allgemeiner Eröffnungsgrund ist die Zahlungsunfähigkeit.*
>
> *(2) Der Schuldner ist zahlungsunfähig, wenn er nicht in der Lage ist, die fälligen Zahlungsverpflichtungen zu erfüllen. Zahlungsunfähigkeit ist in der Regel anzunehmen, wenn der Schuldner seine Zahlungen eingestellt hat."*

Eine vorübergehende Zahlungsstockung reicht als Insolvenzgrund nicht aus, insofern gibt es in der Praxis einen gewissen Ermessensspielraum. Faktisch bedeutet dies, dass man sich bei kurzzeitiger Unmöglichkeit, die zwingenden Zahlungen zu erledigen, darauf berufen kann, dies sei lediglich eine nicht nachhaltige Stockung.

Abweichend von früheren Bestimmungen gilt nach aktuellem Recht (§ 18 Abs. 1 und 2 Insolvenzordnung) auch die lediglich drohende Zahlungsunfähigkeit als möglicher Insolvenzgrund, wenn also eine Planungsrechnung unvermeidbar erscheinende künftige Illiquidität anzeigt. Einen Insolvenzantrag wegen nur drohender Zahlungsunfähigkeit kann allein der Schuldner stellen, während bei den anderen Insolvenzgründen auch die Gläubiger den Antrag stellen können.

Neben der Zahlungsunfähigkeit beziehungsweise drohenden Zahlungsunfähigkeit gibt es bei einer juristischen Person auch die Überschuldung als Eröffnungsgrund (§ 19 Insolvenzordnung). Sie liegt vor, wenn das Vermögen des Schuldners die bestehenden Verbindlichkeiten nicht mehr deckt. In diesem Fall ist das Eigenkapital negativ. Für die Bewertung des Vermögens ist zu unterscheiden, ob die Unternehmensfortführung überwiegend wahrscheinlich ist oder nicht. Bei überwiegend wahrscheinlicher Möglichkeit der Unternehmensfortführung wird das Vermögen ähnlich wie in einer Handelsbilanz zu Fortführungswerten bewertet, allerdings ohne Bindung an die für Handelsbilanzen geltenden Bewertungsregeln. Trotz handelsbilanzieller Überschuldung ist das Unternehmen dann zum Beispiel nicht überschuldet im Sinne des Insolvenzrechts, wenn bei Ansatz des Marktwerts einer Immobilie statt der fortgeführten Anschaffungs- und Herstellungskosten das Vermögen die Schulden doch übersteigt. Gilt eine Fortführung des Unternehmens aber als nicht möglich, so werden die vergleichsweise sehr niedrigen Liquidationswerte angesetzt, die man bei Zerschlagung des Unternehmens, also Herausreißen der Gegenstände aus einem sinnvollen Verbund, noch erzielen könnte.

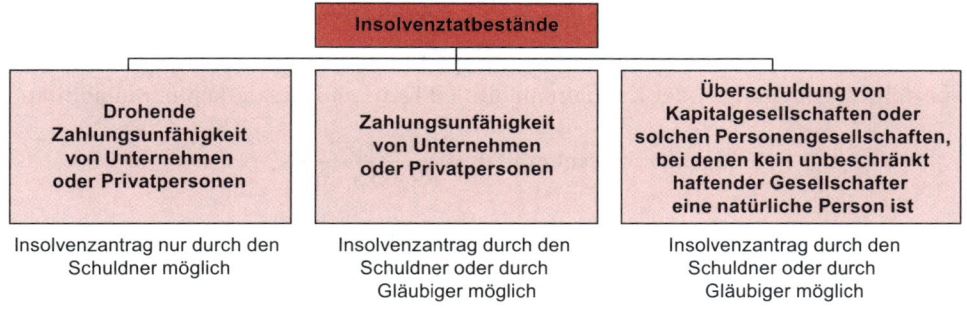

Abbildung 1.5: Insolvenztatbestände

1.2.2 Bedeutung der sonstigen Ziele des Gesamtunternehmens

Der Finanzbereich ist ein funktionales Subsystem der Unternehmung, das dem Liquiditätsziel besonders verpflichtet ist. Das Liquiditätsziel kann dem übergeordneten Ziel des Sicherheitsstrebens des Unternehmens zugeordnet werden. Neben der Sicherheit im Allgemeinen und der Liquidität im Besonderen spielen für das Gesamtunternehmen Gewinnziele meistens eine herausragende Rolle. Der Finanzbereich als funktionales Subsystem des Unternehmens muss natürlich auch die Gewinnziele beachten.

1.2.2.1 Gewinnziele

Das Liquiditätsziel einerseits und das Gewinnziel andererseits stehen zueinander in Konkurrenzbeziehung: Je vorsichtiger man darauf achtet, dass die Zahlungsfähigkeit gesichert ist, desto stärker sind die erforderlichen Abstriche beim Gewinnziel. Die Investition in gewinnbringende Verwendungen bedeutet einen Verzicht auf die Bereithaltung von weitgehend unverzinslichen Zahlungsmitteln. Umgekehrt ausgedrückt: Je mehr Liquiditätsrisiken man eingeht, desto höhere Gewinne sind erzielbar. Diesen Konflikt der Ziele muss das Finanzmanagement im Auge haben.

Das Gewinnziel kann *absolut* formuliert werden, etwa als befriedigender oder als maximaler Gewinn unter Beachtung von Nebenbedingungen (insbesondere minimale Erreichung von Sicherheitszielen), oder *relativ*, meistens als Relation von Gewinnziffern bezogen auf das eingesetzte Kapital (Rentabilität des eingesetzten Kapitals).

Absolute Gewinne werden unter anderem alternativ so definiert:

- **Jahresüberschuss** (Saldo aller Erträge und Aufwendungen),

- **Betriebsgewinn** (Gewinn aus Erfüllung des Sachziels des Unternehmens, das heißt aus Herstellung und Verkauf betriebstypischer Produkte. Der Betriebsgewinn wird ermittelt als Jahresüberschuss minus neutrales Ergebnis, Letzteres bestehend aus Finanzergebnis und außerordentlichem Ergebnis),

- **Kapitalgewinn** (Gewinn vor Abzug der Zinsen).

Unter Berücksichtigung negativer Ergebnisse kann man neutraler von Jahresergebnis, Betriebsergebnis und Kapitalergebnis sprechen.

Den relativen Überschuss (Nettoertrag) pro eingesetzter Kapitaleinheit kann man allgemein als Rentabilität des Kapitals oder Kapitalrentabilität im Gegensatz zur unten genannten Umsatzrentabilität bezeichnen.

$$\text{Rentabilität des Kapitals} = \frac{\text{Überschuss aus Kapitalnutzung}}{\text{eingesetztes Kapital}}$$

Bei Unterscheidung von Eigen- und Fremdkapital in der Bilanzanalyse ergeben sich als spezielle Ausprägungen der Kapitalrentabilität Eigen- und Gesamtkapitalrentabilität:

$$\text{Eigenkapitalrentabilität} = \frac{\text{Gewinn}}{\text{Eigenkapital}}$$

$$\text{Gesamtkapitalrentabilität} = \frac{\text{Gewinn} + \text{Zinsen}}{\text{Eigenkapital} + \text{Fremdkapital}}$$

Der Ausdruck im Zähler der Gesamtkapitalrentabilität wurde oben als Kapitalgewinn bezeichnet, klarer, aber nicht allgemein gebräuchlich ist die Bezeichnung Gesamtkapitalertrag.

Der bereits erwähnte Return on Investment (ROI) ist eine Rentabilitätsziffer, die Elemente der Gesamtkapitalrentabilität und der Eigenkapitalrentabilität vereint, steht doch im Zähler der Ertrag des Eigenkapitals, nämlich der Gewinn, im Nenner aber das eingesetzte Gesamtkapital.

$$\text{ROI} = \frac{\text{Gewinn}}{\text{Eigenkapital} + \text{Fremdkapital}}$$

Hier korrespondieren (im Sinne der allgemeinen Definition der Kapitalrentabilitäten) die Überschussziffer im Zähler und die Kapitalgröße im Nenner nicht, wie dies bei der verwandten Gesamtkapitalrentabilität der Fall ist, wo im Zähler auch der Überschuss aus Fremdkapitaleinsatz erscheint, die Zinsen.

Bei Wahl des Betriebsgewinns (beziehungsweise des Betriebsergebnisses, wenn man auch den Betriebsverlust berücksichtigt) als Kapitalertragsziffer und des betriebsnotwendigen Kapitals (zur Erreichung des Sachziels des Unternehmens notwendiges Kapital) als Kapitalziffer ergibt sich die Betriebsrentabilität als Variante des Return on Investment. Denn auch hier steht lediglich eine Gewinnziffer im Zähler, im Nenner jedoch das gesamte im Betrieb eingesetzte Kapital:

$$\text{Betriebsrentabilität} = \frac{\text{Betriebsgewinn}}{\text{betriebsnotwendiges Kapital}}$$

Die Umsatzrentabilität ist keine Kapitalrentabilität, unterscheidet sich also ganz prinzipiell von den bisher genannten Rentabilitätsziffern:

$$\text{Umsatzrentabilität} = \frac{\text{Gewinn}}{\text{Umsatz}}$$

Tabelle 1.9

Rentabilitätskennzahlen

Rentabilitätskennzahlen	Zähler	Nenner
Eigenkapitalrentabilität	Gewinn	Eigenkapital
Gesamtkapitalrentabilität	Gewinn + Zinsen	Gesamtkapital
Return on Investment	Gewinn	Gesamtkapital
Umsatzrentabilität	Gewinn	Umsatz

1.2.2.2 Weitere wichtige Ziele

Andere bedeutende Ziele des Unternehmens, die bei Finanzierungsfragen auch beachtet werden müssen, sind:

■ Erhöhung des Unternehmenswerts, verstanden als Marktwert des Eigenkapitals (Shareholder Value). Dies bedeutet, dass die Unternehmensanteile wertvoller werden, also dass zum Beispiel bei einer Aktiengesellschaft die Aktienkurse steigen. Insofern ist die Ausrichtung am Shareholder Value eine Ausrichtung speziell an den Interessen der Eigentümer.

■ Umsatzstreben: Ein hoher Umsatz wird manchmal nicht als Oberziel, sondern als Mittel zum Zweck einer hohen Rentabilität gesehen (bei entsprechender Umsatzrentabilität). Er kann auch offen oder verdeckt als Mittel zur Erreichung der unten genannten Ziele Ansehen, Prestige und Macht gesehen werden.

■ Unabhängigkeitsstreben der Eigentümer: Dies ist ein persönlich geprägtes häufiges Ziel mittelständischer Unternehmer.

■ Streben nach Ansehen, Prestige und Macht.

1.3 Finanzierungsformen und Finanzmärkte

1.3.1 Finanzierungsformen

Die Finanzierungsformen lassen sich auf einer ersten Stufe aufteilen in

■ **Außenfinanzierung** (im Sinne von Kapitalzuführung) und
■ **Innenfinanzierung** (im Sinne von Kapitalfreisetzung).

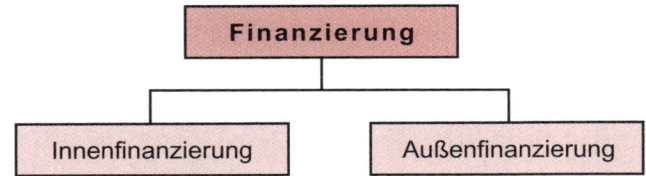

Abbildung 1.6: Innen- und Außenfinanzierung

1.3.1.1 Außenfinanzierung

Man unterteilt dabei die Außenfinanzierung nach der rechtlichen Stellung der Kapitalgeber in *Eigenfinanzierung* (Beteiligungsfinanzierung) einerseits und *Fremdfinanzierung* andererseits sowie in eine Mischform, die sogenannte *mezzanine Finanzierung*.

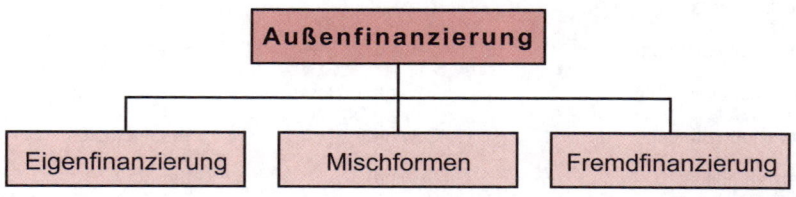

Abbildung 1.7: Einteilung der Außenfinanzierung

Tabelle 1.10

Eigen-, Fremd- und mezzanines Kapital

Eigenfinanzierung	Fremdfinanzierung	Mischformen (mezzanine Finanzierung)
Eigenfinanzierung führt zur *Gesellschafterstellung* des Finanziers. Daraus resultieren Mitwirkungs- und Kontrollrechte. Die Vergütung von Eigenkapitalgebern ist der *Gewinnanteil*. Das Eigenkapital haftet im Insolvenzfall für die Verbindlichkeiten der Gläubiger.	Fremdkapitalgeber überlassen ihre Mittel anders als Eigenkapitalgeber dem Unternehmen nur *befristet.* Ihre Vergütung ist ein fest vereinbarter *Zins.* Sie erhalten ihr Kapital in nomineller Höhe am Ende der Finanzierungszeit zurück. Die Zinsen als gewinnunabhängige Vergütung für die Fremdkapitalgeber sind als *Betriebsausgaben* von der Einkommen- und Körperschaftsteuer abzugsfähig.	Mezzanine Finanzierungsinstrumente (auch: Mezzanine Capital oder mezzanines Kapital) führen zu Kapital, dessen Charakter zwischen Eigen- und Fremdkapital liegt (Zwitterform). Mezzanine Capital ist also eine Hybridform der Finanzierung. Dabei wird im Regelfall angestrebt, zwar eine steuerliche Abzugsfähigkeit der Ausschüttungen wie beim Fremdkapital zu erreichen, es bilanziell aber als Eigenkapital auszuweisen.

Mezzanine Kapitalformen sind in den Gesetzen nur vereinzelt erwähnt und lediglich die stille Gesellschaft ist einigermaßen ausführlich geregelt (§§ 230 bis 236 HGB).

Die mezzaninen Finanzierungsformen lassen sich vor allem durch folgende Merkmale beschreiben:

1 Nachrangigkeit gegenüber dem Fremdkapital und Vorrangigkeit gegenüber dem Eigenkapital;

2 Kapitalkosten zwischen denen des Eigenkapitals (die sind höher) und des Fremdkapitals (die sind niedriger);

3 häufige Ausstattung mit einem sogenannten Kicker; Kicker sind alle Vergütungsbestandteile, die in Abhängigkeit von Erfolg und damit Wertentwicklung des Unternehmens gegeben werden; durch Kicker wird die Liquiditätsbelastung für die Kapitalüberlassung auf den späteren Verlauf oder das Ende der Finanzierung verlagert;

4 zeitlich befristete Kapitalüberlassung wie beim Fremdkapital;

5 flexible Ausgestaltungsmöglichkeiten bei den Vertragskonditionen.

Mezzanines Kapital wird gerne in eigenkapitalähnliches und fremdkapitalähnliches Kapital unterschieden. Als Bezeichnungen beider Gruppen findet man:

■ Dem Eigenkapital ähnliche Form: strukturiertes Eigenkapital, Junior Mezzanine Capital, Equity Mezzanine Capital.

■ Dem Fremdkapital ähnliche Form: strukturiertes Fremdkapital, Senior Mezzanine Capital, Debt Mezzanine Capital, Smart Loans.

Die Ausdrücke Senior und Junior beziehen sich dabei auf den Rang der Ansprüche (Seniorität) im Fall einer Insolvenz: Senior Mezzanine Capital ist vorrangig gegenüber Junior Mezzanine Capital und beide liegen zwischen dem absolut vorrangigen normalen Fremdkapital und dem absolut nachrangigen Eigenkapital.

Viel Formen des Mezzanine Capital lassen sich aber nicht grundsätzlich der einen oder anderen Kategorie zuordnen, sondern es kommt auf die Einzelheiten der Vereinbarungen an, etwa des stillen Gesellschaftsvertrags oder der Genussscheinbedingungen als zwei Beispiele des Mezzanine Capital.

Die *Rendite von Mezzanine Capital* lässt sich oft in zwei Komponenten zerlegen, die sich gegenseitig ersetzen können (substitutiven Charakter haben), nämlich in

1 die Zinskomponente, die mit großer Wahrscheinlichkeit und meist laufend zur Auszahlung kommt, und

2 die Kicker-Komponente, die nur unter bestimmten günstigen Umständen am Ende der Finanzierungszeit zum Tragen kommt.

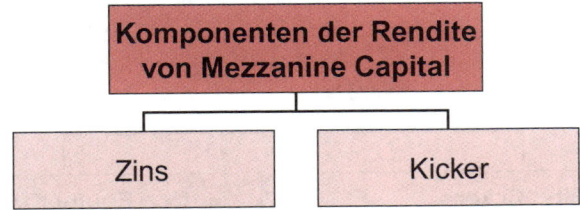

Abbildung 1.8: Komponenten der Rendite von Mezzanine Capital

Kickers untergliedern sich in

1 Equity Kickers, das sind Rechte auf die Beteiligung am Eigenkapital zu vorweg festgelegten Bedingungen;

2 Non Equity Kickers in Form von Prämienzahlungen bei Fälligkeit des mezzaninen Kapitals (back end fee) in Abhängigkeit von der Steigerung des Unternehmenswerts.

Kickers können in verschiedenen Formen auftreten, insbesondere in den folgenden, wobei die ersten zwei als Equity Kickers und die letzten drei als Non Equity Kickers bezeichnet werden:

A. Equity Kickers

1 Optionsrecht auf Unternehmensanteile

Hierbei hat der Mezzanine-Kapitalgeber das Recht, zu bestimmter Zeit oder bei Eintreten eines bestimmten Ereignisses Geschäftsanteile zu vorher festgelegten Konditionen zu erwerben. Ein solches Ereignis ist zum Beispiel ein Börsengang, der Verkauf des Unternehmens beziehungsweise von Unternehmensanteilen oder eine Kapitalerhöhung.

2 Wandlungsrecht des Mezzanine-Kapitals in Eigenkapital

Der Mezzanine-Investor hat hierbei das Recht, das Mezzanine-Kapital zu bestimmter Zeit oder beim Eintritt eines bestimmten Ereignisses (insbesondere Börsengang oder Verkauf des Unternehmens an einen strategischen Investor) zu vorher festgelegten Konditionen in eine normale Eigenkapitalbeteiligung zu wandeln.

B. Non Equity Kickers

1 Virtueller Equity Kicker (Phantom Warrant)

Der Mezzanine-Investor erhält zum Zeitpunkt der Rückzahlung des Mezzanine-Kapitals einen Betrag in Höhe des Wertzuwachses bezahlt, den er hätte realisieren können, wenn er eine virtuelle Option ausgeübt hätte. Diese Form ähnelt stark der folgenden.

2 Abschlussprämie

Non Equity Kicker in Form einer Prämienzahlung bei Rückzahlung des mezzaninen Kapitals (back end fee) in Abhängigkeit von der Steigerung des Unternehmenswerts. Man kann die Höhe der Prämienzahlung an Erfolgskennzahlen koppeln.

3 Besserungsschein

Man spricht von Besserungsscheinen, wenn bestimmte Beträge – meistens bei Sanierungsfällen – im Fall der Besserung der Unternehmenssituation fällig werden.

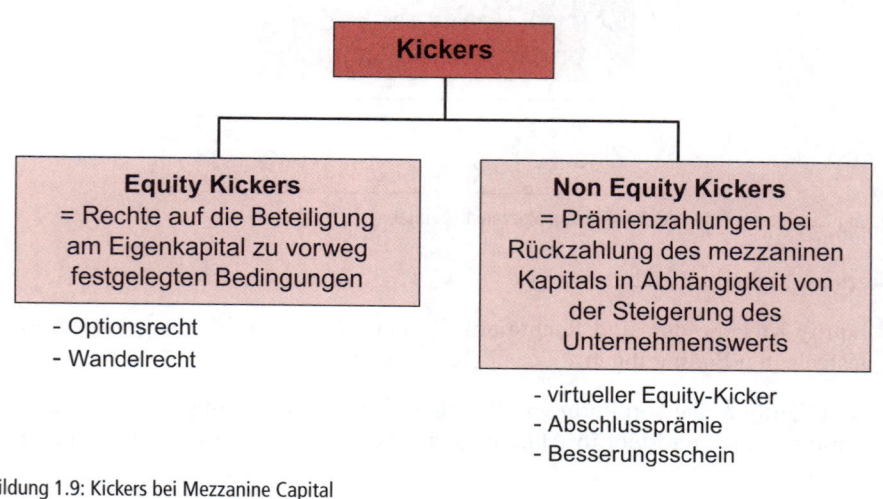

Abbildung 1.9: Kickers bei Mezzanine Capital

1.3.1.2 Innenfinanzierung

Bei der Innenfinanzierung, der Kapitalfreisetzung aus dem Betriebsprozess, lässt sich oft nicht zwingend sagen, welchen Kapitalgebern das Geld aus einer einzelnen Innenfinanzierung zusteht. Deshalb werden hier – anders als bei einigen anderen Autoren – die Begriffe der Eigen- und Fremdfinanzierung allein als Unterbegriffe der Außenfinanzierung angesehen, nicht auch der Innenfinanzierung. Die Innenfinanzierung wird üblicherweise nach einem anderen Kriterium unterteilt, nämlich danach, ob das freigesetzte Geld Gewinncharakter hat oder nicht:

- Selbstfinanzierung (Innenfinanzierung aus Gewinnen),
- sonstige Innenfinanzierung.

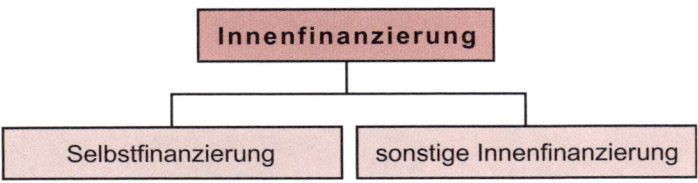

Abbildung 1.10: Einteilung der Innenfinanzierung

1.3.2 Finanzmärkte

Eine sehr übliche Unterscheidungen der Finanzmärkte in verschiedene Sektoren ist die folgende, wobei die Abgrenzung der Realität nur gerecht wird, wenn man die Grenzen als fließend betrachtet:

- **Geldmarkt:** Markt für kurzfristige Geldüberlassung unter professionellen Teilnehmern, insbesondere Banken, Zentralbanken und Großkonzernen. Kurzfristig bedeutet dabei bis zu zwölf Monate.
- **Kapitalmarkt:** In einem weiteren Sinne ist das der gesamte Markt für mittel- und langfristiges Kapital (über zwölf Monate), und zwar Eigenkapital und Fremdkapital. Hier verwenden wir den Begriff in einem engeren Sinne, in dem nur Wertpapierformen dem Kapitalmarkt zugeordnet werden.
- **Kreditmarkt:** In einem weiteren Sinne umfasst er den Markt für Fremdkapital und ist der Gegenbegriff zum Markt für Eigenkapital. Hier verwenden wir den Begriff in einem engeren Sinne als Markt für solches Fremdkapital, das nicht in die Form von Wertpapieren gekleidet ist, also nicht dem Kapitalmarkt zuzurechnen ist.
- **Markt für Finanzderivate** (derivative Finanzinstrumente): Das ist der Markt für Finanzwerkzeuge, die ergänzend zu den Kapitalüberlassungen auf den anderen genannten Finanzmärkten verwendet werden.

Tabelle 1 11

Finanzmärkte

	Merkmale im hier verwendeten Sinne	Merkmale im hier nicht verwendeten weiteren Sinne
Geldmarkt	kurzfristige Geldüberlassung unter professionellen Marktteilnehmern	–
Kapitalmarkt	Markt für mittel- und langfristiges Kapital in Wertpapierform	Markt für mittel- und langfristiges Kapital allgemein
Kreditmarkt	Markt für Fremdkapital, sofern nicht in Wertpapierform	Markt für Fremdkapital allgemein
Markt für Finanzderivate	Markt für bestimmte Finanzwerkzeuge, die Kapitalüberlassungen ergänzen	–

Eine andere Differenzierung ist die in

- *nationale* Finanzmärkte,
- Finanzmärkte *eines Währungsgebiets* (gekennzeichnet unter anderem durch gleiche Marktzinsen in allen beteiligten Ländern) und
- *internationale* Finanzmärkte (unabhängig von nationalen und Währungsgrenzen).

Als Synonym für den *internationalen Finanzmarkt* verwendet man aus traditionellen Gründen den Begriff Euromarkt. Der Ausdruck *Euromarkt* bezieht sich dabei nicht auf die Währung Euro, sondern darauf, dass der internationale Finanzmarkt in Europa entstanden ist, nämlich als Markt für US-Dollar-Guthaben in Europa. Der internationale Finanzmarkt (oder Euromarkt) ist der Markt für Finanzgeschäfte in Währungen außerhalb ihres Ursprungslandes. Er entstand als Geldmarkt und hat im Geldmarktsektor immer noch ein gewisses Schwergewicht, umfasst heute aber alle Sektoren. Die Geschäfte des internationalen Finanzmarkts werden von Standorten aus betrieben, die sich aus praktischen Gründen irgendwo auf der Welt objektiv anbieten. Solche Gründe sind liberale Wertpapiergesetzgebung, geeignetes Bankenumfeld, liberale Politik betreibende Zentralbank, konsequentes Bankgeheimnis, geringe steuerliche Belastung des Finanzsektors, besonders wenig behinderter Kapitalverkehr und dergleichen mehr. Bedeutendstes europäisches Zentrum des internationalen Finanzmarkts (Euromarkts) ist London. Für Deutschland spielt Luxemburg eine bedeutende Rolle. Beliebte Schwerpunktorte sind auch Zentren potenter Industrieländer, sofern diese dem internationalen Geschäft speziell angepasste Finanzmarktbedingungen aufweisen (zum Beispiel New York, Tokio, Singapur). Daneben haben sogenannte Off-Shore-Standorte Bedeutung, das sind im Allgemeinen kleine Länder mit wenig reglementierten Kapitalmärkten.

Auf dem internationalen Finanzmarkt (Euromarkt) sind die Geldmarktzinsen, also Zinsen im Handel zwischen den Banken, sehr wichtige Marktdaten. Um eine einheitliche Benchmark zu bekommen, an der sich alle orientieren können, ermittelt man aus den Marktdaten des Geldmarkts einheitliche Zinssätze als Orientierungsgrößen (Benchmarks) für alle Marktteilnehmer, während es für den längerfristigen Laufzeitbereich derartige offiziell festgestellte Orientierungssätze nicht gibt. Diese Gradmesser des Geldmarkts sind keine von Zentralbanken vorgegebenen Sätze, sondern marktbestimmt, sie ergeben sich auf dem Interbankenmarkt als Sätze zwischen Banken erster Bonität (prime banks), die zudem am Geldmarkt zu den aktivsten Banken zählen. Die Sätze des Euromarkts werden einerseits für Daten des Londoner Markts, dem europäischen Zentrum des Euromarkts, festgestellt (LIBOR einschließlich Euro-LIBOR und EURONIA), andererseits auch für Daten des umfassenderen gesamten europäischen Markts allein für die Währung Euro (EURIBOR, EONIA).

Die Sätze gelten jeweils für Angebote von Geldern (Geldanlage, Ausleihung). Die Sätze, zu denen nachgefragt wird (Geldaufnahme), leiten sich daraus ab und sind etwas niedriger. Die höheren Angebotssätze bezeichnet man auch als Briefsätze, die niedrigeren Nachfragesätze als Geldsätze. Beispielsweise liegt der für die Nachfrage geltende Geldsatz LIBID (London Interbank Bid Rate) typischerweise $1/8$ Prozent unter dem entsprechenden Briefsatz LIBOR (London Interbank Offered Rate) auf der Angebotsseite.

Diese Benchmark-Zinsen werden jeweils repräsentativ als Durchschnittssätze für einen bestimmten Zeitpunkt an einem Tag aus Meldungen wichtiger Marktteilnehmer Londons (LIBOR einschließlich Euro-LIBOR und EURONIA) beziehungsweise verschiedener Länder (EURIBOR, EONIA) ermittelt und veröffentlicht. Solche Referenzsätze erfüllen die Funktion von Bezugsgrößen des Markts (Benchmarks), die allen Marktteilnehmern zugänglich sind. Viele Zinsvereinbarungen an den Finanzmärkten sind an diese Benchmark-Zinsen gekoppelt, zum Beispiel die Zinsen für variabel verzinsliche Anleihen (Floater, siehe Kapitel 4) oder die Zinsen für variabel verzinsliche Kredite (Eurokredite und Roll-over-Kredite, siehe Kapitel 3).

Für die Geldhandelszeiträume von 1, 2, 3, 6 und 12 Monaten gibt es die Referenzsätze LIBOR und EURIBOR, beides Angebotssätze für Geldanlagen (Briefsätze). *LIBOR* ist der traditionsreichere Geldmarktsatz, dessen Buchstaben für London Inter Bank Offered Rate stehen, das heißt der Angebotszins, wie er zwischen erstklassigen, am Geldmarkt besonders aktiven Banken in London verwendet wird, die untereinander Geld ausleihen. LIBOR-Sätze gibt es für alle größeren Währungen. Dazu gehört auch der LIBOR-Satz für die Währung Euro, der Euro-LIBOR. *EURIBOR* bedeutet Euro Interbank Offered Rate. Der EURIBOR wird für Laufzeiten von einer Woche sowie für 1- bis 12-Monats-Gelder ermittelt. EURIBOR und Euro-LIBOR sind in der Praxis fast identische Sätze, kleinste Abweichungen sind denkbar, weil sie nicht zum gleichen Zeitpunkt des Tages ermittelt werden, weil unterschiedliche Banken melden, die Errechnungsmethode leicht differiert und weil die Sätze auch mit unterschiedlich vielen Nachkommastellen festgestellt werden (EURIBOR 3, Euro-LIBOR 5).

Daneben ist noch der EONIA (Euro Overnight Index Average) von Bedeutung. Er ist eine Messgröße für effektiv zustande gekommene Tagesgeldsätze für Geldanlagen in Euro. Er wird als Durchschnitt der Sätze für unbesicherte Tagesgelder (Übernachtkontrakte, Overnight Money) berechnet. Sein weniger bedeutendes Pendant am Londoner Markt für Euro-Tagesgelder heißt EURONIA.

Tabelle 1.12

Wichtige Geldmarktsätze mit Benchmarkcharakter

	Geldmarktsätze für über einen Tag Laufzeit	Geldmarktsätze für Tagesgeld (overnight money) in der Währung Euro
Durchschnitt aus Meldungen von Panelbanken in London	LIBOR (London Interbank Offered Rate): Tägliche Referenzsätze für Geldmarktanlagen unterschiedlicher kurzer Laufzeiten (eine Woche sowie 1 bis 12 Monate) und verschiedener bedeutender Währungen am internationalen Finanzmarkt (Euromarkt), auch des Euro (Euro-LIBOR). Die Sätze unterscheiden sich je nach Laufzeiten und Währungen. Die Sätze errechnen sich als Durchschnitt aus Zinsen, die einige wichtige Eurobanken des Finanzplatzes London melden.	EURONIA (Euro Overnight Index Average): Täglicher Referenzsatz für Tagesgelder (Overnight Money) im Interbankengeschäft in der Währung Euro am internationalen Finanzmarkt (Euromarkt); er ist ein Durchschnittssatz, errechnet aus Meldungen bestimmter wichtiger Eurobanken am Finanzplatz London.
Durchschnitt aus Meldungen von Panelbanken primär in Ländern des Euroraums, daneben aber auch anderer EU-Staaten und internationaler Institute	EURIBOR (Euro Interbank Offered Rate): Tägliche Referenzsätze für Geldmarktanlagen unterschiedlicher kurzer Laufzeiten (eine Woche sowie 1 bis 12 Monate) in der Währung Euro am internationalen Finanzmarkt (Euromarkt). Die Sätze unterscheiden sich je nach Laufzeiten. Die Sätze errechnen sich als Durchschnitt aus Zinsen, die einige wichtige Eurobanken (Banken des internationalen Finanzmarkts) melden.	EONIA (Euro Overnight Index Average): Täglicher Referenzsatz für Tagesgelder (Overnight Money) im Interbankengeschäft in der Währung Euro am internationalen Finanzmarkt (Euromarkt); er ist ein Durchschnittssatz, errechnet aus Meldungen bestimmter wichtiger Eurobanken.

1.4 Aufbau des Buches

Der Aufbau des Buches lässt sich so darstellen:

Kapitel 1 Grundlagen der Finanzwirtschaft	Finanzierungsformen					Kapitel 9 Finanzorganisation, -planung und -controlling
	Außenfinanzierung			Kapitel 5 **Innenfinan-zierung**	Kapitel 6 **Sonder-formen der Finanzierung**	
	Kapitel 2 **Eigenfinan-zierung**	Fremdfinanzierung				
		Kapitel 3 **Kreditfinan-zierung**	Kapitel 4 **Fremdfinan-zierung mit Effekten**			
	Kapitel 7 **Finanzderivate**					
	Kapitel 8 **Investitionsrechnung**					

Kapitel 1 schuf die begrifflichen Grundlagen und brachte wichtige Einteilungen des gesamten Bereichs der Finanzwirtschaft der Unternehmung, Ziele des Finanzbereichs und der Märkte, die für die betriebliche Finanzwirtschaft von Bedeutung sind. Kapitel 9 bezieht sich ebenfalls auf den Gesamtbereich der betrieblichen Finanzwirtschaft, es erörtert die Organisation der gesamten betrieblichen Finanzwirtschaft sowie deren Steuerung durch Finanzplanung und Finanzcontrolling. Die anderen Kapitel betreffen sachliche Teilbereiche der betrieblichen Finanzwirtschaft: Die Kapitel 2 bis 6 gehen auf Finanzierungsformen ein (Kapitalherkunft), unterteilt in Formen der Außenfinan-zierung (Eigen- und Fremdfinanzierung), der Innenfinanzierung und Sonderformen der Finanzierung. Kapitel 7 erörtert die Finanzderivate. Diese Hilfsinstrumente der Ein- und Auszahlungsseite der betrieblichen Finanzwirtschaft haben vor allem für das Risikomanagement Bedeutung. Kapitel 8 schließlich geht auf die Kapitalbindungs-seite ein, speziell auf das hierbei bedeutende Thema der umfangreichen langfristigen Kapitalbindungen im Unternehmen, die Investition im engeren Sinne. Aus diesem Thema wird wiederum der Teilbereich der Investitionsrechnung herausgegriffen.

Zusammenfassung dieses Kapitels

■ **Einzahlungen und Auszahlungen, Einnahmen und Ausgaben**

Stromgrößen des Finanzbereichs sind Einzahlungen und Auszahlungen oder die weiter definierten Einnahmen und Ausgaben. Sie sind von den Begriffspaaren Erträge/Aufwendungen, Betriebseinnahmen/-ausgaben und Leistungen/Kosten zu unterscheiden.

■ Der Kapitalbegriff

Kapital wird bilanzbezogen als abstrakte Wertesumme der Bilanz verstanden oder als deren Herkunftsseite gemäß Passivseite der Bilanz, auf der ersten Stufe aufgegliedert in Eigen- und Fremdkapital. Vermögen ist demgegenüber die auf der Aktivseite der Bilanz dargestellte Bindung des Kapitals, eingeteilt in Anlage- und Umlaufvermögen. Monetär wird Kapital mit Geldmitteln gleichgesetzt, die im Unternehmen eingesetzt werden.

■ Kapitalbindung, -freisetzung, -zuführung und Kapitalentzug

Kapitalbindung, -freisetzung, -zuführung und -entzug beschreiben den Unternehmensprozess aus finanzwirtschaftlicher Sicht. Dabei betreffen die Kapitalbindung und -freisetzung interne Prozesse des Unternehmens (Bindung und Freisetzung von Geld durch den leistungswirtschaftlichen Unternehmensprozess), Kapitalzuführung und -entzug dagegen betreffen externe Prozesse (finanzwirtschaftlich bedingte positive und negative Außenfinanzierungen).

Bruttokapitalbedarf ergibt sich als Summe der geplanten Auszahlungen, Nettokapitalbedarf als Summe der noch ungedeckten Salden aus geplanten Auszahlungen und diese nicht voll deckende Einzahlungen.

Betriebliche Finanzwirtschaft ist die Gestaltung aller betrieblichen Zahlungsströme, wie sie Thema dieses Buches sind. *Finanzierung* ist eine Teilfunktion daraus, die Gestaltung allein der betrieblichen Einzahlungen.

Die Dauer der Kapitalbindung (Kapitalumschlagdauer) bedingt, wie viele Bindungsprozesse sich zeitlich überschneiden, und bestimmt so die Höhe des für diese Prozesse erforderlichen Kapitalbedarfs.

■ Ziel der Finanzierung

Spezifisches Ziel der Finanzierung ist die Liquidität im Sinne der jederzeitigen Zahlungsfähigkeit des Unternehmens. Zur Erreichung sonstiger Unternehmensziele, insbesondere der Gewinnziele, muss die Finanzwirtschaft sekundär auch beitragen, soweit dabei die Liquidität gesichert bleibt.

■ Finanzierungsformen

Als Finanzierungsformen lassen sich Außen- und Innenfinanzierung unterscheiden, Erstere unterteilt in Eigen- und Fremdfinanzierung sowie mezzanine Finanzierungsformen, Letztere in Selbstfinanzierung und sonstige Formen der Innenfinanzierung.

■ Finanzmärkte

Die Finanzmärkte unterteilt man in Geldmarkt, Kapitalmarkt, Kreditmarkt und Markt für Finanzderivate, daneben sind nationale Finanzmärkte von solchen eines Währungsgebiets und von internationalen Finanzmärkten zu unterscheiden. LIBOR, EURIBOR und EONIA sind wichtige Referenzzinssätze (Benchmarks) der Geldmärkte, die beiden Letzteren beschränkt auf die Währung Euro.

Aufgaben

Die Lösungen zu diesen Aufgaben finden Sie am Ende des Buches.

Aufgabe 1-1

Grundkategorien der Finanzwirtschaft: Kapitalfreisetzung, -bindung, -zuführung und -entzug:

Welche der folgenden Aussagen (A bis F) sind richtig?

A. Kapitalbindung kann zum Beispiel der Zugang einer Gesellschaftereinlage sein.

B. Kapitalentzug ist etwa der Abbau der Warenvorräte über den Umsatzprozess.

C. Kapitalzuführung ist beispielsweise eine Darlehensaufnahme.

D. Kapitalfreisetzung ist zum Beispiel eine Kapitalentnahme durch einen Personengesellschafter.

E. Eine Investition bedeutet Kapitalbindung.

F. Die Tilgung einer Anleihe bedeutet Kapitalentzug.

G. Alle Aussagen (A bis F) sind falsch.

Aufgabe 1-2

Kapitalumschlaghäufigkeit beziehungsweise -dauer und Kapitalbedarf:

Welche der folgenden Aussagen (A bis H) sind richtig?

Es gelte: 1 Jahr = 360 Tage

A. Die Kapitalumschlaghäufigkeit pro Jahr ist das 360-Fache der Kapitalumschlagdauer (gemessen in Tagen).

B. Der Kapitalbedarf ist generell gleich dem Produkt aus Kapitalumschlaghöhe p.a. und Kapitalumschlaghäufigkeit p.a.

C. Die Kapitalumschlaghäufigkeit der Debitoren p.a. ist gleich dem Quotienten aus 360 Tagen (Anzahl der Tage p.a.) und der in Tagen gemessenen Debitorenumschlagdauer.

D. Der Kapitalbedarf für den Debitorenbestand errechnet sich als Quotient aus dem Jahresumsatz und der Umschlaghäufigkeit des Debitorenbestands p.a.

E. Die Kapitalumschlaghäufigkeit wächst direkt proportional zur Kapitalumschlagdauer.

F. Der Kapitalbedarf für das Warenlager sinkt mit steigender Umschlaghäufigkeit der Waren.

G. Der Kapitalbedarf für das Warenlager steigt mit sinkender Umschlagdauer der Waren.

H. Misst man die Umschlagdauer des Anlagevermögens an der Abschreibungsdauer, so steigt die Kapitalumschlaghäufigkeit des Anlagevermögens mit sinkender Abschreibungsdauer.

I. Alle Aussagen (A bis H) sind falsch.

Aufgabe 1-3 (Einfachauswahl)

Kapitalumschlaghäufigkeit beziehungsweise -dauer und Kapitalbedarf:

Ein Spezialstahlhändler hat einen Lagerumsatz (Umsatz zu Einstandspreisen) von 3 Mio. Euro pro Jahr (Jahr: 360 Tage) bei einer durchschnittlichen Lagerdauer von 120 Tagen. Im Folgejahr verdoppelt er seinen Lagerumsatz auf 6 Mio. Euro, braucht wegen einer Verringerung der durchschnittlichen Lagerdauer aber nur 0,5 Mio. Euro zur Finanzierung der Umsatzerhöhung. Um wie viele Tage hat er die Lagerdauer gesenkt?

Welche der folgenden Aussagen (A bis E) ist richtig?

A. 5 Tage

B. 10 Tage

C. 15 Tage

D. 30 Tage

E. 60 Tage

F. Alle Aussagen (A bis E) sind falsch.

Aufgabe 1-4

Finanzwirtschaftliche Ziele:

Welche der folgenden Aussagen (A bis E) sind richtig?

A. Periodenliquidität kann allgemein definiert werden als Einzahlungen − Auszahlungen ≥ 0 in einer beliebigen Abrechnungsperiode.

B. Das Liquiditätspostulat besagt, dass zwingende Zahlungsverpflichtungen betrags- und zeitgenau erfüllt werden müssen.

C. Das Liquiditätspostulat konkurriert mit dem Gewinnziel des Unternehmens.

D. Die Liquiditätsgrade messen das Verhältnis bestimmter mehr oder weniger schnell liquidierbarer Vermögensgesamtheiten zur Höhe des kurzfristigen Fremdkapitals (nach anderen Definitionen zur Höhe der kurzfristig fälligen Verbindlichkeiten).

E. Die Erhöhung der Gesamtkapitalrentabilität kann kein finanzwirtschaftliches Ziel sein, weil es mit dem Liquiditätsziel kollidiert.

F. Alle Aussagen (A bis E) sind falsch.

Aufgabe 1-5

Außenfinanzierung:

Welche der folgenden Aussagen (A bis I) sind richtig?

A. Außenfinanzierung ist die Finanzierung von Objekten außerhalb des Unternehmens (zum Beispiel Finanzierung der Abnehmer).

B. Außenfinanzierung ist identisch mit Fremdfinanzierung (inhaltsgleiche Ausdrücke).

C. Außenfinanzierung ist die Finanzierung aus Umsatzerlösen.

D. Außenfinanzierung ist ausschließlich die Finanzierung aus Kreditmitteln.

E. Beteiligungsfinanzierung ist eine Form der Innenfinanzierung.

F. Beteiligungsfinanzierung ist eine Form der Außenfinanzierung.

G. Beteiligungsfinanzierung ist zum Beispiel die Finanzierung einer GmbH durch Aufnahme eines neuen Gesellschafters, dessen Einlage unter anderem das Stammkapital erhöht.

H. Beteiligungsfinanzierung ist beispielsweise die Finanzierung durch Einbehaltung von Gewinnen, die den am Unternehmen beteiligten Personen zustehen.

I. Beteiligungsfinanzierung ist zum Beispiel die Finanzierung durch Kredite der GmbH-Gesellschafter an die GmbH.

J. Alle Aussagen (A bis I) sind falsch.

Aufgabe 1-6

Mezzanine Finanzierung:

Welche der folgenden Aussagen (A bis F) sind richtig?

A. Die Ausschüttungen auf Mezzanines Kapital werden im typischen Fall der Gewinnbesteuerung unterworfen.

B. Mezzanines Kapital ist gegenüber dem Eigenkapital nachrangig.

C. Wandelrechte zählen zu den Equity Kickers bei mezzaninen Finanzierungsinstrumenten.

D. Die Einräumung eines Non Equity Kickers führt zu einer unmittelbaren Liquiditätsbelastung des daraus verpflichteten Unternehmens ab dem Zeitpunkt der Einräumung des Kickers.

E. Die Einräumung eines Equity Kickers führt zu einer unmittelbaren Liquiditätsbelastung des daraus verpflichteten Unternehmens ab dem Zeitpunkt der Einräumung des Kickers.

F. Ein Aspekt der Vorteilhaftigkeit des Mezzanine Capital ist, dass es billiger ist als Fremdkapital.

G. Alle Aussagen (A bis F) sind falsch.

Aufgabe 1-7

Finanzmärkte:

Welche der folgenden Aussagen (A bis F) sind richtig?

A. Der Begriff Geldmarkt ist ein Synonym für den Begriff Finanzmarkt.

B. In einem manchmal verwendeten weiteren Sinne umfasst der Kreditmarkt den Markt für Fremdkapital und ist der Gegenbegriff zum Markt für Eigenkapital.

C. In einem engeren Sinne umfasst der Kreditmarkt den Markt für solches Fremdkapital, das nicht in die Form von Wertpapieren gekleidet ist, sondern in individueller Form aufgenommen wird.

D. Der LIBOR ist ein einheitlicher Zins, der für alle Währungen gilt.

E. Der LIBOR ist ein einheitlicher Zins, der für alle Laufzeiten am Geldmarkt gilt.

F. Den EURIBOR gibt es wie den LIBOR für unterschiedliche Währungen.

G. Alle Aussagen (A bis F) sind falsch.

Weitere Aufgaben zu diesem Kapitel finden Sie auf der Companion Website zum Buch unter *www.pearson-studium.de.*

Eigenfinanzierung

2

ÜBERBLICK

Immer im Überblick: Position des Kapitels „Eigenfinanzierung" in der Systematik des Buches:

Kapitel 1 Grundlagen der Finanzwirtschaft	Finanzierungsformen					Kapitel 9 Finanzorganisation, -planung und -controlling
	Außenfinanzierung			Kapitel 5 Innenfinan- zierung	Kapitel 6 Sonder- formen der Finanzierung	
	Kapitel 2 Eigenfinan- zierung	Fremdfinanzierung				
		Kapitel 3 Kreditfinan- zierung	Kapitel 4 Fremdfinan- zierung mit Effekten			
	Kapitel 7 **Finanzderivate**					
	Kapitel 8 **Investitionsrechnung**					

Lernziele dieses Kapitels

- Der Leser soll Inhalt und Formen der Eigenfinanzierung erlernen.

- Es sollen die Besonderheiten der Eigenfinanzierung je nach Rechtsform der Nicht-Aktiengesellschaften klar werden.

- Die Aktie als Form der Beteiligung an einer Aktiengesellschaft soll dem Leser nahegebracht werden. Dabei sollen Aktienarten voneinander unterschieden werden können.

- Kenntnis der Anlässe, Motive und Methodik des Erwerbs eigener Aktien soll erworben werden.

- Der Leser soll sich die grundlegenden Beurteilungsmöglichkeiten von Aktien durch häufige Aktienkennzahlen aneignen.

- Der Leser soll einen Überblick über Handel und Emission von Aktien bekommen: Wie werden existierende Aktien gehandelt? Wie werden neue Aktien emittiert? Welche Formen der Kapitalerhöhung sieht das Aktienrecht vor?

- An Fallbeispielen sollen die finanzielle Sanierung mit Kapitalherabsetzung und anschließender Kapitalerhöhung sowie die Neuordnung der Kapitalverhältnisse bei einer Aktienemission nachvollzogen werden.

- Der Leser soll sich einen Überblick über die Formen verschaffen, in denen Eigenkapitalgeber auf dem Beteiligungsmarkt auftreten.

- Die Besonderheiten moderner alternativer Beteiligungsmöglichkeiten durch Private Equity Fonds und Hedgefonds sollen erkannt werden.

2.1 Definition und Formen

Eigenfinanzierung (hier synonym verwendet: Beteiligungsfinanzierung) ist Außenfinanzierung mit Eigenkapital. Eigenkapital schützt die Ansprüche der Fremdkapitalgeber, da Verluste zuerst das Eigenkapital mindern. Bei Insolvenz sind die Rückzahlungsansprüche der Eigentümer nachrangig gegenüber jenen der Fremdkapitalgeber.

Eigenkapitalgeber können dabei sein:

- bisherige Gesellschafter,
- neue Gesellschafter.

Die Gesellschaftereinlagen erfolgen

- bar oder
- in Form anderer Vermögensgüter, etwa als Sacheinlagen oder immaterielle Vermögensgüter wie Patente, Lizenzen und Ähnliches.

Ein und dieselbe natürliche Person oder Unternehmung kann gleichzeitig Eigen- und Fremdkapitalgeber mit verschiedenen Geldern sein. Oft geben Gesellschafter Darlehen, wenn sie ihr Haftkapital nicht erhöhen wollen (Gesellschafterdarlehen).

Die Untergliederung der Eigenkapitalpositionen in der Bilanz richtet sich nach der Rechtsform. Einige grundsätzliche Unterscheidungen:

- Die Gesellschafter von Einzelfirmen und Personengesellschaften haften im Normalfall unbegrenzt. Eine Ausnahme gibt es bei der Kommanditgesellschaft, die auch einen Gesellschaftertyp hat, der nur mit einer bestimmten Vermögenseinlage haftet. Auch ein stiller Gesellschafter haftet nur mit seiner Einlage.
- Die Gesellschafter der Kapitalgesellschaften haften nur mit ihrer Einlage.
- Aktuell einbehaltene Gewinne und aus dem Vorjahr vorgetragene Gewinne sind auch dem Eigenkapital zuzurechnen.

Eigenfinanzierung versorgt das Unternehmen im Grundsatz mit zeitlich unbegrenzt zur Verfügung stehendem Kapital. Das Eigenkapital muss aber nicht unbegrenzt vom selben Kapitalgeber gehalten werden, sondern kann von einem anderen übernommen werden. Das kann auch von vornherein so geplant sein, etwa von einer Venture Capital Gesellschaft, die das Eigenkapital nur zeitlich begrenzt halten will.

Die Erscheinungsformen der Eigenfinanzierung unterscheiden sich sehr stark dadurch, ob die Beteiligungen

- ohne Benutzung des organisierten Kapitalmarkts erfolgen oder
- unter Benutzung des organisierten Kapitalmarkts.

Mit dem *organisierten* Kapitalmarkt ist dabei der öffentliche Kapitalmarkt gemeint, der breite Markt, auf dem auch die Privatanleger investieren. Im Fall der Eigenfinanzierung ist die *Kapitalmarktfähigkeit* eine Frage der Rechtsform des Unternehmens, da nur die Gesellschafteranteile der Aktiengesellschaft eindeutig für den breiten Kapitalmarkt geeignet sind. Allerdings können sehr kleine Aktiengesellschaften wegen der geringen Aktienzahl den organisierten Kapitalmarkt faktisch nicht einschalten. Die Aktie ist also nur eine notwendige, keine hinreichende Voraussetzung für die Beanspruchung des breiten Kapitalmarkts bei der Eigenfinanzierung.

Nach Analysen der Deutschen Bundesbank weist die Gesamtheit der deutschen Unternehmen eine Eigenkapitalquote von circa 20 Prozent auf. Damit liegt Deutschland im Vergleich zu den anderen Industriestaaten sehr weit hinten.

2.2 Eigenfinanzierung der Nicht-Aktiengesellschaften

Die Rechtsformenwahl hat viele Aspekte, etwa persönliche Haftungsbegrenzung, Offenheit für neue Gesellschafter, Erbfolge oder Beteiligung von Ehegatten und anderen Verwandten. Sie hat auch unmittelbar finanzwirtschaftliche Seiten wie die Vorsorge für Kapitalerweiterungen, Rechte auf Kapitalerträge und dergleichen mehr, die hier zur Debatte stehen.

2.2.1 Mangelnde Kapitalmarktfähigkeit der Beteiligungen

Gemeinsames Merkmal der Beteiligungen an Nicht-Aktiengesellschaften ist, dass ihre Anteile keine Wertpapiere sind, die an Börsen handelbar wären. Die Anteile können somit relativ schlecht veräußert werden, was die Finanzierung über die Aufnahme neuer Gesellschafter sehr erschwert. Fehlender laufender Handel mit Beteiligungskapital an diesen Unternehmen bedeutet auch einen fehlenden allgemeinen *Marktpreis*. Das Fehlen eines derartigen leicht feststellbaren objektiven Werts macht die Übernahme einer Beteiligung von einem ausscheidenden Gesellschafter zu einem schwierigen *Bewertungsproblem*, was die Fungibilität (Marktgängigkeit durch leichte Austauschbarkeit) der Anteile und so die gesamte Beteiligungsfinanzierung sehr beeinträchtigt.

2.2.2 Einzelunternehmung

Dem Einzelunternehmer stehen alle Rechte zu. Der Einzelkaufmann ist naturgemäß keine ideale Rechtsform für die Beteiligungsfinanzierung, verschwindet doch diese Rechtsform, wenn ein neuer Gesellschafter aufgenommen wird. Beteiligungsfinanzierung erfolgt nur durch zusätzliche Einlagen des Kaufmanns. Unter Beibehaltung der Rechtsform kann als weiterer Gesellschafter lediglich noch ein stiller Gesellschafter aufgenommen werden, wie dies Unternehmen aller Rechtsformen möglich ist.

2.2.3 Personengesellschaften

Wichtige Vertreter der Personengesellschaften sind

- BGB-Gesellschaft,
- OHG,
- KG,
- stille Gesellschaft.

Personengesellschaften sind im Grundsatz auf eine kleinere Anzahl von Gesellschaftern angelegt.

Eine Personengesellschaft ist kein Rechtssubjekt im Sinne einer juristischen Person. Als Folge ist sie nur bedingt Rechts- und Steuersubjekt und wird nicht zur Einkommensbesteuerung herangezogen. Das wiederum führt dazu, dass jeder einzelne Gesellschafter Rechts- und Steuersubjekt ist und mit seinem anteiligen Gewinn aus der Gesellschaft zur Einkommensbesteuerung herangezogen wird.

Für Verbindlichkeiten haftet jeder Gesellschafter mit seinem gesamten Vermögen, außer die Kommanditisten bei der KG und die stillen Gesellschafter und zwar gesamtschuldnerisch. Die gesamtschuldnerische Haftung wird oft eine große Hürde für einen potenziellen neuen Gesellschafter sein. In Einzelverträgen mit Kreditgebern kann man die gesamtschuldnerische Haftung aber abwandeln und ersetzen, etwa durch anteilsmäßige Haftung (quotale Haftung) oder Haftung nur bis zu einem Höchstbetrag.

Im Grundsatz (Standardregelung) stehen Geschäftsführung (nach innen) und Vertretung der Gesellschaft (nach außen) allen Gesellschaftern gemeinschaftlich zu. Für jedes Geschäft ist danach die Zustimmung aller Gesellschafter (Einstimmigkeit) erforderlich. Allerdings gibt es hier wichtige vertragliche Gestaltungsfreiheiten: Die Einstimmigkeit kann durch die Mehrheit der Stimmen ersetzt werden, Geschäftsführung und Vertretung können auf einen oder mehrere Gesellschafter übertragen werden.

Die Personengesellschaft kann auch durch mündliche Vereinbarung gegründet werden, die schriftliche Form ist aus Gründen der Rechtssicherheit unbedingt empfehlenswert, ein notarieller Vertrag ist nicht nötig.

2.2.3.1 Gesellschaft bürgerlichen Rechts

Abgekürzt wird die Gesellschaft bürgerlichen Rechts mit GbR, eine andere Bezeichnung ist BGB-Gesellschaft. Diese Gesellschaft hat keine Kaufmannseigenschaft, sonst wäre sie OHG. Sie ist die Grundform der Personengesellschaft. Das GbR-Recht (§§ 705 ff. BGB) ist dispositives Recht und darum flexibel, abweichende vertragliche Regelungen sind möglich. Die GbR dient dem Zusammenschluss von Nichtkaufleuten, zum Beispiel Kleingewerbetreibenden oder Freiberuflern; ein entsprechender Zusammenschluss von Kaufleuten ergäbe stattdessen eine OHG. Auch Gelegenheitsgesellschaften sind Gesellschaften bürgerlichen Rechts, etwa Arbeitsgemeinschaften im Baugewerbe oder Bankenkonsortien. Das Gesellschaftsvermögen ist Gesamthandsvermögen (gemeinschaftliches Vermögen der Gesellschafter) und als solches ein gegenüber dem Privatvermögen der Gesellschafter abgegrenztes Sondervermögen. Ein einzelner Gesellschafter kann nicht allein über seinen Anteil am Gesellschaftsvermögen verfügen und er ist nicht berechtigt, Teilung zu verlangen.

Für Gesellschaftsschulden haften alle Gesellschafter gesamtschuldnerisch. Allerdings sind abweichende Regelungen möglich. Machbar ist eine Haftungsbegrenzung von Gesellschaftern durch individuelle Haftungsbegrenzungsabreden der Kreditgeber mit jedem einzelnen Gesellschafter. Eine für alle Fälle unabdingbare gesamtschuldnerische Haftung würde die Beteiligung an einer GbR stark behindern.

Gemäß gesetzlichem Standard hat jeder Gesellschafter unabhängig von der Höhe seiner Beteiligung den gleichen Anteil am Gewinn oder Verlust. Dies ist allerdings dispositives Recht und gilt so nur in Ermangelung einer anderen vertraglichen Regelung. Meistens wird vertraglich vereinbart, dass Gewinn und Verlust entsprechend den eingebrachten Kapitalbeteiligungen verteilt werden. Es gibt für neue Eigenkapitalgeber also Verhandlungsspielraum.

Geschäftsführung und Vertretung nach außen stehen im gesetzlichen Standardfall allen Gesellschaftern gemeinschaftlich zu (Einstimmigkeit erforderlich), können aber auch auf einen oder mehrere Gesellschafter übertragen werden.

2.2.3.2 Offene Handelsgesellschaft

Neben den genannten Bestimmungen zur GbR gelten zusätzlich die der §§ 105 ff. HGB. Die Offene Handelsgesellschaft (OHG) ist eine Sonderform der GbR für Kaufleute, Zweck ist immer der Betrieb eines kaufmännischen Handelsgewerbes. Die Anmeldung zum Handelsregister muss über einen Notar erfolgen.

Standardmäßige Gewinn- und Verlustverteilung ist anders als bei der GbR zunächst ein Gewinnanteil von 4 Prozent des jeweiligen Kapitalanteils, Rest nach Köpfen. Abweichende Regeln (etwa nur nach Kapitalanteilen) sind häufig und im Gesellschaftsvertrag festzulegen, auch hier gibt es also Spielraum.

2.2.3.3 Kommanditgesellschaft

Es gelten die Regelungen für die GbR und OHG sowie spezielle Vorschriften der §§ 161 ff. HGB. Entscheidender Unterschied der Kommanditgesellschaft (KG) zur OHG ist, dass neben die Vollhafter (hier Komplementäre oder auch persönlich haftende Gesellschafter, abgekürzt phG, genannt) Kommanditisten treten, die nur mit ihrer Einlage haften (deren Höhe aus dem Handelsregister ersichtlich ist). Die Kommanditisten ähneln dem GmbH-Gesellschafter. Der zusätzliche Gesellschaftertyp macht auch die Beteiligungsfinanzierung leichter, da der Kommanditist nur mit seiner Einlage haften muss. Mit dem Typen des begrenzt haftenden Gesellschafters wird diese Gesellschaftsform zum Übergangstyp in Richtung Kapitalgesellschaft. Das gilt dann in ganz besonderem Maße, wenn im Gesellschaftsvertrag die *freie Übertragbarkeit* der Kommanditanteile festgelegt wird. Die teilhaftenden Gesellschafter können so leichter ausgewechselt werden, was die KG auch für größere, weniger personenabhängige Gesellschaften geeignet macht und somit für das Sammeln von Einlagen.

Kommanditisten sind von Geschäftsführung und Vertretung der Gesellschaft ausgeschlossen.

Kommanditisten können einen Verlust nur bis zur Höhe ihrer nominellen Kapitaleinlage (unabhängig von der Höhe ihrer Einzahlung) zugewiesen bekommen und auch steuerlich geltend machen.

Bei der *Sonderform* der GmbH & Co. KG ist einziger Komplementär eine GmbH. Damit haftet keine natürliche Person mit ihrem gesamten Privatvermögen. Die GmbH & Co. KG wird gerne gewählt, um die Haftungsbeschränkung aller natürlichen Personen zu erreichen und trotzdem gewisse steuerliche Vorteile der Personengesellschaft zu haben (Gewerbesteuer, Erbschaftsteuer). Die für Kapitalgesellschaften typische Veröffentlichungspflicht von Bilanzen gilt auch für die GmbH & Co. KG, weil für ihre Verbindlichkeiten wie bei einer Kapitalgesellschaft keine natürliche Person mit ihrem ganzen Vermögen haftet.

2.2.3.4 Stille Gesellschaft

Der Abschluss einer stillen Gesellschaft steht grundsätzlich jeder beliebigen Gesellschaftsform offen. Es handelt sich dabei um eine reine Innengesellschaft bürgerlichen Rechts ohne rechtliche Außenbeziehungen, die nach außen nicht erkennbar sein muss.

Die stille Einlage ist kein Haftkapital, da sie im Fall der Insolvenz wie ein Darlehen als Insolvenzforderung geltend gemacht werden kann. Die Frage, wo eine stille Beteiligung in der Bilanz auszuweisen ist, ist oft strittig und immer davon abhängig, wie die stille Beteiligung im Einzelnen ausgeformt ist, insbesondere ob sie im unten genannten Sinne typisch (Fremdkapital) ist oder nicht (Eigenkapital).

Gesetzliche Regelungen

Einige wichtige Bestimmungen des HGB zur stillen Gesellschaft und Folgerungen zur Eigen- oder Fremdkapitalverwandtschaft dieser mezzaninen Kapitalform:

- Ohne besondere Vereinbarungen hat der stille Gesellschafter einen „angemessenen Anteil" an Gewinn und Verlust (§ 231 Abs. 1 HGB).

- „Im Gesellschaftervertrag kann bestimmt werden, dass der stille Gesellschafter nicht am Verluste beteiligt sein soll; seine Beteiligung am Gewinne kann nicht ausgeschlossen werden." (§ 231 Abs. 2 HGB) Diese zwingende Gewinnbeteiligung garantiert ein Mindestmaß an Ähnlichkeit zum Eigenkapital. Die zwingende Gewinnbeteiligung kann unterschiedlicher Art sein, wobei eine Mindestverzinsung gekoppelt mit einer erfolgsabhängigen Vergütung üblich ist.

- Der stille Gesellschafter nimmt an dem Verlust (sofern überhaupt) nur bis zum Betrag seiner eingezahlten oder rückständigen Einlage teil (§ 232 Abs. 2 Satz 1 HGB).

- „Der stille Gesellschafter ist berechtigt, die abschriftliche Mitteilung des Jahresabschlusses zu verlangen und dessen Richtigkeit unter Einsicht der Bücher und Papiere zu prüfen." (§ 233 Abs. 1 BGB) Dieses zwingende ausgeprägte Kontrollrecht mit Einsicht in Bücher und Papiere garantiert neben der Gewinnbeteiligung ein Mindestmaß an Ähnlichkeit zum Eigenkapital.

- „Wird über das Vermögen des Inhabers des Handelsgeschäftes das Insolvenzverfahren eröffnet, so kann der stille Gesellschafter wegen der Einlage, so weit sie den Betrag des auf ihn fallenden Anteiles am Verlust übersteigt, seine Forderung als Insolvenzgläubiger geltend machen. Ist die Einlage rückständig, so hat sie der stille Gesellschafter bis zu dem Betrage, welcher zur Deckung seines Anteils am Verlust erforderlich ist, zur Insolvenzmasse einzuzahlen." (§ 236 HGB) Dieses Recht der Anmeldung der stillen Beteiligung als Forderung im Insolvenzverfahren bedeutet ein Mindestmaß an Ähnlichkeit zum Fremdkapital.

Der stille Gesellschafter braucht in Verlustjahren nach gesetzlichen Vorschriften nichts nachzuschießen und muss auch einmal bezogene Gewinne nicht zurückbezahlen. Eine rückständige Einlage braucht er nur in der Höhe zu zahlen, in der sein Verlustanteil gedeckt werden muss.

Typische versus atypische stille Beteiligung

Man unterscheidet die *typische* und die *atypische* stille Gesellschaft. Die Übergänge zwischen den beiden Formen sind fließend, man kann die beiden Varianten nur idealtypisch einander gegenüberstellen. Die Unterschiede schildern Abbildung 2.1 und Tabelle 2.1.

Wichtig bei der Unterscheidung von typischer und atypischer stiller Gesellschaft ist der steuerliche Begriff der Mitunternehmerschaft. Mitunternehmer im Sinne des Steuerrechts sind dadurch gekennzeichnet, dass sie

- Mitunternehmerinitiative entwickeln und
- ein Mitunternehmerrisiko tragen.

Zu Letzterem zählt in der Regel die Beteiligung sowohl am Gewinn als auch am Verlust. Die Mitunternehmerstellung beinhaltet ausgeprägte Kontrollrechte und gegebenenfalls bestimmte Geschäftsführungsbefugnisse. Denkbar ist zum Beispiel seine erforderliche Zustimmung bei wesentlichen unternehmerischen Entscheidungen und die Einräumung von Weisungsrechten gegenüber der Geschäftsführung bis hin zur direkten Übertragung der Geschäftsführung. Ist die stille Gesellschaft vertraglich so konstruiert, dass eine Mitunternehmerstellung des stillen Gesellschafters vorliegt, so spricht man von einer *atypischen stillen Gesellschaft*. Ein Mitunternehmer und damit der atypische stille Gesellschafter ist im steuerlichen Sinne Gesellschafter, seine Einlage ist Eigenkapital und Vergütungen daraus sind entsprechend Gewinnverteilung (statt Aufwand). Die Ausschüttung einer Kapitalgesellschaft an einen Mitunternehmer erfolgt also aus versteuertem Gewinn. Die Einkünfte des Mitunternehmers sind Einkünfte aus Gewerbebetrieb nach § 15 Abs. 1 Nr. 2 EStG. Verluste aus Gewerbebetrieb können gegebenenfalls mit Einkommen aus abhängiger Tätigkeit verrechnet werden, was dann als unmittelbaren Effekt Einkommensteuerzahlungen im betreffenden Jahr der Aufrechnung der Einkunftsarten erspart. Das gilt allerdings nur, wenn dem nicht besondere Bestimmungen entgegenstehen, wie sie etwa gemäß § 15b EStG für die vom Fiskus kritisch gesehenen Steuerstundungsmodelle (Modelle, die speziell auf eine Steuerstundung abzielen) gelten.

Zahlungen an den typischen stillen Gesellschafter dagegen, der kein Mitunternehmer ist, erfolgen nicht aus dem Gewinn, sondern kürzen ihn. Zahlungen einer selbstständig körperschaftsteuerpflichtigen Gesellschaft an einen typischen stillen Gesellschafter sind nicht durch gewinnabhängige Steuern belastet.

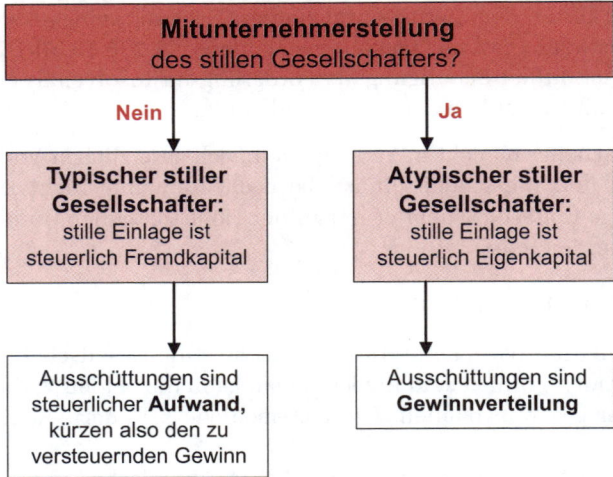

Abbildung 2.1: Mitunternehmereigenschaft und ihre Folgen

Tabelle 2.1

Typische versus atypische stille Gesellschaft

	typische stille Gesellschaft	atypische stille Gesellschaft
Steuerlich Eigen- oder Fremdkapital	Fremdkapital	Eigenkapital
Beteiligung an stillen Reserven einschließlich Unternehmenswertentwicklung	nein, nur Anspruch auf Rückzahlung der nominellen Einlage	ja, damit erhöht sich sein Rückzahlungsanspruch bei Steigerung des Unternehmenswerts
Unternehmerische Funktion	nein	in einem bestimmten steuerlich definierten Mindestmaß
Typische Länge der Kapitalüberlassung	mittel- bis langfristig	langfristig oder unbegrenzt
Verlustbeteiligung entsprechend Kannbestimmung des § 231 Abs. 2 HGB	nein	ja, begrenzt auf die Höhe der (eingezahlten und/oder rückständigen) Einlage

Oft wird die stille Gesellschaft so ausgelegt, dass sie vom Fiskus als typisch und demnach als Fremdkapital eingestuft wird, was die steuerliche Abzugsfähigkeit der Ausschüttungen an die stillen Gesellschafter zur Folge hat. Andererseits wird sie aber in der Handelsbilanz als Teil des Eigenkapitals ausgewiesen. Eine derartige Doppelgesichtigkeit ist typisch für Mischformen von Eigenkapital und Fremdkapital (mezzanines Kapital, Mezzanine Capital). Durch die fein einstellbare Gestaltung eher in Richtung einer typischen oder aber einer atypischen stillen Gesellschaft bietet diese Form viel Spielraum. Die stille Gesellschaft ist so eine sehr wichtige Mischform zwischen Eigen- und Fremdfinanzierung geworden, die von den verschiedensten Gesellschaftertypen benutzt wird, wie etwa von Verwandten eines Inhabers oder Gesellschafters oder von am Ende dieses Kapitals erläuterten Private Equity Gesellschaften.

2.2.4 Kapitalgesellschaften

Wichtige Vertreter der Kapitalgesellschaften sind

- Gesellschaft mit beschränkter Haftung (GmbH),
- Genossenschaft,
- Aktiengesellschaft (AG).

Kapitalgesellschaften sind im Grundsatz auf eine größere Mitgliederzahl ausgelegt. Die Willensbildung erfolgt immer nach dem Mehrheitsprinzip.

Kapitalgesellschaften sind selbstständige juristische Personen. Sie haben eine eigene Rechtspersönlichkeit und eigene Rechtsfähigkeit. Demzufolge sind Kapitalgesellschaften selbst Rechts- und Steuersubjekte, für Verbindlichkeiten haftet die Gesellschaft mit ihrem eigenen Vermögen. Sie wird selbst mit ihrem Gewinn oder Verlust zur Einkommensbesteuerung (Körperschaftsteuer) herangezogen.

Die Haftung der Gesellschafter ist auf ihre Einlage beschränkt. Diese Risikobegrenzung erleichtert das Generieren von Beteiligungskapital durch Aufnahme neuer Gesellschafter. Kapitalgesellschaften sind wegen der Risikobegrenzung für die Gesellschafter verpflichtet, zum Ausgleich zumindest ihre Bilanzen offen zu legen. Dies muss ab 2007 über das Internet erfolgen (Zwangspublizität).

Nach § 266 HGB gliedert sich das Eigenkapital der Kapitalgesellschaften vor jeglicher Gewinnverwendung in

- gezeichnetes Kapital,
- Kapitalrücklage (für Agiobeträge, das sind Beträge, die den Nennbetrag von Anteilen übersteigen, die für Wandel- und Optionsrechte bezahlt wurden, für Zuzahlungen für Vorzugsrechte und andere Zuzahlungen auf Eigenkapital),
- Gewinnrücklagen,
- Gewinnvortrag/Verlustvortrag,
- Jahresüberschuss/Jahresfehlbetrag.

Der Inhalt von gezeichnetem Kapital und den Rücklagenarten wird im § 272 HGB festgelegt.

Die Gesellschafter versteuern derzeit (2007) im Fall natürlicher Personen den an sie ausgeschütteten Gewinn nach dem Halbeinkünfteverfahren, ab 2008 voraussichtlich aber voll mit dem pauschalen Satz der Abgeltungssteuer von 25% (siehe Kapitel 5). Zur Gründung sind Schriftform und notarielle Beurkundung zwingend erforderlich.

2.2.4.1 Gesellschaft mit beschränkter Haftung

Die Gesellschaft mit beschränkter Haftung (GmbH) ist eine weitverbreitete Rechtsform für kleine und mittlere, mitunter aber auch für Großunternehmen. Einpersonengesellschaft und sogar Einpersonengründung sind möglich. Sie hat ein gezeichnetes Kapital, bei der GmbH Stammkapital genannt, von mindestens 25.000 Euro, Mindeststammeinlage ist 100 Euro. Es besteht die Tendenz, das Mindeststammkapital auf 10.000 Euro herabzusetzen und den minimalen Geschäftsanteil sogar – wie bei der Aktiengesellschaft – auf 1 Euro. Jede Stammeinlage ist derzeit mindestens zu 25 Prozent einzuzahlen, das eingezahlte Stammkapital insgesamt muss aber 12.500 Euro betragen.

Gemäß § 26 des Gesetzes betreffend die Gesellschaften mit beschränkter Haftung (GmbHG) kann im Gesellschaftsvertrag eine Nachschusspflicht vereinbart werden. Davon wird aber in der Praxis selten Gebrauch gemacht.

Ein neuer Gesellschafter hat – wie bei anderen Beteiligungen auch – immer den wirtschaftlichen Wert der Beteiligung zu bezahlen, der analog zu einer Aktie weit über dem Nominalwert liegen kann. Die Schwierigkeit der Ermittlung dieses Werts angesichts fehlender Börsenwerte stellt ein wichtiges Beteiligungshindernis im Vergleich zur börsennotierten AG dar.

Jede Veränderung bei den Gesellschaftern führt zu einer Veränderung der Eintragungen ins Handelsregister mit vorgeschaltetem Notartermin, was Zeitaufwand und Kosten bedeutet. Das behindert die Beteiligungsfinanzierung durch Aufnahme neuer Gesellschafter. Die Veräußerung eines GmbH-Anteils kann im Gesellschaftsvertrag von bestimmten Voraussetzungen abhängig gemacht werden, zum Beispiel von der Genehmigung der Gesellschaft. Es kann auch ein Vorkaufsrecht der anderen Gesellschafter vereinbart sein. Diese Regelungen zeigen, dass die GmbH relativ personenbezogen gestaltet werden kann.

Organe: Die Gesellschafterversammlung bestellt unter anderem die Geschäftsführer (einen oder mehrere), welche die Vertretungs- und Geschäftsführungsbefugnis haben. Geschäftsführer müssen keine Gesellschafter sein. Mehrere Geschäftsführer haben Gesamtgeschäftsführung und Gesamtvertretungsbefugnis, wenn nicht extra Einzelgeschäftsführungsbefugnis und Einzelvertretungsbefugnis erteilt wurde. Freiwillig gemäß Gesellschaftsvertrag oder gegebenenfalls bei über 500 Arbeitnehmern aus arbeitsrechtlichen Gründen gibt es einen Aufsichtsrat von mindestens drei Personen wie bei der Aktiengesellschaft (siehe dort).

Häufig schießen Gesellschafter erforderliches zusätzliches Geld in die GmbH nur in Form von Darlehen ein, was nicht selten zu einem extrem niedrigen Eigenkapital im Verhältnis zur Bilanzsumme führt.

2.2.4.2 Genossenschaft

Die Rechtsform der Genossenschaft ist im deutschen Genossenschaftsgesetz geregelt. Organe sind die Generalversammlung der Mitglieder, vergleichbar der Gesellschafterversammlung der GmbH, der Aufsichtsrat und der Vorstand für die Geschäftsführung. Die Mitglieder von Vorstand und Aufsichtsrat müssen Mitglieder der Genossenschaft sein. Mit einer Novellierung des Genossenschaftsgesetzes 2006 wurden Erleichterungen für kleine Genossenschaften mit maximal 20 Mitgliedern eingeführt: Statt mindestens zwei Vorständen genügt bei entsprechender Satzungsgestaltung bei kleinen Genossenschaften eine Person. Der Vorstand wird immer von der Generalversammlung gewählt und abberufen, ebenso der Aufsichtsrat. Der Aufsichtsrat besteht aus mindestens drei Personen. Die Satzung kann bei Genossenschaften mit maximal 20 Mitgliedern auch bestimmen, dass auf einen Aufsichtsrat verzichtet wird. Bei Genossenschaften mit mehr als 1.500 Mitgliedern kann die Satzung bestimmen, dass die Generalversammlung lediglich aus Vertretern der Mitglieder besteht (Vertreterversammlung).

Zur Gründung und zum Betrieb einer Genossenschaft deutschen Rechts sind drei Personen notwendig, wobei die lediglich investierenden Mitglieder (siehe unten) nicht zählen. Jedes Mitglied hat das Recht, seine Mitgliedschaft durch Kündigung zu beenden. Dann ist das Geschäftsguthaben des Mitglieds auszuzahlen. Das Mitglied kann sein Geschäftsguthaben aber auch an Dritte übertragen, die der Genossenschaft beitreten oder bereits Mitglieder sind.

Genossenschaften dienen im Grundsatz der Förderung der Interessen „nutzender" Mitglieder. Das verhinderte auch jeden freien Handel mit Genossenschaftsanteilen zu Lasten der Eigenfinanzierungschancen. Mit der Gesetzesnovelle 2006 kann die Satzung gemäß § 8 Abs. 2 Genossenschaftsgesetz aber auch lediglich „investierende", also nicht nutzende Mitglieder (kommen für die Dienste der Genossenschaft nicht in Frage) erlauben. Das bedeutet eine partielle Öffnung für lediglich finanziell engagierte Investoren. Der Gesetzgeber wollte dadurch die Eigenfinanzierungsmöglichkeiten der Genossenschaft erleichtern. Mit der Zulassung nur investierender Mitglieder durch Satzungsbestimmung wurde die genossenschaftliche Zwecksetzung der Förderung ihrer Mitglieder mithin aufgeweicht. Aus Sicht der Eigenfinanzierungsmöglichkeiten ist das aber ein Vorteil.

Von Bedeutung für die Eigenfinanzierung ist auch, dass jeder Gesellschafter nur eine Stimme hat, egal wie viele Anteile er besitzt. Diese Regelung ist nur durch die Bestimmung abgemildert, wonach Mitgliedern, die das Geschäft besonders fördern, Mehrfachstimmrechte bis zu drei Stimmen gewährt werden können (§ 43 Abs. 3 Nr. 1 Genossenschaftsgesetz). Die Genossenschaft bleibt wegen der nur wenig durchbrochenen Regel „one man, one vote" ungeeignet für den Aufbau einer Machtposition eines einzelnen Gesellschafters. Solche potenten Kapitalgeber scheiden also wegen der Rechtsform aus.

Die Genossen haften im Normalfall nur mit ihrer Einlage. Eine Nachschusspflicht der Genossen bei Insolvenz gemäß § 105 Genossenschaftsgesetz kann im Statut ausgeschlossen werden.

Die Verteilung von Gewinn und Verlust eines Geschäftsjahres erfolgt nach dem Verhältnis der auf die Geschäftsanteile geleisteten Einzahlungen zuzüglich Gewinnzuschreibungen und abzüglich Verlustabschreibungen. Die Satzung kann aber auch andere Maßstäbe für die Gewinn- und Verlustverteilung festlegen (§ 19 Abs. 1 und 2 Genossenschaftsgesetz). Die Satzung kann gemäß § 21a Abs. 1 Genossenschaftsgesetz bestimmen, dass die Geschäftsguthaben verzinst werden (fester Zinssatz oder Mindestzinssatz).

An die Stelle des Handelsregisters tritt hier das Genossenschaftsregister. Dort sind Statut und Mitglieder des Vorstands einzutragen. Im Statut findet man unter anderem die festgelegte betragliche Höhe der Genossenschaftsanteile und die Genossenliste.

Für die Europäische Union wurde 2006 die Rechtsform der Europäischen Genossenschaft (SCE) mit von der deutschen Genossenschaft leicht abweichenden Bestimmungen neu begründet.

2.3   Eigenfinanzierung der Aktiengesellschaft

2.3.1   AG und Aktie

Die Aktiengesellschaft hat Eigenkapitalanteile in Form von Wertpapieren, das heißt jeder Inhaber der Aktie hat die Eigentumsrechte.

Mindestnennbetrag des Grundkapitals (gezeichnetes Kapital der Aktiengesellschaft) ist 50.000 Euro, zumindest zu 25 Prozent einzubezahlen. Einpersonengesellschaft und sogar Einpersonengründung (dann Volleinzahlung oder Bestellung einer Sicherheit für den nicht einbezahlten Teil, etwa eine Bankbürgschaft) wie bei der GmbH sind möglich.

Die *Hauptversammlung* ist die Versammlung der Aktionäre. Sie entscheidet unter anderem über die Verwendung des Bilanzgewinns nach Vorschlag des Vorstands, soweit dieser noch nicht im Rahmen seiner Gewinnverwendungsmöglichkeiten entschieden hat. Sie wählt auch die Aktionärsvertreter des Aufsichtsrats, der auch Arbeitnehmervertreter haben kann. Der *Aufsichtsrat* besteht aus mindestens drei und höchstens 21 Mitgliedern, je nach Höhe des Grundkapitals. Der Aufsichtsrat wählt den *Vorstand* und überwacht dessen Arbeit. Die Anzahl der Vorstandsmitglieder ergibt sich aus der Satzung, bei einem gezeichneten Kapital (Grundkapital) von über 3 Mio. Euro besteht der Vorstand aus mindestens zwei Personen. Ihm obliegt die eigenverantwortliche Leitung, Geschäftsführung und Vertretung der AG. Nach Bildung einer gesetzlichen Rücklage kann der Vorstand allein bis zu 50 Prozent des Gewinns in die Gewinnrücklagen einstellen. Der Vorstand macht im Übrigen einen Vorschlag an die Hauptversammlung, wie der nach der eigenen Gewinnverwendung verbleibende Bilanzgewinn verwendet werden soll. Die Vorstandsmitglieder können auch Aktionäre, nicht aber Aufsichtsratsmitglieder sein. Weder Vorstände noch Aufsichtsräte müssen gleichzeitig Aktionäre sein.

Bei großen Aktiengesellschaften gibt es verschiedene Ausschüsse in Vorstand und Aufsichtsrat, es herrscht also Arbeitsteilung innerhalb der Gremien. Herausgehobene Positionen in den Gremien sind Vorstands- beziehungsweise Aufsichtsratsvorsitzender.

Eine *Kommanditgesellschaft auf Aktien* (KGaA) ist eine KG, bei der mindestens ein Gesellschafter den Gläubigern unbeschränkt persönlich haftet (Komplementär) und die übrigen an dem in Aktien zerlegten Grundkapital beteiligt sind. Die KGaA ist eine juristische Person, keine Personengesellschaft. Organe sind persönlich haftende Gesellschafter statt Vorstand, Aufsichtsrat und Hauptversammlung.

Mindestnennwert einer Aktie beziehungsweise minimaler rechnerischer Wert im Fall der nennwertlosen Aktie ist in Deutschland 1 Euro. Der tatsächliche Wert, nämlich der Kurswert und damit das finanzielle Engagement eines neuen Aktionärs, ist aber in der Regel ein Vielfaches davon. Die sehr kleine Stückelbarkeit der Anteile ist ein wichtiger Vorteil für die Beteiligungsfinanzierung der AG. Dazu kommt als wichtige Eigenschaft der Aktie, dass sie anders als der GmbH-Anteil Wertpapiercharakter hat. Der Wertpapiercharakter bedingt, dass man zur Ausübung der Aktionärsrechte Inhaber der Aktie sein muss. Die Aktien gehören zu den Wertpapieren in einem engeren Sinne, den *Effekten*. Von solchen Papieren gibt es verschiedene gleichartige, die also völlig gleiche Rechte verkörpern und so gegeneinander austauschbar, vertretbar, sind. Aktien sind zum Handel wegen dieser Austauschbarkeit gut geeignet. Für Effekten lässt sich ein Börsenhandel mit regelmäßiger Ermittlung eines allgemeinen Börsenkurses organisieren. Das ist ein ganz entscheidender Vorteil für die Eigenfinanzierung der AG. Die Aktien der meisten großen Aktiengesellschaften werden an einer oder mehreren Börsen (unter Umständen in verschiedenen Ländern) gehandelt, und börsengehandelte Aktien sind so ideal geeignet für das unkomplizierte Eingehen und Beenden einer Gesellschafterstellung.

Aktien verkörpern folgende *Rechte*:

- Teilnahmerecht an der Hauptversammlung und (in der Grundform) Stimmrecht,
- Gewinnanspruch,
- Anspruch auf Anteil am Liquidationserlös,
- Anspruch auf Informationen vom Vorstand.

Das Teilnahme- und Stimmrecht im Rahmen der Hauptversammlung wird von Kleinaktionären meistens nicht direkt wahrgenommen, stattdessen übertragen sie das Stimmrecht mit Weisungen zur Stimmabgabe auf ihre Bank (Vollmacht- oder Depotstimmrecht).

Eine gesamteuropäische Variante, die Europäische Aktiengesellschaft (Societas Europaea, kurz: SE), wurde 2004 eingeführt. Sie ist für Konzerne möglich, die in mindestens zwei EU-Mitgliedsstaaten vertreten sind. Sie soll das Handeln in der gesamten EU agierender Konzerne vereinfachen. Diese neue Rechtsform ermöglicht es unter anderem, dass ein Konzern nicht von Vorstand und Aufsichtsrat geführt wird, sondern von einem einheitlichen Gremium nach dem Muster des angelsächsischen Boards, und sie erleichtert Sitzverlegungen und Unternehmenszusammenschlüsse in der EU. Sie gestattet auch eine bessere Organisation von Konzernen in der EU, unbehindert durch unterschiedliches nationales Recht in den verschiedenen Ländern, in denen der Konzern vertreten ist.

2.3.2   Aktienarten

2.3.2.1   Inhaber-, Namens- und vinkulierte Namensaktien

Nach der Art der rechtlichen Übertragung unterscheidet man Inhaber-, Namens- und vinkulierte Namensaktien.

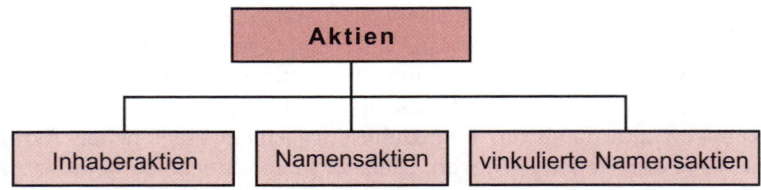

Abbildung 2.2: Aktien nach der Art der rechtlichen Übertragung

Inhaberaktie

Inhaberaktien werden formlos übertragen, lediglich durch Einigung und Übergabe des Papiers. Im Normalfall geschieht dies mittels Umbuchung des stückelosen Papiers zwischen Depots statt körperlicher Übergabe. Inhaberaktien sind bis etwa zur Jahrtausendwende die eindeutig üblichste Aktienform in Deutschland gewesen, anders als in den meisten anderen Ländern, wo Namensaktien vorherrschen.

Namensaktie

Namensaktien lauten auf den Namen des Aktionärs, sie sind geborene (das heißt gesetzlich so vorgesehene) Orderpapiere, nicht etwa Namenspapiere, wie die Bezeichnung vermuten lässt. Ihre Übertragung kann durch Zession gemäß den Vorschriften des BGB oder auch durch Indossament erfolgen (bei effektiven Stücken). Seit März 1997 ist in Deutschland die für Inhaberaktien mögliche Girosammelverwahrung auch für Namensaktien anwendbar, wodurch die Handhabung der Namensaktien weitgehend derjenigen der Inhaberaktien gleichgestellt ist. Zusätzlich zum Vorgehen bei der Inhaberaktie ist die Übertragung bei der Gesellschaft anzumelden, wo eine Umschreibung im Aktienbuch erfolgt, denn gegenüber der Gesellschaft gilt der als Aktionär, der in das Aktienbuch eingetragen ist. Die so erreichte Information der Gesellschaft über die Identität ihrer Aktionäre ist der wichtigste Vorteil der Namens- gegenüber den Inhaberaktien für die Aktiengesellschaft. Das Aktienbuch wird im Normalfall elektronisch geführt und aufgrund von Mitteilungen der Clearingstellen der Börsen täglich aktualisiert.

Depotbanken lagern nur Namensaktien mit Blankoindossament ein, die dann wie Inhaberaktien durch Einigung und Umbuchung übertragen werden.

Aktien müssen als Namensaktien emittiert werden, wenn nicht der volle Einlagenbetrag (Nennwert plus Agio) geleistet wird. Im Fall nicht voll einbezahlter Aktien ermöglicht das Aktienbuch der Gesellschaft die Feststellung, von wem sie die noch ausstehenden Einlagen einfordern kann.

Vinkulierte Namensaktie

Gemäß § 68 Abs. 2 AktG können Namensaktien *vinkuliert* (das heißt gebunden) werden:

> *„Die Satzung kann die Übertragung an die Zustimmung der Gesellschaft binden. Die Zustimmung erteilt der Vorstand. Die Satzung kann jedoch bestimmen, dass der Aufsichtsrat oder die Hauptversammlung über die Erteilung der*

Zustimmung beschließt. Die Satzung kann die Gründe bestimmen, aus denen die Zustimmung verweigert werden darf."

So kann der Eintritt unerwünschter Aktionäre verhindert werden. Die Vinkulierung erstreckt sich auch auf das Bezugsrecht bei einer Kapitalerhöhung. Unerwünschte Aktionäre, sei es wegen wirtschaftlicher Argumente (der potenzielle Aktionär ist zum Beispiel wenig solvent und könnte bei Vorschlägen zu Kapitalerhöhungen schon allein deshalb immer opponieren) oder sonstiger Gründe, lassen sich so über die Verweigerung der Vinkulierung verhindern. Die Zustimmungsverweigerung darf nur aus wichtigem Grund und im Interesse der Gesellschaft ausgesprochen werden. Die Festschreibung der Verweigerungsgründe in der Satzung ist möglich. Dabei ist es aus wirtschaftsdemokratischer Sicht ein großer Unterschied, ob Vorstand, Aufsichtsrat oder Hauptversammlung über die Erteilung der Zustimmung beschließen. Denn die Interessen, einen Aktionär aufzunehmen oder nicht, können insbesondere zwischen Verwaltung und Hauptversammlung durchaus unterschiedlich sein. Taucht etwa ein potenzieller Erwerber eines großen Aktienpakets auf, so könnte zum Beispiel die Verwaltung fürchten, dass sie ihre Machtbasis verliert, weil vom neuen Großaktionär ein Eingriff in die Besetzung des Aufsichtsrats und in der Folge des Vorstands erwartet wird. Die Aktionäre hingegen könnten diesem Eingriff gleichgültig gegenüberstehen und es darüber hinaus begrüßen, dass ein potenter neuer Kapitalgeber aufgetaucht ist, der die Aktienkurse eventuell nach oben treiben könnte.

Die Vinkulierung macht die Namensaktie zum Namenspapier (Rektapapier). Das bedeutet eine Übertragung allein durch Zession wie eine normale Forderung (siehe hierzu das vierte Kapitel), was vinkulierte Aktien für den Börsenhandel relativ ungeeignet macht.

2.3.2.2 Nennwert- und Stückaktien

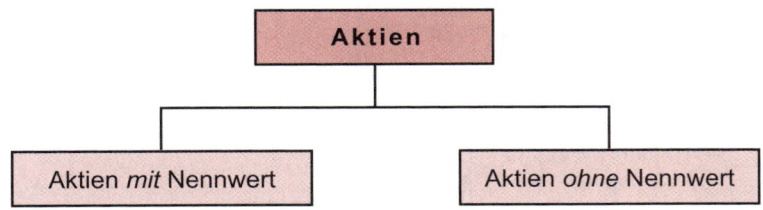

Abbildung 2.3: Aktien mit und ohne Nennwert

In Deutschland gab es bis in das Jahr 1998 hinein nur die *Nennwertaktie* (Nominalwertaktie), die Stückaktie war verboten. Heute bestimmt der § 8 AktG:

„(1) Die Aktien können entweder als Nennbetragsaktien oder als Stückaktien begründet werden. (2) Nennbetragsaktien müssen auf mindestens einen Euro lauten. ... Höhere Aktiennennbeträge müssen auf volle Euro lauten. (3) Stückaktien lauten auf keinen Nennbetrag. Die Stückaktien einer Gesellschaft sind am Grundkapital in gleichem Umfang beteiligt. Der auf die einzelne Aktie entfallende anteilige Betrag des Grundkapitals darf einen Euro nicht unterschreiten. ... (4) Der Anteil am Grundkapital bestimmt sich bei Nennbetragsaktien nach dem Verhältnis ihres Nennbetrags zum Grundkapital, bei Stückaktien nach der Zahl der Aktien. ..."

Der Unterschied beider Aktientypen ist nicht bedeutend. So hat etwa auch die *Stück-aktie* einen rechnerischen Nennwert, der sich durch ihren Anteil am Nennkapital (Grundkapital) berechnet. Hinderlich war in der Vergangenheit der Zwang zu einem Nennwert von einem Euro oder einem Vielfachen davon im Zusammenhang mit der Umstellung von der Deutschen Mark (Nennwert von Aktien war meistens fünf Mark) auf den Euro. Dabei wurden immer Kapitalanpassungen wegen krummer sich erge-bender Euro-Beträge bei der Umstellung erforderlich und viele Gesellschaften stellten lieber auf nennwertlose Aktien um, die einen krummen rein rechnerischen Nennwert haben dürfen.

2.3.2.3 Stamm- und Vorzugsaktien

Eine Stammaktie ist eine Aktie, die dem Inhaber die für den Normalfall vorgesehenen Rechte gewährt. Vorzugsaktien dagegen beinhalten Sonderrechte. Gibt es im Vergleich zu den Stammaktien nur Vorteile, so spricht man von *absoluten Vorzügen*. Steht dem Vorzug aber ein Nachteil gegenüber, was in Deutschland besonders in Form des Aus-schlusses des Stimmrechts sehr verbreitet der Fall ist, so spricht man von *relativen Vorzügen*. Der Stimmrechtsausschluss nimmt der Vorzugsaktie eine typische Eigen-schaft von Eigenkapital und macht sie so zu einem eigenkapitalähnlichen mezzaninen Kapitalanteil. Die Vorteile von *Vorzugsaktien* können unterschiedlich sein. Die beiden wichtigsten Varianten werden im Aktiengesetz (§ 11) selbst erwähnt: „Die Aktien kön-nen verschiedene Rechte gewähren, namentlich bei der Verteilung des Gewinns und des Gesellschaftsvermögens."

Dividendenvorzugsaktien

Die in Deutschland fast allein relevanten Vorzugsaktien sind *Dividendenvorzugsaktien*.

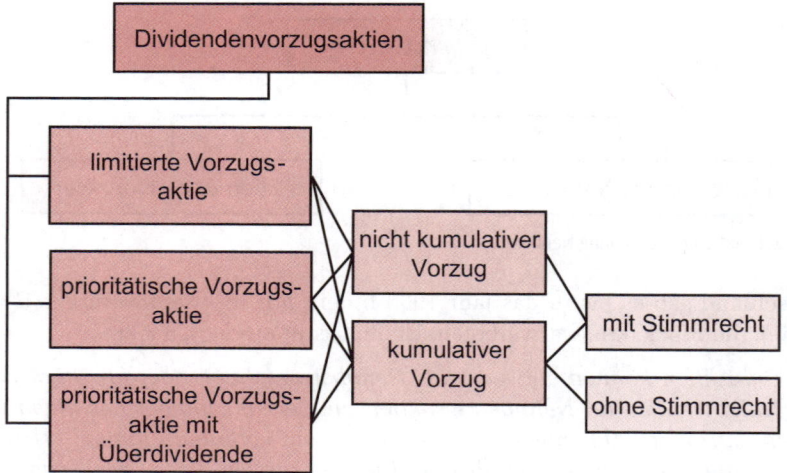

Abbildung 2.4: Typen von Dividendenvorzügen und ihre Kombinationsmöglichkeiten

Bei allen Typen von Vorzugsdividenden erhalten in Abhängigkeit vom Gewinn erst einmal die Vorzugsaktionäre eine festgelegte *Mindestdividende*, ehe auch die Stammaktionäre eine Dividende bekommen können. Die in der Praxis unbedeutende *limitierte Vorzugsaktie* ist dabei auf den festen Prozentsatz des Nominalwerts für die Dividende begrenzt. Bei ihr könnte es vorkommen, dass die Stammaktionäre bei hohen Gewinnen eine höhere Dividende erhalten als die Vorzugsaktionäre. Bei der *prioritätischen Vorzugsaktie* kann das nicht passieren: Haben bei ausreichend hohen Gewinnen die Stammaktionäre das Niveau der Vorzugsdividende erreicht, so werden weitere ausschüttbare Gewinne gleichmäßig auf Stamm- und Vorzugsaktien verteilt, so dass pro Aktie bei beiden Aktienarten dann die gleiche Dividende bezahlt wird. Bei der *prioritätischen Vorzugsaktie mit Überdividende* schließlich ist der Vorzug am klarsten ausgeprägt: Die Dividende der Stammaktionäre nähert sich bei steigenden Gewinnen nur bis auf einen bestimmten Abstand der Dividende der Vorzugsaktie. Ist dieser Minimalabstand erreicht, dann werden weitere Gewinne so auf die beiden Aktientypen verteilt, dass immer die Vorzugsaktie einen festen Dividendenvorteil in Höhe der Überdividende hat.

Die Unterscheidung der dividendenbezogenen Vorzugsaktien sei an miteinander verbundenen Beispielen in den folgenden drei Abbildungen einander gegenübergestellt. Zugrunde gelegt wird eine AG, die je 500.000 Stamm- und Vorzugsaktien mit einem Nennwert pro Aktie von je 1 Euro umlaufen hat.

Das Aktiengesetz erlaubt einen Stimmrechtsausschluss als typischen Nachteil einer Aktie mit relativem Vorzug allein für so genannte *kumulative Vorzugsaktien*. Bei diesen Aktien ist die Vorzugsdividende, die in einem Verlustjahr ausfällt, im Folgejahr nachzuzahlen. Gelingt im Folgejahr eine Nachzahlung nicht beziehungsweise nicht vollständig, so lebt das Stimmrecht auf, bis die Rückstände nachgezahlt sind.

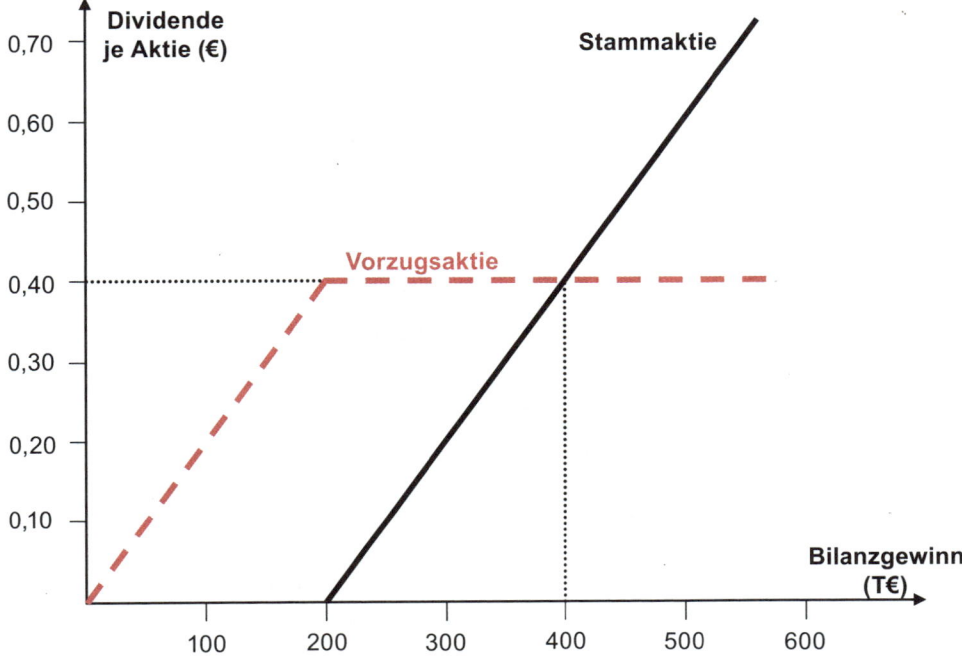

Abbildung 2.5: Limitierte Vorzugsdividende

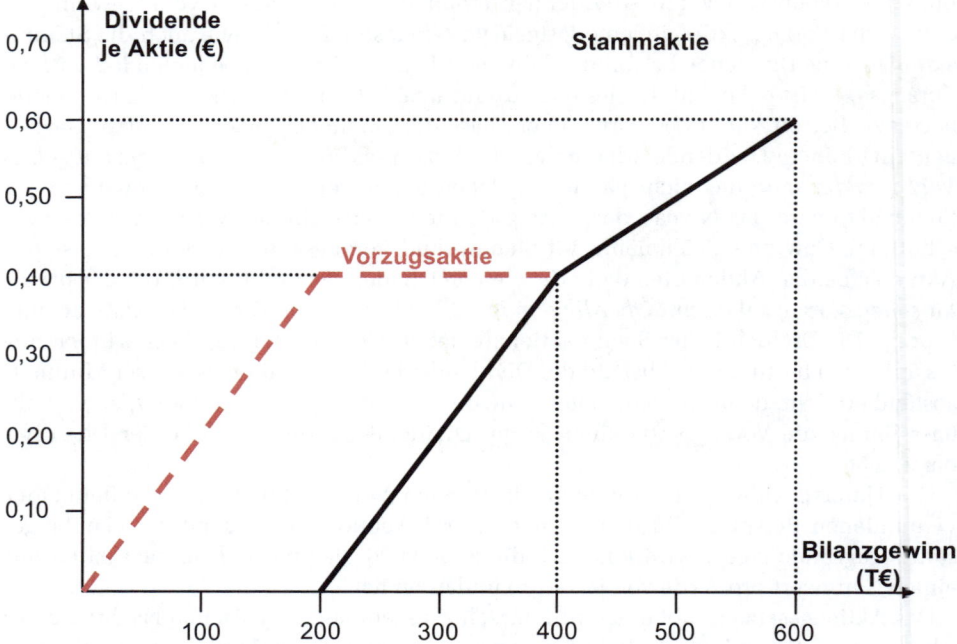

Abbildung 2.6: Prioritätischer Dividendenanspruch (ohne Überdividende)

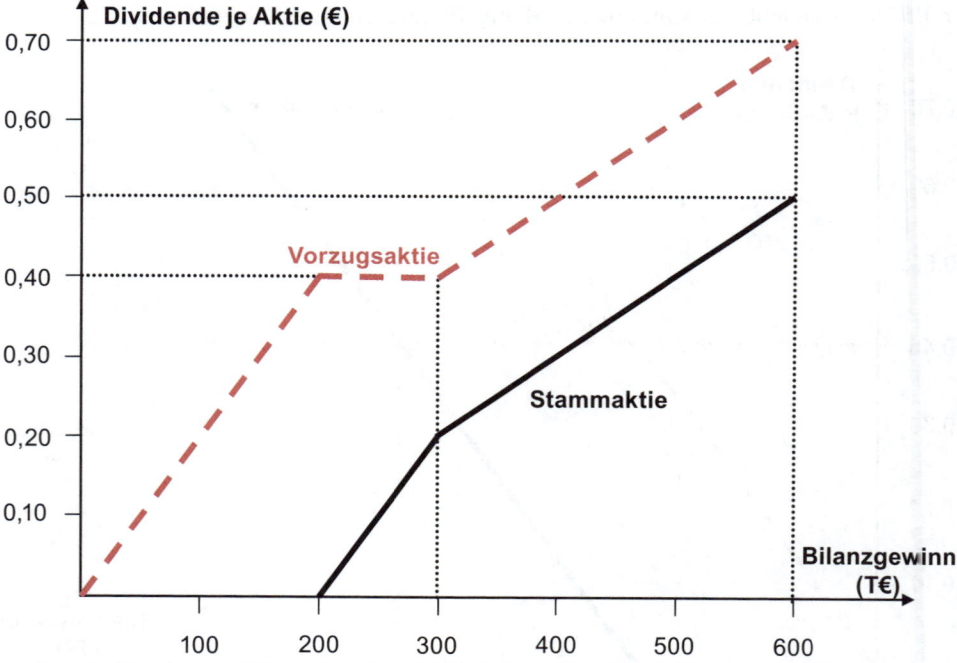

Abbildung 2.7: Prioritätischer Dividendenanspruch mit Überdividende

Andere Vorzugsaktien

Andere Vorzugsaktien haben in Deutschland nur sehr geringe Bedeutung. Dabei sind lediglich *Vorzüge beim Liquidationserlös* und die Reste der Mehrstimmrechtsaktien erwähnenswert. Aktien mit einem Vorzug auf Anteile an einem eventuellen Liquidationserlös der Gesellschaft können am ehesten bei Sanierungen entstehen, wenn sich nur ein Teil der Aktionäre an der Sanierung freiwillig mit einem Bezug junger Aktien beteiligt. Diese mutigen Aktionäre können dafür belohnt werden, indem man ihnen für den Fall, dass die Sanierung nicht gelingt und das Unternehmen liquidiert wird, für die jungen Aktien ein Vorrecht gegenüber den Stammaktionären einräumt. Denn Letztere hatten ja anlässlich der Sanierung kein neues Geld riskiert. So haben die Vorzugsaktionäre mit den jungen Aktien eine gegenüber den anderen Aktionären erhöhte Chance, noch Geld zurückzubekommen.

Die *Mehrfachstimmrechtsaktie* war bei uns nur in der Vergangenheit von Bedeutung. Mehrfachstimmrechte reichten von Doppelstimmrechten bis zu vieltausendfachen Stimmrechten. Oft hatten sich Gründerfamilien dadurch eine besondere Machtbasis gesichert. Nicht selten waren es auch Aktionäre der öffentlichen Hand (zum Beispiel Gebietskörperschaften), die so ihr Gewicht in solchen Unternehmen bewahren wollten, die eine Aufgabe mit gewissem öffentlichem Belang erfüllen, beispielsweise Energie- oder Wasserversorger. Das heute als undemokratisch empfundene Instrument des Stimmrechtsvorzugs gehört bei uns mittlerweile aber weitgehend der Vergangenheit an. Nach § 12 Abs. 2 AktG sind Mehrfachstimmrechte unzulässig. Nur in den seltenen Fällen, in denen die Hauptversammlungen konkret trotz allgemeiner Abschaffung für die Fortgeltung votiert hatten, bestehen in Deutschland noch derartige Vorzüge. In manchen anderen Ländern sind Mehrstimmrechtsaktien aber noch üblich, insbesondere in Skandinavien. Die Tendenz zur Abschaffung der Mehrfachstimmrechte ist in der politischen Diskussion in der Europäischen Union aber ausgeprägt.

2.3.3 Erwerb eigener Aktien

Aktiengesellschaften dürfen gemäß § 56 Abs. 1 AktG keine *eigenen Aktien* zeichnen, das heißt bei Emission erwerben. Begründet wird die Bestimmung damit, dass die Zeichnung zu einer realen Kapitalaufbringung für die Gesellschaft führen muss. Umgehungen wären unter anderem durch Rückkauf von Aktien möglich. Dann erwirbt zwar in einem ersten Schritt ein Dritter die Aktien, die Gesellschaft kauft ihm diese aber ab und ist so gestellt, als hätte sie die Aktie bei Emission erworben. Deshalb ist dem Verbot der Zeichnung eigener Aktien das Verbot an die Seite gestellt worden, eigene Aktien zu erwerben. § 71 AktG Abs. 1 regelt abschließend acht genau definierte Fälle des trotzdem möglichen Erwerbs eigener Aktien. Durch die vor wenigen Jahren eingeführte *achte Ausnahmeregelung* wurden die Möglichkeiten des Aktienrückkaufs deutlich ausgeweitet, so dass heute Aktienrückkäufe in Deutschland keine Seltenheit mehr sind. Diese achte Ausnahmeregelung macht den Erwerb eigener Aktien kaum mehr zur Ausnahme und besagt: Eine Gesellschaft darf eigene Aktien unter anderem aufgrund einer höchstens 18 Monate geltenden Ermächtigung (Ermächtigungsperiode) der Hauptversammlung erwerben, die den niedrigsten und höchsten Gegenwert festlegt. Zur Begrenzung dieser Rückkaufmöglichkeit darf der Anteil am Grundkapital, den der Erwerb dieser eigenen Aktien (zusammen mit bestimmten anderen eigenen Aktien, die im Gesetz genannt sind) erreicht, nicht die Marke von 10 Prozent übersteigen (§ 71 Abs. 2, Satz 1 AktG). Die Hauptversammlung kann dabei einen oder mehrere mögliche Erwerbszwecke bestimmen, muss dies aber nicht. Zulässig ist der Erwerb eigener Aktien nach der genannten großzügigen achten Ausnahmeregelung grundsätzlich zu jedem Zweck außer zum Zweck des Handels in eigenen Aktien. Unter anderem ist damit auch der Erwerb eigener Aktien mit dem Ziel zulässig, den Aktienkurs durch die zusätzliche Nachfrage nach den Aktien und die Reduzierung des dividendenberechtigten Kapitals – eigene Aktien sind nicht dividendenberechtigt – zu stützen. Rückkäufe zur Kursverbesserung sind bei den Aktionären meistens beliebt. Profitabilitätskennzahlen der Aktien wie Gewinn je Aktie und Eigenkapitalrendite werden erhöht. Die Aktiengesellschaften haben dabei neben der Kurspflege und Kennzahlenverbesserung oft auch folgendes Motiv: Sie haben überschüssige freie Finanzmittel angesammelt und wollen diese nicht über erhöhte Gewinnausschüttungen hergeben, die Begehrlichkeiten der Aktionäre hinsichtlich auch der künftigen Dividendenhöhe wecken. Stattdessen machen sie mit dem Rückkauf eine Ausschüttungsaktion, die klar erkennbar außerordentlich ist. Bei Bedarf könnten die Aktien wieder veräußert werden, was einer Kapitalerhöhung ohne großen administrativen Aufwand gleichkommt. Die Kurserhöhung durch Rückkauf kann eventuell auch eine feindliche (von Vorstand und Aufsichtsrat unerwünschte) volle oder teilweise Übernahme der Gesellschaft erschweren. Andere wichtige Rückkaufmotive der Gesellschaft können die Verwendung der Aktien für Optionsprogramme zugunsten von Mitarbeitern sein oder das spätere endgültige Aus-dem-Verkehr-Ziehen der Aktien (Rückkauf nicht zum zwischenzeitlichen „Parken" der Aktien im Unternehmen, sondern zum Zweck der Kapitalherabsetzung). Letzteres liegt einmal bei fehlenden Investitionsmöglichkeiten nahe und andererseits auch in Zeiten niedriger Zinsen, in denen man Eigenkapital durch sehr billiges Fremdkapital ersetzen kann. Nach erfolgter Kapitalherabsetzung sind erneute Rückkaufprogramme bis zur neuen Auffüllung der 10-Prozent-Grenze möglich. Beispiel laut einer Zeitungsnotiz (Süddeutsche Zeitung vom 15. – 17.4.2006):

> *„Die Deutsche Bank will sich auf der Hauptversammlung vom 1. Juni wie in den Vorjahren zum Rückkauf eigener Aktien ermächtigen lassen. Die Aktionäre sollen erlauben, dass die Bank bis Ende Oktober 2007 bis zu zehn Prozent des Grundkapitals zurückkaufen darf. ... Die Deutsche Bank hatte im dritten Quartal 2005 das vierte Aktienrückkaufprogramm gestartet .... Seit Beginn des ersten Programms im Februar 2002 hat die Bank 18,2 Millionen Aktien im Wert von 10,9 Milliarden Euro zurückgekauft. 118 Millionen Aktien wurden eingezogen, sodass das Eigenkapital um fast ein Fünftel schrumpfte. Das war ein Hebel, um die Rendite auf das Kapital zu treiben. 2005 erreichte die Eigenkapitalrendite 25 Prozent. Die Käufe ermöglichen es der Bank auch, Mitarbeiter durch die Ausgabe von Aktien zu entlohnen."*

Der Erwerb eigener Aktien für bestimmte Zwecke, darunter auch für den hier zur Rede stehenden Zweck der genannten Ziffer 8 des § 71 Abs. 1 AktG, ist nur unter einer Voraussetzung zulässig: Die Gesellschaft muss eine *Rücklage für eigene Aktien* bilden können, ohne das Grundkapital oder eine nach Gesetz oder Satzung zu bildende Rücklage zu mindern, die nicht zu Zahlungen an die Aktionäre verwandt werden darf. Sinn dieser Vorschrift ist, dass durch den Aktienrückkauf nicht das Verbot der Einlagenrückgewähr umgangen werden darf. Das an Aktionäre fließende Geld beim Aktienrückkauf muss gemäß der genannten Bedingung anderweitig für Ausschüttungen frei disponierbar gewesen sein.

2.3.4 Wichtige Kennzahlen zur Bewertung von Aktien

2.3.4.1 Übersicht am Beispiel

Die Beurteilung der Frage, ob der Kurs einer Aktie angemessen ist, ist ein komplexes Thema. Das folgende Beispiel geht auf einige wichtige fundamentale Kennzahlen ein. Der Begriff „fundamental" bedeutet, dass auf die wirtschaftlichen Verhältnisse der Unternehmen abgestellt wird, nicht auf eine sogenannte technische Analyse von Börsendaten (insbesondere von Börsenkursen und -umsätzen).

Beispiel **Fundamentale Aktienkennzahlen**

Gegeben seien die folgende einfache Bilanz sowie die im Anschluss daran genannten Zusatzangaben gemäß Tabelle 2.2.

Tabelle 2.2

Bilanz und Ergänzungszahlen für Aktienkennzahlen-Beispiel

Aktiva	T€	Passiva	T€
Grundstück	100	Grundkapital	200
Maschinen	250	gesetzliche Rücklagen	10
Umlaufvermögen	176	freie Rücklagen	30
		Jahresüberschuss	6
		Fremdkapital	280
Summe	**526**	**Summe**	**526**

Cashflow (Umsatzüberschuss)[1]	70 T€
stille Reserven	360 T€
durchschnittlicher Gewinn der Zukunft p.a.	60 T€
Kalkulationszinsfuss in Prozent	10 %
Nominalwert der Aktie	1 €
Börsenkurs	2,4 €
Gewinn pro Aktie	0,32 €
Dividende pro Aktie	0,03 €

---

1 Siehe hierzu Kapitel 5.

Man berechne hieraus folgende Kennzahlen der fundamentalen Aktienanalyse:

1 Bilanzkurs und korrigierten Bilanzkurs (jeweils in Prozent des Nominalwerts sowie absolut)

2 Ertragswertkurs (in Prozent des Nominalwerts sowie absolut)

3 Kurs-Gewinn-Verhältnis (KGV)

4 Eigenkapitalrendite

5 Dividendenrendite

6 Cashflow-Ratio

Lösungen:

Zu 1. a) Der *Bilanzkurs* errechnet einen Sollkurs unter der problematischen Voraussetzung, dass die Bilanz die Realität objektiv widerspiegelt. Er wird hier in Prozent vom Nominalwert und absolut in Geldeinheiten angegeben.

$$\text{Bilanzkurs}_{\text{relativ}} = \frac{\text{bilanziertes Eigenkapital}}{\text{Grundkapital}} \times 100\%$$

$$= \frac{200+10+30+6 \, [\text{T}\euro]}{200 \, \text{T}\euro} \times 100\%$$

$$= (246 \, \text{T}\euro \, / \, 200 \, \text{T}\euro) \times 100\% = 123\%$$

$$\text{Bilanzkurs}_{\text{absolut}} = \text{Bilanzkurs}_{\text{relativ}} \times \text{Nominalwert}$$

$$= 123\% \times 1\euro = 1,23\euro$$

Zu 1. b) Der *korrigierte Bilanzkurs*, hier in Prozent vom Nominalwert und absolut in Geldeinheiten gemessen, trägt der Erkenntnis Rechnung, dass Bilanzen je nach wirtschaftlicher Situation des Unternehmens und relevanten Bilanzierungsvorschriften (zum Beispiel nach HGB oder IAS/IFRS) mehr oder weniger hohe stille Reserven verbergen. Zählt man die geschätzte Höhe der stillen Reserven dem bilanziellen Eigenkapital hinzu, so resultiert eine korrigierte Eigenkapitalgröße für die Bilanzkursformel. Auf dieser Basis ergibt sich ein realistischerer Anhaltspunkt für den angemessenen Börsenkurs. Ist der Börsenkurs nicht zu hoch über dem korrigierten Bilanzkurs, so sieht man ihn entsprechend als weitgehend abgesichert an. Der theoretischen Verbesserung der Kennzahl im Vergleich zum einfachen Bilanzkurs steht allerdings das Problem der Schätzung der stillen Reserven gegenüber.

$$\text{korrigierter Bilanzkurs}_{\text{relativ}} = \frac{\text{bilanziertes Eigenkapital} + \text{stille Reserven}}{\text{Grundkapital}}$$

$$= \frac{246+360 \, [\text{T}\euro]}{200 \, \text{T}\euro} = 303\%$$

$$\text{korrigierter Bilanzkurs}_{\text{absolut}} = \text{korrigierter Bilanzkurs}_{\text{relativ}} \times \text{Nominalwert}$$

$$= 303\% \times 1\euro = 3,03\euro$$

Zu 2. Wie der Bilanzkurs, so bietet auch der *Ertragswertkurs* einen Vergleichs-wert für den Aktienkurs, um so die Angemessenheit des Aktienkurses abschätzen zu können. Der prozentuale Ertragswertkurs ist die Relation des Unternehmens-werts (ermittelt nach modernen Bewertungsmethoden auf Basis der Nettoerträge = Gewinne des Unternehmens) zum Grundkapital beziehungsweise man nimmt von Ertragswert und Grundkapital jeweils den Anteil, der auf eine Aktie entfällt. Der Ertragswert einer vereinfachend unterstellten unendlichen Reihe von unver-änderten Gewinnen ergibt sich dabei grundsätzlich als (durchschnittlicher) Gewinn geteilt durch den Kalkulationszins. Dann gilt:

$$\text{Ertragswertkurs}_{relativ} = \frac{\text{Ertragswert}}{\text{Grundkapital}} \times 100\%$$

$$= \frac{\text{erwarteter Durchschnittsgewinn} / \text{Kalkulationszins}}{\text{Grundkapital}}$$

$$= \frac{60\,\text{T€} / 10\%}{200\,\text{T€}} \times 100\% = 300\%$$

$$\text{Ertragswertkurs}_{absolut} = \text{Ertragswertkurs}_{relativ} \times \text{Nominalwert}$$
$$= 300\% \times 1\,\text{€} = 3,00\,\text{€}$$

Zu 3. Das Verhältnis des Kurses einer Aktie zum (von einem Analytiker ermittel-ten) geschätzten Gewinn pro Aktie ergibt die am weitesten verbreitete Kennzahl zu Aktien, das *Kurs-Gewinn-Verhältnis KGV*. Das KGV wird gleich anschließend ausführlich beleuchtet.

$$\text{KGV} = \frac{\text{Börsenkurs}}{\text{Gewinn pro Aktie}} = 2,4\,\text{€} / 0,32\,\text{€} = 7,5$$

Zu 4. Die Rentabilität der Aktienanlage oder *Eigenkapitalrendite* ist der Kehrwert des KGV.

$$\text{Eigenkapitalrendite} = \frac{1}{\text{KGV}} = \frac{\text{Gewinn pro Aktie}}{\text{Börsenkurs}} = (0,32\,\text{€} / 2,4\,\text{€}) \times 100\% = 13,3\%$$

Zu 5. Die gerade ermittelte Eigenkapitalrendite darf nicht mit der *Dividenden-rendite* verwechselt werden. Die bezahlte Dividende ist in Jahren mit einiger-maßen normalen Gewinnen meistens deutlich unter dem rechnerisch auf eine Aktie entfallenden Gewinn. Denn erstens werden in der Regel in befriedigend verlaufenen Jahren nicht alle Gewinne tatsächlich im Jahresabschluss ausgewie-sen und zweitens wird von diesen ausgewiesenen Gewinnen im Allgemeinen nur ein Teil ausgeschüttet. In schlechten Jahren kann aber umgekehrt die Divi-dende über dem rechnerischen Gewinn pro Aktie liegen. Die Dividendenrendite p.a. ist in Deutschland meistens nur einen kleinen einstelligen Prozentsatz hoch.

$$\text{Dividendenrendite} = \frac{\text{Dividende pro Aktie}}{\text{Börsenkurs}} \times 100\% = \frac{0,03\,\text{€}}{2,4\,\text{€}} = 1,25\%$$

Zu 6. Statt KGV nimmt man insbesondere bei internationalen Vergleichen, bei denen oft untereinander vergleichbare Gewinnschätzungen zur Errechnung des KGV nicht vorliegen, das Kurs-Cashflow-Verhältnis, englisch *Cash Flow Ratio* (CFR). Auf die Definition des Cashflows (oder Umsatzüberschusses) wird im fünften Kapitel eingegangen, auf die Verwendung statt des Gewinns im neunten Kapitel.

$$ CFR = \frac{\text{Börsenkurs}}{\text{Cashflow je Aktie}} = \frac{2{,}4\,€}{(70.000\,€\,/\,200.000)} = 2{,}4\,€\,/\,0{,}35\,€ = \text{ca. } 6{,}9 $$

2.3.4.2 Das Kurs-Gewinn-Verhältnis

Das KGV ist in Deutschland die meistbeachtete fundamentale Aktienkenngröße, weshalb sich ein genauerer Blick auf sie lohnt. Der englische Ausdruck für das KGV ist PER beziehungsweise PE-Ratio für Price Earnings Ratio. Eine übliche Größenordnung für das durchschnittliche KGV der Aktien eines Indizes ist 10 bis 25, je nach Börsenlage schwankend.

Am 2.11.2006 etwa galten für einige Aktien im Index Dow Jones Global Titans 50 die KGV-Werte der Tabelle 2.3.

Tabelle 2.3

Einige KGV-Kennzahlen bekannter Unternehmen am 20.11.2006	
Unternehmen	**KGV**
AT&T	14
Bank of America	11
Barclays	10
BP	10
Chevron	9
Cisco Systems	19
Coca-Cola	19
Dell Incorp.	23
IBM	14
Microsoft	20
Nestle	17
Siemens	13
Vodafone Gp.	13

Der durchschnittliche KGV-Wert der Dax-Werte lag in den letzten 30 Jahren bei circa 16 und schwankte zwischen etwa 8 und 30, vorwiegend zwischen 9 und 20.

Das DVFA/SG-Ergebnis als Gewinnziffer im KGV

In Deutschland wählt man zur Schätzung des in das KGV eingehenden Gewinns pro Aktie meistens das Ergebnis nach DVFA/SG. Die *DVFA* ist die Deutsche Vereinigung für Finanzanalyse und Anlageberatung. In ihr sind Finanzanalysten organisiert, die überwiegend in deutschen Banken oder anderen Finanzdienstleistungsunternehmen arbeiten. Die SG ist die Schmalenbach Gesellschaft Deutsche Gesellschaft für Betriebswirtschaft e.V., ein Zusammenschluss von Hochschullehrern und Bilanzspezialisten aus der Wirtschaft. Beide Organisationen haben ein Kompromissschema zur Ermittlung einer Gewinnziffer entwickelt. Das Ergebnis nach DVFA/SG soll

- den Ergebnistrend eines Unternehmens im Zeitablauf aufzeigen,

- Basis für die Abschätzung der zukünftigen Ergebnisentwicklung bilden,

- Vergleiche der Ergebnisse verschiedener Unternehmen ermöglichen.

PEG-Ratio

Die Price Earnings to Growth Ratio oder PEG-Ratio, auch als dynamisches KGV bezeichnet, ist eine Weiterentwicklung der Kennzahl KGV (PE-Ratio). Das Erfordernis einer Weiterentwicklung ergab sich vor dem Hintergrund des folgenden Problems: Es gibt für das einfache KGV kein als normal definierbares Niveau für eine Aktie. Bleiben die Gewinne absehbar immer mehr oder weniger auf gleichem Niveau, ändern sich also mit einer nur sehr kleinen jährlichen Rate, so ist ein relativ niedriges KGV angemessen. Hat man dagegen ein Unternehmen vor sich, dessen Gewinne von Jahr zu Jahr hohe Steigerungsraten haben, so ist ein hohes KGV angemessen. Wie erhält man eine Kennzahl, für die man ein gewisses Normalniveau formulieren kann, das für Unternehmen mit niedrigem und hohem Gewinnwachstum gleichermaßen gilt? Man erreicht dieses, indem man das vom Gewinnwachstum stark abhängige einfache KGV durch das geschätzte Gewinnwachstum pro Jahr dividiert. Die resultierende Kennzahl PEG-Ratio wird auf diese Weise neutral gegenüber dem Einflussfaktor Gewinnwachstum.

Die PEG-Ratio ist der Quotient aus KGV und der Anzahl der Prozente des durchschnittlichen Gewinnwachstums p.a. (zum Beispiel der nächsten drei bis fünf Jahre):

$$\text{PEG Ratio} = \frac{\text{KGV}}{\text{durchschnittliches Gewinnwachstum [\% p.a.]}}$$

Beispiel: Das KGV ist 20, das durchschnittliche Gewinnwachstum 20 Prozent. Dann gilt:

$$\text{PEG Ratio} = \frac{20}{20} = 1$$

Häufige Faustregel: Eine faire Bewertung liegt vor, wenn KGV und prozentuales Gewinnwachstum (Prozentpunkte) gleich sind (etwa jeweils 20), sich also eine PEG-Ratio von 1 wie im gerade genannten Beispiel ergibt. Ein Unternehmen gilt nach dieser Faustregel als falsch bewertet, wenn die PEG-Ratio ungleich 1 ist, das KGV sich also vom Gewinnwachstum unterscheidet. Wächst der Gewinn eines Unternehmens p.a. zum Beispiel um 25 Prozent, so sollte das KGV auch 25 sein. Ist das KGV dann nur 20, so ist der Aktienkurs (also die Bewertung des Unternehmens an der Börse) zu niedrig, ist es 30, so ist der Aktienkurs zu hoch. Bei den beobachtbaren PEG-Ratios der Praxis gibt es allerdings große Branchenunterschiede und der oft genannte Sollwert von 1 ist als statistischer Normalwert keineswegs abgesichert.

Ein Vergleich von PEG- und KGV-Werten zweier Unternehmen mit sehr unterschiedlich dynamischem Gewinnwachstum soll den Unterschied von KGV und PEG noch einmal deutlich machen.

Beispiel   ## Unterschied von KGV und PEG-Ratio

Zwei Unternehmen haben auf Basis des Gewinns von 2003 beide ein sehr hohes KGV von 50. Das prognostizierte Gewinnwachstum p.a. für die kommenden Jahre sei beim Unternehmen A 50 Prozent, beim Unternehmen B nur 2 Prozent. Die den Kennzahlen zugrunde gelegten Gewinnjahre sind durch die tief gestellten Zahlen 2003 bis 2006 gekennzeichnet. Es ergeben sich als PEG-Werte für 2003 sehr unterschiedliche Werte, was nach der Theorie der PEG-Anwendung bei richtiger Bewertung der Aktien nicht sein sollte:

Unternehmen A:

- $KGV_{A2003} = 50$
- $PEG_{A2003} = 50/50 = 1$ (Das ist im Rahmen des Üblichen.)

Unternehmen B:

- $KGV_{B2003} = 50$
- $PEG_{B2003} = 50/2 = 25$ (Das ist weit höher als üblich.)

Die KGVs auf Basis der künftigen Gewinne nehmen beim Unternehmen A, das eine dynamische Gewinnsteigerung aufweist, sehr schnell ab (normalisieren sich schnell):

- $KGV_{A2004} = 50/1,5 = 33,33$
- $KGV_{A2005} = 50/1,5^2 = 22,22$
- $KGV_{A2006} = 50/1,5^3 = 14,81$

Beim Unternehmen B mit seiner sehr geringen Gewinnsteigerung dagegen bleiben auch die KGVs der Zukunft relativ zum üblich zu beobachtenden Marktniveau sehr hoch:

- $KGV_{B2004} = 50/1,02 = 49,02$
- $KGV_{B2005} = 50/1,02^2 = 48,06$
- $KGV_{B2006} = 50/1,02^3 = 47,12$

Die unterschiedliche Höhe der PEG-Werte auf Basis der Gewinnschätzungen für 2003 hat darauf hingewiesen, dass die Aktie des Unternehmens B mit geringem Gewinnwachstum offensichtlich überbewertet ist. Das PEG des Unternehmens mit dynamisch wachsenden Gewinnen dagegen ist auf normalem Niveau. Das bei beiden Unternehmen gleiche einfache KGV auf Basis der Gewinne von 2003 von jeweils 50 birgt diese Informationen durch das PEG nicht.

2.3.5 Aktienhandel und Börse

Hier steht der so genannte Sekundärmarkt für Aktien zur Diskussion, das heißt der Markt für die bereits emittierten Papiere. Der Fokus wird dabei auf den gemessen am Umsatzvolumen entscheidenden Handel an Aktienbörsen gelegt.

2.3.5.1 Börslicher und außerbörslicher Aktienhandel

Die im Blickpunkt der Öffentlichkeit stehenden Aktien werden an Börsen gehandelt. Sehr viele Aktien, besonders solche kleiner Gesellschaften, werden aber nur außerhalb der Börsen gekauft und verkauft.

Börslicher Aktienhandel

An den Wertpapierbörsen werden nicht nur Aktien gehandelt, sondern auch andere Wertpapiere, zum Beispiel Obligationen und Verwandte (etwa Genussscheine), gewisse Fondsanteile sowie Optionsscheine. In diesem Kapitel interessieren nur die Börsen, an denen ausschließlich oder auch Aktien gehandelt werden. Aktien werden auf Antrag der Gesellschaft hin bei einer oder mehreren Börsen zum Handel zugelassen. Die Zulassung an mehreren Börsen lohnt sich angesichts des hohen Zulassungsaufwands pro Börse (insbesondere bei stark unterschiedlichen Zulassungsvorschriften mit Folgen für Rechnungswesen, Publizitätspflichten usw.) und nicht geringer laufender Kosten pro Jahr (an der NYSE zum Beispiel bis zu $1/2$ Mio. US-Dollar p.a.) nur für größere Gesellschaften. Hat eine Gesellschaft Standard- und Vorzugsaktien, so kann eine der beiden Formen zum Börsenhandel eingeführt werden oder aber beide.

Eine Börse ist allgemein durch folgende Merkmale gekennzeichnet:

- Zusammenführung von Angebot und Nachfrage
- im Rahmen einer organisierten und regelmäßigen Veranstaltung (oder eines Handelssystems)
- zum Handel vertretbarer Güter
- nach einheitlichen Regeln
- zwischen Kaufleuten.

Die gehandelten vertretbaren Güter sind im Fall der Aktienbörse Aktien. Die gehandelten Aktien sind an der Börse nie zu sehen und auf lange Sicht werden das wohl auch die physischen Händler an den dann nur noch elektronischen Börsen nicht mehr sein. Um die Börsen von börsenähnlichen Handelssystemen abgrenzen zu können, fügen wir der Definition noch ein weiteres Merkmal hinzu:

- Existenz einer von einer Aufsichtsbehörde genehmigten Börsenordnung.

Außerbörslicher Aktienhandel

Aktien werden auch außerhalb von Börsen gehandelt, und zwar

- entweder ausschließlich außerhalb von Börsen, weil sie an keiner Börse zum Handel zugelassen sind
- oder aber parallel zum Handel des gleichen Papiers an der Börse.

Der *ausschließliche Handel außerhalb der Börsen* kommt einmal für Aktien kleiner Gesellschaften in Betracht. Sie verzichten darauf, ihre Aktien an die Börse zu bringen, weil die Aktien zu selten gehandelt werden, als dass sich der Börsenhandel lohnen würde. Kosten und Pflichten aus der Börsennotiz sind durch die wenigen Handelsvorgänge nicht gerechtfertigt. Neue Möglichkeiten bietet dabei auch das Internet, wo sich spezielle Aktienhandels-Plattformen etablieren. Aber auch die Aktien großer Gesellschaften werden oft nicht an einer Börse notiert, wenn sie in Händen einiger weniger Eigentümer sind. Bei wieder anderen Aktien wird zwar ein Börsenhandel in der Zukunft in Erwägung gezogen, bis dahin werden sie aber nur außerbörslich gehandelt. Ein außerbörslicher Aktienhandel erfolgt aber auch *parallel zum Handel des gleichen Papiers an der Börse*. Wichtige Fälle sind der Handel außerhalb der Börsenzeiten oder der Handel von großen Aktienpaketen. Der § 22 Abs. 1 Börsengesetz legt den Handel an der Börse als Regelfall fest, von dem abgewichen werden kann:

> *„Aufträge für den Kauf oder Verkauf von Wertpapieren, die zum Handel an einer inländischen Börse zugelassen oder in den Freiverkehr einbezogen sind, sind über den Handel an einer Börse auszuführen, sofern der Auftraggeber seinen gewöhnlichen Aufenthalt oder seine Geschäftsleitung im Inland hat und er nicht für den Einzelfall ausdrücklich eine andere Weisung erteilt; handelt es sich bei dem Auftraggeber nicht um einen Verbraucher, kann er auch für eine unbestimmte Zahl von Fällen eine andere Weisung erteilen ...“*

Aktien werden auch vor Emission und Börseneinführung schon außerbörslich gehandelt, besonders (aber nicht allein) von professionellen Marktteilnehmern. Man spricht hierbei von Handel per Erscheinen. Die dabei festgestellten „Graumarkt-Kurse“ bieten Anhaltspunkte für künftig zu erwartende Börsenkurse, etwa auch, ob die Aktie am Tag der Erstnotiz an der Börse über dem Emissionskurs notieren wird oder nicht.

Alternative Handelssysteme

Der Wertpapierhandel findet zunehmend in Computernetzen statt, was Börsen leichter ersetzbar macht. Alternative Handelssysteme (Alternative Trade Systems, ATS) sind private elektronische Handelsplattformen, die Computerbörsen mehr oder weniger nahekommen und sich im Extremfall nur noch dadurch von Börsen unterscheiden, dass sie keine von einer Aufsichtsbehörde genehmigte Börsenordnung haben und dass entsprechend privatrechtliche Verträge statt Börsenrecht gelten.

Es gibt private Wertpapierdienstleistungsunternehmen, die für Kunden beziehungsweise Abonnenten tätig werden, nicht für Börsenmitglieder. Die professionell genutzten Formen sind durch den Blockhandel institutioneller Investoren entstanden, das heißt durch den Handel von Banken, Wertpapierhäusern, Fonds, Versicherungen und anderen Aktienanbietern und -nachfragern mit großen Aktienmengen auf einen Schlag. Diese institutionellen Investoren wollten die klassischen Börsen aus Kosten- und Servicegründen umgehen und haben die Dienste von außerbörslichen Plattformen in Anspruch genommen, sie teilweise selbst gegründet. Börsen bieten stark standardisierte Leistungen, die Kontrakte über die börsenähnlichen Einrichtungen sind individueller gestaltbar.

Neben alternativen Handelssystemen für professionelle Händler gibt es auch sich primär an Private richtende Internet-Plattformen für die Aktienemission und teilweise auch den Aktienhandel betreffend Aktien kleinerer Gesellschaften.

Bei Aktien hat der Handel über börsenähnliche alternative Handelssysteme in Deutschland anders als in den USA nur geringe Bedeutung (Nischenanbieter). Etwa genauso bedeutend wie der Börsenhandel ist er dagegen im Derivatehandel und sogar eindeutig vorherrschend im Bondhandel.

Der Handel über die alternativen Handelssysteme ist Teil des börsenfreien Handels, für den auch der Ausdruck OTC-Handel (*Over-the-Counter-Handel*) verwendet wird. Der klassische börsenfreie Telefonhandel hat an Bedeutung verloren, es gibt ihn aber insbesondere beim Handel mit Obligationen auch heute noch in nennenswertem Umfang.

Orientiert man sich an den Sprachregelungen der deutschen Finanzdienstleistungsaufsicht, so kann man als unterschiedliche Typen von ATS unterscheiden:

- Bulletin Board: Inseratsystem nach Art eines elektronischen schwarzen Bretts. Es gibt die Möglichkeit, Wertpapierangebote öffentlich bekannt zu geben. Die Parteien handeln dann direkt miteinander.

- Electronic Communication Network (ECN): System zum Handel zwischen einem Emissionshaus und Finanzintermediären. Gegenpartei jedes Kaufs und Verkaufs ist das Emissionshaus.

- Proprietary Trading System (PTS): In den USA nennt man abweichend vom deutschen Sprachgebrauch diese und nicht die vorerwähnte Form ECN. Ein PTS ist eine „private Börse" in dem Sinne, dass ihr im Vergleich zu einer Börse lediglich die Existenz einer von einer Aufsichtsbehörde genehmigten Börsenordnung fehlt. Das PTS ist ein elektronisches Handelssystem für Abschlüsse für eine Vielzahl von in aller Regel professionellen Beteiligten. Die Kontrahenten bleiben dabei anonym und können als Marktgegenseite immer den Systembetreiber wählen.

- Crossing Systems: Anders als beim PTS werden die Kundenaufträge zu Preisen abgewickelt, die außerhalb des eigenen Systems an einer Börse entstanden sind.

2.3.5.2 Börsenteilnehmer und Kursbildungsmethoden

An der Börse treten normalerweise Banken und Wertpapierhandelshäuser auf. Für sie werden *Händler* tätig (Floor Trader). Ein Händler kann Kundenhändler sein (Agent Trader), Eigenhändler (Proprietary Trader) oder Liquiditätsanbieter (Market Maker, Designated Sponsor). Darüber hinaus beschäftigen die Börsen und bestimmte Wertpapierhandelshäuser spezielle Handelsmittler, amtliche (nur seitens der Börse) und freie *Makler*. Sie treten zwischen die Händler. Jeder Makler (in den USA auch als Specialist bezeichnet) ist Spezialist für die Betreuung bestimmter Wertpapiere. Die Händler reichen ihre Kauf- und Verkaufsaufträge für Auktionen ausschließlich bei ihm ein. Der Makler soll einen nach den Regeln der Börse angemessenen Kurs festlegen. Dazu erfasst er alle Kauf- und Verkaufsorders in einem speziellen Verzeichnis, dem Skontrobuch.

Im internationalen Sprachgebrauch nennt man *Broker* Personen oder Firmen, die als Mittler zwischen Käufer und Verkäufer treten und dafür eine Provision (brokerage) erhalten. Sie agieren nie selbst als Käufer oder Verkäufer. US-Anleger wenden sich mit ihren Wertpapieraufträgen üblicherweise an einen Broker. Demgegenüber ist eine Person oder ein Finanzdienstleister ein *Dealer*, wenn er auf eigene Rechnung kauft oder verkauft. Broker-Dealer erfüllen beide Funktionen. Inter-Dealer-Broker schließlich sind Mittler zwischen Dealern (nicht zwischen Privaten).

Ergibt sich der Preis allein aus vorliegenden Kauf- und Verkaufsorders, so heißt der Markt *auftragsgetrieben* (*order driven*). Einheitliche Kurse ergeben sich rechnerisch direkt aus den Kauf- und Verkaufsorders, fortlaufende Kurse aus direktem Kontakt von Käufern und Verkäufern. Gegenteiliges Prinzip ist das *Market-Maker-Prinzip*, die Kursfeststellung heißt dann auch *kursgetrieben* oder *quote driven*: Bestimmte Akteure, sogenannte *Market Maker*, in Deutschland auch Betreuer oder Designated Sponsors genannt, stellen pflichtgemäß entsprechend den Regeln der jeweiligen Börse verbindliche An- und Verkaufskurse (Geld- und Briefkurse). Erster Schritt zur Entstehung eines Kurses ist also die Quote-Setzung des Market Makers und nicht die Kauf- und Verkaufsorders. Computerbörsen sind typischerweise quote driven. Die in der Realität vorherrschende Mischform (quote and order driven) kombiniert beide Methoden. Die europäischen Börsen sind traditionell stärker auftragsgetrieben (so zum Beispiel auch das in Deutschland dominierende XETRA-System) als etwa die US-Börsen. Die US-Computerbörse Nasdaq war lange rein kursgetrieben, hat heute aber auch ein hybrides System.

Abbildung 2.8: Auftrags- contra kursgetriebene Börsensysteme

2.3.5.3 Börsenarten

Kassa- und Terminbörse

Nach dem Kriterium, wann vereinbarte Aktienkäufe ausgeführt werden, unterscheidet man Kassabörse und Terminbörse. Die *Kassabörse* (*Spot-Markt*) ist der Normalfall. Nach Kaufabschluss wechselt die Aktie sofort den Besitzer, für die praktische Abwicklung werden zwei Arbeitstage reserviert. Der relevante Kurs ist der des Abschlusstags, nicht der des Liefertags. An *Terminbörsen* dagegen führen Vertragsabschlüsse nicht zu einer sofortigen Ausführung des Kaufvertrags, sondern zu einer Ausführung mit vereinbarter zeitlicher Verzögerung. Im siebten Kapitel wird auf Termingeschäfte eingegangen.

Präsenzbörse und Computerbörse

Präsenzbörsen, man spricht auch von *Parketthandel*, sind der klassische Fall. Allerdings übernehmen auch Präsenzbörsen bei der praktischen Abwicklung immer mehr Elemente von Computerbörsen (Mischformen). Die größte Börse der Welt mit derzeit vornehmlich Präsenzbörsencharakter ist die New York Stock Exchange (NYSE). In Deutschland haben wir derzeit noch regionale Präsenzbörsen in einigen großen Städten, eindeutig wichtigste ist die Frankfurter Wertpapierbörse. Die an der Börse handelnden Personen treffen sich an einem Ort, im Börsensaal. Der Parketthandel wird dabei natürlich im Back-Office-Bereich immer durch Computer unterstützt.

In unseren Zeiten sich immer mehr perfektionierender Informationstechnologie gibt es aber einen klaren Trend, den Börsenhandel automatisch per Computer abzuschließen, den Trend zur *Computerbörse*: Es gibt hier keinen körperlichen Börsenplatz mehr, sondern nur noch einen virtuellen, zu dem man über angeschlossene Computer Zugang hat. Eine elektronische Börse ist angesichts der weltweiten Vernetzbarkeit der Datenverarbeitungssysteme auch eine standortunabhängige Börse. Zeitlich erste und weltweit bekannteste Computerbörse ist die US-amerikanische NASDAQ. In Deutschland ist die Terminbörse EUREX eine reine Computerbörse. Hier gibt es nur noch eine virtuelle Börse, die Teilnehmer kommunizieren ortsunabhängig über Computer in ihren eigenen Geschäftsräumen. Die EUREX hat Teilnehmer auch außerhalb Europas. Für den Kassahandel gibt es für Deutschland parallel zu den Präsenzbörsen die heute gegenüber dem Präsenzhandel eindeutig bedeutendere Computerbörse XETRA.

2.3.5.4 Börsensegmente

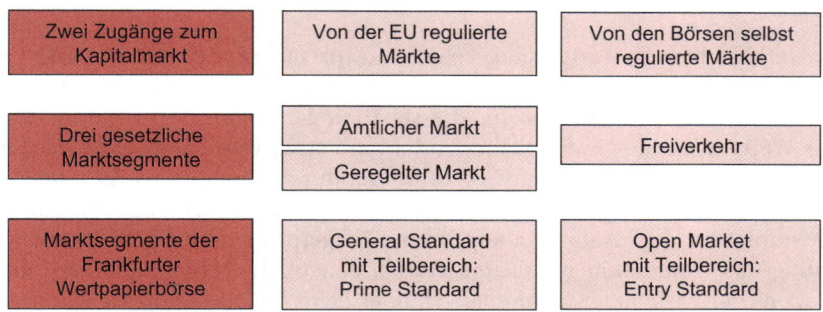

Abbildung 2.9: Börsensegmente

Segmente gemäß Börsengesetz In Europa gibt es zwei unterschiedlich regulierte Zugänge zum Kapitalmarkt und damit auch zum Aktienmarkt als dessen Teilmarkt:

- Von der EU regulierte Märkte (EU-regulated Markets),
- von den Börsen selbst regulierte Märkte (Regulated Unofficial Markets).

Zu den EU-regulierten Märkten gehören in Deutschland die im Börsengesetz geregelten Segmente

- amtlicher Markt und
- geregelter Markt,

zu den von den Börsen selbst regulierten Märkten gehört der im Börsengesetz auch genannte, aber nicht im Einzelnen geregelte

- Freiverkehr (Open Market).

Amtlicher und geregelter Markt

Dies sind beides öffentliche, gesetzlich geregelte Marktsegmente. Die Anforderungen für die Zulassung zum amtlichen Markt sind höher als die zum geregelten Markt. Einzelheiten der Zulassung zum amtlichen Handel regelt die Börsenzulassungsverordnung. Unter anderem muss für Papiere des amtlichen Markts ein *Emissionsprospekt* mit umfangreicher Beschreibung des Unternehmens und der Emission erstellt werden, während für den geregelten Markt ein sogenannter *Unternehmensbericht* mit vergleichsweise geringeren Anforderungen erforderlich ist. Auch die laufende Veröffentlichung von Geschäftszahlen ist für Gesellschaften des amtlichen Markts intensiver als für solche des geregelten Markts. Der Handel am amtlichen Markt wird von vereidigten amtlichen Maklern abgewickelt und die Kurse sind amtliche Kurse, die im amtlichen Kursblatt der Börse publiziert werden. Der Handel im geregelten Verkehr wird von freien Maklern (Freimaklern) vorgenommen und die Kurse haben keinen amtlichen Charakter. Der amtliche Aktienmarkt hat ein deutlich größeres Volumen (Wert der notierten Papiere) und weit höhere Umsätze als der geregelte. Der amtliche Aktienmarkt ist für große nationale und internationale Unternehmen vorgesehen, der geregelte Markt für kleine und mittlere mit eher regionaler Bedeutung. Die Kosten der Börsennotierung sind entsprechend am geregelten Markt kleiner als am amtlichen. Der geregelte Markt ist hinsichtlich Zugangsvoraussetzungen, Publizitätsanforderungen und Kosten für das Unternehmen ein Überganstypus zwischen amtlichem Markt und Freiverkehr.

Freiverkehr

Der Freiverkehr betrifft Wertpapiergeschäfte auf privatrechtlicher Basis. Der Freiverkehrsmarkt gilt rechtlich nicht als staatlich reglementiertes Marktsegment und ist von gewissen rechtlichen Regelungen für die staatlich geregelten Segmente nicht betroffen. Für Wertpapiere des Freiverkehrs besteht ein stark vereinfachtes Zulassungsverfahren. Die Aufnahme in den Freiverkehr erfolgt durch einen Freiverkehrsausschuss, nicht wie bei amtlichem und geregeltem Markt durch die Zulassungsstelle der Börse. Und sie erfolgt im Gegensatz zum amtlichen und geregelten Markt im Regelfall nicht auf Antrag des Unternehmens, dessen Aktien gehandelt werden, sondern aufgrund eines seitens der Freimakler vermuteten Handelsbedarfs. Das betroffene Unternehmen kann allerdings der Einbeziehung seiner Aktie in den Freiverkehr widersprechen.

Das Börsengesetz enthält zum Freiverkehr keine Einzelregelungen, es verlangt lediglich, dass durch Handelsrichtlinien eine ordnungsgemäße Durchführung des Handels und der Geschäftsabwicklung gewährleistet erscheinen müssen. Daneben existieren Richtlinien für den Freiverkehr. Er wird wie der geregelte Verkehr von freien Maklern abgewickelt, nicht von amtlichen Maklern. Im Freiverkehr werden, soweit er Aktien betrifft[2], kleinere inländische sowie solche ausländische Papiere gehandelt, deren Umsatz im Inland relativ gering ist.

Privatrechtliche Zulassungsstandards der Frankfurter Wertpapierbörse
Die deutschen Börsen werden innerhalb des geschilderten Rahmens der Bestimmungen des Börsengesetzes in Segmente mit unterschiedlich anspruchsvollen Zulassungsstandards eingeteilt. Bei weitem bedeutendste Börse in Deutschland ist die Gruppe Deutsche Börse (die „Deutsche Börse"). Die Deutsche Börse ist Träger der Frankfurter Wertpapierbörse, der bei weitem bedeutendsten Regionalbörse Deutschlands, und betreibt unter anderem das die deutschen Börsenumsätze dominierende elektronische Handelssystem für den Kassamarkt XETRA. Die Frankfurter Wertpapierbörse hat für die EU-regulierte Börse, den amtlichen und geregelten Markt, als allgemeinen Standard den General Standard definiert, der nur die gesetzlichen Mindestregeln beinhaltet. Innerhalb die-

---

2 Im Freiverkehr werden zum großen Teil Optionsscheine gehandelt.

ses Standards gibt es ein insbesondere hinsichtlich der eingehaltenen Transparenzregeln anspruchsvolleres Prämiumsegment, das die gesetzlichen Normen übererfüllt. Innerhalb des Freiverkehrssektors gibt es ebenfalls ein Teilsegment mit erhöhtem Transparenzniveau, den Entry Standard.

1 Standardsegment „*General Standard*": Die Unternehmen erfüllen nur die gesetzlichen Mindestanforderungen. Dieses Segment spielt in der öffentlichen Aufmerksamkeit keine nennenswerte Rolle. Es ist gedacht für Unternehmen, die lediglich nationale Investoren ansprechen und denen dafür der kostengünstige normale Standard ausreicht. Hier gelten alle Vorschriften für EU-regulierte Märkte, unter anderem Jahresabschluss und Zwischenbericht nach IAS/IFRS sowie Veröffentlichung von Ad-hoc-Mitteilungen (neue, den Kurs beeinflussende Nachrichten gemäß § 15 Wertpapierhandelsgesetz).

2 Premiumsegment „*Prime Standard*": Das Segment enthält höhere Auflagen hinsichtlich geforderter Publizität als das allgemeine Standard-Segment. Die erhöhte Transparenz soll dem Informationsbedarf internationaler Investoren entsprechen. Konkret wird die höhere Transparenz unter anderem durch Quartalsberichte in englischer Sprache, mindestens eine Analystenkonferenz pro Jahr und Veröffentlichung der Ad-hoc-Mitteilungen auch in englischer Sprache erreicht.

3 Freimarktsegment „*Entry Standard*": Dieses Segment wurde geschaffen, um innerhalb des Freiverkehrs eine für die Öffentlichkeit besser wahrnehmbare hervorgehobene Position zu ermöglichen. Über das Minimum der Pflichten von Unternehmen des Freiverkehrs an der Frankfurter Börse bestehen hier erhöhte Pflichten zur Information der Öffentlichkeit, aber deutlich unter dem Transparenzlevel des General Standards. Die Normen und die damit verbundenen Kosten sind zugeschnitten auf junge, aber auch auf ambitionierte und schon etablierte mittelständische Unternehmen. Nur bei öffentlichem Angebot der Aktien ist zur Börseneinführung ein von der nationalen Aufsichtsbehörde genehmigter Prospekt vorzulegen, bei Privatplatzierungen reicht stattdessen schon ein in der alleinigen Verantwortung des Unternehmens liegendes nicht öffentliches Exposé. Jahresabschluss und Zwischenberichte genügen nach nationalen Regeln.

Die Aktien der Unternehmen aller drei genannten Standards werden sowohl auf dem Parkett der Frankfurter Wertpapierbörse als auch im elektronischen Handelssystem XETRA gehandelt.

2.3.5.5 Aktienindizes

Aktienindizes sollen einen Überblick über die Entwicklung der Aktien von Börsen oder Börsensegmenten ermöglichen. Werden sie allein auf Basis der Kurse berechnet, so spricht man von

■ Kursindizes.

Kurse werden durch Dividenden- und Bezugsrechtsabschläge reduziert. Einer der bekanntesten Kursindizes ist der Dow Jones (Industrial Average). Oft sollen Indizes aber messen, wie sich ein Kapitalbetrag nicht nur aufgrund der Kurserhöhungen und -senkungen entwickelt hat, sondern auch aufgrund von dem Anleger zufließenden sonstigen Beträgen, insbesondere Dividenden und Bezugsrechten. Derartige Indizes messen die Gesamtentwicklung (Performance) der Aktie und heißen entsprechend

- Performanceindizes (Total-Return-Indizes).

Ein Performanceindex wird nicht durch Dividenden- und Bezugsrechtsabschläge reduziert. Ein bekannter Performanceindex (Total-Return-Index) ist der Dax in der üblich verwendeten Form, der aber zusätzlich auch in der Variante des Kursindex errechnet wird. Ein Performanceindex muss wegen des Nichtabschlags von Dividenden und Bezugsrechtswerten schneller wachsen als ein Kursindex, ist mit einem solchen also nicht vergleichbar (etwa Performanceindex Dax mit Kursindex Dow Jones).

An Indizes stellt man unterschiedliche Anforderungen, die teilweise miteinander konkurrieren, sodass bei der Indexkonstruktion ein Kompromiss zwischen den Anforderungen zu finden ist. Die wichtigsten Anforderungen sind:

- Repräsentativität: Der Index sollte in seiner Zusammensetzung so weit wie möglich die Gesamtstruktur des jeweils betroffenen Marktes abbilden.

- Marktnähe: Den Entwicklungen an den Finanzmärkten muss dahingehend Rechnung getragen werden, dass bei Änderung der Marktstruktur der Index entsprechend angepasst wird.

- Realistische Preise: Für die aktuelle Berechnung sind nur tatsächlich im Handel erzielte Kurse heranzuziehen.

- Datenverfügbarkeit: Die meisten in der Praxis verwendeten Indexzahlen sollten schnell verfügbar sein. Die Periodizität der Aktualisierung häufig verwendeter Indizes reicht bei Aktienindizes meistens von etwa minütlich (zum Beispiel Dax) bis täglich, manche Indizes erfassen sogar nur die Monatsendkurse.

- Benchmarkfunktion: Anleger und insbesondere Fonds messen die Performance ihres Portefeuilles oft an Indizes. Für einen solchen Performance-Vergleich ist nur ein Vergleich mit Performance-Indizes angemessen.

- Internationale Vergleichbarkeit: International operierende Investoren brauchen Indizes, die zwischen den Ländern vergleichbar sind.

- Investierbarkeit: Die im Index enthaltenen Werte sollten allgemein erwerbbar sein, nicht etwa nur für Inländer oder nur im Handel in großen Stückzahlen.

- Eignung als Basis für Index-Termingeschäfte und Indexpapiere: Man braucht Indizes, auf die Futures und Optionsgeschäfte (siehe siebtes Kapitel) abgeschlossen werden können und die sich für Anleihen eignen, deren Rückzahlungshöhe an einen Index gekoppelt ist.

Wichtigste Kriterien zur Aufnahme einer Aktie in einen Index sind üblicherweise:

- Marktkapitalisierung (Wert aller Aktien, errechnet als das Produkt von Anzahl der Aktien und ihrem Kurs) oder nur Marktkapitalisierung des Streubesitzes (Wert der frei handelbaren Aktien, das sind Aktien, die nicht fest bei einem Großaktionär liegen) und

- Börsenumsatz.

Ersteres ist eine Bestandsgröße an einem bestimmten Stichtag, Letzteres eine Stromgröße, die zum Beispiel pro Börsentag gemessen wird.

An Teilsegmenten des Prämiumsegments der Deutschen Börse AG und zugehörigen Indizes gibt es:

- Dax: Er beinhaltet die 30 Blue Chips[3] (Aktien der führenden Großunternehmen) Deutschlands[4], auf die sich der weitaus größte Teil aller Umsätze der Frankfurter Wertpapierbörse konzentriert. Diese vereinigen auch gemessen an der Marktkapitalisierung (Wert der am Markt gehandelten Aktien) den weitaus größten Anteil des gesamten deutschen Aktienmarktes auf sich.

- M-Dax: Dieser so genannte Midcap-Index umfasst die 50 nach den Dax-Werten nächstgroßen Werte aus klassischen Branchen.

- TecDax: Er umfasst die 30 größten Werte der Technologiebranchen nach den 30 Dax-Werten, die deshalb nicht im M-Dax oder S-Dax vertreten sind.

- S-Dax: Dieser sogenannte Smallcap-Index umfasst die 50 größten auf den M-Dax folgenden Werte aus klassischen Branchen.

Neben diese Indizes des Prämiumsegments treten verschiedene daraus kombinierte Indizes sowie solche, die auch Aktien des allgemeinen Standardsegments mit einbeziehen.
   Weltweit sehr bedeutende Indizes sind beispielsweise folgende:

- Euro Stoxx 50 (ausführlichere Bezeichnung ist Dow Jones Euro Stoxx 50): Er umfasst 50 Aktien gemäß einer speziellen Auswahl, die die Börsensituation bei Blue Chips im Euro-Raum widerspiegeln. Neben der Unternehmensgröße spielt für die Aufnahme in den Index eine Rolle, dass die verschiedenen Länder der Euro-Zone im Index angemessen vertreten sein sollen.

- Dow Jones Industrial Average, oft vereinfachend nur als Dow Jones bezeichnet: Er umfasst 30 Blue Chips, die vornehmlich an der New York Stock Exchange (NYSE) notiert sind.

- S&P 500: Er umfasst 500 Blue Chips der USA, ist also weit marktbreiter als der vorgenannte Dow Jones.

- Nasdaq Composite: Index der Computerbörse Nasdaq, ausgezeichnet durch einen hohen Anteil an Technologiewerten.

- Nikkei 225: 225 Blue Chips Japans.

- FTSE 100: Blue-Chip-Index Großbritanniens mit 100 Werten.

2.3.5.6 Feststellung der Aktienkurse

Auktionen und Einzelabschlüsse

Wie häufig an der Börse Kurse festgestellt werden, wird insbesondere dadurch bestimmt, wie hoch die Umsätze im betreffenden Papier sind. Je niedriger die Tagesumsätze, desto näher liegt es, zur Ermittlung eines gemeinsamen Kurses alle Angebote und Nachfragen des Tages zusammenzufassen und einen gemeinsamen Kurs durch

---

3 Blue Chips sind eigentlich die wertvollsten Spielmarken beim Poker, in Analogie dazu werden die wertvollsten Aktien genauso genannt.

4 Der Sitz des Unternehmens kann seit Mitte 2006 im Ausland liegen, wenn der wirtschaftliche Schwerpunkt weitgehend in Deutschland liegt. Das gilt dann als gegeben, wenn ein Teil der Geschäftsführung in Deutschland angesiedelt ist oder wenn mindestens 33 Prozent des weltweiten Handels mit Aktien des Unternehmens an deutschen Börsen stattfinden.

Auktion zu ermitteln. Dabei kann man nur eine (bei sehr geringen Umsätzen) oder aber mehrere Auktionen pro Handelstag ansetzen. Je höher die Tagesumsätze, desto eher ist es möglich, zusätzlich einen fortlaufenden Handel (fortlaufende Einzelabschlüsse) zuzulassen. Preise können sich dann nebeneinander nach zwei verschiedenen Verfahren bilden:

- Entweder durch *Auktionen* mit resultierendem einheitlichen Preis pro Auktion
- oder durch *Einzelabschlüsse* zwischen zwei Marktteilnehmern im fortlaufenden Handel.

Für umsatzstarke Papiere gibt es zum Beispiel im XETRA-System laufend Einzelabschlüsse, wenn Anbieter und Nachfrager hinsichtlich ihrer Preisvorstellungen genau zusammenpassen (Matching). Der Handel beginnt und endet aber mit Auktionen und wird eventuell auch zwischendurch durch Auktionen unterbrochen. Zwischenauktionen werden etwa zu festen Zeiten abgehalten oder in besonderen Situationen, zum Beispiel bei sehr hohen Kursschwankungen im laufenden Handel.

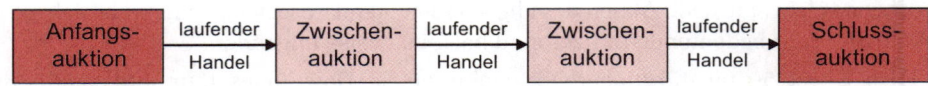

Abbildung 2.10: Auktionen und laufender Handel im Wechsel bei umsatzstarken Papieren

Oft sind Kleinaufträge (odd lots) unter festgelegten Mindestgrößen (round lots) an den Börsen nur in Auktionen ausführbar.

Orderarten

Die Anbieter und Nachfrager können an den großen Börsen immer je nach Börsenbestimmungen verschiedene Arten von Orders eingeben, mit denen sie zum Beispiel steuern, welchen Kurs oder Bereich von Ausführungskursen sie akzeptieren, wie lange ihr Auftrag gilt, wann er in das System eingestellt werden soll und unter welchen Umständen die Order weiter gilt oder storniert wird. Die Tabelle zeigt eine Auswahl.

Tabelle 2.4

Orderarten (Auswahl aus den Orderarten im XETRA-System)

Market- und Limitorders:

Marketorders (unlimitierte Orders) werden sofort zu jedem beliebigen Preis ausgeführt. Der Anbieter bezeichnet seine Order als „bestens" (das heißt so teuer wie möglich), der Nachfrager als „billigst" (also so billig wie möglich). Konkrete Kurse werden nicht angegeben. Bei umsatzstarken Aktien, etwa Dax-Werten, kommt es in der Praxis immer gleichtägig zu einem Abschluss.

Limitorders kommen nur zur Ausführung, wenn der Preis besser oder gleich einem angegebenen Grenzkurs ist. Der Anbieter legt den minimalen Verkaufspreis fest, zu dem er zu verkaufen bereit ist, der Nachfrager einen maximalen Preis, bis zu dem er noch kaufen will. Der Kauf oder Verkauf erfolgt nur zum gewünschten Kurs oder besser. Eine Ausführung kommt je nach Kurs oft nicht zustande, man ist aber davor geschützt, dass ein Abschluss zu unerwartet hohen oder niedrigen Kursen zustande kommt (wichtig besonders in umsatzschwachen und volatilen Zeiten beziehungsweise bei umsatzschwachen und volatilen Papieren).

Zeitliche Gültigkeit der Order:

Good-for-Day: Gilt nur für den Tag;

Good-till-Date: Gilt bis zu einem bestimmten Datum, zum Beispiel Monats-Ultimo;

Good-till-Cancelled: Gilt bis zur Aufhebung der Order.

Stop Orders:

Das System stellt die Aufträge automatisch in das Orderbuch, sobald der Preis des Wertpapiers das angestrebte Stop-Limit erreicht, und führt sie zum nächsten Preis aus.

Stop Limit Order: Die nach Erreichen des Stop-Limits eingegebene Order ist eine Limitorder.

Stop Market Order: Die nach Erreichen des Stop-Limits eingegebene Order ist eine Marketorder, also unlimitiert.

Vorschriften zu Auktionen:

Auction only: Gilt nur für den Auktionshandel.

Opening Auction only: Gilt nur für die Eröffnungsauktion.

Closing Auction only: Gilt nur für die Schlussauktion.

Weitergelten oder Storno einer Order:

Fill-or-Kill: Zur Vermeidung einer Teilausführung ist nur eine vollständige Ausführung akzeptiert, andernfalls keine Ausführung.

Immediate-or-Cancel: Die Order soll sofort und so weit wie möglich (also auch Teilausführung) ausgeführt werden, dabei nicht ausgeführte Teile werden gelöscht.

Kernregeln der Kursbildung in Auktionen

In den Regeln für Auktionen muss festgelegt werden, in welcher Reihenfolge die konkurrierenden Angebote und Nachfragen berücksichtigt werden. Bei einem Börsenmakler gehen Kauf- und Verkaufsaufträge ein. Er soll bei einer Auktion einen angemessenen Kurs ermitteln. Eine Kernregel, nach der er sein Auftragsbuch auf Kauf- und Verkaufsseite ordnet, ist dabei die Preis-/Zeitpriorität, aufspaltbar in Preispriorität und Zeitpriorität:

- Primäres Kriterium *Preispriorität*: Marketorders (nicht limitiert) haben Vorrang vor Limitorders. Von den Limitorders werden die großzügigeren Limits bevorzugt (Verkaufsorders mit niedrigeren Limits und Kauforders mit höheren Limits).

- Sekundäres Kriterium *Zeitpriorität*: Von gleichen Market- oder Limitorders wird die jeweils früher eingegebene Order bevorzugt.

Diese Grundregeln führen bei Vorliegen von Market- und Limitorders in Kombination zu folgender Rangfolge:

- Zuerst erfolgt die Ausführung aller Marketorders, also aller Bestens- und Billigst-Aufträge,

- dann die Ausführung der über dem einheitlichen Kurs limitierten Kaufaufträge und unter dem einheitlichen Kurs limitierten Verkaufsaufträge und

- dann schließlich die Ausführung der zum einheitlichen Kurs limitierten Kauf- und Verkaufsaufträge nach Zeitpriorität, das heißt früher eingegangene Orders haben den Vorzug gegenüber später eingegangenen.

Die Festlegung des einheitlichen Kurses erfolgt dabei typischerweise nach folgendem Prinzip:

- *Meistausführungsprinzip*: Zum einheitlichen Kurs muss der höchstmögliche Umsatz zustande kommen.

Die Tabellen 2.5 und 2.6 sowie Abbildung 2.11 zeigen ein Rechenbeispiel für ein auftragsgetriebenes (order-driven) Auktionssystem. Hinsichtlich der unlimitierten Aufträge muss man sich dabei klar machen: Ein Kaufauftrag „billigst" bedeutet, dass man auch relativ ungünstige Kurse akzeptiert, also teuer zu kaufen bereit ist. Umgekehrt bedeutet der Verkaufsauftrag „bestens", dass man auch zu schlechten (niedrigen) Kursen zu verkaufen bereit ist.

Tabelle 2.5

Feststellung eines einheitliche Kurses bei Auktion (1): Ausgangslage

Kaufaufträge		Verkaufsaufträge	
Anzahl Aktien	**billigst oder Kauflimit [€]**	**Anzahl Aktien**	**bestens oder Verkaufslimit [€]**
		360	bestens
50	80,00	0	80,00
50	80,50	120	80,50
100	81,00	170	81,00
110	81,50	230	81,50
320	82,00	310	82,00
505	82,50	455	82,50
425	83,00	515	83,00
0	83,50	120	83,50
150	84,00	100	84,00
520	billigst		

Bei den unterschiedlichen Kursen ermittelt man zuerst, welche maximalen Käufe und Verkäufe sich angesichts der Auftragslage ergäben, wenn die Marktgegenseite keine Begrenzung darstellen würde. Ausgehend von den Billigst-Kaufaufträgen würden mit sinkenden Limits immer mehr Käufe dazukommen und ausgehend von den Bestens-Verkaufsaufträgen würden mit steigenden Limits immer mehr Verkaufsaufträge hinzukommen. Die jeweils kleinere Zahl aus bei einem Kurs isoliert denkbaren Kauf- und Verkaufszahlen ist der mögliche Umsatz bei diesem Kurs. Entsprechend der Ermittlungsregel wird der Kurs ausgewählt, der den maximalen Umsatz ermöglicht.

Tabelle 2.6

Feststellung eines einheitliche Kurses bei Auktion (2): Kurs mit maximalem Umsatz

Kurse [€]	maximal mögliche Käufe [Stück]	maximal mögliche Verkäufe [Stück]	möglicher Umsatz [Stück]	Angebots- oder Nachfrageüberhang
80,00	2.180+50=2.230	360+0=360	360	Nachfrageüberhang
80,50	2.130+50=2.180	360+120=480	480	Nachfrageüberhang
81,00	2.030+100=2.130	480+170=650	650	Nachfrageüberhang
81,50	1.920+110=2.030	650+230=880	880	Nachfrageüberhang
82,00	1.600+320=1.920	880+310=1.190	1.190	Nachfrageüberhang
82,50	1.095+505=1.600	1.190+455=1.645	1.600 (Maximum)	Angebotsüberhang
83,00	670+425=1.095	1.645+515=2.160	1.095	Angebotsüberhang
83,50	670+0=670	2.160+120=2.280	670	Angebotsüberhang
84,00	520+150=670	2.280+100=2.380	670	Angebotsüberhang

In grafischer Darstellung ergeben sich in Abhängigkeit vom Aktienkurs die typische steigende Angebotskurve und fallende Nachfragekurve. Der Kurs, bei dem das Minimum von Angebot und Nachfrage (in Stück) am höchsten ist, ist der gesuchte Gleichgewichtskurs. Im Beispiel ist das der Kurs von 82,50 Euro, bei dem das Minimum von angebotenen und nachgefragten Aktien 1.600 Stück beträgt.

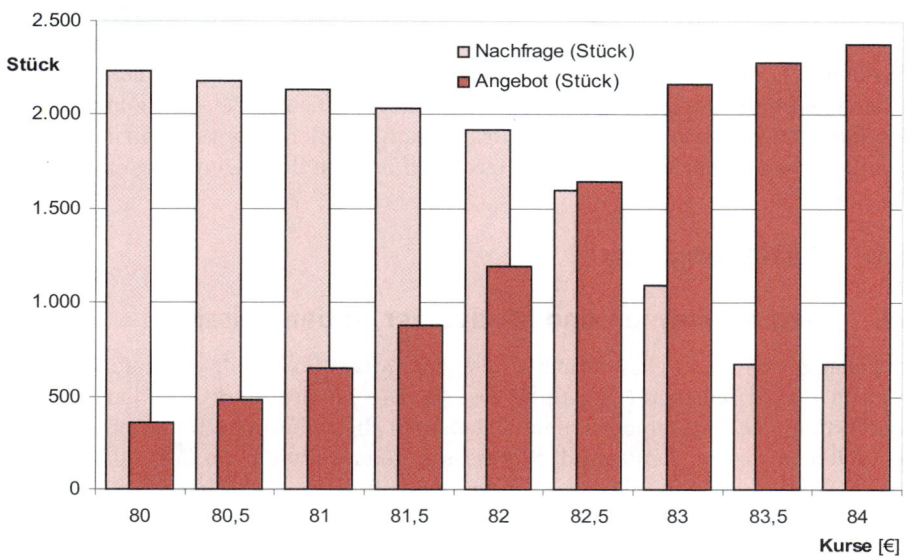

Abbildung 2.11: Feststellung eines einheitliche Kurses bei Auktion (3): Angebot und Nachfrage bei unterschiedlichen Kursen

95

Im Beispiel besteht beim ermittelten Gleichgewichtskurs von 82,50 Euro ein Angebotsüberhang von $1.645 - 1.600 = 45$ Aktien.

Nur im Idealfall ist beim in einer Auktion festgestellten Kurs die Zahl sämtlicher Anbieter, die bis hinunter zu diesem Preis verkaufen wollten, gleich der Zahl sämtlicher Nachfrager, die bis hoch zu diesem Preis kaufen wollten. Im gerade betrachteten Beispiel mit Market- und Limit-Orders kamen nicht alle Verkäufer zum Zug, die ein Verkaufslimit beim Kurs von 82,50 Euro festgelegt hatten. Inwiefern bei Anbietern oder Nachfragern ein Überhang unbefriedigter Marktteilnehmer bleibt, kann durch Kurszusätze ausgedrückt werden.

Tabelle 2.7
Wichtige Kurszusätze je nach ausgeführten Kauf- und Verkaufsorders
b = bezahlt (oder kein Kurszusatz): Zum notierten Kurs konnten alle Kauf- und Verkaufsaufträge vollständig ausgeführt werden.
G = Geld: Nachfrage ohne Umsatz bis hoch zu diesem Kurs.
B = Brief: Angebot ohne Umsatz bis herab zu diesem Kurs.
bG = bezahlt Geld: Bis zu diesem Kurs limitierte Kaufaufträge konnten nicht vollständig ausgeführt werden. Alle bis zum Kurs limitierten Verkaufsaufträge wurden ausgeführt.
bB = bezahlt Brief: Bis zu diesem Kurs limitierte Verkaufsaufträge konnten nicht vollständig ausgeführt werden. Alle bis zu diesem Kurs limitierten Kaufaufträge wurden ausgeführt.

Meistens ermöglichen es die Spielregeln an den Börsen, dass ein sich allein auf Grundlage der vorliegenden Orders ergebender Angebots- oder Nachfrageüberhang durch nachgeschobene Orders noch ausgeglichen wird. So können die den Kurs ermittelnden Börsenmakler bei Angebots- oder Nachfrageüberhängen selbst den Überhang ausgleichen (Selbsteintritt). Es können auch Nachorderphasen an die Hauptauktionen angehängt werden, welche die Beseitigung des Überhangs zum Ziel haben. Bei einer zumindest teilweise kursgetriebenen (quote-driven) Organisation der Börse sorgen Market Maker oft – eventuell nach Aufforderung zur Quotierung – für einen derartigen Ausgleich.

2.3.6 Aktienemission

2.3.6.1 Begriff, Formen und Motive der Aktienemission

Dem bislang erörterten Sekundärmarkt, also dem Markt für bereits existierende Aktien, wird nun der *Primärmarkt* gegenübergestellt. Das ist der Markt für den Erstabsatz neuer Aktien, die Aktienemissionen. Dabei steht die öffentliche Emission an Börsen gehandelter Aktien im Zentrum des Interesses, genauso wie beim Sekundärmarkt die Aktienbörse im Fokus stand und nicht der börsenfreie Handel. Eine öffentliche Emission ist zu unterscheiden von einer hier nicht weiter betrachteten sogenannten *Privatplatzierung*, bei der die Aktien kleiner Gesellschaften nur ausgewählten potenziellen Erwerbern angeboten werden und nicht jedermann.

Das erstmalige öffentliche Angebot von Aktien nennt man *Going Public* oder *IPO* als Abkürzung für *Initial Public Offering*. Ein IPO bedeutet die Öffnung des Zugangs zum anonymen Markt für Eigenkapital und damit das Erschließen einer Kapitalquelle großen Ausmaßes. Aus der privaten Aktiengesellschaft wird dabei eine Publikumsgesellschaft.

Die einmaligen Kosten einer erstmaligen Emission von Aktien betragen einen höheren einstelligen Prozentsatz des Emissionsvolumens, Größenordnung 8 Prozent, die einer Kapitalerhöhung etwa 2 Prozent weniger.

Mit dem Entschluss, Aktien zu emittieren, sei dies der erstmalige Gang an die Aktienbörse oder eine Folgeemission, können alternativ oder nebeneinander Kapitalbeschaffungsmotive des Unternehmens oder solche bisheriger Eigentümer verfolgt werden:

- **Kapitalbeschaffung für das Unternehmen:** Es werden neu entstandene Aktien aus einer Kapitalerhöhung emittiert. Der Gegenwert der Emissionskurse fließt dem Unternehmen zu. Die Emission führt zu einer Erhöhung des Aktienkapitals. Das wachsende oder Wachstum planende Unternehmen beschafft sich zusätzliche Finanzmittel.

- **Kapitalbeschaffung für bisherige Eigentümer:** Dem Unternehmen fließt kein zusätzliches Kapital zu. Vielmehr bieten bisherige Eigenkapitalgeber über die Börse etwas von ihren Anteilen zum Kauf durch neue Aktionäre an. Die Emission führt nur zur Ablösung bisheriger Aktionäre durch andere. Bisherige Eigenkapitalgeber verschaffen sich damit liquide Mittel in einer konzentrierten Aktion statt mit einem Verkauf nach und nach.

Beide Motive können natürlich kombiniert werden. Dann geht ein Teil der bei der Emission eingesammelten Mittel an die Aktiengesellschaft und erhöht ihr Eigenkapital, der andere Teil fließt an sich ganz oder teilweise aus dem Unternehmen zurückziehende Aktionäre.

In der Süddeutschen Zeitung vom 23.11.2005, S. 30, liest man zum Börsengang der bis dato zu 100 Prozent zum Metro-Konzern gehörenden Baumarktkette Praktiker: [,] *„Die Baumarktkette erlöste rund 500 Millionen Euro. 34,5 Millionen Aktien wurden platziert. Der größte Teil der ausgegebenen Aktien stammt aus dem Besitz der ehemaligen Alleineignerin Metro, deren Anteil nach dem Börsengang auf 40,5 Prozent sinkt. Dem Unternehmen selbst fließen rund 116 Millionen Euro zu, die für die Expansion in Osteuropa verwendet werden sollen."*

2.3.6.2 Technische Durchführung der Aktienemission

Prospektpflicht und Prospekthaftpflicht

Für Aktien und Obligationen, die in Deutschland öffentlich – das heißt nicht nur ausgewählten Investoren – angeboten werden, muss abgesehen von gesetzlich definierten Ausnahmen ein Prospekt veröffentlicht werden, der die wichtigsten Angaben über die Gesellschaft und die Emissionsbedingungen enthält. Das gilt gemäß Verkaufsprospektgesetz auch für nicht zum Handel an einer inländischen Börse zugelassene *öffentlich angebotene* Wertpapiere (Angebot an die Allgemeinheit). Bei grobem Verschulden haften (für angerichteten Schaden) diejenigen, die für den Prospekt die Verantwortung übernommen haben, und diejenigen, von denen der Erlass des Prospekts ausgeht, für den Inhalt des Prospekts. Die Verantwortung haben die Unterzeichner des Prospekts, das sind Emittent und Bankenkonsortium, wobei sich Letzteres im Innenverhältnis vom Emittenten im Regelfall von seiner Haftung freistellen lässt. Als wirtschaftliche Urheber des Prospekts und damit auch haftend gelten die, die ein eigenes wirtschaftliches Interesse an der Emission haben, zum Beispiel die Konzernmutter des Emittenten oder ein seine Anteile weiterplatzierender bisheriger Großaktionär.

An den Börsen gibt es oft zusätzlich gemäß den Börsenbestimmungen je nach Börsensegment eine unterschiedliche Prospektpflicht, die über die allgemeine Verkaufsprospektpflicht gemäß Verkaufsprospektgesetz hinausgehen kann. Besonders im Freiverkehr der Börsen gehandelte Wertpapiere oder besondere Börseneinstiegssegmente sind je nach den Regelungen im Einzelfall nicht speziell gemäß Börsenregelung prospektpflichtig, wohl aber im Fall eines öffentlichem Angebots gemäß Verkaufsprospektgesetz.

Selbst- oder Fremdemission

Abgesehen von der notwendigen Mitwirkung einer Bank bei der Börseneinführung kann die reine Platzierung (Verkauf der Wertpapiere beim Publikum) im Grundsatz auch vom Emittenten allein durchgeführt werden. Man spricht dann von einer *Selbstemission*. 1995 gab es erstmals eine Selbstemission einer Aktie über das Internet. Realistisch sind eigenständige Platzierungen durch Nichtbanken meistens nur bei geringem Emissionsvolumen, insbesondere Privatplatzierungen (Angebot der Papiere an ausgesuchte Anleger statt an der breiten Börse). Für Banken sind Selbstemissionen realistischer als für Unternehmen anderer Branchen, sind doch Emissionen ihr Geschäft. Größere Kapitalerhöhungen von Aktienbanken werden aber trotzdem unter Einschaltung fremder Banken vorgenommen.

Die bei börsennotierten Nichtbanken durchweg übliche Einschaltung von Banken heißt *Fremdemission*. Für die Einschaltung von Banken, die die Emission meistens in einem Konsortium (Zusammenschluss auf Zeit) durchführen, sprechen

- die Beratungsleistungen der Banken,
- ihre Kontakte zu potenziellen Anlegern, speziell zu den Kunden ihrer Filialen,
- Personal und technischer Apparat zur Durchführung der Emission und
- Möglichkeit der Übernahme des Emissionsrisikos.

Übernahme- und Verkaufskonsortium /Underwriting- und Sellingfunktion

Je nachdem, inwieweit die Banken das Risiko der Unterbringung der Emission übernehmen, unterscheidet man in Deutschland als Reinformen das Übernahme- und das Verkaufskonsortium.

- **Übernahmekonsortium:** Das Bankenkonsortium übernimmt die Aktien komplett zu einem Festpreis und platziert sie auf eigenes Risiko und eigene Rechnung. Das ist die übliche Vorgehensweise.

- **Verkaufskonsortium** (*Begebungskonsortium*, *Platzierungskonsortium*)**:** Das Bankenkonsortium stellt lediglich seinen technischen Apparat für den Verkauf der Aktien zur Verfügung, übernimmt aber nicht die Garantie dafür, dass alle Aktien zu einem bestimmten Preis untergebracht werden.

Auf angelsächsischen Märkten und anderen, die ihren Usancen folgen, trennen Emissionskonsortien die beiden Funktionen der Haftung für den Emissionserfolg (= *Underwriting*) und der Arbeit des Verkaufs (*Selling, Platzierung*) auf verschiedene Banken auf. Eine Bank wird oft beide Funktionen erfüllen, sie kann aber auch nur die eine oder die andere Funktion wahrnehmen.

Friends & Family

Bei Börsengängen gibt es meistens ein bestimmtes Kontingent von Aktien für Freunde und Familie (Friends & Family), die das Unternehmen für Angehörige und Bekannte des Managements, für Geschäftspartner oder für Mitarbeiter reservieren kann. Das Unternehmen kann den Begünstigten auch einen Preis zusichern, der unter dem offiziellen Emissionskurs liegt. Die Modalitäten eines „Friends & Family"-Programms müssen im Emissionsprospekt veröffentlicht werden, da die einfachen Bezieher von Aktien ja benachteiligt sind.

2.3.6.3 Platzierungsmethoden bei öffentlicher Erstemission und Emissionskursfindung

Platzierung ist der Arbeitsgang des Verkaufs von Wertpapieren, so auch von Aktien. Ein Problem der Wahl der Methode der Aktienplatzierung ergibt sich nur, wenn es kein Bezugsrecht der Altaktionäre gibt. Im Normalfall des Bezugsrechts der Altaktionäre ist die Festlegung des Emissionskurses kein Problem, die Aktien werden zu einem Festpreis angeboten und der Bezugsrechtswert bildet sich am Markt. Kein Bezugsrechtswert, aber angesichts schon notierender Aktien nur ein begrenztes Preisfindungsproblem existiert in Deutschland ausnahmsweise bei der begrenzten Möglichkeit des Bezugsrechtsausschlusses. Das Hauptproblem der Wahl der Platzierungsart an Nicht-Aktionäre und damit verbunden des Emissionskurses ergibt sich bei der Erstemission (Going Public, Initial Public Offering, IPO), auf die sich folgende Überlegungen beziehen. Die Wahl der Platzierungsmethode legt fest, wie die bei Erstemissionen ohne Bezugsrecht unklaren erforderlichen Preise der vertriebenen Wertpapiere zustande kommen. Privatplatzierungen bleiben unberücksichtigt.

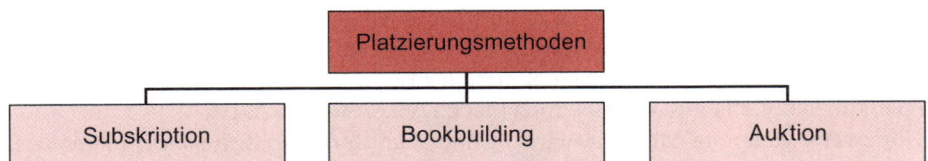

Abbildung 2.12: Methoden der öffentlichen Platzierung bei Erstemission von Aktien

Das klassische Verfahren der Erstplatzierung von Aktien auf dem anonymen Markt in Deutschland war bis in die neunziger Jahre das Subskriptionsverfahren mit Festpreis, es hat heute eher historische Bedeutung. Das Bookbuilding wurde in Deutschland erstmals 1994 angewandt, heute hat es das Subskriptionsverfahren als eindeutig vorherrschende Methode verdrängt. Das dem Bookbuilding verwandte Auktionsverfahren ist bislang in Deutschland wenig bedeutend, könnte aber insbesondere in der Form der Internet-Auktion Zukunft haben.

Subskriptionsverfahren (Angebot zur Zeichnung, Auflegung zur Zeichnung)

Dieses Verfahren hat bei Erstemissionen von Aktien in Deutschland dramatisch an Bedeutung verloren. Die Gesellschaft wird den Anlegern durch den Emissionsprospekt vorgestellt und es werden *Zeichnungen*, das sind Vertragsangebote, zu einem *Festpreis* hereingenommen. Nach Zeichnungsschluss wird festgelegt, an wen zugeteilt wird, wobei die Zuteilung eine Annahme der durch Zeichnung erfolgten Vertragsangebote ist. Bei Überzeichnung wird repartiert, das heißt der Emittent verteilt die zu wenigen Aktien nach von ihm und den Emissionsbanken bestimmten Schlüsseln auf die Zeichner. Der Emittent kann sich mit den Emissionsbanken auf irgendein Verfahren verständigen: Aktien können zum Beispiel verlost werden, die Anleger nach zeitlichem Eingang der Kaufaufträge bedient werden oder die Papiere können nach einer bestimmten Quote verteilt werden.

Die *Kursfestlegung* orientiert sich an den Vorstellungen des Emittenten und nicht zuletzt auch der Emissionsbank. Dem ist seitens der Konsortialführerin und teilweise des Emittenten eine Analyse vorangegangen, die den Unternehmenswert (Wert aller Aktien) beziehungsweise Aktienkurs (als Wert eines Anteils am Unternehmens) im Grundsatz

- entweder danach ermittelt, wie vergleichbare Unternehmen beziehungsweise Aktien am Markt bewertet werden

- oder danach, welcher Ertragswert sich für das Unternehmen ergibt.

Bei der erstgenannten Vorgehensweise ermittelt man für vergleichbare Unternehmen (Peer Group) wichtige repräsentative Relationen zwischen bestimmten Kenngrößen wie etwa dem Gewinn nach DVFA/SG, dem Cashflow oder dem Umsatz einerseits und dem Unternehmenswert andererseits. Ist dabei der Unternehmenswert das x-fache des Gewinns nach DVFA/SG, das y-fache des Cashflows oder das z-fache des Gewinns, so unterstellt man, dass diese Relation in etwa auch für das eigene Unternehmen gelten dürfte. Zur Vorsicht verringert man allerdings meistens die ermittelten Werte der Faktoren x, y oder z. Man multipliziert den eigenen erwarteten Gewinn nach DVFA/SG mit dem (verringerten) Faktor x und/oder den eigenen erwarteten Cashflow mit y und/oder den eigenen erwarteten Umsatz mit z und erhält so Anhaltswerte für den eigenen Unternehmenswert, der geteilt durch die Anzahl der Aktien den Schätzwert für den angemessenen Aktienkurs ergibt. Diese Vorgehensweise wird auch als Verwendung von *Market Multiples* (am Markt beobachtbare Vervielfacher x, y und z) bezeichnet. Am häufigsten verwendet man das KGV, ermittelt also den angemessenen Aktienkurs als Vielfaches des Gewinns (nach DVFA/SG) pro Aktie.

Die zweite genannte Methode wird in der Grundform der Ertragswertmethode im Kapitel zur Investitionsrechnung ausführlich dargestellt. Das Unternehmen ist danach so viel Wert, wie es ihm entziehbare Gewinne erwirtschaftet.

Speziell bei erstmaligen Börsengängen sind solche Festlegungen von Emissionskursen ein sehr schwieriges Unterfangen. Eine gewisse Gefahr besteht bei diesem mit einem Festpreis operierenden Verfahren darin, dass Banken dem Wunsch der Emittenten nach einem zu hohen Emissionspreis nachgeben (*Overpricing*), um sich den Auftrag zur Konsortialführung zu sichern. Nicht selten war dann in der Praxis die Folge, dass die Banken eines Übernahmekonsortiums große Teile der zu teuren Aktien vorerst im eigenen Portefeuille parken mussten. Einige Zeit nach der Emission drängten dann diese ursprünglich nicht platzierten Stücke auf den Markt und verdarben die Kurse. Als noch deutlich größer sieht man aber die gegenteilige Gefahr des *Underpricing* an: Der Emissionspreis wird eventuell sehr vorsichtig festgelegt, um Platzierungsprobleme zu vermeiden, und stellt sich als zu niedrig heraus. Man hat oft die Banken in Verdacht, dass sie aus selbstsüchtigen Motiven das Underpricing verursachen, um einmal bei Übernahme des Platzierungsrisikos möglichst keine Probleme zu bekommen und zum anderen guten Depotkunden, besonders institutionellen Anlegern und anderen Großkunden, den Vorteil einer billig erworbenen Aktie zu gönnen.

Bei deutlichem Underpricing muss scharf zugeteilt, also eine niedrige Zuteilungs-quote festgelegt werden, was dem Emittenten natürlich nicht angenehm sein kann, hätte er doch mehr Geld für die Anteile bekommen können. Rechnen spekulative Anleger mit starkem Underpricing, so zeichnen sie bei einem Angebot zur Zeichnung extrem viel, um auch bei geringer Zuteilungsquote noch eine ausreichende Zuteilung zu erhalten. Das führt oft zu extremer Überzeichnung.

Bookbuilding

In vielen Ländern wie den USA, Großbritannien, Frankreich und Holland verwendet man seit Langem das Bookbuilding-Verfahren, in Deutschland ist es heute bei Erst-emissionen Standard. Prinzip ist beim Bookbuilding-Verfahren, dass der Konsortial-führer Zeichnungsangebote mit unterschiedlichen Preisen entgegennimmt, meistens bei Festlegung einer Kursspanne. Die Zuteilung an die Bieter erfolgt dann typischer-weise zu einem einheitlichen Kurs (sogenannter holländischer Tender). Durch dieses Verfahren strebt man eine Objektivierung der Bildung der Emissionspreise an.

Das Bookbuilding lässt sich als Ablauf folgender typischer Phasen darstellen, die je nach Größe der Emission zusammen Wochen oder Monate umfassen. Beim in Deutsch-land seltenen Schnellverfahren (Accelerated Bookbuilding, etwa bei der Umplatzierung von Aktienpaketen) verkürzt sich die Emission im Extremfall auf wenige Stunden und es werden nur institutionelle Investoren kontaktiert.

1 *Bildung des Emissionskonsortiums und Festlegung des Bookrunners (Sammlers der Kaufaufträge), der gleichzeitig Emissionsführer ist.*

2 *Pre-Marketing-Phase*

Zur Hebung des Bekanntheitsgrads des Emittenten wird die Presse über die Emis-sion informiert, es werden Research-Berichte von Banken veröffentlicht und eine Unternehmensdarstellung (Equity Story) entworfen. Es werden potenzielle Groß-investoren (Investmentgesellschaften, Versicherungen, Pensionskassen u. Ä.) kon-taktiert, um eine Indikation für einen Platzierungspreis zu erarbeiten.

3 *Marketing-Phase mit Festlegung eines Bietungsbereichs*

Zu Beginn der Marketingphase wird der ermittelte Preisrahmen allgemein bekannt gegeben. Es folgen Unternehmenspräsentationen (Roadshows) auf den nationalen und gegebenenfalls internationalen Finanzplätzen, d.h. Gruppen- und Einzelge-spräche mit ausgewählten institutionellen Investoren. Privatanleger werden über ihre Anlageberater informiert und haben im Vergleich zu den institutionellen In-vestoren oft eher geringe Bedeutung. Am Ende dieser Phase erfolgt die Festlegung eines mehr oder weniger engen Bietungsbereichs von circa 10 bis 15 Prozent.

4 *Orderaufnahmephase*

In dieser im Normalfall wenige Tage bis etwa zwei Wochen dauernden Phase sammelt der Bookrunner die Aufträge der Banken für deren Kunden und die der Großanleger. Hier können auch limitierte Kaufpreisangebote abgegeben werden. Änderungen der Preisspanne, Senkung des Emissionsvolumens und der Länge der Orderaufnahmephase wegen Platzierungsproblemen sind nicht ausgeschlossen.

5 *Festlegung des Emissionskurses (Pricing) und Zuteilung*

Der Emissionskurs ergibt sich weitgehend aus den im EDV-Orderbuch gesammelten Zeichnungswünschen. Durch rechnergestützte Scoringverfahren wird die Nachfrage in Abhängigkeit von möglichen Emissionskursen ermittelt: Welche Investoren übernehmen welche Volumina bei den jeweils möglichen Preisen? Die Zuteilung berücksichtigt neben dem erzielbaren Preis den gewünschten Investorenmix. An die attraktiven institutionellen Langfristanleger wird direkt zugeteilt (Direct Allocation). Einen Teil der Zuteilung erhalten die Banken meistens zur freien Verfügung (Free Retention, Free Allocation), um sie nach eigenen Kriterien an die Kunden zu verteilen. Bei der Wahl der Zuteilungskriterien sind Emittent und Emissionsbanken im Grundsatz frei, im Emissionsvertrag eigene Regeln aufzustellen. Der Emittent erfährt erst mit der Festlegung des Emissionspreises am Ende der Orderaufnahmephase, welche Liquidität ihm genau zufließen wird.

Häufig ist die Vereinbarung einer *Mehrzuteilungsoption* (*Greenshoe*). Dabei können die Emissionsbanken bei starker Überzeichnung mehr Aktien (oft 10 bis 20 Prozent) zuteilen, als dies dem ursprünglichen Plan entspricht. Die dafür erforderlichen Aktien können Altgesellschafter zur Verfügung stellen oder die Gesellschaft hat eine entsprechende bedingte Kapitalerhöhung vorsorglich genehmigt bekommen.

Tabelle 2.8

Auflegung zur Zeichnung contra Bookbuilding: Preisbildung für die Aktien

Auflegung zur Zeichnung	Bookbuilding
Preisbildung nur „am grünen Tisch". Man vertraut auf die Expertenmeinungen hinsichtlich der Angemessenheit des Emissionskurses.	Die Preisbildung wird entscheidend durch Marktinformationen beeinflusst. Dadurch verspricht man sich einen realistischen Preis und eine bessere Steuerung der Emission speziell bei Erstemissionen.
Emittent und Konsortialführer vereinbaren von vornherein einen exakten Emissionskurs und damit eine sichere Kalkulationsgrundlage für den Emittenten.	Emittent und Konsortialführer vereinbaren in einem ersten Schritt eine Preisspanne und erst in einem zweiten Schritt aufgrund der Gebote den Emissionspreis. Bis dahin bleiben dem Emittenten die ihm zufließenden Mittel unbekannt.

Auktionsverfahren

Auktionsprinzip

In Deutschland kam das Auktionsverfahren in einigen wenigen Fällen zur Anwendung. Entscheidende Abgrenzung zu den bislang genannten Verfahren:

■ Den Zeichnern wird *kein Preis oder lediglich ein Mindestpreis* vorgegeben, kein bestimmter Ausgabepreis wie beim Subskriptionsverfahren und auch keine Preisspanne wie beim Bookbuilding-Verfahren.

■ Typisch für eine Auktion in ihrer Reinform ist außerdem, dass die *Zuteilung beginnend mit dem höchsten Gebot streng in absteigender Reihenfolge* erfolgt. Das führt dazu, dass mit dem Preisfindungsverfahren *gleichzeitig die Zuteilungsfrage beantwortet* ist. Grundsätzlich ist eine Zuteilung in Form eines amerikanischen Tenders denkbar und in anderen Ländern auch realisiert worden. Dabei müssen die Bieter den Preis zahlen, den sie geboten haben. In Deutschland aber wurde bei Aktienauktionen immer für alle Anleger ein einheitlicher Emissionskurs festgelegt (holländischer Tender).

Allerdings gibt es Aufweichungen des Prinzips der Zuteilung beginnend mit dem höchsten Gebot streng in absteigender Reihenfolge, wenn man nicht den Grenzpreis der Auktion für die Emission wählt, der gerade den Markt räumt. Der niedrigere Preis wird gegebenenfalls im Interesse höherer Kursstabilität festgelegt. Dann bleibt für die Emissionsbanken und/oder den Emittenten ein Spielraum für Zuteilungen nach ihnen wichtig erscheinenden Kriterien wie beim Bookbuilding.

Internet-Auktion
Durch die Internet-Technologie hat das Auktionsverfahren eine verbesserte Chance bekommen und ist nunmehr auch leicht direkt gegenüber Privatpersonen durchführbar. Bei einer auch für Deutschland bedeutenden internationalen Großemission 2004 (Google) wurde ein dem Bookbuilding stark verwandtes Auktionsverfahren (nämlich mit Kursspanne statt nur Mindestkurs) primär dazu benutzt, den Einfluss der Emissionsbanken auf Emissionskurs und Aktienzuteilung deutlich zu reduzieren. Der Emittent kann sich bei einer solchen Internet-Auktion aussuchen, welchen Part er Banken einräumen will. Er führt im Grundsatz die Auktion per Internet weitgehend allein durch, weshalb man statt allgemein von einem Auktionsverfahren hier klarer von einer Eigenauktion per Internet sprechen könnte. Der Emittent spart sich bei einer solchen Internet-Auktion Bankprovisionen. Der Provisionsaufwand bei einer derartigen Auktion macht in der Realität etwa die Hälfte im Vergleich zum Bookbuilding-Verfahren aus, zum Beispiel 3 bis 4 Prozent statt 6 bis 8 Prozent des Emissionsvolumens. Die verminderte Provision und das verhinderte Underpricing können zu besonders hohen Emissionserlösen für den Emittenten führen. Kleinanleger werden weniger als bei den von den Banken stark beeinflussten Verfahren benachteiligt, wenn der Emittent dies wünscht. Trotz dieser Vorteile konnte sich ein derartiges Verfahren bislang für größere Emissionen noch nicht durchsetzen, die Frage der Anwendung in der Zukunft bleibt offen. Haupteinwand gegen die Internet-Auktion ist, dass eine gewisse Vorbereitung und Steuerung der Preisbildung wie beim verwandten und bislang weit erfolgreicheren Bookbuilding-Verfahren erforderlich scheint, um extreme Emissionskurse zu vermeiden. Selbst sehr hohe erzielte Kurse werden gefürchtet, da sie den Keim eines Kurseinbruchs kurz nach Abschluss der Emission in sich tragen könnten, was die Beziehungen zu den Aktionären sehr vergiften kann. Diese Argumente werden primär von Seiten der Banken vorgebracht, die bei diesem Internet-Platzierungsverfahren einen Bedeutungsverlust (Disintermediation) hinnehmen müssen. Ihre Funktion ist hier nur noch beratend und unterstützend bei der technischen Abwicklung sowie bei Research und Analyse.

2.3.6.4 Bezugsrecht

Ein Bezugsrecht dient dem Interessenausgleich

Wird das Kapital einer Aktiengesellschaft erhöht, so wird bei den in Deutschland üblichen Platzierungsmethoden börsennotierter junger Aktien ein einheitlicher Preis für alle jungen Aktien festgelegt. In der Praxis liegt der Emissionskurs für die jungen Aktien immer zumindest so weit unter dem bei Festlegung des Emissionskurses herrschenden Marktkurs der alten Aktien, dass nicht die Gefahr besteht, dass durch einen Kursrückgang während der Tage der Emissionsdurchführung der Börsenkurs der Altaktie unter den Emissionskurs der jungen Aktie sinken könnte. In einem solchen Fall wären nämlich die jungen Aktien zu teuer und damit unverkäuflich, die Neuemission wäre gescheitert. Man setzt also den für die Emissionszeit von wenigen Tagen fixierten Emissionskurs mehr oder weniger deutlich unter den Kurs der alten Aktien fest.

Man stelle sich vor, was tatsächlich auch bei großen Emissionen immer für einen Teil der Emission zutrifft: Nicht die Altaktionäre kaufen die jungen Aktien, sondern neu hinzukommende Aktionäre. Ohne irgendeinen Anspruch für die Altaktionäre wäre eine Emission der jungen Aktien unter Börsenkursniveau natürlich sehr problematisch. Denn ein Altaktionär könnte wohl schlecht akzeptieren, dass er eine vergleichsweise teure Aktie in Händen hält, während jetzt neu hinzukommende Aktionäre ihre mit gleichen Rechten ausgestatteten Aktien billiger erhalten. Die nahe liegende Lösung ist: Der durch den relativ niedrigen Emissionskurs ansonsten bevorteilte Käufer einer jungen Aktie muss eine Ausgleichszahlung an den Altaktionär bezahlen. Das geschieht, indem der neue Aktionär sich das Bezugsrecht auf die günstige junge Aktie von einem Altaktionär kaufen muss. Tatsächlich braucht in der Praxis der Käufer einer jungen Aktie eine je nach Einzelfall unterschiedliche Zahl von Bezugsrechten, die an den alten Aktien hängen.

Geldwert eines Bezugsrechts

Den Geldwert eines einzelnen Bezugsrechts kann man durch eine ganz einfache Überlegung herleiten. Es ist logisch, dass sich für alte und junge Aktien ein gemeinsamer Kurs ergeben muss. Dabei sehen wir von den seltenen Fällen ab, in denen die jungen Aktien vorübergehend etwas weniger Rechte verkörpern als alte Aktien (insbesondere kein oder geringerer Anspruch auf Dividende für das bereits laufende Jahr), was einen Preisunterschied rechtfertigen würde. Stellt man sich nun anders als gerade einen Altaktionär vor, der seine Bezugsrechte selbst ausübt, so braucht er für die jungen Aktien allein die Emissionskurse zu bezahlen, Bezugsrechte muss er ja nicht erwerben. Dann errechnet sich der gemeinsame neue Kurs der untereinander gleichwertigen Aktien naheliegender Weise einfach als arithmetisches Mittel der Kurse einer Anzahl alter Aktien und der auf sie entfallenden jungen Aktien.

Beispiel   Ermittlung des Bezugsrechtswerts

Die X-AG hat ein Grundkapital von 10 Mio. Euro. Die Aktie lautet nominell auf 1 Euro, es gibt also 10 Mio. Stück X-Aktien. Der Kurs stehe bei 200 Euro und bleibe bis zum Abschluss der Emission unverändert. Nun erfolgt eine Kapitalerhöhung, bei der 2 Mio. junge Aktien zu einem Emissionskurs von 170 Euro emittiert werden. Wie hoch ist der sich ergebende rechnerische Mischkurs, der sich aus alten und jungen Aktien ergibt und wie hoch ist der Bezugsrechtswert?

Lösung: Das Bezugsrechtsverhältnis ergibt sich aus dem Verhältnis von altem und neu hinzukommendem Nominalkapital, also 10 Mio. Euro zu 2 Mio. Euro und somit 5 : 1. Auf fünf alte Aktien zu je 200 Euro kommt eine junge Aktie zu 170 Euro. Hat ein Altaktionär fünf alte Aktien, so hat er daran hängend die erforderlichen fünf Bezugsrechte für die junge Aktie. Dieser Altaktionär hat nach Bezug sechs Aktien, die zusammen einen Wert von 5 × 200 Euro plus 1 × 170 Euro haben, also 1.170 Euro. Pro Aktie ergibt sich folgender rechnerischer Durchschnittskurs:

$$\text{Durchschnittskurs} = \frac{5\times200\,€+1\times170\,€}{5+1} = 195\,€$$

Der pro Altaktie verlorene Wert muss logischerweise durch den Bezugsrechtswert ausgeglichen werden, der Bezugsrechtswert ist also gleich dem Wertverlust der Altaktie von 200 Euro minus 195 Euro, das sind im Beispiel 5 Euro.

Fünf alte X-Aktien mit einem Kurswert von je 200 Euro verlieren durch Abtrennung jeweils eines Bezugsrechtsscheins den Wert von 5 Euro, es ergibt sich ein auf 195 Euro reduzierter Kurs.	Eine junge X-Aktie mit dem Emissionskurs von 170 Euro erhält man nur bei zusätzlicher Lieferung von fünf Bezugsrechtsscheinen mit dem Wert von je 5 Euro, sodass man per Saldo für eine junge Aktie 195 Euro aufwenden muss.

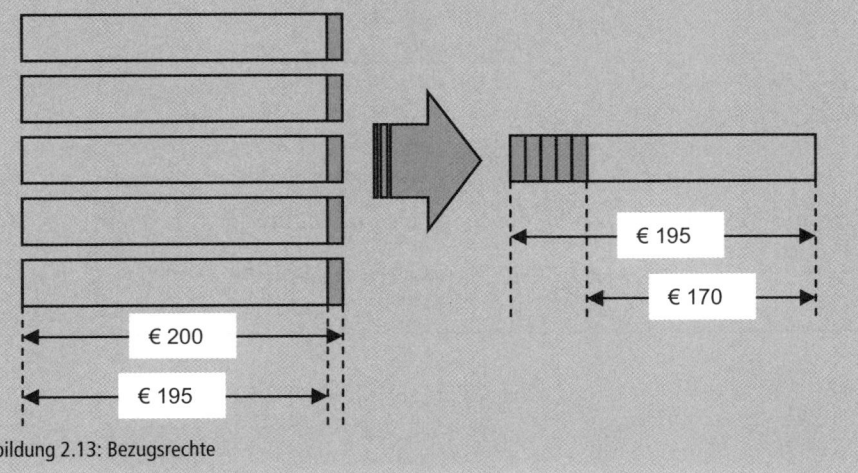

Abbildung 2.13: Bezugsrechte

Die zum Beispiel gehörende Tabelle 2.9 bereitet die anschließende Herleitung einer Formel für den Bezugsrechtswert vor.

Tabelle 2.9

Kurswerte vor und nach Kapitalerhöhung

	Aktienzahl	Aktienkurs	resultierender Kurswert
bisheriges Grundkapital	$A = 10.000.000$	$K_A = 200\ €$	$A \times K_A =$ 2.000.000.000 €
Kapital-erhöhung 5:1	$N = 2.000.000$	$K_N = 170\ €$	$N \times K_N =$ 340.000.000 €
neues Grundkapital	$A + N = 12.000.000$	$K_M = 2.340.000.000\ €/$ 12.000.000 = 195 €	$A \times K_A + N \times K_N =$ 2.340.000.000 €

Setzt man im Anschluss an die Tabelle 2.9 $a = A/2.000.000$ und $n = N/2.000.000$, so gilt für den sich ergebenden Mischkurs K_M:

$$K_M = \frac{A \times K_A + N \times K_N}{A + N}$$

$$= \frac{(a \times K_A + n \times K_N) \times 2.000.000}{(a + n) \times 2.000.000}$$

$$= \frac{a \times K_A + n \times K_N}{a + n}$$

$$\text{Bezugsrechtswert} = K_A - K_M$$

$$= K_A - \frac{a \times K_A + n \times K_N}{a + n}$$

$$= \frac{a \times K_A + n \times K_A - a \times K_A - n \times K_N}{a + n}$$

$$= \frac{K_A - K_N}{\dfrac{a}{n} + 1}.$$

Das sind in konkreten Zahlen des Beispiels für den Bezugsrechtswert:

$$(200\,€ - 170\,€)/(5 + 1) = 30\,€/6 = 5\,€.$$

Das Bezugsrecht hat folgende Funktionen:

- *Stimmanteilssicherung* für Altaktionäre: Sie können so eine Verringerung ihres mit Stimmrecht ausgestatteten relativen Kapitalanteils verhindern, etwa einen Verlust der Mehrheit oder einer Sperrminorität.

- *Vermögenssicherung*: Der Wert des Bezugsrechts ist Ausgleich für die Verwässerung des Aktienwerts, das heißt für den Vermögensnachteil infolge der Tatsache, dass die jungen Aktien billiger sind (und trotzdem gleiche Rechte erhalten, insbesondere den gleichen Anteil am offenen und stillen Vermögen der Aktiengesellschaft) und wie geschildert zu einer Reduzierung des generell gültigen künftigen Werts aller Aktien führen.

Der Bezugsrechtswert ist also nichts anderes als ein Ausgleich für die Entwertung der Altaktien. Man spricht in diesem Zusammenhang von der „Irrelevanz des Emissionskurses bei Bezugsrecht": Unabhängig von der Ansetzung des Emissionskurses der jungen Aktien führt der Bezugsrechtswert die Sicherung des Vermögenswerts herbei, den ein Altaktionär in Händen hält. Das Vermögen der Altaktionäre mit Bezugsrecht ist unabhängig vom Emissionskurs der jungen Aktien.

Der tatsächliche Bezugsrechtswert schwankt im Börsenhandel um den oben definierten rechnerischen Wert und er ändert sich natürlich mit jeder Änderung des Kurses der alten Aktien.

Für einen hohen Emissionskurs mit der Folge eines niedrigen Bezugsrechtswerts spricht:

- Das zusätzliche dividendenberechtigte Kapital (Grundkapital) soll gegebenenfalls relativ zum alten Grundkapital gering bleiben.

- Die Kapitalverwässerung und damit auch die Anzahl der Aktien soll sich in Grenzen halten, somit der Kurs ex Bezugsrecht nicht zu stark sinken.

Für einen niedrigen Emissionskurs mit der Folge eines hohen Bezugsrechtswerts spricht:

- Der Sicherheitsabstand während der Emission zum höheren Börsenkurs soll groß genug sein.

- Der Wunsch, den Altaktionären einen hohen Verkaufserlös für die Bezugsrechte zu bieten: Obwohl mit dem Bezugsrecht im Grundsatz nur die Entwertung der Altaktien ausgeglichen wird, betrachten Aktionäre den Bezugsrechtserlös oft als eine Art Zusatzdividende, weil sie einen Liquiditätszufluss verzeichnen können.

- Der Wunsch, den Aktienkurs zu senken.

Unter-pari-Emissionen, also Emissionskurse unter dem Nominalwert der Aktie, sind nicht zugelassen. Die meisten deutschen Aktien haben einen Nennwert von 1 Euro (zugleich Mindestnennwert), viele sind nennwertlos. Für Letztere lässt sich ein rechnerischer Nennwert ermitteln (Grundkapital geteilt durch Anzahl der Aktien), der minimal 1 Euro sein muss.

Ausschluss des Bezugsrechts

Lt. § 186 AktG gilt als Grundnorm, dass jeder Altaktionär das Recht hat, dass ihm ein seinem Anteil am bisherigen Grundkapital entsprechender Teil der neuen Aktien zugeteilt wird. Die Altaktionäre sind also die Besitzer der Bezugsrechte. Gleichzeitig wird aber im genannten Paragraphen festgelegt, dass die Hauptversammlung auch eine Kapitalerhöhung ganz oder teilweise unter Bezugsrechtsausschluss der Altaktionäre genehmigen kann. Der Ausschluss dieses Bezugsrechts ist grundsätzlich heikel, werden doch Aktionärsrechte beschnitten. Bei Bezugsrechtsausschluss müssen deshalb zwei relativ restriktive Bedingungen erfüllt sein, die im dritten Absatz des genannten Paragraphen festgelegt sind:

- Die Kapitalerhöhung gegen Bareinlagen übersteigt nicht 10 Prozent des Grundkapitals.
- Der Ausgabebetrag der jungen Aktien unterschreitet den Börsenpreis nicht wesentlich.

Unter „nicht wesentlich" versteht man gemäß häufiger Meinung maximal 5 Prozent. Beide Bedingungen führen zusammen genommen dazu, dass die Verwässerung pro Kapitalerhöhung in Grenzen gehalten wird, also die Aktienkurse durch die Kapitalerhöhung ohne Bezugsrecht der Altaktionäre nicht zu sehr an Wert verlieren können. Das heißt aber nichts anderes, als dass sich der Wert des verlorenen Bezugsrechts pro Altaktie sehr in Grenzen hält. In dieser Situation kann es als vertretbar angesehen werden, die Aktionäre ihres Bezugsrechts zu berauben.

Beispiel | **Bezugsrechtsausschluss bei Ausnutzung der gesetzlichen Grenzen**

Eine Aktiengesellschaft hat ein Grundkapital von 2 Milliarden Euro, aufgeteilt auf 10 Mio. Aktien mit einem Kurs von 200 Euro. Es erfolgt eine Kapitalerhöhung von 10:1, d.h. es werden 1 Mio. Aktien emittiert. Der Emissionskurs liegt 5 Prozent unter dem Börsenkurs, also bei 190 Euro. Damit sind die Grenzen für eine Emission unter Ausschluss des Bezugsrechts voll ausgereizt. Dann errechnet sich der theoretische Wert des ausgeschlossenen Bezugsrechts so:

$$\text{Bezugsrechtswert} = 200\,€ - (10 \times 200\,€ + 1 \times 190\,€)/11 = 200\,€ - 199{,}09\,€ = 0{,}91\,€$$

Der theoretische Wert des ausgeschlossenen Bezugrechts entspricht 0,91 € / 200 € = 0,455 Prozent des Börsenkurses der Altaktie vor Emission.

2.3.7 Formen der aktienrechtlichen Kapitalerhöhung

Unter Kapitalerhöhung versteht das Aktiengesetz eine Erhöhung des Nominalkapitals der Aktiengesellschaft. Als Formen unterscheidet es:

- Kapitalerhöhung gegen Einlagen (ordentliche Kapitalerhöhung),
- genehmigtes Kapital,
- bedingte Kapitalerhöhung,
- Kapitalerhöhung aus Gesellschaftsmitteln.

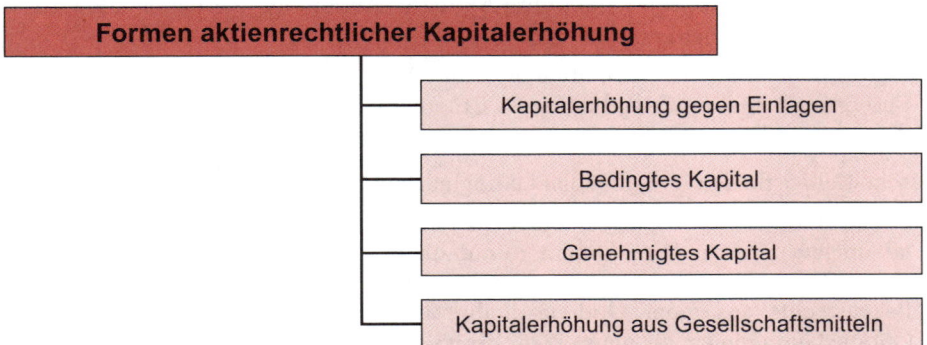

Abbildung 2.14: Formen aktienrechtlicher Kapitalerhöhung

Kapitalerhöhung gegen Einlagen (ordentliche Kapitalerhöhung)

Die Kapitalerhöhung gegen Einlagen gemäß §§ 182 – 191 AktG ist der gesetzliche Standardfall, auf den auch bei den Regelungen zu den anderen Erhöhungsformen Bezug genommen wird. Beschlüsse zu Kapitalerhöhungen der Aktiengesellschaften bedürfen einer qualifizierten Mehrheit in der Hauptversammlung (¾ der Stimmen des bei der Beschlussfassung vertretenen Grundkapitals). In der Satzung der AG kann eine andere Kapitalmehrheit festgelegt sein, für die Ausgabe von Vorzugsaktien ohne Stimmrecht kann dabei aber nur eine größere erforderliche Kapitalmehrheit festgelegt werden.

Genehmigtes Kapital

Diese in der Praxis sehr häufig benutzte Variante ist in den §§ 202 – 206 AktG geregelt. Hier bekommt der Vorstand für einen Zeitraum von bis zu fünf Jahren freie Hand für Eigenfinanzierungen, die sich so zeitnah an den Bedarf des Unternehmens (zum Beispiel Erwerb eines Konkurrenten, Großinvestition oder Umfinanzierung ausgelaufener Fremdmittel) und an die Verhältnisse des Marktes (möglichst starke Börse, um relativ hohe Emissionskurse zu erzielen) anpassen können. Der Nennbetrag des Kapitals, das Gegenstand der Genehmigung ist, darf die Hälfte des zum Zeitpunkt der Ermächtigung vorhandenen Grundkapitals nicht übersteigen.

Bedingte Kapitalerhöhung

Eine Erhöhung des Grundkapitals erfolgt bei der bedingten Kapitalerhöhung gemäß §§ 192 – 201 AktG tatsächlich nur dann, wenn Berechtigte zu bestimmten Gelegenheiten von einem Umtausch- oder Bezugsrecht Gebrauch machen. Diese Gelegenheiten sind im Gesetz abschließend aufgezählt:

- Inhaber von Wandelschuldverschreibungen und Optionsanleihen machen von ihrem Umtausch- oder Bezugsrecht Gebrauch,

- bei Unternehmenszusammenschlüssen (hier können Aktionäre der übernommenen Gesellschaft ein Recht erhalten, ihre Aktien in Aktien der übernehmenden Gesellschaft umzutauschen),

- Belegschaftsmitglieder (Arbeitnehmer und Mitglieder der Geschäftsführung) der Gesellschaft oder eines verbundenen Unternehmens machen von ihrem Recht auf Bezug von billigen Belegschaftsaktien als Form der Gewinnbeteiligung Gebrauch.

Frische Gelder fließen in den Fällen bedingter Kapitalerhöhung nur teilweise zu:

- Beim Umtausch von Wandelschuldverschreibungen wird Fremdkapital in Eigenkapital umgewandelt und es kommt nur dann auch neues Geld ins Unternehmen, sofern Zuzahlungen neben dem reinen Umtausch anfallen. Bei Wahrnehmung eines Bezugsrechts aus einer Optionsanleihe fließt der gesamte Bezugspreis gemäß Optionsbedingungen als neues Eigenkapital an das Unternehmen.

- Erhält man beim Aktientausch im Rahmen von Unternehmenszusammenschlüssen fremde Anteile für eigene Aktien, so ist dies wie eine Sacheinlage, da man für die Aktien der eigenen Gesellschaft Vermögensgüter bekommt, die kein Geld darstellen.

- Beziehen Belegschaftsmitglieder verbilligt (um den ihnen zugestandenen Gewinnanteil) Aktien, so stellt ihre Zahlung auch einen Finanzmittelzufluss dar.

Der Nennbetrag des bedingten Kapitals darf allgemein, wie der des genehmigten Kapitals, die Hälfte des aktuellen Grundkapitals bei Beschlussfassung nicht übersteigen. Darüber hinaus gilt noch, dass der Nennbetrag des bedingten Kapitals speziell für den Fall der Verwendung für die Belegschaftsmitglieder sogar nur den zehnten Teil des Grundkapitals erreichen darf.

Kapitalerhöhung aus Gesellschaftsmitteln

Diese Form ist in den §§ 207 – 220 AktG geregelt. Anlässlich der Erhöhung des Nominalkapitals fließt der AG bei dieser Variante der Kapitalerhöhung per Saldo in keinem Fall neues Eigenkapital zu. Es werden immer bei gleichbleibendem Gesamteigenkapital Gewinn- und/oder Kapitalrücklagen in Grundkapital umgewandelt. Das Gesetz regelt genau, welche Rücklagen umwandlungsfähig sind. Die Umwandlung ist ein reiner Passivtausch innerhalb des Eigenkapitals. Insofern kann man tatsächlich auch nicht von einem Eigenfinanzierungsvorgang sprechen, da kein Geld zufließt. Das nominelle Grundkapital wächst zu Lasten der Rücklagenpositionen, die auch Eigenkapital sind. Wird das Nominalkapital glatt vervielfacht, so erhalten die Aktionäre ohne Bezahlung neue Aktien, sogenannte Berichtigungsaktien oder – etwas missverständlicher, aber populärer ausgedrückt – Gratisaktien. Bei Verdoppelung des Grundkapitals etwa erhält man für jede alte Aktie eine neue hinzu, und die zwei neuen Aktien haben den gleichen Wert, wie ihn eine alte Aktie vor der Kapitalerhöhung aus Gesellschaftsmitteln alleine hatte.

Beispiel	Kapitalerhöhung aus Gesellschaftsmitteln im Verhältnis 1:1 bei Aktien mit einem Nennwert von 1 Euro.

Tabelle 2.10

Kapitalerhöhung aus Gesellschaftsmitteln

Situation vor Kapitalerhöhung		Änderung durch Kapitalerhöhung		Situation nach Kapitalerhöhung	
800.000 Aktien zu je 1 € Nennwert		**800.000 zusätzliche Aktien zu je 1 € Nennwert**		**1.600.000 Aktien zu je 1 € Nennwert**	
gezeichnetes Kapital	800.000 €	Erhöhung des gezeichneten Kapitals	+ 800.000 €	gezeichnetes Kapital	1.600.000 €
Kapitalrücklage	400.000 €	Kapitalrücklage unverändert	± 0 €	Kapitalrücklage	400.000 €
Gewinnrücklage	1.600.000 €	Senkung der Gewinnrücklage	− 800.000 €	Gewinnrücklage	800.000 €
Eigenkapital gesamt	2.800.000 €	Die Summe des Eigenkapitals bleibt unverändert	± 0 €	Eigenkapital gesamt	2.800.000 €
Bilanzkurs vor Kapitalerhöhung	3,50 €	Bilanzkurssenkung, weil das unveränderte Eigenkapital auf doppelt so viele Aktien verteilt wird	− 1,75 €	resultierender neuer Bilanzkurs	1,75 €
unterstellter Börsenkurs vor Kapitalerhöhung	5,00 €	Börsenkurssenkung, weil das unveränderte Eigenkapital auf doppelt so viele Aktien verteilt wird	− 2,50 €	resultierender neuer Börsenkurs	2,50 €

Die Kapitalerhöhung aus Gesellschaftsmitteln ist im Prinzip einfach eine Kapitalerhöhung mit einem Emissionskurs der jungen Aktien von null. In unserem Beispiel ergibt sich ein Mischkurs und mithin neuer rechnerischer Aktienkurs von 2,50 Euro:

1 alte Aktie	5,00 €
1 junge Aktie	0,00 €
Summe der Kurse für 2 Aktien	5,00 €
Mischkurs nach Kapitalerhöhung	2,50 €

Wichtiges Motiv für eine Kapitalerhöhung aus Gesellschaftsmitteln ist die Reduzierung des Börsenkurses. Zusätzlich lassen sich aber noch weitere Gründe speziell für die Kapitalerhöhung aus Gesellschaftsmitteln nennen, die ja als Besonderheit zu einer Reduzierung der Rücklagen führt:

- Nach § 58 Abs. 2 gilt: Stellen Vorstand und Aufsichtsrat den Jahresabschluss fest, so können sie ohne Mitwirkung der Hauptversammlung einen Teil des Jahresüberschusses in andere Gewinnrücklagen einstellen, jedoch nicht mehr als die Hälfte des Jahresüberschusses. Die Satzung kann aber die Einstellung eines höheren Anteils als nur die Hälfte zulassen. Entscheidend ist nun die zusätzliche Vorschrift, dass eine solche Satzungsermächtigung nur gilt, solange die anderen Gewinnrücklagen nicht die Hälfte des Grundkapitals übersteigen. Eine Kapitalerhöhung aus Gesellschaftsmitteln kann dazu dienen, diesen kritischen Betrag der anderen Gewinnrücklagen wieder zu unterschreiten.

- Andere Gewinnrücklagen sind unter bestimmten aktienrechtlichen Bedingungen ausschüttbar. Grundkapital dagegen ist nur unter den sehr engen Bedingungen einer ordentlichen Kapitalherabsetzung mit entsprechenden Gläubigerschutzbestimmungen gemäß § 225 AktG ausschüttbar. Vor diesem Hintergrund kann die Kapitalerhöhung aus Gesellschaftsmitteln auch dazu dienen, das entsprechende bisher nur in Rücklagen gebundene Eigenkapital fester an die Gesellschaft zu binden, was unter anderem ihre Kreditwürdigkeit erhöht.

Die Ausgabe von Berichtigungs- oder Gratisaktien ist nicht zu verwechseln mit dem Aktiensplit. Bei Letzterem werden keine Gewinnrücklagen in Grundkapital umgewandelt. Vielmehr wird das unveränderte Grundkapital auf mehr Aktien verteilt, bei einem Split 1 zu 2 zum Beispiel werden aus einer Aktie zwei mit einem unter sonst gleichen Voraussetzungen halbierten Aktienkurs. Der Aktiensplit ist mit dem Umtausch eines Geldscheins in mehrere kleine Geldscheine vergleichbar. Allerdings wird oft die Dividende nicht genauso stark reduziert wie der Aktienwert. In einem solchen Fall kommt es zu einer erhöhten Dividendenrendite und parallel dazu im Regelfall zu verbesserten Kursen.

2.3.8 Finanzielle Sanierung der Aktiengesellschaft

Das Aktiengesetz regelt in den §§ 222 ff. verschiedene Möglichkeiten der Herabsetzung des Grundkapitals. Unter anderem gibt es je nach Art der Kapitalherabsetzung unterschiedliche besondere Schutzvorschriften für die Gläubiger, die mit der Kapitalherabsetzung ja auf den Schutz des Grundkapitals als das Eigenkapital verzichten müssen, das dem Unternehmen am schwersten zu entziehen ist. Die Gläubigerschutzbestimmungen sind besonders streng, wenn die Kapitalherabsetzung mit einer Auszahlung von Geld an die Aktionäre verbunden ist.

Eine finanzielle Sanierung ist die Schaffung der finanziellen Voraussetzungen für eine Unternehmenssanierung. Dabei kommt im typischen Fall als Vorstufe zur Kapitalerhöhung eine vereinfachte (nominelle) Kapitalherabsetzung ohne Mittelabfluss nach §§ 229 ff. AktG zum Zuge. Diese vereinfachte Form dient ausschließlich dem Ausgleich von Verlusten oder Wertminderungen oder zur Einstellung von Beträgen in die Kapitalrücklagen. Mangels Entzug von Geldern aus der Gesellschaft gibt es bei dieser vereinfachten Form zum Gläubigerschutz lediglich verschärfte Ausschüttungssperrvorschriften: Es darf kein Gewinn ausgeschüttet werden, solange die gesetzlichen

Rücklagen zusammen mit den Kapitalrücklagen nicht 10 Prozent des Grundkapitals erreicht haben. Und selbst wenn diese 10-Prozent-Grenze eingehalten ist, ist eine Ausschüttung des Bilanzgewinns für zwei Jahre auf 4 Prozent des Grundkapitals beschränkt (vergleiche § 233 Abs. 2 AktG).

Die finanzielle Sanierung besteht erst einmal aus der besagten Kapitalherabsetzung zur Beseitigung eines Verlustvortrags. Dadurch können die Aktien wieder auf einen Kurswert über ihren Nennwert zurückkehren, was notwendig für eine Kapitalerhöhung ist, deren Emissionskurs ja den Nennwert nicht unterschreiten darf. Anschließend erfolgt eine Kapitalerhöhung, um der Gesellschaft neue liquide Mittel zuzuführen.

Beispiel **Finanzielle Sanierung**

Sanierungsbedürftige Bilanz [T€]

Aktiva		Passiva	
Vermögen	365.000	Grundkapital	70.000
Verlustvortrag	35.000	Fremdkapital	330.000
Bilanzsumme	**400.000**	**Bilanzsumme**	**400.000**

Die wirtschaftliche Bilanzsumme ist 365.000 T€, da der Verlustvortrag keine Vermögensposition ist, sondern ein Korrekturposten zum Eigenkapital. Das halbe Grundkapital als einzige Eigenkapitalposition ist verbraucht, der rechnerische Bilanzkurs ist im Fall eines Nominalwerts der Aktie von 1 Euro nur noch 0,5 Euro. Eine Kapitalerhöhung zu einem Kurs über 1 Euro wäre ohne besondere stille Reserven unmöglich.

Bilanz nach Kapitalherabsetzung 5 : 1 [T€]

Aktiva		Passiva	
Vermögen	365.000	Grundkapital	14.000
		Kapitalrücklagen	21.000
		Fremdkapital	330.000
Bilanzsumme	**365.000**	**Bilanzsumme**	**365.000**

Wirtschaftliche Bilanzsumme und Gesamtbetrag des Eigenkapitals bleiben unverändert. Die Höhe der Kapitalrücklagen ergibt sich durch die Kapitalherabsetzung um mehr als 2 : 1. Der Bilanzkurs ist nun (35.000 T€ / 14.000 T€) × 1 € = 2,5 €.

Bilanz [T€] nach Kapitalerhöhung 1 : 2, Ausgabekurs 1,9 €			
Aktiva		**Passiva**	
Vermögen alt	365.000	Grundkapital	42.000
Barmittel aus Kapitalerhöhung	53.200	Kapitalrücklagen	46.200
		Fremdkapital	330.000
Bilanzsumme	**418.200**	**Bilanzsumme**	**418.200**

Bei der Kapitalerhöhung kommen auf eine alte Aktie zwei zusätzliche junge Aktien, sodass sich das Grundkapital auf 42.000 Euro verdreifacht. Der Emissionserlös ist 14.000 € × 2 × 1,9 = 53.200 €. Der über die Grundkapitalerhöhung von 28.000 Euro hinausgehende Emissionserlös geht zusätzlich in die Kapitalrücklagen und erhöht diese um 25.200 Euro.

2.3.9 Fallbeispiel einer Aktienemission

Beispiel — **Erstemission von Aktien mit Kapitalerhöhung und gleichzeitiger Reduzierung des Eigenkapitals der Alteigentümer**

Die 30 Mio. Aktien mit einem Nennwert von je 1 Euro waren bislang im alleinigen Besitz der Familie der Alteigentümer. Sie will mit einem Börsengang erreichen, dass der Gesellschaft zusätzliches Eigenkapital von 32 Mio. Euro zufließt und die Familie gleichzeitig ihren Anteil auf 51 Prozent reduziert, um Geld für private und/oder andere unternehmerische Zwecke freizubekommen.

Die Börseneinführung wird zu einer Kapitalerhöhung im Verhältnis 3:1 zum Kurs von 3,20 Euro für eine Aktie mit dem Nennwert von 1 Euro genutzt. Das bedeutet, dass auf drei alte Aktien eine zusätzliche junge Aktie kommt, das Grundkapital also um ein Drittel des alten Betrags steigt.

1 Geändertes Eigenkapital der Gesellschaft

- Erhöhung des Grundkapitals von 30 Mio. Aktien = 30 Mio. Euro nominal um 10 Mio. Aktien = 10 Mio. Euro nominal (das ist 3 / 1) auf 40 Mio. Aktien = 40 Mio. Euro nominal.

- Das Eigenkapital von 60 Mio. Euro steigt durch die Kapitalerhöhung um 10 Mio. Aktien zu je 3,20 Euro, somit 32 Mio. Euro auf 92 Mio. Euro.

- In die Kapitalrücklage fließt das Agio der Kapitalerhöhung von 2,20 Euro pro Aktie, somit insgesamt 10 Mio. × 2,20 Euro = 22 Mio. Euro. Resultierende neue Kapitalrücklage: 3 Mio. Euro + 22 Mio. Euro = 25 Mio. Euro.

2 Teilablösung der Alteigentümer (lässt die Kapitalausstattung der AG unberührt!)

Vom künftigen Grundkapital in Höhe von 40 Mio. Euro wollen die Alteigentümer 51 Prozent halten, also

$$40 \text{ Mio. } € \times 51\,\% = 20,4 \text{ Mio. } €$$

Sie hatten bislang 30 Mio. Euro, können also 9,6 Mio. Euro abgeben, das sind bei einem Nennwert von 1 Euro pro Aktie 9,6 Mio. Aktien. Die Alteigentümer erhalten für die abgegebenen Aktien folgenden Betrag:

– 9,6 Mio. Aktien = 9,6 Mio. Euro nominal zum Preis von 9,6 Mio. × 3,20 Euro = 30,72 Mio. Euro.

– Es bleiben ihnen 30 Mio. Aktien abzüglich 9,6 Mio. Aktien, somit ein Grundkapitalanteil von 20,4 Mio. Euro, das sind 51 Prozent des neuen Grundkapitals von 40 Mio. Euro nach Kapitalerhöhung.

3 Emissionsvolumen

Insgesamt werden über die Börse 10 Mio. Aktien für das Unternehmen und 9,6 Mio. Aktien für die Alteigentümer emittiert. Das Emissionsvolumen war

(10 Mio. Aktien + 9,6 Mio. Aktien) × 3,20 € pro Aktie = 62,72 Mio. €.

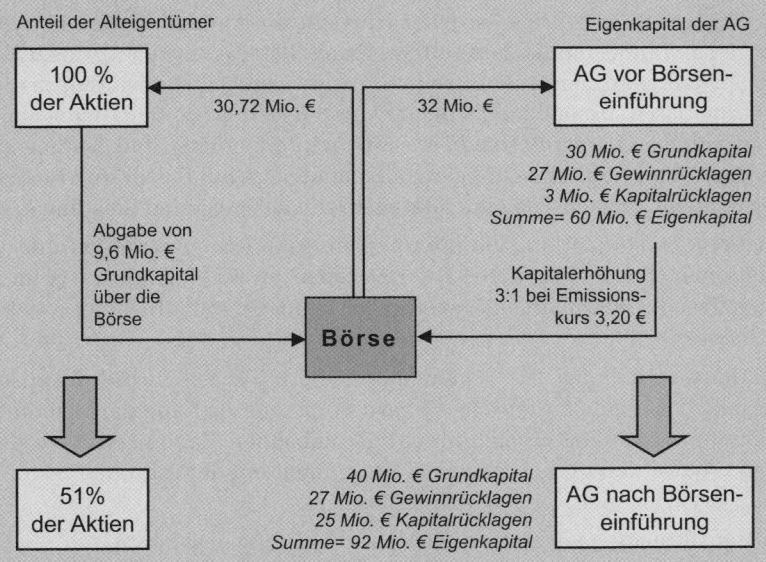

Abbildung 2.15: Beispiel einer Börseneinführung mit teilweiser Ablösung der Alteigentümer

2.4   Organisationsformen von Beteiligungsfinanzierungen

Die Beteiligungsfinanzierung der Praxis hat bestimmte Organisationsformen herausgebildet, deren Grundelemente und Ausprägungen hier erläutert werden.

2.4.1   Kategorien von Investoren in Beteiligungen

Die genannten Investoren bieten teilweise nicht allein Beteiligungen am Eigenkapital an, sondern auch mezzanines Kapital und Fremdkapital. Manchmal bieten sie komplette Finanzierungspakete an, die diese Kapitalformen mischen. Die folgenden Einteilungen der Investorenarten nach unterschiedlichen Kriterien sind idealtypisch, es gibt in der Praxis mannigfache Zwischenformen.

2.4.1.1   Direkte Beteiligungsinvestitionen contra Einschaltung von Finanzintermediären

Private und *Unternehmen außerhalb des Finanzsektors* treten teilweise ohne jede Einschaltung Dritter auf dem Beteiligungsmarkt auf, etwa als Kommanditisten, stille Gesellschafter, Halter von Genossenschaftsanteilen oder dergleichen. Im Fall nicht börsennotierter Aktien kann auch ein Aktienerwerb ausnahmsweise ohne jede Einschaltung Dritter erfolgen. Diese in jeder Hinsicht direkte Beteiligung ist typisch für Beteiligungen an mittelständischen Unternehmen. Beteiligungen an großen Unternehmen dagegen erfolgen meistens unter mehr oder weniger starker Einschaltung von Finanzintermediären, Ausnahmen sind am ehesten sehr große Beteiligungen.

Wer sind solche *Finanzintermediäre*? Finanzintermediäre sind Mittler zwischen Kapitalanlegern und Kapitalnachfragern, allgemein tätig auf Eigen- und Fremdkapitalmärkten. Sie bieten je nach Typ eine oder mehrere der folgenden Leistungen an.

- Informationstransformation: Die Intermediäre sammeln, verarbeiten und verteilen Informationen. Sie liefern dabei Informationen an Kapitalanleger (zum Beispiel Aktienanalysen, Unternehmensbewertungen) und Kapitalaufnehmer (etwa Kapitalmarktanalysen).

- Transaktionsabwicklung: Die Finanzintermediäre werden in die organisatorische Abwicklung des Kapitalaustauschs einbezogen, indem sie Kapitalanbieter und -nachfrager zusammenführen, Geschäftsabschlüsse anbahnen, Zahlungen abwickeln, Wertpapiere aufbewahren und dergleichen. Zusammen mit der Informationsfunktion ist dies der Servicebereich der Finanzintermediäre.

- Kapitaltransformationsleistungen: Zu diesen Leistungen gehören
  - Volumentransformation: Die Volumina von angebotenem und nachgefragtem Kapital passen oft nicht zusammen. Insbesondere erfolgt oft eine Zusammenfassung kleiner Kapitalanlagen zu Größenordnungen, die die Kapitalnachfrager benötigen.
  - Fristentransformation: Die Anleger wollen ihr Kapital oft für andere Zeiträume anlegen, als dies den Interessen der Kapitalnachfrager entspricht. Intermediäre nehmen oft Kapital kurzfristig herein, geben es aber langfristig weiter.

– Risikomanagement: Die Intermediäre stimmen die Risikovorstellungen von Kapitalanbietern und -nachfragern aufeinander ab, beispielsweise durch Separation von Risiken mit Hilfe von Finanzderivaten (siehe Kapitel 7) und Weiterplatzierung separierter Risiken an Versicherungen oder besonders risikobereite Anleger, während andere Anleger weniger Risiken tragen müssen..

Man spricht von *Kapitalsammelstellen*, wenn die Intermediäre auch die Kapitaltransformationsleistungen der Volumen- und Fristentransformation bieten. Kapitalsammelstellen wie zum Beispiel Banken und Sparkassen, Bausparkassen, Lebensversicherungen, Pensionskassen, Sozialversicherungsträger und Fonds halten immer Gelder für ihre Kunden. Ein anderer verwandter Begriff ist der des *institutionellen Investors*. Er wird meistens als Synonym für die Kapitalsammelstelle verwendet, schließt manchmal aber in einem weiteren Sinne auch Großinvestoren auf den Kapitalmärkten ein, die nicht als Kapitalsammelstellen fungieren, etwa Stiftungen oder Finanzierungsgesellschaften und -abteilungen großer Konzerne.

Die Einschaltung von Finanzintermediären auf dem Beteiligungsmarkt kann sehr unterschiedliche Qualitäten haben. Wird ein Intermediär nicht für die Kapitaltransformationsleistungen beansprucht, sondern nur als Informationsdrehscheibe und Transaktionsabwickler, so spricht man immer noch von einer direkten Beteiligung, andernfalls nur von einer indirekten Beteiligung des ursprünglichen Kapitalgebers. In Deutschland fließen die meisten in Aktien investierten Gelder nicht direkt von den Privaten an die Aktiengesellschaften, sondern indirekt über den Kauf von Anteilen an Fonds.

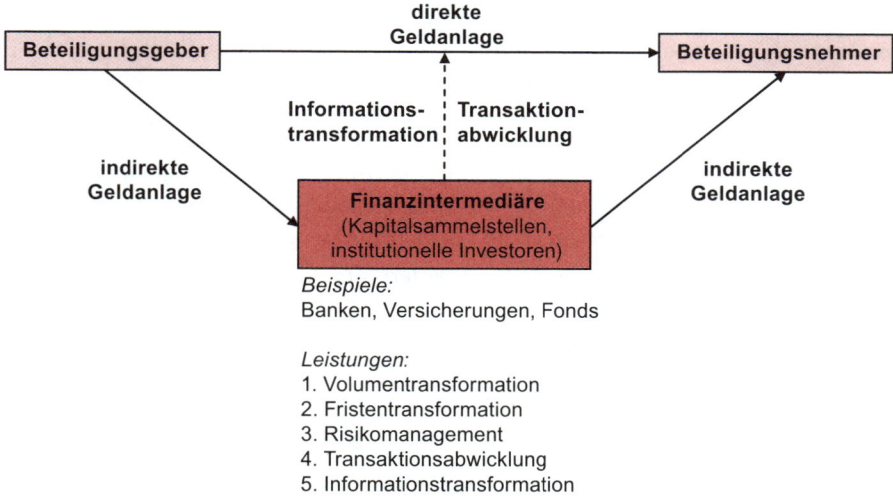

Abbildung 2.16: Beteiligungen bei unterschiedlicher Einschaltung von Finanzintermediären

Finanzintermediäre sind zum Beispiel Banken, Versicherungen und Fonds, daneben eine Vielzahl von spezialisierten Finanzdienstleistern wie etwa Makler oder Sozialversicherungsträger. Bei den *Banken* unterscheidet man das *Commercial Banking*, bei dem die Bank bilanzwirksam Kapitalien sammelt und Kapitalien anlegt, und das *Investment Banking*, bei dem die Bank Kapitalanbieter und Kapitalnachfrager nur zusammenführt. Bei den *Versicherungen* haben auf den Kapitalmärkten besonders solche Bedeutung, die große Kapitalmengen einsammeln, speziell Lebens- und Rentenversicherungen. *Fonds* sind Vermögensmassen von Kapitalanlegern unter besonderer Verwaltung. Sie können letztlich alle Arten von Vermögensgütern als Anlagen wählen, seien es Immobilien, Beteiligungen, Rohstoffe, Obligationen oder andere. An dieser Stelle geht es um die Beteiligungskapital haltenden Fonds. Bei den *Aktienfonds* steht als Anlageprinzip vorwiegend die Risikostreuung im Vordergrund: Sie beteiligen sich an verschiedenen Aktiengesellschaften, manchmal unter Einschränkung der Effekts der Risikostreuung an solchen bestimmter Art (etwa Gesellschaften bestimmter Branchen oder Regionen), und ermöglichen es den Käufern von Fondsanteilen so, indirekt an einer Vielzahl von Gesellschaften beteiligt zu sein. Fonds können sich auch an nicht börsennotierten Gesellschaften beteiligen, man spricht dann von *Private Equity Fonds,* die unten gesondert betrachtet werden. Haben ihre Anlagen einen Mischcharakter von Eigen- und Fremdkapital, so spricht man von *Mezzanine Fonds.*

Hedgefonds befassen sich zum Teil mit der Investition in Eigenkapital, sie investieren aber auch in Obligationen, mezzanines Kapital, Devisen, Finanzderivate, Rohstoffe und anderes. Sie sind deshalb nur beschränkt für das vorliegende Kapitel relevant. Wenn sie in Eigenkapital investieren, so im Regelfall in börsennotierte Aktien.

Besonderes Ziel der ersten Hedgefonds war es, eine von der generellen Marktentwicklung nach oben oder unten unabhängige Rendite zu erzielen. Teilt man die Risiken einer Kapitalanlage in

■ das systematische Risiko des Gesamtmarkts einerseits und

■ das spezifische Risiko der Einzeltitel andererseits,

so hatte man Idee, das erstgenannte Risiko durch entsprechende Strategien zu neutralisieren (durch Hedging zu beseitigen, deshalb die Bezeichnung) und das Portfolio bezogen auf das letztgenannte Risiko durch Stock-Picking (Auswahl der besten Titel) zu optimieren. Außerdem bediente man sich systematisch des im neunten Kapitel dargestellten Leverage-Effekts: Man setzte zum Beispiel viel Fremdkapital ein, das im Erfolgsfall mehr Rendite erbringt, als es Zinsen kostet.

Hedgefonds sind Fonds, die eine sehr variable Anlagepolitik betreiben. Sie engagieren sich auf den Märkten aller denkbaren Vermögensgüter, wobei sie meistens Börsen benützen. Folgende Eigenschaften stehen primär für Hedgefonds:

■ Short Selling (Verkauf geliehener Wertpapiere per Termin und im Erfolgsfall Eindeckung zu gefallenen Kursen);

■ Leverage (Einsatz von wenig Eigenkapital, zum Beispiel durch Aufnahme von Fremdkapital oder durch Einsatz von Derivaten, wie dies im siebten Kapitel geschildert wird);

■ Hedging, das heißt Absicherung gegen solche Risiken, die man nicht tragen will;

■ marktneutrale Ausrichtung und absolute Erträge: Verwendung von Techniken, mit denen man unabhängig von der Entwicklung der Marktpreise Geld verdienen kann, also auch bei nachgebenden oder gleichbleibenden Kursen;

■ Arbitrage, also Ausnutzung von Preisverzerrungen auf den Märkten;

■ Verwendung von Finanzderivaten;

■ hoch aktives Management und hohe Erfolgsbeteiligung der Manager.

Hedgefonds agieren insgesamt eher risikoreich und mit relativ kurzfristigem Anlage-horizont, auch wenn sie mit Aktien operieren. Deshalb spielen sie bislang als nachhal-tige Investoren in Eigenkapital keine Rolle.

> *„Hedge-Fonds sorgen für Aufregung in deutschen Konzernen. Bei der Deut-schen Börse haben sich Spekulationsfonds wie Atticus und TCI eingekauft, um die Übernahme der Londoner Börse zu verhindern und daraus Profit zu schla-gen. Vergangenen Sommer drückten Hedge-Fonds – die durch Leerverkäufe und Termingeschäfte auch bei fallenden Börsen Gewinne erzielen können – den Kurs des Reisekonzerns TUI...*
>
> *Auf der anderen Seite spielen Hedge-Fonds als Akteure auf dem deutschen Kapitalmarkt eine wachsende Rolle. So unterschiedlich ihre Strategien sind, so verschieden sind auch die Situationen, in denen sie in Erscheinung treten: In Übernahmeschlachten, bei Umschuldungen oder einfach als Aktienkäufer oder -verkäufer. Zugleich nimmt auch die Bedeutung von Hedge-Fonds als Anlage-klasse hierzulande allmählich zu. Seit gut einem Jahr dürfen sie in Deutsch-land aufgelegt werden ...*
>
> *Zudem graben sich die Fonds bei manchen Strategien selber das Wasser ab: Wenn viele Spekulanten versuchen, aus Marktineffizienzen mit so genannten Arbitrage-Geschäften Kapital zu schlagen, verschwinden genau die Bewer-tungsunterschiede, die die Fonds ausnützen wollen. ... Hedge-Fonds suchen daher neue Strategien, um ihr Geld arbeiten zu lassen. Zuletzt kauften große Vertreter der Branche häufiger ganze Firmen, um sie kurze Zeit später wieder zu veräußern. Sie konkurrieren daher zunehmend mit den auf Firmenkäufe spezialisierten Beteiligungsfonds wie KKR und Blackstone, die ihre Firmen in der Regel drei bis fünf Jahre halten. ..."*[5]

2.4.1.2 Taktische contra strategische Investoren

Je nach Nachhaltigkeit der Beteiligungswünsche lassen sich idealtypisch taktische und strategische Investoren unterscheiden. Diese Unterscheidung entspricht weitgehend der in finanzanlageorientierte Beteiligung einerseits und unternehmerisch orientierte Beteiligung andererseits. In Bezug auf Beteiligungen bedeutet taktisch, dass der Zeit-horizont des Investors begrenzt ist. Ein solcher Investor beachtet besonders die Chance der Wertsteigerung des Unternehmens und damit auch seines Anteilswerts. Ein strategischer Investor dagegen legt besonderen Wert auf seinen Einfluss auf sach-liche (am Unternehmenszweck orientierte) Ziele wie das operative Geschäft, Zugang zu Technologien sowie Absatz- und Beschaffungsmärkten.

Zum modernen Begriff der *Finanzinvestoren* zählt man nicht alle finanzanlage-orientierten Investoren, sondern enger definiert nur

- Hedgefonds sowie
- Private Equity Fonds,

wobei Erstere besonders ausgeprägt taktisch orientiert sind, Letztere dagegen eher als Mischung von taktisch und strategisch orientiertem Investor angesehen werden kön-

---

5 Hesse, Martin: Der lange Weg zur Königsklasse. In: *Süddeutsche Zeitung*, 1.3.2005, S. 30.

nen, da sie mittelfristig engagiert bleiben (meistens einige Jahre) und teilweise das operative Geschäft stark beeinflussen.

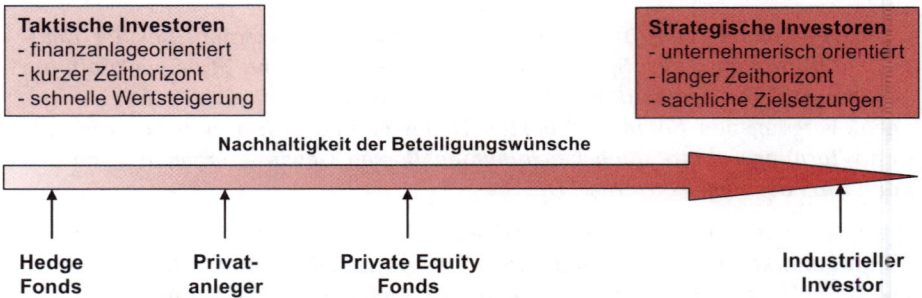

Abbildung 2.17: Investoren je nach Nachhaltigkeit der Beteiligungswünsche mit Beispielen

2.4.1.3 Traditionelle und alternative Investments

Dies ist eine logisch unscharfe, in der Praxis aber bedeutende Unterscheidung. Sie bezieht sich auf Investments von Fonds und anderen Institutionellen. Dahinter steckt die Vorstellung, dass man mit einem traditionellen Investment in eine Aktie oder Obligation mit breitem Markt keine besondere Rendite erzielen kann, weil sich der Investor auf eingetretenen Pfaden bewegt, insbesondere auf einem Kapitalmarkt, auf dem die Unternehmen relativ objektiv bewertet sind. Mit Bezug auf den breiten Kapitalmarkt sind insbesondere die üblichen Aktienbeteiligungen an börsennotierten Unternehmen als traditionell anzusehen, zumindest, wenn kein spezieller Finanzierungsanlass besteht. Alternative Investments dagegen sind solche in Vermögendwerte mit geringer Transparenz, geringer Liquidität (schwere Liquidierbarkeit) und geringer Korrelation ihrer Wertentwicklung zu der traditioneller Vermögenswerte. Hierher gehören auf dem Eigenkapitalsektor Beteiligungen an nicht börsennotierten Gesellschaften und auch Beteiligungen in speziellen Unternehmenssituationen, die sich nachhaltig auf den spezifischen Unternehmenswert unabhängig vom sonstigen Markt auswirken (etwa in besonderen Wachstumsphasen, bei Unternehmenskäufen und -zusammenschlüssen sowie bei Restrukturierungen und Turnarounds). Die Entscheidung für oder gegen ein traditionelles Investment ist leichter zu treffen als die für oder gegen ein alternatives Investment. Die Investments der genannten Hedgefonds werden angesichts ihres innovativen Potenzials als alternative Investments betrachtet, ebenso die Beteiligungen Institutioneller auf dem unten genannten Private Equity Markt (außerbörslichen Markt für alternative Eigenkapitalanlagen).

2.4.1.4 Beteiligungen in verschiedenen Entwicklungphasen der Unternehmen

Man unterscheidet Beteiligungen auch danach, in welcher Unternehmensphase sie stattfinden, in der Frühphase des Unternehmensaufbaus oder in einer Spätphase, wenn das Unternehmen schon etabliert ist. Je nach betroffener Phase sind unterschiedliche Qualitäten des Finanzierungspakets gefragt. Bei der nachfolgend separat erörterten Finanzierungsform der Private-Equity-Finanzierung wird diesem Aspekt ein besonderes Augenmerk gewidmet.

2.4.2 Private-Equity-Finanzierungen

Private Equity umfasst

- Eigenkapitalbeteiligungen („equity") als alternative Investments
- im Regelfall außerhalb der Börse („private")
- durch spezialisierte Anleger (spezialisierte Private sowie Institutionelle, insbesondere Fonds)
- auf begrenzte Zeit (absehbarer Wiederausstieg)
- über einen großen Gesamtbetrag beim finanzierten Unternehmen.

Private-Equity-Finanzierungen zielen aus Sicht des Kapitalanlegers darauf ab, dass dieser Finanzinvestor innerhalb der begrenzten Kapitalüberlassungszeit von der Wertentwicklung des Unternehmens profitiert. Dazu sind Perioden in der Unternehmensentwicklung geeignet, die eine besonders positive Wertentwicklung der Beteiligung erhoffen lassen. Das sind

- entweder Frühphasen (Early Stage) der Unternehmensentwicklung, die Finanzierungen heißen dann Early-Stage-Finanzierungen beziehungsweise gleichbedeutend Venture-Capital-Finanzierungen, oder aber
- andere finanzwirtschaftlich bedeutende Phasen in der späteren Unternehmensentwicklung (Spätphasen, Late Stage) der schon etablierten Unternehmen, insbesondere
  - in Perioden besonders starken Wachstums,
  - bei Vorbereitung von Börsengängen,
  - bei Gesellschafteraustausch im Rahmen von Unternehmensverkäufen oder Teilunternehmenskäufen,
  - bei Neuregelung der Unternehmensnachfolge,
  - bei Turnarounds.

Solche Finanzierungen kann man im Gegensatz zu Early-Stage-Finanzierungen Late-Stage-Finanzierungen nennen.

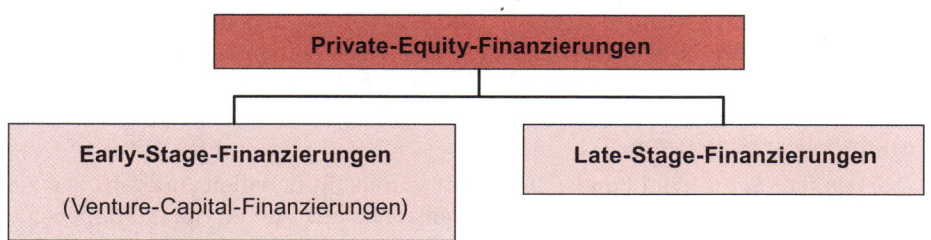

Abbildung 2.18: Private-Equity-Finanzierungen

2.4.2.1 Venture-Capital-Finanzierung (Early Stage Financing)

In den USA und zunehmend auch bei uns verwendet man den Begriff des *Venture Capital* (VC) enger, als dies herkömmlich in Deutschland der Fall war. Nach dieser engeren Definition umfasst Venture Capital allein die Finanzierungen junger, innovativer Unternehmen mit hohem Wachstumspotenzial in den Aufbauphasen (Early Stage).

Dieser engeren Definition des Venture Capital wird hier gefolgt. Die Phasen, deren Finanzierung die VC-Gesellschaften mit gestalten, lassen sich dann so einteilen:

- **Seed Financing:** Finanzierung der Ausreifung und Umsetzung einer Idee in verwertbare Resultate
- **Start-up Financing:** Gründungsfinanzierung
- **First Stage Financing:** Produktionsaufnahme und Markteinführung

Die hier nicht verwendete breitere deutsche Definition des Venture Capital umfasst auch Finanzierungen in bereits etablierten Unternehmen (Late Stage) und somit den gesamten Bereich der Private-Equity-Finanzierungen.

Venture-Capital-Geber bringen für ihre spezielle Klientel junger Unternehmen bis zu einem gewissen Grad auch Know-how und Geschäftsverbindungen (*smart money*) ein. Meistens erhalten sie keinen laufenden Ertrag für ihre Einlage, ihr Ertrag realisiert sich vielmehr erst am Ende der Beteiligungszeit, wenn sie ihren Anteil mit möglichst hohem Gewinn verkaufen.

Eine Besonderheit in Deutschland ist, dass es viele Beteiligungsgesellschaften mit vollständigem oder teilweisem staatlichen Gesellschafterhintergrund gibt, deren Venture Capital etwas zum Kredit neigt (*Soft Venture Capital*): Die Mitsprache der Venture-Capital-Geber im Unternehmen ist in diesen Fällen besonders deutlich eingeschränkt, es wird oft eine laufende begrenzte Bedienung des Venture Capital mit Zinsen vereinbart, der Rückkaufpreis für den Kapitalanteil bei Ausscheiden des Venture-Capital-Gebers ist gemäßigt und wird zum Beispiel limitiert beziehungsweise von vornherein festgelegt.

Die Geber von Venture Capital sind idealtypisch organisiert in einer der beiden folgenden Fondstypen:

- *Captive Funds* sind eigene Beteiligungsgesellschaften von Banken, Versicherungen oder großen Konzernen, die auf die Kapitalkraft der Gesellschafter zurückgreifen, also keine Intermediäre für Nicht-Gesellschafter sind. In Deutschland treten neben die genannten privaten Unternehmen auch Institutionen der öffentlichen Hand. Oft stehen hinter dem Captive Fund einzelne Industrieunternehmen, die ein Interesse daran haben, über Beteiligungsgesellschaften Kontakt zu *strategisch interessanten* Unternehmen ihrer Branche zu bekommen. Die von ihnen getragenen sogenannten *Corporate-Venture-Capital-Gesellschaften* spielen in technologieorientierten Branchen eine Rolle. Kritisch sehen die Empfänger des Venture Capitals, dass die Gefahr besteht, dass die Anteilsinhaber der Corporate-Venture-Capital-Fonds ihr Know-how ausspionieren.

- *Independent Funds* sind Fonds, die Gelder von institutionellen Anlegern wie zum Beispiel Banken, Versicherungen und Pensionsfonds sowie von Privatpersonen sammeln und als Intermediäre für diese anlegen.

Es gibt auch Kombinationen aus beiden Typen, also Fonds, die die Gelder eigener Gesellschafter und solcher fremder Anleger investieren (*Semi-Captive Funds*).

Als deutsche Spezialität gibt es auch sogenannte *Unternehmensbeteiligungsgesellschaften*, für die ein spezielles Gesetz geschaffen wurde. Sie haben als Geschäftszweck Erwerb, Halten, Verwaltung und Veräußerung von Kapitalbeteiligungen. Sie finanzieren sich durch Ausgabe von Anteilen beim Anlagepublikum, etwa durch Aktien. Der Staat fördert diese Gesellschaften durch Steuervergünstigungen.

Verwandt mit Venture Capital Fonds sind die sogenannten *Inkubatoren* (incubators). Sie bieten neben einer Beteiligungsfinanzierung komplette Büros oder übernehmen bestimmte Büroarbeiten, beraten das Management und stellen technisches Know-how zur Verfügung. Das englische Wort „incubator" heißt Brutkasten und drückt eine Komplettversorgung der allein nicht oder schlechter lebensfähigen Firma aus. Inkubatoren siedeln sich teilweise im Umfeld von Hochschulen an, aus denen ein guter Teil ihrer Klientel kommt. Oft sind es Ableger von Unternehmensberatungsgesellschaften, Banken und VC-Gesellschaften. Sehr oft ist die Gegenleistung des Jungunternehmens für die Rundumversorgung des Inkubators allein die Abgabe eines Anteils am Unternehmen (circa 3 bis 25 Prozent Kapitalanteil). Das Konzept des Inkubators hat sich aus dem der Gründungs-, Innovations- und Technologiezentren entwickelt, die allerdings anders als die Inkubatoren nie Kapital bereitstellen. Synonym oder ähnlich verwendet man den Begriff des *Akzelerators* (accelerator). Macht man einen Unterschied zum Inkubator, so liegt der darin, dass seine Strategie speziell auf die Beschleunigung (acceleration) des Unternehmenswachstums abzielt.

2.4.2.2 Late-Stage-Finanzierung

Late Stage Fonds werden hier Fonds genannt, die sich an reifen Unternehmen beteiligen. Sie beteiligen sich in Situationen besonders hohen Kapitalbedarfs.

Idealtypisch kann man als mögliche Anlässe der Late-Stage-Finanzierungen unterscheiden:

- **Expansion Financing** (Second Stage: frühes Wachstum des Pionierunternehmens, Third Stage: späteres Wachstum des starken Wettbewerbers);
- **Bridge Financing** (Vorbereitung auf den Börsengang durch Herstellung gesunder Finanzierungsverhältnisse, insbesondere Verbesserung der Eigenkapitalquote);
- **Buy Out Financing** (Gesellschafterwechsel): *Buy Out* ist die Ablösung von Altgesellschaftern. Die zu finanzierenden Übernahmen ganzer Unternehmen oder großer Anteile können Kaufpreise in Milliarden von Euro umfassen. Buy Outs erfolgen im Regelfall unter Einsatz von viel Fremdkapital („leveraged") und heißen dann *Leveraged Buy Outs* (LBO). Leveraged Buy Outs umfassen als spezielle Varianten auch *Management Buy Outs* (MBO) als Übernahmen durch das bisherige angestellte Unternehmensmanagement und *Management Buy Ins* (MBI) als Übernahmen eines Unternehmens durch ein externes Management, oft Manager von anderen Unternehmen der gleichen Branche. Die Fonds können bei Management Buy Outs und Management Buy Ins als Koinvestoren der Manager auftreten beziehungsweise Unternehmen aufkaufen und das Management bei Bedarf teilweise oder ganz neu besetzen. Die zu finanzierenden Unternehmen stammen zum Teil aus Unternehmensteilungen (*Split Ups*) oder aus sogenannten *Spin Offs*. Letztere sind Abspaltungen von Unternehmenssparten, die zu selbstständigen Unternehmen werden, oder sie stammen aus Verkäufen von Unternehmen, die aus einem Konzern herausgelöst werden.
- **Turnarounds** sind ein Finanzierungsanlass, bei dem die Late-Stage-Finanzierung ein ähnlich hohes Risiko birgt wie die Venture-Capital-Finanzierung. Nach der Restrukturierung von Unternehmen, die ihr Eigenkapital in schlechten Zeiten weitgehend verloren haben, wird hierbei Eigenkapital für den Neustart zur Verfügung gestellt (Turnaround-Finanzierung).

■ Im mittelständischen Bereich sind es oft auch *Nachfolgeprobleme*, die Chancen zum Anteilserwerb durch Late Stage Fonds eröffnen. Sie können dann ein Management ihrer Wahl etablieren.

Turnaround-Finanzierungen und Finanzierungen bei Nachfolgeproblemen können bei hoher relativer Beteiligungshöhe als Spezialfälle von Buy-Out-Finanzierungen gesehen werden.

Late Stage Fonds treten wie Venture Capital Fonds als Independent Funds oder als Captive Funds in Erscheinung. Teilweise haben die Fondsanteile Aktienform und sind börsennotiert. Statt sich an Captive Funds zu beteiligen, treten Investmentbanken teilweise auch direkt als Late-Stage-Finanzierer auf. Dann zählt man auch diese Banken in einem weiten Sinne zu den sogenannten Finanzinvestoren.

Late Stage Fonds greifen als Beteiligungsunternehmen wie Venture Capital Fonds gerne stark in die Unternehmensführung ein, um eine rasche Werterhöhung ihres Engagements zu erzielen.

Manche Fonds, die Late-Stage-Finanzierungen vornehmen, verfügen über ein äußerst großes Kapital, das ihnen zusammen mit aufgenommenen Darlehen Käufe bis zu zweistelligen Euro-Milliardenhöhen ermöglicht. Außerdem gibt es auch Käufe im Konsortium, sogenannte *Club Deals*, bei denen sich verschiedene Finanzinvestoren zu einem Großinvestment zusammenschließen. Dann kaufen sie auch an Börsen gehandelte Aktienpakete oder ganze Aktiengesellschaften und verlassen so definitionsgemäß den Bereich des Private Equity. Logisch korrekt müsste man hier von *Public Equity* sprechen, was sich aber als Bezeichnung bislang leider nicht eingebürgert hat. Man benützt in solchen Fällen dann gerne die umfassendere und neutralere Bezeichnung Finanzinvestor und vermeidet so den teilweise unberechtigten Begriffsbestandteil „private".

Beim Kauf von Anteilen an einem Unternehmen treten diese Finanzinvestoren teilweise als aggressive Anleger auf, die Unternehmen gegen den Willen der Geschäftsführung ganz oder teilweise aufkaufen (feindliche Übernahme, hostile takeover). Sie betätigen sich also als Fonds, die Unternehmen überfallen (*Corporate Raider*), um sie danach, teilweise nach Restrukturierungen, ganz oder in Teile aufgespalten möglichst mit Gewinn weiterzuveräußern.

Sofern Late Stage Fonds mit der Finanzierung unmittelbar keine besonders hohen Risiken übernehmen und dabei eine nur mäßige Rendite des Gesamtkapitals erzielen, erhöhen sie die Rendite ihres eingesetzten Eigenkapitals oft durch *hohe Kreditaufnahmen* (Leverage). Den Kredit nimmt aber im Regelfall nicht der Fonds auf, sondern der Finanzinvestor lässt sein neu erworbenes Unternehmen einen entsprechend hohen Kredit aufnehmen. Die Liquidität wird teilweise sogar dazu benutzt, Sonderdividenden auszuschütten. Oft erhöht sich so die Verschuldung eines von einem derartigen Finanzinvestor übernommenen Unternehmens deutlich. Der dadurch ausgelöste Rationalisierungsdruck führt gelegentlich zu sehr weitgehenden Restrukturierungsmaßnahmen mit Personaleinsparungen, Auslagerung der Produktion in kostengünstiger produzierende Länder, Spin-Offs zur Generierung von Mitteln für Zins und Tilgung und dergleichen mehr.

Aus dem Finanzstabilitätsbericht 2006 der Deutschen Bundesbank, S. 46 f.:
„Risiken aus der Finanzierung von Leveraged-Buyout-Transaktionen (LBOs): ...
Der zuletzt deutlich gestiegene Fremdkapitalanteil bei LBOs dürfte bereits als
Ausdruck einer Überhitzung zu werten sein. Auch spielen so genannte Rekapi-
talisierungen eine immer größere Rolle, das heißt neue Eigentümer lassen sich
hohe, über Schulden finanzierte Sonderdividenden ausschütten, zum Teil gleich

mehrfach binnen kurzer Frist. ... LBOs können zu Lasten der ursprünglichen Gläubiger der Unternehmen gehen, wenn ... der Verschuldungsgrad ansteigt. Einige der übernommenen Unternehmen können wegen der zusätzlichen Kredite bei einer Eintrübung der wirtschaftlichen Lage an den Rand der Zahlungsunfähigkeit geraten. ... Die Mehrzahl der Banken berichtet ferner von einer merklichen Zunahme der Leverage Multiples [Fußnote: Leverage Multiples werden als Verhältnis des Fremdkapitals zum Eigenkapital oder als Verhältnis der Schulden zum EBITDA des Unternehmens definiert] und sieht darin – insbesondere im Fall eines Zinsanstiegs – den wesentlichen Risikofaktor für den LBO-Markt."

2.4.2.3 Exitkanäle der Private-Equity-Investoren

Als Exit bezeichnet man die Beendigung des Engagements des Private-Equity-Investors im Unternehmen. Der Exit ist von entscheidender Bedeutung, denn mit ihm will der Finanzinvestor, der während seiner Beteiligung keine oder nur eine relativ geringe Gewinnausschüttungen erhält, seinen entscheidenden Gewinn machen.

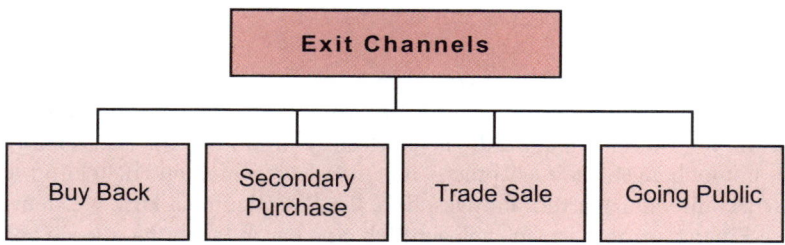

Abbildung 2.19: Exitkanäle der Private Equity Fonds

Buy Back

Dies ist die Übernahme des Anteils der Investoren durch die Altgesellschafter, die diesen Anteil früher verkauft hatten. Insbesondere bei einem Engagement einer Venture-Capital-Gesellschaft wird dies oft vom Kapitalaufnehmer angestrebt. Das Buy Back ist sehr oft erklärtes Ziel der Altgesellschafter, die letztlich unabhängig von Außenstehenden sein wollen. Die Beteiligung eines Private-Equity-Investors, insbesondere einer Venture-Capital-Gesellschaft, soll oft aus Sicht der Altgesellschafter nur ein Intermezzo sein. Läuft die Unternehmensentwicklung unbefriedigend, so bleibt die Vermögenslage der Altgesellschafter allerdings angespannt, sodass sie sich ein Buy Back dann oft nicht erlauben können. Entwickelt sich das Unternehmen dagegen sehr gut, so wird der Rückkauf wegen der guten Wertentwicklung nicht selten zu teuer und der nach wie vor beteiligte Altgesellschafter investiert seine Mittel eher in zusätzliche Wachstumschancen als für ein Buy Back. Gegen ein Buy Back spricht bei einigermaßen erfolgreichen Gesellschaften auch die Tatsache, dass letztlich der Gemeinschaft von Unternehmen und Altgesellschaftern wieder Liquidität entzogen wird.

Secondary Purchase

Dies ist die Weiterveräußerung an einen anderen Private-Equity-Investor. Ein Secondary Purchase ist unter anderem naheliegend, wenn sich ein Private-Equity-Investor eher auf frühere Phasen spezialisiert hat und das Unternehmen dem Early-Stage-Status entwächst und eher zu einem Late Stage Fonds passt. Oder auch, wenn sich das finanzierte Unternehmen in einen Geschäftszweig hineinentwickelt hat, der nicht Schwerpunkt der alten Private-Equity-Gesellschaft ist. Private-Equity-Investoren bauen oft ein Unternehmen stark um, beispielsweise durch Personalreduzierungen, Ausgliederung von Teilunternehmen und Produktionsstättenverlagerungen, und steigern damit im Erfolgsfall in relativ kurzer Zeit den Wert des Unternehmens. Ist dann ein Börsengang nicht günstig realisierbar, verkaufen sie oft das Unternehmen an Finanzinvestoren mit anderer Strategie weiter.

Trade Sale

Trade Sale ist der Verkauf an einen industriellen strategischen Investor, also an einen anderen Investorentypus. Für Unternehmen, die selbstständig nicht langfristig sicher lebensfähig erscheinen, weil sie ein zu enges Sortiment haben, das allerdings attraktiv ist und gut zu dem eines anderen Branchenunternehmens passt, ist der Trade Sale eine gute Alternative. Der Trade Sale kann auch nach Zerschlagung eines Unternehmens in verschiedene Sparten erfolgen: Erst die Einzelsparten sind eventuell attraktiv für andere Unternehmen mit einer ganz bestimmten Branchenausrichtung.

Going Public

Das Going Public betrifft nur die Late Stage Fonds. Die Möglichkeit des erstmaligen Börsengangs (Going Public, Initial Public Offering, IPO) ist bei erfolgreichen Engagements für die Investoren meistens die begehrteste. Durch den Entschluss zum IPO und damit zusammenhängend die Ansprache neuer Anlegerschichten entsteht oft noch einmal ein willkommener Werterhöhungsschub. Bei Beteiligungen kurz vor dem IPO nur zur Bridge-Finanzierung lässt sich gelegentlich eine besonders hohe interne Verzinsung bis zur Notizaufnahme an der Börse erzielen. Bei sehr erfolgreichen Portfoliounternehmen mit entsprechendem Kapitalbedarf ist oft allein der Börsengang geeignet, ausreichende Kapitalvolumina zu generieren. Die Möglichkeit eines erfolgreichen Börsengangs wird allerdings besonders stark durch die allgemeine Börsenlage beeinflusst.

2.4.3 Business Angels

Business Angels bieten ähnlich wie Venture Capital Fonds Beteiligungen an Unternehmen in den Frühphasen ihrer Entwicklung. Sie sind aber keine Gesellschaften oder Fonds, sondern mittlere bis große Privatanleger, die durch ihr Eigenkapital oft als (rettender) Engel (angel) für junge Unternehmen auftauchen. Sie bilden einen teilweise informellen Markt der Private-Equity-Finanzierung junger Unternehmen. Business Angels sind sehr oft selbst aus der Branche und investieren dann auch vor dem Hintergrund ihres Spezialwissens. Sie sind typischerweise in ihrer näheren Umgebung aktiv und ihr Geschäft ist weit stärker persönlich gefärbt als das der Venture-Capital-Gesellschaften.

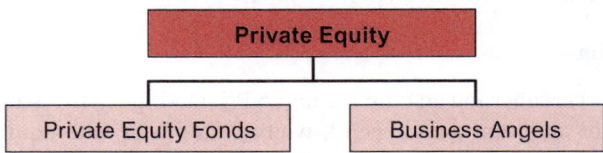

Abbildung 2.20: Private-Equity-Anbieter

Business Angels treten typischerweise in einer sehr frühen Phase der Entwicklung eines jungen Unternehmens als Eigenkapitalgeber auf, wenn selbst Venture Capital Fonds nur selten bereitstehen, da die präsentierbaren Pläne noch nicht weit genug gediehen sind, eventuell aber auch, da es um zu wenig Geld geht. Neu gegründete Unternehmen werden oft als ersten fremden Kapitalgeber außerhalb ihres Privatbereichs einen Business Angel suchen. Später, nach einem bestimmten Wachstum und einem daraus resultierenden Kapitalbedarf, der die Möglichkeiten des Business Angels dann übersteigt, nehmen sie eine Venture-Capital-Gesellschaft hinzu.

Zusammenfassung dieses Kapitels

Eigenfinanzierung ist die Außenfinanzierung durch Einlagen alter oder neuer Gesellschafter.

■ Rechtsformen

Die Gesellschafter der Einzelfirma und der Personengesellschaften haften unbegrenzt, ausgenommen Kommanditisten. Auch stille Gesellschafter haften nur mit ihrer Einlage. Gesellschafter einer Kapitalgesellschaft haften ebenfalls allein mit ihrer Einlage.

Beteiligungen an Nicht-Aktiengesellschaften sind keine Wertpapiere und nicht an Börsen handelbar. Deshalb gibt es für sie auch nie einen Börsenpreis, was ihre Bewertung erschwert.

Die Rechtsform der Gesellschaft determiniert die Rechte der Gesellschafter.

Die stille Gesellschaft ist eine Form mezzaninen Kapitals, wobei die atypische stille Gesellschaft mehr zum Eigenkapital neigt, die typische mehr zum Fremdkapital.

Kapitalgesellschaften haben ein gezeichnetes Kapital auszuweisen, daneben vor Gewinnausschüttung Kapital- und Gewinnrücklagen sowie Gewinn- oder Verlustvorträge und Jahresüberschuss oder -fehlbetrag.

Die GmbH ist insgesamt für kleinere Unternehmen geeignet als die Aktiengesellschaft. Unter anderem ist ihr minimales gezeichnetes Kapital niedriger. Ihre Anteile sind keine Wertpapiere und deshalb für einen Handel wenig geeignet.

Die Genossenschaft hat als Besonderheit der Gesellschafterstellung, dass jeder Gesellschafter unabhängig von der Einlagenhöhe nur eine Stimme hat. Genossen haften meistens nur mit ihrer Einlage wie GmbH-Gesellschafter.

Die Aktiengesellschaft hat Eigenkapitalanteile in Form von Wertpapieren, das heißt der Inhaber der Aktie hat die Eigentumsrechte. Organe sind Hauptversammlung, Aufsichtsrat und Vorstand. Man unterscheidet bei den Aktien Inhaber-, Namens- und die seltenen vinkulierten Namensaktien. Die Aktien müssen keinen Nennwert haben.

◼ Aktien und Aktienindizes

Neben Stammaktien gibt es die Vorzugsaktien. Diese sind meistens mit einem unterschiedlich ausgestaltbaren Dividendenvorzug ausgestattet. Im Regelfall sind sie gleichzeitig stimmrechtslos.

Der Erwerb eigener Aktien durch die Aktiengesellschaft ist wenig restriktiv sachlich begrenzt, allerdings mit klaren betraglichen Grenzen und mit dem Zwang zur Bildung einer Rücklage für eigene Aktien.

Es gibt einige wichtige Kennzahlen zur Bewertung von Aktien, die am weitesten verbreitete ist das Kurs-Gewinn-Verhältnis (KGV). Seine dynamische Variante ist die PEG-Ratio.

Aktien werden an Börsen und außerhalb von Börsen gehandelt. Die Aktien werden beim Kassahandel sofort, beim Terminhandel erst zu einem späteren Zeitpunkt geliefert. Die Börsen können Präsenz- oder Computerbörsen sein. Als Börsensegmente unterscheidet man mit geringer werdenden Zulassungsansprüchen für die Aktien die gesetzlichen Typen amtlicher Markt, geregelter Markt und Freiverkehr, bei der Deutschen Börse AG General Standard mit dem Teilbereich Prime Standard sowie Open Market mit dem Teilbereich Entry Standard.

Aktienindizes wie Dax, Euro Stoxx 50 oder Dow Jones charakterisieren den Kurs- oder Performanceverlauf an bestimmten Börsen oder Börsensegmenten.

Für die Kursfeststellung gibt es feste Regeln, die faire Kurse garantieren sollen und das maximal Mögliche an Umsätzen.

Aktien wurden früher beim erstmaligen Börsengang vornehmlich nach den Verfahren der Subskription platziert, heute ist dagegen das Bookbuilding das übliche Verfahren. Eine weitere Methode mit Potenzial für die Zukunft könnte das Auktionsverfahren über das Internet sein.

Altaktionäre haben im Regelfall das Bezugsrecht auf die jungen Aktien ihrer Gesellschaft. Damit können sie ihren Stimmenanteil in der Hauptversammlung bewahren und Vermögensnachteile durch niedrigere Kurse ex Bezugsrecht ausgleichen. Bisherige Nicht-Aktionäre müssen ihnen die Bezugsrechte abkaufen, um die jungen Aktien zum Emissionspreis erwerben zu können.

Das Aktiengesetz ermöglicht verschiedene Verfahren zur Kapitalerhöhung (Erhöhung des Grundkapitals): Ordentliche Kapitalerhöhung, genehmigtes Kapital, bedingte Kapitalerhöhung und Kapitalerhöhung aus Gesellschaftsmitteln.

Die vereinfachte Kapitalherabsetzung ist bei der finanziellen Sanierung Voraussetzung für eine Kapitalzuführung über eine Kapitalerhöhung.

■ Unternehmensbeteiligungen

Auf dem Beteiligungsmarkt sind private und institutionelle Investoren zu unterscheiden. Finanzintermediäre treten zwischen Kapitalanbieter und -nachfrager. Zu ihnen zählen die Fonds.

Investoren sind eher taktisch oder strategisch orientiert, sogenannte Finanzinvestoren sind eher taktisch orientierte institutionelle Investoren.

Traditionelle Investments beziehen sich auf klassische Anlagen in Aktien und Obligationen, alternative Investments dagegen sind solche in Vermögenswerte mit geringer Transparenz, geringer Liquidität (schwere Verkäuflichkeit) und geringer Korrelation ihrer Wertentwicklung zu der traditioneller Vermögenswerte. Investments der Hedgefonds und Private Equity Investments sind alternative Investments.

Beteiligungen haben je nach Entwicklungsphase des Unternehmens unterschiedlichen Charakter. Private-Equity-Finanzierungen werden in Early-Stage-Finanzierungen (Venture-Capital-Finanzierungen) und Late-Stage-Finanzierungen unterschieden. Early-Stage-Finanzierungen gehen bis zur Phase der Markteinführung der Produkte, danach spricht man von Late-Stage-Finanzierungen.

Kapitalgeber von Venture Capital sind organisiert in Captive Fonds, die allein auf die Kapitalkraft ihrer Gesellschafter zurückgreifen, oder Independent Funds, die Gelder dritter Anleger sammeln.

Inkubatoren (incubators) und Akzeleratoren (accelerators) sind den Venture Capital Fonds verwandte Formen.

Late-Stage-Finanzierung betrifft vornehmlich die Finanzierung der Expansion reifer Unternehmen, die Vorbereitung eines Börsengangs, von Buy Outs, Turnarounds und von Nachfolgeregelungen.

Der Exit der Private-Equity-Investoren erfolgt über Buy Back, Secondary Purchase, Trade Sale und Going Public.

Business Angels sind finanziell potente private Investoren mit einem speziellen unternehmerischen Know-how, die sich in sehr frühen Phasen der Unternehmensentwicklung engagieren.

Aufgaben

Die Lösungen zu diesen Aufgaben finden Sie am Ende des Buches.

Aufgabe 2-1

Eigenfinanzierung unterschiedlicher Nicht-Aktiengesellschaften:
Welche der folgenden Aussagen (A bis E) sind richtig?

A. Die Geschäftsanteile der GmbH sind Wertpapiere.

B. Bei Aufnahme eines neuen Gesellschafters in die GmbH wird seine Einzahlung immer vollständig den Stammeinlagen gutgeschrieben.

C. Gesellschafter von BGB-Gesellschaften können ihre gesamtschuldnerische Haftung bei Aufnahme eines Kredits nicht begrenzen.

D. Nach der gesetzlichen Standardnorm ist für jeden Gesellschafter einer BGB-Gesellschaft und für jeden einer OHG die gesamtschuldnerische Haftung für einen durch die jeweilige Gesellschaft aufgenommenen Kredit vorgesehen.

E. Ein Kommanditist haftet für durch die KG aufgenommene Kredite gemäß HGB nicht persönlich.

F. Alle Aussagen (A bis E) sind falsch.

Aufgabe 2-2

Stille Gesellschaft und Eigenfinanzierung:
Welche der folgenden Aussagen (A bis I) sind richtig?

A. Die stille Gesellschaft wird von Venture-Capital-Gesellschaften gerne für ihre Beteiligungen verwendet.

B. Die typische stille Gesellschaft wird im BGB geregelt, weshalb sie auch BGB-Gesellschaft genannt wird.

C. Die typische stille Gesellschaft ähnelt einem Darlehen mehr als die atypische Variante.

D. Der typische stille Gesellschafter hat bei Beendigung der stillen Gesellschaft ein Recht darauf, für die Werterhöhung der Gesellschaft, an der er still beteiligt war, einen finanziellen Ausgleich zu fordern.

E. Eine stille Gesellschaft kann auch mit einer AG bestehen.

F. Die stille Gesellschaft ist anhand der Bilanz nach außen hin nicht unbedingt erkennbar.

G. Die stille Gesellschaft wird als typisch bezeichnet, wenn unter anderem keine Beteiligung an den stillen Reserven gegeben ist.

H. Die stille Gesellschaft beinhaltet in ihrer typischen Form kein Recht zur Geschäftsführung oder Vertretung.

I. Die stille Gesellschaft bietet ein Beteiligungsfinanzierungsinstrument für alle Rechtsformen der Unternehmungen, selbst für den Einzelkaufmann.

J. Alle Aussagen (A bis I) sind falsch.

Aufgabe 2-3

Aktiengesellschaft und Aktie:

Welche der folgenden Aussagen (A bis F) sind richtig?

A. Der Vorstand der AG führt die Geschäfte in eigener Verantwortung, auch der Aufsichtsrat kann ihm dabei keine Weisungen erteilen.

B. Eine AG kann Aktien emittieren, deren Übertragung an die Zustimmung der Gesellschaft gebunden ist.

C. Eine AG darf gemäß § 71 Abs. 1 Nr. 8 eigene Aktien in beliebigem Umfang zurückerwerben.

D. Kauft eine AG gemäß § 71 Abs. 1 Nr. 8 eigene Aktien, so muss sie eine spezielle Rücklage in Höhe des Wertes dieser Aktien bilden.

E. Ein Rückkauf eigener Aktien zur Kurspflege ist verboten.

F. Für eine Stückaktie lässt sich immer ein rechnerischer Nennwert ermitteln. Dieser darf nicht unter 1 Euro sinken.

G. Alle Aussagen (A bis F) sind falsch.

Aufgabe 2-4

Dividendenvorzugsaktien:

Welche der folgenden Aussagen (A bis E) sind richtig?

A. Auf die Stammaktien wird bis zur vollen Befriedigung der Ansprüche der Inhaber von Dividendenvorzugsaktien mit limitierter Vorzugsdividende keine Dividende ausbezahlt.

B. Bei prioritätischem Dividendenanspruch erhalten die Vorzugsaktionäre in jedem Fall eine höhere Dividende als die Stammaktionäre.

C. Im Fall einer limitierten Vorzugsdividende können die Vorzugsaktionäre je nach Gewinnhöhe auch eine niedrigere Dividende als die Stammaktionäre erhalten.

D. Inhaber einer Aktie mit prioritätischem Dividendenanspruch und Überdividende erhalten unabhängig von der Gewinnsituation immer eine Mindestausschüttung in Höhe der sogenannten Überdividende.

E. Voraussetzung für den Ausschluss des Stimmrechts einer Vorzugsaktie ist, dass eine Nachzahlungsverpflichtung für Geschäftsjahre ohne Vorzugsdividende vereinbart wurde.

F. Alle Aussagen (A bis E) sind falsch.

Aufgabe 2-5

Fundamentale Aktienkennzahlen:

Welche der folgenden Aussagen (A bis F) sind richtig?

A. Der einfache Bilanzkurs ist generell eine gute Schätzung dafür, wie hoch der Aktienkurs in etwa sein darf.

B. Je höher die stillen Reserven, desto stärker weicht der korrigierte Bilanzkurs vom einfachen Bilanzkurs ab.

C. Je höher der Kalkulationszins, desto höher ist der rechnerische Ertragswertkurs einer Aktie.

D. Je höher der Cashflow je Aktie, desto höher ist auch die Cashflow-Ratio.

E. Die X-AG hat als einzige Eigenkapitalpositionen ein Grundkapital von 10 Mio. Euro und offene Rücklagen von 4 Mio. Euro. Der Nennwert der Aktie beträgt 1 Euro. Dann ist der einfache Bilanzkurs 1,4 Euro.

F. Ausgangspunkt ist die Situation gemäß E. Es wird nunmehr eine Kapital-erhöhung im Verhältnis 2:1 mit einem Agio von 20 Prozent vorgenommen. Dadurch sinkt der einfache Bilanzkurs auf 1,2 Euro (bei einer Rechengenauig-keit von 0,1 Euro).

G. Alle Aussagen (A bis F) sind falsch.

Aufgabe 2-6

Fundamentale Aktienkennzahlen:

Welche der folgenden Aussagen (A bis F) sind richtig?

A. Eine Aktie hat einen Nennwert von 1 Euro, einen Börsenkurs von 10 Euro und eine Dividende von 10 Prozent bezogen auf den Nennwert. Daraus ergibt sich eine Dividendenrendite von 1 Prozent.

B. Die Aktie gemäß A hat keine Dividendenrendite von 1 Prozent, sondern von 10 Prozent.

C. Das Kurs-Gewinn-Verhältnis einer Aktie sei 10. Dann gilt: Der Börsenkurs ist das 10-Fache des Bilanzgewinns je Aktie.

D. Das Kurs-Gewinn-Verhältnis einer Aktie sei 10. Dann gilt: Der Börsenkurs ist das 10-Fache des Jahresüberschusses je Aktie.

E. Das Kurs-Gewinn-Verhältnis einer Aktie lässt sich als inverse Aktienrendite definieren.

F. Das Kurs-Gewinn-Verhältnis einer Aktie erhöht sich bei steigendem Aktien-kurs, wenn der auf die Aktie entfallende anteilige Gewinn gleich bleibt.

G. Alle Aussagen (A bis F) sind falsch.

Aufgabe 2-7

Kurs-Gewinn-Verhältnis (KGV) und Price-Earnings-to-Growth-Ratio (PEG-Ratio):

Heute, im Februar 2004, steht eine Aktie bei 20 Euro. Der Gewinn 2003 pro Aktie nach DVFA/SG wurde mit 0,50 Euro errechnet. Man erwartet für die nächsten Jahre jeweils eine jährliche Gewinnsteigerung von je 40 Prozent gegenüber dem Vorjahr. Welche der folgenden Aussagen (A bis D) sind richtig?

A. Das KGV bezogen auf die Gewinne des Jahres 2003 ist 40.

B. Die PEG-Ratio bezogen auf die Gewinne 2003 ist 1.

C. Das KGV bezogen auf den für 2006 erwarteten Gewinn ist höher als 40.

D. Das KGV bezogen auf den Gewinn eines der Jahre 2004 oder später ist im Bei-spiel immer niedriger als das KGV bezogen auf den Gewinn von 2003.

E. Alle Aussagen (A bis D) sind falsch.

Aufgabe 2-8

Aktienbörse und börsenähnliche Einrichtungen:

Welche der folgenden Aussagen (A bis H) sind richtig?

A. Alle Aktien werden an Börsen gehandelt.

B. Alternative Trade Systems haben keine staatlich genehmigte Börsenordnung.

C. Typisch für den Handel von Aktien an einer Terminbörse ist, dass die Lieferung der Aktien nicht sofort bei Abschluss des Kaufvertrags (das heißt entspre-chend den Börsenusancen nicht am übernächsten Arbeitstag) erfolgt.

D. Eine Börse zeichnet sich immer dadurch aus, dass sich die Teilnehmer an einem konkreten Ort treffen.

E. Bei einer Marketorder an der Börse kann es einem Nachfrager nach einer Aktie passieren, dass ein Kaufauftrag zu einem Kurs weit über dem Schlusskurs des Vortags ausgeführt wird. Um dies zu vermeiden, kann man eine Order mit der Vorschrift „bestens" versehen.

F. Der Kurszusatz „bG" hinter dem einheitlichen Kurs einer Auktion einer Aktie besagt: Zum genannten Kurs bestand weitere Nachfrage, limitierte Kaufaufträge wurden nicht vollständig ausgeführt.

G. Der Kurszusatz „bG" hinter dem einheitlichen Kurs einer Auktion einer Aktie besagt: Zum genannten Kurs bestand weiteres Angebot, limitierte Verkaufsaufträge wurden nicht vollständig ausgeführt.

H. Der Kurszusatz „bG" hinter dem einheitlichen Kurs einer Auktion einer Aktie besagt: Zum genannten Kurs bestand nur Nachfrage, es kam kein Abschluss zustande.

I. Alle Aussagen (A bis H) sind falsch.

Aufgabe 2-9

Aktienindizes:

Welche der folgenden Aussagen (A bis F) sind richtig?

A. Die Kurse, die in die Berechnung von Aktienindizes eingehen, werden grundsätzlich immer einmal pro Tag ermittelt.

B. Eine Dividendenausschüttung beeinflusst einen Kursindex grundsätzlich nicht.

C. Eine Dividendenausschüttung beeinflusst einen Performanceindex grundsätzlich nicht, weil sich Kursreduzierung einerseits und Einrechnung der Dividende in den Wert des Performanceindex andererseits in ihrer Wirkung genau gegenseitig aufheben.

D. Dow Jones (Industrial Average) und Dax sind in ihren üblich verwendeten Versionen beide Kursindizes und sind deshalb miteinander gut vergleichbar.

E. Die Marktkapitalisierung der Aktie der Deutschen Bank wird errechnet, indem man ihren Kurswert mit der Anzahl der Aktien der Deutschen Bank multipliziert.

F. Der Dax ist repräsentativ für alle an deutschen Börsen gehandelten Aktien.

G. Alle Aussagen (A bis F) sind falsch.

Aufgabe 2-10

Emission:

Welche der folgenden Aussagen (A bis H) sind richtig?

A. Die Emission von Aktien einer Gesellschaft ist immer mit einer Erhöhung des Eigenkapitals der Gesellschaft in Höhe des Emissionsvolumens verbunden.

B. Für einen hohen Emissionskurs spricht aus Sicht des Unternehmens, dass man relativ viel zusätzliches Eigenkapital bei gleichzeitig nur relativ geringer Erhöhung des dividendenberechtigten Grundkapitals bekommt.

C. Eine Gesellschaft muss einen hohen Emissionskurs wählen, wenn sie den Altaktionären einen möglichst hohen Bezugsrechtswert zukommen lassen will.

D. Ein hoher Bezugsrechtswert fließt dem Unternehmen als Preis für dessen stille Reserven zu.

E. Ein Übernahmekonsortium gibt im Gegensatz zu einem Verkaufskonsortium die Garantie, dass die Wertpapiere am Markt zum geplanten Emissionspreis untergebracht werden.

F. Overpricing ist eine zu hohe Festlegung des Emissionspreises, die besonders beim Bookbuilding-Verfahren droht, weniger beim Subskriptionsverfahren.

G. Von einer Mehrzuteilungsoption (Greenshoe) wird nur Gebrauch gemacht, wenn eine Emission mehr oder weniger deutlich überzeichnet ist.

H. Underwriting ist die Übernahme der Haftung für den planmäßigen Emissionserfolg.

I. Alle Aussagen (A bis H) sind falsch.

Aufgabe 2-11

Bezugsrecht:

Welche der folgenden Aussagen (A bis E) sind richtig?

A. Das Bezugsrecht der Altaktionäre ermöglicht es ihnen, ihren prozentualen Anteil am Grundkapital bei jeder Kapitalerhöhung etwas zu steigern.

B. Das Bezugsrecht der Altaktionäre ermöglicht es ihnen, ihren Stimmenanteil in der Hauptversammlung zu erhöhen.

C. Das Bezugsrecht der Altaktionäre ist tatsächlich eine Art Zusatzdividende, da sie ein Zusatzeinkommen des Aktionärs ohne Gegenleistung oder Vermögensnachteil bietet.

D. Das Bezugsrecht der Altaktionäre sichert ihnen ein Kaufrecht auf junge Aktien zum Emissionspreis.

E. Der Börsenkurs einer Aktie mit dem Nennwert 1 Euro liege bei 100 Euro. Es erfolge nunmehr eine Kapitalerhöhung im Verhältnis 3:1 bei einem Emissionskurs von 80 Euro. Daraus ergibt sich ein rechnerischer Bezugsrechtswert von 5 Euro.

F. Alle Aussagen (A bis E) sind falsch.

Aufgabe 2-12

Kapitalerhöhung und finanzielle Sanierung:

Welche der folgenden Aussagen (A bis F) sind richtig?

A. Eine mögliche Bedingung, die bei der bedingten Kapitalerhöhung für ihr Wirksamwerden gegeben sein muss, ist die Inanspruchnahme von Wandlungsrechten durch Wandelobligationäre.

B. Eine mögliche Bedingung, die bei der bedingten Kapitalerhöhung für ihr Wirksamwerden gegeben sein muss, ist die Inanspruchnahme von Optionsrechten durch Optionsscheininhaber.

C. Eine mögliche Bedingung, die bei der bedingten Kapitalerhöhung für ihr Wirksamwerden gegeben sein muss, ist die Notwendigkeit zur Kapitalerhöhung, um schweren Schaden von der Gesellschaft abzuwenden.

D. Von genehmigtem Kapital spricht man im Sinne des Aktiengesetzes, wenn die Hauptversammlung eine Kapitalerhöhung gegen Einlagen für eine sofortige Emission genehmigt hat.

E. Die aktienrechtliche Kapitalerhöhung aus Gesellschaftsmitteln führt zu keiner Erhöhung des Eigenkapitals der Gesellschaft.

F. Die finanzielle Sanierung besteht im typischen Fall aus einer Kapitalherabsetzung mit anschließender Kapitalerhöhung.

G. Alle Aussagen (A bis F) sind falsch.

Aufgabe 2-13

Organisationsformen von Beteiligungsfinanzierungen:

Welche der folgenden Aussagen (A bis J) sind richtig?

A. Ziel der ersten Hedgefonds war es, ihr Investment gegen das sogenannte spezifische Risiko der Einzeltitel abzusichern (zu hedgen).

B. Alternative Investments zeichnen sich unter anderem typischerweise dadurch aus, dass die Vermögenswerte hochtransparent sind und ihre Märkte sehr liquide.

C. Die Einlage eines Jungunternehmers in seine neu gegründete Firma kann man als Private-Equity-Finanzierung ansehen.

D. Captive Funds sind Fonds, die Gelder von institutionellen Anlegern und Privatpersonen sammeln und als Intermediäre für diese anlegen.

E. Inkubatoren sind Private-Equity-Geber, die sich allein auf die Finanzierungsfunktion beschränken und keinen besonderen Service bieten.

F. Bridge Financing ist als Teil der Vorbereitung eines IPOs zu sehen.

G. Buy-Out-Finanzierungen erfolgen als Private-Equity-Finanzierungen grundsätzlich nur aus eigenen Mitteln des Private Equity Fonds, eine Aufnahme von Fremdkapital bei diesen Finanzierungen scheidet aus.

H. Buy-Out-Fonds halten sich aus Fragen der Unternehmensführung im Beteiligungsunternehmen grundsätzlich heraus.

I. Secondary Purchase ist der Verkauf einer Beteiligung an einen industriellen strategischen Investor, also an einen anderen Investorentypus.

J. Business Angels treten bei der Finanzierung neu gegründeter Unternehmen im Allgemeinen in früheren Entwicklungsphasen des Unternehmens auf als VC-Gesellschaften.

K. Alle Aussagen (A bis J) sind falsch.

Weitere Aufgaben zu diesem Kapitel finden Sie auf der Companion Website zum Buch unter *www.pearson-studium.de*.

Kreditfinanzierung

3

ÜBERBLICK

Immer im Überblick: Position des Kapitels „Kreditfinanzierung" in der Systematik des Buches:

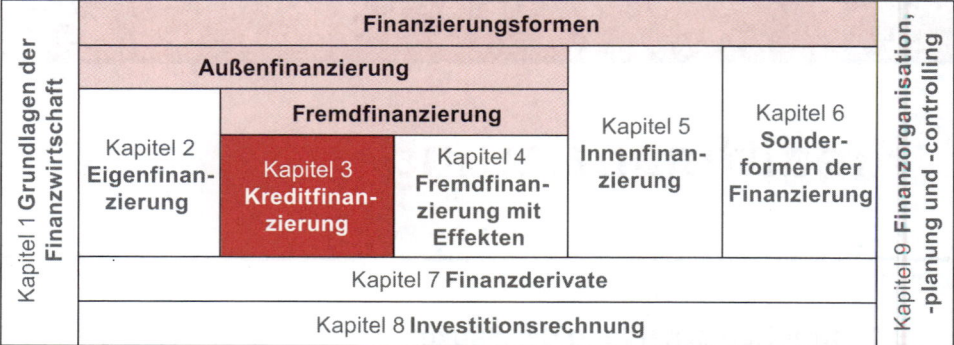

Lernziele dieses Kapitels

- Der Leser soll die Kreditbeziehung realistisch als Beziehung zwischen zwei Partnern verstehen, die unterschiedliche Interessen verfolgen.

- Wegen ihrer Bedeutung für das Kreditwesen, insbesondere Rating und Kreditkonditionen, wird ein Überblick über die Regeln nach Basel II erarbeitet.

- Der Leser soll sich ein Bild vom Vorgehen bei der Kreditprüfung machen können. Dazu gehört, welche qualitativen und quantitativen Daten erfasst und wie sie zu einem Ratingurteil verdichtet werden. Darüber hinaus soll die ergänzende Rolle der Sicherheiten für die Beurteilung der Kreditvereinbarung erkannt werden.

- Dem Leser soll der Charakter der Kreditsicherheiten klar werden, basierend auf der Unterscheidung von Personal- und Sachsicherheiten sowie akzessorischen und fiduziarischen (abstrakten) Sicherheiten. Dabei soll der Leser die einzelnen bedeutenden Besicherungsformen der Kreditpraxis kennenlernen.

- Der Leser soll sich einen Überblick über die alternativen Ausprägungen der Kredite verschaffen, zuerst die Geldleihe und dann die Kreditleihe. Bei der Geldleihe soll der Leser die Wahlmöglichkeiten des Finanzmanagements bei kurz- und langfristigen Kreditformen sowie speziellen Krediten der Geschäftspartner (Lieferanten und Abnehmer) beurteilen lernen, bei der Kreditleihe Avale und sonstige Formen.

- Schließlich soll der besondere Charakter von solchen mezzaninen Finanzierungsformen verstanden werden, die den Krediten nahestehen.

Kreditfinanzierung ist die Form der Fremdfinanzierung, die durch *individuelle* Vereinbarungen zwischen Kapitalgeber und -nehmer zustande kommt. Sie hat besonders für das Finanzmanagement im Mittelstand, dem eine Fremdfinanzierung durch Emission von Wertpapieren mangels ausreichendem Emissionsvolumen verschlossen ist, eine hervorragende Bedeutung. Die bei weitem wichtigsten Kreditgeber sind die Banken. Ihre Kreditentscheidungen werden als Erstes analysiert. Dann folgt die Erörterung der Kreditfinanzierung gegliedert nach den verschiedenen Kreditarten.

3.1   Kreditentscheidung der Banken

In Deutschland dominiert das Kreditgeschäft die Tätigkeit der universell tätigen Banken. Nicht zufällig verwendet man die Bezeichnungen Bank und Kreditinstitut bei uns fast völlig synonym. Bei einem durchschnittlichen deutschen Kreditinstitut entfallen etwa $^2/_3$ bis $^3/_4$ der Aktivseite der Bilanz auf Kredite. Deshalb ist es für die Banken von existenzieller Bedeutung, gute Kreditentscheidungen zu fällen, und das Finanzmanagement der Unternehmen muss für eine erfolgreiche Kreditfinanzierung die Entscheidungskriterien der Banken kennen. Mit der Kreditentscheidung schätzt die Bank ein, ob der Kreditnehmer den Kapitaldienst für den Kredit, das heißt Zins und Tilgungen, leisten kann.

3.1.1   Kreditbeziehung als Principal-Agent-Beziehung

Die *Agency-Theorie* befasst sich mit den Beziehungen zwischen einem Principal (Auftraggeber) und einem Auftragnehmer (Agenten). Jeder hat primär den eigenen Nutzen im Blick und der Nutzen des einen muss nicht der des anderen sein, vielmehr gibt es auch Konflikte. Der Agent verfügt über die besseren Informationen und der Principal kann ihn nicht völlig kontrollieren. Verträge müssen aus Sicht des Principals so konstruiert werden, dass aus den Interessengegensätzen kein Schaden entsteht. Der Agent soll dadurch so gelenkt werden, dass er die Interessen seines Auftraggebers, des Principals, erfüllt. Die Informationsasymmetrien zwischen Principal und Agent betreffen Unterschiede vor Vertragsabschluss (dem Vertragspartner vorenthaltene Informationen) und solche nach Vertragsabschluss (einteilbar in Informationen über heimliche Absichten und tatsächliche Handlungen). Die Agency-Theorie lässt sich auf Vertragsverhältnisse im Finanzbereich generell beziehen, sie hat aber bei individuellen Kreditverträgen eine besonders offensichtliche Relevanz. Man kann bei einem Kreditvertrag die Bank als Principal auffassen und den Kreditnehmer als Agent. Der Kreditnehmer (Agent) wird tendenziell versuchen, seiner Bank schon vor Abschluss des Kreditvertrags solche Informationen vorzuenthalten, welche die Kreditvergabe gefährden oder erschweren (höhere Ansprüche hinsichtlich zu stellender Sicherheiten, Risikoaufschläge auf den Kreditzins, spezielle Maßnahmen zur Kreditüberwachung und dergleichen). Nach Kreditvergabe muss damit gerechnet werden, dass der Kreditnehmer die Kreditmittel nicht vereinbarungsgemäß einsetzen will, was die Bank durch eine Kontrolle der Verwendung zu verhindern sucht. Es kann auch sein, dass sich der Kreditnehmer (Agent) anderweitig gegen die Interessen des Prinzipals Bank verhält, indem er sein Unternehmen (dessen Verhältnisse er besser überblickt als die Bank) nicht so vorsichtig führt, dass die Kreditrückzahlung nicht gefährdet wird. Der Kreditnehmer wird in der Realität während der Kreditlaufzeit auch möglichst negative Informationen über seine Absichten und tatsächlichen Handlungen unterdrücken. Er wird ihm verbliebene Verhaltensspielräume im eigenen Interesse ausnutzen, auch wenn dies gegen die Interessen des Kreditgebers geht. Die Bank wird durch angemessene Kreditprüfung, durch Gestaltung des Kreditvertrags einschließlich der Vereinbarungen über Kreditsicherheiten und durch Kreditüberwachung ihre Gefährdung als Principal einzugrenzen versuchen.

3.1.2 Basel II

Der Baseler Ausschuss für Bankenaufsicht mit Sitz bei der Bank für Internationalen Zahlungsausgleich (BIZ) in Basel wurde 1975 von den Zentralbankpräsidenten der großen Industriestaaten mit dem Ziel gegründet, die Bankenaufsicht in den verschiedenen Ländern auf internationaler Ebene in Einklang zu bringen. Seine Arbeit zielt darauf ab, die Insolvenzvorsorge für Kreditinstitute nachhaltig zu verbessern. Zu den bedeutendsten Initiativen des Ausschusses gehören die Eigenkapitalempfehlungen für Banken, deren Grundidee die Kopplung der Höhe des Eigenkapitals der Bank an die Höhe der Geschäftsrisiken ist. Um das Risiko der Zahlungsunfähigkeit der Banken zu begrenzen, setzte man mit dem ersten Regelwerk allein am Eigenkapital der Banken an. Mit diesem ersten Baseler Akkord aus dem Jahre 1988 (Basel I) wurde die Mindestausstattung mit Eigenkapital auf 8 Prozent (sogenannter Solvabilitätskoeffizient) bezogen auf die mit ihren Risiken grob standardisiert gewichteten Kreditpositionen einer Bank festgelegt. Die Risikogewichte entsprachen dabei lediglich dem Risikogehalt der jeweiligen Kreditnehmerklasse beziehungsweise der Risikogruppe, wobei innerhalb der Risikogruppen keinerlei Abstufungen mehr vorgenommen wurden. Man sah keinerlei Risiko von Krediten an OECD-Länder[1] (Risikogewicht 0), bewertete das Risiko von Krediten an Banken in OECD-Ländern mit 20 Prozent, das grundpfandrechtlich gesicherter Kredite mit 50 Prozent und schließlich das Risiko sämtlicher nicht grundpfandrechtlich besicherter Kredite an Unternehmen und übrige Kunden unterschiedslos mit 100 Prozent, sodass man zwar für Kredite an OECD-Staaten keinerlei Eigenkapital halten musste (Eigenkapitalunterlegung 0 Prozent × 8 Prozent = 0 Prozent), für Kredite an Banken in diesen Ländern 1,6 Prozent (20 Prozent × 8 Prozent), für grundpfandrechtlich besicherte Realkredite 4 Prozent (50 Prozent × 8 Prozent) und schließlich ohne jeden Unterschied für Kredite an Unternehmen und übrige Kunden pauschal 8 Prozent (100 Prozent × 8 Prozent). Die undifferenzierte Eigenkapitalunterlegung für Unternehmen mit 100 Prozent des Solvabilitätskoeffizienten nach Basel I führte dazu, dass Kreditvergaben an Unternehmen unterschiedlicher Bonität hinsichtlich der geforderten Eigenkapitalunterlegung gleich behandelt wurden. Daraus hat sich in letzter Konsequenz eine schädliche Quersubventionierung von Kreditnehmern bei den Unternehmen mit hohem Risiko ergeben.

Obwohl sich die Regelungen zunächst nur an die international tätigen Banken richteten, haben sie sich zum weltweit anerkannten Standard für Banken entwickelt und finden in über 100 Ländern Anwendung. Sie sind auch Basis für die entsprechenden bankenaufsichtsrechtlichen Regelungen in der Europäischen Union und somit auch in Deutschland.

Bei der Revision von Basel I, Basel II genannt, stellte man die Methodik der Risikoreduzierung für das Bankensystem erstens auf eine breitere Basis, indem man drei Säulen mit differenzierten Regeln zur Stützung des Bankensystems nebeneinander stellte:

1 Eigenmittelunterlegung,

2 Bankenaufsicht,

3 erweiterte Offenlegungspflichten der Banken.

---

1 Die OECD (Organization for Economic Cooperation and Development) ist eine Organisation entwickelter Industriestaaten mit im Normalfall hoher Bonität.

Bei der Risikobemessung für die Eigenmittelunterlegung werden neben Kreditrisiken des einzelnen Kreditnehmers und allgemeinen Marktrisiken (Veränderung des Marktes durch politische, konjunkturelle und wirtschaftliche Einflüsse) unter Basel II neu auch operationelle Risiken berücksichtigt. Operationelle Risiken sind Risiken der Banken aus unerkannten internen Prüfungsfehlern, Risiken des Betrugs sowie Risiken externer Ereignisse außerhalb des Marktgeschehens.

Unter Basel II werden anders als unter der Vorgängerregelung auch neue Finanzinstrumente und moderne Methoden der Kreditrisikosteuerung durch Differenzierung der Regelungen berücksichtigt, beispielsweise auch der Einsatz von Kreditderivaten sowie Verbriefung und Verkauf von Krediten.

Bezüglich der Eigenkapitalunterlegung der risikogewichteten Aktiva soll als entscheidende Neuerung von Basel II die Zurechnung von Krediten zu Kategorien der risikogewichteten Aktiva von der *tatsächlichen Bonität der einzelnen Kreditnehmer* und damit dem individuell ermittelten Ausfallrisiko abhängen. Zur Risikomessung können externe oder interne Ratingergebnisse zur Anwendung kommen:

1. Standardansatz: Anrechnung des Risikos je nach Beurteilung des Risikos durch externes Rating[2]

2. IRB-Ansatz (Internal Rating Based Approach): Internes Rating nach einem vereinfachten Basisansatz oder nach einem fortgeschrittenen Ansatz

Der mit externen Ratings arbeitende *Standardansatz* verwendet die Ratings externer Ratingunternehmen, die vorgeschriebene Qualitätsstandards erfüllen und national oder international akkreditiert sind. Die Banken können statt des externen Ratings auch ein mehr oder weniger anspruchsvolles Verfahren des *internen Ratings (IRB-Ansatz)* anwenden. Die Verfahren unterscheiden sich in Basisansatz und fortgeschrittenen Ansatz danach, welche der für die Eigenkapitalunterlegung entscheidenden variablen Größen die Bank selbst bestimmt und welche stattdessen von der Finanzaufsichtsbehörde festgelegt werden. Man kann zur Erklärung des Unterschieds von folgender Formel ausgehen:

$$\text{Eigenkapitalunterlegung} = \text{Kredithöhe} \times \text{Risikogewicht}$$
$$= \text{Kredithöhe} \times (\text{Ausfallquote} \times \text{Ausfallwahrscheinlichkeit} \times \text{Faktor für effektive Restlaufzeit})$$

Während beim fortgeschrittenen Ansatz alle Faktoren von der Bank selbst ermittelt werden, ermittelt die Bank beim Basisansatz selbst nur die Ausfallwahrscheinlichkeit und verwendet für die anderen variablen Größen Standardvorgaben der Aufsichtsbehörde.

Je nach deren Ratingergebnis ergeben sich anders als bei Basel I unterschiedliche Risikogewichte innerhalb der drei Gruppen der Staaten, Banken und Unternehmen sowie sonstigen Kreditnehmern. Bei Unternehmenskrediten können die Gewichte normaler Kredite[3] von 20 Prozent (bei sehr guten Ratingnoten) über 50 Prozent und 100 Prozent bis zu 150 Prozent schwanken. Multipliziert mit dem wie unter Basel I wei-

---

2 Vgl. externes Rating von Anleihen im Kapitel 4.
3 Daneben gibt es auch spezielle Risikogewichte für Verbriefungen von Kreditrisiken unter Einsatz von Kreditderivaten.

ter geltenden allgemeinen Satz der Eigenkapitalunterlegung von 8 Prozent (Solvabilitätskoeffizient) ergeben sich abweichend von den einheitlich 8 Prozent zum Beispiel für die hier interessierende Gruppe der Unternehmen nun Unterlegungshöhen zwischen 20 Prozent × 8 Prozent = 1,6 Prozent und 150 Prozent × 8 Prozent = 12 Prozent.

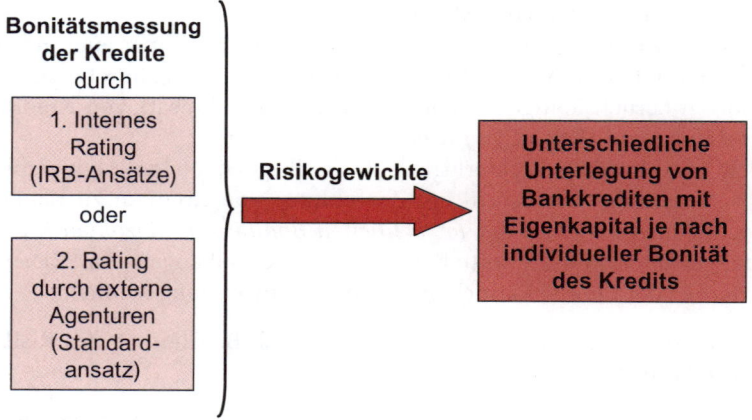

Abbildung 3.1: Entscheidende Neuerungen von Basel II für das Kreditwesen

Basel II wird für die Kreditkunden zur Konsequenz haben, dass die Unternehmen mit geringerer nachgewiesener Bonität die Banken zwingen, mehr Eigenkapital zur Abfederung der Risiken zu halten. Wegen seiner Nachrangigkeit bei Insolvenz wird für Eigenkapital eine besonders hohe Verzinsung gefordert, sodass ein Zwang zur höheren Unterlegung mit Eigenkapital höhere kalkulatorische Kapitalkosten verursacht. Allerdings sind die erhöhten Eigenkapitalkosten der Banken nicht allein entscheidend. Unterstellt man zum Beispiel Eigenkapitalkosten von relativ hohen 20 Prozent und nimmt man die oben genannte maximale Unterlegung mit 150 Prozent × 8 Prozent = 12 Prozent statt bislang 8 Prozent, so kostet die Verschlechterung um 4 Prozent die Bank grob gerechnet (ohne Berücksichtigung der Verminderung der Fremdkapitalzinsen wegen geringerem Fremdkapitalanteil bei der Refinanzierung) 4 Prozent × 20 Prozent = 0,8 Prozent. Der durch die Basel-II-Regelungen zwingend aufgedeckte Tatbestand der erhöhten Risiken bonitätsmäßig schlechterer Kredite wird zusätzlich vor allem deshalb zur Verteuerung problematischer Kredite führen, weil die Banken noch stärker darauf achten werden, die Risikokosten ausreichend zu berücksichtigen. In der Rechnung für den erforderlichen Kreditzins

risikoloser Zins + Bearbeitungskosten + Eigenkapitalkosten + Risikokosten = Kreditzins

ergeben nicht die Änderungen der Eigenkapitalkosten wegen Basel II die entscheidende Verteuerung für bonitätsmäßig schlechte Kredite, sondern die Risikokosten, die bei schlecht gerateten Unternehmen schnell p.a. eine kleinere einstellige Prozentzahl ausmachen. Waren sie bisher deutlich zu wenig berücksichtigt, so führt dies nun zu einem höheren Aufschlag, als er durch die erhöhten Eigenkapitalkosten verursacht wird. Sehr gute Kreditkunden können im Gegenteil verbesserte Konditionen erwarten.

Auf sie entfallen künftig geringere Eigenkapitalkosten und kleinere Risikokosten. Die Kundenkonditionen werden also per Saldo deutlicher gespreizt. Dies ist die am stärksten einschneidende Folge von Basel II für das Kreditwesen. Folgende Konsequenzen für das Finanzmanagement bei den Kreditnehmern sind erforderlich:

■ Schaffung einer verbesserten Basis für die Kommunikation mit der Bank durch Perfektionierung von Finanzplanung, Rechnungswesen und Controlling.

■ Verbesserte Informationspolitik gegenüber den Banken: Mehr Offenheit in der Kommunikation, um vorsichtige Annahmen mangels ausreichender Information der Bank zu vermeiden, und verstärkte Ausrichtung der Bilanzpolitik auf den Aspekt der Beziehungen zu den Banken durch mehr Zurückhaltung bei der Legung stiller Reserven.

3.1.3 Einflussfaktoren auf die Kreditentscheidung

Die Einflussfaktoren auf Kreditentscheidungen – hier immer am Fall einer Bank betrachtet – lassen sich wie folgt einteilen, wobei die ersten drei Faktoren die Bonität des Kredits betreffen:

1 quantitative Faktoren (harte Daten),

2 qualitative Faktoren (weiche Daten),

3 Besicherung,

4 für die Bank erzielbare Erträge aus der Kreditvergabe (und aus Anschlussgeschäften).

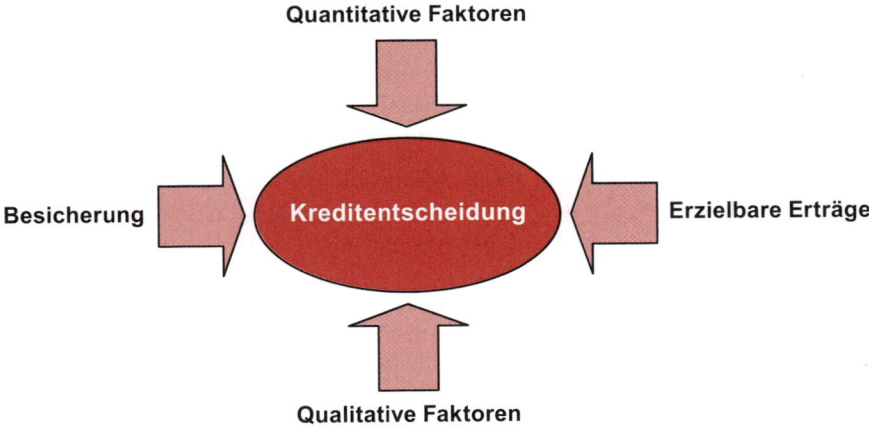

Abbildung 3.2: Einflussfaktoren auf die Kreditentscheidung

3.1.3.1 Quantitative Faktoren der Kreditentscheidung

Die quantitativen Faktoren ergeben sich in praxi ganz überwiegend aus der Analyse des *Jahresabschlusses*. Er umfasst vor allem Informationen zur Vermögens- und Finanzierungssituation in der Bilanz und zur Ertragslage in der Gewinn- und Verlustrechnung. Aus Abschlüssen, die nach International Accounting Standards/International Financial Report Standards (IAS/IFRS) erstellt wurden[4], kann man auch immer ein Cashflow-Statement entnehmen. Im mittelständischen Geschäft erhalten die Banken meistens eine Bilanz, die für die Zwecke der Einkommen- oder Körperschaftsteuer erstellt wurde, bei nicht bilanzierungspflichtigen Unternehmen nur eine Rechnung, die den Überschuss der Betriebseinnahmen über die Betriebsausgaben erfasst (Einnahmenüberschussrechnung). Nur gewisse Großunternehmen legen eine Handelsbilanz (Bilanz nach Handelsrecht) vor, deren Hauptzweck die Unterrichtung der Gesellschafter und der Öffentlichkeit ist.

Die Zahlen der Jahresabschlüsse analysieren die Banken

- im *Zeitvergleich* (meistens drei Jahre),
- im *Branchenvergleich* (Unternehmenszahlen neben Durchschnittszahlen der Branche gestellt).

Die zentralen Erkenntnisse der Jahresabschlussanalyse drückt man in *Kennzahlen* aus, welche die Vermögens-, Erfolgs- und Finanzlage beschreiben. Die meisten verwendeten Kennzahlen sind Verhältniszahlen, es werden also Größen aus dem Jahresabschluss und einige andere zahlenmäßig definierte Daten zueinander in Beziehung gesetzt. Im Kapitel 9 wird ausführlich auf die Kennzahlen eingegangen.

Der Gesetzgeber hat den Banken mit dem Satz 1 des § 18 Kreditwesengesetz die Pflicht auferlegt, von den Kreditnehmern die Offenlegung der wirtschaftlichen Verhältnisse zu fordern, und dabei speziell auf die Jahresabschlüsse hingewiesen:

> *„Ein Kreditinstitut darf einen Kredit von insgesamt mehr als 250.000 Euro nur gewähren, wenn es sich von dem Kreditnehmer die wirtschaftlichen Verhältnisse, insbesondere durch Vorlage der Jahresabschlüsse, offenlegen lässt."*

Das bloße Bauen auf die Zahlen der Jahresabschlüsse reicht nicht aus, weil selbst aktuelle Jahresabschlüsse meistens einige Monate zurückliegen. Insbesondere bei kritischen Kreditentscheidungen zieht man immer auch ganz aktuelle *Buchhaltungszahlen* und *Zwischenabschlüsse* heran.

Viele mittelständische Unternehmen sind insofern personenbezogen, als Personen entweder aufgrund der Rechtsform haften (Selbstständige, Einzelfirmen, Personengesellschaften) oder über Bürgschaften (zum Beispiel der Kommanditisten oder der GmbH-Gesellschafter). In diesen Fällen sind neben dem Jahresabschluss der Unternehmen entsprechende Zahlenwerke zu den privaten Verhältnissen in die Kreditanalyse

---

4 Vom Geschäftsjahr 2005 an müssen alle börsennotierten Unternehmen in der Europäischen Union – das sind einige Tausend – ihren Konzernabschluss nach IAS/IFRS aufstellen. Der Einzelabschluss, an den auch die Steuerbilanz anknüpft, ist nach wie vor nach dem Handelsgesetzbuch (HGB) aufzustellen.

mit einzubeziehen. Dies sind insbesondere *private Vermögens- und Schuldenaufstellung* sowie Gegenüberstellung *privater Einnahmen und Ausgaben*, möglichst erstellt oder geprüft durch einen vertrauenswürdigen Vertreter der wirtschafts- und steuerberatenden Berufe und eventuell ergänzt durch Steuererklärungen und -bescheide.

Besichern nicht nur natürliche, sondern auch juristische Personen einen Kredit, so erstreckt sich die Kreditprüfung auch auf deren Daten.

Die Analyse darf sich nicht nur mit den Vergangenheitszahlen begnügen. Bedeutend sind auch Zahlen mit starkem *Zukunftsbezug*. Sehr wichtig ist in Branchen, die auf Bestellungen hin arbeiten, etwa die Auftragslage, denn die Aufträge sind das Potenzial für die künftigen Umsätze. Bei großen und/oder kritischen Finanzierungen werden umfassende Planabschlüsse (oft auch als Finanzpläne bezeichnet) gefordert, welche die Jahresabschlüsse in die Zukunft fortschreiben.

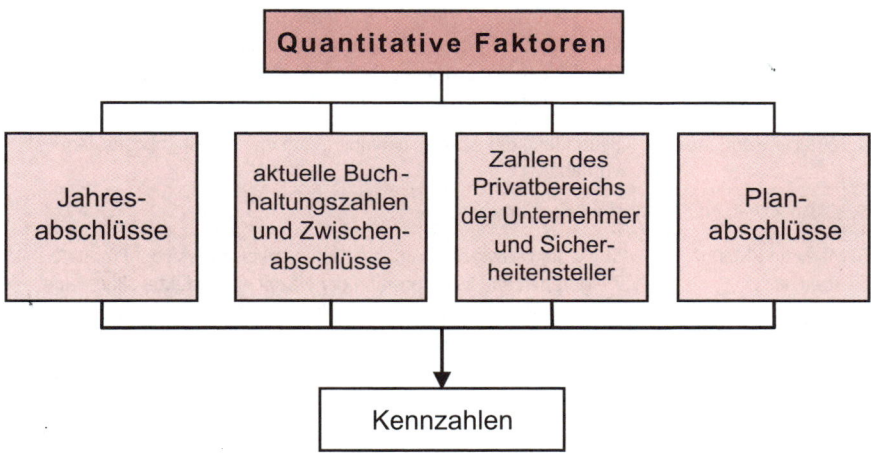

Abbildung 3.3: Zentrale quantitative Faktoren der Kreditbeurteilung

3.1.3.2 Qualitative Faktoren der Kreditentscheidung

Eine Kreditentscheidung ist nicht so klar formulierbar, dass sie zur reinen Rechenaufgabe würde. Es gibt vielmehr eine Anzahl von Faktoren, die nicht in Zahlen ausdrückbar sind oder – da sind die Übergänge zu den quantitativen Faktoren fließend – doch nur teilweise. Die qualitativen Faktoren müssen alle bonitätsrelevanten Aspekte des Unternehmens erfassen und erfordern entsprechend umfangreiche Kataloge. Marktzustand und Qualität des Managements stehen dabei oft im Zentrum des Interesses sowie allgemein potenziell existenzgefährdende Tatbestände und Engpassbereiche.

Tabelle 3.1

Ein Katalog qualitativer Kriterien

Faktorengruppe	Einzelfaktoren
1. Kontenanalyse	Dauer der Geschäftsverbindung, Volatilität der Inanspruchnahme/Überziehung von Kontokorrentkrediten, Zahlungsverhalten, Scheck- und Lastschriftrückgaben, Wechselproteste, Erfahrungen mit der Abwicklung früherer Darlehen
2. Auskünfte und andere Informationen Dritter	Bankauskünfte, Büroauskünfte einschließlich Auskünfte von Selbsthilfeeinrichtungen der Kreditgeber, Selbstauskunft, Wechselprotestliste, Millionenkredit-Rückmeldungen
3. Erläuterungen zu Jahresabschluss und sonstigen Zahlen	Stille Reserven, Windowdressing, Beziehungen zu Nahestehenden, Entwicklung seit Datum der letzten Abschluss- oder Zwischenzahlen, Erläuterung von Trends und Abweichungen von der Branche
4. Mittelverwendung	Beurteilung des zu finanzierenden Vorhabens, Cashflow aus dem Vorhaben
5. bis 9. Umwelt und Subsysteme des Unternehmens:	
5. Marketing/Markt/Branche	Starke und schwache Produkte, Lebenszyklusanalyse der Produkte, Zielgruppen und Marktposition der einzelnen Produkte, allgemeine Branchenlage, Marktanteile, Nachfrage/Kunden, Konkurrenzstruktur/-verhalten; absatzpolitisches Instrumentarium (Sortimentspolitik, Vertriebswege ...), Exporte, Abhängigkeit von Großabnehmern
6. Rechnungswesen, Planungs- und Kontrollinstrumente	Qualität der verschiedenen Instrumente des Rechnungswesens (handelsrechtlicher/steuerlicher Jahresabschluss, Zwischenabschluss, kurzfristige Erfolgsrechnung, Kostenrechnung, Liquiditäts- und Finanzpläne, Umsatz-, Kosten- und Investitionsplanung), Aktualität des Rechnungswesens, Einsatz des Rechnungswesens im Unternehmen
7. Logistik, Leistungswirtschaft, Technologie	Importe, Abhängigkeit von Großlieferanten, Lagerbuchhaltung und -kontrolle, Lagerumschlagszeiten, Ladenhüter, Lagerbewertung, Qualitätssicherung, Ausschuss, Retouren, Produktionstechnik, Automationsgrad, technische Flexibilität, Auslastung der Maschinenzeiten, Zustand der Betriebsanlagen und -räume, Forschung und Entwicklung, Umweltbeeinflussung (Bodenbelastung, Abgase, Lärm)
8. Management und Gesellschafter	Einfluss der Gesellschafter auf das Management, Gesellschaftsverträge, Zusammenarbeit der Führungspersonen, Vertrauenswürdigkeit des Managements, Einhaltung von Absprachen, Offenheit der Informationspolitik gegenüber dem Kreditgeber, faires Geschäftsgebaren, Alter und Gesundheit der Manager, Nachfolgeregelungen, Fluktuation im Management, Ausbildung, Erfahrungen, Kompetenz, berufliche Entwicklung, persönliche Autorität, Kommunikationsbereitschaft, Kreativität, Risikoeinstellung, privates Umfeld
9. Personal und Organisation	Betriebsklima, Fluktuation, Krankenstände, Altersstruktur, Ausbildungsstand, betriebliche Aus- und Fortbildung, Klarheit der Zuständigkeiten

Kontenanalyse

Handelt es sich um eine Kreditverlängerung, so kann die Kredit gebende Bank analysieren, wie die bisherige Kontoführung verlief. Je länger die Bank Erfahrungen mit dem Kunden hat, desto mehr kann sie auf diese vertrauen. Wichtige positive Merkmale sind die flexible Inanspruchnahme der Kontokorrentlinien und die bisherige Einhaltung der Vereinbarungen, wichtige Negativmerkmale sind dagegen steife Führung des Kontokorrentkontos, das heißt wenig variable Inanspruchnahme am oberen Rand des Möglichen oder sogar Überziehungen, und Probleme bei Zins- und Tilgungszahlungen.

Auskünfte und andere Informationen Dritter

Bankauskünfte: Banken geben Auskünfte an eigene Kunden oder an andere Kreditinstitute. Auskünfte über juristische Personen oder ins Handelsregister eingetragene Kaufleute geben die Banken entsprechend ihrer Allgemeinen Geschäftsbedingungen ohne spezielle Zustimmung der Kunden, sofern keine entgegenstehende Weisung vorliegt. Andere Kunden, insbesondere Privatkunden, müssen der Auskunftserteilung generell (in der Regel anlässlich der Kontoeröffnung) oder im Einzelfall extra zustimmen. Voraussetzung für eine Auskunftserteilung durch die Bank ist immer, dass der Anfragende glaubhaft ein berechtigtes Interesse darlegt, zum Beispiel durch das Bestehen einer Geschäftsverbindung. Bankauskünfte sind generell gehalten, sie geben keine unnötigen Einzelheiten preis und dürfen nicht beliebige Nachrichten enthalten.

Büroauskünfte sind Auskünfte von Wirtschaftsauskunfteien. Sie sind im Allgemeinen umfangreicher und konkreter als Bankauskünfte. Je nach Informationsgrad der Auskunftei sind sie manchmal weniger aktuell als die Auskünfte kontoführender Banken und unterliegen tendenziell weniger eng gezogenen Regeln. Es gibt in Deutschland auch die Schutzgemeinschaft für allgemeine Kreditsicherung GmbH, eine Selbsthilfeeinrichtung der Kreditwirtschaft sowie von Versandhandel, Leasinggesellschaften, Kreditkartengesellschaften und anderen Kreditgebern. Sie gibt Auskünfte über natürliche Personen.

Neben diesen allgemeinen Auskunftsquellen sind vor allem noch die *Wechselprotestlisten* zu nennen, in denen nach Orten sortiert alle Schuldner erfasst werden, die Zahlungspflichten aus Wechseln bei Fälligkeit nicht eingelöst haben, was ein extremes Warnzeichen ist. Bedeutung haben auch noch die *Rückmeldungen der Deutschen Bundesbank über Millionenkredite* (ab 1,5 Mio. Euro Kreditvolumen). Die Bundesbank führt die durch Bankenmeldungen erfasste Gesamtverschuldung auf. Zusätzlich nennt sie die Zahl der Kreditgeber und macht eine grobe Aufteilung nach vom Kreditnehmer beanspruchten Kreditarten. Die Rückmeldung erhalten alle Banken, die ihrerseits selbst Meldungen über den entsprechenden Kunden abgegeben haben.

Erläuterungen zu Jahresabschluss und sonstigen Zahlen

Jahresabschluss, Zwischenabschlüsse und sonstige Buchhaltungszahlen als übliche Informationsinstrumente für die Bank sind interpretationsbedürftig und für ein richtiges Verständnis benötigt man Erläuterungen der Unternehmer. Die den Banken zur Verfügung gestellten Jahresabschlüsse mittelständischer Unternehmen sind meistens für Steuerzwecke erstellt und müssen um Einflüsse bereinigt werden, die von Seiten des Staates oder des Unternehmens lediglich die Besteuerung erhöhen oder senken sollen. Die handelsrechtliche Bilanzierung nach HGB ist durch faktisch teilweise Kopplung an die Steuerbilanz (umgekehrte Maßgeblichkeit) davon mit betroffen.

Mittelverwendung

Die Verwendung der Kreditmittel ist dem Kreditgeber zumeist nicht einerlei, denn nur ein vernünftiger Einsatz des Fremdkapitals erhält die Möglichkeiten, die Mittel zu verzinsen und wieder zurückzubezahlen. Bei großen Investitionsfinanzierungen ist die Erwirtschaftung eines ausreichenden Cashflows zur Bedienung der Darlehen ein zentrales Interesse der Finanzierer.

Umwelt und Subsysteme des Unternehmens

Der größte Teil der qualitativen Faktoren der Kreditentscheidung bezieht sich auf die Schilderung der Supersysteme (Umwelt) und Subsysteme des Unternehmens. Als Supersysteme haben im marktwirtschaftlichen Umfeld Markt und Branche immer große Bedeutung. Die Subsysteme (Unternehmensbereiche) werden meistens in funktionaler Gliederung analysiert, mit Schwerpunkten bei Marketing und Management. Die Kredit gebende Bank versucht so weit wie möglich, aktuelle Stärken und Schwächen sowie künftige Chancen und Risiken des Kredit nehmenden Unternehmers zu erkennen. Der Kreditgeber, der anders als ein Eigenkapitalgeber für sehr hohe Risiken in aller Regel nicht ausreichend honoriert wird, weil er nur einen begrenzten Risikoaufschlag auf den Zins erhebt und kein Recht auf Gewinnanteile hat, legt dabei tendenziell auf ausreichende Risikobeherrschung durch den Unternehmer wert.

Kombination der qualitativen und quantitativen Entscheidungsfaktoren

Zur Kombination der Entscheidungsfaktoren im Rahmen des durch Kreditinstitute vorgenommenen Kreditratings geht man analog zu dem vor, wie es im Rahmen der Investitionsrechnung für die Nutzwertanalyse geschildert wird (siehe achtes Kapitel):

- Damit die erforderliche Addition der Beurteilung der Einzelfaktoren und eine anschließende Durchschnittsbildung zulässig sind, unterstellt man eine kardinale Messbarkeit[5] für die Bewertung der quantitativen wie der qualitativen Faktoren.

- Man kann mehrstufig vorgehen, indem man Einzelfaktoren auf der untersten Stufe zu Faktorengruppen und gegebenenfalls diese Gruppen zu übergeordneten Einheiten zusammenfasst.

- Einzelfaktoren und Faktorengruppen werden entsprechend ihrer Bedeutung unterschiedlich gewichtet.

---

5 Als Skalenniveaus kann man unterscheiden: Nominalskala (Merkmale lassen sich ohne Wertung unterscheiden), Ordinalskala (es ist eine Aussage über die Reihung, den Rang der Merkmale möglich) und Kardinalskala (mit folgenden drei Eigenschaften: 1. Abstände zwischen den Merkmalen sind messbar – Intervallskala; 2. Verhältnisse der Merkmale können gemessen werden – Verhältnisskala; 3. es existiert eine natürliche Einheit – Absolutskala). Aus den Merkmalen von Kardinalskalen darf man Summen bilden. Qualitative Merkmale sind objektiv nur auf einer Nominal- oder einer Ordinalskala messbar. Die Umformung zu Kardinalskalen erfolgt in unserem Fall „künstlich" durch Zuordnung reeller Zahlen, die Zulässigkeit einer derartigen Zuordnung und damit Bildung einer „unechten" Kardinalskala ist sachlich problematisch.

| Beispiel | Ermittlung einer Bonitätsnote vor Berücksichtigung von Sicherheiten |

Für die *quantitative* Analyse verwende man 15 Kennzahlen (KZ), die je nach Bedeutung einfaches bis zehnfaches Gewicht (G) haben und die mit 0 bis 20 Punkten (P) bewertet werden können. In einem ersten Schritt vergibt man die Punktzahl P. Als Zweites errechnet man pro Kennzahl die gewichtete Punktzahl (P × G). Als dritten Schritt bildet man die Summe ($\sum$) aller gewichteten Punktzahlen (im Beispiel 988). Sie wird im vierten Schritt durch die Summe der Gewichte (104) geteilt, um die durchschnittliche Punktzahl zu erhalten (9,5), die das (mit den Gewichten G) gewogene arithmetische Mittel der Einzelpunktzahlen ist.

Tabelle 3.2

Kennzahlenbewertungen (quantitative Faktoren)

KZ	1	2	3	4	5	6	7	8	9	10	11	12	13	14	15	$\sum$
P	12	13	9	7	18	3	6	11	11	20	5	2	2	8	9	
G	10	10	9	9	8	8	8	7	7	6	5	5	5	4	3	104
P×G	120	130	81	63	144	24	48	77	77	120	25	10	10	32	27	**988**

Für die *qualitative* Analyse verwende man zum Beispiel die 9 Faktorgruppen, wie sie in obiger Tabelle verwendet wurden. Auch sie werden mit 0 bis 20 Punkten bewertet und haben Gewichte von 1 bis 10. Man geht analog vor wie für die quantitativen Faktoren geschildert. Das gewogene arithmetische Mittel der Faktorgruppen-Bewertungen ist 540 / 47 = 11,5.

Tabelle 3.3

Faktorgruppenbewertungen (qualitative Faktoren)

Faktorgruppe	1	2	3	4	5	6	7	8	9	$\sum$
P	12	13	9	7	16	3	6	11	11	
G	10	9	6	6	6	4	3	2	1	47
P×G	120	117	54	42	144	12	18	22	11	**540**

Ist nun beispielsweise das Gewicht der quantitativen Faktoren (Kennzahlen) $^2/_3$ und das der qualitativen Faktoren $^1/_3$, so ergibt sich ein gewogener Durchschnittswert der beiden von (2 × 9,5 + 11,5) / 3 = 10,2. Die möglichen Ergebnisse liegen zwischen 0 und 20 Punkten. Das ist eine Bonitätsnote *vor Berücksichtigung von Sicherheiten*, die für den Kredit gestellt werden.

Ein gutes Ratingsystem erkennt man daran, dass es einen großen Teil der insolvent werdenden Firmen schon mit einem nennenswerten Vorlauf von zum Beispiel ein bis zwei Jahren identifiziert und dabei gleichzeitig möglichst wenige Firmen unberechtigterweise als insolvenzgefährdet ausweist (weil dies zu ungerechtfertigten Kreditablehnungen führt). Den resultierenden Ratingergebnissen kann man durch entsprechende statistische Erhebungen Ausfallwahrscheinlichkeiten zuordnen.

Individuelle Korrekturen von nach dem einheitlichen Standardverfahren ermittelten Ratingeinstufungen wird jede Bank nur in einem sehr engen Rahmen zulassen und nur aufgrund harter, nachkontrollierbarer Fakten.

3.1.3.3 Miteinbeziehung der Sicherheiten und der Profitabilität in die Kreditentscheidung

Die quantitativen und qualitativen Faktoren kann man wie im dargelegten Beispiel zu einem Zwischenergebnis zusammenfassen, das die *Bonität vor Besicherung* beschreibt. Geringer Bonität auf dieser Betrachtungsebene kann aber eine gute *Besicherung gegenüberstehen,* welche die Ausfallquote begrenzt. Kreditsicherheiten dienen nur der Absicherung für den Notfall. Bonität vor Besicherung einerseits und Besicherung andererseits sind substitutive Faktoren, das heißt sie können einander mehr oder weniger ersetzen.

Die Sicherheiten müssen nach anderen Regeln einbezogen werden als die harten und weichen Faktoren, bei denen einfach ein arithmetischer Mittelwert gebildet wird. Denn beispielsweise wird bei voller werthaltiger Besicherung die Ratingnote nach Sicherheiten normalerweise auf die maximale Stufe angehoben werden, egal ob das Ratingergebnis vor Sicherheiten gut oder schlecht war. Andererseits wird eine bloße Teilbesicherung ein Ratingergebnis vor Sicherheiten nur unerheblich verbessern, es sei denn, die Teilbesicherung ist erstens sehr hoch (zum Beispiel über 80 Prozent) und zweitens das Ratingergebnis vor Besicherung ist gleichzeitig nicht allzu schlecht. Eine niedrige Teilbesicherung von zum Beispiel 30 Prozent wird bei bestehendem schlechtem Rating vor Besicherung das Urteil fast nicht verbessern.

Die erwartete *Profitabilität* des zur Entscheidung anstehenden Kredits gemäß Kalkulation dieses Einzelkredits durch die Bank beeinflusst keine Ratingziffer, in gewissem Umfang aber die Kreditentscheidung. Die Banken beeinflussen die Profitabilität des einzelnen Kreditgeschäfts unmittelbar durch eine risikoabhängige Preisstellung. Daneben beachten die Banken neben der Profitabilität des analysierten Kreditgeschäfts auch noch die der gesamten Kundenkalkulation (alle Geschäfte mit dem Kunden), weil sie damit rechnen müssen, dass der Kunde bei einer Kreditablehnung die gesamte Verbindung zur Bank reduziert oder beendet. Die Banken werden allerdings auch Kredite mit hohen risikobedingten Zinsaufschlägen nur bis zu einer gewissen begrenzten Ausfallwahrscheinlichkeit des Kredits eingehen.

<table>
<tr><td>**Beispiel**</td><td>## Zinsfestlegung in Abhängigkeit von Bonität und Besicherung</td></tr>
</table>

Ein Unternehmen YZ Partners GmbH beantragt bei seiner Hausbank einen zinssubventionierten Förderkredit für Unternehmensgründer, einen sogenannten Startkredit. Die Hausbank refinanziert sich bei der Förderbank des Bundeslandes. Der maximal zulässige Zinssatz, den die Hausbank nach den Richtlinien der Förderbank fordern darf, richtet sich nach der Bonitätseinstufung und der Besicherungsklasse. Das Beispiel[6] nennt die Bonitäts- und Besicherungsklassen, die resultierende Preisklasse und die in Abhängigkeit von dem konkreten Darlehensprogramm resultierende Zinsobergrenze für den Kunden. Der Zins, mit dem sich die Hausbank bei der Förderbank das Geld beschafft (Refinanzierungszins), ist vom Kundensatz unabhängig, das heißt die Hausbank erhält den besonderen Zinsaufschlag für das erhöhte Risiko für sich.

1. Bestimmung der Bonitätsklasse:

Tabelle 3.4

Beispiel zur Bestimmung der Bonitätsklasse

Bonitätsklasse	Bonitätseinschätzung durch die Hausbank	1-Jahres-Ausfallwahrscheinlichkeit des Kreditnehmers
1	sehr gut	bis 0,3 %
2	gut	über 0,3 % bis 0,9 %
3	befriedigend	über 0,9 % bis 1,5 %
4	ausreichend	über 1,5 % bis 2,5 %
5	noch ausreichend	über 2,5 % bis 4,5 %
6	noch ausreichend, aber mit erheblichen Mängeln	über 4,5 %

Die Hausbank ratet YZ Partners GmbH mit Bonitätsklasse 4.

---

6 Beispiel entnommen aus LfA Förderbank Bayern: Das risikogerechte Zinssystem, München 2005.

2. Bestimmung der Besicherungsklasse:

Tabelle 3.5

Beispiel zur Bestimmung der Besicherungsklasse

Besicherungsklasse	werthaltige Besicherung in %
1	80 % und mehr
2	50 % bis unter 80 %
3	30 % bis unter 50 %
4	unter 30 %

YZ Partners GmbH stellt eine Grundschuld, die den Kredit zu 65 Prozent ab-deckt, es ergibt sich die Besicherungsklasse 2.

3. Kombinationsregel, um aus Bonitäts- und Besicherungsklasse das Gesamtkredit-risiko und davon abhängig die Preisklasse zu ermitteln:

Tabelle 3.6

Beispiel zur Kombination von Bonitäts- und Besicherungsklasse zur Gesamtrisikoklasse und damit Preisklasse

Bonitätsklasse	1	1	2	1	3	1	2	4	2	3	5	2	3	4	6	3	4	5
Besicherungsklasse	1	2	1	3	1	4	2	1	3	2	1	4	3	2	1	4	3	2
Preisklasse	A	B		C		D			E			F				G		

Für den Kreditfall YZ Partners GmbH ergibt sich die Preisklasse F.

4. Preisklassen (in Abhängigkeit vom Gesamtrisiko):

Tabelle 3.7

Beispiel der Preisklasse als Folge der Bewertung des Gesamtrisikos des Kredits

Preisklasse	A	B	C	D	E	F	G
maximaler effektiver Zinssatz des Darlehens p.a.	1,70	2,06	2,36	2,66	3,17	3,88	4,60

Die Bank darf angesichts der relativ hohen Einschätzung des Gesamtrisikos des Kredits mit Klasse F für den Kredit einen Effektivsatz von 3,88 Prozent p.a. verlangen. Der gegenüber dem besten Effektivsatz um 2,18 Prozent höhere Effektivzins soll die Risikokosten der Bank ausgleichen. Ist der Einstandssatz dieses zinssubventionierten Kredits für die Bank zum Beispiel 0,95 Prozent, so darf die Bank also bei der Preisklasse A nur 0,75 Prozent aufschlagen, beim Kredit an die YZ Partners GmbH wegen dessen deutlich erhöhtem Risiko dagegen 2,93 Prozent.

3.1.3.4 Risikoadjustierte Eigenkapitalrendite

Als wichtiges Rentabilitätsmaß dafür, wie rentabel ein einzelnes, ein Risiko bergendes Kreditgeschäft bezogen auf das dazu benötigte Eigenkapital ist, verwenden die Banken die Kennzahl Risk Adjusted Return on Capital (RARoC, risikoadjustierte Eigenkapitalrendite):

$$RARoC = \frac{Nettoertrag - erwartete\ Verluste}{\ddot{o}konomisches\ Kapital}$$

Dabei ist ökonomisches Kapital das Eigenkapital, das die Bank zur Unterlegung des Kredits halten muss.

3.1.4 Grundlagen der Kreditbesicherung

3.1.4.1 Bedeutung der Sicherheiten bei Insolvenz des Schuldners

Bei Insolvenz des Schuldners muss sich der Wert der Besicherung erweisen. Da bei Insolvenz im Regelfall weniger Vermögen übrig ist, als es Verbindlichkeiten des Schuldners gibt, ist es sehr entscheidend, ob man als Gläubiger eine privilegierte Stellung hat. Denn für die nicht privilegierten Gläubiger bleibt häufig nichts oder fast nichts mehr zu verteilen, nachdem die privilegierten Gläubiger befriedigt wurden. Die Forderungen der unbesicherten Gläubiger sind nicht privilegierte Forderungen und entsprechend ganz besonders gefährdet. Ein besicherter Gläubiger dagegen hat den Vorteil der Besicherung für sich allein und kann sich je nach Qualität der Besicherung mehr oder weniger schadenfrei halten.

3.1.4.2 Wichtige Kategorien von Sicherheiten

Im Folgenden spielen diese Unterscheidungen von Sicherheitsarten eine wichtige Rolle:

■ Personal- und Realsicherheiten,

■ akzessorische und fiduziarische Sicherheiten (idealtypische Differenzierung).

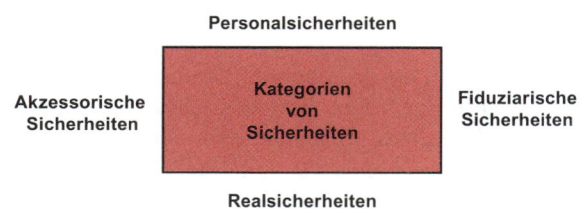

Abbildung 3.4: Kategorien von Sicherheiten

Personalsicherheiten   In diesem Fall ist das Sicherungsrecht ein *persönlicher (schuldrechtlicher, obligatorischer)* Anspruch des Sicherungsnehmers gegen den Sicherungsgeber. Der Kreditgeber hat bereits eine persönliche Forderung gegen den Kreditnehmer. Tritt nun eine Forderung aus einer Personalsicherheit gegen einen Dritten hinzu, so hat der besicherte Kreditgeber parallel zwei Forderungen gegen verschiedene Personen: Nämlich den Anspruch aus Kreditgewährung gegen den Kreditnehmer und den aus dem Besicherungsvertrag gegen den zusätzlich auftretenden Sicherungsgeber.

Realsicherheiten (Sachsicherheiten)   Hier ist das Sicherungsrecht ein *dingliches* Recht des Besicherten am Sicherungsmittel, das zu folgenden Objektgruppen gehören kann:

- bewegliche Sachen (Mobilien),
- Rechte,
- unbewegliche Sachen (Immobilien).

Bewegliche Sachen und Rechte können als Mobiliarsicherheiten dienen, Immobilien als Immobiliarsicherheiten.

Der mit einer Realsicherheit Besicherte hat das Recht auf bevorzugte Befriedigung aus dem Gegenstand innerhalb und außerhalb eines Insolvenzverfahrens. Im Extremfall führt die Realbesicherung am Vermögen des Schuldners dazu, dass eine der Besicherung dienende Sache nicht zu der zu verteilenden Insolvenzmasse gezählt wird. Man spricht hier von einem *Aussonderungsrecht*. Dies ist allein beim unten erläuterten einfachen Eigentumsvorbehalt der Fall: Die unter diesem Vorbehalt gelieferten Gegenstände gehören nicht zum Vermögen des insolvent gewordenen Schuldners (Insolvenzmasse). Die anderen Realsicherheiten vom Schuldner dagegen führen nur zu einem *Absonderungsrecht* gemäß §§ 165 ff. der Insolvenzordnung. Der abgesonderte Vermögensgegenstand (materiell oder immateriell) wird abgetrennt von der sonstigen Insolvenzmasse verwertet und der Erlös dient erst einmal der Befriedigung des besicherten Forderungsinhabers, nur Übererlöse kommen der Gesamtheit der einfachen ungesicherten Insolvenzgläubiger zugute.

Zugunsten Dritter kann man nur eine Personalsicherheit bestellen. Will man eine Sachsicherheit Dritten dienen lassen, so muss man eine Personalsicherheit bestellen, etwa eine Bürgschaft, und diese Verbindlichkeit mit einer Sachsicherheit unterlegen.

Während bei der Personalsicherheit das gesamte Vermögen des Sicherungsgebers dem Zugriff des Sicherungsnehmers unterliegt, haften bei der Sachsicherheit nur bestimmte Gegenstände. Andererseits ist bei der Sachsicherheit das Vorhandensein einer verwertbaren Sache sicher, bei der Personalsicherheit nicht.

Akzessorische Sicherheiten (angelehnte Sicherheiten)   Beispiele akzessorischer Sicherheiten sind

- Bürgschaft,
- Verpfändung und
- Hypothek (je nach Unterart der Hypothek unterschiedlich klarer akzessorischer Charakter).

Diese Sicherheiten sind eng mit der gesicherten Forderung verknüpft. Das Sicherungsrecht kann ohne die Forderung nicht bestehen. Akzessorische Sicherheiten sind bereits von den Gesetzen her allein als Sicherheiten konstruiert, sie sind speziell als Sicherheiten entstanden (*geborene Sicherheiten*). Sie können für sich allein, ohne eine Schuld, nicht begründet, übertragen, gepfändet oder verpfändet werden. Beispielsweise kann eine Bürgschaft nicht entstehen, ohne dass es eine definierbare Schuld gibt.

Fiduziarische Sicherheiten (treuhänderische Sicherheiten) Beispiele grundsätzlich fiduziarischer Sicherheiten sind

- Garantie,
- sicherungsweise Abtretung (Zession) von Forderungen und Rechten,
- Sicherungsübereignung,
- Eigentumsvorbehalt und
- Grundschuld.

Hier erwirbt der Sicherungsnehmer im Grundsatz eine Rechtsstellung, die über den bloßen Sicherungszweck hinausgeht. Die Sicherungsrechte des Besicherten sind nur im Innenverhältnis mit dem Sicherungsgeber begrenzt. Ein Sicherstellungsvertrag verpflichtet den Sicherungsnehmer, nur gemäß dem vereinbarten Sicherungszweck von seiner Rechtsstellung Gebrauch zu machen. Da diese Sicherheit von der Forderung grundsätzlich unabhängig (weshalb man auch von *abstrakter Sicherheit* spricht) und selbstständig verkehrsfähig ist, ist es denkbar, dass der Besicherte vertragswidrig so über sie verfügt, wie er dies gemäß den Vereinbarungen mit dem Sicherungsgeber nicht dürfte. Diese Abweichung von Können und Dürfen setzt Vertrauen des Sicherungsgebers voraus. Der Sicherungsnehmer muss bei Ausübung seiner von seinen Forderungen unabhängigen Rechte treuhänderisch (= fiduziarisch) die Interessen des Sicherungsgebers beachten. Diese Sicherheiten sind vom Gesetzgeber nicht speziell *als Sicherheiten* konstruiert worden (keine geborenen Sicherheiten), sondern man hat in der Praxis gewisse juristische Voraussetzungen benutzt, um erst auf ihrer Basis das Besicherungsinstrument zu schaffen (*gekorene Sicherheiten*). Beispielsweise veräußert man eine Forderung auf dem Wege der Zession. Man kann aber die Zession auch nur sicherungsweise zu vornehmen. Dann kann der Besicherte die Forderung tatsächlich nur in den Fällen rechtlich einwandfrei eintreiben, wenn er gemäß Sicherungsvertrag dazu auch befugt ist.

Nach der Erledigung des Sicherungszwecks, etwa nach Wegfall der besicherten Forderung, muss der Sicherungsnehmer die fiduziarische Sicherheit wieder separat auf den Sicherungsgeber zurückübertragen.

Praktischer Vorteil der fiduziarischen Sicherheiten, der ihre Beliebtheit bei den Banken besonders erklärt, ist, dass die Sicherheit trotz zeitweisen Erlöschens einer besicherten Forderung bestehen bleibt und ohne erneute Sicherheitenbestellung auch für eine neu entstehende Forderung wieder gelten kann.

Pfandrecht gemäß Allgemeinen Geschäftsbedingungen (AGB-Pfandrecht)

Gemäß Ziffer 14 der Allgemeinen Geschäftsbedingungen (AGB) der privaten Banken und der Genossenschaftsbanken (eine analoge Bestimmung existiert für die Sparkassen) gilt die sogenannte allgemeine Pfandklausel:

> *„... dass die Bank ein Pfandrecht an den Wertpapieren und Sachen erwirbt, an denen (sie) ... Besitz erlangt hat oder noch erlangen wird. ... Das Pfandrecht dient der Besicherung aller bestehenden, künftigen und bedingten Ansprüche, die der Bank ... aus der bankmäßigen Geschäftsverbindung gegen den Kunden zustehen. Hat der Kunde gegenüber der Bank eine Haftung für Verbindlichkeiten eines anderen Kunden übernommen (zum Beispiel als Bürge), so sichert das Pfandrecht die aus der Haftungsübernahme folgende Schuld jedoch erst ab ihrer Fälligkeit."*

Die Bank erwirbt mit diesem sogenannten AGB-Pfandrecht eine Sicherheit, deren Sicherungszweck sehr umfassend definiert ist. Ist zum Beispiel der Fall gegeben, dass der geschäftsführende Gesellschafter einer GmbH Wertpapiere im privaten Depot der Bank liegen hat, die auch Bank seiner Firma ist, und haftet er durch eine Bürgschaft für die Firma, so hat das AGB-Pfandrecht folgende Konsequenz: Die privaten Wertpapiere dienen als Sicherheit dafür, dass der geschäftsführende Gesellschafter seinen Bürgschaftsverpflichtungen bei fälliger Rückzahlung des Firmenkredits nachkommt, auch ohne dass die Papiere der Bank ausdrücklich verpfändet sind.

Begrenzung des Besicherungsanspruchs der Bank und Freigabeverpflichtung

Gemäß Ziffer 16 der AGB der privaten Banken und der Genossenschaftsbanken (analog bei Sparkassen) gilt:

> *„Die Bank kann ihren Anspruch auf Bestellung oder Verstärkung von Sicherheiten so lange geltend machen, bis der realisierbare Wert aller Sicherheiten dem Gesamtbetrag aller Ansprüche aus der bankmäßigen Geschäftsverbindung (Deckungsgrenze) entspricht.*

> *Falls der realisierbare Wert aller Sicherheiten die Deckungsgrenze nicht nur vorübergehend übersteigt, hat die Bank auf Verlangen des Kunden Sicherheiten nach ihrer Wahl freizugeben, und zwar in Höhe des die Deckungsgrenze übersteigenden Betrages."*

Unternehmer sollten von sich aus natürlich jede Überbesicherung von vornherein vermeiden. Sie blockiert Vermögenswerte für andere Kredite, die vielleicht einmal überraschend schnell notwendig werden. Da die Bank rechtlich bei Überbesicherung Sicherheiten nach ihrer Wahl zurückgeben kann, wird sie natürlich im Notfall freiwillig nur die schlechtesten Sicherheiten wieder herausgeben.

Einteilung der Sicherheiten

Die Einteilung der folgenden Besprechung orientiert sich an der Tabelle 3.8.

Tabelle 3.8

Wichtige Kreditsicherheiten und verwandte Vereinbarungen	
Personalsicherheiten und verwandte Vereinbarungen	**Realsicherheiten**
Bürgschaft Kreditauftrag Garantie	**Mobiliarsicherheiten** Eigentumsvorbehalt Sicherungsabtretung Verpfändung Sicherungsübereignung
Den Personalsicherheiten verwandte Vereinbarungen (Ersatzsicherheiten): Schuldübernahme Patronatserklärung Negativ- und Positiverklärungen	**Grundpfandrechte** insbesondere Grundschuld

3.1.5 Personalsicherheiten

Hier ist das Sicherungsrecht ein persönlicher (schuldrechtlicher) Anspruch gegen den Sicherungsgeber.

3.1.5.1 Bürgschaft

Die eindeutig wichtigste persönliche Kreditsicherheit ist die Bürgschaft, die in den §§ 765 – 778 BGB geregelt ist. Der Bürge verpflichtet sich gegenüber dem Gläubiger eines Dritten, für die Verbindlichkeit des Dritten einzustehen. Ist dies die Rückzahlung eines Kredits, so spricht man im engeren Sinne von einer Kreditbürgschaft. Die Bürgschaft ist eine akzessorische Sicherheit, sie kann also nicht höher als die Hauptschuld sein, die sie besichert, und sie geht unter, sobald der Sicherungszweck entfällt, also der besicherte Kredit zurückgeführt ist. Aus der Akzessorität folgt auch, dass der Bürge dem Gläubiger gegenüber gemäß § 768 BGB die gleichen Einreden geltend machen kann wie der Hauptschuldner, zum Beispiel Aufrechnung mit Gegenforderungen des Hauptschuldners oder Verjährung und Erlass der Hauptschuld.

Im Grundsatz ist die Bürgschaft an die Schriftform gebunden (§ 766 Satz 1 BGB), ansonsten ist sie nichtig. Theoretisch genügt aber nach § 350 HGB als Ausnahme eine mündliche Vereinbarung, sofern die Bürgschaft im Rahmen eines Handelsgeschäfts eines Vollkaufmanns übernommen wird. In der Praxis wird man zur Beweissicherung als Begünstigter aber auch unter Kaufleuten immer die Schriftform verlangen.

Bei Nachweis der Fälligkeit durch den Kreditgeber hat der Bürge zu zahlen. Die Forderung des Kreditgebers ist subsidiär, das heißt der Bürge kann nur in Anspruch genommen werden, wenn der Versuch, die Zahlung vom Schuldner zu erlangen, gescheitert ist. Dabei gibt es zwei gegensätzliche mögliche Regelungen für den erforderlichen Nachweis gemäß gesetzlicher Vorgabe sowie eine Zwischenform. Die beiden Pole bilden Ausfallbürgschaft und selbstschuldnerische Bürgschaft, Zwischenform ist die modifizierte Ausfallbürgschaft.

- **Ausfallbürgschaft:** Der Bürge hat das Recht auf die Einrede der Vorausklage. Das bedeutet, er kann verlangen, dass der Gläubiger zuerst die Zwangsvollstreckung gegen den Hauptschuldner versucht (§ 771 BGB). Dies wurde im BGB als Normalfall vorgesehen. Der Bürge haftet für den Betrag, mit dem der Gläubiger nach Zwangsvollstreckung ausgefallen ist.

- **Selbstschuldnerische Bürgschaft:** Der Bürge hat auf die Einrede der Vorausklage verzichtet (§ 773 Abs. 1 Ziffer 1 BGB), der Gläubiger braucht nur erfolglose Mahnung im Rahmen der kaufmännischen Gepflogenheiten nachweisen. Die Bürgschaft des Kaufmanns ist stets selbstschuldnerisch (§ 349 HGB).

- **Modifizierte Ausfallbürgschaft:** In ihrem Fall wird im Bürgschaftsvertrag separat vereinbart, wann der Ausfall bereits ohne erfolglose Zwangsvollstreckung als eingetreten gelten soll, beispielsweise „bei Zahlungseinstellung des Hauptschuldners" oder „bei Nichtzahlung bis spätestens einen Monat nach Fälligkeit".

Die Banken akzeptieren von natürlichen Personen fast nur die selbstschuldnerische Bürgschaftsform. Bei der Ausfallbürgschaft müssten sie nämlich immer erst erfolglos den teuren und langwierigen Weg einer Zwangsvollstreckung durchlaufen haben, ehe sie sich an den Bürgen wenden können. Andererseits sind öffentliche Stellen und Kreditgarantiegemeinschaften normalerweise nur zu Ausfallbürgschaften bereit. Die modifizierte Ausfallbürgschaft steht zwischen den beiden genannten, da ihre Inanspruchnahme an weniger strenge Voraussetzungen geknüpft ist, als dies bei der Ausfallbürgschaft der Fall ist. Es werden aber regelmäßig strengere Bedingungen für die Inanspruchnahmemöglichkeit aus der Bürgschaft gestellt als bei der selbstschuldnerischen Bürgschaft.

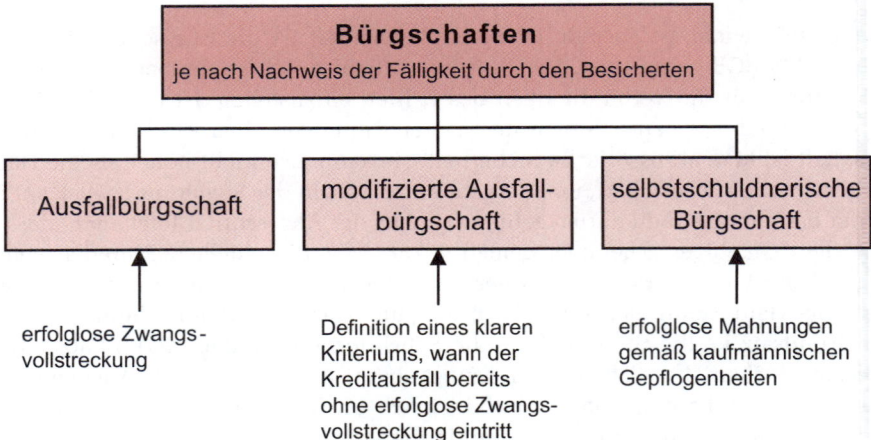

Abbildung 3.5: Bürgschaften unterschieden nach Form des Nachweises der Fälligkeit

Werden im Einzelfall alle möglichen Einwendungen des Bürgen rechtswirksam ausgeschlossen, so entsteht die Extremform einer *Bürgschaft auf erste Anforderung*. Sie kommt wirtschaftlich der unten erörterten Garantie sehr nahe, näher als den anderen Formen der Bürgschaft. Allerdings geht im Gegensatz zur Garantie die rechtliche Qualität der Akzessorität der Bürgschaft nicht komplett verloren. Das wirkt sich so aus, dass auch die Bürgschaft auf erste Anforderung nicht entsteht, wenn die Hauptforderung nicht entstanden ist. Dieser Unterschied zur nahe verwandten Garantie bleibt also.

Eine wichtige Unterscheidung ist die in

- betraglich unbeschränkte Bürgschaft und
- Höchstbetragsbürgschaft.

Gegebenenfalls bestimmt der Höchstbetrag den Betrag, der maximal für die Hauptschuld einschließlich Zinsen und Kosten (Provisionen, Spesen des Besicherten) zu tragen ist.

§ 767 Abs. 1 Satz 3 BGB bestimmt: „Durch ein Rechtsgeschäft, das der Hauptschuldner nach der Übernahme der Bürgschaft vornimmt, wird die Verpflichtung des Bürgen nicht erweitert."

Die Interpretation der gesetzlichen Bestimmung durch die Gerichte hat sich im Lauf der Zeit immer restriktiver zugunsten der Bürgen gewandelt, was die Definition von Bürgschaftszweck und -höhe betrifft. Unter anderem hat dies zur Interpretation geführt, das gesetzliche Leitbild der Bürgschaft sei die betragsmäßig begrenzte Bürgschaft. Nichtkaufleute können in der Praxis deshalb nur noch Höchstbürgschaften übernehmen und auch bei Kaufleuten ist die Zulässigkeit der betraglich unbegrenzten Bürgschaft auf Ausnahmefälle beschränkt. Wichtigster Ausnahmefall: Bürgschaft des alleinigen oder Mehrheitsgesellschafters und gleichzeitigen Geschäftsführers einer GmbH für deren Verbindlichkeiten.

Die Bürgschaft wird unter Umständen werthaltig *unterlegt*, der Bürge stellt also Sicherheiten dafür, dass er seiner Bürgschaftsverpflichtung nachkommen kann, etwa eine Grundschuld. Auch ohne Besicherung wird der Bürgschaft seitens der Bank bei ausreichend hohem nachgewiesenem freiem Vermögen des Bürgen ein gewisser bezifferter Wert zuerkannt.

Die Bürgschaft wird dem Bürgen möglichst alle zwei Jahre bestätigt. Ansonsten besteht die Möglichkeit, dass sich der Bürge mit Erfolg darauf beruft, er habe von der Bürgschaft nicht gewusst. Ferner muss der Bürge bei Erhöhung eines fremden von ihm besicherten Kreditengagements benachrichtigt werden mit der Frage, ob er die Bürgschaft aufrechterhält.

Eher selten sind Nach- und Rückbürgschaft. Ein *Nachbürge* haftet dem Kreditgeber dafür, dass ein anderer Bürge (der Vorbürge) seine Bürgschaftsverpflichtung erfüllt. Hier wird also quasi eine Besicherung ihrerseits noch einmal besichert. Davon zu unterscheiden ist die *Rückbürgschaft*. Sie dient nicht der Verbesserung der Position des besicherten Kreditgebers, sondern der Verbesserung der Stellung des Hauptbürgen. Der Hauptbürge hat Ersatzansprüche gegenüber dem Hauptschuldner, für den er einspringen musste. Der Rückbürge haftet dafür, dass der Hauptschuldner diesem Ersatzanspruch nachkommt, sonst leistet er.

Nachbürgschaft	Rückbürgschaft
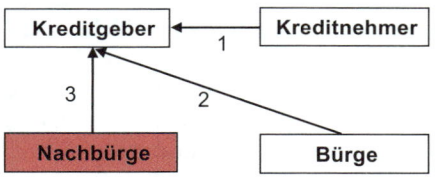	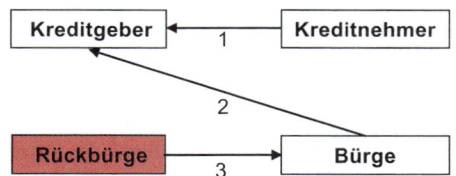
1 Kreditnehmer leistet nicht 2 (Vor-)Bürge leistet nicht 3 Nachbürge leistet an Kreditgeber	1 Kreditnehmer leistet nicht 2 Bürge leistet 3 Rückbürge leistet an Bürgen

Abbildung 3.6: Nachbürgschaft und Rückbürgschaft

3.1.5.2 Kreditauftrag

> *§ 778 BGB: Wer einen anderen beauftragt, im eigenen Namen und auf eigene Rechnung einem Dritten Kredit zu geben, haftet dem Beauftragten für die aus der Kreditgewährung entstehende Verbindlichkeit des Dritten als Bürge.*

Dieser Kreditauftrag ist eine Form der Entstehung der Bürgschaft, mit der erst die Kreditgewährung entsteht.

3.1.5.3 Garantie

Die Garantie ist eng verwandt mit der Bürgschaft, ganz besonders mit der Bürgschaft auf erste Anforderung. Diese Verwandtschaft hat unter anderem zur Folge, dass die Begriffe in der Praxis nicht streng auseinandergehalten werden. Oft wird eine faktische Garantie Bürgschaft genannt und umgekehrt. Es kommt dann immer auf den Inhalt der Vereinbarung an, was man vor sich hat, nicht auf das Überschreiben der Vereinbarung mit den Worten Bürgschaft oder Garantie.

Der prinzipielle Unterschied: Die Garantie hat im Gegensatz zur Bürgschaft fiduziarischen Charakter, sie ist keine geborene Sicherheit, also nicht als solche vom Gesetzgeber entworfen worden. In Deutschland gelten für sie der Grundsatz der Vertragsfreiheit sowie die allgemeinen Bestimmungen des Schuldrechts im Bürgerlichen Gesetzbuch, nicht die speziellen Bestimmungen zur Bürgschaft. Daneben ist die Rechtsprechung der Gerichte zum Garantierecht maßgebend. Das bedeutet unter anderem, dass es bei der Garantie keine Normen hinsichtlich der Formbedürftigkeit wie bei der Bürgschaft gibt und auch keine Regel des gesetzlichen Forderungsübergangs auf den Garanten, wenn er den besicherten Gläubiger befriedigt hat. Die fiduziarische Garantie ist eine selbstständige, von der besicherten Forderung grundsätzlich unabhängige Verpflichtung, einen bestimmten wirtschaftlichen Erfolg herbeizuführen, zum Beispiel im Fall der Kreditgarantie, einen Kredit zu tilgen. Der Garant haftet für diesen wirtschaftlichen Erfolg auch dann, wenn aus rechtlichen Gründen eine Zahlungspflicht des Kreditnehmers nicht (mehr) besteht. Die Verpflichtung des Garanten für einen Kredit geht also wegen der Abstraktheit der Garantie weiter als die des Kreditbürgen.

International, wo die Garantie besonders gebräuchlich ist, gibt es unter dem Einfluss der Internationalen Handelskammer ein überwiegend einheitliches Verständnis vom Charakter einer Garantie, ein internationales Garantierecht existiert aber nicht. Sie ist ein abstraktes Leistungsversprechen, das rechtlich immer unabhängig von einer Hauptschuld abgegeben wird. Letzteres bedeutet, dass die Garantie ohne eine Hauptschuld entstehen kann und in Höhe, Laufzeit oder Erlöschen von einer solchen nicht abhängig sein muss. Im Normalfall wird die Garantie jedoch durch separaten Vertrag (Sicherungsvertrag) auf eine bestimmte Hauptschuld bezogen und es wird Leistung versprochen, wenn die Hauptschuld nicht eingelöst wird. Allerdings bringt es die Abstraktheit der Garantie mit sich, dass man völlig unabhängig von der Hauptschuld definieren kann, wann aufgrund der Garantie zu bezahlen ist. Der Garantievertrag begründet eine selbstständige neue Verbindlichkeit. In der Praxis besonders des internationalen Geschäfts haben die Usancen dazu geführt, dass man die Garantie und die Hauptschuld voneinander entkoppelt: Man stellt Garantien auf erste Anforderung hin und gegen Vorlage einer schriftlichen Erklärung des Garantienehmers, dass eine bestimmte vertraglich vereinbarte Leistung oder Zahlungsverpflichtung nicht erfüllt worden ist, zahlbar, gegebenenfalls unter Vorlage bestimmter in der Garantie genannter Dokumente. Im Extremfall entfällt die schriftliche Erklärung hinsichtlich des Vorliegens des Garantiefalls („simple demand"). Es erfolgt also bei Zahlungsanforderung des Begünstigten aus einer Garantie keine sachliche Prüfung, inwieweit der angeblich gestörte Ablauf des Grundgeschäfts die Zahlungsanforderung berechtigt oder nicht, so dass sich jede Diskussion über die Berechtigung vor Bezahlung verbietet. Die Frage der Berechtigung kann dann erst im Nachhinein erörtert werden und gegebenenfalls zur Rückforderung des bezahlten Betrags führen. Durch die Zahlbarkeit auf erste Anforderung hin und gegen schriftliche Erklärung des Begünstigten ist der Begünstigte mit keinerlei Beweislast beschwert.

Eine Kreditgarantie ist anders als die Kreditbürgschaft immer auf erste Anforderung hin zahlbar, also ohne dass der Forderungsinhaber bewiesen hätte, dass seine Forderung nicht ordnungsgemäß bezahlt wurde. Im Normalfall ist zusätzlich allein die Erklärung des Kreditgebers erforderlich, wonach die fällige Hauptschuld nicht ordnungsgemäß beglichen wurde. Garantiegeber ist im Normalfall eine Bank, eine Kreditbesicherungsgarantie ist also eine Bankgarantie. Kreditbesicherungsgarantien werden oft von Muttergesellschaften oder Finanzierungsgesellschaften internationaler Konzerne zugunsten Kredit aufnehmender Konzerngesellschaften veranlasst.

3.1.5.4 Den Personalsicherheiten verwandte Vereinbarungen

Diese Formen gehen entweder über die bloße Besicherung hinaus (Schuldübernahme) oder sie stehen ihr im Gegenteil insofern nach, als sie keine unmittelbare Zahlungspflicht des Sicherungsgebers als Ersatz für die ausbleibenden Zahlungen des Kreditnehmers auslösen.

Schuldübernahme

Tritt der neue Schuldner an die Stelle des bisherigen Schuldners, so spricht man von *befreiender Schuldübernahme*. Sie ist in den §§ 414 bis 418 BGB geregelt. Dies ist keine Besicherung, sondern der Ersatz eines Schuldners.

Tritt der Beitretende als Schuldner neben den bisherigen Schuldner und haften beide nun als Gesamtschuldner, so spricht man von *Schuldbeitritt*, kumulativer Schuldübernahme oder *Schuldmitübernahme*. Sie ist stärker als die lediglich subsidiäre Bürgschaft. Die Schuldmitübernahme ist nur insoweit von der ursprünglichen Schuld abhängig, als sie deren rechtswirksames Bestehen voraussetzt.

Patronatserklärung

Derartige Erklärungen sind meistens nur eine Sicherheiten-Ersatzlösung, da sie im Regelfall keinen unmittelbaren Zahlungsanspruch gegen den Abgeber der Erklärung begründen wie eine Sicherheit. Patronatserklärungen werden insbesondere von Muttergesellschaften für Tochtergesellschaften abgegeben. Sie sind also typisch für Konzernkredite. Die Bandbreite der Ausprägungen solcher Erklärungen reicht von der Bürgschaft ähnlichen „harten" Erklärungen bis zu bloß moralisch verpflichtenden „weichen" Erklärungen, die eindeutig keinen unmittelbaren Sicherungscharakter haben, weil sie keinerlei Zahlungspflichten auslösen.

Mit eindeutig sehr *weichen* Erklärungen bestätigt die Muttergesellschaft zum Beispiel,

- sie befürworte die Kreditaufnahme durch die Tochtergesellschaft,

- sie halte x Prozent der Aktien der Tochtergesellschaft,

- sie arbeite mit der Geschäftsführung der Tochtergesellschaft vertrauensvoll zusammen,

- die Tochtergesellschaft sei in das Konzerncontrolling eingebettet.

Bei solch weichen Patronatserklärungen haftet die Muttergesellschaft im Wesentlichen nur für die Richtigkeit ihrer Auskunft und muss außerdem diesbezügliche Änderungen dem Kreditgeber mitteilen, um allen eventuellen Haftungsansprüchen vorzubeugen. Eine verwertbare Sicherheit existiert nicht.

Einen etwas stärkeren Verpflichtungscharakter hinsichtlich der Einhaltung der gemachten Zusage hat folgendes Beispiel einer Patronatserklärung. Diese ist aber immer noch sehr weich, da sie keine Zahlung des Kreditbetrags verspricht und auch keine Insolvenz der Tochtergesellschaft verhindert:

- Wir werden unsere nominelle Beteiligung an der Tochtergesellschaft während der Laufzeit des Kredits nicht reduzieren.

Von den Kreditgebern bevorzugt sind eindeutig *harte* Verpflichtungserklärungen der Muttergesellschaft, die zum Beispiel einen Passus wie den folgenden enthalten:

■ Wir verpflichten uns unwiderruflich und bedingungslos, die finanziellen Verhältnisse der Tochtergesellschaft stets so zu gestalten und aufrechtzuerhalten, dass diese in der Lage ist, all ihre Verbindlichkeiten gegenüber der Bank zu erfüllen. Wir werden, sofern sich dies als notwendig erweist, der Tochtergesellschaft die Mittel zur Verfügung stellen, die notwendig sind, um die Ihnen gegenüber eingegangenen Verbindlichkeiten in Höhe von ... zu erfüllen, und sicherstellen, dass diese Mittel zur Erfüllung besagter Verbindlichkeiten verwendet werden.

Eine derartige harte Patronatserklärung begründet eine Gewährleistungsverpflichtung und kommt einer Bürgschaft sehr nahe. Der Kreditgeber kann verlangen, dass die Muttergesellschaft während der Kreditlaufzeit (nicht erst bei erforderlichen Zahlungen aufgrund des Kreditvertrags, insbesondere der Rückzahlung) die Tochter erforderlichenfalls finanziell unterstützt. Dabei kann der Kreditgeber keine direkten Zahlungen von der Mutter verlangen (keine direkt verwertbare Sicherheit), sondern nur, dass sie die Tochter in die Lage versetzt zu bezahlen. Es entstünde ein Schadensersatzanspruch des Kreditgebers, wenn die Mutter ihrer Pflicht schuldhaft nicht nachkäme.

Negativ- und Positiverklärungen

Die Chancen des Kreditgebers auf Befriedigung seiner Forderung werden durch eine Negativ- oder Positiverklärung des Kreditnehmers selbst nicht nennenswert erhöht und sind dann keinesfalls als Sicherheiten anzusehen. Etwas anders kann die Situation bei Erklärungen Dritter liegen, da sie sich schadensersatzpflichtig gegenüber dem Kreditgeber machen, wenn sie ihre Erklärung nicht einhalten. Das kann die Position des Kreditgebers deutlich verbessern, auch wenn man mangels unmittelbarer Pflicht zur Bezahlung der Forderung nicht von einer echten Sicherheit sprechen kann.

Negativ- und Positiverklärungen sind trotz der genau gegensätzlich erscheinenden Bezeichnungen eng verwandt.

■ Die *Negativerklärung* verspricht ein Unterlassen, zum Beispiel

– das Unterlassen einer Sicherheitenstellung, insbesondere der einseitigen Besicherung von Mitbewerbern des Kreditgebers, oder

– das Nichtüber- beziehungsweise -unterschreiten kritischer Bilanzkennzahlen (etwa Mindesteigenkapitalquote).

■ Die *Positiverklärung* verspricht das Herbeiführen eines Zustands, meistens versteht man darunter das Versprechen zur Stellung einer Sicherheit.

Sehr häufig werden Negativ- und Positiverklärungen miteinander kombiniert. Diese Kombination wird auch oft nur Negativerklärung (quasi im weiteren Sinne) genannt.

Wichtige Formen von Negativerklärungen

■ Die *Generalklausel* untersagt generell die Stellung von Realsicherheiten für andere Kreditgeber.

■ Die *Immobilienklausel* bezieht sich auf die Veräußerung und Belastung von Immobilien oder grundstücksgleichen Rechten. Sie legt die Verpflichtung des Erklärenden fest, nicht ohne Zustimmung des Kreditgebers die gegenwärtig und künftig im Eigentum oder Miteigentum des Sicherungsgebers stehenden Grundstücke ganz oder teilweise zu veräußern oder zu belasten.

Beide Klauseln sollen verhindern, dass im Insolvenzfall andere Kreditgeber gegenüber dem bevorzugt sind, der die Negativerklärung empfängt.

■ Eine *Bilanzrelationenklausel* dagegen hat einen ganz andersartigen Charakter. Damit verpflichtet sich der Kreditnehmer, dass das Unter- oder Überschreiten bestimmter Bilanzrelationen unterlassen wird. Ein Beispiel ist die Zusicherung, eine Eigenkapitalquote nicht zu unterschreiten (vertikale Bilanzrelation) oder einen Anlagedeckungsgrad einzuhalten (horizontale Bilanzrelation). Die Bilanzrelationen müssen im Allgemeinen während der Kreditlaufzeit eingehalten werden, nicht nur am Bilanzstichtag.

Wichtige Formen von Positiverklärungen

■ Bei der *generellen Positiverklärung* werden der Kredit gebenden Bank allgemein angemessene bankmäßige Sicherheiten versprochen, sofern die Bank dies für notwendig erachtet. Eine Positiverklärung dieser Art ist unter anderem angebracht, wenn sie von Dritten abgegeben wird, die sonst nicht zur Bank in Geschäftsverbindungen stehen und deshalb nicht der Pflicht zur Sicherheitenstellung gemäß den AGB der Bank unterworfen sind.

■ *Spezifizierte Positiverklärungen* dagegen bezeichnen die zugesagte Sicherheit genau, sie sind insofern ein Vorvertrag für eine konkrete Sicherheitenvereinbarung.

3.1.6 Mobiliarsicherheiten

Die Mobiliarsicherheiten beziehen sich auf bewegliche Sachen und Rechte.

3.1.6.1 Eigentumsvorbehalt

Der Eigentumsvorbehalt ist die typische Besicherung nicht eines Bankkredits, sondern eines Lieferantenkredits. Dabei wird vereinbart, dass die gelieferte Sache trotz Übergabe an den Käufer (Besitzübergang) bis zur vollen Bezahlung des Kaufpreises Eigentum des Verkäufers bleibt. Ein *einfacher Eigentumsvorbehalt* bezieht sich auf eine einzelne Lieferung und auf die dadurch entstehende Forderung. Ein derartiger einfacher Eigentumsvorbehalt hat anders als die erweiterten Formen bei Insolvenz des Schuldners insofern Bestand, als die gelieferten Gegenstände nicht zur Insolvenzmasse zählen, aus ihr also ausgesondert werden (Aussonderungsrecht gemäß Insolvenzordnung). Die anderen Formen des Eigentumsvorbehalts führen dagegen nur zum Recht der abgesonderten Verwertung für den Lieferanten (Absonderungsrecht gemäß Insolvenzordnung).

Folgende Ausweitungen des einfachen Eigentumsvorbehalts sind in praxi notwendig geworden, weil die einfache Form des Eigentumsvorbehalts sonst sehr häufig wirkungslos bliebe:

■ **Eigentumsvorbehalt mit Kontokorrentvorbehalt:** Besteht zwischen Lieferant und Lieferantenkredite beanspruchendem Abnehmer ein Kontokorrentverhältnis, so ist die Vereinbarung naheliegend, dass der Eigentumsvorbehalt nicht schon mit der Bezahlung der gerade gelieferten Sache untergeht, sondern bis zur vollständigen Zahlung aller Verbindlichkeiten des Abnehmers gegenüber dem Lieferanten bestehen bleibt.

■ **Eigentumsvorbehalt mit Verarbeitungsklausel (erweiterter Eigentumsvorbehalt):** Eine Verarbeitung der gelieferten Ware gilt hier als für Rechnung des Lieferanten erfolgt. Damit kann die Regel des § 950 BGB umgangen werden, nach der das Eigentum an einer Sache der erwirbt, der sie mit nennenswertem Aufwand verarbeitet oder umbildet. Durch die Verarbeitungsklausel gehört das neu erstandene Erzeugnis doch dem Lieferanten. Diese Ausdehnung des einfachen Eigentumsvorbehalts wird auch als erweiterter Eigentumsvorbehalt bezeichnet.

■ **Eigentumsvorbehalt mit Vorausabtretung (verlängerter Eigentumsvorbehalt):** Hier wird für den Fall vorgesorgt, dass die gelieferte Sache vom ersten Abnehmer an einen Zweitabnehmer weiterveräußert wird. Der erste Abnehmer wird also Zweitlieferant. Hier lässt sich der Erstlieferant schon im Voraus die Forderungen des Zweitlieferanten (seines unmittelbaren Abnehmers also) abtreten. Das hat den Effekt, dass der Eigentumsvorbehalt im Fall eines Weiterverkaufs der Sache auf Ziel automatisch durch eine Zession von Forderungen (sogenannte Anschlusszession) abgelöst wird. Die Vorausabtretung betrifft Forderungen, die entstehen, wenn der Absatzweg um die nächste Absatzstufe verlängert wird, weshalb man von – mit Wirkung auf die zweite Absatzstufe – verlängertem Eigentumsvorbehalt spricht.

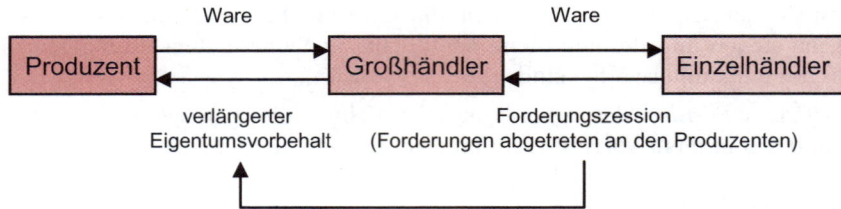

Abbildung 3.7: Verlängerter Eigentumsvorbehalt

3.1.6.2 Sicherungsabtretung (Sicherungszession)

Abtretung und Zession sind Synonyme. Abtretbar sind

■ Forderungen oder

■ andere Rechte wie zum Beispiel GmbH-Anteile, Geschäftsanteile an Personengesellschaften oder Ansprüche aus Kapitallebensversicherungsverträgen.

Die Abtretung ist eine fiduziarische Sicherheit und erfolgt hier anders als im Rahmen eines Forderungsverkaufs nur sicherungshalber. Von ihr darf nur Gebrauch gemacht werden, wenn gemäß Sicherungsvertrag ein Recht zur Verwertung der Sicherheit entstanden ist.

Forderungsabtretungen gibt es als Einzel-, Mantel- und Globalzessionen.

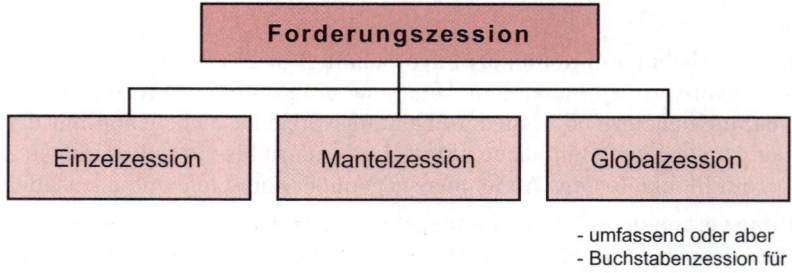

Abbildung 3.8: Sicherungsabtretung von Forderungen

Einzelzessionen werden für sehr große Forderungen vereinbart. Solche hohen Einzelforderungen sind etwa auf Investitionsgütermärkten und im Exportgeschäft häufig.

Die *Mantelzession* spielt eine geringe Rolle und hat am ehesten noch bei mittelgroßen Forderungen praktische Bedeutung, bei denen ihre Nachteile nicht zu sehr zum Tragen kommen. Es wird ein Mantelbetrag (Rahmenbetrag) der abzutretenden Forderungen vereinbart, der immer durch Nachmeldung von Forderungen aufgefüllt werden muss, sobald sich ursprünglich abgetretene Forderungen erledigt haben. Die jeweils abgetretenen Forderungen werden auf Listen zusammengefasst gemeldet (daher auch Listenzession genannt). Erst mit dieser Meldung entsteht die Zession. Diese Verzögerung der Entstehung der Zession ist für den besicherten Zessionar (Empfänger der abgetretenen Forderungen) sehr nachteilig, da mit dem Ausbleiben der Meldung auch die Entstehung der Besicherung verhindert wird.

Bei kleineren Forderungsbeträgen ist die *Globalzession* der Normalfall. Hier werden alle Forderungen des Zedenten (Abtreters der Forderungen) oder alle Forderungen einer bestimmten Art (zum Beispiel nur Inlands- oder nur Exportforderungen) abgetreten. In jedem Fall soll durch die Definition der abzutretenden Forderungen eine gezielte Auswahl schlechter Forderungen durch den Zedenten vermieden werden. Die Abtretung erfolgt bereits mit Entstehung der Forderungen, was ein entscheidender Vorteil gegenüber der Mantelzession ist. Trotzdem werden regelmäßige Meldungen vereinbart, um welche Forderungen es sich handelt. Dies erfolgt heute meistens mit einer Computerliste, die einen Auszug aus der Debitorenliste des Sicherungsgebers darstellt beziehungsweise eine komplette Debitorenliste. In vielen Fällen wird eine sogenannte *Buchstabenzession* gemacht. Hier werden einem Kreditgeber alle Forderungen gegen Abnehmer mit bestimmten Anfangsbuchstaben abgetreten, etwa A – K. Ein weiterer Kreditgeber kann dann die Forderungen mit den Anfangsbuchstaben L – Z zediert bekommen.

Forderungszessionen werden *offen* gemacht, das heißt die Zession wird dem Schuldner angezeigt, oder *still*, also ohne eine solche Anzeige. Im Fall der Globalzession liegt das Schwergewicht ganz eindeutig auf der stillen Zession, bei der Einzelzession wird in der Regel offen abgetreten.

Tabelle 3.9

Offene contra stille Zession

Offene Zession	Stille Zession
Der Schuldner der abgetretenen Forderung wird über die Zession informiert. Er kann mit schuldbefreiender Wirkung nur auf das vom Zessionar genannte Konto bezahlen.	Der Schuldner der abgetretenen Forderung wird über die Zession nicht informiert. Er zahlt weiter auf ein Konto des Zedenten.

Ein bedeutender Nachteil für den Zessionar besteht im Fall der stillen Zession darin, dass der Zedent bei Gefahr der Verwertung versuchen kann, in einem Kraftakt alle kurzfristig eintreibbaren Forderungen schnell noch selbst einzukassieren und nicht zur Schuldentilgung zu benutzen. Dem Zessionar bleiben dann vor allem relativ problematische Forderungen, unter anderem die Forderungen, die bestritten werden, und solche gegen nicht zahlungsfähige oder -willige Schuldner. Wegen dieser Gefährdung des Besicherten werden Globalzessionen in stiller Form als Kreditsicherheiten nicht sehr hoch bewertet, zum Beispiel als nur mit einem Viertel des Nominalwerts der Forderungen werthaltig.

Hinderlich für das Besicherungsinstrument Forderungszession sind *Abtretungsverbote*. Neben dem *gesetzlichen* Abtretungsverbot für unpfändbare Forderungen (etwa unpfändbarer Teil der Löhne und Gehälter) gibt es auch die Möglichkeit für die Schuldner, die Zession gegen sie gerichteter Forderungen (in ihren Allgemeinen Geschäftsbedingungen) *vertraglich* auszuschließen. Damit gehen sie der Gefahr aus dem Weg, dass sie versehentlich noch an den Lieferanten zahlen, weil sie eine Zessionsanzeige übersehen haben. Zur Bekanntgabe der Firmen, die gemäß ihren Allgemeinen Geschäftsbedingungen generell ausschließen, dass Forderungen gegen sie abgetreten werden, gibt es eine umfangreiche Liste dieser Firmen, die immer wieder aktualisiert bei den Banken beachtet wird.

Konkurrenz besteht zwischen der Forderungszession, die aus einem Eigentumsvorbehalt eines Lieferanten mit Vorausabtretung entstanden ist, und der einfachen Forderungszession im Rahmen einer Globalzession, meistens an eine Bank. Die Rechtsprechung hat sich hier so entwickelt, dass das Recht auf die Forderungen aus dem verlängerten Eigentumsvorbehalt der Globalzession an die Banken vorgeht. Die Banken berücksichtigen dies in ihren Formularen zur globalen Forderungsabtretung, in denen der Vorrang der Ansprüche des Inhabers eines verlängerten Eigentumsvorbehalts eingeräumt wird.

Bei Kollision der sicherungsweisen Forderungsabtretung an eine Bank mit der Forderungszession an einen Factor gilt das Prioritätsprinzip: Die zeitlich erste Forderungsabtretung geht vor.

3.1.6.3 Verpfändung

Die Verpfändung ist in den §§ 1204 – 1296 BGB geregelt. Sie ist eine akzessorische Sicherung. Sie entsteht also nicht ohne eine definierte Hauptforderung, geht mit Erlöschen der Hauptforderung unter und kann ohne diese nicht übertragen werden. Sie wird unter Weglassung der gesondert zu erläuternden Pfandrechte an Grundstücken eingeteilt in die Verpfändung von (beweglichen) Sachen und von Rechten.

Verpfändung von beweglichen Sachen

Für die Praxis sehr hinderlich und wichtigster Grund für die relativ geringe Bedeutung der Verpfändung beweglicher Sachen ist die Festlegung, dass die Verpfändung die Übergabe der Sache erfordert. Es reicht allerdings auch der Mitbesitz, so auch die Vereinbarung mit einem Bankkunden über den Mitbesitz der Bank am Inhalt eines Banksafes, weshalb die Verpfändung von Goldmünzen und Goldbarren oder anderen kleinvolumigen Wertsachen in Schließfächern noch eine gewisse Bedeutung hat.

Verpfändung von Forderungen und sonstigen Rechten

Bezieht sich die Verpfändung auf eine Forderung, so muss sie dem Schuldner immer angezeigt werden. Von praktischer Bedeutung bei der Verpfändung von Forderungen und Rechten sind zum Beispiel die Verpfändung von Wertpapierdepots, Lohnforderungen, Guthabenforderungen gegen Kreditinstitute, Forderungen auf Steuerrückzahlungen, Ansprüchen aus Kapitallebensversicherungen und von GmbH-Anteilen.

Die Verpfändung von Forderungen ist der häufigeren Forderungszession sehr ähnlich. In der Praxis werden beide gelegentlich nicht klar auseinandergehalten. Geht die Forderung unter, so geht automatisch auch das Pfandrecht unter, während bei der Forderungszession eine Retrozession (Rückabtretung) notwendig ist, es sei denn, ein automatischer Rückfall wurde extra vereinbart.

3.1.6.4 Sicherungsübereignung

Die Sicherungsübereignung ist im Gesetz nicht geregelt und hat – typisch für nicht gesetzlich entstandene Besicherungsformen – fiduziarischen Charakter. Sie ist eine Entwicklung der Praxis, die das durch das Übergabeerfordernis unpraktische und daher seltene Pfandrecht an Sachen ersetzt hat. Bei Sicherungsübereignung geht nur das rechtliche Eigentum über, während die Sache beim Sicherungsgeber als Besitzer bleibt.

Die übereigneten Gegenstände müssen individuell und zweifelsfrei definiert sein, zum Beispiel durch Maschinennummern, Fahrgestellnummern von Kraftfahrzeugen oder dergleichen. Für Massenware oder Betriebs- und Geschäftsausstattung etwa wäre die Sicherungsübereignung danach ungeeignet. Als Lösung des Problems wurde neben der *Einzelsicherungsübereignung* die Variante der *Raumsicherungsübereignung* entwickelt. Damit ist der Inhalt eines – exakt definierten – Raumes sicherungsübereignet. Der betreffende Raum ist weiter bestimmungsgemäß betrieblich zu nutzen, darf also nicht gezielt ausgeräumt werden, um die Raumsicherungsübereignung ins Leere gehen zu lassen. Natürlich ist hier Manipulationen Tür und Tor geöffnet, man kann schließlich Gegenstände absprachewidrig unter Vorwänden doch leicht von einem Raum in einen anderen bringen. So können zum Beispiel gelieferte und zum Weiterverkauf bestimmte Waren in ein Speditionslager statt in Räume des eigenen Unternehmens, die der Raumsicherungsübereignung unterliegen, geschafft werden. Entsprechend wird der Besicherungswert der Raumsicherungsübereignung relativ gering angesetzt, etwa nur zu einem Viertel des Marktwertes der Gegenstände.

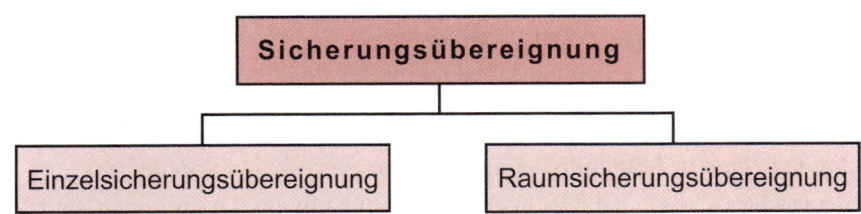

Abbildung 3.9: Einzel- und Raumsicherungsübereignung

3.1.7 Immobiliarsicherheiten, insbesondere Grundschulden

Die Immobiliarsicherheiten sind neben den Mobiliarsicherheiten die zweite Form der Realsicherheiten. Sie haben für das Kreditgeschäft große Bedeutung. Insbesondere langfristige Kredite sind sehr häufig nur mit Immobiliarbesicherung, im Regelfall in Form einer Grundschuld, erreichbar.

3.1.7.1 Grundbuch

Das – heute immer auch elektronisch vorliegende – Grundbuch ist ein öffentliches Register, das beim Amtsgericht (im Grundbuchamt) geführt wird und Auskunft über Art der Grundstücke und rechtliche Verhältnisse hinsichtlich von Grundstücken gibt. Das Grundbuch hat Grundbuchblätter für einzelne oder zusammengehörende Grundstücke. Ein Grundbuchblatt nennt die wichtigsten Daten des Grundstücks beziehungsweise der Teilgrundstücke, Eigentümer sowie Belastungen. Zugunsten desjenigen, der ein Recht an einem Grundstück oder an einem Grundstücksrecht erwirbt, gilt der Inhalt des Grundbuchs als richtig, es sei denn, dass in das Grundbuch selbst ein Widerspruch gegen die Richtigkeit eingetragen ist oder dass der Erwerber die Unrichtigkeit kennt (§ 892 Abs. 1 BGB). Dieser sogenannte *öffentliche Glaube* des Grundbuchs erstreckt sich auf solche Rechte, die eingetragen werden müssen, um Dritten gegenüber wirksam zu sein (konstitutive Bedeutung der Eintragung). Die Rechte können in drei Abteilungen eingetragen sein:

- In *Abteilung I* sind insbesondere die Grundstücksart und die Eigentumsverhältnisse festzuhalten, das sind die Eigentümer und die Art des Eigentums (Alleineigentum beziehungsweise genauer definiertes anteiliges oder gemeinschaftliches Eigentum).

- In *Abteilung II* sind alle Lasten und Beschränkungen zu nennen, die keine Grundpfandrechte sind.

- In *Abteilung III* sind die Grundpfandrechte einzutragen, das sind Hypothek, Grundschuld oder Rentenschuld.

3.1.7.2 Rechte in Abteilung II

Die in Abteilung II eingetragenen Rechte können manchmal für Kreditangelegenheiten relativ unbedeutend sein, weil sie im gegebenen Einzelfall weder den Grundstückswert nennenswert beeinträchtigen noch den Wert einer Immobiliarsicherheit behindern. Beispiel ist das Recht zum Führen einer Wasserleitung durch das Grundstück oder zum Aufstellen eines Transformatorenhäuschens. Rechte der Abteilung II können aber auch von ganz erheblicher Bedeutung für den Grundstückswert sein sowie für solche Immobiliarsicherheiten, die erst befriedigt werden, wenn die Inhaber des Rechts in Abteilung II befriedigt wurden. Wichtige Beispiele für häufig vorkommende bedeutende Rechte in Abteilung II sind folgende:

- **Erbbaurecht:** Dieses äußerst weitgehende Recht kann einer bestimmten natürlichen oder juristischen Person zustehen. Es ist veräußerbar und vererbbar. Es handelt sich um ein grundeigentumsgleiches Recht, auf einem fremden Grundstück ein Bauwerk zu haben. Die Belastung eines Grundstücks mit einem Erbbaurecht hat immer Vorrecht gegenüber allen Grundpfandrechten, die das mit dem Erbbaurecht belastete Grundstück belasten.

- **Nießbrauchrecht:** Auch dieses extrem weitgehende Recht kann einer bestimmten natürlichen oder juristischen Person zustehen, es ist aber anders als das Erbbaurecht nicht veräußerbar oder vererbbar. Der Begünstigte erhält die gesamten Erträge aus dem Grundstück, zum Beispiel Ernte- und Mieterträge, und kann die gesamten Nutzungen aus dem Grundstück ziehen. Der Nießbraucher ist zum Besitz des Grundstücks berechtigt und kann es vermieten oder verpachten. Der Nießbrauch macht im Allgemeinen ein Grundstück unverwertbar, weil er den Käufer oder

Ersteher des Grundstücks von der Nutzung ausschließt. Kreditgeber werden deshalb immer verlangen, dass ihre Grundschulden Vorrang vor dem Nießbrauchrecht haben (siehe unten: Rang).

■ **Dingliches Wohnrecht:** Dieses Recht kann einer bestimmten natürlichen oder juristischen Person zustehen, es ist wie der Nießbrauch nicht veräußerbar oder vererbbar. Es berechtigt dazu, ein Gebäude oder einen Teil eines Gebäudes unter Ausschluss des Eigentümers als Wohnung zu benutzen. Ein Besicherter wird für seine Grundschuld immer einen Vorrang vor dem dinglichen Wohnrecht fordern (siehe unten: Rang).

■ **Wegerecht:** Das Wegerecht steht dem jeweiligen Eigentümer eines herrschenden Grundstücks zu. Das belastete Grundstück muss die Nutzung zum Beispiel durch Begehen oder Befahren dulden. Das mit einem Wegerecht belastete Areal ist für den Eigentümer von nur eingeschränktem Wert, da er es nicht allein nutzen kann.

3.1.7.3 Umfang des dinglichen Anspruchs aus den Grundpfandrechten

Gegenstand des Grundpfandrechts kann nicht nur ein Grundstück sein, sondern auch ein anderes Recht, das als grundstücksgleich definiert ist. Wichtigste Fälle sind Eigentumswohnungen, die in einem Wohnungseigentumsbuch analog dem Grundbuch festgehalten sind, sowie Erbbaurechte.

Der *Haftungsumfang des Grundstücks* ist breit und umfasst folgenden Rahmen:

■ Grund und Boden;

■ Erzeugnisse, Bestandteile, Zubehör (§ 1120 BGB):

– Ein wesentlicher *Bestandteil* ist zuerst einmal ein mit dem Grundstück verbundenes Gebäude. Zum Gebäude seinerseits gehören fest mit diesem verbundene Bestandteile wie etwa Aufzug oder Heizung einschließlich Öltanks.

– Zum Grundstück gehören auch *Erzeugnisse* des Grundstücks, solange sie mit dem Boden zusammenhängen, zum Beispiel Bäume (§ 94 Abs. 1 BGB).

– *Zubehör* sind bewegliche Sachen im Eigentum des Grundstückseigentümers, die, ohne Bestandteile des Grundstücks zu sein, dem wirtschaftlichen Zweck des Grundstücks zu dienen bestimmt sind (nicht nur vorübergehende dienende Funktion) und zu ihm in einem entsprechenden räumlichen Verhältnis stehen (§ 1120 BGB, § 97 BGB). Im Einzelfall ist es nicht selten streitig, ob eine Sache Zubehöreigenschaft hat. Die in einer Fabrikhalle stehenden Maschinen etwa sind Zubehör der Halle, wenn sie nicht fest mit dem Boden verbunden (fundamentiert) sind (dann wären sie Bestandteile der Halle und somit des Grundstücks). Selbst Kraftfahrzeuge sind Zubehör, wenn sie dem Unternehmen dienen und dessen wirtschaftlicher Schwerpunkt auf dem Grundstück liegt, beispielsweise Gabelstapler und Elektrokarren zur Beförderung der Vorratsgüter. Ein Gegenstand des Zubehörs wird aus der Haftung nur frei, wenn er veräußert und körperlich entfernt worden ist, ehe er für den Grundschuldgläubiger beschlagnahmt worden ist. Die separate Pfändung von Zubehörstücken, die dem Grundstückseigentümer gehören, ist nicht möglich (§ 865 Zivilprozessordnung). Eine Sicherungsübereignung von Zubehör an Dritte ist dem Grundschuldgläubiger gegenüber im Regelfall unwirksam (§§ 135 Abs. 2 und 932 Abs. 2 BGB).

- Miet- und Pachtzinsforderungen (§ 1123 BGB): Ist das Grundstück vermietet oder verpachtet, so erstreckt sich das Grundpfandrecht auf die Forderungen daraus. Soweit die Forderung fällig ist, wird sie mit dem Ablauf eines Jahres nach dem Eintritt der Fälligkeit von der Haftung für das Grundstück frei.

- Ist mit dem Eigentum an dem belasteten Grundstück ein Recht auf wiederkehrende Leistungen (§ 1126 BGB) verbunden, zum Beispiel ein Erbbauzins wegen eines auf dem Grundstück lastenden Erbbaurechts, so erstreckt sich das Grundpfandrecht auch hierauf.

- Versicherungsforderungen (§§ 1127f BGB): Sind Gegenstände, die dem Grundpfandrecht unterliegen, versichert, so erstreckt sich das Grundpfandrecht auch auf die entsprechenden Forderungen gegen den Versicherer. Das betrifft auch die Gebäudeversicherung.

3.1.7.4 Typen von Grundpfandrechten

Als Arten der Grundpfandrechte sind Grundschulden, Hypotheken und Rentenschulden zu unterscheiden. Die bei Weitem größte Bedeutung haben in der Praxis dabei die Grundschulden.

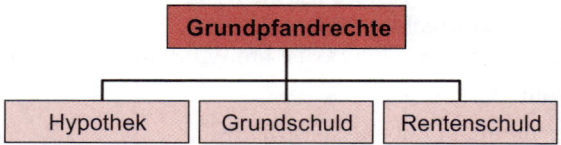

Abbildung 3.10: Grundpfandrechte

Abgrenzung der Grundschuld zu Hypothek und Rentenschuld

Die *Hypothek* wird im BGB als die Grundform des Grundpfandrechts behandelt, weshalb am Gesetzestext orientierte Quellen die Hypothek in den Mittelpunkt der Betrachtung stellen. Die gesetzliche Grundform der Hypothek heißt *Verkehrshypothek*. Daneben gibt es die Variante der *Sicherungshypothek* (§ 1184 BGB) mit der gesetzlichen Sonderform der Höchstbetragshypothek (§ 1190 BGB).

Die gesetzlichen Definitionen der Hypothek gemäß § 1113 BGB und der Grundschuld gemäß § 1191 BGB unterscheiden sich auf den ersten Blick nur unmerklich. Als Erstes die Definition der Grundschuld, bei der durch ein „(*)" gekennzeichnet ist, wo bei der Definition der Hypothek eine Einfügung ist:

> § 1191 BGB: „Ein Grundstück kann in der Weise belastet werden, dass an denjenigen, zu dessen Gunsten die Belastung erfolgt, eine bestimmte Geldsumme (*) aus dem Grundstücke zu zahlen ist (Grundschuld)".

> § 1113 BGB fügt ein „zur Befriedigung wegen einer ihm zustehenden Forderung" und bezeichnet dies als Hypothek.

Der Unterschied ist

- die Abstraktheit der Grundschuld einerseits, das heißt der mangelnde Bezug auf eine zugrunde liegende Forderung; die Grundschuld ist vom Gesetz her nicht nur als Sicherheit vorgesehen,

- die Akzessorität der allein als Sicherheit einsetzbaren Hypothek andererseits, also ihre prinzipielle Verbundenheit mit einer besicherten Forderung.

Dieser Unterschied hat Konsequenzen, die in praxi zum eindeutigen Vorziehen der Grundschuld durch die Banken geführt haben. Die wichtigste Konsequenz aus dieser Unterscheidung ist, dass sich die Hypothek in ihrer Grundform der *Verkehrshypothek* mit dem Abbau der besicherten Schuld zwingend auch selbst im gleichen Maß reduziert. Das könnte bei einem Darlehen hingenommen werden, das ohne Probleme getilgt wird und nach dessen Tilgung die Bank keine Besicherungsbedürfnisse mehr hat. Es ist aber bei der von einer oder beiden Seiten gewünschten laufenden Geschäftsbeziehung zwischen Bank und Kunden meistens unerwünscht. Die oft schwankende Höhe und Vielfältigkeit der Verbindlichkeiten bei der Bank lässt die flexiblere Grundschuld für die Besicherung von Banken weit praktischer erscheinen, da bei der Grundschuld ohne notwendige Änderung des Grundbuchs und damit Mitwirkung des Notars der Sicherungszweck frei vereinbart und geändert werden kann. Die Grundschuld geht in ihrer Höhe nicht durch Zwang des Gesetzes mit Minderung der ursprünglichen besicherten Schuld zurück. Trotzdem kann, was selten ist, in freier vertraglicher Vereinbarung auch restriktiv bestimmt werden, dass die Grundschuld der Bank nur in Höhe des jeweiligen Restdarlehens als Sicherheit zusteht. Diese freie Gestaltung ist aber durch die einfache Neuvereinbarung einer vertraglichen Sicherungsabrede ohne rechtliche Restriktionen abänderbar.

Die *Sicherungshypothek* wäre für den besicherten Kreditgeber nur eine Verschlechterung gegenüber der Verkehrshypothek, denn bei ihr muss der Gläubiger zusätzlich die Forderung und ihre Höhe nachweisen, hinsichtlich der Forderungshöhe besteht kein öffentlicher Glaube des Grundbuchs. Ihre Abart *Höchstbetragshypothek* wäre zwar für schwankende Kredithöhen geeignet, denn sie „kann in der Weise bestellt werden, dass nur der Höchstbetrag, bis zu dem das Grundstück haften soll, bestimmt" wird (§ 1190 Abs. 1 BGB). Sehr nachteilig ist bei ihr aber, dass die noch zu erläuternde Zwangsvollstreckungsklausel nicht eingetragen werden kann.

Die *Rentenschuld* ist eine Abart der Grundschuld, sie unterscheidet sich nur dadurch von dieser, wie im Fall der Sicherheitenverwertung der fällige Betrag bezahlt wird, nämlich in regelmäßigen Raten (Rente = regelmäßige, gleich hohe Zahlung). Im Geschäftsleben hat die Rentenschuld keine nennenswerte Bedeutung.

3.1.7.5 Grundschuldarten

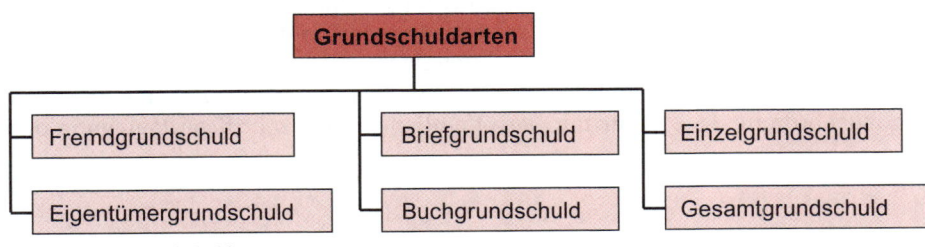

Abbildung 3.11: Grundschuldarten

Fremd- und Eigentümergrundschuld

Der Normalfall im Kreditgeschäft ist die *Fremdgrundschuld*. Sie entsteht, wenn der Kreditnehmer oder sonstige Sicherheitengeber eine Grundschuld für einen Dritten, den Kreditgeber, bestellt (was dann aus dem Grundbuch ersichtlich ist) und die Grundschuld dem Kreditgeber zusteht.

Das Eigentum am belasteten Grundstück und die darauf lastende Grundschuld können aber auch ein und derselben Person zustehen. Dies ist der Fall der *Eigentümergrundschuld*. Sie ist kein Recht besonderer Art und wird im Grundbuch deshalb auch nicht speziell als Eigentümergrundschuld bezeichnet. Man unterscheidet bei Eigentümergrundschulden die Entstehung kraft Bestellung (originäre Eigentümergrundschuld) von den Möglichkeiten der Entstehung kraft Gesetzes (abgeleitete Eigentümergrundschuld):

- Bei *Entstehung kraft Bestellung* hat der Grundstückseigentümer sein eigenes Grundstück mit einer Grundschuld für sich selbst belastet. Ein wichtiges Motiv dafür kann sein, dass der Eigentümer eine gute Rangstelle freihalten will und dies nicht über einen noch zu erläuternden Rangvorbehalt machen will. Ein anderes häufiges Motiv ist, dass der Eigentümer in diesem Fall mit seinem Namen als Grundschuldgläubiger im Grundbuch steht und so seine Verbindung zu einem Kreditgeber, zum Beispiel seine Bankverbindung, nicht über das Grundbuch offenbart.

- Es gibt verschiedene Konstellationen, in denen eine Eigentümergrundschuld *automatisch kraft Gesetz* entsteht. Der wichtigste Entstehungsgrund hängt damit zusammen, dass eine Hypothek dem eingetragenen Gläubiger nur in dem Umfang zusteht, in dem er noch Inhaber der durch sie gesicherten Forderung ist. Denn nach Rückzahlung steht das Grundpfandrecht im Regelfall dem Eigentümer zu (§ 1163 Abs. 1 Satz 2 BGB). Da die akzessorische Hypothek ohne gesicherte Forderung nicht existieren kann, verwandelt sie sich durch die Tilgung normalerweise sofort in eine Grundschuld (§ 1177 Abs. 1 Satz 1 BGB). Bei ratenweiser Rückzahlung erwirbt der Eigentümer mit jeder Rate einen entsprechenden Teil der Hypothek als Eigentümergrundschuld, ohne dass man dies aus dem Grundbuch erkennen kann.

Brief- und Buchgrundschuld

Die *Buchgrundschuld* wird allein durch Einigung und Eintragung ins Grundbuch übertragen. Ein Grundschuldbrief existiert hier nicht. Die *Briefgrundschuld* dagegen wird durch Einigung, schriftliche Abtretungserklärung und Übergabe des Grundschuldbriefs übertragen. Zwar kann auch hier an die Stelle der schriftlichen Abtretungserklärung eine Grundbucheintragung treten. Eine Briefgrundschuld entsteht aber im Regelfall gerade deswegen, weil man die Grundbucheintragung im Fall der Abtretung vermeiden will.

Zur Abtretung genügt es im Grundsatz, dass der Altgläubiger privatschriftlich eine Abtretungserklärung unterschreibt und aushändigt. Kreditinstitute verlangen aber regelmäßig eine öffentliche (notarielle) Beglaubigung der Unterschrift des Abtretenden. Grund für diese Vorgehensweise ist, dass man nach den Bestimmungen der Grundbuchordnung (§ 29) nur mit der öffentlichen Unterschriftsbeglaubigung ohne weitere Mitwirkung des Abtretenden im Bedarfsfall eine Eintragung ins Grundbuch erreicht und bei Zwangsvollstreckung den auf die Grundschuld entfallenden Erlös entgegennehmen kann.

Einzel- und Gesamtgrundschuld

Die *Einzelgrundschuld* als Normalfall bezieht sich auf ein Grundstück. Werden mit einer Grundschuld mehrere separate Grundstücke belastet, so spricht man von *Gesamtgrundschuld* oder *Korrealgrundschuld*. Sie wird meistens dann eingetragen, wenn der Wert eines Grundstücks allein für eine konkrete Besicherung nicht ausreicht. Jedes mit der Korrealgrundschuld belastete Grundstück haftet für den vollen Betrag (§ 1132 Abs. 1 BGB) und der Gläubiger kann sich frei aussuchen, aus welchem der belasteten Grundstücke er Befriedigung suchen will. Eine Gesamtgrundschuld entsteht auch oft, wenn ein mit einer Grundschuld belastetes Grundstück aufgeteilt wird, beispielsweise wenn ein Bauträger ein Objekt mit einer Grundschuld belastet hatte und dieses Objekt später in Teilen an unterschiedliche Käufer veräußert.

3.1.7.6 Rang

Geht man von einem bestimmten Wert der Immobilie aus, so ist der *Rang* wichtig, an dem die Grundschuld steht, und die Höhe der Grundschulden, die der betrachteten Grundschuld vorgehen. Denn im Fall der Verwertung der Immobilie wird der Erlös nicht prozentual gleichmäßig auf die Inhaber der Grundschulden aufgeteilt. Im Grundsatz wird zuerst der Grundschuldgläubiger auf dem ersten Rang befriedigt, wenn vom Verwertungserlös noch etwas übrig bleibt der an zweiter Stelle und so weiter.

Beispiel

Wert der belasteten Immobilie	1.000.000,- Euro
Grundschuld an 1. Rangstelle	500.000,- Euro
Grundschuld an 2. Rangstelle	400.000,- Euro
Grundschuld an 3. Rangstelle	200.000,- Euro

Sieht man erst einmal vereinfachend von Grundschuldzinsen ab, so beanspruchen die beiden ersten Grundschulden bereits 900.000 Euro. Es blieben für den an dritter Rangstelle Besicherten nur noch 100.000 Euro übrig, seine Grundschuld hätte also tatsächlich nur einen Wert von der Hälfte des eingetragenen Betrags. Der drittrangig besicherte Gläubiger hätte nur eine voll werthaltige Besicherung, wenn bei der Versteigerung ein Preis von 1.100.000 Euro erzielt würde.

Da sich ein Grundbuchauszug auf *verschiedene Flurstücke*, das sind Teilgrundstücke, beziehen kann, ist jeweils darauf zu achten, auf welches Flurstück sich die Belastung bezieht. Das kompliziert die Feststellung des Rangs.

Beispiel | ## Rangverhältnisse bei zwei unterschiedlich belasteten Flurstücken

Gegeben sei ein aus zwei Flurstücken (Teilgrundstücken) bestehendes Grundstück, das nur in Abteilung III des Grundbuchs relevante Belastungen aufweist.

Tabelle 3.10

Belastung zweier Flurstücke

Abteilung III

Lfd. Nr.	belastetes Grundstück Bestandsverzeichnis Nr.	Recht	Datum der Eintragung
(1)	*(2)*	*(3)*	*(4)*
1	2	Grundschuld 1	21.2.71
2	2	Grundschuld 2	3.4.71
3	1, 2	Grundschuld 3	31.5.88
4	2	Grundschuld 4	2.9.97
5	1	Grundschuld 5	16.4.98

Laut Spalte 2 der Tabelle lastet die Grundschuld 3 auf beiden Flurstücken. Dann ist die Rangfolge der Grundschulden auf den beiden Flurstücken wie folgt:

Auf Flurstück 1:
Rang 1: Grundschuld 3 (gemeinsam mit Flurstück 2)
Rang 2: Grundschuld 5

Auf Flurstück 2:
Rang 1: Grundschuld 1
Rang 2: Grundschuld 2
Rang 3: Grundschuld 3 (gemeinsam mit Flurstück 2)
Rang 4: Grundschuld 4

Belastungen des Grundstücks stehen in den Abteilungen II und III des Grundbuchs. Soweit keine abweichende Regelung vorgenommen wurde, entscheidet innerhalb der gleichen Abteilung die räumliche Reihenfolge der eingetragenen Belastungen darüber, welche vor der anderen zu befriedigen ist, auch wenn sie das gleiche Datum der Eintragung aufweisen. Im Verhältnis der Belastungen in den beiden verschiedenen Abteilungen zueinander kann dieses Kriterium nicht verwendet werden, deshalb kommt es hier auf das Datum der Eintragung an. Sind Rechte in Abteilung II und III zum selben Datum eingetragen worden, so sind sie gleichrangig. Diese Regeln gelten nicht, wenn ausdrücklich etwas anderes, ein *Rangvermerk*, eingetragen ist. Rangvermerke dienen vor allem der nachträglichen Änderung der Rangverhältnisse. Hinsichtlich des Rangs bestimmter Rechte in Abteilung II gibt es spezielle Regelungen. Beispielsweise ist ein

Erbbaurecht nur erstrangig auf dem belasteten Grundstück eintragbar und entwertet so jedes Grundpfandrecht auf dem gleichen Grundstück ganz extrem, da dem Grundstückseigentümer im Wesentlichen nur noch der Anspruch auf den Erbbauzins bleibt. Wird die Rangordnung verändert, so müssen die zurücktretende und die vortretende Partei die *Rangänderung* miteinander vereinbaren und sie ist als Voraussetzung für ihre Wirksamkeit ins Grundbuch einzutragen. Jedem Rangrücktritt einer Grundschuld muss gemäß § 880 Abs. 2 Satz 2 BGB außerdem der Grundstückseigentümer zustimmen, so dass seine Mitwirkung bei jedem Rangtausch zweier Grundpfandrechte oder beim Rücktritt eines Grundpfandrechts hinter eine Last in Abteilung II erforderlich ist.

Der Grundstückseigentümer kann bei Eintragung einer Belastung für eine andere Belastung einen Rang reservieren. Dieser *Rangvorbehalt* wird bei dem durch den Vorbehalt benachteiligten Recht eingetragen.

Die nicht ins Grundbuch eingetragenen und zum größten Teil auch nicht eintragbaren *öffentlichen Lasten* auf einem Grundstück dürfen bei der Einschätzung des Rangs nicht vergessen werden. Die Gemeinden erheben, um ein besonders wichtiges Beispiel zu nennen, zur Deckung ihrer Kosten für Grundstückserschließungen – etwa für Straßen- und Grünflächen – von den Anliegern Erschließungskostenbeiträge. Diese zu leistenden Kostenbeiträge können noch Jahre nach der Erschließung fällig werden. Sie lasten *ohne Eintragung ins Grundbuch* auf den Grundstücken und gehen den Grundpfandrechten vor.

3.1.7.7 Kapitalbetrag der Grundschuld und Grundschuldzinsen

Die Grundschuld hat, angesichts ihrer Abstraktheit im Grundsatz ohne zwingenden Bezug zur gesicherten Forderung, einen bestimmten Kapitalbetrag. Er wird im Normalfall so hoch sein wie die bei Eintragung geplante zu besichernde Kreditinanspruchnahme, eventuell mit einem Aufschlag für unvorhergesehene Kreditbedürfnisse. Darüber hinaus sind Grundschulden, die den üblichen Zweck der Kreditsicherung haben, wieder im Grundsatz ohne zwingenden Bezug zu den Kreditzinsen, zu verzinsen. Mit Bezug auf die besicherten Forderungen spricht man vom sogenannten Rahmenzins. So kann die Hauptschuld mit dem Kapitalbetrag der Grundschuld abgesichert werden und die Darlehenszinsen mit den Grundschuldzinsen. Um bei eventuellen Zinserhöhungen während der Besicherungsdauer nicht nur einen Teil der Darlehenszinsen abgesichert zu haben, wird der Rahmenzins relativ hoch gewählt, zum Beispiel 15 oder 18 Prozent p.a. Sowohl der Kapitalbetrag der Grundschuld als auch die Grundschuldzinsen sind abstrakte Forderungen des Besicherten, die – dies sei noch einmal betont – ohne entsprechende Vereinbarungen in dem unten zu erörternden Sicherungsvertrag völlig unabhängig von der besicherten Hauptschuld sind, anders als dies bei der akzessorischen Hypothek wäre.

Mit gleichem Rang wie die Grundschuld können nach deutschem Zwangsversteigerungsrecht in der Zwangsvollstreckung die laufenden *Grundschuldzinsen* und die für zwei Jahre rückständigen Zinsen geltend gemacht werden (§ 10 Abs. 1 Nr. 4 Zwangsversteigerungsgesetz). Als laufender Zins gilt der vor der Beschlagnahme für die Zwangsversteigerung fällig gewordene Grundschuldzins (wohlgemerkt nicht der Zins für den besicherten Kredit) und alle später fällig werdenden Beträge. Sind die Grundschuldzinsen (nicht die Kreditzinsen) in relativ großen Abständen zur Zahlung fällig, beispielsweise jährlich am 31.12. für das vergangene Jahr, so können auch die laufenden Zinsen einen langen Zeitraum umfassen, im Beispiel maximal ein Jahr. Bei Beschlagnahme gegen Ende Dezember des Jahres 2006 sind dann die Zinsen für fast das ganze laufende Jahr 2006 sowie für die beiden vorhergehenden Jahre 2004 und 2005 zu bezahlen. So kommen in dem extremen Beispiel Zinsen für fast drei Jahre zusammen, das sind bei 15 Prozent p.a. fast 45 Prozent und bei 18 Prozent fast 54 Prozent. Deshalb rechnen die vorsichtigen Banken als Faustregel ihnen vorgehende Grundschulden zumindest mit dem 1,5-Fachen des Kapitalbetrags an. Alle Zinsen zwischen Beschlagnahme und Versteigerung des Grundstücks können zusätzlich gefordert werden, verschärfen das Problem vorhergehender Grundschuldzinsen für die nachrangig besicherten Gläubiger also noch weiter.

Wie die Zinsen sind auch die *Kosten* der Sicherheitenverwertung noch zusätzlich mit dem gleichen Rang besichert wie der Kapitalbetrag.

3.1.7.8 Zusätzliche persönliche Haftung

Aus der Grundschuld als dingliche Sicherheit kann nur in das belastete Grundstück, eine Sache, vollstreckt werden. Häufig übernimmt aber der Eigentümer des belasteten Objekts *zusätzlich* die persönliche Haftung für die Bezahlung des Grundschuldbetrags einschließlich der Zinsen. Für die so entstandene persönliche Schuld haftet er dann auch mit seinem sonstigen Vermögen. Die Übernahme einer solchen zusätzlichen persönlichen Haftung wird sinnvollerweise vor allem von einem Sicherungsgeber abgelehnt werden, der allein sein Grundstück für fremde Verbindlichkeiten, also für Dritte, haften lassen will. Beispiel: Ein GmbH-Gesellschafter stellt eine Grundschuld für eine Verbindlichkeit, die nicht er eingeht, sondern die GmbH, an der er beteiligt ist. Dann will er gegebenenfalls die Haftung auf sein Grundstück beschränken und nicht auch noch in bürgschaftsähnlicher Weise zusätzlich persönlich haften. Er wird gegebenenfalls die Übernahme einer zusätzlichen persönlichen Haftung zusammen mit der Grundschuldeintragung ablehnen. Ist der Sicherungsgeber dagegen gleichzeitig der persönliche Schuldner, so haftet er ohnehin mit seinem ganzen Vermögen für die Zins- und Rückzahlung der besicherten Hauptschuld. Die zusätzliche persönliche Haftung für den Grundschuldbetrag und die anhängenden Grundschuldzinsen stellt also keine gravierende Mehrbelastung dar, es sei denn, es erfolgt eine zusätzliche Unterwerfung unter die sofortige Zwangsvollstreckung.

3.1.7.9 Zwangsvollstreckungsklausel

Der Sicherungsgeber kann sich erstens wegen der Grundschuld und zweitens wegen seiner zusätzlichen persönlichen Haftung der sofortigen Zwangsvollstreckung unterwerfen (Zwangsvollstreckungsklausel). Die Banken sehen dies in ihren Formularen zur Grundschuldbestellung oft vor, denn eine solche Unterwerfung unter eine sofortige Zwangsvollstreckung erlaubt ihnen einen schnelleren Zugriff auf das Grundstück und/ oder das Vermögen der persönlich Haftenden, als wenn sie sich erst über Klageerhebung einen vollstreckbaren Titel (Recht zur Zwangsvollstreckung) beschaffen müssten.

3.1.7.10 Gesetzlicher Löschungsanspruch und Löschungsvormerkung

Nachrangig besicherte Gläubiger (deren Grundpfandrecht nicht vor dem 1.1.1978 eingetragen wurde) haben einen *gesetzlichen Löschungsanspruch* gegen solche vor- und/ oder gleichrangigen Grundpfandrechte, die an den Eigentümer zurückgefallen sind (§ 1179a Abs. 1 Satz 1 BGB). Vor Einführung dieser gesetzlichen Regelung hatten Besicherte ersatzweise meistens eine *Löschungsvormerkung* mit der gleichen Wirkung eintragen lassen. Im Fall der Grundschuld fällt allerdings nach Tilgung der Verbindlichkeiten die Grundschuld nicht automatisch an den Eigentümer zurück, da die Grundschuld ja nicht akzessorisch ist. Soll der Löschungsanspruch also nicht greifen, so vereinbaren Eigentümer und vorrangiger Gläubiger, dass die Tilgungen die Grundschuld nicht berühren und die Grundschuld beim Kreditgeber verbleibt. Diese Vereinbarung ist der Normalfall.

Bei einer Briefgrundschuld kann die den Löschungsanspruch auslösende Abtretung an den Eigentümer außerhalb des Grundbuchs erfolgen. Erhält ein Kreditgeber eine Briefgrundschuld abgetreten, so muss er sicher sein, dass diese außerhalb des Grundbuchs übertragbare Grundschuld nie dem Eigentümer zugestanden hat, sonst ist sie von der Löschung gemäß gesetzlichem Löschungsanspruch bedroht. Deshalb geben sich Banken mit einer bloßen Abtretung einer Briefgrundschuld meistens nicht zufrieden, sondern fordern für sich die Neueintragung einer Grundschuld.

Erhält ein Kreditgeber vom Grundstückseigentümer selbst eine früher entstandene Grundschuld abgetreten, so erwirbt der Kreditgeber keine rechtsbeständige Grundschuld, wenn im Zeitpunkt der Abtretung gleichrangige oder nachrangige Pfandrechte bestehen, die seit dem 1.1.1978 eingetragen worden sind.

3.1.7.11 Sicherungsvertrag

Die Grundschuld verkörpert das Recht auf Zahlung eines bestimmten Betrags aus dem belasteten Grundstück. Dabei muss im Prinzip keine Forderung bestehen, die damit besichert wird. In der Realität werden Grundschulden aber fast immer zur Sicherung von Forderungen bestellt beziehungsweise abgetreten. Die Koppelung der abstrakten Grundschuld mit einem zu besichernden Kredit erfolgt durch einen *Sicherungsvertrag* zwischen dem Sicherungsgeber und dem Sicherungsnehmer. Im Sicherungsvertrag wird festgehalten, wer der persönliche Schuldner der besicherten Forderungen ist, und es wird bestimmt, welche Forderungen durch die Grundschuld besichert werden (*Sicherungszweck*) sowie unter welchen Voraussetzungen der Gläubiger der besicherten Forderungen die Grundschuld geltend machen darf.

Die Vertragsvordrucke der Banken enthalten meist eine sehr weite Definition der besicherten Forderungen. Die entsprechende Klausel nennt man *erweiterte Sicherungsabrede*. Danach sichert die Grundschuld nicht nur die Forderung, die unmittelbarer Anlass der Grundschuldbestellung oder Grundschuldabtretung war, sondern auch alle anderen Forderungen der Bank, selbst künftige Forderungen aus der Geschäftsbeziehung zwischen Bank und Kunde. Oft geht die erweiterte Sicherungsabrede sogar so weit, dass durch die Grundschuld auch Forderungen der Bank abgesichert sind, welche die Bank durch Abtretung von Dritten erworben hat oder erwerben wird. Das wird zum Beispiel relevant, wenn die Bank von einer Leasinggesellschaft Leasingforderungen kauft, die sich gegen den eigenen Bankkunden richten.

3.1.7.12 Zins- und Tilgungszahlungen auf den Kredit oder auf die Grundschuld

Der durch die Grundschuld besicherte Kreditgeber hat nebeneinander zwei selbstständige Rechte, nämlich

- die gesicherte persönliche Forderung und

- den abstrakten dinglichen Anspruch aus der Grundschuld.

Der Kreditgeber kann unabhängig voneinander eines dieser beiden Rechte verlieren und das andere ohne Weiteres behalten (anders als bei der Hypothek). Erhält er Zins- oder Tilgungszahlungen vom Kreditnehmer, so muss vereinbart werden, ob die Zahlung nur die persönliche Forderung (Kapitalbetrag und Zinsansprüche) mindert oder aber auch den dinglichen Anspruch aus der Grundschuld (Kapitalbetrag und Grundschuldzinsen). Die Vordrucke der Banken sehen als Normalfall vor, dass Tilgungszahlungen nur die gesicherte persönliche Forderung mindern und Zinszahlungen nur den Zinsanspruch auf die persönliche Forderung. Der Anspruch der Bank auf den Kapitalbetrag der Grundschuld und auch der auf die Grundschuldzinsen bleibt so – für rechtlich wenig bewanderte Kreditnehmer nicht selten überraschend – unberührt. Es bedarf einer gezielten speziellen Abmachung zwischen Kunde und Bank, wenn eine Zahlung die persönliche Forderung und gleichzeitig den dinglichen Anspruch der Bank aus der Grundschuld mindern soll. In einem solchen Ausnahmefall fällt die Grundschuld wie eine Hypothek in Höhe der Tilgung an den Sicherungsgeber zurück (auch wenn die Bank unzutreffenderweise im Grundbuch als Inhaber der Grundschuld stehen bleibt). Und auch der Anspruch auf Grundschuldzinsen mindert sich in diesem speziellen Fall. Hier zeigt sich klar die Bedeutung der Tatsache, dass die Grundschuld nicht akzessorisch, sondern fiduziarisch (abstrakt) ist.

3.1.7.13 Rückgewähranspruch

Sind die durch Grundschuld gesicherten Forderungen vollständig entfallen, so hat der Sicherungsgeber *Anspruch auf Rückgewähr* der Grundschuld. Dieser Anspruch ergibt sich entweder aus dem Sicherungsvertrag oder aus den Vorschriften über die Herausgabe einer ungerechtfertigten Bereicherung. Bei der üblichen erweiterten Sicherungsabrede mit den Banken kann eine Rückgewähr auf Wunsch des Sicherungsgebers selbst bei ausgeglichenem Saldo auf allen Bankkonten dann nicht gefordert werden, wenn noch eine Pflicht zu künftiger Zahlung durch den Kreditgeber dem Grunde nach gegeben ist. Dies wäre etwa dann der Fall, wenn noch eine jederzeit beanspruchbare Kontokorrentlinie besteht oder die Bank eine Garantie gegeben hat, aus der sie in Anspruch genommen werden könnte. Der Sicherungsgeber kann bei erweiterter Sicherungsabrede keine teilweise Rückgewähr fordern (kein Teil-Rückgewähranspruch). Eine lediglich künftige Forderung allerdings, die dem Grunde nach noch nicht besteht, behindert den Rückgewähranspruch des Sicherungsgebers nicht.

Die Rückgewähr kann durch Abtretung an eine vom Sicherungsgeber benannte Partei erfolgen, durch Verzicht des Sicherungsnehmers oder durch Löschung.

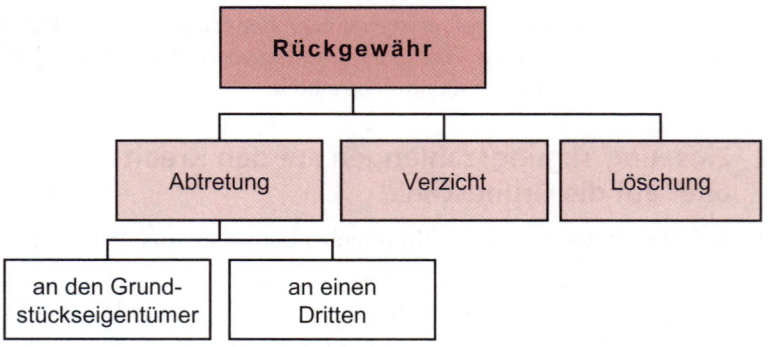

Abbildung 3.12: Alternativen der Rückgewähr

- Erfolgt die Rückgewähr durch *Abtretung* an den Grundstückseigentümer selbst, so fällt die Grundschuld an diesen zurück. Damit greift der gesetzliche Löschungsanspruch der vor- und/oder gleichrangigen Grundpfandrechte oder der Anspruch aus einer Löschungsvormerkung. Bei direkter Abtretung an einen Dritten dagegen steht die Grundschuld dem Eigentümer in keinem Augenblick zu, sodass besagte Löschungsansprüche wohlgemerkt nicht entstehen.

- Bei *Verzicht* des bislang Besicherten geht die Grundschuld auf den Eigentümer des Grundstücks über und es entstehen die gleichen Löschungsansprüche wie bei Abtretung an den Grundstückseigentümer.

- Bei *Löschung* schließlich wird die Rangstelle des gelöschten Rechts frei und nachrangige Gläubiger rücken automatisch auf.

Der Sicherheitengeber kann seine Rückgewähransprüche aus einer einem ersten Gläubiger hingegebenen Grundschuld an einen anderen Gläubiger abtreten. War im Sicherungsvertrag für eine bestimmte Grundschuld eine spezielle Rückgewährmöglichkeit, zum Beispiel die Abtretung an Dritte, ausgeschlossen, so kann diese ausgeschlossene Rückgewährmöglichkeit naturgemäß auch nicht abgetreten werden. Oft lassen sich die Banken routinemäßig auf ihren üblichen Grundschuldbestellungsurkunden – oder aber auch gesondert bei entsprechendem Anlass – die Ansprüche des Sicherungsgebers auf Rückgewähr hinsichtlich der vor- und gleichrangigen anderen Grundschulden abtreten. Erfolgt die *Abtretung der Rückgewähransprüche*, so kann der Zessionar bei frei werdender Grundschuldbesicherung

- die Rückgewähr in die Wege leiten, was der Sicherheitengeber eventuell trotz Rückgewähranspruchs nicht getan hätte und

- auch zwischen den verschiedenen Arten der Rückgewähr aussuchen.

Die Abtretung des Rückgewähranspruchs dient in der Praxis im Regelfall der Verstärkung eines nachrangigen Grundpfandrechts. Sie ergänzt den gesetzlichen oder vertraglichen Löschungsanspruch hinsichtlich einer vorrangigen Grundschuld und ermöglicht es dem Zessionar manchmal, nach Wegfall durch Grundschuld besicherter fremder Forderungen im Idealfall eine Übertragung der Grundschuld auf sich selbst zu erreichen. Oder – etwa weil eine Übertragung im Sicherungsvertrag ausgeschlossen war, sodass eine Zession eines solchen Rechts unmöglich ist – doch zumindest eine Löschung einer vorrangigen Grundschuld durchzusetzen. Die Löschung wäre allein aufgrund des gesetzlichen Löschungsanspruchs oder der vertraglich vereinbarten Löschungsvormerkung nicht durchsetzbar, weil die Grundschuld bei Erlöschen der besicherten Forderung nicht schon kraft Gesetzes automatisch an den Grundstückseigentümer zurückfiele und deshalb gelöscht werden müsste. Die Erlangung des Rückgewähranspruchs kann also die Sicherheitenposition des begünstigten Instituts eventuell bedeutend verbessern. Einen zuverlässigen Wert hat die Abtretung von Rückgewähransprüchen für den Zessionar jedoch nicht. Erstens kann der Gläubiger der betroffenen Grundschuld sehr oft, besonders bei erweiterter Sicherungsabrede, trotz der Abtretung des Rückgewähranspruchs die Grundschuld weiter valutieren, der Rückgewähranspruch entsteht also erst gar nicht. Zweitens besteht die Gefahr, dass der Rückgewähranspruch bereits (oft routinemäßig) früher abgetreten wurde. Wird der Rückgewähranspruch mehrfach abgetreten, so geht die zeitlich erste Abtretung den späteren Zessionen vor. Drittens ist der Rückgewähranspruch eventuell durch Sicherungsvertrag auf den Löschungs- und/oder Verzichtsanspruch begrenzt worden, sodass dem

Zessionar die besonders attraktive Übertragung der Grundschuld auf sich selbst nicht möglich ist. Viertens ist die Abtretbarkeit der Rückgewähransprüche nicht immer gegeben. Oft wird in Sicherungsverträgen festgelegt, dass die Abtretung der Rückgewähransprüche durch den Sicherungsgeber ausgeschlossen ist oder dass die Abtretung nur mit Genehmigung des Grundschuldgläubigers zulässig ist.

3.1.7.14 Verwertung der Grundschuld

Muss ein Grundpfandrecht durch den Besicherten verwertet werden, so geschieht dies durch die *Zwangsvollstreckung* (§ 1147 BGB). Dies ist in sehr seltenen Fällen eine Zwangsverwaltung, bei welcher der Gläubiger Befriedigung allein aus den Erträgen des Grundstücks sucht. Im weit überwiegenden Teil der Fälle ist es die *Zwangsversteigerung*, bei welcher der Gläubiger Befriedigung aus dem Versteigerungserlös des Grundstücks sucht.

Wird ein Grundstück zwangsweise versteigert, so gibt es ein *geringstes Gebot*, das alle dem Betreiber der Zwangsvollstreckung vorgehenden Rechte und die Versteigerungskosten decken muss. Jedes geringere Gebot in der Versteigerung wäre unwirksam. Soweit möglich erfolgt die Deckung der vorgehenden Rechte dadurch, dass sie bestehen bleiben und vom Ersteigerer übernommen werden. Lediglich ein kleiner Teil der vorgehenden Ansprüche, insbesondere die auf sie entfallenden Zinsen, aber wohlgemerkt eben nicht der Kapitalbetrag der Grundpfandrechte, wird bar aus dem Versteigerungserlös bezahlt.

Auf einem Objekt seien beispielsweise vier Grundschulden eingetragen, die alle voll valutieren, das heißt denen gleich hohe oder höhere besicherte persönliche Forderungen gegenüberstehen. Wird nun die Zwangsversteigerung aus der Grundschuld an dritter Rangstelle betrieben, so fallen die Grundschulden an erster und zweiter Rangstelle in das *geringste Gebot*. Das heißt, die beiden vorrangig besicherten Kreditgeber erhalten aus dem Versteigerungserlös nicht ihre Kapitalbeträge ausbezahlt. Den beiden werden nur die Grundschuldzinsen und gewisse andere Nebenleistungen bar zugewiesen. Die Grundschuld an der vierten Rangstelle fällt genauso wie die des Betreibers der Zwangsversteigerung nicht ins geringste Gebot, sondern erlischt in jedem Fall bei Zuschlag an einen Ersteigerer. Dann erhalten der am dritten Rang besicherte Betreiber und der Inhaber der viertrangigen Grundschuld die Kapitalbeträge ihrer Grundschulden, sofern der Versteigerungserlös dafür ausreicht. Der an vierter Stelle Besicherte muss also hoffen, dass eine von ihm nicht initiierte Versteigerung einen ausreichend hohen Versteigerungserlös erbringt.

Zum Schutz gegen eine Verschleuderung des Grundstücks gibt es *zwei Grenzen:*

- Ist das Bargebot zuzüglich Kapitalwert der weiter bestehen bleibenden Belastungen niedriger als $5/_{10}$ des vom Versteigerungsgericht festgesetzten angemessenen Grundstückswerts, so muss der Zuschlag versagt werden.

- Ist das Bargebot zuzüglich Kapitalwert der weiter bestehen bleibenden Belastungen über $5/_{10}$, aber niedriger als $7/_{10}$ des vom Versteigerungsgericht festgesetzten angemessenen Grundstückswerts, so wird der Zuschlag versagt, wenn ein Antragsberechtigter dies verlangt. Antragsberechtigt ist jeder Grundpfandrechtgläubiger, der bei dem erzielten Gebot nicht voll befriedigt würde und bei einem Gebot, das die $7/_{10}$-Grenze erreicht, mehr erhalten würde.

Ist der Zuschlag einmal entweder wegen der $^5/_{10}$-Grenze oder der $^7/_{10}$-Grenze versagt worden, so entfallen diese Grenzen für die Zukunft und es können auch entsprechend niedrigere Gebote zum Zug kommen.

Beispiel   ## Die Versteigerung eines Objekts

Zinsen und Kosten werden nicht berücksichtigt.

Schätzwert	1.000.000 €
1. Grundschuld	100.000 €
2. Grundschuld	200.000 €
3. Grundschuld	300.000 €

Gebot bei der ersten Versteigerung einschließlich der ins geringste Gebot fallenden 100.000 €:

Szenario 1	450.000 €
Szenario 2	550.000 €

Aus der 2. Grundschuld wird die Zwangsversteigerung betrieben.

Geringstes Gebot 100.000 Euro => Eine Versteigerung unter 100.000 Euro ist bei Betreiben durch den Inhaber der 2. Grundschuld immer unmöglich.

Die ins geringste Gebot fallende 1. Grundschuld bleibt bestehen und muss vom Ersteigerer übernommen werden. Er muss nur den darüber hinausgehenden Betrag bar bezahlen.

Zu Szenario 1:
Das Gebot von 450.000 Euro ist zu niedrig. Neben den übernommenen 100.000 Euro würden 350.000 Euro bar bezahlt werden. Die Summe von 450.000 Euro ist um 50.000 Euro unter der $^5/_{10}$-Grenze.

Zu Szenario 2:
Das Gebot von 550.000 Euro reicht hinsichtlich der $^5/_{10}$-Grenze. Neben den übernommenen 100.000 Euro wären weitere 450.000 Euro zu bezahlen, 200.000 Euro für den Inhaber der Grundschuld 2, die restlichen 250.000 Euro für den der Grundschuld 3 (bei dem 50.000 Euro Forderung unbefriedigt bleiben).

Auf Antrag des Inhabers der 3. Grundschuld kann die Versteigerung zu diesem Termin versagt werden. Der Inhaber der 3. Grundschuld stünde besser, wenn die $^7/_{10}$-Grenze von 700.000 Euro erreicht würde (600.000 Euro bar und 100.000 Euro übernommene 1. Grundschuld).

3.1.7.15 Bewertung des belasteten Objekts

Gegenstand der Wertermittlung kann das Grundstück oder ein Grundstücksteil einschließlich seiner Bestandteile, wie Gebäude, Außenanlagen und sonstige Anlagen, sowie des Zubehörs sein. Zur Ermittlung des Verkehrswerts sind

- das Vergleichswertverfahren,
- das Ertragswertverfahren,
- das Sachwertverfahren,

oder mehrere dieser Verfahren heranzuziehen. Die Verfahren sind nach der Art des Gegenstands der Wertermittlung zu wählen. Das bedeutet insbesondere, dass gewerblich benutzte Gebäude und vermietete Wohnobjekte primär nach dem Ertragswert zu bewerten sind, selbst genutzte Wohnobjekte nach dem Sachwert.

Die für die Wertermittlung erforderlichen Vergleichsdaten ermittelt man aus statistischen Datensammlungen (insbesondere Kaufpreise). Diese werden dann unter Berücksichtigung der jeweiligen Lage auf dem Grundstücksmarkt angepasst. Für diese Anpassung gibt es Indexreihen, Umrechnungskoeffizienten, Liegenschaftszinssätze (Satz mit dem der Verkehrswert von Liegenschaften im Durchschnitt marktüblich verzinst wird) und Vergleichsfaktoren für bebaute Grundstücke.

Vergleichswert

Bei Anwendung des Vergleichswertverfahrens werden Kaufpreise von Vergleichsgrundstücken herangezogen. Zur Ermittlung des Bodenwerts können neben oder anstelle von Preisen für Vergleichsgrundstücke auch geeignete Bodenrichtwerte gemäß öffentlicher Statistik herangezogen werden. Die Kaufpreise bebauter Grundstücke sind auf den nachhaltig erzielbaren jährlichen Ertrag (Ertragsfaktor als Vergleichsfaktor) oder auf eine sonstige geeignete Bezugseinheit, insbesondere auf eine Raum- oder Flächeneinheit der baulichen Anlage (Gebäudefaktor als Vergleichsfaktor), zu beziehen. Der Vergleichswert des bebauten Grundstücks ergibt sich durch Vervielfachung des jährlichen Ertrags oder der sonstigen Bezugseinheit des zu bewertenden Grundstücks mit dem Vergleichsfaktor.

Weichen die wertbeeinflussenden Merkmale der Vergleichsgrundstücke vom Zustand des zu bewertenden Grundstücks ab, so ist dies durch Zu- oder Abschläge oder in anderer geeigneter Weise zu berücksichtigen. Dies gilt auch für Grundstücke, für die Bodenrichtwerte oder Vergleichsfaktoren bebauter Grundstücke abgeleitet worden sind.

Vergleichswerte spielen insbesondere bei der Bewertung von Grund und Boden eine Rolle.

Ertragswert

Bei Anwendung des Ertragswertverfahrens ist der Wert der baulichen Anlagen, insbesondere der Gebäude, getrennt vom Bodenwert auf der Grundlage des Ertrags zu ermitteln. Der Bodenwert ist in der Regel im Vergleichswertverfahren zu ermitteln. Bodenwert und Wert der baulichen Anlagen ergeben dann den Ertragswert des Grundstücks.

Tabelle 3.11

Ertragswert eines Grundstücks

Ertragswert

Jahresrohertrag p.a.	nachhaltig erzielbare Einnahmen, insbesondere Mieten und Pachten einschließlich Vergütungen
– Bewirtschaftungskosten p.a.	Abschreibungen, nachhaltig entstehende Verwaltungskosten bei gewöhnlicher Bewirtschaftung, Betriebskosten, Instandhaltungskosten, Mietausfallwagnis
= Jahresreinertrag **– angemessene Verzinsung des Bodenwerts** **= Jahresreinertrag des Gebäudes (und der sonstigen Anlagen)**	Der Barwert der Jahresreinerträge des Gebäudes für die Restlebensdauer, d.h. die Reinerträge abgezinst mit einem marktüblichen Zinssatz, ergibt den Ertragswert des Gebäudes.
+ Bodenwert	im Regelfall gemäß Vergleichswerten
= Ertragswert des Grundstücks (Anlagen und Boden)	

Sachwert

Bei Anwendung des Sachwertverfahrens ist der Wert der baulichen Anlagen wie Gebäude, Außenanlagen und besondere Betriebseinrichtungen und der Wert der sonstigen Anlagen, getrennt vom Bodenwert, nach Herstellungswerten zu ermitteln. Der Bodenwert ist in der Regel im Vergleichswertverfahren zu ermitteln. Der Herstellungswert von Gebäuden ist unter Berücksichtigung ihres Alters und von Baumängeln und Bauschäden sowie sonstiger wertbeeinflussender Umstände zu ermitteln. Bodenwert und Wert der baulichen Anlagen und der sonstigen Anlagen ergeben den Sachwert des Grundstücks. Zur Ermittlung des Herstellungswerts der Gebäude sind die gewöhnlichen Herstellungskosten je Raum- oder Flächeneinheit (Normalherstellungskosten) mit der Anzahl der entsprechenden Raum-, Flächen- oder sonstigen Bezugseinheiten der Gebäude zu vervielfachen. Die Normalherstellungskosten sind nach Erfahrungssätzen anzusetzen. Sie sind erforderlichenfalls mit Hilfe geeigneter Baupreisindexreihen auf die Preisverhältnisse am Wertermittlungsstichtag umzurechnen. Die Wertminderung wegen Alters bestimmt sich nach dem Verhältnis der Restnutzungsdauer zur Gesamtnutzungsdauer der baulichen Anlagen.

Tabelle 3.12

Sachwert eines Grundstücks

Sachwert	
Wert des Gebäudes (und der sonstigen Anlagen)	Unter Berücksichtigung des Gebäudealters und von Baumängeln und Bauschäden sowie sonstiger wertbeeinflussender Umstände.
	Die gewöhnlichen Herstellungskosten je Raum- oder Flächeneinheit (Normalherstellungskosten) sind mit der Anzahl der entsprechenden Raum-, Flächen- oder sonstigen Bezugseinheiten der Gebäude zu vervielfachen.
	Die Herstellungskosten sind nach Erfahrungssätzen anzusetzen und erforderlichenfalls mit Hilfe geeigneter Baupreisindexreihen auf die Preisverhältnisse am Wertermittlungsstichtag umzurechnen.
+ Bodenwert	im Regelfall gemäß Vergleichswerten
= Sachwert	

Die Beleihungswerte der Banken sind besonders vorsichtig ermittelte Verkehrswerte. Sie stellen nachhaltig erzielbare Werte dar, auch bei eher ungünstiger Marktlage. Darlehen gemäß den Vorschriften des Hypothekenbankgesetzes – auf ihrer Basis dürfen Hypothekenpfandbriefe emittiert werden – können mit bis zu 60 Prozent des Beleihungswerts besichert werden. Kreditbanken gehen je nach den Umständen des Einzelfalls mehr oder weniger deutlich darüber hinaus, bei durchschnittlichen Verhältnissen oft bis zu 80 Prozent.

3.2 Kreditarten

Hier werden Kredite mit reinem Fremdkapitalcharakter betrachtet. Eine kurze Erläuterung von Übergangsformen zu Eigenkapital (Mezzanine Capital) erfolgt im Anschluss.

3.2.1 Übersicht

Es lassen sich zwei Typen von Krediten unterschieden:

■ Unter **Geldleihe** versteht man Kredite, bei denen die Liquidität des Kreditnehmers unmittelbar erhöht wird, indem er zum Zweck von Zahlungen über eine Kreditrahmen verfügen kann beziehungsweise eine sofortige Auszahlung erhält. Geldleihe ist Kredit in einem enger verstandenen, landläufigen Sinne.

■ Unter **Kreditleihe** versteht man Kredite, bei denen unmittelbar kein Geld ausbezahlt wird. Dabei wird die Kreditwürdigkeit des Kreditgebers (Bank, Kreditgarantiegemeinschaft oder anderer) auf den Kreditnehmer übertragen. Das geschieht, indem der Kreditgeber ein Versprechen abgibt, unter bestimmten definierten Umständen Zahlung zu leisten.

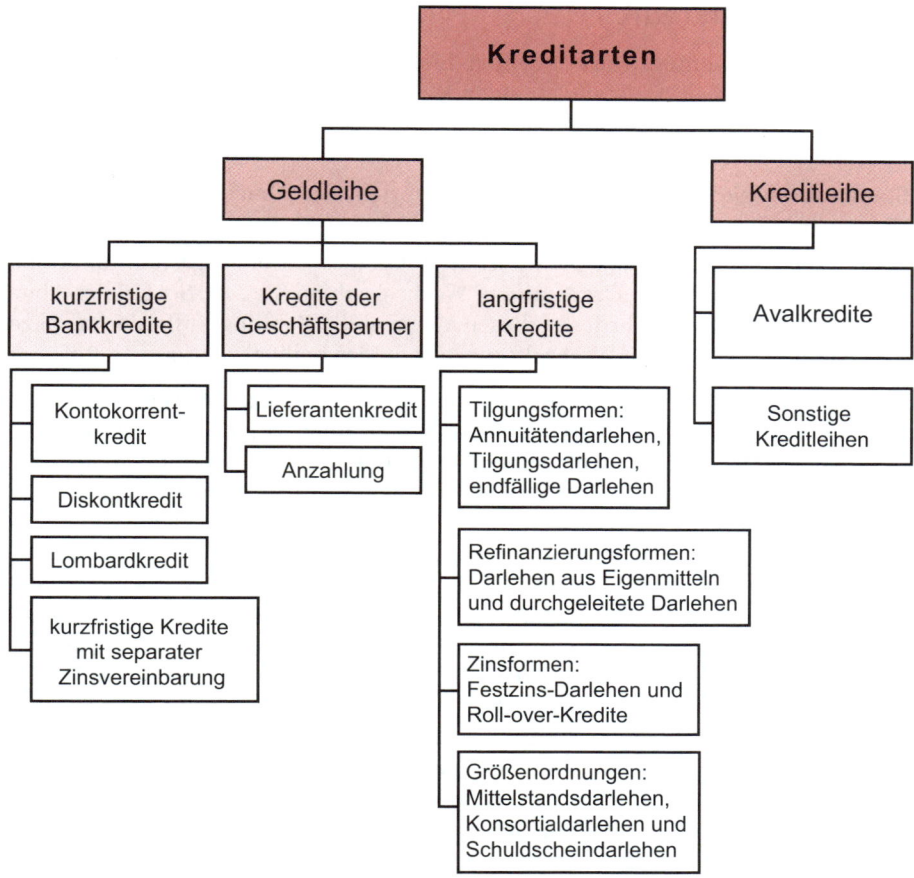

Abbildung 3.13: Kreditarten

3.2.2 Kontokorrentkredit

Der *Kontokorrentkredit* ist der bedeutendste kurzfristige Bankkredit. Die Unternehmen benützen Kontokorrentkonten, um über sie die Ein- und Auszahlungen des laufenden Geschäfts abzuwickeln. Naheliegenderweise lassen sie sich gerne eine Kontokorrent-kreditlinie für den Fall einräumen, dass die erforderlichen Auszahlungen zeitweise nicht durch den aktuellen Kontostand gedeckt sind. Die Inanspruchnahmen entstehen automatisch im laufenden Zahlungsverkehr, was diese Kreditart von der Disposition her sehr angenehm macht.

Der Kontokorrentzins ist ein relativ hoher Zins, dafür hat man aber einen bequemen und von der Höhe her äußerst flexiblen Kredit. Kontokorrentzinsen werden im Allgemeinen nur „bis auf weiteres" zugesagt, um sie der Zinssituation flexibel anpassen zu können. In dieser Variante sind sie auch schneller durch den Kreditgeber kündbar.

3.2.3 Diskontkredit

Wechsel entstehen vorzugsweise bei einem Lieferantenkredit: Zur besseren Sicherung seiner Forderung erhält der Lieferant einen Wechsel beziehungsweise lässt sich einen selbst ausgestellten Wechsel vom Abnehmer unterschreiben. Als Wechseltypen unterscheidet man:

- **Solawechsel** (*eigener Wechsel*): Hierbei verspricht der Abnehmer die Zahlung des Wechselbetrags („Gegen diesen Wechsel zahle ich …").

- **Gezogener Wechsel** (*Tratte*): Der Lieferant hat den Wechsel ausgestellt und ihn auf den Abnehmer gezogen („Gegen diesen Wechsel zahlen Sie …"). Sobald der Abnehmer durch seine Unterschrift auf diesen Wechsel die Zahlungsaufforderung akzeptiert hat, nennt man diese Wechselform *Akzept* (das heißt akzeptierte Tratte).

Der Wechsel hat den Vorteil, ein *abstraktes* Zahlungsversprechen zu sein. Abstraktheit besagt hierbei, dass das Zahlungsversprechen nicht unter Hinweis auf Einwandmöglichkeiten aus dem Grundgeschäft gebrochen werden darf. Bei berechtigten derartigen Einwänden muss der aus dem Wechsel Verpflichtete trotzdem den Wechsel einlösen, er kann aber anschließend sein Geld unter Berufung auf das nicht ordnungsgemäß erfüllte Grundgeschäft wieder zurückfordern.

Der Lieferant kann sich den Wechsel bis zum Einlösungstermin aufheben und den Wechsel so nur als Instrument benützen, um die Zahlung sicherer zu machen. Bei Liquiditätsbedarf wird er den Wechsel aber oft seiner Bank zur *Diskontierung* anbieten, also zum Ankauf unter Vorwegabzug der Kreditzinsen. Dazu indossiert er den Wechsel, das heißt er gibt auf der Rückseite des Wechsels denjenigen an, an den er den Wechsel weitergibt (bei Diskontierung an die ankaufende Bank), und unterschreibt diese Angabe (*Indossament*). In den meisten Fällen wird der Wechsel nur noch an eine Bank weitergegeben, die seinen Barwert (Wechselbetrag abzüglich vorweg berechnete Zinsen) als *Diskontkredit* an den Wechseleinreicher ausbezahlt.

Wer einen Wechsel an einen anderen weitergibt, haftet nach dem Willen des Gesetzgebers dafür, dass der Wechsel auch eingelöst werden wird, also einen Wert darstellt. Das gilt nicht nur für den Aussteller und den Akzeptanten (der die Tratte akzeptiert hat), sondern auch für jeden, der den Wechsel erhalten hatte und mit einfachem Indossament weitergegeben hat. Bekommt also der Inhaber eines Wechsels sein Geld bei Fälligkeit nicht, so kann er sich an einen beliebigen unter all denjenigen mit der Aufforderung zu bezahlen wenden, der vor ihm den Wechsel hatte und weitergegeben hat (*Wechselregress*). Allerdings können Indossanten den Wechselregress für sich durch einen entsprechenden Vermerk in ihrem Indossament („ohne Obligo") ausschließen. Ein Aussteller oder Akzeptant des Wechsels kann das aber nicht.

Vor Etablierung der Europäischen Zentralbank hatte die Deutsche Bundesbank einen besonders niedrigen „Diskontsatz", zu dem sie Wechsel ankaufte (rediskontierte), die Banken ihrerseits von den Kunden angekauft (diskontiert) hatten. Diese minimalen Zinssätze gaben die Banken mit einem gewissen Aufschlag als besonders günstige Kondition an ihre Kunden weiter. Heute gibt es keinen derartigen Diskontsatz als extrem niedrige Kondition mehr. Deshalb hat die besondere Attraktivität des Diskontkredits nachgelassen. Trotzdem diskontieren die Banken Wechsel noch zu einigermaßen niedrigen Zinssätzen, die tendenziell unter dem Satz für Kontokorrentkredite liegen. Letzteres gilt ganz besonders dann, wenn wegen des Wechselregresses neben dem Einreicher noch andere als Wechselverpflichtete haften (insbesondere auch der Aussteller einer Tratte) und diese eine gute Bonität besitzen.

3.2.4 Lombardkredit

Der Lombardkredit spielt im Firmengeschäft nur eine begrenzte Rolle. Man versteht darunter einen Kredit gegen Verpfändung von Sachen oder Rechten. In der Praxis werden dabei oft Effekten (vertretbare Wertpapiere) verpfändet, da bei ihnen die Verpfändung unkompliziert ist (siehe die Ausführungen zur Verpfändung in diesem Kapitel). Dieser *Effektenlombard* wird oft dazu benutzt, um über die Beleihung der Wertpapiere in einem Depot weitere Wertpapiere kaufen zu können. So kann der Wertpapieranleger die Anzahl der gekauften Wertpapiere ohne zusätzlichen Einsatz von eigenem Kapital weiter steigern. Bei Verwendung von Wertpapieren mit stärkeren Kursschwankungen wie etwa Aktien für den Effektenlombard geht man allerdings ein nicht unerhebliches Risiko ein: Bei einem stärkeren Kursrückgang der zur Besicherung hingegebenen Wertpapiere verliert die Kreditsicherheit an Wert. Folge ist, dass der Kreditgeber oft einen Nachschuss von Sicherheiten fordert. Ist dieser Nachschuss nicht möglich, so müssen die Wertpapiere eventuell veräußert werden, um den nicht mehr ausreichend besicherten Kredit zurückzuführen. Und dies geschieht ausgerechnet in einer Zeit, in der die Wertpapierkurse gefallen sind, was bei Hoffnung auf eine künftige Erholung der Kurse ein ungünstiger Verkaufszeitpunkt ist.

Neben dem Effektenlombard ist zur kurzfristigen Liquiditätsbeschaffung auch der *Wechsellombard* und im mittelständischen Kreditgeschäft mitunter auch der *Edelmetalllombard* von Bedeutung.

3.2.5 Kurzfristige Kredite mit separater Zinsvereinbarung

Gelegentlich vereinbart man mit der Bank, dass ein Kredit für eine bestimmte kürzere Zeit zu einem separat und für kurze Zeitspannen fest vereinbarten Zins aufgenommen wird. Das macht man zum Beispiel bei *Zwischenfinanzierungen*, das heißt bei der Überbrückung kürzerer Zeiträume, bis man eine Darlehensfinanzierung vornimmt. Oft will man durch kurzfristige Kredite mit separater Zinsvereinbarung auch die Inanspruchnahme des teuren Kontokorrentkredits vermindern. Insbesondere ist es naheliegend, den für eine gewisse Zeit sicher erwarteten debitorischen *Bodensatz* des Kontokorrentkontos durch einen billigeren kurzfristigen Kredit mit separater Zinsvereinbarung zu ersetzen.

Statt eines bestimmten Festsatzes wird für zinsgünstige kurzfristige Kreditvereinbarungen sehr oft eine *Koppelung an einen Geldmarktsatz* vereinbart: Der Zins ist dann zum Beispiel an einen EURIBOR- oder LIBOR-Satz gekoppelt und wird rollierend an den aktualisierten Geldmarktsatz angepasst. Beispiel: Der Kreditzins ist 1-Monats-EURIBOR + 0,75 Prozent und wird jeden Monat an den aktuellen 1-Monats-EURIBOR angepasst. Große Konzernunternehmen können umfangreiche kurzfristige Gelder direkt auf dem Geldmarkt aufnehmen, was sonst nur die Banken tun können.

3.2.6 Lieferantenkredit

Anders als die bisher betrachteten Kredite sind der Lieferantenkredit ebenso wie die gleich im Anschluss besprochene Anzahlung Kredite von Geschäftspartnern des Kreditnehmers. Der Lieferantenkredit entsteht durch Lieferung mit hinausgeschobener Bezahlung, also uno actu mit einem Kauf. Die bequeme Form der Entstehung ist ein wichtiger Vorteil dieser Kreditart. Die Lieferanten verwenden die Zulassung der späteren Zahlung als absatzpolitisches Instrument. Allerdings entsteht dieser Kredit teilweise auch für den Lieferanten völlig ungewollt oder aber in seiner langen Laufzeit ungewollt, weil der Abnehmer säumig zahlt. Verhandlungsstarke Unternehmen finanzieren sich so teilweise zu Lasten ihrer Lieferanten, die dadurch manchmal selbst in Liquiditätsprobleme geraten.

Der Lieferant wird sich zumindest bei größeren Beträgen und unbekannten Kunden erst durch eine Bankauskunft erkundigen, ob die künftige Bezahlung gesichert erscheint. Als Sicherheit bleibt ihm meistens nur der Eigentumsvorbehalt.

Die Kreditkosten für den Abnehmer sind üblicherweise allein Opportunitätskosten, entgangene Abzüge vom Kaufpreis. Bei Inanspruchnahme des Lieferantenkredits über eine gewisse für den normalen Zahlungsablauf gedachte Zeitspanne hinaus entfällt nämlich die Möglichkeit des Abzugs eines Barzahlungsrabatts, *Skonto* genannt.

Beispiel

Die Berechnung der Opportunitätskosten bei Verzicht auf Skontoabzug

Auf der Rechnung des Lieferanten über 10.000 Euro steht als Zahlungsbedingung unter der Rechnungssumme: „Zahlung innerhalb von 30 Tagen netto, bei Zahlung innerhalb von 10 Tagen 3 Prozent Skonto." Vernünftigerweise wird der Abnehmer entweder die kostenlose Zahlungsfrist voll ausnutzen und erst am 10. Tag bezahlen oder aber, wenn er den Lieferantenkredit schon beansprucht und ihn voll über entgangenen Skontoabzug indirekt verzinsen muss, erst am 30. Tag. Der Unterschied ist 20 Tage. Für die Beanspruchung des 20 Tage längeren Zahlungsaufschubs bezahlt der Abnehmer indirekt 3 Prozent (entgangener Abzug, Opportunitätskosten). Rechnet man das Jahr vereinfachend mit 360 Tagen, so sind 20 Tage 1/18 davon. 3 Prozent für 20 Tage entsprechen 18 × 3 Prozent = 54 Prozent für die 18-fache Zeit, nämlich 360 Tage oder ein Jahr. Noch etwas höher ist dieser rechnerische Zins, wenn man ihn korrekterweise auf die Kredithöhe ohne Zinsen von 97 Prozent bezieht. Im Beispiel resultieren 54 Prozent von 97 Prozent oder circa 55,7 Prozent. Die in diesem Beispiel genannte Kondition ist nicht untypisch, das heißt der Lieferantenkredit ist sehr teuer. Von den Konditionen her spräche dies für die durchweg niedriger verzinslichen Bankkredite. Der aufmerksame Rechner wird einen Lieferantenkredit also nur im Notfall beanspruchen.

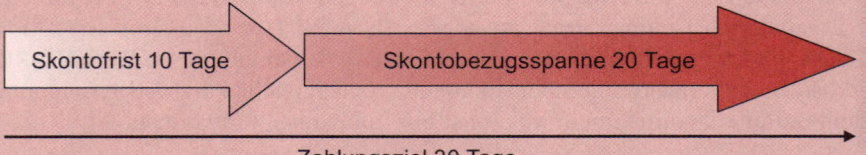

Abbildung 3.14: Zahlungsziel, eingeteilt in Skontofrist und Skontobezugsspanne

Je höher der Skontosatz und je niedriger die Skontobezugsspanne, die quasi die Kreditlaufzeit ist, auf die der Skontosatz zu beziehen ist, desto höher sind die Opportunitätskosten, die der Lieferantenkredit rechnerisch kostet.

3.2.7 Anzahlung

Die *Anzahlung* könnte man auch Kundenkredit nennen, was deutlicher machen würde, dass dies ein Gegenstück zum Lieferantenkredit ist. Anzahlungen werden von Kunden geleistet, wenn diese Produkte oder Waren bestellen, die erst später geliefert werden. Unter anderem soll der Kunde dadurch an seinen Auftrag gebunden werden, indem die Anzahlung nicht oder nicht vollständig rückzahlbar ist. Die Anzahlung hat im Großgeschäft auch die Funktion, dem Lieferanten den Einkauf zu ermöglichen, wenn er Händler ist, oder aber Materialeinkauf und Produktion, wenn er Hersteller ist. Anzahlungen können je nach Fall kurzfristige oder langfristige Finanzierungen darstellen.

3.2.8 Tilgungsformen von Darlehen

Anders als bisher kommen nun nur langfristige Kredite zur Sprache. Langfristige Kredite haben meistens Darlehensform. Unter *Darlehen* versteht man solche Kredite, deren Aus- und Rückzahlung in festen Beträgen geplant sind.

3.2.8.1 Gegenüberstellung anhand von Zins- und Tilgungsplänen

Nach der Art der Tilgung unterscheidet man:

- Annuitätendarlehen,
- Tilgungsdarlehen (Abzahlungsdarlehen),
- endfällige Darlehen (Zinsdarlehen).

Der Unterschied der drei Haupttilgungsformen sei an einem einfachen Beispiel demonstriert: Bei den in den Tabellen durch ihre Zins- und Tilgungspläne dargestellten Darlehen seien die Zinsen für die gesamte Darlehenszeit fest vereinbart. Es gelte für alle Darlehen: Zins 10 Prozent, Auszahlungskurs 100 Prozent, Darlehensbetrag 100 T€, Laufzeit 10 Jahre, Zinsen und Tilgungen sind jeweils am Jahresende beziehungsweise die Tilgung beim endfälligen Darlehen am Laufzeitende zahlbar.

Tabelle 3.13

Zins- und Tilgungspläne von Darlehen unterschiedlicher Tilgungsformen

1. Annuitätendarlehen [€]

Jahresende	Gesamtrate	Zins	Tilgung	Effektivrest
1	16.275	10.000	6.275	93.725
2	16.275	9.373	6.902	86.823
3	16.275	8.682	7.592	79.231
4	16.275	7.923	8.351	70.880
5	16.275	7.088	9.187	61.693
6	16.275	6.169	10.105	51.588

7	16.275	5.159	11.116	40.472
8	16.275	4.047	12.227	28.245
9	16.275	2.825	13.450	14.795
10	16.275	1.479	14.795	0

2. Tilgungsdarlehen (Abzahlungsdarlehen) [€]

Jahresende	Gesamtrate	Zins	Tilgung	Effektivrest
1	20.000	10.000	10.000	90.000
2	19.000	9.000	10.000	80.000
3	18.000	8.000	10.000	70.000
4	17.000	7.000	10.000	60.000
5	16.000	6.000	10.000	50.000
6	15.000	5.000	10.000	40.000
7	14.000	4.000	10.000	30.000
8	13.000	3.000	10.000	20.000
9	12.000	2.000	10.000	10.000
10	11.000	1.000	10.000	0

3. endfälliges Darlehen (Zinsdarlehen) [€]

Jahresende	Gesamtrate	Zins	Tilgung	Effektivrest
1	10.000	10.000	0	100.000
2	10.000	10.000	0	100.000
3	10.000	10.000	0	100.000
4	10.000	10.000	0	100.000
5	10.000	10.000	0	100.000
6	10.000	10.000	0	100.000
7	10.000	10.000	0	100.000
8	10.000	10.000	0	100.000
9	10.000	10.000	0	100.000
10	10.000 + 100.000	10.000	100.000	0

Bei dem einfach konstruierten Beispiel kann man alles aus dem Kopf errechnen, außer der Tabelle für das Annuitätendarlehen. Für sie muss man als Erstes die Annuität ermitteln. Das geschieht, indem man den Darlehensbetrag mit dem *Annuitätenfaktor* (synonym verwendet: Kapitalwiedergewinnungsfaktor oder Verrentungsfaktor) multipliziert, der im achten Kapitel im Rahmen der Investitionsrechnung noch einmal zur Sprache kommen wird:

$$\text{Annuitätenfaktor} = \frac{i \times (1+i)^n}{(1+i)^n - 1}$$

Im Beispiel ist der Annuitätenfaktor

$$\text{Annuitätenfaktor} = \frac{i \times (1+i)^n}{(1+i)^n - 1} = \frac{0,1 \times 1,1^{10}}{1,1^{10} - 1} = \frac{0,25937}{1,5937} = 0,16275$$

Dieser Faktor zerlegt rechnerisch einen Einzelbetrag in eine Anzahl gleich hoher Beträge für eine vorgegebene Anzahl von n künftigen Perioden unter Beachtung von Kalkulationszinsen. Kalkulationszins i ist dabei der nominelle Darlehenszins.

Arbeiten mit Excel

Hinweis zur Anwendung der Microsoft-Software Excel:

Man verwendet die Formel RMZ (für: regelmäßige Zahlung), um die Annuität für das Darlehen zu ermitteln. Dazu sind anzugeben:

1. Zins = Zinssatz pro Periode (hier: Jahr)
2. Zzr = Anzahl der Perioden (hier: Jahre), über welche die jeweilige Annuität bezahlt wird
3. Bw = Barwert: Darlehensbetrag mit negativem Vorzeichen
4. Zw = zukünftiger Wert (Endwert) oder Kassenbestand, den man nach der letzten Zahlung erreicht haben will (hier: null)
5. Angabe, ob vorfällige oder endfällige Zahlungen (hier: endfällig)

Ausgehend von der ersten Zinszahlung (10 Prozent von 100.000 Euro = 10.000 Euro) lässt sich für das erste Jahr als Differenz von Annuität (16.275 Euro) und Zins die Tilgung ermitteln. Analog ist die Rechnung für die Folgejahre.

Es zeigt sich, dass

■ beim Annuitätendarlehen die periodisch zu bezahlende Gesamtrate konstant ist,

■ beim Tilgungsdarlehen die Tilgung pro Periode konstant ist,

■ beim endfälligen Darlehen (manchmal auch als Zinsdarlehen bezeichnet) regelmäßig nur ein konstanter Betrag an Zinsen zu bezahlen ist.

Bei Verwendung der Bezeichnung Zinsdarlehen gilt: Die Bezeichnungen der Tilgungsvarianten geben jeweils an, welche Größe pro Zins- und Tilgungsperiode (im Beispiel pro Jahr) konstant ist, nämlich Annuität, Tilgung oder Zins.

In der Abbildung 3.15 wird dargestellt, wie sich die Darlehensrestbestände der 10 Jahre im obigen Tabellenbeispiel bei den verschiedenen Tilgungsarten entwickeln. Abweichend vom Beispiel wurde aber eine kontinuierliche Ratenzahlung in kleinsten zeitlichen Schritten unterstellt. Dadurch ergeben sich kontinuierlich verlaufende Kurven, was den prinzipiellen Verlauf klarer verdeutlicht.

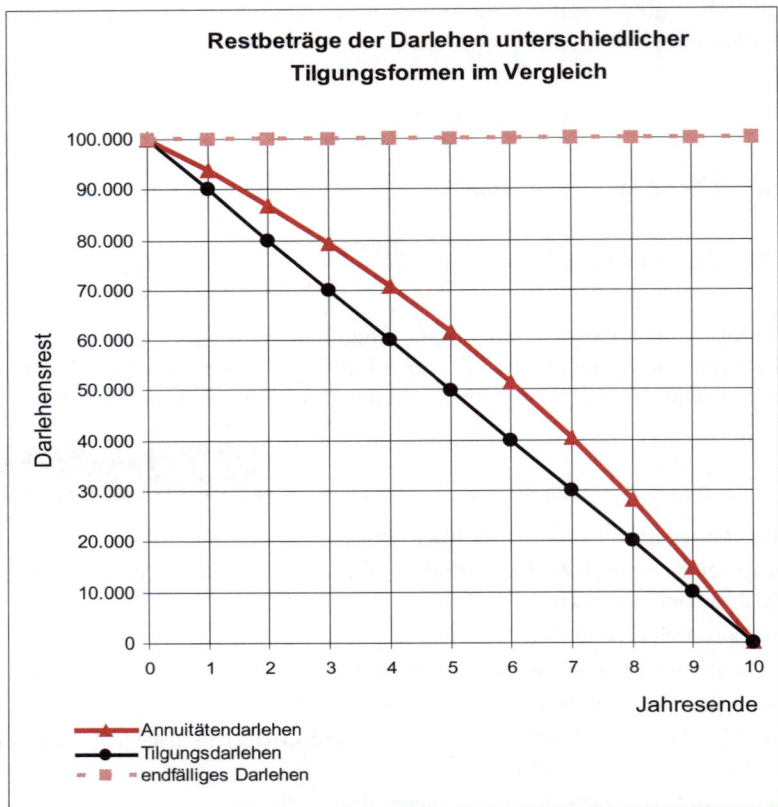

Abbildung 3.15: Entwicklung des Darlehensrests bei unterschiedlichen Tilgungsformen

3.2.8.2 Annuitätendarlehen

Eine typische Formulierung für die Tilgungsvereinbarung bei einem Annuitätendarlehen ist: „Anfangstilgung 1 Prozent p.a., in den Folgejahren zuzüglich ersparter Zinsen." Als erspart wird der Zins angesehen, der gegenüber der ersten Periode weniger zu bezahlen ist, weil die Höhe des zu verzinsenden Darlehens mit den Tilgungen ja abnimmt, also nimmt auch der Zinsbetrag ab. Annuitätendarlehen sind sehr beliebt, weil man eine feste Gesamtrate zu bezahlen hat, was eine gleichmäßige Liquiditätsbelastung bedeutet. Darlehen an Private sind in der Regel Annuitätendarlehen, aber auch Firmen wählen am häufigsten diese Form.

3.2.8.3 Tilgungsdarlehen

Beim Tilgungsdarlehen wird als Vorteil die lineare Reduzierung des Darlehens gesehen. Das wünschen Unternehmen manchmal deshalb, weil sie völlig parallel zu der meistens linearen Abschreibung des finanzierten Objekts das Darlehen tilgen wollen. Allerdings führt dies wegen der rückläufigen Zinsbelastung dazu, dass die Gesamtrate, also die liquiditätsmäßige Gesamtbelastung des Unternehmens, am Anfang am höchsten ist. Das ist in den vielen Fällen, in denen die Investition in den Anfangsjahren nicht die höchsten Rückflüsse abwirft (Anlaufschwierigkeiten), ungünstig.

3.2.8.4 Endfälliges Darlehen

Die Tilgung erfolgt hier zu Laufzeitende auf einen Schlag (*bullet payment*). Beim end-
fälligen Darlehen wird, zumindest auf den ersten Blick, das Tilgungsproblem auf das
Ende der Darlehenslaufzeit verschoben. Das ist aber oft sachlich nicht wirklich der
Fall. Vielmehr wird verbreitet während der Darlehenslaufzeit gleichzeitig Kapital für
die Tilgung angespart und zwar so, dass am Ende der Darlehenslaufzeit im Idealfall
genau der Darlehensbetrag zusammengespart ist. In der Vergangenheit wurde das
Kapital in Deutschland aus mittlerweile entfallenen steuerlichen Gründen oft durch
Kapitallebensversicherungen angespart. Das sind Lebensversicherungen, die im Fall
der Nicht-Auszahlung während der Laufzeit wegen Tod des Versicherten alternativ am
Ende der Laufzeit zur Auszahlung des aus einem Teil der Versicherungsprämie ange-
sparten Kapitalbetrags führen. Das Ansparen des Kapitalstocks für die Kapitallebens-
versicherung trat dann faktisch an die Stelle der Tilgungszahlungen für das Darlehen.

3.2.9   Zinsformen von Darlehen

Die größte Zahl der Darlehen hat für eine bestimmte Zeit einen Festzins, Darlehen mit
variablem Zins sind eher die Ausnahme.

3.2.9.1 Festzinsdarlehen

Zinsbindung und Risiko

Die feste Zinsvereinbarung macht die Belastung durch Zinsen planbar. Diesem Vorteil
steht der Nachteil gegenüber, dass das Zinsniveau des Darlehens sich im Lauf der
Jahre von den aktuell jeweils herrschenden und damit wirtschaftlich angemessenen
Zinsen stark entfernen kann. Insofern ist die Festzinsbindung spekulativ: Hat das
finanzierende Unternehmen Glück, so stellt sich der Festzins als relativ niedrig während der Darlehenslaufzeit heraus, hat es Pech, so stellt er sich als relativ hoch heraus.

Einflussfaktoren auf die Effektivverzinsung von Darlehen

Eine exakte Rechnung, welchen Effektivzins ein Zahlungsstrom aufweist, wird in Form
der Internen-Zinsfuß-Methode erst im achten Kapitel vorgestellt, das sich mit der
Investitionsrechnung befasst. Ein Darlehen kann als Investition einer Bank angesehen
werden, deren interner Zins gleich dem Effektivzins des Darlehens ist. Der effektive
Zins der Kapitalinvestition aus Sicht der Bank ist der effektive Kreditzins aus Sicht des
Kunden. An dieser Stelle geht es aber vornehmlich um die Erklärung, welche wichtigen
Einflussfaktoren sich auf den Effektivzins auswirken. Im Zuge dieser Erklärung wird
eine verbreitete Näherungsformel für den Effektivzins von Darlehen vorgestellt, deren
Vorteil der Erklärungswert ist, auch wenn ihre Genauigkeit zu wünschen übrig lässt.

  Die Effektivzinsrechnung wird durch verschiedene Faktoren beeinflusst, die nachfolgend untersucht werden:

1 Nominalzins

2 Laufzeit

3 Disagio (Abschlag von der Auszahlungshöhe im Vergleich zur Rückzahlungshöhe)

4 sekundäre Einflussfaktoren

Einflussfaktor 1: Nominalzins

Der Nominalzins ist der zentrale Konditionenbestandteil des Darlehens. Er vermittelt auf den ersten Blick eine Vorstellung von der Größenordnung der effektiven Zinsbelastung. Der Nominalzins beeinflusst insofern stark die oberflächlich gesehene Optik der Zinshöhe. Seine Höhe ist besonders dann aussagekräftig, wenn kein Disagio vereinbart ist, was sehr häufig der Fall ist.

Einflussfaktor 2: Laufzeit

Die Laufzeit eines Darlehens ist für die Effektivzinsberechnung von Bedeutung, weil man einmalige Preisbestandteile der Darlehenskosten wie zum Beispiel das unten näher betrachtete Disagio oder Bearbeitungsgebühren rechnerisch auf die Laufzeit verteilen muss.

Für folgende Näherungsrechnungen wird ein fester Darlehenszins für die gesamte Laufzeit des Darlehens unterstellt und Zahlungen jeweils zu Periodenende (nachschüssig).

a. Laufzeit eines endfälligen Darlehens

Bei dieser Tilgungsform ist die Laufzeitdefinition völlig unproblematisch, da alle Darlehensteile die gleiche Laufzeit haben. Jeder Euro des Darlehens wird für die Gesamtlaufzeit des Darlehens ausgeliehen.

Beispiel | **Näherungsweiser Effektivzins bei einem endfälligen Darlehen**

Ein Darlehen über 100.000 Euro (Rückzahlungsbetrag R) läuft L = 20 Jahre und hat einen jährlichen Nominalzins von i = 8 Prozent und somit jährliche Zinsen von I = 8.000 Euro sowie ein Disagio von D = 2.000 Euro. Es werden also nur 98.000 Euro ausbezahlt. Dann kann man für den näherungsweisen Effektivzins ($r_{approximativ}$) folgende Näherungsformel anwenden:

$$r_{approximativ} = \frac{I + \dfrac{D}{L}}{R - D} \times 100\,\% = \frac{8.000\,€ + \dfrac{2.000\,€}{20\ \text{Jahre}}}{98.000\,€} \times 100\,\% = 8{,}27\,\%\ \text{p.a.}$$

Statt der absoluten Geldbeträge kann man auch die Prozentbeträge einsetzen, also statt I = 8.000 Euro nun i = 8 Prozent, statt D = 2.000 Euro entsprechend d = 2 Prozent und statt R − D = 98.000 Euro schließlich r − d = 98 Prozent.

Das Disagio ist gleich der Differenz von Rückzahlungsbetrag und Auszahlungsbetrag.

(Wert des Effektivzinssatzes für das Beispiel wäre exakt 8,31 % statt 8,27 %).

b. Laufzeit eines Tilgungsdarlehens

Beim Tilgungsdarlehen ist eine differenzierte Betrachtung der Darlehenslaufzeit nötig. Nehme ich beispielsweise ein Tilgungsdarlehen über R = 100.000 Euro auf und tilge pro Jahr 20.000 Euro, so ist die Laufzeit für den zuerst getilgten Darlehensteil nur ein Jahr, für den nächsten zwei Jahre usw., nur die 20.000 Euro, die erst am Ende des fünften Jahres getilgt werden, haben es auf fünf Jahre Laufzeit gebracht. Das Darlehen hat also fünf Tranchen mit Laufzeiten zwischen ein und fünf Jahren, die in der Abbildung 3.16 als horizontale Schichten erscheinen. Man muss in unsere gesuchte Formel für den Näherungswert des Effektivzinses bei Tilgungsdarlehen statt der Endlaufzeit das arithmetische Mittel der Teillaufzeiten verwenden, die sogenannte *mittlere* Laufzeit mL des Darlehens.

$$r_{approximativ} = \frac{I + \dfrac{D}{mL}}{R - D} \times 100\,\%$$

Zerlegt man die Formel in

$$r_{approximativ} = \frac{I}{R - D} \times 100\,\% + \frac{\dfrac{D}{mL}}{R - D} \times 100\,\%$$

so bezeichnet man den ersten Ausdruck als *laufenden Zins*. Er beschreibt, wie hoch alleine der periodisch anfallende Teil der Zinszahlungen relativ zum ausbezahlten Kreditbetrag ist.

Setzt man R – D = Auszahlungsbetrag, so kann man die Formel auch so schreiben:

$$r_{approximativ} = \frac{I}{\text{Auszahlungsbetrag}} \times 100\,\% + \frac{D}{mL} \times \frac{100\,\%}{\text{Auszahlungsbetrag}}$$

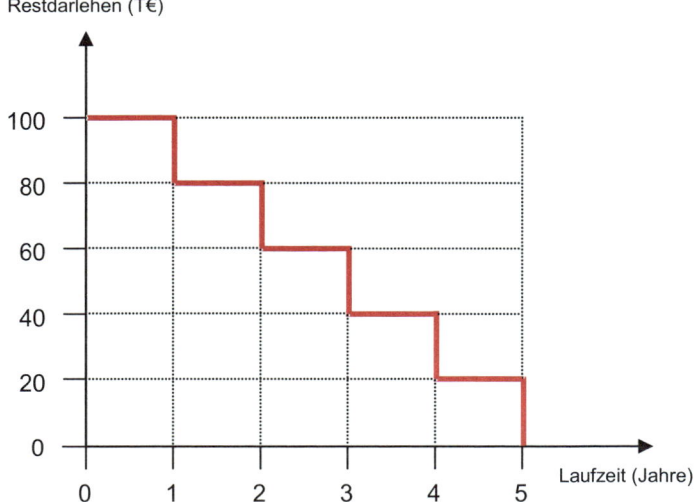

Abbildung 3.16: Laufzeiten beanspruchter Darlehensteile beim Tilgungsdarlehen

Erfolgen die Tilgungen jährlich, so gilt:

$$mL_{Jahre} = \frac{n+1}{2} \text{ Jahre}$$

Statt der Einheit Jahre nimmt man bei quartalsweiser Tilgung Quartale als *Periode* und bei monatsweiser Tilgung entsprechend Monate. Die Formel für die mittlere Laufzeit mL lautet also allgemeiner:

$$mL = \frac{n+1}{2} \text{ Perioden}$$

Die mittlere Laufzeit im Beispiel der Abbildung ist nach der Formel:

$$mL = \frac{5+1}{2} \text{ Jahre} = 3 \text{ Jahre}$$

Auf das gleiche Ergebnis kommt man, wenn man das Mittel der Einzellaufzeiten für die fünf Darlehensteile errechnet, wie man sie aus der Abbildung ablesen kann:

$$(1 + 2 + 3 + 4 + 5) \text{ Jahre} / 5 = 15 \text{ Jahre} / 5 = 3 \text{ Jahre}$$

Hätte man statt jährlicher Tilgungen eine monatsweise Tilgung, so ergäbe sich bei gleicher Gesamtlaufzeit (fünf Jahre oder 60 Monate) eine kürzere mittlere Laufzeit:

$$mL = \frac{60+1}{2} \text{ Monate} = 30{,}5 \text{ Monate} = 2 \text{ Jahre und } 6\tfrac{1}{2} \text{ Monate}$$

Die Verkürzung ist plausibel, wenn man bedenkt, dass der kürzeste Darlehensteilbetrag nun lediglich einen Monat lang beansprucht wird, der zweitkürzeste nur zwei Monate lang und so weiter.

Ist vor Beginn der Tilgungen eine Zeitspanne *tilgungsfrei*, so geht sie ungekürzt in die mittlere Laufzeit ein, und für die anschließende Zeit der linearen Tilgung gilt obige Formel entsprechend. Es ergibt sich die Formel:

$$mL = \text{tilgungsfreie Zeit} + \frac{(\text{Laufzeit} - \text{tilgungsfreie Zeit}) + 1}{2} \text{ Perioden}$$

Beispielsweise gelte für ein acht Jahre laufendes Darlehen eine tilgungsfreie Zeit von drei Jahren. Dann ergibt sich eine Tilgungszeit von fünf Jahren. Die Tilgung sei jährlich und wie üblich nachschüssig. Diese Vereinbarung führt dazu, dass die erste Tilgung wegen der Nachschüssigkeit der Zahlungen tatsächlich ein Jahr nach Beginn der Tilgungsfrist beginnt, also vier Jahre nach Darlehensauszahlung. Es ergibt sich die mittlere Laufzeit:

$$mL = 3 + \frac{(8-3)+1}{2} \text{ Jahre} = 6 \text{ Jahre}$$

Belief sich das Darlehen auf 100.000 Euro, so kann man analog zu oben die Laufzeiten der Darlehensteile grafisch darstellen wie in Abbildung 3.17.

Auf das gleiche Ergebnis kommt man wiederum, wenn man das Mittel der Einzellaufzeiten für die fünf Darlehensteile errechnet, wie man sie aus der Abbildung ablesen kann:

$$mL = (4 + 5 + 6 + 7 + 8) \text{ Jahre} / 5 = 30 \text{ Jahre} / 5 = 6 \text{ Jahre}$$

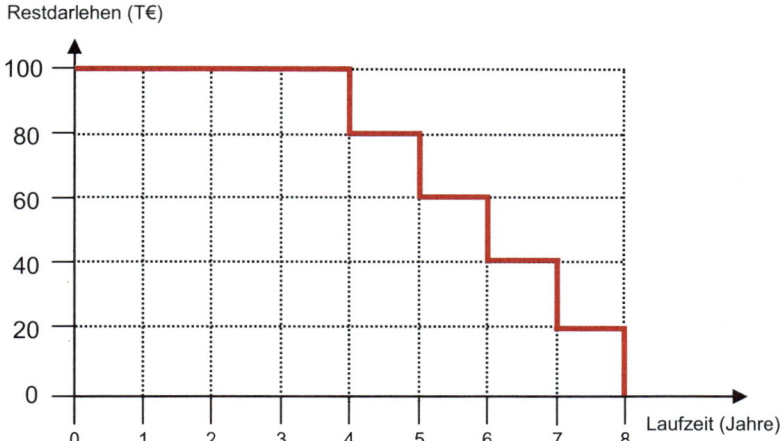

Abbildung 3.17: Laufzeiten beanspruchter Darlehensteile beim Tilgungsdarlehen mit tilgungsfreier Vorlaufzeit

In die Errechnung der mittleren Laufzeit eines Tilgungsdarlehens gingen zusammenfassend ein:

■ Laufzeit,

■ eventuell verzögerter Tilgungsbeginn,

■ Länge der Periode zwischen zwei Zahlungen.

c. Laufzeit eines Annuitätendarlehens

Die mittlere Laufzeit eines Annuitätendarlehens liegt leicht über der eines Tilgungsdarlehens mit ansonsten gleichen Konditionen. Eine Vorstellung davon vermittelt die im Rahmen der Besprechung der Tilgungsformen dargestellte Abbildung 3.15. Dort ist erkennbar, dass bei jeder beliebigen Darlehenshöhe die waagrecht gemessene Laufzeit über der des Tilgungsdarlehens mit ansonsten identischen Konditionen liegt. Diese Abweichung von der mittleren Laufzeit beim Tilgungsdarlehen gleicher Endlaufzeit wird in der Praxis bei Einsatz der Näherungsformel für den Effektivzins meistens nicht beachtet, weil sie ohne Einsatz eines Wirtschaftsrechners nicht leicht zu ermitteln ist. Setzt man einen solchen aber ein, dann ist die Anwendung der Näherungsformel ohnehin nicht mehr angemessen. Auch hier wird auf eine Verfeinerung der Näherungsformel zum Zweck der Anwendung bei Annuitätendarlehen verzichtet.

Einflussfaktor 3: Disagio

Das *Disagio* bezogen auf den Auszahlungsbetrag eines Darlehens (Auszahlungsdisagio) ist wie schon festgestellt der Betrag, um den die Darlehensauszahlung den Rückzahlungsbetrag unterschreitet. Andere Bezeichnungen sind Auszahlungsabschlag oder, im Hypothekenkreditgeschäft, *Damnum*. Je kürzer die mittlere Laufzeit des mit festem Zins versehenen Darlehens, desto stärker ist bei gleichem absolutem Disagio und gleichem effektiven Zins die mögliche Reduzierung des Nominalzinses und des *laufenden Zinses* (Nominalzins bezogen auf den Auszahlungsbetrag). Man kann deshalb insbesondere Darlehen mit relativ kurzer festverzinslicher Laufzeit durch Verwendung eines Disagios mit einem optisch niedrigen Nominalzins ausstatten. Erhält der Darlehensnehmer im Fall solcher Darlehen mit Disagio bei der später nötigen Erneuerung der

Zinsvereinbarung nicht wieder ein ähnliches Disagio, so wird sich die Annuitäten-belastung des Kreditnehmers deutlich erhöhen. Diese drohende Erhöhung der Dar-lehensraten in späteren Jahren muss ein Kreditnehmer unbedingt beachten, will er nicht in Liquiditätsprobleme geraten. Dies wird an folgendem vereinfachtem Beispiel demonstriert.

Beispiel **Disagio**

- Darlehen zum Kauf einer Immobilie für 90.000 Euro
- Laufzeit: drei Jahre
- Tilgung: keine
- Das Zinsniveau für die Darlehensnehmerseite liege bei 9 Prozent p.a.

Ein Darlehen in Höhe des Kaufpreises der Immobilie wäre demnach jährlich mit 9 Prozent von 90.000 Euro zu verzinsen, das sind 8.100 Euro. Gewählt wird aber eine vom Effektivzins her gleichwertige Konditionenvariante mit *Disagio*:

- Disagio 9 Prozent bei einem nominellen Zins 5,2 Prozent p.a.

Unter Verwendung unserer Näherungsformel ist der effektive Zins

$$\frac{5,2\,\%}{91\,\%}+\frac{9\,\%/3}{91\,\%}=5,7\,\%+3,3\,\%=9\,\%$$

und damit auf Marktniveau. Die Konditionenvariante mit Disagio habe der Verkäu-fer der Immobilie vermittelt, um dem Käufer liquiditätsmäßig die Finanzierung zu erleichtern (niedriger laufender Zins). Der Käufer braucht bei Vollfinanzierung, das heißt ohne Eigenkapitaleinsatz, ein Darlehen von 90.000 Euro/0,91 = 98.901 Euro, damit ein Auszahlungsbetrag von 90.000 Euro zustande kommt. Die *laufenden Jahreszinsen* bei der Konditionenvariante mit Disagio sind 5,2 Prozent von 98.901 Euro = 5.143 Euro. Die Disagio-Variante führt also zu einer Liquiditäts-entlastung des Immobilienkäufers in den ersten drei Jahren von jährlich 8.100 Euro − 5.143 Euro = 2.957 Euro.

Nach Ablauf der drei Jahre muss der Immobilienkäufer, der nicht wieder ein Disagio beanspruchen kann, bei gleichbleibenden Zinsverhältnissen ein drei-jähriges Anschlussdarlehen aufnehmen. Die Kondition ist dann also 9 Prozent p.a. auf nunmehr 98.901 Euro, somit ergibt sich eine jährliche Zinsbelastung von 8.901 Euro, das sind 8.901 Euro − 5.143 Euro = 3.758 Euro oder relativ 73 Pro-zent mehr als in den ersten drei Jahren, als der laufend zu bezahlende Zins durch das Agio heruntergeschleust worden war.

Der Immobilienkäufer hätte somit erstens statt der 90.000 Euro Verbindlichkei-ten beim Immobilienkauf mittlerweile Schulden von 98.901 Euro und zweitens absolute jährliche Zinszahlungen (sogenannter laufender Zins), die im Vergleich zu den ersten drei Jahren um 73 Prozent gestiegen sind und die immerhin noch 8.901 Euro − 8.100 Euro = 801 Euro höher sind als die, wenn er von Haus aus einfach immer die 9 Prozent Zinsen auf den ursprünglich erforderlichen Kredit-betrag von 90.000 Euro bezahlt hätte.

Einflussfaktoren 4: Sekundäre Einflussfaktoren

Banken geben Privatkunden aufgrund rechtlicher Verpflichtung immer Effektivzinsen von Darlehen an und tun dies aus Konkurrenzgründen faktisch auch meistens gegenüber Firmenkunden. Um die von verschiedenen Banken errechneten Effektivzinsen vergleichen zu können, wurde in einer Preisangabenverordnung festgelegt, welche Kosteneinflussgrößen zu berücksichtigen sind. Zu berücksichtigen sind immer nur zwingend anfallende Kosten. Dabei kommt noch eine Anzahl weiterer Einflussfaktoren zum Tragen als die primären Einflussfaktoren Nominalzins, Disagio und mittlere Darlehenslaufzeit, die in obige einfache Formel eingegangen sind. Teilweise ist im Einzelfall zu entscheiden, ob ein Entgelt zwingend anfällt. Beispielsweise sind die oft sehr hohen Kosten für Lebensversicherungen, Unfallversicherungen und so weiter des Kreditnehmers in Gestalt einer natürlichen Person nur dann in der Zinsberechnung zu berücksichtigen, wenn der Kreditgeber selbst auf den Abschluss der Versicherung besteht.

Wichtige der sekundären Einflussfaktoren auf den Effektivzins sind Nebenentgelte, Regelungen hinsichtlich der Wertstellungen und Vor- oder Nachschüssigkeit der Zahlungen.

Nebenentgelte
Häufiger vorkommende *einmalige* Nebenentgelte sind Bearbeitungsgebühren oder eine Vermittlungsprovision, *laufende* Nebenentgelte zum Beispiel spezielle Kontoführungsgebühren. Sie kann man in obige Näherungsformel integrieren, indem man die einmaligen Entgelte wie das Disagio und die laufenden Entgelte wie die Nominalzinsen behandelt:

$$r_{approximativ} = \frac{\text{laufende Kosten p.a.} + \dfrac{\text{einmalige Kosten}}{\text{mittlere Laufzeit}}}{\text{Rückzahlungsbetrag} - \text{einmalige Kosten}}$$

Wertstellungsvereinbarungen
Die Frage ist hier: Werden Gutschriften und Belastungen auf dem Darlehenskonto jeweils sofort so gebucht, dass sie den zu verzinsenden Darlehensstand beeinflussen (sofortige Wertstellung), oder gibt es kleinere oder größere Abstände zwischen dem Tag der Buchung und dem Tag, an dem der gebuchte Betrag den zu verzinsenden Saldo verändert (verzögerte Wertstellung). Bei gleichen sonstigen Konditionen führt eine verzögerte Wertstellung von Gutschriften (oder eine seltener vorkommende vorgezogene Wertstellung von Belastungen) zu einem höheren Effektivzins.

Ein wichtiger Spezialfall ist die Regelung der *Tilgungsverrechnung*. Hier geht es um die vereinbarte Regel, wann Tilgungszahlungen tatsächlich für die Zinsberechnung berücksichtigt werden: Also sofortige Berücksichtigung einer Tilgung bei dem noch zu verzinsenden Restdarlehen oder aber verzögerte Berücksichtigung, insbesondere erst am Jahresende. Bis Ende der 80er-Jahre war speziell bei Hypothekendarlehen nur eine jährliche Tilgungsverrechnung üblich, heute ist sie sehr selten. Dabei berücksichtigt man bei der Berechnung der Zinsen die unterjährigen Tilgungen nicht und unterstellt theoretisch für den zu verzinsenden Kapitalbetrag, dass alle Tilgungen nur einmal im Jahr erfolgen, normalerweise zum 31.12. Das führt zu einer höheren Zinszahlung, da die unterjährige Reduzierung des zu verzinsenden Betrags außer Betracht bleibt. Bei ansonsten identischen Konditionen ist bei einer derart verzögerten Berücksichtigung von Tilgungen das Darlehen effektiv teurer als bei sofortiger Tilgungsverrechnung.

Vor- oder nachschüssige Zahlungsweise der Raten

Vor- oder nachschüssige Zahlungsweise der Raten bedeutet etwa im Fall der vierteljährlichen Rate Zahlung jeweils am Anfang oder am Ende des Quartals. Die vorschüssige Zahlung führt erstens zu einem Zinsverlust des Zahlungspflichtigen und zweitens im Vergleich zur nachschüssigen zu einer Verkürzung der mittleren Laufzeit und somit im Fall einmaliger Kostenbestandteile wie Disagio oder Bearbeitungsgebühr zu einer Erhöhung des Effektivzinses.

Zusatzkosten für nicht vereinbarungsgemäße Kreditinanspruchnahmen

Zusatzkosten für nicht vereinbarungsgemäße Kreditinanspruchnahmen gehen vernünftigerweise nicht in die Berechnung der Effektivverzinsung ein. Denn sie fallen im Normalfall vertragsgemäßer Inanspruchnahme des Darlehens nicht an, sondern nur dann, wenn vom Darlehensgeber eine außerordentliche Finanzierungsleistung verlangt wird. Die Zusatzkosten sind also klar zu unterscheiden von den Kosten, die bei vereinbarungsgemäßer Kreditinanspruchnahme anfallen und deshalb anders als die Zusatzkosten den Effektivzins beeinflussen. Wichtigste Fälle solcher Zusatzkosten sind Bereitstellungszinsen und Vorfälligkeitsentschädigungen.

Bereitstellungszinsen für verzögerten Abruf

Hält die Bank den Darlehensbetrag mit Festzinszusage länger als geplant zur Verfügung, bis die Auszahlung gewünscht wird beziehungsweise vertragliche Auszahlungsvoraussetzungen erfüllt sind, so muss sie die Finanzierungsmittel zwischenzeitlich kurzfristig anderweitig anlegen und trägt das Risiko niedriger Anlagezinsen. Deshalb verlangt sie einen Bereitstellungszins, zum Beispiel 3 Prozent p.a. Das ist insbesondere dann sachlich berechtigt, wenn die kurzfristigen Zinsen unter den langfristigen liegen, was statistisch häufig der Fall ist („normale" Zinsstruktur), denn die Zwischenanlage ist ja nur zu den Zinssätzen für kurzfristige Anlagen möglich.

Vorfälligkeitsentschädigung für zu frühe Zurückzahlung nach außerordentlicher Kündigung eines Festzinsdarlehens

Ein Darlehen mit Festzins für eine bestimmte Zeitperiode ist ohne besondere Vereinbarungen im Grundsatz während der Festzinsbindungszeit nicht kündbar. Wird bei außerordentlicher Kündigung von dieser Regel abgewichen, so kann die Bank einen Ersatz des bei ihr entstandenen Schadens verlangen. Hat sich die Bank in einem solchen Fall zum Beispiel für zehn Jahre fest refinanziert, so kann es für sie sehr ungünstig sein, wenn der Kunde sein Darlehen vor Ablauf der zehn Jahre zurückzahlt und sie die bereitgehaltenen Gelder nur noch für niedrigere Zinsen verleihen kann. Das gilt einmal aufgrund der Tatsache, dass die Restlaufzeit der Mittel, die zu früh zurückflossen, nun ja unter zehn Jahren liegt. Zinsen, die für kürzere Laufzeiten festgeschrieben sind, liegen bei der häufigeren normalen Zinsstruktur unter denen für längere Laufzeiten. Zudem ist es auch noch möglich, dass das allgemeine Zinsniveau gefallen ist. Und schließlich geht der Bank auch noch ihre Gewinnmarge verloren. Die Bank kann nach einer üblichen Berechnungsmethode den Ertrag des gekündigten Darlehens mit dem eines Ersatzdarlehens für die Restlaufzeit vergleichen (Aktiv-Aktiv-Vergleich) und ihren rechnerischen Schaden ausgleichen lassen, wie im folgenden Beispiel dargestellt.

Beispiel **Aktiv-Aktiv-Vergleich**

Vertraglicher Zins	6,25 %
fixe Einstandskosten der Bank, zum Beispiel Pfandbriefkosten	5,50 %
Entgangener Bruttogewinn der Bank: 6,25 % – 5,50 %	0,75 %
ersparte Kosten für Risikovorsorge und Verwaltung der Bank	0,35 %
Entgangener Nettogewinn der Bank:	
0,75 % – 0,35 % = Zinsmargenschaden	0,40 %
Wiederanlage des Geldes in neuem Kredit	5,00 %
Zinsverschlechterungsschaden der Bank: 5,50 % – 5,00 %	0,50 %
Zinsmargenschaden plus Zinsverschlechterungsschaden:	
0,40 % + 0,50 %	0,90 %

Der Schaden der Bank muss ihr bei vorzeitiger Rückzahlung ersetzt werden. Neben dem *Zinsverschlechterungsschaden* als Differenz von historischen fixen Refinanzierungskosten (im Beispiel 5,50 Prozent) und Wiederanlagesatz in einem neuen Darlehen (5 Prozent) hat die Bank auch einen *Zinsmargenschaden*. Der besteht darin, dass der Bank für die ausgefallene Darlehenszeit die als Bruttogewinn einkalkulierte Differenz zwischen bei Refinanzierung gezahlten und im Darlehensgeschäft erhaltenen Zinsen entgeht (6,25 Prozent – 5,50 Prozent = 0,75 Prozent), sie sich andererseits aber für die restliche Darlehenszeit die Kosten der Risikovorsorge und Verwaltung spart (0,35 Prozent). Die Bank hat das Recht, sich vom Kunden den Zinsverschlechterungsschaden (0,50 Prozent) und Zinsmargenschaden (0,40 Prozent) für die Restlaufzeit des Darlehens ausgleichen zu lassen. Alle Geldbeträge für die Zinsen werden für die restliche Zinsbindungsperiode des Kredits in der jeweiligen absoluten Sollhöhe berechnet und auf den Zeitpunkt der vorzeitigen Tilgung abgezinst (Ermittlung des Barwerts), um die Vorfälligkeitsentschädigung zu ermitteln.

3.2.9.2 Längerfristige Kredite mit variablem Zins

Der Festzins für langfristige Kreditvereinbarungen ist üblich, aber natürlich nicht zwingend. Variable Zinsen haben zwar den Nachteil, dass sie nicht vorhersehbar und somit nicht klar kalkulierbar sind. Dem steht aber der Vorteil gegenüber, dass der variable Zins sich immer den aktuellen Marktverhältnissen anpasst, also marktgerecht ist. Eine Kalkulation der Preise des Kreditnehmers mit marktgerechten Zinskosten ergibt Preise, die in der aktuellen Situation angemessen sind, während eine Kalkulation der Preise mit Festzinsen die Folge zu hoher oder zu niedriger Preise haben kann.

Wichtigster Fall langfristiger Kredite mit variablen Zinsen sind die sogenannten *Roll-over-Kredite*. Bei ihnen ist der Zins an einen Geldmarktzins gekoppelt, um ihn der Willkür der Neufestsetzung zu entziehen. Roll-over-Kredite sind insbesondere typisch für den internationalen Kreditmarkt. Die dortigen Roll-over-Kredite haben mittlere oder lange Laufzeiten, meistens fünf bis zehn Jahre, und werden meistens von einem Bankenkonsortium über Millionenbeträge vergeben. Ihr Zins ist an den LIBOR beziehungsweise EURIBOR gekoppelt, an die US-Prime-Rate oder ähnliche Zinsen des

Geldmarkts. Der Aufschlag auf diese Geldmarktsätze wird entscheidend durch die Bonität des Kreditnehmers beeinflusst.

Beispiel — **Roll-over-Kredit**

Der Zins für den Kunden ist der 6-Monats-USD-LIBOR plus 3/8 Prozent p.a. Dann wird alle sechs Monate der dann jeweils gültige LIBOR-Satz für sechs Monate als neue Basis für das nächste halbe Jahr genommen. Der Kunde kennt also nicht die künftigen Zinsen, wohl aber den Aufschlag, der zu dieser wechselnden Basis immer addiert wird.

Als Formen der Roll-over-Kredite lassen sich je nach Art der Inanspruchnahme nennen:

- **Roll-over-Darlehen:** Entsprechend der oben gemachten Definition eines Darlehens wird diese Form voll ausbezahlt und planmäßig getilgt, eventuell nach Freijahren.
- **Revolvierender Roll-over-Kredit:** Er wird in seiner Höhe je nach Bedarf des Kreditnehmers an den Zinsfestlegungszeitpunkten (Roll-over-Terminen) in der Höhe immer variiert.
- **Stand-by-Kredit:** Wie der revolvierende Roll-over-Kredit, aber typischerweise mit der Funktion einer Liquiditätsreserve und folglich oft nicht ausgenützt.

3.2.10 Refinanzierungsformen von Darlehen

3.2.10.1 Darlehen aus eigener Liquidität der Banken

Der übliche Fall ist, dass Banken sich aus Einlagen ihrer Kunden, zum Beispiel Spargeldern und Festgeldern, oder an den privaten Finanzmärkten, etwa mit Schuldverschreibungen am Kapitalmarkt, refinanzieren. Es entstehen marktgerecht zu verzinsende eigene Refinanzierungsmittel der Banken, über welche die Banken frei disponieren können.

3.2.10.2 Durchgeleitete Darlehen

Davon zu unterscheiden sind *durchgeleitete Darlehen*, auch *Sonderkredite* genannt, deren Mittel von speziellen öffentlichen Kreditgebern (sogenannten Sonderkreditinstituten des Bundes und der Länder) stammen. Bekanntestes Sonderkreditinstitut in Deutschland ist die in öffentlicher Hand, vornehmlich des Bundes, befindliche Kreditanstalt für Wiederaufbau. Die letzte Entscheidung über die Darlehensvergabe behält sich das Sonderkreditinstitut vor und es refinanziert nur die Darlehen, die es genehmigt hat. Die Kreditausreichung der Sonderkreditinstitute erfolgt über die Geschäftsbanken, die somit die Hauptlast der Kreditbearbeitung und technischen Darlehensabwicklung zu tragen haben.

Nach den Quellen der durchgeleiteten Darlehen lassen sich in Deutschland unterscheiden:

■ Sonderkredite aus Kapitalmarktmitteln und

■ Sonderkredite aus zinsgünstigen Sondermitteln des Staates (Darlehen mit Zinssubvention).

Bei der erstgenannten Gruppe – Darlehen aus Kapitalmarktmitteln – will man durch die Vergabe der Sonderkredite lediglich den Nachteil der mangelnden Kapitalmarktfähigkeit der mittelständischen Wirtschaft ausgleichen. Deshalb emittieren die Sonderkreditinstitute der öffentlichen Hand Anleihen und leiten das Geld über die Geschäftsbanken (die eine bonitätsabhängige Marge aufschlagen) an die begünstigten Unternehmen weiter. Bei der letztgenannten Gruppe – zinssubventionierte Darlehen – dagegen werden ganz oder zum Teil Finanzmittel des Staates eingesetzt, die nicht marktgerecht verzinst werden müssen. Naturgemäß werden diese besonders günstigen Sonderkredite nach besonders strengen Kriterien verteilt.

Die Sonderkreditinstitute, wie etwa die Kreditanstalt für Wiederaufbau, refinanzieren die durchreichenden Banken der Kreditnehmer zu festgelegten generellen Sätzen. Die Hausbanken schlagen auf diese Refinanzierungssätze risikoabhängige Margen auf, wobei die maximal aufschlagbare Marge vom Sonderkreditinstitut festgelegt wird.

Mit Sonderkrediten will der Staat spezielle wirtschaftliche Effekte erzielen. Im Grundsatz werden dabei bestimmte als wünschenswert angesehene Investitionen mitfinanziert. Typische Verwendungsvorschriften, an welche die Vergabe der Sondermittel geknüpft ist, sind alternativ zum Beispiel die Förderung von

■ Wachstum des Mittelstands allgemein,

■ Existenzgründungen und -sicherungen,

■ Umweltschutz (etwa durch besonders umweltschonende Produktionsverfahren),

■ Innovationen,

■ Restrukturierungen,

■ Unternehmen in bestimmten Regionen (zur dortigen Erhaltung und Errichtung von Arbeitsplätzen),

■ bestimmten Wirtschaftszweigen.

Hinsichtlich der geforderten Besicherung und Bonität gibt es im Grundsatz keine entscheidend anderen Kriterien als bei normalen Bankdarlehen, allerdings gibt es bei manchen Sonderkrediten ergänzend auch spezielle Risikoübernahmen durch die Sonderkreditinstitute.

3.2.11   Darlehen unterschiedlicher Größenordnung

3.2.11.1 Mittelstands- contra Konsortialdarlehen

Nach der Größenordnung der Darlehen lassen sich bei der Unternehmensfinanzierung zum einen die mittelständischen Investitionsfinanzierungen von wenigen tausend Euro bis hin zu niedrigen zweistelligen Millionenbeträgen nennen. Auf der anderen Seite gibt es die großen Konsortialdarlehen mit höheren Beträgen, die nicht mehr von Einzelbanken gegeben werden. Der Übergang der zwei Formen ist unter anderem schon deshalb unscharf, weil kleine Banken viel früher zu einer Konsortiallösung gezwungen sind als große.

3.2.11.2 Schuldscheindarlehen

Eine spezielle Form eines Großdarlehens ist das Schuldscheindarlehen. Schuldscheindarlehen werden oft vom ursprünglichen Gläubiger an neue Gläubiger abgetreten, etwa von einer Bank an eine Versicherung oder einen Fonds. Zur Vereinfachung der Weiterplatzierung des Darlehens an andere Darlehensgeber wird im Regelfall – nicht immer – ein Schuldschein ausgestellt, der die wichtigsten Bestimmungen des Darlehensvertrags fixiert und dem Darlehensgeber übergeben wird. Der vom Kreditnehmer ausgestellte Schuldschein ist eine Beweisurkunde, er erleichtert es dem jeweiligen Kreditgeber, seinen Anspruch zu beweisen. Im Streitfall zwischen Schuldner und aktuellem Gläubiger wird die Beweislast gegen Aussagen des Schuldscheins auf den Schuldner abgewälzt. Der Schuldschein ist aber kein Wertpapier in dem Sinne, dass der Kreditgeber im Besitz des Schuldscheins sein müsste, um seinen Anspruch durchzusetzen.

Aus Sicht des Kapitalaufnehmers können die Kosten, die durch die Kapitalaufnahme entstehen, für den Schuldschein sprechen. Es entstehen keine oder sehr geringe laufende Abwicklungskosten und keine hohen Emissionskosten wie bei einer Anleihe. Die Platzierung von Schuldscheinen erfolgt durch Privatplatzierung entweder direkt bei den Gläubigern ohne Einschaltung eines Kreditmittlers. Sie kann aber – insbesondere bei hohen Volumina – auch indirekt unter Einschaltung einer Bank, eines Bankenkonsortiums oder eines Finanzmaklers erfolgen. Bei sehr hohem Kapitalbedarf werden parallel Schuldscheindarlehen bei verschiedenen Anlegern aufgenommen. Entspricht die Laufzeit des Darlehens der Geldbedarfsdauer des Darlehensnehmers, so spricht man von *fristenkongruenten* Schuldscheindarlehen, wird dagegen ein langfristiger Geldbedarf durch mehrmalige Revolvierung kürzerer Darlehenslaufzeiten abgedeckt, so sind dies sogenannte *revolvierende* Schuldscheindarlehen.

Schuldscheine lauten typischerweise auf Millionenbeträge, haben meistens mittlere bis lange Laufzeiten (zwei bis 15 Jahre), können üblicherweise von keiner Seite vorzeitig gekündigt werden und sind entweder unbesichert (bei über jeden Zweifel erhabenem Schuldner) oder aber erstklassig besichert, etwa durch eine werthaltige erstrangige Grundschuld oder durch die Bürgschaft einer öffentlich-rechtlichen Körperschaft (sodass das Darlehen durch die Besicherung erstklassig wird). Die erstklassige Bonität ist unter anderem Voraussetzung dafür, dass Versicherungsgesellschaften Schuldscheindarlehen in ihren *Deckungsstock* aufnehmen dürfen. Der Deckungsstock ist ein getrennt zu verwaltendes Sondervermögen der Versicherung, in dem Prämieneinnahmen von den Versicherten nach strengen, treuhänderisch überwachten Anlagerichtlinien aufbewahrt werden und das von der Bundesanstalt für Finanzdienstleistungen kontrolliert wird. Die Kreditzinsen sind angesichts ausgezeichneter Kreditnehmer und hoher Kreditbeträge sehr günstig.

Gläubiger sind Kapitalsammelstellen, im Wesentlichen Banken und Versicherungsgesellschaften. Darlehensnehmer sind öffentliche Institutionen, Banken und sonstige gute Großkreditnehmer.

3.2.12 Formen der Kreditleihe

Anders als bei den bisher erörterten Krediten, die Formen der Geldleihe sind, weil dem Kreditnehmer unmittelbar Geld zur Verfügung gestellt wird, geht es nun um Kreditleihen. Das ist die Übertragung der Kreditwürdigkeit des Kreditgebers durch ein Zahlungsversprechen ohne sofortige und zwingende Auszahlung von Geld. Das Entgelt, das der Auftraggeber (Kreditnehmer) für die Übernahme der Zahlungsverpflichtung zu bezahlen hat, ist eine Provision, die eine Risikoübernahme honoriert, nicht ein Zins für eine – eventuell nie erfolgende – Kapitalüberlassung.

3.2.12.1 Avalkredite

Avalkredite werden hier als Oberbegriff von Bürgschaften und Garantien definiert. *Bürgschaft* und *Garantie* wurden bereits als Besicherungsformen von Krediten erwähnt. Denn die Hergabe eines Avals kann neben anderen Zwecken auch dazu dienen, die Rückzahlung eines Kredits sicherzustellen. Die Erlangung der Stellung eines Avals dagegen, sei es eine Kreditbesicherungsbürgschaft beziehungsweise -garantie oder ein anderes Aval, ist dagegen selbst eine Kreditaufnahme in Form der Kreditleihe. Ein Unternehmer zum Beispiel, der eine Darlehensaufnahme bei der Bank durch die Kreditbürgschaft seiner Ehefrau besichert, nimmt zuerst bei seiner Frau einen Kredit in Form einer Kreditleihe auf. Das Zahlungsversprechen dieses Avals benutzt er dann, um eine Geldleihe bei der Bank zu besichern.

Avale haben besonderen Wert, wenn der Avalgeber eine hohe Bonität hat, etwa Bund und Länder, Kreditgarantiegemeinschaften als Selbsthilfeorganisationen bestimmter Gewerbezweige, Versicherungen oder Banken.

In der Praxis werden Avale in Form der akzessorischen, in den §§ 765 ff. BGB und 349 f. HGB geregelten Bürgschaften durch die Banken primär im Inlandsgeschäft gegeben. Die nicht durch deutsche Gesetze, sondern aus der Wirtschaftspraxis heraus entstandenen abstrakten Garantien dagegen werden primär im Auslandsgeschäft gegeben. Die Garantie hat sich im internationalen Geschäft als das praktischere Aval herausgestellt. Die Geschäftspartner sind in unterschiedlichen Ländern, damit in unterschiedlichen Rechtssystemen und eventuell auch stark divergierenden Kulturen. Abweichende Rechtsauffassungen und Auslegungsstreitigkeiten lägen da sehr nahe. Also wählt man eine abstrakte Avalart, bei der Auseinandersetzungen über das Grundgeschäft grundsätzlich ausgeschaltet werden. Die prinzipielle Unterscheidung von Bürgschaften und Garantien wurde oben im Zusammenhang mit der Kreditbesicherungsgarantie erläutert. Tabelle 3.14 zeigt eine Abgrenzung der Garantie, die eher im Auslandsgeschäft der Banken üblich ist, von der im Inlandsgeschäft üblichen Bürgschaft. Allerdings gibt es in der Praxis sehr oft Mischformen, sodass die Gegenüberstellung nur idealtypisch ist. Auch ist die Bezeichnung als Garantie oder Bürgschaft kein ausreichender Anhaltspunkt, ob im hier verstandenen Sinne tatsächlich eine abstrakte Garantie oder eine akzessorische Bürgschaft vorliegt. Es kommt auf die Formulierungen im Vertragstext an, nicht auf die Bezeichnung als Bürgschaft oder Garantie.

Tabelle 3.14

Vergleich von Bürgschaft und Garantie

	Bürgschaft	Garantie
Akzessorisch oder fiduziarisch (rechtlich entscheidender Unterschied)	Akzessorisch, das heißt an das Schuldverhältnis gekoppelt.	Fiduziarisch/abstrakt, das heißt sie besteht vom Schuldverhältnis unabhängig.
Beweispflicht bei Inanspruchnahme und Einreden des Bürgen beziehungsweise Garanten	Der Bürge kann über die Möglichkeiten des Garanten hinaus auch Einreden aus dem zugrunde liegenden Geschäft geltend machen. (Nur im untypischen Extremfall der Bürgschaft auf erste Abforderung, die wirtschaftlich der Garantie sehr verwandt ist, sind Einwendungen aus dem Grundgeschäft ausgeschlossen.)	Es ist grundsätzlich auf erste Anforderung des Begünstigten hin zu zahlen. Der Begünstigte muss lediglich eine schriftliche Anforderung stellen und – wenn es nicht ausnahmsweise eine „Simple Demand"-Garantie ist – erklären, dass der Garantieauftraggeber eine bestimmte vertraglich vereinbarte Leistung oder Zahlungsverpflichtung nicht erfüllt habe („formeller" Garantiefall). Eventuell sind noch bestimmte in der Garantie genannte Dokumente vorzulegen. Es besteht aber keine aus dem Grundgeschäft herzuleitende Beweispflicht („materieller" Garantiefall) des Begünstigten, die seinen Anspruch gefährden könnte. Der Garant hat immer allein dann Einspruchsrechte, wenn der Wortlaut der Garantie die Möglichkeit dazu bietet (zum Beispiel bei Inanspruchnahme nach Ablauf der Garantiefrist) oder wenn ein Formfehler in der Inanspruchnahme vorliegt (etwa abgelaufene Garantiezeit oder fehlende Unterschrift). Einschränkung: Die garantietypische Zahlung auf erste Anforderung kann im Fall einer selten nachweisbaren rechtsmissbräuchlichen Inanspruchnahme verweigert werden, wenn der Einwand umgehend erfolgt und der Rechtsmissbrauch für jedermann klar erkennbar ist. Basis hierfür ist der Schutz von Treu und Glauben nach § 242 BGB.
Leistung für die Bank oder von der Bank	Die Bürgschaft ist typisch als Sicherheit für die Bank, gibt es aber auch oft als Bankleistung.	Die Garantie ist typisch als Bankleistung, gibt es aber auch als Sicherheit für die Bank (etwa als Garantie einer anderen Bank).

Die rechtlich extreme Abart der Bürgschaft auf erste Anforderung hat wirtschaftlich den Charakter der Garantie, sodass man aus wirtschaftlicher Sicht eher Garantien und Bürgschaften auf erste Anforderungen den sonstigen Bürgschaften gegenüberstellen sollte.

Mit der Veranlassung seiner Bank zur Hergabe einer abstrakten *Garantie* geht der Auftraggeber relativ hohe Risiken ein, begibt er sich doch dadurch gegenüber dem Begünstigten in die klar schwächere Position:

- Aufgrund der Verpflichtung zur Zahlung auf erste Anforderung hin kann die garantierende Bank nicht die sachliche, sondern lediglich die formelle Ordnungsmäßigkeit einer Garantieinanspruchnahme prüfen. Dadurch droht leicht widerrechtliche Inanspruchnahme.

- Bei zeitlich begrenzter Garantie wird der Garant oft vor die Wahl gestellt, entweder die Garantiefrist zu verlängern oder aber zu bezahlen (extend or pay). Die Abstraktheit der Garantie erlaubt hierbei nicht, mit Hinweis auf das gegebenenfalls offensichtlich ungestörte Grundgeschäft eine Bezahlung zu verweigern, sodass die Verlängerung im Regelfall unvermeidbar ist.

Arten von Bürgschaften

Beispiele häufig vorkommender Bürgschaften zugunsten von Unternehmen sind

- Prozessbürgschaften zur Abdeckung von Prozessverpflichtungen (Kosten, Strafzahlungen),
- Frachtstundungsbürgschaften zur Besicherung gestundeter Frachten,
- Steuerbürgschaften zur Besicherung aufgeschobener Steuerzahlungen,
- Kreditbürgschaften.

Daneben gibt es die in den Tabellen 3.15 und 3.16 genannten Beispiele für Garantien mit Ausnahme der Zollgarantie im Inlandsgeschäft analog als Bürgschaften.

Arten von Garantien

Beispiele für Garantien zeigen die Tabellen, die den typischen Fall der Export- beziehungsweise Importgeschäfte unterstellen.

Tabelle 3.15

Garantien auftrags des Exporteurs zugunsten des Importeurs

Name	%*	Zweck
Bietungsgarantie	2 %–5 %	Absicherung des Importeurs gegen das Risiko, dass er die Ausschreibung wiederholen muss, weil der Exporteur sein Gebot nicht erfüllen kann.
Anzahlungs- garantie	30 %	Absicherung des Importeurs gegen den Verlust seiner Anzahlung, wenn der Exporteur dem Anspruch auf Rückgewähr nicht nachkommt.
Lieferungs- und Leistungsgarantie	5 %–10 %	Garantie der Entschädigung des Importeurs für den Fall, dass der Exporteur vertragswidrig nicht liefert oder leistet.
Gewährleistungs- garantie	5 %–10 %	Sicherstellung von Garantieansprüchen des Importeurs.
Erfüllungsgarantie	10 %–20 %	Sie umfasst Lieferungs- und Leistungsgarantie einerseits und Gewährleistungsgarantie andererseits.

* typische Höhe der Garantie in Prozent des Exportvolumens

Tabelle 3.16

Garantien auftrags des Importeurs zugunsten des Exporteurs

Name	%*	Zweck
Zahlungsgarantie	100 %	Sicherung der Zahlung des (Rest-)Kaufpreises durch den Importeur. Diese Garantie kann ein Akkreditiv oder ein Wechselaval der Importbank ersetzen.
Garantie anstelle einer Anzahlung	Prozentsatz der geforderten Anzahlung	Ersatz für eine ansonsten fällige Anzahlung, insbesondere sinnvoll bei relativ niedrigen Zinsen für den Exporteur und hohen Zinsen für den Importeur.
Zollgarantie (für vorübergehende Einfuhr)	Einfuhrzollsatz	Diese im Allgemeinen unbefristete Garantie ersetzt eine ansonsten sofort fällige Zollzahlung. Sie ist angebracht, wenn Einfuhrware bald wieder ausgeführt werden soll, was eine Rückgewähr des gerade bezahlten Einfuhrzolls zur Folge hätte.

* typische Höhe der Garantie in Prozent des Importvolumens

Sowohl für Exporteure als auch für Importeure spielen daneben *Kreditbesicherungsgarantien* eine wichtige Rolle. Oft werden diese zugunsten ausländischer Tochterunternehmen der Inlandskunden einer Bank herausgelegt. Sie umfassen typischerweise den Kreditbetrag zuzüglich Zinsen und Spesen.

3.2.12.2 Sonstige Formen der Kreditleihe

Zu den sonstigen Formen der Kreditleihe zählen als wichtige Beispiele Akzeptkredite und Dokumentenakkreditive der Banken.

- **Akzeptkredit:** Akzeptkredit ist die Leistung eines Wechselakzepts, um dem Wechselaussteller ein abstraktes Zahlungsversprechen zukommen zu lassen. Insbesondere bei der Abwicklung von Außenhandelszahlungen gibt es Situationen, in denen Banken Wechsel akzeptieren, die Exporteure auf sie gezogen haben. Sie tun dies meistens als Ersatz für eine Zahlung des Importeurs und im Auftrag der Bank des Importeurs. Die Leistung des Akzepts durch die Bank auf einen auf sie gezogenen Wechsel bedeutet eine Risikoübernahme, da die Bank unabhängig von ihren Rückforderungen gegen den zahlungspflichtigen Importeur beziehungsweise dessen Bank den Wechsel in jedem Fall einlösen muss.

- Eröffnung eines **Dokumentenakkreditivs:** Ein Dokumentenakkreditiv, typisch für das Auslandsgeschäft, ähnelt der oben genannten Zahlungsgarantie. Während aber die Zahlungsgarantie in ihrer Reinform auf die erste Anforderung hin ohne weitere Bedingungen eine Zahlung auslöst, ist die Bank aus dem Dokumentenakkreditiv nur zur Zahlung verpflichtet, wenn ihr als zwingende Bedingung bestimmte vorher vereinbarte Dokumente des Exporteurs vorgelegt werden. Mit diesen Dokumenten soll der Exporteur beweisen, dass er seine Pflichten zur Abwicklung des Exports erfüllt hat. Dafür muss er neben seiner Rechnung meistens einen Nachweis für den Versand der Ware vorlegen (zum Beispiel einen Frachtbrief), je nach Einzelvereinbarung etwa zusätzlich eine Police, welche die ordnungsgemäße Transportversicherung für die Ware nachweist, einen Nachweis über die Herkunft der Ware, ein Zertifikat über deren Qualitätsprüfung und Ähnliches mehr.

3.3 Kredite mit teilweisem Eigenkapitalcharakter

Manche Kapitalüberlassungen sind eher Darlehen, haben aber gewisse Eigenschaften des Eigenkapitals. Sie sind also der im ersten Kapitel genannten Zwischenform des *Mezzanine Capital* zuordenbar, das seine Stellung zwischen Fremd- und Eigenkapital hat. Wegen ihrer stärkeren Nähe zu Krediten nennt man sie *Debt Mezzanine Capital*. Andere Bezeichnungen sind *Senior Mezzanine Capital* oder *Smart Loans*.

Formen von Mezzanine Capital, die den Darlehen nahe stehen und von gewisser Bedeutung sind:

- Nachrangiges Darlehen
- Verkäuferdarlehen
- Partiarisches Darlehen

Nachrangige Darlehen sind relativ verbreitet. Nicht selten werden sie von Kapitalgebern gewährt, die gleichzeitig als Eigenkapitalgeber auftreten, zum Beispiel Private-Equity-Gesellschaften. Nachrangige Darlehen zeichnen sich dadurch aus, dass sie im Fall der Liquidation bei Insolvenz erst nach dem vorrangigen Fremdkapital bedient werden. Der Nachrang gilt entweder gegenüber allen Kreditgebern eines Unternehmens oder aber nur gegenüber bestimmten. Für die reinen Fremdkapitalgeber hat das nachrangige Darlehen damit die Funktion eines Risikopuffers wie Eigenkapital. Der Zins nachrangiger Darlehen liegt wegen des erhöhten Risikos tendenziell über dem der einfachen Darlehen. Schon bestehende Darlehen werden gegebenenfalls durch Abgabe einer Rangrücktrittserklärung erst später nachrangig.

Verkäuferdarlehen sind Darlehen von Unternehmensverkäufern, die dem Erwerber des Unternehmens zur Mitfinanzierung ein spezielles Darlehen einräumen, oft wegen der Tatsache, dass andernfalls dem Erwerber eine volle Finanzierung nicht möglich wäre. Die Verkäuferdarlehen sind oft eine Form des nachrangigen Darlehens. Öfter als typische nachrangige Darlehen werden Verkäuferdarlehen aber mit einem *Non Equity Kicker* kombiniert.

Das weniger verbreitete **partiarische Darlehen** ähnelt sehr einer typischen stillen Beteiligung und unterscheidet sich von dieser im Wesentlichen dadurch, dass das partiarische Darlehen ohne Zustimmung der Gesellschaft übertragbar ist. Eine Verlustbeteiligung, wie bei der stillen Gesellschaft möglich, erfolgt grundsätzlich nicht, sonst liegt eine stille Gesellschaft vor. Die Vergütung des partiarischen Darlehens setzt sich aus Festzins und Gewinnbeteiligung zusammen.

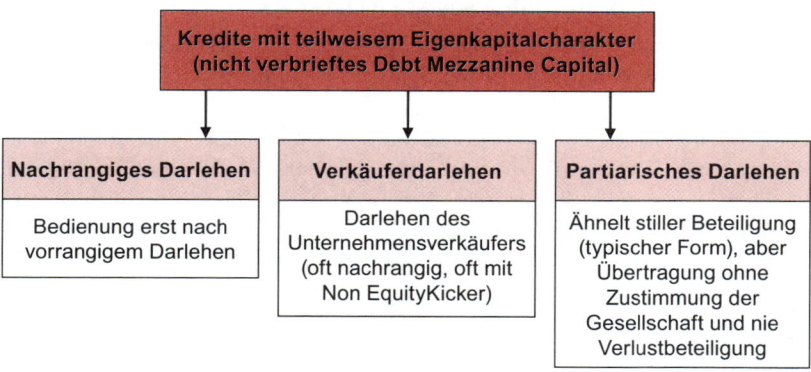

Abbildung 3.18: Kredite mit teilweisem Eigenkapitalcharakter

Zusammenfassung dieses Kapitels

■ Kreditbeziehung

Die Kreditbeziehung ist aus Sicht der praxisnahen Agency-Theorie eine Beziehung zweier Partner, die unterschiedliche Interessen verfolgen. Der Kreditnehmer verfügt über die besseren Informationen hinsichtlich der Bonität seines Unternehmens und der Kreditgeber kann ihn nicht total kontrollieren. Verträge müssen aus Sicht des Kreditgebers so konstruiert werden, dass aus den Interessengegensätzen kein Schaden entsteht. Der Kreditnehmer soll dadurch so gelenkt werden, dass er die Interessen des Kreditgebers erfüllt. Die Informationsasymmetrien zwischen Kreditgeber und Kreditnehmer betreffen Unterschiede vor Abschluss des Kreditvertrags (dem Vertragspartner vorenthaltene Informationen) und solche nach Vertragsabschluss (einteilbar in Informationen über heimliche Absichten und tatsächliche Handlungen).

■ Basel II

Mit Basel II wurde die Koppelung des notwendigen Eigenkapitals der Banken an individuell gemessene Kreditrisiken als Norm eingeführt. Damit haben sich die Bemühungen der Banken verstärkt, die Bonität der Kreditnehmer durch ein sorgfältiges Rating zu ermitteln. Als Konsequenz muss sich das Finanzmanagement um bessere Datenerhebung im Unternehmen und um verbesserte Informationspolitik bemühen. Kreditzinsen werden stärker an die Bonität gekoppelt.

■ Kreditentscheidungen und Kreditsicherheiten

Die Kreditentscheidungen hängen von den über den Kreditnehmer erhobenen quantitativen (harten) und qualitativen (weichen) Daten ab, der Besicherung der Kredite und den für den Kreditgeber erzielbaren Erträgen.

Bei den Kreditsicherheiten kann man Personal- und Realsicherheiten unterscheiden. Bei Erhalt von Personalsicherheiten erwirbt der Kreditgeber einen schuldrechtlichen Anspruch gegen den Sicherungsgeber. Mit einer Realsicherheit dagegen erhält der Kreditgeber ein dingliches Recht an einem Sicherungsgegenstand, der dem Kreditnehmer oder einem Dritten gehört. Dieser Gegenstand kann eine Mobiliarsicherheit sein (bewegliche Sache oder Recht) oder eine Immobiliarsicherheit (Grundstück oder grundstücksgleiches Recht).

Akzessorische Sicherheiten sind eng mit der gesicherten Forderung verknüpft. Das Sicherungsrecht kann ohne die Forderung nicht bestehen. Sie sind vom Gesetzgeber speziell als Sicherheiten konstruiert worden (geborene Sicherheiten). Fiduziarische Sicherheiten dagegen existieren grundsätzlich unabhängig von einer eventuell damit besicherten Forderung, sie sind auch als abstrakt bezeichenbar. Sie erhalten erst durch eine spezielle Sicherungsvereinbarung, welche die Sicherheit entsprechend individueller Vereinbarung mehr oder weniger eng mit dem Kredit koppelt, den Status einer Sicherheit, nicht von Gesetzes wegen (gekorene Sicherheit).

Wichtigste Personalsicherheit ist die akzessorische Bürgschaft. Eine Zahlung des Bürgen kann bereits nach erfolgloser Mahnung gemäß kaufmännischen Gepflogenheiten fällig sein (selbstschuldnerische Bürgschaft), nach erfolglosem Zwangsvollstreckungsversuch (Ausfallbürgschaft) oder, als Lösung zwischen diesen Extremen, nach Eintritt eines speziell definierten Ausfallereignisses (modifizierte Ausfallbürgschaft). Bürgschaften sind im Normalfall betraglich begrenzt (Höchstbetragsbürgschaft). Fiduziarisches Pendant zur Bürgschaft ist die Garantie. Den Personalsicherheiten verwandte Formen gehen entweder über die bloße Besicherung hinaus (Schuldübernahme) oder sie stehen ihr im Gegenteil insofern nach, als sie keine unmittelbare Zahlungspflicht des Sicherungsgebers als Ersatz für die ausbleibenden Zahlungen des Kreditnehmers auslösen (Patronatserklärungen sowie Negativ- und Positiverklärungen).

▪ Geldleihe

Bei den Krediten wird entweder sofort Geld ausbezahlt (Geldleihe) oder es wird lediglich eine Ausbezahlung bei Eintritt vereinbarter Voraussetzungen vereinbart (Kreditleihe). Bei der Geldleihe werden kurz- und langfristige Kredite unterschieden sowie die Besonderheit der Kredite von Geschäftspartnern (Lieferanten und Abnehmern) ausgegliedert. Wichtigste Form des kurzfristigen Kredits ist der Kontokorrentkredit. Die langfristigen Kredite beziehungsweise Darlehen (anfänglich voll ausbezahlte Kredite mit Tilgungsvereinbarung) unterscheidet man unter anderem danach, in welcher Form die Rückzahlung erfolgt, in Annuitäten-, Tilgungs- und endfällige Darlehen. Als Zinsformen lassen sich Festzinsdarlehen und solche langfristige Kredite unterscheiden, bei denen sich der Zins in Abhängigkeit von der Entwicklung eines Geldmarktzinses ändert (Roll-over-Kredite). Bei den Festzinsdarlehen wurde erläutert, welche Konditionenvereinbarungen Einfluss auf die Effektivverzinsung des Darlehens haben: Nominalzins, Laufzeit und Disagio als primäre Einflussfaktoren und daneben noch sekundäre Einflussfaktoren. Die primären Einflussfaktoren gehen in eine verbreitete Näherungsformel für den Effektivzins ein. Zusatzkosten für nicht vereinbarungsgemäße Kreditinanspruchnahmen durch verzögerte Kreditinanspruchnahme oder zu frühe Zurückzahlung gehen nicht in die Berechnung der Effektivverzinsung ein. Darlehen geben Banken teilweise aus eigener Liquidität, teilweise in Weiterleitung der Mittel anderer Finanzierungsquellen (durchgeleitete Darlehen). Die Größenordnungen von Darlehen können sehr unterschiedlich sein, sie gehen von individuellen Mittelstandsdarlehen bis zu Großdarlehen eines Bankenkonsortiums und Schuldscheindarlehen von Kapitalsammelstellen an gute Großkreditnehmer.

▪ Kreditleihe

Als Formen der Kreditleihe werden Avale und sonstige Formen unterschieden. Avale sind Bürgschaften oder Garantien des Kreditgebers. Wichtige sonstige Formen der Kreditleihe sind Akzeptkredit (der Kreditgeber akzeptiert einen auf ihn gezogenen Wechsel) und Dokumentenakkreditiv (Zahlungsversprechen unter Voraussetzung der Vorlage vereinbarter Dokumente).

▪ Kredite mit teilweisem Eigenkapitalcharakter

Kredite mit teilweisem Eigenkapitalcharakter zählen zum Mezzanine Capital. Wichtige Formen sind nachrangige Darlehen, spezielle Darlehen von Unternehmensverkäufern (Verkäuferdarlehen) und partiarische Darlehen.

Aufgaben

Die Lösungen zu diesen Aufgaben finden Sie am Ende des Buches.

Aufgabe 3-1

Quantitative und qualitative Faktoren der Kreditentscheidung:
Welche der folgenden Aussagen (A bis E) sind richtig?

A. Ein Kreditinstitut kann immer nach eigenem Ermessen entscheiden, ob es sich bei einer Krediteinräumung an ein Unternehmen die Jahresabschlüsse vorlegen lässt oder nicht.

B. Die Bank eines ins Handelsregister eingetragenen Unternehmens darf nach deutschem Recht eine Bankauskunft über ihren Kunden an eine andere Bank nur geben, wenn das Unternehmen dem ausdrücklich zugestimmt hat.

C. Die Verwendung der Kreditmittel als ureigene Entscheidung des Unternehmers entzieht sich den Kriterien für eine Kreditvergabeentscheidung der Banken

D. Finanzferne Funktionen im Unternehmen eines Kreditnehmers wie das Marketing oder das Management spielen für die Kreditanalyse nur eine sehr untergeordnete Rolle.

E. Die verschiedenen qualitativen Faktoren, die in eine Kreditentscheidung eingehen, werden beim Kreditrating grundsätzlich gleich stark gewichtet, da eine objektive Differenzierung der Bedeutung der qualitativen Faktoren nicht begründbar ist.

F. Alle Aussagen (A bis E) sind falsch.

Aufgabe 3-2

Grundlagen der Kreditbesicherung:
Welche der folgenden Aussagen (A bis E) sind richtig?

A. Gegenstand von Realsicherheiten können auch Rechte sein, zum Beispiel Forderungsrechte.

B. Eine akzessorische Sicherheit entsteht erst mit der besicherten Schuld, etwa eine Kreditbürgschaft erst mit Ausreichung des besicherten Kredits. Vor der Ausreichung bestehen keinerlei Ansprüche des Besicherten.

C. Fiduziarische Sicherheiten sind vom Gesetzgeber nicht speziell und allein als Sicherheiten konstruiert worden.

D. Hat ein Kreditnehmer Wertpapiere im Depot einer Bank, so hat die Bank gemäß ihren Allgemeinen Geschäftsbedingungen automatisch ein Pfandrecht an diesen Wertpapieren.

E. Ist eine Bank im Besitz von Sicherheiten, so braucht sie bei Reduzierung ihrer Forderungen gegen den Kreditnehmer auch auf dessen Wunsch hin keine Sicherheiten freizugeben, solange ihre Forderungen nicht restlos getilgt sind.

F. Alle Aussagen (A bis E) sind falsch.

Aufgabe 3-3

Bürgschaft:

Welche der folgenden Aussagen (A bis E) sind richtig?

Bei der selbstschuldnerischen Bürgschaft übernimmt der Bürge das Risiko ...

A. nur, wenn und soweit eine Zwangsvollstreckung in das Vermögen des Hauptschuldners erfolglos versucht worden war.

B. nur, wenn und soweit der Kreditgeber einen endgültigen Kreditausfall beim Hauptschuldner nachweisen kann.

C. unter Verzicht darauf, eine vorherige Zwangsvollstreckung beim Hauptschuldner zu verlangen.

D. nur insoweit, als der Gläubiger bereits alle Rechtsmittel gegen den Hauptschuldner ausgeschöpft hat.

E. in der Höhe, in dem ihm selbst eine Schuld zugerechnet werden kann (Haftung für eigenes Verschulden).

F. Alle Aussagen (A bis E) sind falsch.

Aufgabe 3-4

Eigentumsvorbehalt und Forderungszession:

Welche der folgenden Aussagen (A bis F) sind richtig?

A. Verkauft der Abnehmer B des Lieferanten A die Erzeugnisse weiter an einen Dritten C, so gelten die dabei entstehenden Forderungen von B gegen C bei verlängertem Eigentumsvorbehalt als bereits im Voraus an A abgetreten.

B. Die Vereinbarung eines verlängerten Eigentumsvorbehalts zwischen dem Lieferanten A und seinem Abnehmer B beinhaltet die Abmachung, dass bei Weiterverarbeitung der Erzeugnisse von A im Unternehmen von B das Eigentum an den neuen Produkten des B auf den Lieferanten A übergeht.

C. Meistens wird bei Globalzessionen festgelegt, dass die Drittschuldner (Schuldner des Zedenten) von der Abtretung nichts erfahren (stille Abtretung), solange der besicherte Kredit nicht notleidend ist.

D. Zahlt ein Drittschuldner (Schuldner des Zedenten) nach Offenlegung der Zession noch an den Zedenten, so kann der Zessionar nochmalige Bezahlung an sich fordern.

E. Die Forderungszession eines Unternehmens A an eine Bank B kann gegebenenfalls insoweit nicht greifen, wie das Unternehmen A seine Waren gegen Eigentumsvorbehalt mit Vorausabtretungsklausel erhalten hatte und die Forderungen aus dem Weiterverkauf dieser Waren betroffen sind.

F. Eine sicherungsweise Forderungszession wird den zahlungspflichtigen Kunden des Kreditnehmers aus rechtlichen Gründen immer sofort nach Abschluss der Sicherungsvereinbarung angezeigt.

G. Alle Aussagen (A bis F) sind falsch.

Aufgabe 3-5

Sicherungsübereignung, Eigentumsvorbehalt und Verpfändung:

Welche der folgenden Aussagen (A bis G) sind richtig?

A. Sicherungsübereignete Vermögensgegenstände müssen effektiv an den Sicherungsnehmer übergeben werden.

B. Der Besitz an dem sicherungsübereigneten Vermögensgegenstand muss in der Besicherungszeit auf den Sicherungsnehmer übergehen.

C. Der Sicherungsgeber kann die sicherungsübereigneten Vermögensgegenstände weiter nutzen.

D. Der Sicherungsgeber bleibt bei Sicherungsübereignung Eigentümer des Sicherungsgutes, nicht aber Besitzer.

E. Im Fall der nachträglichen Sicherungsübereignung bereits einem Eigentumsvorbehalt unterliegender Ware durch den Empfänger der Ware geht der Eigentumsvorbehalt unter, da die neue Vereinbarung grundsätzlich eine eventuelle alte Sicherungsvereinbarung aufhebt.

F. Der Eigentumsvorbehalt ist gesetzlich grundsätzlich so geregelt, dass bei Weiterveräußerung die Vorausabtretung der aus dem Weiterverkauf stammenden Forderungen an den Lieferanten gilt.

G. Die Verpfändung setzt Eigentumsübertragung, nicht aber unbedingt gleichzeitig Besitzübertragung voraus.

H. Alle Aussagen (A bis G) sind falsch.

Aufgabe 3-6

Grundbuch und Grundschulden:

Welche der folgenden Aussagen (A bis F) sind richtig?

A. Ein reales Haus kann immer nur als Ganzes belastet werden, damit die Verwertbarkeit des Hauses gesichert ist.

B. Der Rahmenzins einer Grundschuld hat akzessorischen Charakter, ist also nur von Bedeutung, wenn der besicherte Darlehenszins nicht bezahlt wurde.

C. Mit einer Grundschuld ist immer auch die persönliche Haftung des Sicherungsgebers verbunden.

D. Nachrangig besicherte Gläubiger haben bei Grundschuldeintragung ab 1978 einen gesetzlichen Löschungsanspruch gegen solche vor- oder gleichrangigen Grundpfandrechte, die an den Eigentümer zurückgefallen sind.

E. Eine Grundschuld geht automatisch unter, wenn sie an den Eigentümer des belasteten Grundstücks zurückfällt. Sie ist dann zu löschen.

F. Zur Übertragung einer Briefgrundschuld ist die Mitwirkung eines Notars nicht unbedingt erforderlich.

G. Alle Aussagen (A bis F) sind falsch.

Aufgabe 3-7

Grundbuch und Grundschulden:

Welche der folgenden Aussagen (A bis F) sind richtig?

A. Grundschulden können auch dem Eigentümer des belasteten Grundstücks selbst zustehen.

B. Grundschulden können bestehen, ohne dass eine Forderung existiert, auf die sie sich beziehen.

C. Die Rangordnung ins Grundbuch eingetragener Grundschulden ist aus Gründen des Gläubigerschutzes nachträglich nicht änderbar.

D. Erfolgt die Rückgewähr einer Grundschuld durch Abtretung an den Grundstückseigentümer, so fällt die Grundschuld an diesen zurück. Damit greift der gesetzliche Löschungsanspruch der nach- und/oder gleichrangigen Grundpfandrechte ab dem Eintragungsdatum 1.1.1978 oder der Anspruch aus einer Löschungsvormerkung.

E. Wird die Zwangsversteigerung aus einer Grundschuld an zweiter Rangstelle betrieben, so muss der Kapitalbetrag der Grundschuld an erster Rangstelle an den mit der erstrangigen Grundschuld Besicherten immer bar ausbezahlt werden.

F. Der Barwert der Jahresroherträge des Gebäudes für die Restlebensdauer, das heißt die Roherträge abgezinst mit einem marktüblichen Zinssatz, ergibt den Ertragswert des Gesamtgrundstücks.

G. Alle Aussagen (A bis F) sind falsch.

Aufgabe 3-8

Kurzfristige Kredite und Kredite der Geschäftspartner:
Welche der folgenden Aussagen (A bis H) sind richtig?

A. Die Inanspruchnahme eines Kontokorrentkredits entsteht nicht durch einen formalen Mittelabruf bei der Bank, sondern automatisch durch Zahlungen zu Lasten des Kontokorrentkontos.

B. Lombardkredit ist zum Beispiel ein Kredit gegen Verpfändung von Rechten.

C. Der Lieferantenkredit erfordert als Besicherung meist nur das Akzeptieren eines Eigentumsvorbehalts des Lieferanten durch den Kreditnehmer.

D. Ein Diskontkredit ist im Normalfall deutlich teurer als ein Kontokorrentkredit.

E. Der Effektenlombard ist bei Kursrückgängen der verpfändeten Effekten gefährlich, da die Besicherung des Kredits mit den Kursrückgängen sinkt. Bei mangelnder Möglichkeit der Stellung von Ersatzsicherheiten droht deshalb eine zwangsweise Kreditrückführung durch Verkauf der im Kurs gesunkenen Effekten seitens der Kredit gebenden Bank.

F. Die Zinsen für Kontokorrentkredite sind verglichen mit allen anderen kurzfristigen Krediten äußerst niedrig, was die Beliebtheit des Kontokorrentkredits erklärt.

G. Kurzfristige Kredite, deren Zins an einen Geldmarktsatz gekoppelt ist, werden gerne dazu verwendet, den Bodensatz der Inanspruchnahme eines Kontokorrentkredits umzufinanzieren.

H. Ein Diskontkredit entsteht, indem eine Bank einen auf sie gezogenen Wechsel akzeptiert.

I. Alle Aussagen (A bis H) sind falsch.

Aufgabe 3-9

Tilgungsformen von Darlehen im Vergleich:
Verglichen werden ein Annuitätendarlehen, ein Tilgungsdarlehen und ein endfälliges Darlehen, jeweils mit Festschreibung des Zinses p.a. von 6 Prozent während der Gesamtlaufzeit (bis zur vollen Tilgung) von zehn Jahren und monatlichen Darlehensraten (das heißt monatlichen Zinszahlungen beim endfälligen Darlehen beziehungsweise monatlichen Zins- und Tilgungszahlungen bei den beiden anderen Tilgungsformen).
Welche der folgenden Aussagen (A bis E) sind richtig?

A. Die monatlichen Darlehensraten bleiben beim Annuitätendarlehen im Zeitablauf gleich hoch, während sie beim Tilgungsdarlehen abnehmen.

B. Die absolute Höhe der Tilgung mit der monatlichen Darlehensrate wächst beim Annuitätendarlehen im Zeitablauf an, während sie beim Tilgungsdarlehen konstant bleibt.

C. Der absolute Betrag des Zinsteils der monatlichen Darlehensrate wächst beim Annuitätendarlehen im Zeitablauf an, während er beim Tilgungsdarlehen konstant bleibt.

D. Die mittlere Darlehenslaufzeit der drei Darlehenstypen sinkt in der Reihenfolge 1. endfälliges Darlehen (längste mittlere Darlehenslaufzeit), 2. Annuitätendarlehen (zwischen den beiden anderen liegende mittlere Darlehenslaufzeit) und 3. Tilgungsdarlehen (kürzeste mittlere Darlehenslaufzeit).

E. Der absolut zu bezahlende Betrag aller Zins- und Tilgungszahlungen (Summe der Zeitwerte), der bei den drei Darlehenstypen in der Gesamtlaufzeit von zehn Jahren zur Zahlung kommt, sinkt in der gleichen Reihenfolge wie unter D.

F. Alle Aussagen (A bis E) sind falsch.

Aufgabe 3-10

Zins- und Tilgungsplan:

Gegeben sei ein Annuitätendarlehen mit folgenden Daten: Zins für die Gesamtlaufzeit 10 Prozent, Auszahlungskurs 100 Prozent, Darlehensbetrag 300 T€, Laufzeit fünf Jahre (am Ende der Laufzeit ist das Darlehen getilgt), jährlich nachträgliche Zins- und Tilgungsfälligkeiten, sofortige Tilgungsverrechnung, keine sonstigen Gebühren.

Die Aufgabe ist mit Hilfe eines Elektronenrechners zu lösen, der ein spezielles Annuitätenprogramm bietet.

Welche der folgenden Aussagen (A bis E) sind richtig?

A. Die jährliche Annuität auf volle Euro gerundet ist 64.556 Euro.

B. Der Darlehensrest nach Ablauf des vierten Jahres ist auf volle Euro gerundet 71.945 Euro.

C. Die Summe sämtlicher Zinszahlungen während der Gesamtlaufzeit ist auf volle Euro gerundet 95.696 Euro.

D. Für das zweite Jahr sind auf volle Euro gerundet 25.086 Euro Zinsen zu bezahlen.

E. Die Summe der Zeitwerte der in der Gesamtlaufzeit absolut bezahlten Zinsen für das Annuitätendarlehen ist niedriger als bei einem Tilgungsdarlehen mit ansonsten gleichen nominellen Konditionen (Zins für die Gesamtlaufzeit 10 Prozent, Auszahlungskurs 100 Prozent, Darlehensbetrag 300 T€, Laufzeit fünf Jahre, jährliche Zins- und Tilgungsfälligkeiten nachträglich, sofortige Tilgungsverrechnung, keine sonstigen Gebühren).

F. Alle Aussagen (A bis E) sind falsch.

Aufgabe 3-11 (Einfachauswahl)

Effektivzins:

Errechnen Sie unter Verwendung der üblichen Näherungsrechnung auf Zehntel Prozent genau den Effektivzins eines Tilgungsdarlehens mit jährlich nachträglichen Zins- und Tilgungsraten, wenn folgende Daten gegeben sind:

- Nominalzins 5 Prozent p.a.

- Disagio 10 Prozent

- tilgungsfreie Zeit drei Jahre

- Laufzeit zehn Jahre bei gleichlanger Zinsbindung.

Welche der folgenden Aussagen (A bis E) ist richtig?

Der näherungsweise Effektivzins ist ...

A. 4,3 Prozent p.a.

B. 5 Prozent p.a.

C. 6 Prozent p.a.

D. 7,1 Prozent p.a.

E. 8,3 Prozent p.a.

F. Alle Aussagen (A bis E) sind falsch.

Aufgabe 3-12

Formen langfristiger Darlehen und von Krediten mit teilweisem Eigenkapital-charakter:

Welche der folgenden Aussagen (A bis F) sind richtig?

A. Die durchgeleiteten Darlehen der Sonderkreditinstitute haben als gemeinsames Merkmal, dass sie immer zinssubventioniert sind.

B. Die durchgeleiteten Darlehen der Sonderkreditinstitute müssen immer weit weniger streng besichert werden als Darlehen aus Eigenmitteln der Banken.

C. Schuldscheindarlehen zeichnen sich unter anderem dadurch aus, dass die Darlehensvergabe immer mit der Ausstellung eines Wertpapiers, des Schuldscheins, gekoppelt ist.

D. Ein Roll-over-Darlehen ist ein planmäßig zu tilgendes Darlehen, dessen Zins an einen Geldmarktzins gekoppelt ist und periodisch angepasst wird.

E. Nachrangige Darlehen zeichnen sich dadurch aus, dass sie im Liquidationsfall bei Insolvenz erst nach dem vorrangigen Fremdkapital bedient werden.

F. Ein partiarisches Darlehen ist eine Form der stillen Gesellschaft.

G. Alle Aussagen (A bis F) sind falsch.

Aufgabe 3-13

Formen der Kreditleihe:

Welche der folgenden Aussagen (A bis F) sind richtig?

A. Ein Avalkredit einer Bank löst nach Ablauf der Befristung des Avals in jedem Fall eine Zahlung der Bank aus.

B. Ein Avalkredit einer Bank braucht vom Kunden nicht besichert zu werden, da ansonsten der Sinn des Avals (die Bank „leiht" dem Kunden ihre Kreditwürdigkeit) nicht erfüllt würde.

C. Eine Anzahlungsgarantie dient der Sicherstellung der Rückzahlung des von einem Käufer angezahlten Betrags, falls der Verkäufer seine Verpflichtungen nicht erfüllt.

D. Ein Aval ist für den Kunden so lange kostenlos, wie noch keine Liquidität an die aus dem Aval begünstigte Partei (zum Beispiel Käufer im Fall der Anzahlungsgarantie) geflossen ist.

E. Beim typischen Akzeptkredit im Außenhandel akzeptiert ein Exporteur einen von der Bank auf ihn gezogenen Wechsel.

F. Eine Bank ist aus einem von ihr eröffneten Dokumentenakkreditiv nur zur Zahlung verpflichtet, wenn ihr bestimmte vorher vereinbarte Dokumente des Exporteurs vorgelegt werden.

G. Alle Aussagen (A bis F) sind falsch.

Weitere Aufgaben zu diesem Kapitel finden Sie auf der Companion Website zum Buch unter *www.pearson-studium.de.*

Fremdfinanzierung mit Effekten

4

ÜBERBLICK

Immer im Überblick: Position des Kapitels „Fremdfinanzierung mit Effekten" in der Systematik des Buches:

Kapitel 1 Grundlagen der Finanzwirtschaft	Finanzierungsformen					Kapitel 9 Finanzorganisation, -planung und -controlling
	Außenfinanzierung			Kapitel 5 Innenfinanzierung	Kapitel 6 Sonderformen der Finanzierung	
		Fremdfinanzierung				
	Kapitel 2 Eigenfinanzierung	Kapitel 3 Kreditfinanzierung	Kapitel 4 Fremdfinanzierung mit Effekten			
	Kapitel 7 Finanzderivate					
	Kapitel 8 Investitionsrechnung					

Lernziele dieses Kapitels

- Der Leser soll den besonderen Charakter von Wertpapieren und besonders Effekten im Unterschied zu anderen Urkunden begreifen, die spezielle Ausprägung als Inhaber- oder Orderpapiere, die Form der Wertrechte und die üblichen Formen der Emission von Obligationen.

- Die Zinsformen der Forderungspapiere sollen unterschieden werden können. Darüber hinaus soll der Charakter der Zinsen als zentrale finanzwirtschaftliche Größe verstanden werden unter Hinweis auf Stückzinsen, Zusammenhang von Zins und Inflation, normale und inverse Zinsstruktur, Abhängigkeit der Kurse der Zinspapiere vom Marktzins, Zusammenhang von Zins und Währung, Effektivzins von festverzinslichen Forderungspapieren sowie Maße zur Messung der Zinssituation.

- Es sollen wichtige Phänomene des Anleihemarktes kennengelernt werden, zum Beispiel: Wie werden Anleihen zurückgezahlt? Welche Funktion haben Ratingagenturen auf dem Anleihemarkt?

- Schließlich soll der Leser ausführlich die wichtigsten Typen einerseits von reinen Forderungspapieren kennenlernen (Industrieanleihe, Floater, spezielle Währungsanleihen, Zerobond sowie Commercial Paper und Medium Term Note) und andererseits von mezzaninen Formen, die mit den Forderungspapieren verwandt sind (Wandel- und Optionsanleihe, nachrangige Obligation und Genussschein sowie Hybridanleihe).

Von den Forderungspapieren, die auf den Märkten existieren, kommen hier die wichtigsten derjenigen zur Sprache, die dem Finanzmanagement aller Unternehmen als Alternativen zur Verfügung stehen. Papiere, die ausschließlich von Banken oder öffentlichen Stellen emittiert werden, sind nicht Gegenstand der Betrachtung.

4.1 Grundlagen

4.1.1 Securitisation

Wenn auch in Deutschland für die Fremdfinanzierung traditionell der Kredit im Vordergrund steht, so gibt es doch im Finanzmanagement der Unternehmen eine gewisse Entwicklung hin zur stärkeren Finanzierung mit Wertpapieren. Aus Sicht der Kapitalanleger entspricht dem ein Trend weg von der Kapitalanlage bei der Bank (unter anderem als Spar- und Festgelder) und hin zum Kauf von Wertpapieren, die durch Banken nur noch vermittelt werden. Dieser Trend zum Wertpapier wird nach der englischen Vokabel für das Wertpapier „security" als *Securitisation*, wörtlich „Verbriefung", bezeichnet. Die Fremdfinanzierung der Unternehmen mit Anleihen statt mit Krediten macht deren Finanzmanagement unabhängiger von den Banken. Allerdings steht diese Form der Finanzierung nur Unternehmen ab einer bestimmten Größenordnung offen, denn ein wichtiger Nachteil des Einsatzes von Effekten zur Finanzierung liegt in der Tatsache, dass die Effektenemission mit relativ hohen Mindestkosten belastet ist (etwa für die Bankprovisionen, Rating, Prospekterstellung und so weiter). Sehr kleine Wertpapieremissionen verbieten sich also. Der Hauptgrund für die relativ geringe Bedeutung der Wertpapiere für die Fremdfinanzierung speziell in Deutschland etwa im Vergleich zu den USA liegt in der stark durch kleine und mittlere Unternehmen geprägten deutschen Wirtschaft.

4.1.2 Systematische Einordnung der Forderungspapiere

4.1.2.1 Urkunden, Wertpapiere und Effekten

Urkunden dienen dazu, rechtserhebliche Tatsachen festzustellen. Man kann die Urkunden unter anderem danach unterscheiden, wie zwingend ihr Besitz ist, um ein in ihnen beschriebenes Recht durchzusetzen:

- Urkunden, die nur Hilfsmittel, aber nicht zwingende Voraussetzung sind, um dem Recht zur Geltung zu verhelfen, sind entweder Beweispapiere oder Legitimationspapiere. *Beweispapiere* (Beweisurkunden) erleichtern dem Berechtigten den Beweis seiner Berechtigung, *einfache Legitimationspapiere* dagegen erleichtern die Position der Verpflichteten, da sie an jeden, der sich durch das Papier legitimiert, mit befreiender Wirkung leisten können. Beispiele für Beweispapiere sind Bürgschaftsurkunde, Schuldschein, Testamentschein oder Kreditkarte, Beispiele für einfache Legitimationspapiere sind die Quittung gemäß § 370 BGB, der Gepäck- und der Depotschein.

- Urkunden, die man zwingend vorlegen muss, um dieses Recht auszuüben, sind *Wertpapiere* im weitesten verwendeten und auch hier gebrauchten Sinne. Ohne Urkunde gibt es hier keine Rechtsausübung. Hat man das Wertpapier nicht und kann man sein Recht anderweitig nachweisen, so dient der anderweitige Nachweis der Berechtigung nur dazu, wieder an eine (Ersatz-) Urkunde zu gelangen, mit der man dann das Recht ausüben kann.

Nach dem im Wertpapier verbrieften Recht unterscheidet man Warenwertpapiere, Geldwertpapiere und Kapitalwertpapiere:

- *Warenwertpapiere* verbriefen das Recht auf körperliche Gegenstände. Wichtigstes Beispiel ist das Konnossement, welches das Recht auf eine Ware verbrieft, die im Überseeverkehr unterwegs ist. Ähnlich sind der Ladeschein, der das Recht auf schwimmende Ware im Binnenschifffahrtsverkehr verkörpert, und der Lagerschein mit dem Recht auf in einem Lager befindliche ruhende Ware.

- *Geldwertpapiere* dienen primär dem Zahlungsverkehr und verbriefen als solche immer kurzfristige Forderungen. Wichtigste Beispiele sind Wechsel und Scheck.

- *Kapitalwertpapiere* dienen der Kapitalbeschaffung aus Sicht des Nachfragers beziehungsweise der Kapitalanlage aus Sicht des Anbieters und verbriefen als solche Forderungen oder Eigentumsrechte, die nicht dem Zahlungsverkehr dienen. Ihre Laufzeit ist vorwiegend lang, kann aber, insbesondere bei sehr großer Stückelung, auch kurz sein. Bei kurzen Laufzeiten verwischt sich der Unterschied von Geld- und Kapitalwertpapieren. Kapitalwertpapiere verkörpern Eigenkapital (Aktien, siehe zweites Kapitel) oder das hier relevante Fremdkapital.

Die Kapitalwertpapiere lassen sich in zwei sehr unterschiedlich bedeutende Gruppen einteilen, nämlich in die nicht vertretbaren Kapitalwertpapiere einerseits und die vertretbaren andererseits:

- *Nicht vertretbar* nennt man Kapitalwertpapiere, die ganz individuelle Rechte verkörpern, die es kein zweites Mal gibt. Wichtigstes Beispiel in der Praxis ist der Grundschuldbrief, der ein Recht auf Befriedigung einer Forderung aus einem ganz speziellen Grundstück und an einer genau fixierten Rangstelle verkörpert.

- *Vertretbar* dagegen nennt man solche Kapitalwertpapiere, von denen es verschiedene gleichartige gibt, die sich gegenseitig vollkommen ersetzen können, weil sie völlig gleichwertige Rechte verkörpern. Diese Wertpapiere nennt man auch *Effekten*. Effekten haben in der Wirtschaftspraxis eine außerordentlich hohe Bedeutung, denn sie eignen sich dazu, Eigen- und Fremdkapital klein zu portionieren und zu handeln. Riesige Kapitalbeträge, die Einzelne selten aufbringen können, werden so Gegenstand des Handels auf Märkten. Auf diese vertretbaren Kapitalwertpapiere hat sich das Interesse im täglichen Wirtschaftsleben besonders konzentriert, weswegen man in verschiedenen Gesetzen (siehe § 1 Depotgesetz und § 2 Wertpapierhandelsgesetz) und in der Presse oft den Begriff des Wertpapiers auf die Effekten einengt.

Die Effekten lassen sich nach der juristischen Eigenschaft des Kapitalrechts unterteilen in

- *Forderungspapiere* und

- *Teilhaberpapiere*, deren heute allein wichtige Effektenart die im zweiten Kapitel als Form der Eigenfinanzierung besprochenen Aktien sind.

Forderungspapiere einschließlich solcher, die ihnen verwandt sind, aber auch bestimmte Eigenschaften von Teilhaberpapieren aufweisen (Mischformen), sind Gegenstand dieses Kapitels. Die Forderungspapiere haben eine Anzahl sich stark überschneidender Bezeichnungen: *Schuldverschreibung* beziehungsweise *Teilschuldverschreibung, Obligation* oder *Anleihe.* Dabei werden die Bezeichnungen Schuldverschreibung und insbesondere Anleihe streng genommen nur für die gesamte Emission verwendet, tatsächlich verwendet man sie auch für ein einzelnes Wertpapierstück. Auf den international geprägten Kapitalmärkten spricht man bei länger laufenden Papieren weltweit von *Bonds*. Kürzer laufende Papiere haben im Deutschen oft die Wortbestandteile Schatz, Schatzbrief, Schatzanweisung im Namen, bei Fälligkeit der Zinsen vorweg auch den Namensbestandteil Wechsel. Die angelsächsischen Ausdrücke *Note* und *Paper* bezeichnen tendenziell eher mittel- und kürzerfristige Forderungspapiere.

Neben die Effekten in Form von Forderungs- und Teilhaberpapieren sowie mezzaninen Zwischenformen kann man noch sonstige stellen, die einen speziellen Charakter haben (zum Beispiel Investmentzertifikate, die einen teilhaberähnlichen Anteil an einem Sondervermögen verkörpern).

Effekten sind zum Teil zum Handel an den Wertpapierbörsen eingeführt.

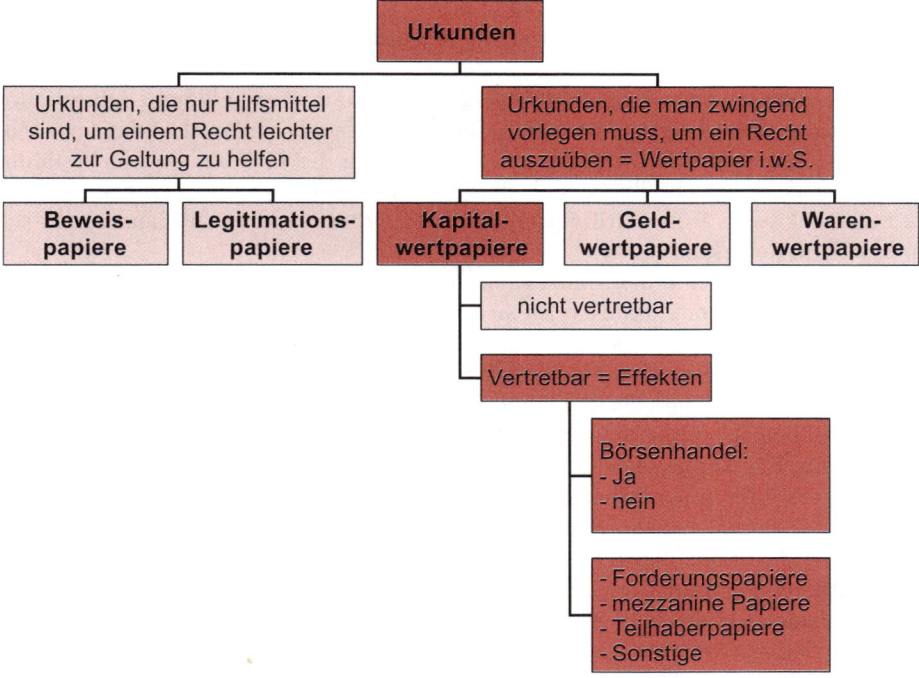

Abbildung 4.1: Urkunden, Wertpapiere, Effekten

4.1.2.2 Wertpapiere nach Art der Übertragung

Alle Wertpapiere lassen sich nach der Art der Übertragung in Inhaber, Order- und Rektapapiere unterscheiden. Die Unterscheidung speziell von Aktien dieser drei Formen wurde schon im zweiten Kapitel erörtert. In häufig anzutreffenden, enger als hier gefassten Definitionen des Wertpapierbegriffs werden Rektapapiere nicht mehr als Wertpapiere angesehen.

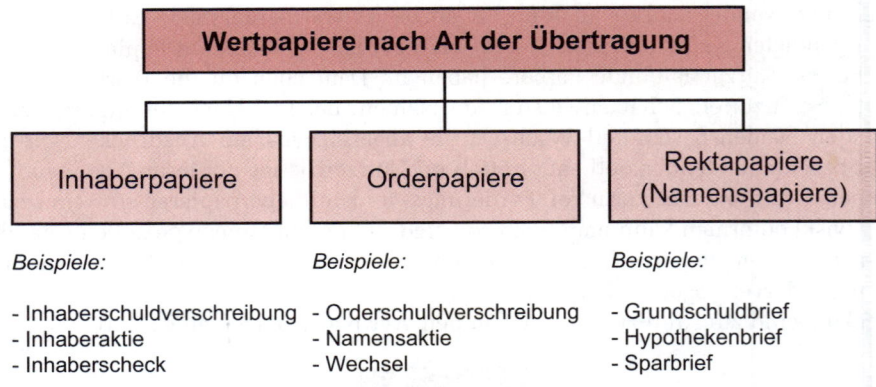

Abbildung 4.2: Wertpapiere nach der Art der Übertragung (Inhaberpapiere, Orderpapiere, Rektapapiere)

Inhaberpapiere lauten auf den (jeweiligen) Inhaber und werden lediglich durch dingliche Einigung und Übergabe übertragen. Die geschuldete Leistung ist an den jeweiligen Inhaber zu erbringen. Als Beispiele aus dem Bereich der Effekten sind insbesondere die Inhaberschuldverschreibungen als übliche Form der Obligationen zu nennen sowie die Inhaberaktie als früher in Deutschland klar vorherrschende und heute noch sehr häufige Form der Aktie.

    Orderpapiere lauten ohne Namensnennung „an Order" oder auf einen namentlich Berechtigten mit dem Zusatz „oder an Order". Nur der in der Urkunde genannte Berechtigte (bei „an Order" ist es der Aussteller der Urkunde, ansonsten der im Ordervermerk Genannte) oder aber eine vom Berechtigten durch Indossament (Weitergabevermerk auf der Rückseite des Wertpapiers) benannte Person kann das verbriefte Recht geltend machen. Übertragung erfolgt durch dingliche Übereignung der indossierten Urkunde. Ein Blankoindossament lässt die Person, an deren Order gezahlt werden soll, offen. Es verleiht dem Orderpapier wirtschaftlich betrachtet die Funktion eines Inhaberpapiers. Die einfachste Form des Blankoindossaments ist die isolierte Unterschrift.

    Vom Gesetz so konzipierte („geborene") Orderpapiere sind zum Beispiel Wechsel (Art. 1 Ziffer 3 Wechselgesetz), Scheck (Art. 14 Ziffer 3 Scheckgesetz) und von den Effekten Namensaktien (§ 10 Abs. 1 AktG). Gekorene Orderpapiere dagegen sind erst durch speziellen Ordervermerk zum Orderpapier gemacht (etwa Konnossement mit Ordervermerk gem. §§ 363 Abs. 2 HGB).

    Inhaber- und Orderpapier haben gemeinsam, dass sie grundsätzlich wie bewegliche Sachen übereignet werden, relevant ist nämlich das *Sachenrecht* gemäß §§ 929 ff. BGB (insbesondere leistet man schuldbefreiend gutgläubig an den nicht berechtigten Inhaber der Urkunde) und nicht das Schuldrecht. Oft wird der Begriff des Wertpapiers extrem eng allein auf diese Varianten beschränkt (*Wertpapier im engsten Sinne*, da der Schutz des gutgläubigen Erwerbs für den freien Handel eine sehr wesentliche Voraussetzung ist, welche die Inhaber- und Orderpapiere zu Papieren sui generis macht.

    Rektapapiere (Namenspapiere) lauten auf den Namen des Berechtigten. Nur der namentlich benannte Berechtigte oder sein *Rechtsnachfolger* kann die Forderung geltend machen. Die Übertragung der Rechte aus diesen Papieren ist im Vergleich zu Inhaber- und Orderpapier deutlich erschwert, da sie nur nach den schuldrechtlichen (statt sachenrechtlichen wie bei Inhaber- und Orderpapieren) Vorschriften über die Abtretung (Zession) von Forderungen gemäß §§ 398 ff. BGB erfolgen kann. Man bezeichnet wegen dieser anderen Übertragung Rektapapiere nur in einem weiteren

Sinne als Wertpapiere, nicht im engsten Sinne. Nur bei Wertpapieren im engsten Sinne aber, Inhaber- und Orderpapieren, ist gutgläubiger Erwerb möglich. Bestehen beim Rektapapier Zweifel an der Legitimation des Forderungsinhabers, so muss es sich der Erwerber des Rektapapiers gefallen lassen, dass der gutgläubige Schuldner an den Zedenten zahlt. Im Prozess muss der Inhaber des Rektapapiers beweisen, dass ihm die Forderung zusteht, für ihn spricht keine Eigentumsvermutung (gemäß § 1006 BGB).

Ein Rektapapier ist entweder als solches gesetzlich konzipiert (geborenes Rektapapier, zum Beispiel Grundschuldbrief gemäß §§ 1192 und 1116 BGB) oder durch negative Orderklausel („nicht an Order") dazu gemacht worden (gekorenes Rektapapier, etwa Wechsel oder Scheck mit negativer Orderklausel).

4.1.2.3 Wertrechte

Der Ausdruck Wertpapier ist mittlerweile weitgehend historisch zu verstehen, da es die körperlich käuflichen Wertpapiere immer seltener gibt. Zum Beispiel gibt es bei neu emittierten Wertpapieren der Bundesrepublik Deutschland nur noch Wertrechte. *Wertrechte* sind rechtlich Wertpapiere, für die aber keine Urkunde erstellt wird. Der Verzicht auf die Erstellung einer Urkunde hat Rationalisierungseffekte: Es ist keine Urkunde zu produzieren und zu verwahren, bei Erträgen sind keine Ertragsscheine einzureichen. Zusätzlich ist leichter zu kontrollieren, wer Wertpapiere hat, was es unter anderem in der Vergangenheit ermöglicht hatte, die Hinterziehung von Steuern auf Wertpapiererträge zu erschweren. Wertrechte werden von einem Wertpapier-Sammelverwahrer treuhänderisch verwaltet. An die Stelle der Übergabe des Wertpapiers tritt die Umbuchung im Verwahrungsbuch (§ 14 Depotgesetz) der Depotbank. Speziell die Wertrechte der Bundesrepublik Deutschland sind in das Bundesschuldbuch, ein öffentliches Register, eingetragen.

4.1.3 Emission und Handel sowie Anleger von Forderungspapieren

Die grundsätzlichen Möglichkeiten der Emission und Platzierung von Wertpapieren kamen im zweiten Kapitel im Zusammenhang mit der Erörterung der Ausgabe von Aktien zur Sprache.

Die Vergütung für die bei Emission und Platzierung eingeschalteten Banken ist deutlich niedriger als bei Aktien und hängt im Fall der Platzierungsgarantie stark von der Bonität der Anleihen ab. Sie macht einen niedrigen einstelligen Prozentsatz des Emissionsvolumens aus, zum Beispiel 0,5 bis 1 Prozent bei hoher und 2 bis 3 Prozent bei niedriger Bonität der Anleihe.

4.1.3.1 Emission

Forderungspapiere großer Emissionen werden wie Aktien üblicherweise in Form einer Fremdemission durch ein Konsortium von Banken emittiert. Öffentliche Anleihen oder Bankenpapiere, speziell das Daueremissionspapier Pfandbrief, kommen teilweise auf dem Weg der Selbstemission auf den Markt.

Das Konsortium kann die restlose Platzierung garantieren (Übernahmekonsortium) oder nicht (Verkaufskonsortium). Bei den Forderungspapieren, die auf dem internationalen Kapitalmarkt emittiert werden, ist eine Trennung der Funktionen der Platzierungsgarantie (durch die Underwriting Group) und der Platzierung als Dienstleistung (durch die Selling Group) typisch.

4.1.3.2 Platzierung

Platzierung ist die Arbeit der Unterbringung der Wertpapiere in einer Emission. Auf Auslandsmärkten und auf dem internationalen Kapitalmarkt gibt es eine Fülle spezieller Platzierungsmethoden. Große Tranchen von Forderungspapieren und groß gestückelte Papiere etwa des internationalen Kapitalmarkts werden in Privatplatzierungen bei institutionellen Anlegern platziert. Übliche Verfahren für öffentliche Emissionen sind öffentliche Zeichnung, freihändiger Verkauf und Tender.

Abbildung 4.3: Verfahren der öffentlichen Platzierung von Anleihen

Öffentliche Zeichnung (Subskription): Sie ist typisch für Forderungspapiere der öffentlichen Hand. Die Anleihestücke werden hier zu einem fixierten Emissionskurs aufgelegt, es handelt sich um einen Mengentender an das breite Publikum: Bieter können nur die gewünschte Menge bei festem Preis nennen. Es erfolgt ein öffentliches Verkaufsangebot primär über die Presse. Dabei gibt es eine feste Zeichnungsfrist von einigen Tagen und einen Zeichnungs- oder Verkaufsprospekt, der Emittent und Anleihe beschreibt. Private und Banken zeichnen eine bestimmte Anzahl von Stücken. Bei Überzeichnung wird zugeteilt, eventuell auch ausgelost. Teilweise wird von Banken oder Privaten bewusst mehr als tatsächlich gewollt gezeichnet, weil mit einer verminderten Zuteilung gerechnet wird. Die Banken behalten sich eine Zuteilung nach freiem Ermessen vor, oft unter Bevorzugung kleiner Zeichner.

Tender der Zentralbank: Beim Tender wird eine Emission der öffentlichen Hand ausgeschrieben und gegen Gebot institutioneller Kapitalanleger und weiterplatzierender Institutionen zugeteilt. Im Rahmen der Offenmarktgeschäfte der Zentralbank werden den Banken Obligationen öffentlicher Emittenten im Tenderverfahren angeboten. Beim *Mengentender* werden Zinssatz und Laufzeit vorgegeben und die Banken bieten bestimmte Abnahmemengen an. Bei Überzeichnung kommt es zur Repartierung. Beim *Zinstender* dagegen bieten die Banken an, zu welchen Kursen sie Anleihen bestimmter Laufzeiten erwerben und damit zu welchem effektiven Zins. Beim sogenannten holländischen Tender erfolgt die Zuteilung an die Banken unabhängig von den Geboten zu einem einheitlichen Zins, beim amerikanischen Tender dagegen erfolgt die Zuteilung zum gebotenen Zins.

Freihändiger Verkauf: Abweichend von der öffentlichen Zeichnung wird kein Emissionskurs fixiert und statt einer bestimmten Zeichnungsfrist wird nur der Tag des Verkaufsbeginns festgesetzt. Auch hier werden Verkaufsprospekte veröffentlicht, der dort genannte Kurs ist aber freibleibend. Die Banken können über eine Variation des Verkaufskurses auf die sich wechselnden Marktverhältnisse reagieren. Der Verkauf erfolgt fortlaufend und eine Repartierung ist nicht nötig. Die Methode ist bei Realkreditinstituten und Industrieanleihen verbreitet sowie beim Verkauf von Anleihen aus dem Bestand einer Bank.

4.1.3.3 Handel

Der laufende Handel spielt bei Forderungspapieren eine geringere Rolle als bei Aktien. Nicht selten werden Obligationen von privaten Anlegern bei Emission erworben und bis zur Tilgung gehalten. Auch institutionelle Anleger wälzen ihre Depots aus Obligationen weit weniger schnell um als die Aktiendepots. Erwerben Private keine frisch emittierten Obligationen, so erwerben sie meistens solche aus den Handelsbeständen ihrer Bank. Eher selten haben sie ein bestimmtes Papier im Sinn, das die Bank über die Börse oder eine börsenähnliche Organisation erwerben muss. Auch wenn dies weniger von der Öffentlichkeit beachtet wird, so sind doch äußerst viele Anleihen zum Börsenhandel zugelassen, gemessen am Volumen der handelbaren Papiere mehr als Aktien. Allerdings steht dem Börsenhandel von Anleihen gemessen am Volumen der emittierten Anleihen ein noch bedeutenderer konkurrierender organisierter Markt gegenüber: Börsenähnliche Organisationen – Alternative Trade Systems (ATS) – spielen im Handel zwischen Institutionellen, die den Großteil der Umsätze bestreiten, eine wichtigere Rolle als Börsen.

4.1.3.4 Investoren

Langfristige Investoren auf den Anleihemärkten sind vor allem die großen Kapitalsammelstellen wie Fonds, Versicherungen und Banken. Bei den Fonds sind Rentenfonds und gemischte Renten- und Aktienfonds in Deutschland von größerer Bedeutung als Aktienfonds. Versicherungen legen ihre Gelder weit überwiegend in Obligationen an. Private Direktanleger haben im Vergleich dazu geringe Bedeutung. Kurzfristig orientierte Investoren investieren seltener in Anleihen, da die Chancen auf Kursgewinne im Vergleich zu Aktieninvestments hier niedriger sind. Allerdings beschäftigen sich Hedgefonds teilweise auch mit den Anleihemärkten, insbesondere indem sie unter Einsatz von Finanzderivaten im Rahmen der sogenannten Fixed Income Arbitrage (auf Obligationen bezogene Arbitrage) Preisungleichgewichte zwischen verschiedenen Zinspapieren und Zinsderivaten – deren Kurse von den Kursen der Zinspapiere abhängen – auszunützen versuchen.

4.1.4 Verzinsung und Rückzahlung der Forderungspapiere

4.1.4.1 Verzinsung

Zinszahlungen

Zinsen auf Forderungspapiere werden alternativ vor allem auf folgende Art und Weise bezahlt:

- Periodisch gleich hohe Zahlung (*Rente*) eines festen Zinses; solche Obligationen nennt man *Festverzinsliche*, festverzinsliche Wertpapiere, Fixed Rate Notes, *Rentenpapiere* oder kurz Renten. Englisch beziehungsweise international spricht man bei Rentenpapieren ohne weitere Besonderheiten der Ausstattung von *Straight Bonds*.
- Im Zeitablauf vorweg festgelegter stufenweiser Anstieg eines Festzinses (*Stufenzins*).

- Zinsabschlag bei Auszahlung beziehungsweise Zinsansammlung bis zum Laufzeitende: Bei kurzfristigen Papieren lohnt sich eine regelmäßige Zinszahlung meistens nicht, sodass es für sie typisch ist, dass die Zinsen durch Einmalzahlung bezahlt werden, indem der Emissionspreis entsprechend unter dem Rücknahmepreis liegt. Diese Methode der Zinsabrechnung für die Gesamtlaufzeit gibt es aber auch bei bestimmten langfristigen Obligationen, den Zerobonds.

- Der Zins ist an einen kürzerfristigen Basiszins gekoppelt (*Floating Rate*) und ändert sich periodisch, zum Beispiel jedes Halbjahr.

- Inflationsindexiert: Der Zinssatz steigt und fällt mit dem Inflationssatz, eine seltene Variante.

Stückzinsen

Die Zinsen auf die Obligationen mit fester laufender Zinszahlung werden periodisch ausbezahlt. Beim Kauf solcher Obligationen muss man neben dem Kurswert den aufgelaufenen Zinsanspruch, den man automatisch übernimmt, mit bezahlen. Man spricht hier von *Stückzinsen*. Die Stückzinsen sind nicht im Kurs enthalten.

Nominale und reale Zinsen

Der faktische Preis für die Überlassung von Kapital ist bei Orientierung an Vorstellungen der Substanzerhaltung eher der *Realzins* als der nominelle Zins. Für relativ geringe Werte der erwarteten Inflationsrate gilt vereinfacht der Zusammenhang[1]:

$$\text{Realzins} = \text{nomineller Zins} - \text{erwartete Inflationsrate}$$

Ist also zum Beispiel der Zins einer Anleihe nominell, das heißt in Geldwerten gemessen, 8 Prozent und ist die erwartete Inflationsrate 2,5 Prozent, so ergibt sich ein Realzins von 5,5 Prozent. Der Inflationsproblematik tragen inflationsindexierte Anleihen Rechnung, deren Rückzahlungsbetrag und/oder deren Zinssatz sich mit dem Inflationssatz (insbesondere Verbraucherpreisindex) ändert. Inflationsindexierte Anleihen sind vor allem in Ländern mit hohen Inflationsraten von Bedeutung, etwa in Entwicklungsländern oder Emerging Markets (Take-off Ländern).

---

1 Die genauen Zusammenhänge bei beliebig großen Inflationsraten werden durch die sogenannte *Fisher-Gleichung* beschrieben, die den Inflationsschutz sowohl des Kapitals als auch der Zinsen berücksichtigt:

$$1 + \text{Nominalzins} = (1 + \text{Realzins}) \times (1 + \text{erwartete Inflationsrate})$$

$1 + \text{Nominalzins} = 1 + \text{erwartete Inflationsrate} + \text{Realzins} + \text{erwartete Inflationsrate} \times \text{Realzins}$

Beispiel: Bei einer Kapitalanlage von 100 Euro sei der reale Zins 13 Prozent und die Inflation 7 Prozent. Der Anleger, der nur 20 Prozent erhält, hat nach einem Jahr 120 Euro. Ist der Inflationsaufschlag 7 Euro, so müsste der Zinsrückfluss mehr als 13 Euro betragen, nämlich $1,07 \times 13$ Prozent = 13,91 Prozent.

Nur bei kleinen Werten für den Realzins und die erwartete Inflationsrate gilt näherungsweise:

$$\text{Nominalzins} = \text{erwartete Inflationsrate} + \text{Realzins}$$

Zinsstruktur

Die Zinsen sind je nach Zinsbindungsdauer unterschiedlich hoch. Im typischen Fall steigt der Zins tendenziell mit der Länge der Zinsbindungsdauer *(normale Zinsstruktur)*.[2] Im weniger häufigen umgekehrten Fall, wenn also die kurzfristigen über den langfristigen Zinsen liegen, spricht man von *inverser Zinsstruktur*.

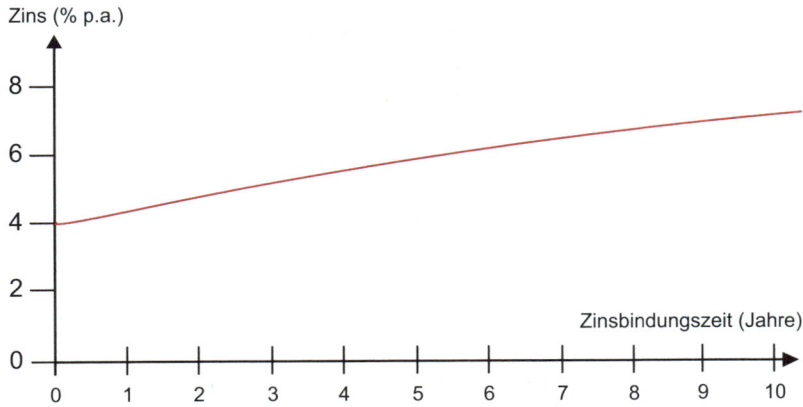

Abbildung 4.4: Normaler Zinsverlauf: Tendenzieller Zinsanstieg mit anwachsender Zinsbindungszeit

Kurse der Obligationen

Die Kurse von Rentenpapieren, also Papieren mit festem Zins (plastisch ausgedrückt: mit festem Zinskupon), hängen im Wesentlichen von drei Faktoren ab:

- Nominalzins (Kuponsatz),
- Restlaufzeit,
- allgemeines Zinsniveau bei dieser Laufzeit.

Ist der Kuponsatz eines bestimmten Rentenpapiers auf dem Marktniveau, so ist der Kurs 100 Prozent. Fällt der Marktzins, so steigen die bereits am Markt befindlichen Festverzinslichen so lange im Kurs, bis sich ihre effektive Verzinsung dem Marktniveau angepasst hat. Je näher der Fälligkeitstermin, desto kürzer ist die Zeit, die man mit dem Papier eine vom Markt abweichende Verzinsung hat, und desto stärker nähert sich der Kurs der 100-Prozent-Marke. Sind Papiere vorzeitig kündbar oder auslosbar, kann beziehungsweise muss also mit einer baldigen Kündigung gerechnet werden, so zieht auch diese Tatsache den Kurs stärker in Richtung der 100-Prozent-Marke als bei einem vergleichbaren nicht kündbaren oder auslosbaren Papier.

Zins und Währung

Der Zins hängt an der Währung. Legt zum Beispiel ein Russe in Russland sein Geld in US-Dollar an, so richtet sich der Zins im Prinzip nicht nach den Verhältnissen im Währungsgebiet des russischen Rubels, sondern nach denen im Gebiet des US-Dollar.

---

2 Nach der üblicherweise vertretenen Erwartungstheorie ist der langfristige Zins dabei der Durchschnitt der kurzfristigen Zinsen plus eine Risikoprämie.

Die Zinsen wirtschaftlich bedeutender Länder sind für die mit ihnen in Wirtschafts-
verbindungen stehenden anderen Länder auch von großer Bedeutung. Zum Beispiel
beobachten wir in Deutschland sehr genau, wie sich die US-Dollar-Zinsen entwickeln.
Gehen diese etwa hoch, so werden die ersten Unternehmen anfangen, US-Dollar-
Kredite durch Euro-Kredite abzulösen und statt US-Dollar-Anleihen lieber auf Euro
lautende Anleihen zu emittieren. Es wird also mehr Kapital in Euro nachgefragt, was
die Zinsen nach oben zieht. Und deutsche Anleger überlegen sich, ob sie ihr Geld
nicht zum Beispiel lieber in US-Dollar-Anleihen anlegen sollen statt in Euro-Anlei-
hen. Tun sie das, so fehlt ihr Spargeld in Deutschland, was die deutschen Zinsen
ebenso nach oben drückt. Der Zins ist also über die Grenzen hinweg „ansteckend"
(internationaler Zinszusammenhang). Allerdings sind neben der Zinshöhe Devisen-
kursrisiko und -chance zu beachten. Bei voller Absicherung des Devisenkursrisikos
gegenüber der Heimatwährung durch ein einfaches Devisentermingeschäft, das heißt
den Kauf oder Verkauf der zufließenden Devisenbeträge per Termin, geht der Zinsvorteil oder Zinsnachteil gegenüber den anderen Währungen vollständig verloren (siehe
dazu das siebente Kapitel).

Zins und Steuern

In Deutschland unterliegen Zinseinkünfte bislang der Einkommensbesteuerung, abge-
schwächt durch einen nicht der Steuer unterliegenden Freibetrag von einigen Hundert
Euro (2007: 750 Euro) auf alle Kapitaleinkünfte (zusammen veranlagte Eheleute haben
den Freibetrag gemeinsam doppelt). Für die Zeit ab 2009 plant man derzeit eine
Abgeltungssteuer der Zinseinkünfte in Höhe von 25 Prozent. Eine Abgeltungssteuer
ist eine Steuer, nach deren Zahlung unabhängig vom persönlichen Einkommensteuersatz des Steuerpflichtigen die Steuerpflicht endgültig abgegolten ist. Bei persönlichem
Einkommensteuersatz unter 25% soll der Einkommensteuersatz gelten.

Effektivzins

Das im Zusammenhang mit der Effektivverzinsung von Festzins-Darlehen Gesagte gilt
für Forderungspapiere entsprechend. Aus der Sicht des Emittenten eines Rentenpapiers kann man bei der früher ermittelten näherungsweisen Effektivzinsformel die
laufenden Kosten p.a. dem ebenfalls laufend zu zahlenden Nominalzins zuschlagen.
Solche laufenden Kosten fallen unter anderem für die Arbeiten im Zusammenhang
mit der Zinsausschüttung an. Die einmaligen Kosten werden dem ebenfalls einmalig
anfallenden Disagio zugeschlagen. Hier ist zuallererst an die Emissionskosten in der
Größenordnung von einigen Prozent des Emissionsvolumens zu denken. Dann lautet
die näherungsweise Effektivzinsformel für Anleihen analog zu der für Darlehen:

$$r_{approximativ} = \frac{\text{laufende Kosten} + \dfrac{\text{einmalige Kosten}}{\text{mittlere Laufzeit}}}{\text{Rückzahlungsbetrag - einmaligeKosten}}$$

Die exakte Rechnung zur Ermittlung des effektiven Zinses erfolgt mit der im achten
Kapitel erörterten Internen-Zinsfuß-Methode.

Maße für Zinsen

Die Zinssituation in der Wirtschaft wird direkt oder indirekt gemessen, nämlich

- direkt durch Erfassung von Zinssätzen und
- indirekt durch Erfassung der Kurse von Zins erbringenden Anlagen beziehungsweise von Indices für Papiere mit festem Zins.

Direkte Maße

Bekannt ist in Deutschland als Durchschnittsmaß die täglich festgestellte *„Durchschnittsrendite öffentlicher Anleihen insgesamt"*, errechnet aus Renditen börsennotierter Bundeswertpapiere mit über drei Jahren Laufzeit. Öffentliche Anleihen stehen dabei für höchste Bonität, die Zinsen enthalten keine Risikoaufschläge. Die genannte Durchschnittsrendite ermittelt das arithmetische Mittel der Zinsen der einzelnen Anleihen, wobei der Zins jeder Anleihe mit ihrem Emissionsvolumen gewichtet wird. Die Durchschnittsbildung aus allen Laufzeiten hat den Nachteil, dass die Rendite hier keiner genauen Laufzeit zuordenbar ist. Daneben ermittelt man aber auch die Renditen jeweils differenziert nach *Laufzeitbereichen*, für die sie festgeschrieben sind, nämlich für über drei bis fünf Jahre, über fünf bis acht Jahre, über acht bis 15 Jahre und zusätzlich für über neun bis zehn Jahre.

Verwendet man im langfristigen Bereich als *Benchmark-Zinsen* (Zinsen mit Richtwertcharakter) in aller Regel Zinsen *staatlicher* Papiere, so sind es im kurzfristigen Bereich (bis zu einem Jahr Zinsfestschreibung) Zinsen, die im *Geldmarkthandel* zwischen erstklassigen Banken zustande kommen, insbesondere die schon an anderer Stelle genannten LIBOR- und EURIBOR-Sätze. Dies ist der Fall, weil Zinsen, die erstklassige Banken zahlen, wie Staatsanleihen keinerlei Risikoaufschlag haben. Geldmarktzinsen sind als Basiszinsen besonders für Festgelder sowie variabel verzinsliche Kredite und Anleihen von Bedeutung.

Kurse als indirekte Maße

Wertpapiere mit festem Zins steigen bei sinkenden Zinsen im Kurs und sinken umgekehrt bei steigenden Zinsen im Kurs. Jedem Kurs eines Papiers mit einem fixierten Nominalzins kann bei einer bestimmten Laufzeit ein effektiver Zins zugeordnet werden. Somit kann man die Zinsentwicklung auch indirekt messen, indem man die *Kurse festverzinslicher Papiere* verfolgt. Diese Wertpapiere mit festem Zins haben allerdings eine begrenzte Laufzeit, da sie als Forderungspapiere rückzahlbar sind. Folglich wird die Laufzeit einer Obligation laufend kürzer. Es ist also nicht möglich, die Entwicklung des Kurses eines ursprünglich zehnjährigen Papiers zu verfolgen und daraus indirekt abzulesen, wie sich die Zehn-Jahres-Zinsen entwickeln. Denn schon einen Tag nach Beginn der Laufzeit ist es nur noch eine Obligation mit neun Jahren und 364 Tagen Laufzeit und so weiter. Deshalb muss man rechnerisch ermitteln, wie jeweils der Kurs eines zehnjährigen Papiers wäre. Dies geschieht im Prinzip durch Interpolation zwischen Anleihen mit Laufzeiten um die zehn Jahre herum. Es ergibt sich ein Kurs zum Beispiel für eine „fiktive" Euro-Bundesanleihe mit zehn Jahren Laufzeit. Für die wie geschildert definierte zehnjährige Euro-Bundesanleihe gibt es einen Handel per Termin, wie er im siebten Kapitel erläutert wird. Der Kurs dieses sogenannten *Euro-Bund-Futures* ist in Deutschland ein viel gebrauchtes indirektes Maß für die Zehn-Jahres-Zinsen. Dem entspricht als Maß im Bereich kurzfristiger Zinsen der weniger bekannte sogenannte *Euro-Schatz-Future*, ein Future auf ein kurz laufendes Geldmarktpapier.

Kursindizes als indirekte Maße

Die hier relevanten Indizes beziehen sich auf eine Anzahl unterschiedlicher Zins bringender Anlagen und erfassen deren Kurse. Von ähnlich großer Bedeutung wie die früher erörterten Aktienindizes sind Rentenindizes. Bekanntester Rentenindex ist für Deutschland der *Rex* (Deutscher Rentenindex). Basiswert des Rex und des unten zur Sprache kommenden RexP sind 100 Punkte am 31.12.1987, dem Tag, an dem der Dax auf 1000 Punkte gestellt wurde. Die Basen der beiden Rentenindices und des Dax unterscheiden sich also nur um den Faktor 10. Der Rex wird täglich auf der Basis von lang-, mittel- und kurzfristigen Bundeswertpapieren errechnet. Man wählt dazu 30 (fiktive, das heißt wie geschildert in ihrer Laufzeit unveränderliche) Anleihen, die die typischen Verhältnisse auf dem Rentenmarkt repräsentieren. Daneben gibt es Subindizes des Rex für unterschiedliche Laufzeitbereiche (alle vollen Jahre bis zehn).

Bei den Indizes für Rentenpapiere kann man wie bei Aktienindizes auch *Kurs-* und *Performance- (Total-Return-)Indizes* unterscheiden. Der normale Rex ist ein einfacher Kursindex, seine Höhe wird also nur durch die Kurse beeinflusst, nicht aber durch die Erträge aus den Anleihen, die Zinsausschüttungen. Eine wichtige Ergänzung des Rex nicht für die indirekte Zinsmessung, aber für die Anleger ist der *RexP (Rex-Performance-Index)*. Dieser Index ist wie der übliche Dax ein Performanceindex, er erfasst also alle Einflussfaktoren auf die Performance (kompletter Anlageerfolg, Total Return) der Anlage in Anleihen. Das bedeutet, dass nicht nur der Kurs erfasst wird (dessen Änderung im Normalfall den kleineren Teil der Gesamtperformance bedeutet), sondern auch die für den Anleger gerade bei Anleihen meist wichtigere Zinsausschüttung. Der RexP als *Total-Return-Index* muss also stärker wachsen und höher liegen als der Rex als bloßer Kursindex. Speziell der RexP multipliziert mit 10 ist gut geeignet für eine Gegenüberstellung zum Performance-Index Dax. Wegen der abgesehen vom Faktor 10 gemeinsamen Ausgangsbasis am Jahresende 1987 kann man mit diesem Vergleich täglich leicht feststellen, wie sich beide Anlagearten seitdem einschließlich aller Erträge im Vergleich entwickelt haben. Als indirektes Zinsmaß eignet sich dagegen der Rex-Kursindex, da er allein durch die aktuelle Zinshöhe beeinflusst wird und nicht durch in der Vergangenheit aufgelaufene Erträge.

	Tabelle 4.1

Ertragskomponenten von Rex-Kursindex und RexP-Performanceindex

	Rex-Kursindex	RexP-Performanceindex
Ertragskomponenten	Kursgewinne und -verluste	Kursgewinne und -verluste Zins- und Zinseszinserträge

4.1.4.2 Rückzahlung von Anleihen

Im Normalfall sind Anleihen in Deutschland *gesamtfällig*: Am Ende der Laufzeit wird der Nennwert der Anleihe in einer Summe zurückbezahlt, im Fall der Aufzinsungspapiere zuzüglich der Zinsen für die Gesamtlaufzeit. Es gibt aber auch sogenannte *Annuitätenanleihen*, bei denen die Rückzahlung nach einer bestimmten tilgungsfreien Zeit in gleich hohen Jahresraten erfolgt. Die in einem konkreten Jahr zurückzu-zahlenden Stücke werden ausgelost (Zufallsprinzip) oder vorweg festgelegt.

In seltenen Fällen werden in den Emissionsbedingungen *Kündigungsrechte* festge-legt, sei es ein Kündigungsrecht durch den Emittenten oder aber durch den Gläubiger. Die Kündigung durch die dazu berechtigte Partei hängt dann vor allem davon ab, wie sich die Zinsen des Markts im Vergleich zu denen der Anleihe entwickelt haben. Emittenten werden von einem Kündigungsrecht Gebrauch machen, wenn sie sich für die Restlaufzeit alternativ zu niedrigeren Zinsen finanzieren können, während Anleger umgekehrt kündigen werden, wenn sie für die Restlaufzeit der Anleihe anderweitig höhere Zinserträge erzielen können. Grundsätzlich ist es auch denkbar, dass ein Emit-tent, der nicht kündigen kann, aber niedrige Kurse seiner Obligationen ausnützen will, sich zu einem *freihändigen Rückkauf* seiner Obligationen am Markt entschließt.

4.1.5 Externes Rating von Emittenten und Anleihen

Das Rating durch unabhängige Ratingagenturen (externes Rating) ist die Bonitätsbeur-teilung

- eines Kreditnehmers beziehungsweise Emittenten (*Emittentenrating*) oder
- einer einzelnen Anleiheemission (*Emissionsrating*).

Im Zusammenhang mit der Emission von Anleihen hat das Rating heute sehr stark in den USA und auf dem internationalen Kapitalmarkt, zunehmend aber auch in Europa Bedeutung. Der wachsende Stellenwert des externen Ratings erklärt sich daraus, dass sich die Unternehmen ihr Fremdkapital verstärkt am anonymen Kapitalmarkt mit Wert-papieren holen und die einzelnen Anleger nicht jeweils eine Bonitätsprüfung machen können. Rating durch externe Ratingunternehmen ist eine Bonitätsbeurteilung, die objektiv und einer Vielzahl von Kapitalgebern zugänglich ist. Ratingergebnisse wer-den hinsichtlich ihrer Berechtigung laufend überwacht und gegebenenfalls korrigiert (Upgrading oder Downgrading).

Die großen Ratingagenturen haben in der Wirtschaft eine sehr wichtige Rolle erlangt. Ihre Stellungnahmen (Opinions) sind auf den Kapitalmärkten unverzichtbar. Experten schätzen, dass Anfang des Jahrhunderts circa 80 Prozent der Weltkapitalströme durch Rating-Noten beeinflusst werden.

Bedeutendste Agenturen, die etwa 95 Prozent des Ratingmarktes beherrschen, sind folgende, insbesondere die beiden erstgenannten:

- Moody's Investors Service (USA): www.moodys.com
- Standard & Poor's (S&P) (USA): www.standardandpoors.com
- IBCA (Großbritannien): www.fitchibca.com

Mit dem Rating erfolgt eine Beurteilung von

- Eintrittswahrscheinlichkeit und
- Schwere (Ausfall in Prozent der Forderung) des Zahlungsausfalls.

Die Bedeutung der Symbole beim langfristigen Rating für Schuldverschreibungen (zusätzliche Feinabstufung durch +, ohne Zusatz oder – bei S&P beziehungsweise 1, 2 und 3 bei Moody's) zeigt die Tabelle 4.2. Orientiert an den Bezeichnungen von S&P ist AAA („Tripple-A") das Maximum, das Anleihen guter Industriestaaten und bester

Großunternehmen erreichen. Die sogenannte Investmentqualität (Investment Grade) geht von AAA bis einschließlich BB. Viele institutionelle Anleger kaufen nur Anleihen mit Investmentqualität. Anleihen mit B oder schlechter zählt man zu den unten erläuterten Junk Bonds.

Tabelle 4.2

Haupt-Ratingstufen von S&P und Moody's

S&P	Moody's	Bedeutung	durchschnittliche historische Ausfallraten (lt. S&P für 1981–2001) nach 1/2/3/4/5/10 Jahren [%]					
			1 J.	2 J.	3 J.	4 J.	5 J.	10 J.
AAA	Aaa	extrem starke Finanzkraft	0,00	0,00	0,03	0,07	0,10	0,52
AA	Aa	sehr starke Finanzkraft	0,01	0,03	0,08	0,16	0,26	0,83
A	A	angemessene Finanzkraft	0,05	0,14	0,24	0,40	0,57	1,58
BBB	Baa	mittlere Finanzkraft	0,26	0,62	0,99	1,57	2,16	4,66
BB	Ba	noch ausreichende Finanzkraft	1,22	3,49	6,14	8,50	10,59	17,40
B	B	noch ausreichende Finanzkraft, aber Zuverlässigkeit des Kapitaldienstes langfristig nicht gesichert	5,96	12,68	18,25	22,28	25,06	32,61
CCC	Caa	starke Tendenz zu Zahlungsschwierigkeiten	24,72	33,06	38,40	42,60	46,87	52,22
CC	Ca	Kapitaldienst stark gefährdet oder bereits eingestellt						
C	C	Kapitaldienst eingestellt oder durch andere Vertragsverletzungen gefährdet						
SD, D	D	Emittent ist zahlungsunfähig						

Je schlechter die Ratingklasse, desto höher ist unter sonst gleichen Umständen das Ausfallrisiko. Das erhöhte Risiko seiner Rentenpapiere muss der Emittent mit einem Zinsaufschlag im Vergleich zu erstklassigen (AAA) Papieren büßen. Außerdem werden länger laufende Papiere durch schlechte Noten besonders beeinträchtigt. Entsprechend gilt, dass die Renditeaufschläge mit schlechter werdenden Noten umso größer sind, je länger die Anleihen laufen. Deshalb werden Emittenten besonders bei Langläufern ein gutes Rating anstreben.

Ratings für Kurzläufer werden in eine andere Stufenskala eingeordnet als Langfrist-Ratings:

- Gut: A-1, A-2 und A-3 bei S&P beziehungsweise Prime-1, Prime-2 und Prime-3 bei Moody's
- Schlecht: B, C und D bei S&P sowie „Not Prime" bei Moody's

Funktionen des Ratings

- Erhöhung des Basisinformationsstands am Kapitalmarkt, damit entscheidender Vorteil für die Nicht-Insider.
- Entfallen von Misstrauenszuschlägen auf die Renditen und geringere Unterschiede zwischen Kauf- und Verkaufskursen (sogenannte Geld-Brief-Spreads, die besonders in schwierigen Wirtschaftsphasen hoch sind).
- Bessere Verhandlungsposition des Unternehmens gegenüber Geldgebern.
- Steigerung des Bekanntheitsgrads (Finanzmarketing).
- Erschließung nationaler und insbesondere internationaler Finanzmärkte.

Zwei Vorgehensweisen des Rating

- *Standardisierte Verfahren*: mathematisch-statistische Ratings auf Basis allgemein zugänglicher Informationsquellen ohne Kundenauftrag.
- *Individualanalysen*: einschließlich Managementgesprächen sowie unter Beurteilung auch von Plänen und Strategien und nur im Auftrag der gerateten Unternehmen.

Typische Methode des Ratings: Top-Down-Approach

Das Rating geht stufenweise vom Allgemeinen zum Speziellen vor:

- Stufe 1: Land (Beurteilung der Bonität des Landes, in dem der Emittent residiert)
- Stufe 2: Branche (einschließlich strategischer Positionierung der wesentlichen Geschäftsbereiche und Markteintrittsbarrieren durch wirtschaftliche, technische und rechtliche Beschränkungen)
- Stufe 3: Unternehmen
- Stufe 4: Vertragscharakteristika der Emission (zum Beispiel rechtliche Konstruktion, Besicherung oder gegebenenfalls Nachrangigkeit der Rückzahlungsansprüche der Gläubiger). Diese Stufe fällt nur beim Emissionsrating an.

Step-up-Anleihe

Basierend auf dem Rating wurden sogenannte *Step-up-Anleihen* konstruiert. Bei einem Downgrading (Verschlechterung der Rating-Einstufung) wird die Verzinsung nach bestimmten vorgegebenen Regeln angehoben. Beispiel: Bei einer Anleihe mit einem Kupon von 6,125 Prozent wird der Zins zum jeweils übernächsten Zinstermin um 0,5 Prozent erhöht, wenn das Rating des Unternehmens sowohl nach Moody's als auch nach S&P unter A fällt. Die Step-up-Funktion wird typischerweise mit einer analogen Step-Down-Funktion kombiniert, das heißt Zinssenkung bei Upgrading.

4.2   Formen reiner Forderungspapiere

4.2.1   Übersicht reiner Forderungspapiere

Die folgenden Erörterungen gehen auf typische, real beobachtbare Erscheinungsformen der Forderungspapiere ein. Wir beginnen mit der klassischen Form, den Industrieanleihen. Es folgen drei Formen, die sich durch Besonderheiten bei den Zins- und Tilgungszahlungen auszeichnen: Floater, Fremdwährungsanleihen mit speziellen Währungsvereinbarungen und Zerobonds. Die dann zur Sprache kommenden Commercial Papers und Medium Term Notes haben eine starke internationale Bedeutung. Reine Bank- und Staatspapiere kommen nicht zur Sprache.

	Tabelle 4.3

Reine Forderungspapiere der Unternehmen

Formen	Kennzeichen
Industrieanleihe	Klassische Form der Unternehmensanleihe, Emittenten sind private Unternehmen (außer Banken)
Floater	variabler Zins
(Fremd-) Währungsanleihen mit speziellen Währungsvereinbarungen	besondere Währungsvereinbarungen für Zins und Tilgung
Zerobonds	ohne laufenden Zins
Commercial Papers und Medium Term Notes	kurz- und mittelfristige Daueremissionspapiere primär der internationalen Finanzmärkte

4.2.2   Industrieanleihe

Industrieanleihen sind Anleihen der privaten Unternehmen außer Banken, also nicht lediglich der Industrie, wie dies der Name falsch suggeriert. Lange Zeit führten die Industrieanleihen in Deutschland ein eindeutiges Schattendasein. Die Unternehmen scheuten über Jahrzehnte in der Regel die relativ hohen Emissionskosten, die nicht selten 4 oder 5 Prozent des Emissionsvolumens betrugen. Seit Einführung des Euros sind die Märkte aber ergiebig genug für relativ große Emissionen, die durch die Fixkosten der Emission nicht allzu sehr kostenmäßig belastet sind. Die Unternehmen des nichtfinanziellen Sektors haben so verbesserte Möglichkeiten, mit Obligationen an den Markt zu gehen.

4.2.3   Floater

Floater oder Floating Rate Notes sind Anleihen mit variablem Zins. Der Zins wird an einen kurzfristigen Zinssatz gekoppelt, der ein genereller Marktzins ist und für Anleiheschuldner und Anleihegläubiger gleichermaßen jederzeit feststellbar ist. Dieser Zins ist sehr häufig ein LIBOR- oder ein EURIBOR-Satz.

Hat ein deutscher Floater zum Beispiel als Zins den 6-Monats-EURIBOR + 1/8 Prozent, so wird der Zins regelmäßig, z.B. alle sechs Monate, der aktuellen Entwicklung angepasst werden. Er wird dann jeweils für das folgende Halbjahr in Höhe von 1/8 Prozent über dem jeweiligen 6-Monats-EURIBOR festgelegt. Während des Ablaufs dieses Halbjahres bleibt die Verzinsung der Anleihe fest. Da die Geldmarktzinsen erfahrungsgemäß volatiler, das heißt beweglicher sind als die längerfristigen Zinsen, gibt es bei Floatern auch relativ hohe Schwankungen bei der Verzinsung.

Unternehmen werden die normalen Floater eher dann ausgeben wollen, wenn sie annehmen, dass das Zinsniveau in der Gesamtlaufzeit der Anlage niedriger ist als bei Emission. Anleger dagegen werden die Floater vornehmlich dann erwerben wollen, wenn sie gerade umgekehrter Ansicht sind, also auf eine Zinserhöhung hoffen. Der Floater kann aber auch prinzipiell dann emittiert beziehungsweise erworben werden, wenn man zeitgerechte, also der jeweiligen Zinssituation entsprechende Zinsen zahlen beziehungsweise erhalten will.

Zur Begrenzung des Bewegungsspielraums des Floaters lassen sich auch Zinsobergrenzen (als Sicherung für den Anleiheschuldner), sogenannte *Zinskappen* oder *Interest Rate Caps*, vereinbaren. Umgekehrt kann man im Interesse der Anleger auch eine Zinsuntergrenze vorsehen, einen sogenannten *Zinsfloor* oder *Interest Rate Floor*. Caps und Floors werden im siebten Kapitel näher beleuchtet.

Eine Variante, die dem ursprünglichen Sinn der Floating Rate Note, nämlich der laufenden Anpassung ans allgemeine Zinsniveau, zuwiderläuft, ist der „umgekehrte Floater" (Reverse Floater). In seine Zinsregel geht der Basiszins mit negativem Vorzeichen ein, beispielsweise 12 Prozent minus 3-Monats-EURIBOR. Hier sinkt die Anleiheverzinsung mit steigendem Geldmarktzins und umgekehrt.

4.2.4 Währungsanleihen mit speziellen Währungsvereinbarungen

Sind Emittent der Anleihe und Anleger aus verschiedenen Währungsgebieten, so muss bei der Wahl einer der beiden beteiligten Heimatwährungen als Anleihewährung immer eine der zwei Parteien das Währungsrisiko tragen. Beispiel: Ein in Deutschland residierendes und investierendes Unternehmen emittiert eine Anleihe in der Schweiz, die auf Euro lautet. Dann hat das deutsche Unternehmen keinerlei Währungschancen oder -risiken, wohl aber der Schweizer Anleger. Begibt das deutsche Unternehmen dagegen eine Anleihe, die auf Schweizer Franken lautet, so hat das deutsche Unternehmen Währungsrisiken und -chancen, nicht aber die Schweizer Anleihekäufer. Anleihen, die aus Sicht der Emittenten oder Anleger über eine fremde Währung lauten, sind für diesen Marktteilnehmer *Währungsanleihen*. Bei Währungsanleihen gibt es solche ohne jede Devisenkursabsprache und solche, bei denen hinsichtlich des Währungskurses für Ausschüttungen und/oder Rückzahlungen bestimmte spezielle Regelungen festgelegt wurden.

Doppelwährungsanleihe

Häufig ist als Spezialform der Währungsanleihe die sogenannte *Doppelwährungsanleihe* (Dual Currency Bond) anzutreffen. Hier wird die Tilgung in einer anderen Währung vorgenommen als in jener, auf die der Emissionsbetrag und die Zinsen lauten.

Beispiel   ## Doppelwährungsanleihe

Eine Anleihe eines allein in den USA tätigen Unternehmens mit 10-Prozent-Jahreskupon wird in US-Dollar emittiert, die Gesamtemission sei 50 Mio. US-Dollar. Die Rückzahlung erfolgt in Euro, wobei bei Emission ein Kursverhältnis US-Dollar zu Euro von 1:1 festgelegt wird. Oft entspricht die fixierte Relation den tatsächlichen Verhältnissen zur Zeit der Emission. Der US-amerikanische Emittenten hat – und das ist entscheidend für sein Währungsrisiko – Euro zurückzubezahlen. Er trägt für die Rückzahlung in fremder Währung ein Währungsrisiko und hat eine Währungschance. Sinkt der Wert des Euro auf 0,9 US-Dollar, so hat der amerikanische Emittent einen Vorteil, denn er muss nicht 50 Mio. US-Dollar zurückzahlen, sondern nur 50 Mio. Euro × 0,9 US-Dollar pro Euro = 45 Mio. US-Dollar. Umgekehrt wäre die Situation bei einem Anstieg des Kurses pro Euro auf zum Beispiel 1,2 US-Dollar. Wie sich analog errechnen lässt, wäre der von dem Unternehmen zu erbringende Rückzahlungsbetrag gemessen in der eigenen Währung statt 50 Mio. US-Dollar nun 50 Mio. Euro × 1,2 US-Dollar pro Euro = 60 Mio. US-Dollar. Natürlich bedeutet ein Vorteil des Emittenten immer einen gleich hohen Nachteil des Anlegers und umgekehrt.

Entscheidend ist für den Emittenten hinsichtlich der Frage des Devisenkursrisikos, welche Währung er künftig für die Rückzahlung benötigt.

Eine Doppelwährungsanleihe ist für den Emittenten sinnvoll, wenn der Rückzahlungsbetrag der Anleihe mit einer Investition erwirtschaftet wird, deren Kapitalrückflüsse in der zurückzubezahlenden Währung anfallen. Dann braucht er sich die zurückzubezahlende Währung nicht mit Kursrisiko am Devisenmarkt zu beschaffen.

Anleihen mit Währungsoptionsrechten

Eine andere Möglichkeit der Sonderregelung ist die Vereinbarung eines *Währungsoptionsrechts*, zum Beispiel allein für den Rückzahlungsbetrag. Optionsrecht ist hier die Erlaubnis zur Wahl der für den jeweils Berechtigten günstigeren Währung bei fester Währungsrelation, z.B. 1 Euro entspricht 1,2 US-Dollar. Dabei ist es natürlich ganz entscheidend, wem die Option zusteht, dem Emittenten oder dem Anleger. Der jeweilige Partner ohne Wahlrecht ist der benachteiligte Stillhalter, der die Wahl des anderen dulden muss. Bei dieser ungleichmäßigen Verteilung von Chancen und Risiken ist klar, dass sich das auf den Zins der Anleihe auswirken muss. Hat der Emittent das Optionsrecht, so muss er zum Ausgleich für diesen Vorteil (der ja ein gleich hoher Nachteil für den Anleger ist) von vornherein einen höheren Anleihezins bezahlen. Umgekehrtes gilt, wenn der Anleger das Optionsrecht hat.

4.2.5 Zerobond

Ein Zerobond ist eine Obligation ohne regelmäßige Zinszahlungen, sein weniger gebräuchlicher deutscher Name ist *Nullzins-Anleihe.* Die Zinsen werden angesammelt und mit Zinseszinsen erst zusammen mit der Rückzahlung der Anleihe fällig. Man unterscheidet dabei Auf- und Abzinsungstyp. Beim *Aufzinsungstyp* wird die Anleihe zu einem runden Betrag emittiert und zum Laufzeitende zusammen mit den Zinsen als in der Regel „krummer" Betrag zurückbezahlt. Demgegenüber wird der Ausgabe-kurs beim *Abzinsungstyp* (*Diskonttyp*) ermittelt, indem man den runden Rückzahlungs-betrag mit der Emissionsrendite abzinst. Diese Form der nur einmaligen Zinszahlung war ursprünglich nur für kurzfristige Forderungspapiere typisch, weil es sich bei ihnen aus praktischen Gründen oft nicht anbot, während der eng begrenzten Laufzeit noch separate Zinszahlungen vorzunehmen.

Welchen Vorteil bieten Zerobonds dem Finanzmanagement der Unternehmen? Zerobonds haben einen Liquiditätsvorteil, da der Emittent auf sie keine laufenden Zinsen zu zahlen braucht. Dafür verursachen sie natürlich eine umso größere Belastung am Ende der Laufzeit der Anleihe, da dann auf einen Schlag sowohl der ursprüngliche Anleihebetrag zurückzuzahlen ist als auch die Zinsen für die gesamte Laufzeit.

Im Fall des Zerobonds fallen die Zinserträge bei den Anlegern nur einmalig an, entweder zum Laufzeitende oder bei Verkauf. Das kann steuerlich dann vorteilhaft sein, wenn der Anleger bei Bezug der Zinseinnahmen einen besonders niedrigen Steuersatz hat, etwa weil er dann in Rente ist. Ab 2009 nutzt allerdings nur noch ein Steuersatz unter dem Satz der dann geltenden Abgeltungssteuer von 25%. Der einmalige Anfall der Zinserträge in lediglich einem Jahr ist allerdings andererseits nachteilig bei Existenz von Freibeträgen pro Jahr für Kapitaleinkünfte. Der jährliche Freibetrag kann beim Zerobond nur in einem einzigen Jahr ausgenutzt werden, nämlich im Verkaufs-oder im Rückzahlungsjahr. So ist es gut möglich, dass man für die gleich verteilten Zinseinkommen aus einem vergleichbaren Rentenpapier wegen regelmäßiger Unterschreitung der pro Jahr geltenden Freibeträge nie Steuern auf Kapitaleinkünfte bezahlen muss, wohl aber für die Zinsen auf einen Zerobond, die für viele Jahre auf einen Schlag zugeflossen sind.

Die Änderung des Kurses eines Zerobonds hat zwei ganz unterschiedliche Ursachen.

- Kurszuwachs aufgrund der auflaufenden Emissionsrendite: Ist der Kurs z.B. 100 Euro und ist der bei Emission festgelegte Zins 6 Prozent p.a., so stiege der Kurs in einem Jahr isoliert aufgrund der Emissionsrendite auf 106 Euro.

- Kursänderung wegen Änderung des allgemeinen Marktzinsniveaus: Sinkt der generelle Marktzins für diese Laufzeitklasse zum Beispiel auf unter 6 Prozent, so steigt der Kurs nicht nur auf 106 Euro (gemäß 1), sondern wegen der erhöhten Attraktivität des höher verzinslichen Zerobonds etwa auf 107 Euro.

Ein Anleger weiß beim Zerobond die Gesamtverzinsung seines Anlagebetrags einschließlich der Zinseszinsen. Bei regelmäßigen Zinszahlungen dagegen kennt der Anleger nicht die Verzinsung seiner künftig wieder anzulegenden Zinserträge. Der Zerobond hat also die Besonderheit, dass Klarheit über die Gesamtverzinsung einschließlich Zinseszinsen besteht.

Stripped Bonds sind solche Zerobonds, die dadurch entstanden sind, dass man den den Kapitalbetrag verkörpernden Mantel einer Obligation vom Bogen (mit den anhängenden Zinsscheinen) getrennt hat, körperlich oder nur in der Depotbuchhaltung. Mantel und einzelne Zinsscheine verkörpern dann gleichermaßen jeweils einen Anspruch auf eine einmalige Zahlung in der Zukunft. Sie sind also wirtschaftlich gesehen Zerobonds des Abzinsungstyps, da sie zu ihrem abgezinsten Wert gehandelt werden können.

4.2.6   Commercial Paper und Medium Term Note

Sehr viele Wertpapierformen, die wir in Deutschland kennen, haben ihren Ursprung in den USA und gelangten von dort über den internationalen Finanzmarkt zu uns. Die langfristigen Formen von Forderungspapieren, die vorwiegend über den internationalen Markt nach Deutschland kamen oder in ihrer Bedeutung durch ihn besonders gefördert wurden, wie zum Beispiel Floater oder Zerobond, betrachten wir mittlerweile als heimische Formen. Einige kurz- und mittelfristige Forderungspapiere dagegen sind in Deutschland weit weniger üblich als in den USA – wo sie eine jahrzehntealte Tradition haben – und/oder auf dem internationalen Finanzmarkt. Diese Papiere haben aber insbesondere für größere deutsche Emittenten einige Bedeutung, sie bringen ihre Papiere vorwiegend auf dem internationalen Geld- und Kapitalmarkt unter, teilweise sogar in den USA. Wichtige Vertreter dieser Papiere sind Commercial Papers und Medium Term Notes. Deren Eigenschaften sind teilweise je nach betroffenem Markt unterschiedlich.

Wichtigste ihren Charakter prägende gemeinsame Merkmale beider Papiere, die sie von den Industrieobligationen (Corporate Bonds) unterscheiden, sind

- ihre Eigenschaft als Daueremissionspapiere im Rahmen eines umfassenderen Emissionsprogramms und
- dass sie den kurz- und mittelfristigen Laufzeitbereich abdecken.

Daueremissionspapiere

Beide Arten von Papieren sind für Emissionen im Rahmen einer globalen Programms vorgesehen. Es gibt eine Rahmenvereinbarung mit einem Bankenkonsortium, dass für eine bestimmte Zeit von mehreren Jahren und über einen bestimmten, meist dreistelligen Millionenbetrag von US-Dollar (beziehungsweise Euro) für alle Teilemissionen (Tranchen) zusammen je nach augenblicklichem Bedarf und Marktlage emittiert werden kann. Es sind also Daueremissionspapiere, was sie entscheidend von den üblichen Industrieanleihen unterscheidet. Verkaufsprospekte werden für den gesamten Rahmenbetrag erstellt, was dem Emittenten erlaubt, je nach Bedarf sehr kurzfristig den Markt zu betreten.

Laufzeiten

Commercial Papers und Medium Term Notes decken den Laufzeitbereich unter dem der üblichen Industrieobligationen ab. Die Commercial Papers sind Geldmarktpapiere, die bei der Finanzierung der Unternehmen mit Wertpapieren den kurzfristigen Bereich von wenigen Tagen bis unter zwei Jahren abdecken, Schwerpunktbereich sind ein bis neun Monate, wobei die Laufzeiten den Bedürfnissen der Kapitalanbieter und -nachfrager individuell taggenau angepasst werden können (keine Standardlaufzeiten). Den Laufzeitbereich zwischen ihnen und den normalen Industrieobligationen haben die Medium Term Notes abgedeckt. Typische Laufzeiten sind hier ein bis fünf, manchmal allerdings auch bis 15 Jahre. Die Laufzeiten sind je nach regionalem Markt unterschiedlich üblich. Euro Medium Term Notes haben eine Mindestlaufzeit von zwei Jahren und in der Regel bis zu fünf Jahren. In den USA fallen unter den Ausdruck Medium Term Note auch sehr langfristige Papiere mit bis zu 30 Jahren; dort ist der Ausdruck Medium Term Note eine irreführende Bezeichnung („misnamer") geworden.

Finanzierungsziele

Die Papiere eignen sich hervorragend für Unternehmen mit unregelmäßig schwankendem umfangreichem Finanzbedarf. Die Mittel werden vom Emittenten vorwiegend kurz- oder mittelfristig aufgenommen und bei Bedarf werden die alten Papiere ganz oder teilweise durch neue Papiere ersetzt, sodass eine revolvierende Wertpapierfinanzierung resultiert. Die mögliche sehr kurzfristige (beim Commercial Paper) Laufzeit ermöglicht eine exakte laufende zeitliche Abstimmung mit dem Mittelbedarf der Emittenten.

Anleger/Stückelung

Anleger sind primär institutionelle Großanleger: Zentralbanken, Versicherungen, Pensionsfonds, Banken, große Industrieunternehmen und Fonds. Die Stückelung der Papiere ist entsprechend dem meist professionellen Handel tendenziell hoch, bei beiden Papierarten etwa ab 100.000 US-Dollar. Länger laufende Medium Term Notes sind allerdings heute teilweise schon klein gestückelt (bis hinunter zu 1.000 Euro) und werden dann auch direkt von Privaten erworben (wie einfache Industrieanleihen).

Emittenten und Emissionsformen

Emittenten der Papiere sind vornehmlich erste Adressen unter den Großunternehmen der Industrie und des Finanzsektors, oft über Finanzierungsgesellschaften, sowie bonitätsmäßig erstklassige öffentliche Institutionen.

Abgesehen von Ausnahmefällen der Selbstemissionen von Commercial Papers arrangieren im Normalfall Kreditinstitute bei Commercial Papers die Kapitalaufnahme durch den Emittenten. Die Banken handeln dann einen Rahmenvertrag aus und übernehmen im typischen Fall allein die Arbeit der Platzierung, garantieren also nicht die erfolgreiche Unterbringung der Papiere (Best Effort Basis). Allerdings können Adressen mit weniger guter Bonität auch ausnahmsweise mit der Garantie einer erstklassig eingestuften Bank oder Versicherungsgesellschaft begeben werden (Support Facility, Back-up Line).

Auch Medium Term Notes wurden von den Banken ursprünglich nur auf Best Effort Basis emittiert, davon wird aber mittlerweile auch abgewichen, besonders bei Euro Medium Term Notes.

Sekundärmarkt

Für Commercial Papers und Medium Term Notes existieren Sekundärmärkte. Bei Commercial Papers gibt es in der Regel wegen kurzer Laufzeit keine Börseneinführung, sie werden vorwiegend über spezielle Effektenbanken (Broker) vertrieben und gehandelt. Die Handelbarkeit der Commercial Papers ist aus Sicht der Kapitalgeber ein besonderer Vorzug im Vergleich zu in Deutschland traditionell verwendeten nicht handelbaren Geldmarktanlagen.

Medium Term Notes gibt es mit und ohne Börsenzulassung, sie unterscheiden sich bei Börsennotierung und kleiner Stückelung für den Anleger nicht von einfachen Obligationen.

Art der Wertpapiere und Zinsen

Commercial Papers sind Eigenwechsel (Promissory Notes) mit einem festen Zins, der vom Emissionserlös für die Laufzeit abgezogen ist (Diskontpapiere). Nur selten sind sie stattdessen mit Zinskupons ausgestattete sehr kurzfristige Schuldverschreibungen. Die länger laufenden Medium Term Notes weisen alle möglichen Zinsvarianten auf: Zerobonds genauso wie Kuponpapiere, diese zum Beispiel mit festen Zinsen, variablen Zinsen, als Doppelwährungsanleihen und anderes mehr.

4.3 Anleihen mit teilweisem Eigenkapitalcharakter

4.3.1 Übersicht und Charakter der Mischformen

Dieser Abschnitt behandelt Mezzanine Capital, das eher Fremdkapital ist (Debt Mezzanine Capital) und in Wertpapierform gekleidet ist.

Obligationen mit einem gewissen zusätzlichen Eigenkapitalcharakter sind geradezu ein Kennzeichen reifer Kapitalmärkte. Die nachfolgend erörterten Obligationen mit teilweisem Eigenkapitalcharakter sind solche, die Unternehmen aus Industrie, Handel und Dienstleistungsgewerbe zur Verfügung stehen (also keine reinen Bankpapiere), von denen es eine sehr große Zahl von Mischformen gibt. Normalerweise sind die Papiere börsennotiert.

Tabelle 4.4

Obligationen der Unternehmen mit teilweisem Eigenkapitalcharakter

Formen	Besonderheiten der Ausstattung
Wandelanleihe	umtauschbar in Aktien
Optionsanleihe	mit Bezugsrecht auf andere Wertpapiere, insbesondere Aktien
nachrangige Obligation	rückzahlbar im Rang nach anderem Fremdkapital
Genussschein und Hybridanleihe	sehr variabel gestaltbar, Ausschüttungen teils als Zinsen und teilweise gewinnabhängig

4.3.2 Wandelanleihe

4.3.2.1 Definition der Wandelschuldverschreibung und ihr grundsätzlicher Finanzierungseffekt

Wandelschuldverschreibungen (*Convertible Bonds*, *Convertibles*, *Wandelanleihen*) sind Schuldverschreibungen, vorwiegend Rentenpapiere, mit zusätzlichem Wandlungsrecht in Aktien. Das Wandlungsrecht zu festgelegten Tauschkonditionen wird nur wahrgenommen, wenn dies für den Anleger von Vorteil ist. Das bedeutet im Zeitpunkt der Wandlung insofern einen Nachteil für das Unternehmen, als die Aktie dann über die Wandlung billiger erworben werden kann, als dies dem dann aktuellen Kurs der Aktie entspricht. Dem Wandlungsrecht des Anlegers als Nachteil des Unternehmens steht als Vorteil des Unternehmens gegenüber, dass die Verzinsung der Anleihe unter der vergleichbarer Anleihen ohne Wandlungsrecht festgelegt wird. Bei Emission erhält das finanzierende Unternehmen somit relativ niedrig verzinsliches Fremdkapital. Es nimmt dafür aber hin, dass es schon bei Emission den Umtausch in Aktien zu Konditionen einräumt, die sich später als mehr oder weniger ungünstig für das Unternehmen herausstellen können, da es zum Umtauschzeitpunkt seine Aktien teurer verkaufen könnte als über die Wandlung. Das Unternehmen kann bei Emission nicht wissen, ob es zur Wandlung kommen wird, die nur bei relativ positiver Aktienkursentwicklung zustande kommt. Wird nicht gewandelt, so muss das Unternehmen die Wandelanleihe einmal tilgen, was einen Kapitalabfluss bedeutet. Wird gewandelt, so bleibt das Kapital im Unternehmen und bekommt Eigenkapitalcharakter.

Wandelschuldverschreibungen haben oft Nennwerte von vielen Tausend Euro, was dann zur Konsequenz hat, dass diese Papiere praktisch nur von institutionellen Anlegern erworben werden.

4.3.2.2 Ausstattung

Zur Definition des Wandlungsrechts sind drei Merkmale festzulegen: Wandlungsverhältnis, Wandlungsfrist oder -termin und Zuzahlung bei Wandlung.

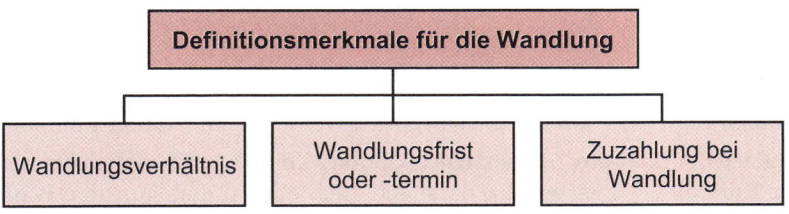

Abbildung 4.5: Merkmale eines Wandelrechts

Wandlungsverhältnis

Bei der Definition des Wandlungsverhältnisses gibt es zwei mögliche Varianten:

- Entweder man setzt die Zahl der einzusetzenden Wandelanleihen zur Zahl der dafür erhältlichen Aktien in Beziehung (zwingend bei Wandlung in nennwertlose Aktien)
- oder man setzt den Nennwert der einzusetzenden Wandelanleihen zum Nennwert der dafür erhältlichen Aktien in Beziehung (nur bei Wandlung in Aktien mit Nennwert möglich).

Beispiel: Eine Obligation zu nominell 100 Euro ist eintauschbar in zwei Aktien zu nominell je 1 Euro. Dann ist das zahlenmäßige Wandlungsverhältnis 1 : 2 und das Nennwertverhältnis 50 : 1.

Das Wandlungsverhältnis ist unter Beachtung eventueller Zuzahlungen im Zeitpunkt der Emission der Wandelanleihe so, dass eine sofortige Wandlung unattraktiv wäre. Erst bei positiver Aktienkursentwicklung soll sich die Chance ergeben, dass eine Wandlung lohnend wird.

Wandlungsfrist oder Wandlungstermin

Die Wandlungsmöglichkeit besteht während der Jahre der Laufzeit der Anleihe oder kürzer beziehungsweise nur am Ende des Zeitraums.

Wandelanleihen sind meistens kündbar durch den Emittenten. Der Inhaber hat dann immer nur noch das Recht, die Anleihe bei Kündigung zu wandeln. Ihm bleibt dann also nicht die Möglichkeit, noch günstigere Aktienkurse für die Wandlung abzuwarten.

Zuzahlung

Eventuell wird bei Wandlung neben der Inzahlungnahme der Schuldverschreibungen eine zusätzliche Barzahlung pro Aktie gefordert. Die Zuzahlung kann zum Beispiel die erwartete Wertsteigerung berücksichtigen und/oder je nach jeweiliger Höhe der Zuzahlung einen Anreiz für eine frühere oder spätere Wandlung bieten. Die Zuzahlung kann immer gleich hoch bleiben, aber auch steigen oder fallen.

Verwässerungsschutzklauseln

Im Fall einer Kapitalerhöhung sinkt gemäß früheren Erläuterungen der Wert einer Aktie, was als *Kapitalverwässerung* bezeichnet wird. Deshalb wäre der Wandelobligationär bei gleichbleibenden Wandelkonditionen im Nachteil. Aus diesem Grund gibt es nach einem im Aktienrecht (§ 216 Abs. 2 AktG) festgelegten Grundsatz immer sogenannte *Verwässerungsschutzklauseln*, die Kapitalverwässerungswirkungen ausgleichen. Wandlungsverhältnis und/oder Zuzahlung werden gemäß Wandlungsbedingungen dann so angepasst, dass die Wandelobligationäre durch die Kapitalverwässerung keinen Schaden erleiden.

Der *Wert einer Wandelanleihe* steigt mit

- sinkendem Marktszins (Anleihen-Komponente),
- steigendem Kurs der Aktie, in die gewandelt werden kann (Aktien-Komponente),
- steigender Volatilität des Aktienkurses (Options-Komponente), da ein stark schwankender Kurs die Chance erhöht, dass sich auch einmal eine günstige Wandlungsmöglichkeit ergibt.

Beispiel Wandelkonditionen

Eine Wandelschuldverschreibung hat bei einem Marktzins vergleichbarer einfacher Anleihen von 7 Prozent einen Kupon von 4,5 Prozent. Sie wird bei einem Nennwert von 100 Euro zu 100 Prozent emittiert und wird zum gleichen Kurs zurückgezahlt. Sie kann während ihrer gesamten Laufzeit im Nennwertverhältnis 10:1 in Aktien des Emittenten umgetauscht werden, die einen Nennwert von 1 Euro haben und bei Emission mit 6 Euro notiert hatten. Wie entscheidet sich ein Wandelobligationär am Tag des Auslaufens der Anleihe, der gleichzeitig der letztmögliche Umtauschtag sei, wenn die Aktie

a) auf 12 Euro gestiegen ist,
b) gerade wieder bei 6 Euro steht wie bei der Emission der Anleihe, sich also per Saldo nicht bewegt hat?

Zu a: Der Anleger bekommt für ein Stück der Anleihe im Wert von 100 Euro zehn Aktien im Wert von zusammen 120 Euro, entscheidet sich also für die Wandlung und hat einen Wandlungsgewinn von 20 Euro. Dieser Gewinn konnte entstehen, weil sich der Aktienkurs ausreichend positiv entwickelt hat. Das Unternehmen gibt seine Aktien gemessen am aktuellen Aktienkurs relativ billig ab.

Zu b: Der Anleger bekäme für ein Stück der Anleihe im Wert von 100 Euro zehn Aktien im Wert von zusammen 60 Euro, entscheidet sich also gegen die Wandlung, da er mit ihr um 40 Euro schlechter gestellt wäre. Es kommt zu keiner Wandlung, weil sich der Aktienkurs im Vergleich zum Kurs bei Emission der Wandelanleihe nicht positiv verändert hat. Das Unternehmen hat den Vorteil niedriger Zinsen genossen und muss trotzdem keine Aktien zu einem Bezugskurs abgeben, der unter dem liegt, wie er bei einer aktuellen Kapitalerhöhung realisierbar wäre.

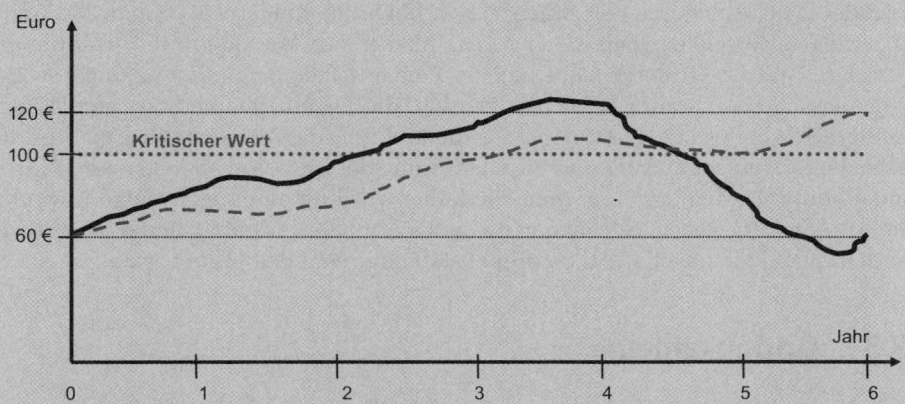

Abbildung 4.6: Zum Wandelanleihen-Beispiel: Zwei alternative Verläufe des Gegenwerts der eintauschbaren Aktien einer Wandelanleihe

4.3.2.3 Verwandtschaft mit Aktien oder Obligationen

Entsprechend ihrer Mittelstellung zwischen Aktie und Obligation lässt sich der Charakter der Wandelanleihe durch deren Ausstattung eher in die eine oder in die andere Richtung verschieben. Die Wahrscheinlichkeit der Wandlung und damit die Nähe zur Aktie ist hoch bei

- langer Wandlungsfrist,
- niedrigem Wandlungsverhältnis (Wandelanleihen je Aktie), was einen relativ niedrigen rechnerischen Bezugskurs der Aktien bedeutet,
- keiner oder niedriger Zuzahlung, was einen relativ niedrigen Wandlungspreis bedeutet, oder aber im Fall veränderlicher Zuzahlung bei steigender Zuzahlung während der Wandlungsfrist, weil dann tendenziell früher gewandelt wird.

Im Fall des Umtauschs der Wandelanleihen, für den im Normalfall mit einer bedingten Kapitalerhöhung vorgesorgt wird, bleibt das mit der Emission der Wandelanleihe zugeflossene Geld im Unternehmen und wechselt seinen Charakter von Fremd- zu Eigenkapital. Ein zusätzlicher Mittelzufluss ist damit nicht verbunden, außer in Form möglicher Zuzahlungen bei der Wandlung.

4.3.2.4 Sonderformen: Umtauschanleihe und Zwangswandelanleihe

Umtauschanleihe

Eine Wandelanleihe, bei welcher der Emittent der Anleihe und das Unternehmen, gegen dessen Aktie man tauschen kann, nicht identisch und auch konzernmäßig nicht verbunden sind, wird *Umtauschanleihe* genannt. Eine derartige Konstruktion ist insbesondere möglich, wenn der Emittent der Wandelanleihe fremde Aktien bereits in Besitz hat, auf die er ein Wandelrecht einräumt.

Zwangswandelanleihe

Bei der *Zwangswandelanleihe* oder *Pflichtwandelanleihe* (Mandatory Convertible Bond) erfolgt der Umtausch durch den Anleger nicht freiwillig, sondern zwingend. Die Wandlung erfolgt also auch, wenn sie für den Inhaber der Wandelschuldverschreibung unattraktiv ist. Diese Anleihe kann auch als eine feststehende Emission junger Aktien per einem späteren Termin betrachtet werden, die Eigenkapitalverbesserung ist also garantiert. Die indirekte Kursfixierung erfolgte durch das Wandelverhältnis und die eventuelle festgelegte Zuzahlung, die Ausführung der Emission aber erst zum Pflichtwandeltermin. Diese Form von Wandelanleihen wird oft an einige wenige institutionelle Anleger ausgegeben. Sie hat einen von der normalen Wandelanleihe stark abweichenden Charakter, da eine Wandelpflicht statt einer Wandeloption besteht.

4.3.3 Optionsanleihe

4.3.3.1 Definition und grundsätzlicher Finanzierungseffekt

Eine Optionsanleihe (Bond with Warrants) ist die Kombination einer Obligation, meistens eines Rentenpapiers, mit einem oder mehreren *Optionsscheinen* (*Warrants*). Der Optionsschein ist dabei ein in Wertpapierform gekleidetes *Kaufrecht* (*Kaufoption*, *Call*) auf Aktien (selten andere Wertpapiere) des Emittenten der Optionsanleihe, manchmal auch eines anderen Unternehmens seines Konzerns, zu einem festgelegten Kurs.

Die Optionsanleihe hat im Vergleich zu einer Anleihe ohne zusätzliche Optionsrechte aus Sicht aller Beteiligten Vor- und Nachteile: Bei Emission ist analog zur Wandelschuldverschreibung noch nicht abzusehen, als wie günstig sich das Optionsrecht in der Zukunft für Anleger und Unternehmen einmal herausstellen wird. Das Optionsrecht für sich alleine ist eine Chance und damit ein Vorteil für den Anleger und damit gleichzeitig ein Nachteil für das Unternehmen, das der Verpflichtete aus der Option ist. Wegen der Gewährung des Optionsrechts kann die Optionsanleihe mit einer niedrigeren Rendite ausgestattet werden als ein von Laufzeit und Bonität her vergleichbarer Straight Bond. Das ist der den Vorteil des Optionsrechts kompensierende Nachteil des Anlegers und der Vorteil des finanzierenden Unternehmens.

Bei Bezug der Aktien, auf die der Inhaber dieser Schuldverschreibung ein Bezugsrecht zu einem bestimmten Preis hat, bleibt die Schuldverschreibung bestehen und in seinem Besitz. Sie geht also bei dieser Gelegenheit nicht unter wie die Wandelschuldverschreibung. Dem finanzierenden Unternehmen bleibt also die Fremdfinanzierung mit der Anleihe bis zu deren Tilgung erhalten und es kommt nur eventuell eine Eigenfinanzierung mit früh festgelegtem Bezugspreis (Emissionskurs) hinzu.

4.3.3.2 Ausstattung

Die Optionsanleihe ist eine Kombination von effektiv relativ niedrig verzinslicher Anleihe und Optionsscheinen. Da die einfache Anleihe hier nicht weiter erläutert zu werden braucht, sind es die Optionsscheine, deren Ausstattung noch zu klären ist.

Zur Definition des Optionsrechts, hier in Wertpapierform, sind drei Bestandteile festzulegen: Bezugsverhältnis, Optionsfrist oder -termin und Bezugskurs der Aktie.

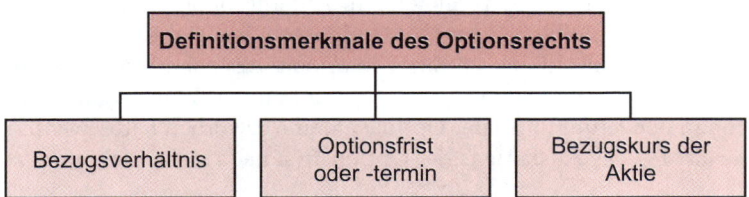

Abbildung 4.7: Merkmale des Optionsrechts als Teil einer Optionsanleihe

Bezugsverhältnis:

$$\text{Bezugsverhältnis} = \frac{\text{Zahl der beziehbaren Aktien}}{\text{Zahl der einzusetzenden Optionsscheine}}$$

Ist das Bezugsverhältnis 1/10, so benötigt man zehn Optionsscheine, um eine Aktie zum Optionskurs beziehen zu können. Im Fall der Optionsscheine kann man, anders als bei der Wandelschuldverschreibung, der Definition des Bezugsverhältnisses keine Nominalwerte zugrunde legen, da Optionsscheine nennwertlos sind.

Optionsfrist oder -termin

Die *Optionslaufzeit* ist in der Praxis maximal gleich der Laufzeit der Optionsanleihe. Ist die Option während eines Zeitraums möglich, so spricht man von *amerikanischer Option*, ist sie nur am Ende der Laufzeit des Optionsscheins möglich, so nennt man diesen Typ *europäisch*. Nicht wenige Optionsscheine sind am Ende der Optionszeit oder zum Optionszeitpunkt wertlos, da die Optionsausübung keinen Vorteil hätte.

Bezugskurs der Aktie

Bezugskurs der Aktie ist der Preis der Aktie, der in den Optionsbedingungen festgelegt ist. Er ist ein Emissionskurs der Aktie, der bereits bei Emission der Optionsanleihe festgelegt worden ist und erst später relevant wird, sofern die Optionsrechte ausgeübt werden.

Verwässerungsschutzklausel

Analog zu den genannten Regelungen bei Wandelobligationen ist regelmäßig und in Übereinstimmung mit einem in § 216 Abs. 2 AktG fixierten Grundsatz durch eine *Verwässerungsschutzklausel* eine Anpassung des Bezugskurses oder -verhältnisses vorgesehen, wenn der Aktienkurs durch Kapitalerhöhungen einen Abschlag erleidet.

Beispiel   ## Konditionen der Optionsanleihe

Eine Anleihe ist nur mit 4,5 Prozent zu verzinsen statt der marktüblichen Verzinsung von 6 Prozent für eine vergleichbare Anleihe ohne anhängende Optionsscheine. An jeder Anleihe hängen fünf Optionsscheine. Der Kurs der Aktie ist bei Emission der Optionsanleihe 35 Euro. Man benötigt zehn Optionsscheine, um eine Aktie zum Kurs von 50 Euro beziehen zu können. Wie entscheidet sich ein Obligationär, der zehn Stücke der Optionsanleihe erworben hatte, wenn der Kurs der Aktie am Tag des Auslaufens der Optionsfrist nach sieben Jahren

a) um lediglich 5 Euro auf 40 Euro gestiegen ist;
b) sich auf 70 Euro verdoppelt hat?

Zu a: Der Kurs der Aktie ist niedriger als der Kurs, zu dem man sie über die Optionsrechte beziehen könnte. Die Optionsscheine verfallen wertlos. Es hat sich im Nachhinein gesehen nicht gelohnt, die Optionsanleihe zu erwerben. Der Anleger hat nur den Schaden aus dem niedrigeren Zins der Anleihe, das Unternehmen entsprechend den Vorteil.

Zu b: An den zehn Stücken der Optionsanleihe hängen $10 \times 5 = 50$ Optionsscheine, die für den Bezug von fünf Aktien zum Kurs von jeweils 50 Euro statt 70 Euro ausreichen, der Vorteil des Anlegers ist also 5×20 Euro $= 100$ Euro. Dieser Vorteil steht im Nachhinein gesehen dem Nachteil des niedrigeren Anleihezinses gegenüber. Das Unternehmen gibt seine Aktien für einen gemessen an den aktuellen Kursen relativ geringen Gegenwert ab.

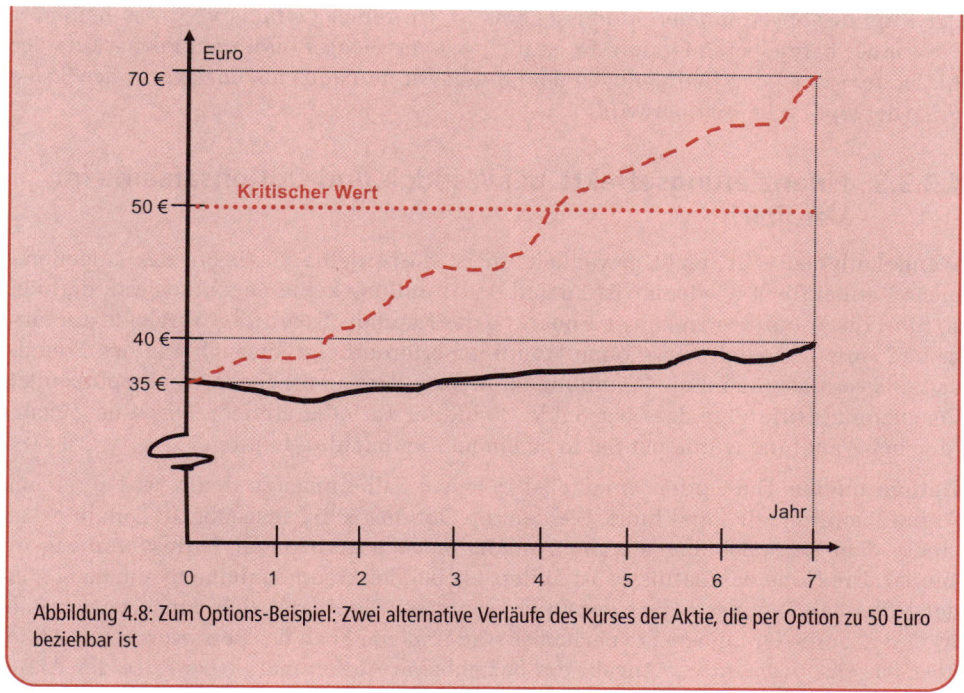

Abbildung 4.8: Zum Options-Beispiel: Zwei alternative Verläufe des Kurses der Aktie, die per Option zu 50 Euro beziehbar ist

4.3.3.3 Die Verwandtschaft der Optionsanleihe zu Aktie und Obligation

Die Optionsanleihe ist bei Emission dem Fremdkapital zuzuordnen. Anders als bei der Wandelanleihe bleibt der Fremdkapitalcharakter des bei Emission der Anleihe zugeflossenen Geldes auf alle Fälle erhalten, die Anleihe ohne Optionsscheine muss auch immer, wie für Fremdkapital typisch, zurückgezahlt werden. Die Eigenkapitalkomponente verbirgt sich allein in den anhängenden Optionsscheinen. Eigenkapital fließt zu, wenn und sobald die Kaufoption ausgeführt wird. Der Zufluss von Eigenkapital durch Optionsausübung kann durch die Festlegung der Ausstattungsmerkmale beeinflusst werden, denn er ist umso wahrscheinlicher, je ausgeprägter folgende Bedingungen erfüllt sind:

- Niedriger in den Optionen festgelegter Bezugspreis für die Aktien und
- lange Optionszeit.

Das Volumen des durch Optionsausübungen möglicherweise zufließenden Eigenkapitals steigt mit der Anzahl der Aktien, die über die Optionsrechte beziehbar sind, also Anzahl der Optionsscheine und Bezugsverhältnis.

4.3.3.4 Die Trennung von Anleihe und Optionsscheinen

Man kann das Optionsrecht auf die Aktie meistens nach Emission der Anleihe von der reinen Anleihe abtrennen und als separates Wertpapier handeln, ebenso wie die leere Anleihe alleine.

Der Kurs des abgetrennten Optionsscheins ist ein reiner *Optionspreis*, das heißt der Preis einer handelbaren Option. Er ist nicht zu verwechseln mit dem Bezugskurs der Aktie, der gemäß den Bedingungen der Option gilt und auch als *Basiskurs* oder *Strike Price* der Option bezeichnet wird.

4.3.3.5 Finanzierungseffekte bei Wandel- und Optionsanleihe im Vergleich

Wandelanleihe: Wird nicht gewandelt, so ist die Anleihe zu tilgen, das aufgenommene Kapital fließt wieder ab. Ist im Fall der Wandlung keine Zuzahlung erforderlich, so führt die Wandlung zu keiner Änderung des Kapitals. Es wird im Vergleich zur einfachen Anleihe lediglich die ohne Wandlung erforderliche Rückzahlung des Fremdkapitals vermieden und die Wandlung führt dazu, dass an die Stelle von Fremdkapital Eigenkapital tritt, ohne dass per Saldo Liquidität zu- oder abfließt. Nur eine Zuzahlung bei Wandlung würde per Saldo zu einem Kapitalzufluss führen.

Optionsanleihe: Die Optionsanleihe ist in jedem Fall einmal zu tilgen, was zu einem Abfluss von Fremdkapital führt. Werden die Optionsrechte ausgeübt, so kommt es zu einem dem Kapitalabfluss aus der Anleihe entgegengerichteten Zufluss von Eigenkapital. Die Höhe des Zuflusses ist anders als bei der Wandelanleihe unabhängig von der Höhe des Tilgungsbetrags der Optionsanleihe. Sie richtet sich danach, wie viele Aktien über die Optionsrechte beziehbar sind und wie hoch der Bezugspreis pro Aktie über das Optionsrecht ist. Anzahl der beziehbaren Aktien mal Strike Price der Aktie ergibt im Fall der Optionsausübung das Volumen des Zuflusses von Eigenkapital, das den Abfluss aus der Anleihetilgung unterschreiten oder überschreiten kann.

4.3.4 Nachrangige Obligation

Begriffe wie nachrangige Obligation, Junk Bond, Low Grade Bond und High Yield Bond überschneiden sich stark. Ausgehend vom Junk Bond sollen sie hier sortiert werden.

4.3.4.1 Junk Bonds und ihre unterschiedlichen Entstehungsgründe

Junk Bonds, zu deutsch *Ramsch-Anleihen*, sind als riskant eingestufte Anleihen (*Low Grade Bonds*), die deshalb einen hohen effektiven Zins haben, also *High Yield Bonds* (*Hochzinsanleihen*) sind. Orientiert man sich an den Beurteilungen durch die großen internationalen Ratingagenturen S&P und Moody's, so sind Junk Bonds solche mit Bonitätsstufe B und darunter.

Grundsätzlich kann ein Junk Bond auf zweierlei Arten entstehen: Entweder ist er erst nachträglich und unbeabsichtigt zum Junk Bond geworden oder er wurde von vornherein und mit voller Absicht als solcher konzipiert.

- **Fallen Angels** sind solche Junk Bonds, die als Normalanleihen emittiert wurden, deren Emittent aber erheblich an Bonität eingebüßt hat, sodass die Kurse der Schuldverschreibungen stark gesunken und damit die Rendite stark gestiegen ist. Ein Beispiel für Fallen Angels sind die Anleihen des ehemals guten Schuldners Sowjetunion in den Zeiten des schweren wirtschaftlichen Umbruchs am Anfang der neunziger Jahre. Diese Junk Bonds im weiteren Sinne sind nicht als Mischform von Eigen- und Fremdkapital anzusehen, wären also für sich allein zu den reinen Forderungspapieren zu zählen.

■ **Geborene Junk Bonds** sind im Gegensatz dazu solche, die schon bei Emission den Makel der Zweitklassigkeit bei der Bonität aufweisen. Hier muss man aber noch einmal unterteilen: Es kann zum einen der *Emittent von niedriger Bonität* sein (niedriges Emittentenrating), sodass er abgesehen vom Fall einer guten Besicherung der Anleihe auch nur Anleihen geringer Bonität emittieren kann. Beispiele sind Anleihen von Schwellenländern (Emerging-Market-Anleihen). Auch solche Junk Bonds haben reinen Forderungscharakter. Zum anderen kann es aber auch sein, dass der *Emittent von guter Bonität* ist, dass er aber bewusst neben Anleihen mit hoher Bonität zusätzlich solche niedriger Bonität emittiert, weil ihm die Möglichkeit der Emission hochwertiger Anleihen angesichts hohen Kapitalbedarfs nicht ausreicht. Das kann zum Beispiel bei der Finanzierung eines Unternehmenskaufs mit wenig Eigenkapital der Fall sein. Das sind dann typischerweise sogenannte *nachrangige Anleihen*, die noch näher zu beleuchten sind.

4.3.4.2 Geborene Junk Bonds mit Nachrang

Die letztgenannten Junk Bonds, nämlich die *nachrangigen Anleihen* guter Emittenten, haben einen offensichtlichen Mischcharakter zwischen Fremd- und Eigenkapital. Der für ihre Entstehung typische Fall aus den USA seit den achtziger Jahren ist die Mitfinanzierung sogenannter *Leveraged Buy Outs* mit Junk Bonds. Hierbei werden Unternehmen unter sehr hoher Fremdkapitalaufnahme (das wird mit „leveraged" ausgedrückt) erworben, zum Beispiel durch das Management (sogenanntes *Management Buy Out*). Dabei erhält das Unternehmen in üblichem Umfang Fremdkapital, etwa in Höhe von 70 Prozent der Bilanzsumme, mit banküblicher Besicherung. Bei zum Beispiel nur 10 Prozent reinem Eigenkapital besteht eine Finanzierungslücke von 20 Prozent von der Bilanzsumme. Hierfür gibt es keine ausreichenden Besicherungsmöglichkeiten. Die Käufer der normalen Anleihen sehen, das ist für die Rangverhältnisse entscheidend, vielleicht auch das Hinzukommen weiteren gleichberechtigten Fremdkapitals kritisch. Deshalb wird die *Finanzierungslücke mit nachrangigem Fremdkapital aufgefüllt*. Im Fall einer Insolvenz mit Liquidation des Unternehmens würden die Geber des nachrangigen Fremdkapitals ihr Geld erst zurückerhalten, wenn alle vorrangigen (normalen) Fremdkapitalgeber ihr Geld zurückbekommen haben. Nach ihrer Befriedigung an zweitem Rang kämen dann an dritter und letzter Position die Eigenkapitalgeber. Man ersieht aus dieser Rangfolge, dass die Geber des nachrangigen Eigenkapitals risikomäßig klar zwischen Eigen- und Fremdkapital stehen, was diesen typischen Junk Bonds ihren Mischkapitalcharakter verleiht. Aus Sicht der normalen Fremdkapitalgeber ist das nachrangige Fremdkapital bei Insolvenz kein Konkurrent um die verbliebene Insolvenzmasse, ist also für sie wie Eigenkapital.

4.3.4.3 Nachrangige Anleihen über Junk-Bond-Qualität

Nicht alle nachrangigen Anleihen sind derart tief eingestuft, dass sie gleich zu den Junk Bonds zählen. Auch ihr Zins ist dann noch relativ gemäßigt. Sie sind gegenüber erstrangigen Anleihen des gleichen Emittenten schon nachrangig, aber noch keine Junk Bonds und den normalen Obligationen relativ nahe. Sie stärken aber aus Sicht der Käufer der normalen Bonds bereits deren Absicherung durch nachrangiges Kapital und sind insofern auch als Mischformen von Eigen- und Fremdfinanzierung anzusehen. Derartige bonitätsmäßig relativ gute nachrangige Anleihen sind auch in Deutschland von gewisser Bedeutung.

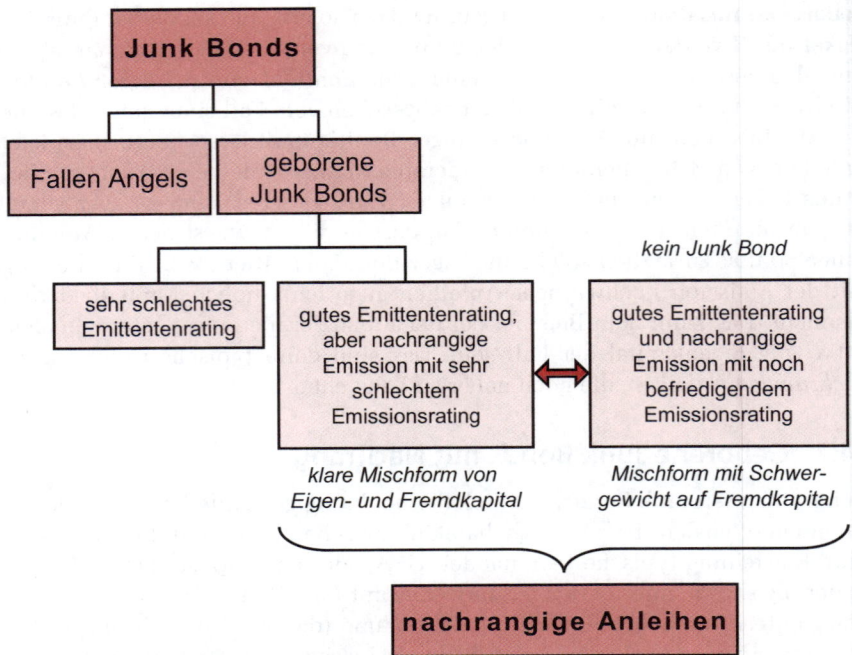

Abbildung 4.9: Nachrangige Anleihen und Junk Bonds

Der Nachrang ganz allein führt in Handels- und Steuerbilanzen zu keiner Abweichung von der Bilanzierung als Fremdkapital. Anders kann es sein, wenn weitere Eigenkapitaleigenschaften hinzukommen, wie dies etwa bei den Genussscheinen mit Nachrang der Fall sein kann.

4.3.5 Genussschein und Hybridanleihe

4.3.5.1 Hauptmerkmale der Genussrechte

Genussrechte gewähren allgemein schuldrechtliche Ansprüche vermögensrechtlicher Art, nicht aber Mitgliedschaftsrechte. *Genussscheine* (Participation Certificates) sind in Wertpapieren verbriefte Genussrechte. Genussscheine sind vom Finanzierungsvolumen her wegen der Vorteile der Fungibilität die eindeutig relevantere Form gegenüber den nicht verbrieften Genussrechten, weshalb die Genussrechte hier in einem Kapitel über Effekten in der Form des Genussscheins erörtert werden. Genussscheine haben in Deutschland besondere Bedeutung bei den mezzaninen Papieren.

Für die Ausgabe von Genussscheinen gibt es vielfältige mögliche Motive. Beispiele sind:

- Bewahrung der bisherigen Beteiligungsverhältnisse und Vermeidung von Überfremdung,
- Vergütung für Gründer, Geschäftsführer, Aufsichtsratsmitglieder,
- Vergütung für Patente, Lizenzen, Konzessionen, Know-how,
- Gegenleistung für Forderungsverzicht (bei Sanierungen).

Der Inhalt der verbrieften Vermögensrechte kann äußerst unterschiedlich sein, sodass auch der Charakter von Genussscheinen sehr wenig fixiert ist. Der Genussschein ist auch nicht gesetzlich definiert. Deshalb kann man über Genussscheine kaum etwas allgemein Gültiges sagen, sondern nur häufig vorkommende Eigenschaften nennen. Die folgende Auflistung nennt *typische mögliche Ansprüche* von Genussscheininhabern, wobei die miteinander verbundenen beiden erstgenannten Ansprüche besondere Bedeutung haben:

- Zinsen, ganz oder teilweise nur unter bestimmten Bedingungen zu bezahlen, speziell nur bei Gewinn (sehr verbreitet);
- Gewinnanteil, zum Beispiel definiert als Anteil am Jahresüberschuss, am Bilanzgewinn, am ordentlichen Betriebsergebnis oder als Prozentsatz von der an Stamm- oder Vorzugsaktionäre verteilten Dividende. Der Gewinnanspruch ist üblicherweise vorrangig gegenüber den Aktionären, manchmal gleichrangig, selten nachrangig.
- Anteil am Liquidationserlös (aus unten erläuterten Gründen selten);
- Bezugs- oder Umtauschrechte (Options- und Wandelgenussscheine);
- sonstige spezielle Vermögensrechte, etwa Erträge aus bestimmten vergebenen Lizenzen.

Mit den meisten Genussscheinen erwirtschaften die Anleger in guten Zeiten eine höhere Rentabilität des eingesetzten Kapitals als mit einfachen Obligationen, dafür fallen die Erträge in schlechten Zeiten ganz oder teilweise aus.

Entsprechend allgemeiner Rechtsgrundsätze genießen Genussrechtsinhaber immer einen Verwässerungsschutz. Vermindern Kapitalerhöhungen ihre Rechte auf Gewinnbeteiligung, so steht ihnen im Prinzip immer ein Ausgleich für diesen Nachteil zu (§§ 216 Abs. 2 AktG und 47m Abs. 3 GmbHG).

4.3.5.2 Hybrider Charakter (mezzaniner Kapitalcharakter) der Genussscheine

Fremdkapitalcharakter

Der Fremdkapitalcharakter der Genussscheine ergibt sich üblicherweise aus

- einer bestimmten – allerdings bedingten – Verzinsung oder aus einer sicheren Mindestverzinsung,
- fehlendem Stimmrecht und
- ihrer üblichen Rückzahlbarkeit. Nur in seltenen Ausnahmen sind sie nicht rückzahlbar. Generell gilt: Der Buchwert ist der Nennbetrag abzüglich etwaiger aufgelaufener und noch nicht aufgeholter Verluste. Bei Genussscheinen ohne Verlustbeteiligung entspricht der Buchwert dem Nennwert.

Eigenkapitalcharakter

Ein Eigenkapitalmerkmal des Genussscheins ist die Teilnahme an Gewinn und eventuell auch am Verlust. Besonders nahe dem Eigenkapital sind die Genussscheine, die durch eine entsprechend starke Verlustbeteiligung ein Rückzahlungsrisiko tragen, also ein Risiko des Kapitalverlusts. Bei ihnen kann die Rückzahlung ausfallen oder reduziert werden, wenn der Emittent in die roten Zahlen rutscht.

> *„Am 3. Januar, als manche der betroffenen Investoren noch im Skiurlaub weilten, teilte die AHBR [Allgemeine Hypothekenbank Rheinboden, Anm. des Verf.] knapp mit, sie werde für das Jahr 2005 einen Bilanzverlust zwischen 1,1 und 1,3 Milliarden Euro ausweisen. Das bedeutet, dass nicht nur Ausschüttungen auf Genussscheine für 2005 ausfallen werden. Vielmehr sollen Inhaber dieser Zwitter aus Eigen- und Fremdkapital ebenso wie stille Beteiligte nach dem Willen von Lone Star [Finanzinvestor, Anm. des Verf.] den Verlust zu einem großen Teil mittragen. ... Im Extremfall könnte bei den Genussscheinen sogar ein Totalverlust drohen ... Genussscheininhaber erhalten zwar wie Anleihegläubiger Zinszahlungen, wenn ihr Unternehmen Gewinne ausweist. Im Verlustfall ist ein solches Investment jedoch einer Eigenkapitalbeteiligung ähnlicher. Genussscheininhaber müssen – wie auch stille Beteiligte – Bilanzverluste mittragen, ihr Anspruch auf Rückzahlung vermindert sich. ... Am Markt werden die Genüsse derzeit zu Kursen zwischen 15 und 20 Prozent ihres Nennwerts gehandelt. ... Die stillen Beteiligungen liegen vorwiegend bei institutionellen Investoren wie Banken und Versicherungen. ... Dagegen sind die Genussscheine unter Privatanlegern breit gestreut, besonders bei vermögenden Bankkunden ist diese Anlageform beliebt.“*[3]

Oft gibt es für Genussscheininhaber zwar keine Kapitalaufzehrung bei Verlust, aber einen Gewinnausfall, etwa bei der einfachen Regel, dass ein festgelegter Zins nur in Gewinnjahren zur Auszahlung kommt. Der mögliche Ausfall des Gewinns eines Jahres wird aber oft wieder durch einen *Nachzahlungsanspruch* entschärft: Die ausgefallenen Zinsen werden in diesem Fall in voller Höhe erstattet, sobald das Unternehmen wieder schwarze Zahlen schreibt. Genussscheine mit einem derartigen Nachzahlungsanspruch sind wegen ihrer geringeren Gefahr für den Anleger weniger hoch verzinslich und dem Fremdkapital näher als solche ohne Nachzahlungsanspruch.

Ebenfalls dem Eigenkapital sehr nahe sind alle nachrangigen Genussscheine, die also im Konkursfall erst zurückgezahlt werden, wenn alle anderen Gläubigeransprüche befriedigt sind.

4.3.5.3 Handelsrechtliche Regelungen zur Frage des Eigen- oder Fremdkapitalcharakters von Genussscheinen

Ziel der Unternehmer ist in der Handelsbilanz der Ausweis als Eigenkapital. Sie müssen also Mindestbedingungen zum Eigenkapitalausweis beachten.

Nach HGB kommt es darauf an, ob die Genussrechte nach den jeweiligen spezifischen Beteiligungsbedingungen als Eigen- oder Fremdkapital einzuordnen sind. Gibt es keine speziell in Richtung Eigenkapital zielende Vertragsabreden, so ist das Genussrechtskapital unter den Verbindlichkeiten auszuweisen. Ausgangspunkt ist also der Ausweis als Fremdkapital. Der Ausweis kann dabei auch speziell als „Genusskapital“ erfolgen. Ausschüttungen auf derartige normale Genussrechte sind unter „Zinsen und ähnliche Aufwendungen“ zu erfassen.

---

3 Hesse, Martin: „Stille am Milliardengrab – Nach dem Einstieg von Lone Star droht Anlegern bei der Hypothekenbank AHBR der Totalverlust/ Pfandbriefgeschäft wird geprüft.“ In: *Süddeutsche Zeitung* vom 14./15.1.2006, S. 25.

Abweichend davon wird das Genusskapital gemäß Stellungnahme 1/94 des Haupt-fachausschusses des Instituts der Wirtschaftsprüfer (HFA des IDW) als Eigenkapital bilanziert, wenn folgende Abreden getroffen wurden:

Erfolgsabhängigkeit der Ausschüttungen
an Genussrechtsinhaber

Verlustbeteiligung bis zur Höhe des
Genussrechtskapitals

Rangrücktritt hinter die sonstigen
Verbindlichkeiten (Nachrangigkeit)

Langfristige Kapitalüberlassung

} Alle Bedingungen müssen
gleichzeitig erfüllt sein

Sofern auch nur eines der Kriterien *nicht* erfüllt ist, muss das Genussrechtskapital als Fremdkapital ausgewiesen werden.

Nach IAS/IFRS ist es entscheidend, dass das Kapital

nicht rückzahlbar

sein darf, wenn es Eigenkapital sein soll (nach HGB reicht auch temporär begrenztes Kapital, sofern nur Langfristigkeit gegeben ist). Die Anleger dürfen also nach IAS/IFRS keine Möglichkeit haben, irgendwann ihren Einsatz zurückzufordern. Auch wenn das Genussrechtskapital nicht in jedem Fall zurückgefordert werden kann, nämlich soweit es durch Verluste aufgezehrt wurde, so ist es doch im Normalfall nicht als zeit-lich unbegrenzt zu sehen.

4.3.5.4 Steuerliche Behandlung der Genussscheine

Ziel der Unternehmen ist hier anders als bei der Bilanzierung in der Handelsbilanz der Ausweis als Fremdkapital. Das Unternehmen muss dazu Mindestbedingungen zum Fremdkapitalausweis beachten.

Von entscheidender Bedeutung für die Besteuerung bei der Emittentin ist, ob das Genussrecht *kumulativ* folgende beide Regelungen der Gesellschaft entsprechend § 8 Abs. 3 Satz 2 KStG vorsieht:

- Beteiligung am Gewinn,
- Beteiligung am Liquidationserlös.

Liegt nur eines der beiden Merkmale vor, so ist die Behandlung als Fremdkapital und damit Betriebsausgabenabzug der Ausschüttungen zulässig. Sind beide Kriterien erfüllt, dann werden die Ausschüttungen auf die Genussrechte genauso wie Ausschüttungen auf Anteilsrechte, zum Beispiel Aktien, behandelt. Dann ist ein Betriebsausgabenabzug der Ausschüttungen durch die Emittenten, wie etwa bei Obligationen, nicht möglich. Die Ausschüttungen auf die Genussrechte sind dann Verwendung des bei der Emit-tentin versteuerten Gewinns. Um die Belastung mit Gewinnsteuern zu vermeiden, berechtigen Genussrechte meistens zwar zu einer gewissen Beteiligung am Gewinn (das ist zum handelsrechtlichen Ausweis als Eigenkapital erforderlich), nicht aber am Liquidationserlös.

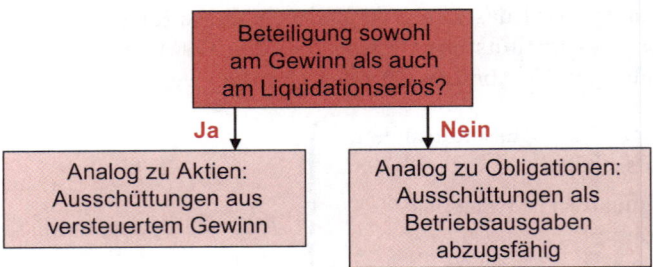

Abbildung 4.10: Kumulative Beteiligung an Gewinn und Liquidationserlös

4.3.5.5 Genussschein als steuerliches Fremdkapital und gleichzeitig Eigenkapital nach HGB

Da handelsrechtliche und steuerliche Bedingungen für den Ausweis als Eigen- oder Fremdkapital nicht identisch sind, ist eine Konstruktion möglich, wonach das Genussrechtskapital nach HGB zwar Eigenkapital ist, steuerlich aber Fremdkapital. Diese Idealkombination ist erreichbar, indem die HGB-Kriterien für den Eigenkapitalausweis erfüllt werden, von den steuerlichen Kriterien zum Eigenkapitalausweis aber die Beteiligung am Liquidationserlös vermieden wird (Gewinnbeteiligung ist für handelsrechtlichen Eigenkapitalausweis gemäß HGB erforderlich).

4.3.5.6 Abgrenzung des Genussrechts zur stillen Gesellschaft

Die Grenzen eines Genussrechts ohne Wertpapiereigenschaft zur stillen Gesellschaft sind fließend. Der stillen Gesellschaft sehr ähnlich ist das Genussrecht insbesondere, wenn das Genussrechtskapital wichtige Gesellschafterzüge trägt, speziell wenn es

- langfristig gebunden ist,
- am Verlust beteiligt ist,
- eine besonders starke Ausprägung der vertraglichen Treuepflichten des Genussscheininhabers vereinbart ist,
- den Genussrechtsinhabern möglichst umfassende Informationsrechte zugestanden werden.

Hinsichtlich der *Treuepflicht* gibt es zwingende prinzipielle Unterschiede: Die gesellschaftsrechtliche Grundlage der stillen Gesellschaft begründet grundsätzlich *besondere Treue- und Förderpflichten der Gesellschafter*. Die stille Gesellschaft ist eine echte Gesellschaft. Stiller Gesellschafter und Inhaber des Handelsgeschäfts verpflichten sich gegenseitig zur Förderung eines gemeinsamen Zwecks (§ 705 BGB). Die geringeren Loyalitätspflichten des Genussberechtigten richten sich dagegen in erster Linie nach den allgemeinen vertragsrechtlichen Grundsätzen.

Der stille Gesellschafter hat als weiteres prinzipielles Unterscheidungsmerkmal Gesellschafterrechte, die ein Genussrechtsinhaber nicht beziehungsweise nur sehr begrenzt hat, nämlich

- Zustimmungsvorbehalt der atypischen Form des stillen Gesellschafters und
- gesetzliche Informations- und Kontrollrechte aller stillen Gesellschafter.

Zum *Zustimmungsvorbehalt*: Ein Zustimmungsvorbehalt (zum Beispiel hinsichtlich des Erwerbs von Immobilien oder Beteiligungen) von Genussrechtsinhabern existiert nach verbreiteter Meinung anders als bei stillen Gesellschaftern nicht. Es wird dagegen allgemein angenommen, dass auch ohne ausdrückliche Vereinbarung ein Zustimmungsvorbehalt des stillen Gesellschafters bei der Vornahme von sogenannten Grundlagengeschäften durch die Gesellschaft gegeben ist.

Zum *Informations- und Kontrollrecht*: Der stille Gesellschafter hat dieses Recht grundsätzlich und unabdingbar gemäß § 233 Abs. 3 HGB. Beim Genussrecht dagegen kann das Informations- und Kontrollrecht sehr stark beschnitten werden.

Eine *Verbriefung* als Wertpapier schließlich gibt es nur beim Genussrecht, nicht aber bei der stillen Gesellschaft.

Tabelle 4.5

Grundsätzliche Unterschiede von Genussrechtsinhaber und stillem Gesellschafter

	Treuepflicht	Zustimmungsvorbehalt, Informations- und Kontrollrecht	Verbriefung
Stille Gesellschaft	Besondere Treue- und Förderpflichten (gegenseitige Verpflichtung von Gesellschaftern zur Förderung eines gemeinsamen Gesellschaftszwecks)	Zustimmungsvorbehalt zumindest bei Grundlagengeschäften; Unabdingbares Informations- und Kontrollrecht	nicht möglich
Genussrecht	Nur Loyalitätspflichten des Genussrechtsinhabers nach allgemeinen vertragsrechtlichen Grundsätzen	Kein Zustimmungsvorbehalt; Informations- und Kontrollrecht stark beschneidbar	möglich

4.3.5.7 Flat-Notiz des Genussscheins

Wie bei Aktien und entgegen der Handhabung bei Obligationen erhöhen die aufgelaufenen Ertragsansprüche aus Genussscheinen, selbst wenn sie im wesentlichen Zinscharakter haben, den Kurs des Genussscheins, sie sind sogenannte Ertragssammler. Zeitanteilige Zinsen sind nicht von vornherein fixiert und werden deshalb nicht wie bei reinen Anleihen separat ausgewiesen und beim Kauf zusätzlich zum Kurs als Stückzinsen bezahlt, sondern sie sind – soweit bekannt oder einschätzbar – im Kurs enthalten. Man bezeichnet diese Art der Notierung als Flat-Notierung. Das führt dazu, dass der Kurs eines Genussscheins nach Zinsausschüttung schlagartig sinkt.

4.3.5.8 Hybridanleihe

Auf dem internationalen Kapitalmarkt etabliert sich seit wenigen Jahren eine Wertpapierform, die dem deutschen Genussschein und wegen ihrer immer gegebenen Nachrangigkeit auch der Nachranganleihe verwandt ist: die Hybridanleihe oder Corporate Hybrid Debt. Sie zeichnet sich durch folgende Eigenschaften aus:

- Nachrang gegenüber dem gesamten sonstigen Fremdkapital,
- extrem lange oder sogar unbegrenzte Laufzeit (was eine Qualifizierung als Eigenkapital nach IAS/IFRS ermöglicht),
- Festzins bis zu einem erstmöglichen Rücknahmezeitpunkt (Kündigung) nach mehreren Jahren, danach variabel verzinst,
- Erfolgsabhängigkeit der Zinszahlungen,
- Verpflichtung des Emittenten, im Fall der Rücknahme oder Fälligkeit das Hybridkapital durch gleichrangiges oder noch eigenkapitalnäheres Kapital zu ersetzen.

Zusammenfassung dieses Kapitels

■ Forderungspapiere und Zinsen

Urkunden, die man zwingend vorlegen muss, um ein Recht auszuüben, sind Wertpapiere im weitesten Sinne. Effekten sind solche Wertpapiere, die der Kapitalbeschaffung dienen (Kapitalwertpapiere) und von denen es verschiedene gleichartige gibt, die untereinander austauschbar (vertretbar) sind. Effekten eignen sich zum Börsenhandel. Gegenstand des Kapitels sind solche Effekten, die Forderungen verkörpern.

Extrem eng definiert versteht man allein Inhaber- und Orderpapiere als Wertpapiere. Für sie gilt das Sachenrecht anders als für Rektapapiere, die nach den Regeln des Schuldrechts durch Zession übertragen werden. Bei Zession ist ein gutgläubiger Erwerb von Unberechtigten nicht möglich.

Wertpapiere in Papierform sind heute die Ausnahme, der Normalfall ist das Wertrecht als körperloses Wertpapier.

Forderungspapiere der öffentlichen Hand werden meistens durch Auflegung zur Zeichnung platziert. Außerdem sind für diese Papiere Zinstender der Zentralbank von Bedeutung. Papiere privater Emittenten werden dagegen typischerweise durch freihändigen Verkauf platziert.

Zinsen werden oft regelmäßig in gleicher Höhe bezahlt (Rentenpapiere), es gibt aber auch Effekten mit anderen Zinsvarianten wie Stufenzinsanleihen, Diskontpapiere, solche mit variablem Zins und Anleihen mit Zinsen in Abhängigkeit vom Inflationssatz.

Obligationen erwirbt man mit zusätzlicher Bezahlung der aufgelaufenen Zinsen (Stückzinsen).

Die Zinssätze enthalten einen Ausgleich für die Inflation und einen realen Zinssatz. Die Zinsen steigen im Normalfall mit wachsender Festschreibungszeit ihrer Höhe (normale Zinsstruktur).

Die Kurse der Forderungspapiere hängen im Wesentlichen vom Nominalzinssatz, der Restlaufzeit des Papiers bei Zinsfestschreibung und dem Verhältnis zum herrschenden allgemeinen Zinsniveau ab.

Zinsen sind abhängig von der Währung, über die das Wertpapier lautet.

Die Zinsbesteuerung soll in Deutschland künftig durch eine Abgeltungssteuer erfolgen.

Für die Ermittlung des näherungsweisen Effektivzinses ist die im Kapitel zur Kreditfinanzierung hergeleitete Näherungsformel auch anwendbar.

Die Höhe der herrschenden Zinsen beschreibt man entweder direkt durch statistisch ermittelte Durchschnittszinsen, wobei wegen der Laufzeitabhängigkeit der Zinshöhe Laufzeitbereiche unterschieden werden sollten, oder aber durch Kurse von Zinspapieren entsprechender Laufzeiten sowie durch Kursindizes von Zinspapieren.

Anleihen werden im Normalfall in ihrer Gesamtheit zu einem bestimmten Zeitpunkt zur Rückzahlung fällig, es gibt aber gelegentlich auch abweichende Methoden.

Emittenten und/oder spezielle Anleiheemissionen werden oft von unabhängigen Ratingagenturen bewertet, um den Anleihekäufen einen Anhaltspunkt für die Bonität zu geben.

■ Formen reiner Forderungspapiere und von mezzaninen Anleihen

Als Formen reiner Forderungspapiere werden unterschieden: Industrieanleihen, Floater (mit Zinskoppelung an einen Geldmarktzins), Fremdwährungsanleihen mit speziellen Währungsvereinbarungen (Doppelwährungsanleihe und Anleihen mit Währungsoptionen), Zerobond (ohne laufende Zinszahlungen) sowie Commercial Papers und Medium Term Notes als kurz- und mittelfristige Daueremissionspapiere primär der internationalen Finanzmärkte. Daneben gibt es als wichtige Mischformen (Mezzanine Capital) Wandelanleihen (umtauschbar in Aktien), Optionsanleihen (verfügen über Optionsrechte, das sind Bezugsrechte auf Aktien zu einem fest vereinbarten Kurs, ausübbar in der Zukunft), nachrangige Obligationen (im Insolvenzfall im Rang nach sonstigem Fremdkapital, aber vor dem Eigenkapital) und Genussscheine (sehr variabel gestaltbare Papiere, je nach individueller Ausstattung teils Zins-, teils Gewinnpapiere). Dem deutschen Genussschein und wegen ihrer immer gegebenen Nachrangigkeit auch der Nachranganleihe verwandt ist die Hybridanleihe oder Corporate Hybrid Debt.

Aufgaben

Die Lösungen zu diesen Aufgaben finden Sie am Ende des Buches.

Aufgabe 4-1

Grundlagen zu Forderungspapieren und Zinsen:
Welche der folgenden Aussagen (A bis H) sind richtig?

A. Unter Securitisation versteht man die Versicherung von Kapitalanlagen.

B. Der immer häufiger werdende Verzicht auf den Druck körperlicher Wertpapiere führt zu einem fortschreitenden Bedeutungsverlust der Finanzierung mit Obligationen.

C. Stückzinsen von Obligationen sind definiert als Zinsen einer einzelnen Obligation statt der Zinsen für die Gesamtanleihe.

D. Eine normale Zinsstruktur liegt vor, wenn die Zinsen umso höher sind, je länger die Zeit ist, für die die Zinsvereinbarung gilt.

E. Legt ein Japaner in Japan US-Dollar als Festgeld an, so richtet sich der Zins für das Festgeld im Prinzip nicht nach den Verhältnissen im Währungsgebiet des japanischen Yens, sondern nach denen im Gebiet des US-Dollars, also in den USA.

F. Unterwirft man Zinsen einer Abgeltungssteuer, so bedeutet das, dass die Einkommensteuern auf die Zinsen mit Zahlung dieser Steuer endgültig abgegolten sind.

G. Geht der Kurs des Euro-Bund-Futures hoch, so bedeutet das ein Sinken der 10-Jahres-Zinsen am Markt.

H. Rex ist der wichtigste deutsche Rentenindex, der auf der Basis von lang-, mittel- und kurzfristigen Bundeswertpapieren errechnet wird und zu den Performanceindizes zählt.

I. Alle Aussagen (A bis H) sind falsch.

Aufgabe 4-2

Externes Rating von Anleihen:
Welche der folgenden Aussagen (A bis E) sind richtig?

A. Angesichts der Veröffentlichung von Jahresabschlüssen durch internationale Konzerne hat das Rating für ihre Anleihen durch externe Ratinggesellschaften nur wenig Bedeutung.

B. Die Einstufung einer Anleihe durch die Ratinggesellschaften hat Einfluss auf den Effektivzins der Anleihe.

C. Geratete Junk Bonds haben eine niedrige Rating-Einstufung.

D. Eine Herabstufung der Bonität einer Anleihe durch die Ratinggesellschaften ist nach abgeschlossener Emission der Anleihe nicht mehr möglich.

E. Step-up-Anleihen zeichnen sich dadurch aus, dass ihr Nominalzins mit einem Downgrading der Anleihe nach einer vorher festgelegten Regel ansteigt.

F. Alle Aussagen (A bis E) sind falsch.

Aufgabe 4-3

Floater:

Welche der folgenden Aussagen (A bis D) sind richtig?

A. Unternehmen werden die normalen Floater tendenziell eher dann ausgeben wollen, wenn sie annehmen, dass im Durchschnitt das Zinsniveau des Floaters in der Gesamtlaufzeit der Anleihe höher ist als der Festzins eines vergleichbaren Rentenpapiers bei Emission.

B. Anleger werden einen normalen Floater statt eines Straight Bonds vornehmlich dann erwerben, wenn sie eine Zinserhöhung über das Niveau des Straight Bonds erwarten.

C. Beim Reverse Floater sinkt die Anleiheverzinsung mit steigendem Geldmarktzins.

D. Die Ausstattung eines Floaters mit einer Zinskappe verringert das Zinsrisiko des Emittenten.

E. Alle Aussagen (A bis D) sind falsch.

Aufgabe 4-4

Fremdwährungsanleihen mit speziellen Währungsvereinbarungen:

Welche der folgenden Aussagen (A bis E) sind richtig?

A. Angenommen, es steigt der Wert der Währung, auf die eine einfache Fremdwährungsanleihe ohne spezielle Währungsvereinbarungen lautet, im Verhältnis zum Wert der Heimatwährung eines Anlegers. Dann erhält der Anleger in seiner eigenen Währung beim Umtausch der Zinszahlungen und beim Umtausch des Rückzahlungsbetrags in die eigene Währung mehr Geld.

B. Begibt ein deutsches Unternehmen eine einfache Fremdwährungsanleihe ohne spezielle Währungsvereinbarungen, die auf japanische Yen lautet, so hat das deutsche Unternehmen keine Währungsrisiken und -chancen, wohl aber die japanischen Anleihekäufer.

C. Eine Doppelwährungsanleihe liegt zum Beispiel vor, wenn eine Anleihe in Euro emittiert wird, die Tilgung aber in US-Dollar vorgenommen wird.

D. Währungsoptionsrecht ist das Recht zur Wahl der für den jeweils Wahlberechtigten günstigeren Währung für die Zinszahlungen und/oder die Rückzahlung einer Anleihe bei zum Emissionszeitpunkt festgelegten Kursrelationen.

E. Ist eine Anleihe mit einem wie auch immer gearteten Währungsoptionsrecht ausgestattet, so bedeutet dies immer einen Vorteil für den Emittenten.

F. Alle Aussagen (A bis E) sind falsch.

Aufgabe 4-5

Zerobonds:

Welche der folgenden Aussagen (A bis E) sind richtig?

Zerobonds ...

A. zeichnen sich unter anderem dadurch aus, dass die Verzinsung in der Differenz zwischen Emissions- und Rückzahlungskurs liegt.

B. sind Schuldverschreibungen ohne Zinszahlungen in regelmäßigen Zeitabständen.

C. werden am Ende ihrer Laufzeit mit rechnerischem Zins und Zinseszins zurückgezahlt.

D. haben wegen des Wegfalls laufender Zinszahlungen gegenüber normalen Anleihen während der Laufzeit des Bonds Liquiditätsvorteile für das finanzierende Unternehmen.

E. haben hinsichtlich der Planbarkeit der Verzinsung gegenüber den üblichen Obligationen für Anleger den Vorteil, dass keine Unsicherheit hinsichtlich des Zinses für die Wiederanlage der Jahreszinsen besteht.

F. Alle Aussagen (A bis E) sind falsch.

Aufgabe 4-6

Commercial Papers und Medium Term Notes:

Welche der folgenden Aussagen (A bis D) sind richtig?

A. Medium Term Notes werden typischerweise als Daueremissionspapiere eingesetzt, was sie entscheidend von den üblichen Industrieanleihen unterscheidet.

B. Commercial Papers werden ausnahmslos mit Platzierungsgarantien seitens Underwriter-Banken (Garantiebanken) emittiert.

C. Commercial Papers sind kurzfristige Papiere und werden im Regelfall als Diskontpapiere emittiert.

D. Medium Term Notes gibt es mit und ohne Börsenzulassung.

E. Alle Aussagen (A bis D) sind falsch.

Aufgabe 4-7 (Einfachauswahl)

Wandelanleihen:

Eine Wandelschuldverschreibung wird bei einem Nennwert von 100 Euro zu 100 Prozent emittiert und zum gleichen Kurs zurückgezahlt. Sie kann während ihrer gesamten Laufzeit im Nennwertverhältnis 10:1 in Aktien des Emittenten umgetauscht werden, die einen Nennwert von 1 Euro haben und bei Emission mit 5 Euro notiert hatten. Dabei ist pro Aktie eine Zuzahlung von 8 Euro zu bezahlen. Wie entscheidet sich ein Wandelobligationär am Tag des Auslaufens der Anleihe, der gleichzeitig der letztmögliche Umtauschtag sei, wenn die Aktie auf 20 Euro gestiegen ist? Welche der folgenden Aussagen (A bis D) ist richtig?

A. Der Wandelobligationär wandelt nicht, da die Wandlung für ihn nachteilig wäre.

B. Der Wandelobligationär kann wandeln oder nicht, beide Alternativen sind für ihn gleichwertig.

C. Der Wandelobligationär wandelt, da er durch die Wandlung einen Vorteil von 2 Euro pro Aktie hat.

D. Der Wandelobligationär wandelt, da er durch die Wandlung einen Vorteil von 4 Euro pro Aktie hat

E. Alle Aussagen (A bis D) sind falsch.

Aufgabe 4-8

Optionsanleihen und Optionsscheine auf Aktien:

Welche der folgenden Aussagen (A bis E) sind richtig?

A. Eine Optionsanleihe ist ein Wertpapier, das die Option auf Umtausch einer Obligation in Aktien enthält.

B. Eine Optionsanleihe ist eine Anleihe, die zum börsenmäßigen Optionshandel zugelassen ist, das heißt man kann Optionen auf die Anleihe kaufen und verkaufen.

C. Der Effektivzins einer Optionsanleihe liegt aufgrund des Wertes der mit ihr verbundenen Optionsmöglichkeit unter dem eines bezüglich Laufzeit und Bonität vergleichbaren Straight Bonds.

D. Der Optionspreis eines Optionsscheins, der zum Bezug einer Aktie berechtigt, ist der Betrag, der für die zu beziehende Aktie im Fall der Optionsausübung zu bezahlen ist.

E. Der Totalverlust des Wertes eines Optionsscheins ist theoretisch denkbar, in der Praxis jedoch fast ausgeschlossen.

F. Alle Aussagen (A bis E) sind falsch.

Aufgabe 4-9

Nachrangige Anleihe und Junk Bond:

Welche der folgenden Aussagen (A bis F) sind richtig?

A. Nachrangige Anleihen sind immer auch Junk Bonds.

B. Eigenkapitalgeber werden bei Insolvenz ihres Unternehmens gegenüber Inhabern von nachrangigen Obligationen des Unternehmens grundsätzlich vorrangig aus der Insolvenzmasse befriedigt.

C. Junk Bonds zeichnen sich durch eine extrem niedrige, für Anleger unattraktive effektive Verzinsung aus, was Ursprung der Bezeichnung Ramschanleihe ist.

D. Junk Bonds entstehen nie planmäßig, sondern sind immer Folge einer negativen wirtschaftlichen Entwicklung des Emittenten.

E. Das Emissionsrating von Junk Bonds durch die internationalen Ratingagenturen ist niedrig.

F. Junk Bonds stammen immer von Unternehmen relativ niedriger Bonität.

G. Alle Aussagen (A bis F) sind falsch.

Aufgabe 4-10

Genussscheine:

Welche der folgenden Aussagen (A bis F) sind richtig?

A. Genussscheine verschaffen keine Stimmrechte.

B. Genussscheine gewähren gewisse Vermögensrechte, oft einen Zins.

C. Besteht ein Nachzahlungsanspruch für ausgefallene Genussscheinzinsen, so stärkt dies den Eigenkapitalcharakter des Genussscheins.

D. Genussscheine sind dann besonders attraktiv für das emittierende Unternehmen, wenn sie trotz Ausweis als Eigenkapital in der Handelsbilanz in der Steuerbilanz als Fremdkapital angesetzt werden dürfen, da die Ausschüttungen dann den zu versteuernden Gewinn mindern.

E. Ein Genussschein ist typischerweise mit spezifischen Zustimmungsvorbehalten verbunden, zum Beispiel hinsichtlich des Erwerbs von Immobilien oder Unternehmensbeteiligungen.

F. In deutschen Genussscheinen ist aus steuerlichen Gründen meist kein besonderes Recht am Liquidationserlös verbrieft.

G. Alle Aussagen (A bis F) sind falsch.

Weitere Aufgaben zu diesem Kapitel finden Sie auf der Companion Website zum Buch unter *www.pearson-studium.de*.

Innenfinanzierung

5

ÜBERBLICK

Immer im Überblick: Position des Kapitels „Innenfinanzierung mit Effekten" in der Systematik des Buches:

	Finanzierungsformen					
Kapitel 1 Grundlagen der Finanzwirtschaft	**Außenfinanzierung**			**Kapitel 5 Innenfinanzierung**	**Kapitel 6 Sonderformen der Finanzierung**	**Kapitel 9 Finanzorganisation, -planung und -controlling**
	Kapitel 2 Eigenfinanzierung	**Fremdfinanzierung**				
		Kapitel 3 Kreditfinanzierung	**Kapitel 4 Fremdfinanzierung mit Effekten**			
	Kapitel 7 **Finanzderivate**					
	Kapitel 8 **Investitionsrechnung**					

Nachdem in den vergangenen drei Kapiteln die Außenfinanzierung erörtert wurde, folgt nun als ganz anders gearteter Finanzierungsbereich die Innenfinanzierung.

Lernziele dieses Kapitels

- Der Leser soll die zentrale Bedeutung des Cashflows (Umsatzüberschusses) für die Innenfinanzierung erkennen und seinen Inhalt richtig interpretieren lernen. Der Cashflow im Sinne des Umsatzüberschusses soll dabei von der Höhe der gesamten Änderung der Zahlungsmittel auf den Kontokorrentkonten des Unternehmens unterschieden werden können.

- Die Innenfinanzierung soll als Kapitalfreisetzung über den Umsatzprozess oder aber ohne den Umsatz begriffen werden.

- Es sollen die Formen offener und stiller Selbstfinanzierung unterschieden werden und der Einfluss der gewinnabhängigen Steuern auf die offene Selbstfinanzierung klar werden.

- Lernziel ist auch die Unterscheidung der Thesen zur Gewinn- oder Dividendenabhängigkeit des Unternehmenswerts beziehungsweise der Aktienkurse als Marktwerte von Unternehmensanteilen.

- Es soll vermittelt werden, welche Rolle die Gegenwerte der Abschreibungen für die Innenfinanzierung spielen. Dabei soll klar werden, was in diesem Zusammenhang der Kapazitätserweiterungseffekt gemäß dem Modell des Lohmann-Ruchti-Effekts bedeutet. Der Umfangs dieses Effekts soll auch berechnet werden können.

- Es soll verstanden werden, welche Rolle die Nettoerhöhungen der langfristigen Pensionsrückstellungen für die Innenfinanzierung spielen.

- Schließlich soll der Leser auch die Möglichkeiten erkennen, die das Unternehmen hat, sich außer durch Umsätze Innenfinanzierungsmittel zu erarbeiten.

5.1 Cashflow (Umsatzüberschuss)

Der Cashflow im Sinne von Umsatzüberschuss ist der zentrale Begriff der Innenfinanzierung. Dieser Begriff wird oft als kompliziert angesehen, ist im Kern aber sehr einfach und anschaulich. Er bezeichnet nämlich mit Alltagsbegriffen und etwas unscharf beschrieben nichts anderes als das Geld, das aus dem Umsatz (der Erfüllung des Unternehmenszwecks) übrig bleibt, eben den Umsatzüberschuss. Zu diesem Zweck zieht man von dem Geld, das durch die Umsätze bar (im Sinne von zahlungswirksam) zufließt, dasjenige ab, das man bar aufbringen musste, um die Umsätze realisieren zu können.

Wenn man beobachtet, woher im Lauf des Jahres das meiste Geld kommt, das auf die Kontokorrentkonten des Unternehmens gebucht wird, dann sind das die Geldzuflüsse aus Umsätzen des laufenden Jahres (und der Vorjahre). Diese Gelder bilden die wesentliche Basis der laufenden Innenfinanzierung, und sie ist in allen Ländern die bei weitem wichtigste Finanzierungsquelle des Unternehmens. Entweder macht das Unternehmen Umsätze nur in bar, was insbesondere bei Absatz an Private in den meisten Branchen der Normalfall ist, oder es entstehen davor Forderungen aus Umsatztätigkeit, mit deren Bezahlung dann der Geldzufluss Realität wird. Mit anderen Worten: Die Umsatzerträge fallen bar an oder unbar. Die baren Umsätze (einschließlich der Barzuflüsse aus Vorjahresumsätzen) bilden die positive Komponente des Cashflows. Zieht man die Aufwendungen, die unmittelbar mit dem Umsatz zusammenhängen und die kurzzeitig zu unvermeidlichen Geldabflüssen führen, von den Zuflüssen aus Umsatzerlösen ab, so erhält man den Cashflow oder Umsatzüberschuss als Saldo.

Zwei alternative Erklärungsmöglichkeiten des Cashflows, die logisch zwingend zusammenhängen, sollen diesen zentralen Begriff der Innenfinanzierung weiter erläutern:

- Erklärung des Cashflows aus dem Stückaufwand
- Erklärung des Cashflows aus der Gewinn- und Verlustrechnung

5.1.1 Erklärung des Cashflows aus dem Stückaufwand

Ein Unternehmen produziere und verkaufe gegen bar pro Jahr 100.000 Stück Hosen, wobei sich die Aufwendungen pro Stück – hier gleich den Stückkosten – und der planmäßige Gewinn – hier gleich dem kalkulatorischen Gewinn – pro Stück wie in der Tabelle 5.1 dargestellt ergeben.

Die drei erstgenannten Aufwendungen über insgesamt 65 Euro sind Baraufwendungen in dem Sinne, dass sie kurzfristig zu Geldabfluss führende Aufwendungen sind. Was kurzfristig ist, ist je nach Zweck der Cashflow-Betrachtung zu definieren, wir gehen hier davon aus, dass dies bei Zahlung innerhalb des Rechnungsjahres (Bilanzperiode) der Fall ist. Die drei letztgenannten Positionen über insgesamt 35 Euro sind unbar, nämlich entweder Aufwendungen, die nicht bar anfielen, oder Gewinn, der auch nicht bar ausgezahlt werden muss. Wird der Verkaufspreis bar erzielt, was hier der Einfachheit halber unterstellt wird, so fließen dem Unternehmen pro produziertem und verkauftem Stück 100 Euro zu, während 65 Euro abgeflossen sind. Die Summe aus unbarem Aufwand und Gewinn von 35 Euro bleibt liquiditätsmäßig übrig. Dieses Geld kann für beliebige andere Auszahlungen verwendet werden, es handelt sich also um freie Finanzierungsmittel. Das ist der Cashflow aus der verkauften Hose.

Tabelle 5.1

Kalkulation eines Hosenpreises (Beispiel)

Stückaufwand (bzw. -kosten)	€
Löhne & Gehälter	13
+ Materialaufwand	35
+ sonstiger Baraufwand (mit Steuern)	12
= Summe Baraufwand	65
+ Abschreibungen	19
+ Erhöhung (– Senkung) der Pensionsrückstellungen	6
+ Gewinn (nach Steuern)	10
= Summe unbarer Aufwand und Gewinn	35
Verkaufspreis	100

5.1.2   Erklärung des Cashflows aus der Gewinn- und Verlustrechnung

Betrachtet man die Gewinn- und Verlustrechnung des Beispielfalls, so sieht sie bei einem Jahresabsatz von 100.000 Hosen wie in Tabelle 5.2 aus.

Tabelle 5.2

Gewinn- und Verlustrechnung eines Hosenproduzenten (Beispiel)

G&V (in T€)			
Umsatz (bar)	10.000	Löhne & Gehälter	1.800
		Materialaufwand	3.500
		Sonstiger Baraufwand	1.200
		Abschreibungen	1.900
		Nettoerhöhung der Pensionsrückstellungen	600
		Gewinn nach Steuern	1.000
Summe	10.000	Summe	10.000

Der oben ermittelte Cashflow lässt sich hier demonstriert an den Zahlen der Gewinn-
und-Verlust-Rechnung auf zwei sich inhaltlich völlig entsprechenden Wegen ermitteln:

1. Direkte Methode:

Summe der baren Erträge	10.000 T€
minus Summe der baren Aufwendungen = 1.800 T€ + 3.500 T€ + 1.200 T€	− 6.500 T€
	= 3.500 T€

2. Indirekte Methode:

Gewinn	1.000 T€
plus Summe der unbaren Aufwendungen = 1.900 T€ + 600 T€	+ 2.500 T€
	= 3.500 T€

Die Gleichheit von direkter und indirekter Ermittlung des Cashflows aus den Zahlen der
Erfolgsrechnung lässt sich allgemeingültig zeigen. Wir beginnen damit, die Erfolgsrechnung als Gleichung zu schreiben, wobei ein tiefgestelltes „u" unbar bedeutet und
ein tiefgestelltes „b" bar:

$$\text{Erträge} - \text{Aufwendungen} = \text{Gewinn}$$

$$\text{Erträge}_b + \text{Erträge}_u - \text{Aufwendungen}_b - \text{Aufwendungen}_u = \text{Gewinn}$$

$$\text{Erträge}_b - \text{Aufwendungen}_b = \text{Gewinn} - \text{Erträge}_u + \text{Aufwendungen}_u$$

In der letzten Zeile zeigt die linke Seite die direkte Ermittlung des Cashflows, die
rechte die indirekte, das Gleichheitszeichen zeigt, dass beide Methoden immer auf das
Gleiche hinauslaufen.

Der Cashflow ist leichter zu verstehen, wenn man die direkte Formel für seine Definition benützt. Trotzdem ist die indirekte Formel verbreiteter, obwohl sie logisch
komplizierter zuerst den Saldo sämtlicher (barer und unbarer) Aufwendungen und
Erträge ermitteln lässt. Dieser wird dann um den Saldo der unbaren Aufwendungen
und Erträge bereinigt, damit der Saldo der baren Aufwendungen und Erträge übrig
bleibt. Der häufige Bezug auf die indirekte Ermittlung rührt daher, dass die Cashflow-
·Ermittlung für unternehmensexterne Analytiker anhand der Gewinn- und Verlustrechnung leichter über Faustregeln gelingt, die sich an der indirekten Formel orientieren.
Das werden die unten genannten Formeln zeigen. Unternehmensinterne Analytiker
brauchen diese Faustregeln nicht zu benützen, da sie exakt feststellen können, welche
Aufwendungen und Erträge bar und welche unbar anfallen. Sie werden daher je nach
Einzelfall auch die direkte Ermittlung wählen.

In unserem Beispiel kam keine Zahl für unbare Erträge vor. Man könnte sie zum Beispiel einführen durch den Hinweis, dass sich die Nettoerhöhung der Pensionsrückstellungen als Saldo einer Bruttoerhöhung von 1.000 T€ und einer Bruttosenkung von
400 T€ ergibt. Oder man könnte Zuschreibungen berücksichtigen (zur Aufhebung überhöhter Abschreibungen). Auch unbare Teile des Umsatzes sind unbare Erträge.

Die einfachste Faustregel für externe Analytiker, welche die indirekte Methode verwenden, ist die, dass man nur die Summe aus dem Gewinn und den wichtigsten unbaren Positionen bildet, das sind bei als bar unterstellten Umsätzen entweder nur die
Abschreibungen oder sie und die Nettoerhöhung der langfristigen Rückstellungen (oft
werden nur die Pensionsrückstellungen genannt), sodass sich die einfache Formel ergibt:

Cashflow = Gewinn + Abschreibungen + Nettoerhöhung der langfristigen Rückstellungen

Bei einem Sinken der langfristigen Rückstellungen ist der letzte Summand negativ. Als Gewinngröße nimmt man bei allgemeinster Definition den Jahresüberschuss. Oft lässt man bei Cashflow-Analysen allerdings auch den außerordentlichen Bereich weg und nimmt als Gewinngröße nur das Betriebsergebnis.

Natürlich darf man sich den Cashflow nicht als Summe von Finanzmitteln vorstellen, die am Jahresende übrig bleiben. Er wird vielmehr laufend wieder für Finanzierungszwecke eingesetzt.

5.1.3   Gesamte Cash-Veränderung

Man verwendet den Begriff des Cashflows für unterschiedlichste Veränderungen der liquiden Mittel, was naturgemäß Verwirrung stiftet. Oft führt dies dazu, dass unterschiedliche Cashflow-Begriffe durch Zusätze oder Nummerierungen auseinandergehalten werden. Dies soll hier mit der folgenden Ausnahme vermieden werden: Die stufenweise Überleitung vom Cashflow im hier alleine verwendeten Sinne des Umsatzüberschusses zur gesamten Cash-Veränderung einer Periode wird in Tabelle 5.3 erläutert. Eine Darstellung wie in der Tabelle stellt den grundsätzlichen Aufbau der sogenannten Cashflow-Statements nach US/GAAP und IAS/IFRS dar. Dabei wird in der Tabelle durch das in Klammern angefügte und in Anführungszeichen gesetzte Kürzel CF angedeutet, wo der Begriff Cashflow in Cashflow-Statements anders als in diesem Buch zusätzlich verwendet wird. Die Tabelle macht klar, dass der Umsatzüberschuss allein Folge der Innenfinanzierung aus Umsatzerlösen ist. Positive und negative Einflüsse des Investitionsbereichs (Investitionen und Desinvestitionen, investing activities) sowie des Außenfinanzierungsbereichs (Finanzierungen und Definanzierungen, financing activities) müssen hinzukommen, um sämtliche Veränderungen der Liquidität (definierbar als Saldo der Kontokorrentkonten) zu erklären.

Tabelle 5.3

Cashflow als Teil der gesamten Cash-Veränderung ohne Ausgliederung des Working Capital

Mittelzu- und -abflüsse sowie Zwischensalden	betroffener Kapitalherkunfts- und verwendungsbereich
Cashflow = Umsatzüberschuss	Innenfinanzierung aus Umsätzen
− Auszahlungen für Investitionen + Einzahlungen aus Desinvestitionen	Investition und Desinvestition (= investing activities)
= Mittelzu-/-abfluss („CF") nach Einrechnung der Investitionstätigkeit	
+ Einzahlungen von Gesellschaftern − Auszahlungen an Gesellschafter + Einzahlungen von Fremdkapitalgebern − Auszahlungen an Fremdkapitalgeber	Eigenfinanzierung (netto) sowie Kreditfinanzierung (netto) (= financing activities)
= gesamte Cash-Veränderung („CF") (gesamter Mittelzu-/-abfluss, Veränderung des Saldos der Kontokorrentkonten)	

Wird, typisch für angelsächsische Gepflogenheiten, vorweg der Saldo der Änderungen des kurzfristigen Bilanzbereichs, des Working Capital, ausgegliedert, so beziehen sich die Investing Activities und Financing Activities nur noch auf den langfristigen Bereich und es ergibt sich Tabelle 5.4.

Tabelle 5.4

Cashflow als Teil der gesamten Cash-Veränderung mit Ausgliederung des Working Capital

Mittelzu- und -abflüsse sowie Zwischensalden	betroffener Kapitalherkunfts- und verwendungsbereich
Cashflow = Umsatzüberschuss	Innenfinanzierung aus Umsätzen
– Zunahme des Working Capital + Abnahme des Working Capital	Finanzierungswirkungen aus Investitionen und Finanzierungen im Working-Capital-Bereich (= Umlaufvermögen minus kurzfristige Verbindlichkeiten)
= Mittelzu-/-abfluss („CF") aus laufender Geschäftstätigkeit (= „operativer CF")	
– Auszahlungen für Investitionen in das Anlagevermögen + Einzahlungen aus Desinvestitionen von Anlagevermögen	Investition und Desinvestition im Anlagevermögen (= investing activities)
= Mittelzu-/-abfluss („CF") nach Einrechnung der Investitionstätigkeit	
+ Einzahlungen von Gesellschaftern – Auszahlungen an Gesellschafter + Einzahlungen von Fremdkapitalgebern (langfristig) – Auszahlungen an Fremdkapitalgeber (langfristig)	Eigenfinanzierung (netto) sowie langfristige Kreditfinanzierung (netto) (= financing activities)
= gesamte Cash-Veränderung („CF") (gesamter Mittelzu-/-abfluss, Veränderung des Saldos der Kontokorrentkonten)	

5.2 Bereiche der Innenfinanzierung

Die Finanzierung aus dem Cashflow (Umsatzüberschuss), das ist der Saldo (Nettoeffekt) aus Kapitalfreisetzung durch Umsatz und Kapitalbindung für den Umsatz, ist der Kern der Innenfinanzierung. Diesen Kernbereich kann man begrifflich sinnvoll unterteilen, indem man sich an der indirekten Ermittlung des Cashflows orientiert. Der Cashflow setzt sich aus *Gewinnen* einerseits und unbaren Aufwendungen und Erträgen andererseits zusammen.

■ Die Finanzierung aus den Mitteln, die dem *Gewinn* zugeordnet werden (die Finanzierung aus einbehaltenen Gewinnen), nennt man *Selbstfinanzierung*. Die Gewinne sind nur zum Teil aus den offiziellen Jahresabschlüssen ersichtlich. Wird ein derartiger offen gezeigter Gewinn einbehalten, so liegt der Fall der *offenen* Selbstfinanzierung vor. Bleiben dagegen Gewinne im Unternehmen, wobei sie aus dem Jahresabschluss nicht ersichtlich sind, so spricht man von *stiller* Selbstfinanzierung.

- Für die Finanzierung aus den Mitteln, die dem Saldo von *unbaren Aufwendungen und unbaren Erträgen* entsprechen, gibt es keine spezielle Bezeichnung. Üblicherweise konzentriert man sich hier auf die Finanzierung aus den durch den Umsatz erarbeiteten Mitteln, denen *sehr langfristige* Aufwendungen für die Erstellung der Umsatzgüter gegenüberstanden: *Finanzierung aus den Gegenwerten von Abschreibungen* und *von Nettoerhöhungen der langfristigen Rückstellungen*.

Die Kapitalfreisetzung durch das Unternehmen erfolgt überwiegend *kontinuierlich* durch den Umsatz in Form des Cashflows als Saldo (Umsatzüberschuss). Zusätzlich kann das Unternehmen aber auch von Fall zu Fall, das heißt je nach konkretem Bedarf, Liquidität beschaffen, indem es Kapital *außerhalb des üblichen Umsatzprozesses* freisetzt. Beispiele sind die Beschaffung von Mitteln durch Verkauf eines nicht benötigten Betriebsgrundstücks oder durch Veräußerung von Forderungen, was einer Beschleunigung des Geldwerdungsprozesses durch Umsätze gleichkommt.

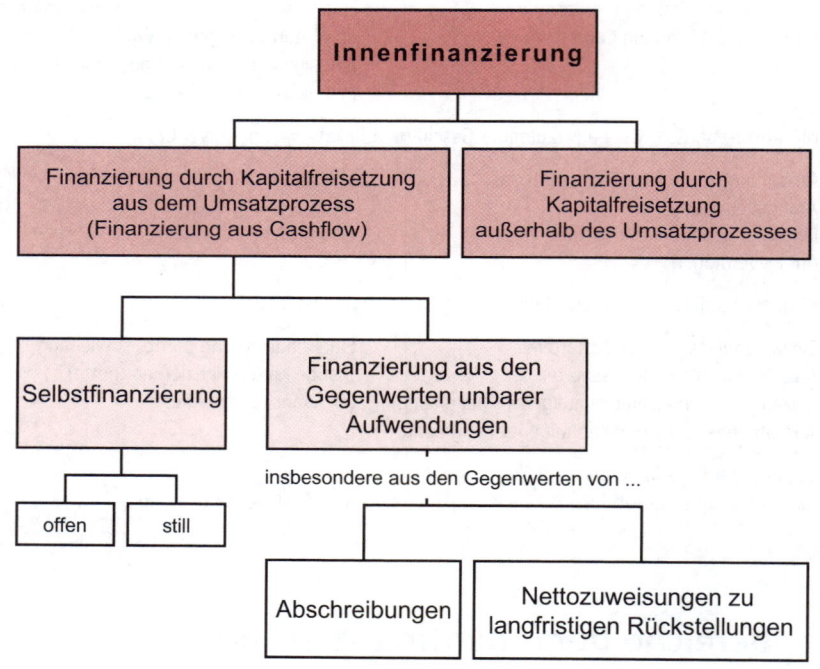

Abbildung 5.1: Einteilung der Innenfinanzierung

5.3   Selbstfinanzierung

Offene Selbstfinanzierung ist aus dem Jahresabschluss ersichtlich, stille nicht.

5.3.1   Offene Selbstfinanzierung

Die offene Selbstfinanzierung erhöht das aus der Bilanz ersichtliche Eigenkapital. Für Kapital- und Personengesellschaften gibt es hinsichtlich des Ausweises in der Bilanz sehr unterschiedliche Regelungen.

5.3.1.1 Offener Gewinneinbehalt der Kapitalgesellschaften

Bei Kapitalgesellschaften werden einbehaltene Gewinne besonderen vom Gesetzgeber vorgeschriebenen Eigenkapitalpositionen zugewiesen. Diese Eigenkapitalpositionen treten neben das gezeichnete Kapital und die Kapitalrücklagen. Das Handelsgesetzbuch nennt in § 266 Abs. 3 als Eigenkapitalpositionen die folgenden fünf, von denen die ersten beiden Ergebnis der Außenfinanzierung sind, die drei anderen dagegen Ergebnis der Innenfinanzierung in Form offener Selbstfinanzierung:

■ Gezeichnetes Kapital: Durch Außenfinanzierung entstandenes Eigenkapital in Höhe des Nennwerts der Anteile.

■ Kapitalrücklage: Durch Außenfinanzierungen mit Eigenkapital entstanden, bei denen das Unternehmen mehr als das Nominalkapital erhält (zum Beispiel bei Kapitalerhöhung, über Wandel- beziehungsweise Optionsanleihen oder Zuzahlungen für Aktien). Der den Nominalwert überschreitende Betrag kommt in die Kapitalrücklage.

■ Gewinnrücklagen: Position zur Aufnahme der Beträge aus Selbstfinanzierung.

■ Gewinnvortrag/Verlustvortrag: Gewinnvortrag ist der Betrag, der nach Abzug bestimmter zur Ausschüttung vorgesehener Beträge in das folgende Rechnungsjahr vorgetragen wird und nicht den Gewinnrücklagen zugewiesen wurde. Die Position Verlustvortrag nimmt Verluste auf, solange keine formale Kapitalherabsetzung erfolgt.

■ Jahresüberschuss/Jahresfehlbetrag: Ist der Jahresüberschuss noch nicht verteilt, so erscheint er auch als Eigenkapital. Der Jahresüberschuss beziehungsweise -fehlbetrag wird im Rahmen der doppelten Buchführung sowohl in der Bilanz als auch in der Gewinn- und Verlustrechnung ermittelt. Jahresüberschuss in der Bilanz: Saldo aus Vermögenspositionen (Aktiva) minus Fremdkapital (Rückstellungen, Verbindlichkeiten) minus sonstiges Eigenkapital. Jahresüberschuss in der Gewinn- und Verlustrechnung: Erträge minus Aufwendungen.

Den Rücklagen ist gemeinsam, dass sie mit Verlusten verrechnet werden können, ohne das gezeichnete Kapital anzugreifen.

Die Gliederung nach § 266 Abs. 3 HGB geht von der Aufstellung des Jahresabschlusses vor jeglicher Gewinnverwendung aus, sei es

■ durch Vorstand und Aufsichtsrat oder

■ durch die Haupt- beziehungsweise Gesellschafterversammlung.

Dieser Ausweis ist nur möglich, wenn es keinerlei gesetzliche, satzungsmäßige oder gesellschaftsvertragliche Verpflichtungen zur Einstellung in die Rücklagen oder zur Auflösung von Rücklagen gibt.

Das gesetzliche Gliederungsschema des § 266 Abs. 3 HGB für Kapitalgesellschaften führe beispielsweise zu folgendem Ausweis des Eigenkapitals vor jeglicher Gewinnverwendung von 500 Mio. Euro einer Aktiengesellschaft:

I.	Gezeichnetes Kapital	100 Mio. €
II.	Kapitalrücklage	120 Mio. €
III.	Gewinnrücklagen	190 Mio. €
IV.	Gewinnvortrag/Verlustvortrag	30 Mio. €
V.	Jahresüberschuss/Jahresfehlbetrag	60 Mio. €

Anders wird das Eigenkapital gegliedert, wenn bereits eine teilweise Gewinnverwendung durch Vorstand und Aufsichtsrat erfolgt ist. Diese Gliederung sieht man sehr häufig. Dann tritt an die Stelle der beiden letzten Positionen Gewinnvortrag/Verlust-vortrag sowie Jahresüberschuss/Jahresfehlbetrag eine Position namens *Bilanzgewinn/ -verlust*. Man kommt also zu folgender Aufgliederung des Eigenkapitals, wenn im Beispiel Vorstand und Aufsichtsrat 20 Mio. Euro in die Gewinnrücklagen einstellen:

I. Gezeichnetes Kapital	100 Mio. €
II. Kapitalrücklage	120 Mio. €
III. Gewinnrücklagen	210 Mio. €
IV. Bilanzgewinn/-verlust	70 Mio. €

Schließlich ist auch noch ein Ausweis nach vollständiger Gewinnverwendung möglich. Im Beispiel werde die Zuweisung der Verwaltung zu den Gewinnrücklagen durch Beschluss der Hauptversammlung um weitere 40 Mio. Euro auf dann 60 Mio. Euro erhöht, sodass noch 30 Mio. Euro für die Ausschüttung vorgesehen und als kurzfristiges Fremdkapital ausgewiesen werden. Es ergibt sich also ein Ausweis eines um 30 Mio. Euro auf 470 Mio. Euro reduzierten Eigenkapitals:

I. Gezeichnetes Kapital	100 Mio. €
II. Kapitalrücklage	120 Mio. €
III. Gewinnrücklagen	250 Mio. €

Gewinnrücklagen der Kapitalgesellschaften

Es gibt Unterpositionen für Gewinnrücklagen, die nach Gesetz oder Satzung aufgefüllt werden müssen, und andere Gewinnrücklagen (freie Rücklagen), die *freiwillig* einbehaltene Gewinne aufnehmen. Gemäß § 266 Abs. 3 HGB sind die Gewinnrücklagen der Kapitalgesellschaften folgendermaßen zu gliedern:

- gesetzliche Rücklage,
- Rücklage für eigene Anteile,
- satzungsmäßige Rücklagen,
- andere Gewinnrücklagen.

Bildung und Auflösung dieser Rücklagen sind je nach Rücklagenart unterschiedlichen gesetzlichen Vorschriften unterworfen.

5.3.1.2 Offener Gewinneinbehalt der Personengesellschaften

Personengesellschaften müssen das Eigenkapital nicht weiter aufgliedern. Der einbehaltene Gewinn wird direkt den Eigenkapitalkonten der Gesellschafter zugewiesen. Es gibt bei den Personengesellschaften auch anders als bei den Kapitalgesellschaften keine gesetzlichen Vorschriften zur Gewinnthesaurierung. Es gibt lediglich als eine gewisse leichte Bremse der Thesaurierung die gesetzliche Entnahmeregelung des § 122 Abs. 1 HGB. Diese Entnahmeregelung gilt gemäß § 109 HGB jedoch nur, wenn im Gesellschaftsvertrag nichts anderes bestimmt ist.

> *„[Entnahmen] Jeder Gesellschafter ist berechtigt, aus der Gesellschaftskasse Geld bis zum Betrage von vier vom Hundert seines für das letzte Geschäftsjahr festgestellten Kapitalanteils zu seinen Lasten zu erheben und, soweit es nicht zum offenbaren Schaden der Gesellschaft gereicht, auch die Auszahlung seines den bezeichneten Betrag übersteigenden Anteils am Gewinne des letzten Jahres zu verlangen.“*

5.3.2 Stille Selbstfinanzierung

Stille Selbstfinanzierung ergibt sich durch Bildung stiller, aus der Bilanz nicht ersichtlicher Reserven. Diese Bildung stiller Reserven erfolgt durch

- Unterbewertung von Vermögen, im Grenzfall Nicht-Aktivierung oder
- Überbewertung von Fremdkapital (Verbindlichkeiten und Rückstellungen), im Grenzfall sachlich nicht gerechtfertigter Ansatz von Fremdkapital.

5.3.2.1 Unterbewertung von Vermögen

Die Unterbewertung von Vermögen (Aktiva) entsteht einmal dadurch, dass ein Unternehmen bestimmte Aktiva komplett nicht ausweisen darf oder nicht in ausreichender Höhe. Man spricht dann von *stillen Zwangsreserven*. Beispielsweise bestimmt § 248 Abs. 2 HGB, dass immaterielle Vermögensgegenstände des Anlagevermögens, die nicht entgeltlich erworben wurden, nicht aktiviert werden dürfen. Sehr große Bedeutung für das Problem der Unterbewertung von Vermögen hat in der Praxis das Anschaffungswertprinzip des HGB, speziell bei Immobilien. Hat ein Unternehmen vor Generationen ein Grundstück zu einem kleinen Bruchteil des aktuellen Werts erworben, so kann es das Grundstück nicht über den Anschaffungskosten aktivieren, obwohl der Nachweis der Verkäuflichkeit zu höheren Preisen nicht schwer zu führen wäre. Das verzerrt bei sehr alten Unternehmensgrundstücken das Bilanzbild oft erheblich.

Stille Reserven können auch durch Ermessensspielräume bei der Bewertung der Aktiva entstehen und heißen *Ermessensreserven:* Steht es im Ermessen des Bewerters, ob ein höherer oder niedrigerer Wertansatz gewählt wird, so kann er sich zur stärkeren Bildung stiller Reserven für einen möglichst niedrigen Ansatz entscheiden. Beispiel ist das – in Handels- und Steuerrecht unterschiedlich weite – Wahlrecht, bestimmte Gemeinkosten in die Herstellungskosten eigener Erzeugnisse einzurechnen. Ein wichtiges Instrument der Legung stiller Reserven nach Ermessen des Unternehmens ist auch die *Abschreibungspolitik*, wobei es wiederum nach Handels- und Steuerrecht unterschiedliche Ermessensspielräume gibt. Rechtlich unzulässig sind *Willkürreserven*, die durch Verstöße gegen Bilanzierungsvorschriften entstehen.

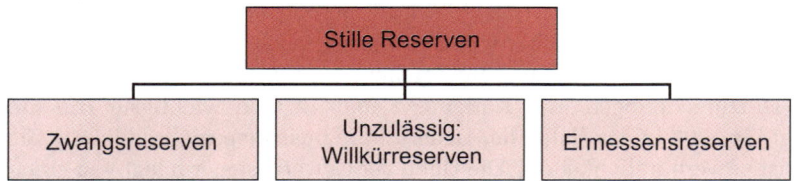

Abbildung 5.2: Arten stiller Reserven

5.3.2.2 Überbewertung von Fremdkapital

Bei den Passiva gibt es analoge Möglichkeiten der Bildung stiller Reserven durch gesetzlichen Zwang, Ermessensspielräume oder gar Willkür. Wichtigster Fall sind die Ermessensspielräume beim *Ansatz von Rückstellungen*. Es ist nun einmal unausweichlich, dem Kaufmann Spielräume zu lassen, wie hoch er zum Beispiel die Risiken einschätzt, einen Prozess zu verlieren, und dafür hohe Kosten und Strafen einkalkuliert, was die zurückgestellten Beträge beeinflusst. Oder, als anderes Beispiel, er setzt das

Risiko der Inanspruchnahme aus Garantien mehr oder weniger hoch an und bildet entsprechend höhere oder niedrigere Garantierückstellungen.

Das HGB betont die kaufmännische Vorsicht stärker, als dies nach den Regeln nach IAS/IFRS und US-GAAP der Fall ist. Das führt vergleichsweise zu besonders starken Möglichkeiten der Bildung stiller Reserven nach HGB.

5.3.2.3   Der Finanzierungseffekt aus der Bildung stiller Reserven

Die Neubildung stiller Reserven bedeutet, dass entstandene Gewinne nicht gezeigt werden. Das damit angesammelte stille Eigenkapital kann über die Jahre hinweg hohe Werte annehmen. Ein Entzug durch *Gewinnausschüttung* ist nicht möglich. Allerdings richten sich die Ansprüche der Anteilseigner teilweise auch nach den von Analytikern ermittelten und im zweiten Kapitel erörterten Gewinnen pro Aktie. Bei der Errechnung des Gewinns pro Aktie wird aber gerade darauf gezielt, die Stille-Reserven-Politik des Unternehmens rechnerisch zu neutralisieren. Werden die Gewinne auch in der Steuerbilanz nicht gezeigt, so kann neben dem Effekt der Ausschüttungssperre auch der Fiskus keine *Gewinnsteuern* verlangen, die gesparten Gewinnsteuern bedeuten ebenfalls ein Mehr an Finanzierungsmitteln.

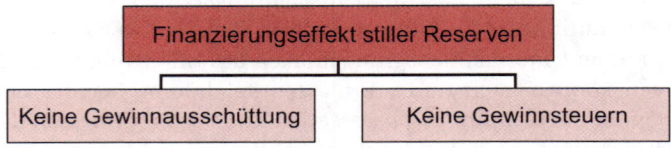

Abbildung 5.3: Finanzierungseffekt stiller Reserven

5.3.3   Kürzung der offenen Selbstfinanzierung durch gewinnabhängige Steuern

5.3.3.1   Gewinnsteuern

Bei den gewinnabhängigen Steuern sind nach Stand Anfang 2007 zu unterscheiden:[1]

- **Gewerbesteuer:** Sie ist zahlbar von Gewerbebetrieben gemäß § 15 Abs. 2 EStG. Die Steuer ist auf den Gewerbeertrag zu bezahlen, der neben einer Gewinnziffer verschiedene Hinzurechnungen und Kürzungen umfasst. Die wichtigste Hinzurechnung besteht bis 2007 in der Hälfte der Dauerschuldzinsen (speziell definierte Zinsen auf langfristige Verbindlichkeiten). Die Höhe der Gewerbesteuer hängt von einem Multiplikator ab, dem sogenannten Hebesatz, den die Gemeinden autonom festsetzen können. Aus seiner Multiplikation mit einer sogenannten Messzahl (2007 abgesehen von kleineren Personengesellschaften 5 Prozent, Senkung auf ausnahmslos 3,5 Prozent geplant) ergibt sich der Steuersatz. So können die Gemeinden diese Steuer, die einen Großteil ihrer Einnahmen bildet, in ihrer Höhe deutlich variieren. Die Steuer erreicht 2007 meistens eine Größenordnung von 20 Prozent des Gewerbeertrags.

---

1   Die Steuergesetze findet man im Internet zum Beispiel unter *www.steuernetz.de*.

- **Einkommensteuer:** Die Personengesellschaft selbst ist nur bedingt Rechts- und Steuersubjekt und zahlt keine Einkommen- oder Körpersteuer. Stattdessen haben die Personengesellschafter auf den auf sie entfallenden Gewinnanteil vor der Steuerreform 2007 unabhängig von der Gewinnverwendung die Einkommensteuer (Steuer auf Einkommen natürlicher Personen) zu bezahlen. Gesellschafter der Kapitalgesellschaften müssen vor Änderung durch die Steuerreform die Hälfte der Erträge aus ihren Anteilen (sogenanntes *Halbeinkünfteverfahren*) der Einkommensteuer unterwerfen (gilt bis einschließlich 2008). Charakteristikum der Einkommensteuer in Deutschland ist derzeit nach einem steuerfreien Grundfreibetrag von einigen tausend Euro (und einer kleinen Spanne darüberliegender Einkommen, innerhalb derer der Steuersatz unverändert bleibt) ein *progressiver Steuertarif*, der an die Leistungsfähigkeit des Steuerschuldners anknüpft. Das heißt, dass der Steuersatz für den letzten verdienten Euro (*Grenzsteuersatz*) mit der Höhe des Einkommens ansteigt. Der *Durchschnittssteuersatz* liegt immer unter dem Grenzsteuersatz (Steuersatz für den zuletzt verdienten Euro), da auch der Bezieher eines Millioneneinkommens für den Grundfreibetrag keine Einkommensteuer zahlt. Für die nächsten darüber hinaus verdienten Beträge zahlt er einen sehr niedrigen Satz und für die folgenden dann einen immer höheren Satz, bis er schließlich bei dem zu versteuernden Einkommen angelangt, für das er erstmals den Maximalsteuersatz zu bezahlen hat. Der maximale Grenzsteuersatz liegt 2007 bei 42 Prozent. Allerdings gibt es seit 2007 ab einem zu versteuernden Einkommen von 250.000 Euro p.a. (Ehepaare 500.000 Euro) noch einen Aufschlag von 3 Prozent „Reichensteuer". Das heißt, dass ab dem genannten Einkommen der Spitzensteuersatz auf 45 Prozent angehoben wird. Zusätzlich wurde aber für 2007 ein Entlastungsbetrag eingeführt, der die tarifäre Anhebung speziell für die Gewinneinkünfte wieder rückgängig machen soll.

  Es gibt eine pauschale *Anrechnung der Gewerbesteuer der Personenunternehmen bei der Einkommensteuer* des einzelnen steuerpflichtigen Gesellschafters, um einen Ausgleich für die vergleichsweise niedrige Körperschaftsteuer zu gewähren, die Personengesellschaftern ja nicht zugute kommt. Ermäßigt wird die Einkommensteuer, soweit sie ausschließlich auf den Gewinn aus Gewerbebetrieb erhoben wird, um das 1,8-Fache (nach Steuerreform geplant: das 3,8-Fache) des jeweiligen im Erhebungszeitraum festgestellten Gewerbesteuermessbetrags (also ohne Anwendung eines spezifischen Hebesatzes der Gemeinde). Der Gewerbesteuermessbetrag ist dabei das Produkt aus der oben genannten Messzahl und dem Gewerbeertrag.

  Die Besteuerung der Kapitalerträge soll nicht bei sehr niedrigen Kapitalerträgen erfolgen. Deshalb gibt es in Deutschland einen Sparerfreibetrag von einigen hundert Euro (2007: 750 Euro, zusammenveranlagte Ehegatten das Doppelte). Kapitaleinkünfte bis zu diesem Betrag bleiben unbesteuert.

- **Körperschaftsteuer:** Sie ist zu bezahlen von Körperschaften, Personenvereinigungen und Vermögensmassen (im Sinne des § 1 Abs. 1 Nr. 1 – 6 KStG), insbesondere Kapitalgesellschaften. Der Körperschaftsteuersatz ist 2007 25 Prozent (Senkung um 10 Prozent geplant).

Auf die Einkommen- und die Körperschaftsteuer wird ein Solidarzuschlag (für die neuen Bundesländer) von 5,5 Prozent aufgeschlagen, mit ihm betragen Einkommenuns Körperschaftsteuer also das 1,055-Fache der reinen Steuersätze.

Die sogenannte **Kapitalertragsteuer** ist keine weitere gewinnabhängige Steuer, sie ist vielmehr nur eine Vorauszahlung auf die Einkommensteuer, die jedem Empfänger von Gewinnauszahlungen vor Erhalt der Gewinnzahlung abgezogen wird. Sie ist also nur eine besondere Erhebungsform der Einkommensteuer. Die künftige Abgeltungssteuer wird als Kapitalertragsteuer erhoben.

5.3.3.2 Mögliche Selbstfinanzierung nach Gewinnsteuern

Ist der Gewinn vor Gewerbe- und Körperschaftsteuer 100.000 Euro und die Gewerbesteuer 20.000 Euro, so errechnet sich die Höhe der möglichen Selbstfinanzierung (oder der Ausschüttung) nach Abzug dieser beiden Steuern derzeit noch gemäß Tabelle 5.5. Die Gewerbesteuer ist nach altem Recht noch von der einkommen- und körperschaftsteuerlichen Bemessungsgrundlage abzugsfähig. Im Tabellenbeispiel ist die effektive Gewinnbelastung mit Körperschaftsteuern 40 Prozent, das ist in etwa repräsentativ, da nahe an der statistisch ermittelten Definitivbesteuerung der Kapitalgesellschaften allein auf der Unternehmensebene (das heißt vor Beachtung der Besteuerung der Anteilseigner) aus Gewerbe- und Körperschaftsteuer in Deutschland im Jahr 2006 von etwa 39 Prozent. Einschließlich der Besteuerung auf Ebene der Anteilseigner ergaben sich 2006 52 Prozent Besteuerung.

	Tabelle 5.5
Ermittlung des Selbstfinanzierungs- oder Ausschüttungsbetrags (Stand 2006)	
Gewinn vor Abzug der Gewerbe- und der Körperschaftsteuern	100 T€
− Gewerbesteuer zum Beispiel	20 T€
= Gewinn vor Körperschaftsteuer	80 T€
− Körperschaftsteuer 25 Prozent (Solidaritätszuschlag unberücksichtigt)	20 T€
= Selbstfinanzierungs- oder Ausschüttungsbetrag (Bardividende)	60 T€

Bei Ausschüttung des der Körperschaftsteuer unterworfenen Gewinns fällt nach altem Recht nur auf deren halben Betrag die erwähnte Einkommensteuer des privaten Gesellschafters, zum Beispiel des Aktionärs, an (bisheriges *Halbeinkünfteverfahren*). Bei Personengesellschaften dagegen fällt keine Körperschaftsteuer an, aber der gesamte Gewinnanteil unterliegt der Einkommensteuer.

5.3.3.3 Geplante Veränderungen durch eine Steuerreform in 2007

Generell soll nach Plänen des Bundeskabinetts, die in 2007 noch Gesetz werden sollen, die Steuerlast für Kapitalgesellschaften von im Durchschnitt knapp unter 39 Prozent in 2006 künftig auf knapp unter 30 Prozent sinken. Die Regelungen könnten abgesehen von der Abgeltungssteuer schon 2008 wirksam werden.

- **Abgeltungssteuer:** Ab 2009 sollen als Einkünfte aus Kapitalvermögen von Privatanlegern Zinsen, Dividenden und Kursgewinne beim Verkauf von Wertpapieren (nicht nur Kursgewinne, die innerhalb eines Jahres erzielt werden) pauschal mit 25 Prozent (plus Solidaritätszuschlag) besteuert werden. Anleger mit geringen Einkommen, deren Steuersatz unter dem Tarif für die geplante Abgeltungssteuer liegt, können die Kapitalerträge wie in der vorhergehenden Regelung ihrem persönlichen Satz bei der Einkommensteuer unterwerfen. Der bisherige Freibetrag wird mit dem bisherigen Werbungskostenpauschbetrag von 51€ zu einem Sparer-Pauschbetrag von 801€ (Eheleute 1.602€) zusammengefasst. Das Halbeinkünfteverfahren für Privatanleger entfällt, sie müssen die volle Dividende und Veräußerungsgewinne von Unternehmensanteilen versteuern. Dividenden und Veräußerungsgewinne von Anteilen in Betriebsvermögen werden ab 2007 nur noch zu 40% von der Steuer freigestellt.

- **Körperschaftsteuer:** Der Satz soll ab 2008 nur noch 15 Prozent statt 25 Prozent betragen.

- **Gewerbesteuer:** Die Messzahl von gestaffelt bis zu 5 Prozent soll durch einheitlich 3,5 Prozent ersetzt werden. Die Gewerbesteuer soll künftig nicht mehr von der einkommen- und körperschaftssteuerlichen Bemessungsgrundlage abzugsfähig sein. Das bedeutet im Gegensatz zu Tabelle 5.5, dass die Gewerbesteuer zwar niedriger ausfällt, dass sich aber der Körperschaftsteuersatz auf den durch die Gewerbesteuer noch nicht gekürzten Gewinn von 100 T€ beziehen wird. Es ergibt sich im Vergleich zur Tabelle 5.5 als veränderte typische Beispielrechnung:

Tabelle 5.6

Ermittlung des Selbstfinanzierungs- oder Ausschüttungsbetrags nach Steuerreform von 2007	
Gewinn	100 T€
− Gewerbesteuer z.B.	14 T€
− Körperschaftsteuer 15 % (Solidaritätszuschlag unberücksichtigt)	15 T€
= Selbstfinanzierungs- oder Ausschüttungsbetrag (Bardividende)	71 T€

Künftig soll der durchschnittliche Selbstfinanzierungs- oder Ausschüttungsbetrag ähnlich wie in Tabelle 5.6 bei gut 70 Prozent liegen. Im Gegenzug zur verringerten Körperschaftssteuer der Kapitalgesellschaften wird für Personengesellschaften unter anderem die Möglichkeit geschaffen, einen deutlich höheren Anteil der Gewerbesteuer mit der Einkommensteuer zu verrechnen. Der oben genannte Faktor zur Multiplikation mit dem Gewerbesteuermessbetrag soll von 1,8 auf 3,8 erhöht werden. Die Basis für die Gewerbesteuer wird verbreitert: Dabei sollen sämtliche zinsrelevanten Aufwendungen mit einem Ansatz von 25 Prozent in die Berechnung der Gewerbesteuer einfließen, neben den bisher besteuerten Dauerschuldzinsen auch die kurzfristigen Zinsaufwendungen sowie ein pauschal ermittelter Finanzierungsanteil (für bewegliche Wirtschaftsgüter und Lizenzen 25%, für unbewegliche Wirtschaftsgüter 75% fiktiver Zinsanteil) für Pachten, Mieten und Leasingraten. Der Schonung kleiner Unternehmen soll ein Hinzurechnungsfreibetrag von 100.000 Euro dienen.

- **Zinsschranke:** Zinsaufwendungen dürfen netto, d.h. abzüglich Zinserträgen, im gleichen Jahr steuerlich nur geltend gemacht werden, wenn sie 30 Prozent des Rohgewinns (Gewinn vor Zinsen und Steuern, EBIT) nicht übersteigen. Damit sollen insbesondere Steuergestaltungen zu Lasten des deutschen Fiskus verhindert werden, z.B. indem Konzerne über eine grenzüberschreitende konzerninterne Fremdfinanzierung in Deutschland erwirtschaftete Erträge ins Ausland transferieren. Über den 30 Prozent liegende Zinsen werden auf die Folgejahre vorgetragen. Zur Abmilderung gibt es eine so genannte Konzernklausel, wonach Betriebe ausgenommen sind, deren Eigenkapitalquote nicht geringer ist als im Konzern. Außerdem gibt es eine Freigrenze von 1 Mio. Euro, d.h. die 30 Prozent-Grenze gilt erst, wenn der Zinsaufwand den Betrag von 1 Mio. Euro überschreitet. Für Einzelunternehmen und Personengesellschaften, die zu keinem Konzern gehören, gilt die Zinsschranke generell nicht.

- **Mittelstand:** Personengesellschaften dürfen einbehaltene Gewinne mit nur noch 28,25 Prozent (plus Solidaritätszuschlag) versteuern. Bei Ausschüttung soll weiter der Einkommensteuersatz gelten.

5.3.4   Ausschüttung oder Einbehaltung des Gewinns?

5.3.4.1   Gewinnthese: Die These von der Irrelevanz der Dividendenhöhe

Die Finanztheoretiker Modigliani und Miller haben unter der restriktiven Annahme vollkommener Kapitalmärkte die Aussage hergeleitet, dass die Frage der Ausschüttung, bei der Aktiengesellschaft, also die Dividendenpolitik, keinen Einfluss auf den Wert des Unternehmens aus Sicht der Eigentümer – Wert des Eigenkapitals – und damit auf den Aktienkurs (als Wert eines Anteils am Unternehmenswert) hat. Eine Dividende, so wird theoretisch hergeleitet, führt immer zu einem identischen Wertverlust der Aktie. Unter diesen Voraussetzungen ist es egal, ob eine Dividende ausbezahlt wird oder nicht, kann doch der Aktionär immer die nicht ausgeschüttete Dividende kassieren, indem er die Aktie veräußert. Der Wert des Unternehmens als Barwert seiner Erträge (Ertragsbewertung) ist damit allein von seinen Gewinnen abhängig, nicht aber von der Frage, ob diese als Dividende ausgeschüttet werden. Dies ist die *Gewinnthese* und gleichzeitig die These von der Irrelevanz der Dividendenpolitik (*Irrelevanzthese* nach Modigliani/Miller). Nach der Gewinnthese ergibt sich der Marktwert des Eigenkapitals, also der Unternehmenswert aus Sicht der Eigentümer, durch Diskontierung der für die Zukunft erwarteten Gewinne unabhängig von deren Ausschüttung.

5.3.4.2   Relevanz der Dividendenhöhe auf unvollkommenen Märkten

Diesen Überlegungen stehen aber die Erfahrungen der Praxis entgegen, wonach die Frage der Ausschüttung von Bedeutung für die Bewertung eines Unternehmens und damit die Aktienkurse ist. Die Nichtausschüttung von Dividenden führt faktisch zu einer erhöhten Mittelbindung in der Unternehmung und in der Folge oft zu erhöhten Investitionen. Die einbehaltenen Gelder stellen sich oft als Vorteil für das Finanzmanagement heraus, das sich um keine Kapitalmarktfinanzierung zu kümmern braucht. Die Einbehaltung statt Ausschüttung hat besonders dann Bedeutung, wenn sie still erfolgt. Stille Selbstfinanzierung bedeutet bis zu einem bestimmten Punkt Informationsdefizite der Aktionäre statt vollkommener Information auf einem vollkommen

Kapitalmarkt nach dem Modell von Modigliani und Miller. Dazu behindert das Steuerwesen den Markt in seiner Vollkommenheit. Je nach steuerlichen Regeln kann es für Aktionäre von Bedeutung sein, ob die Gewinne ausgeschüttet werden oder nicht. Der Aktionär wird eine Ausschüttung tendenziell vorziehen, wenn der Gewinn dabei niedriger besteuert wird als bei Einbehaltung. Auch Kostenfragen sprechen gegen die Neutralität der Dividendenausschüttung, denn sowohl die Verteilung der Dividenden verursacht Kosten als auch die Emission von Wertpapieren zur ersatzweisen Beschaffung von Kapital.

Großanleger identifizieren sich tendenziell stärker mit den Unternehmensinteressen, *Kleinanleger* wollen tendenziell ein möglichst hohes Einkommen, was für die Ausschüttung spräche, gelegentlich aber auch nur einen hohen Vermögenszuwachs, der über Aktienkurserhöhungen auch mit Thesaurierung erzielbar ist. Eine neutrale Einstellung der Aktionäre zur Gewinneinbehaltung würde voraussetzen, dass die Geschäftsleitung einerseits das einbehaltene Geld nicht besonders leichtfertig für wenig vorteilhafte Investitionen ausgibt, andererseits aber auch nicht im Fall von Ausschüttungen auf besonders vorteilhafte Investitionen verzichtet.

Aus *Sicht des Finanzmanagements* hat Selbstfinanzierung wie die Eigenfinanzierung den Vorteil, dass es keinen Zwang zu Zins und Tilgung wie bei der Außenfinanzierung mit Fremdkapital gibt. Selbstfinanzierung schafft Eigenkapital, und Eigenkapitalentwicklung sowie Eigenkapitalquote sind ganz fundamentale Kriterien für die Unternehmensbonität. Teilt man die Entwicklung des Eigenkapitals in besonders vorziehenswürdige und weniger vorziehenswürdige Quellen ein, so lässt sich sagen, dass das Wachstum von Eigenkapital durch offene Gewinneinbehaltung ein besseres Licht auf das Unternehmen wirft als das Wachstum des Eigenkapitals durch Beteiligungsfinanzierung, also aus äußeren Quellen. Das ist auch die Sicht der Banken, weshalb hohe Selbstfinanzierung tendenziell eine hohe Kreditwürdigkeit nach sich zieht. Mit dem Wachstum des Eigenkapitals aus eigener Kraft des Unternehmens bewahrt sich darüber hinaus das Management ein hohes Maß an Unabhängigkeit. Das gilt bei offener Selbstfinanzierung, weil die Eigentümer erfahrungsgemäß den Erfolg aus der Arbeit mit Mitteln aus Gewinnthesaurierung tendenziell nicht so streng prüfen wie den aus Mitteln der Außenfinanzierung. Das gilt aber insbesondere bei der stillen Form der Selbstfinanzierung. Stille Thesaurierung entzieht das Kapital ohne große Argumentationsnöte den Begehrlichkeiten sowohl des Finanzamts als auch der Gesellschafter. Letztere sind im Sinne der Agency-Theorie als Principal (Auftraggeber) auffassbar, dessen Wünsche beim Agenten (Auftragnehmer), dem Finanzmanagement, teilweise auf Widerstand stoßen (Agency-Konflikte).

Die mit vielen Argumenten und Beispielen gezeigte Unvollkommenheit der Märkte überzeugt also entgegen der Gewinnthese von der Relevanz der Dividendenpolitik.

5.3.4.3 Dividendenthese: Die entscheidende Bedeutung der Dividendenhöhe

Angesichts der offensichtlichen Angreifbarkeit der These von der Irrelevanz der Dividendenausschüttung wurde der Gewinnthese die Dividendenthese entgegengesetzt: Für den Wert des Unternehmens beziehungsweise seiner Aktien ist danach die Dividende entscheidend. Der Marktwert des Eigenkapitals lässt sich berechnen, indem man die künftigen Dividenden abdiskontiert. Diese Behauptung heißt *Dividendenthese*. Danach schätzen die Aktionäre sofortige Ausschüttungen anders, nämlich höher ein als die Hoffnung auf künftige Dividendenerhöhungen durch Gewinneinbehaltung, sodass die sofortige Ausschüttung von Dividenden den Kurs stärker steigen lässt als die Gewinneinbehaltung.

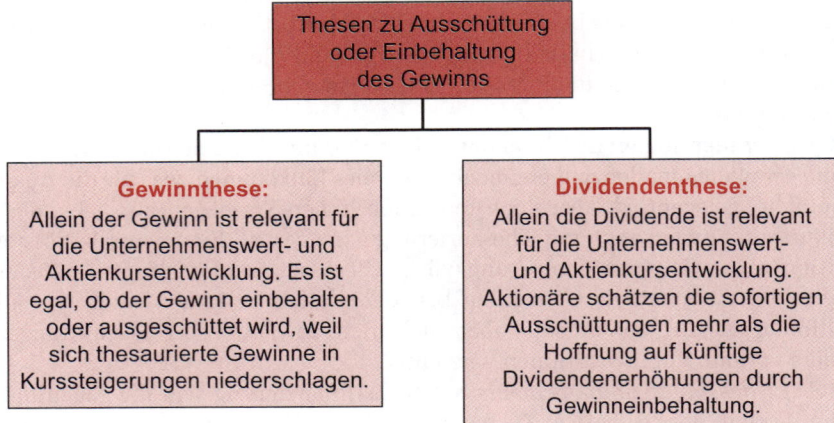

Abbildung 5.4: Thesen zu Ausschüttung oder Einbehaltung des Gewinns

Die Angreifbarkeit der reinen Gewinnthese ist offensichtlich. Aber auch die Dividendenthese als Gegenthese hat sich in der Praxis bis heute nicht verifizieren lassen. Es erscheint fraglich, ob sich überhaupt ein generell gültiges Modell zur Dividendenpolitik finden lassen wird, da sich die Gegebenheiten bei der Finanzierung der Unternehmen und bei den Kapitalanlageentscheidungen der Aktionäre von Fall zu Fall als sehr unterschiedlich darstellen. In der beobachtbaren Praxis richten sich die Aktienkurse sowohl nach den Gewinnen als auch nach der Dividendenpolitik.

Bei gesamtwirtschaftlicher Argumentation wird die Gewinnausschüttung als vorziehenswürdig angesehen, da nur so alle Kapitalnachfrager unmittelbar um das Kapital konkurrieren können, während die Selbstfinanzierung das Kapital dem allgemeinen Kapitalmarkt entzieht. Durch Selbstfinanzierung ist die Gefahr der Fehlallokation (nicht optimalen Verteilung) der finanziellen Resourcen erhöht, weil die Unternehmensleitung bei der Mittelverwendung weniger streng kontrolliert wird. Das ist ein ganz besonderes Problem, wenn die Selbstfinanzierung aus der Bilanz nicht ersichtlich ist, also still erfolgt.

5.4   Finanzierung aus den Gegenwerten unbarer Aufwendungen

5.4.1   Der Charakter der Innenfinanzierung aus den Gegenwerten unbarer Aufwendungen

Neben dem Gewinn (nach Steuern) sind die Gegenwerte unbarer Aufwendungen die sonstigen Komponenten des Cashflows (bei indirekter Ermittlung). Wie der einbehaltene Gewinn nach Steuern können die Gegenwerte unbarer Aufwendungen im Unternehmen verbleiben. Man kann dieses Geld also benützen, um beliebige Auszahlungen zu bestreiten.

5.4.2 Finanzierung durch Abschreibungsgegenwerte

5.4.2.1 Finanzierungseffekt zurückgeflossener Abschreibungsgegenwerte

Bei der Finanzierung durch Einbehaltung der Abschreibungsgegenwerte geht es nicht um die Finanzierung mit Geldern, die dem überhöhten Anteil von Abschreibungen entsprechen, denn das gehört zur stillen Selbstfinanzierung. Es geht vielmehr um den einfachen Tatbestand, dass ein Unternehmen in seine Preise einkalkulierte Abschreibungsbeträge nicht sofort für Auszahlungen verwenden muss, sondern das Geld bis zu einer eventuellen Reinvestition des abgeschriebenen Vermögensgegenstands für andere Zwecke verwenden kann. Man hat hier Geld für eine bestimmte Zeit zur Verfügung, es liegt also eine Finanzierung vor. Verkaufe ich, wie bei der Erklärung des Cashflows gezeigt, zum Beispiel Hosen, in deren bar eingenommenen Preis von 100 Euro unter anderem 19 Euro Abschreibungen einkalkuliert sind, so bleiben mir aus jeder verkauften Hose unter anderem 19 Euro in bar übrig, die ich für beliebige Zwecke als Finanzierungsmittel einsetzen kann. Gäbe es die Abschreibungen nicht und wäre der Hosenpreis trotzdem 100 Euro, so würde statt der Abschreibungen ein zusätzlicher Gewinn vor Steuern von 19 Euro ausgewiesen werden. Von ihm flössen sicher die Gewinnsteuern liquide ab (zum Beispiel 40 Prozent von 19 Euro = 7,6 Euro), möglicherweise auch der zusätzliche Gewinn nach Steuern durch Ausschüttung (19 Euro − 7,98 Euro = 11,4 Euro). Der Finanzierungseffekt der zurückgeflossenen Abschreibungsgegenwerte ist also minimal gleich der vermiedenen Gewinnsteuer und maximal gleich dem Abschreibungsbetrag.

5.4.2.2 Kapazitätserweiterungseffekt

Der Finanzierungseffekt daraus, dass die Gegenwerte der in die Preise einkalkulierten Abschreibungen dem Unternehmen noch einige Zeit für beliebige Anschaffungen zur Verfügung stehen, führt dazu, dass mit den finanzierten Anschaffungen neue Kapazitäten aufgebaut werden können. Dies soll hier am Beispiel des sogenannten *Kapazitätserweiterungseffekts* (auch: Lohmann-Ruchti-Effekt oder Marx-Engels-Effekt) klar gemacht werden. Der Effekt demonstriert, dass laufend und nicht nur für eine begrenzte Zeitspanne Abschreibungsgegenwerte frei sind, die zur Finanzierung (hier: von Kapazitätserweiterungen) zur Verfügung stehen.

Modellvoraussetzungen

Wir gehen bei der Darstellung des Kapazitätserweiterungseffekts nach Lohmann/Ruchti von folgenden vereinfachenden Voraussetzungen aus:

a Die kalkulatorischen Abschreibungen entsprechen den bilanziellen Abschreibungen. Das trifft in der Praxis nur ausnahmsweise exakt zu, ist nicht selten aber annähernd erfüllt. Unter anderem bedeutet das, dass die abgeschriebenen Güter zu den früheren Anschaffungs- und Herstellungskosten wiederbeschafft werden können.

b Die Abschreibungen entsprechen dem tatsächlichen Werteverzehr.

Tabelle 5.7

Bilanzielle contra kalkulatorische Abschreibung

Bilanzielle Abschreibung[2]	Kalkulatorische Abschreibung
Verteilung der Anschaffungs- und Herstellungskosten (orientiert am Nominalwertprinzip, das heißt die Abschreibung wird nur so hoch erfasst, dass das Unternehmen sein in Geldeinheiten gemessenes Kapital erhalten kann)	Verteilung der Wiederbeschaffungskosten (orientiert meistens am Substanzwertprinzip, das heißt die Abschreibung wird so hoch erfasst, dass das Unternehmen seine Vermögenssubstanz erhalten kann und den abgeschriebenen Gegenstand unabhängig von seinem neuen Preis aus den Abschreibungsgegenwerten wieder erwerben kann)
Gewinn- und Verlustrechnung: Abschreibungen sind Aufwendungen	Preiskalkulation: Abschreibungen sind Kalkulationsbestandteil

c Zur Erzielung eines ungekürzten positiven Finanzierungseffekts wird davon ausgegangen, dass die in die Produktpreise einkalkulierten Abschreibungen auch verdient werden. Das heißt mit anderen Worten, dass das Unternehmen nicht mit Verlust arbeitet.

d Dem Unternehmen fließt in Höhe der Gesamtumsätze auch Liquidität zu. Das ist erfüllt, wenn die Umsätze tatsächlich immer bar erfolgen, aber rechnerisch auch dann, wenn unterstellt werden darf, dass im jeweiligen Jahr die Einzahlungen aus Umsatzerlösen des Vorjahres immer genauso hoch sind wie die ins nächste Jahr verschobenen Einzahlungen aus Umsätzen des laufenden Jahres.

e Die Abschreibungen seien linear (auch in der Praxis vorherrschender Fall). Dies ist lediglich eine Vereinfachung, die man aber auch aufheben kann.

f Es wird immer in identische Güter mit gleichen Anschaffungs- oder Herstellungskosten investiert (identische Reinvestition).

g Die Reinvestitionsentscheidungen erfolgen immer erst zum Jahresende.

h Die Wirtschaftsgüter sind nicht beliebig teilbar (in der Praxis klar vorherrschender Fall). Bei beliebiger Teilbarkeit wäre der Effekt allerdings nur stärker, wie unten die Überlegungen zum Kapazitätserweiterungsmultiplikator zeigen werden.

Perioden- und Gesamtkapazität

Vorweg sei der Unterschied zweier für das Verständnis des Kapazitätserweiterungseffekts wichtiger Kapazitätsbegriffe vorgestellt: *Periodenkapazität* und *Gesamtkapazität*. Periodenkapazität ist die in einer Periode, meistens wählt man ein Jahr, nutzbare Kapazität, Gesamtkapazität ist dagegen die Kapazität, die ein Vermögensgegenstand über seine gesamte Lebensdauer hinweg zur Verfügung stellt. Diese beiden Begriffe müssen beim Kapazitätserweiterungseffekt klar auseinandergehalten werden.

---

2 Die steuerlichen Abschreibungen sind dabei anders als die handelsrechtlichen durch vorgeschriebene normale Nutzungsdauern normiert.

Angenommen, ein neuwertiger Lastwagen hat eine Lebens- und damit Abschreibungsdauer von vier Jahren, in denen er je 100.000 km Fahrleistung erbringen kann. Man
kann dann wie folgt definieren:

- *Perioden*kapazität: ein Lastwagenjahr beziehungsweise 100.000 km p.a.

- *Gesamt*kapazität: vier Lastwagenjahre beziehungsweise 400.000 km

Die gleiche *Gesamt*kapazität von vier Lastwagenjahren oder 400.000 km wie bei einem
neuwertigen Lastwagen hätte man zum Beispiel auch mit vier gebrauchten Lastwägen,
die bereits drei Jahre alt sind und somit nur noch ein Jahr Restlebensdauer haben.
Dann wäre aber die *Perioden*kapazität, anders als bei dem einen neuwertigen Lastwagen, auch vier Lastwagenjahre beziehungsweise 400.000 km p.a., da man ja alle vier
Lastwägen nebeneinander benutzen kann. Kostet ein Lastwagen 200.000 Euro und
verliert er linear zum km-Verbrauch auch an Wert, so kann man für 200.000 Euro also
alternativ kaufen:

- einen neuen Lastwagen, somit in km gemessen 400.000 km Gesamtkapazität und
  gleichzeitig 100.000 km p.a. Periodenkapazität, oder

- vier alte Lastwägen, somit in km gemessen 400.000 km Gesamtkapazität wie bei der
  zuvor genannten Alternative, jedoch im Gegensatz zu dort mit 400.000 km p.a.
  Periodenkapazität.

Die Bilanzwerte der Vermögensposition „Lastwägen" sind in beiden Fällen gleich hoch,
nämlich 200.000 Euro (das sind 50.000 Euro für je 100.000 Lastwagenkilometer).

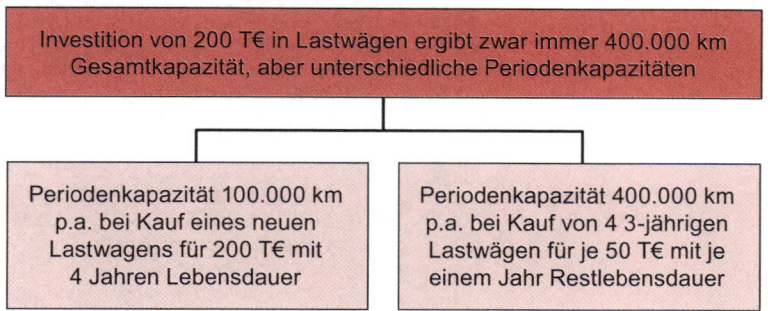

Abbildung 5.5: Gesamtkapazität contra Periodenkapazität (Beispiel)

Beispiel **Kapazitätserweiterungseffekt nach Lohmann/Ruchti**

Ein Unternehmen hat fünf neue Computer zu je 6.000 Euro erworben, die jeweils
über drei Jahre hinweg linear abgeschrieben werden sollen. Entsprechend dem
theoretischen Modell von Lohmann/Ruchti werden die Abschreibungsbeträge
jeweils nach Jahresende zur identischen Reinvestition verwendet. Wie viele
Computer sind am Anfang des fünften Jahres vorhanden, das heißt wenn die im
vierten Jahr voll abgeschriebenen Computer bereits nicht mehr vorhanden sind,
die aus den Abschreibungen auch des vierten Jahres reinvestierten Computer
dagegen bereits mitgezählt werden?

In Tabelle 5.8 wird jeweils die Situation beschrieben, wie sie sich immer zum Zeitpunkt des Jahresanfangs darstellt, nur die Abschreibung in Spalte IV bezieht sich nicht auf einen Zeitpunkt, sondern auf den Zeitraum des bereits abgelaufenen Jahres. Die gesuchte Anzahl der Computer findet sich in der Spalte II.

Tabelle 5.8

Beispiel zum Kapazitätserweiterungseffekt

Anfang des Jahres i	Anzahl der Computer und deren Alter (tiefgestellt: Jahre) nach (I) (Re-)Investition am Jahresanfang	Kontrollwert: Aktueller Bilanzwert plus Restwert nach Reinvestition = Anschaffungskosten in €	Abschreibungen des abgelaufenen Jahres in €	Reinvestition (aus Abschreibungen zuzüglich altem kumuliertem Restbetrag) in €	kumulierter Restbetrag nach Reinvestition der Abschreibungsbeträge in €
I	II	III (siehe II und VI)	IV = II × 2.000 €	V (siehe IV und VI)	VI = (IV–V)$_{kumuliert}$
1	5_0	5×6.000 $= 30.000$	–	–	0
2	$5_1 + 1_0 = 6$	5×4.000 $+ 1 \times 6.000$ $+ 4.000$ $= 30.000$	5×2.000 $= 10.000$	1×6.000 $= 6.000$	4.000
3	$5_2 + 1_1 + 2_0 = 8$	5×2.000 $+ 1 \times 4.000$ $+ 2 \times 6.000$ $+ 4.000$ $= 30.000$	6×2.000 $= 12.000$	2×6.000 $= 12.000$	4.000
4	5 ausrangiert ! $1_2 + 2_1 + 3_0 = 6$	1×2.000 $+ 2 \times 4.000$ $+ 3 \times 6.000$ $+ 2.000$ $= 30.000$	8×2.000 $= 16.000$	3×6.000 $= 18.000$	2.000
5	1 ausrangiert ! $2_2 + 3_1 + 2_0 = 7$	2×2.000 $+ 3 \times 4.000$ $+ 2 \times 6.000$ $+ 2.000$ $= 30.000$	6×2.000 $= 12.000$	2×6.000 $= 12.000$	2.000

Umfang des Erweiterungseffekts

Bislang wurde unter anderem erstens unrealistischerweise unterstellt, dass die Reinvestitionsentscheidungen immer erst zum Jahresende erfolgen, und zweitens wurde realistischerweise angenommen, dass die Wirtschaftsgüter nicht beliebig teilbar sind. Bei der Erarbeitung der Formeln für einen *Erweiterungsmultiplikator*[3] (auf das Wievielfache wird die Anfangskapazität erweitert) heben wir in einem ersten Schritt beide Voraussetzungen auf, um den Multiplikator bei unterstellter linearer Abschreibung zuerst einmal in seiner klaren Extremform zu ermitteln.

■ Kapazitätserweiterungsmultiplikator bei kontinuierlicher (unterjähriger) Reinvestition, beliebiger Teilbarkeit des Investitionsguts und linearer Abschreibung

Bei den gegebenen Voraussetzungen wird auf lange Sicht das Alter der Investitionsobjekte im Durchschnitt gleich der Hälfte der Gesamtnutzungsdauer n sein. Es ist also pro Objekt rechnerisch die Hälfte des Neuwerts gebunden. In diesem rein theoretischen Grenzfall mit kontinuierlicher unterjähriger Reinvestition ist der Kapazitätserweiterungsmultiplikator, der allgemein jeweils gleich der Gesamtnutzungsdauer geteilt durch die durchschnittliche Restlebensdauer ist, immer gleich 2.

$$\text{Kapazitätserweiterungsmultiplikator} = \frac{n}{n/2} = 2$$

Man hat dann zum Bespiel statt fünf neuwertiger Computer zehn Computer mit einer im Durchschnitt halbierten Restlebensdauer.

■ Kapazitätserweiterungsmultiplikator bei diskontinuierlicher Reinvestition jeweils zum Jahresende, beliebiger Teilbarkeit des Investitionsguts und linearer Abschreibung

Durch die lediglich diskontinuierliche Reinvestition erhöht sich die durchschnittliche Kapitalbindungsdauer von $n/2$ um eine halbe Periode (hier ein halbes Jahr) auf nunmehr $(n+1)/2$, sodass der rechnerische Kapazitätserweiterungseffekt kleiner als 2 wird:

$$\text{Kapazitätserweiterungsmultiplikator} = \frac{n}{(n+1)/2} = 2 \times \frac{n}{n+1}$$

Bei einer linearen Abschreibung über drei Jahre ergibt sich beispielsweise ein Multiplikatorwert von

$$2 \times \frac{3\ \text{Jahre}}{3+1\ [\text{Jahre}]} = 1,5$$

Bei langsamerer linearer Abschreibung über zum Beispiel fünf Jahre ergäbe sich ein etwas höherer Multiplikator:

$$2 \times \frac{5\ \text{Jahre}}{5+1\ [\text{Jahre}]} = 1,67$$

---

3 Vgl. Süchting: *Finanzmanagement*, 6. Auflage, Wiesbaden 1995, S. 259.

■ Effekt der nicht beliebigen Teilbarkeit

Die mangelnde Teilbarkeit der Investitionsgüter würde zu einer weiteren Verkleinerung des Multiplikatoreffekts gegenüber b führen, da die Reinvestitionen verzögert werden und somit die durchschnittliche Kapitalbindung erhöht wird.

5.4.3 Finanzierung durch Gegenwerte der Nettozuweisungen zu langfristigen Rückstellungen

Rückstellungen werden durch sachlich zugehörige Aufwandsverbuchung gebildet, zum Beispiel Pensionsrückstellungen durch Personalaufwand oder über die Position „sonstiger betrieblicher Aufwand". Die Neubildung von Rückstellungen ist eine unbare Aufwandsart – wie die Vornahme einer Abschreibung. Der unbare Charakter ist umso ausgeprägter, je länger der Zeitraum ist, nach dem der zurückgestellte Betrag schließlich zu einer Auszahlung führt. Besonders *langfristige* Rückstellungen sind die Pensionsrückstellungen, die zum guten Teil erst nach Jahrzehnten Auszahlungen nach sich ziehen. Ebenfalls langfristig sind zum Beispiel auch Gewährleistungsrückstellungen im Anlagenbau, wo die Gewährleistungszeiten Jahre betragen können, Rückstellungen für Stilllegungs- und Beseitigungskosten von Anlagen, etwa Kernkraftwerken, oder Rückstellungen für Produkthaftpflichten. Daneben gibt es auch Rückstellungen, die auf eher mittlere Sicht zu Auszahlungen führen und so für den hier zur Rede stehenden Finanzierungseffekt ebenfalls von Bedeutung sein können. Dabei handelt es sich zum Beispiel um Prozessrückstellungen für etwaige Verurteilungen nach längeren Prozessen und Revisionen oder um Rückstellungen für Sozialplan- und Vorruhestandsverpflichtungen.

Hier wird der Finanzierungseffekt am zeitlich relativ extremen und für die Praxis bei Weitem wichtigsten Fall der Pensionsrückstellungen erörtert. Pensionsrückstellungen haben in den Bilanzen deutscher Unternehmen ein beachtliches Gewicht und entsprechend hat die Innenfinanzierung aus den über die Umsätze verdienten Gegenwerten der Bildung von Pensionsrückstellungen erhebliche Bedeutung.

Soll die Bildung von Rückstellungen auch den zu versteuernden Gewinn kürzen, was üblicherweise angestrebt wird, dann sind neben den Bedingungen des Handelsrechts auch spezifische *steuerliche* Bedingungen zu erfüllen. Unter anderem ist in Deutschland ein vorgeschriebener Mindestkalkulationszins zu verwenden, mit dem die Pensionsverpflichtungen der Zukunft abzuzinsen sind, was zu einer Mindestabwertung des Kapitalwerts der Pensionsverpflichtungen des Unternehmens führt. Zudem muss die Pensionszusage rechtsverbindlich, unverfallbar sowie schriftlich zugesagt sein.

Mit einer Pensionszusage entsteht eine zu bilanzierende Verpflichtung des Unternehmens. Der Betrag der Aufstockung der Pensionsrückstellung ist eine Aufwendung, deren Gegenwert dem Unternehmen aber mit den baren Umsatzeinnahmen sofort zufließt. Exakt wie bei der Argumentation im Zusammenhang mit der Höhe des Finanzierungseffekts aus Abschreibungsgegenwerten gilt: Gäbe es die Erhöhung der Pensionsrückstellungen nicht und wäre in unserem Leitbeispiel der Hosenpreis trotzdem 100 Euro, so würde statt der Erhöhung der Pensionsrückstellungen ein zusätzlicher Gewinn vor Steuern von 6 Euro pro Hose ausgewiesen werden. Von ihm flössen sicher die Gewinnsteuern liquide ab (zum Beispiel 40 Prozent von 6 Euro = 2,4 Euro), möglicherweise auch der zusätzliche Gewinn nach Steuern durch Ausschüttung (6 Euro − 2,4 Euro = 3,6 Euro). Der Finanzierungseffekt der zurückgeflossenen Nettozuweisungen zu den Pensionsrückstellungen ist also minimal gleich der vermiedenen Gewinnsteuer und maximal gleich dem Nettorückstellungsbetrag.

Eine *Erhöhung* der Pensionsrückstellungen wird nötig, wenn neue Pensionsverpflichtungen entstehen oder bereits bestehenden ein höherer Wert zuzumessen ist. Eine *Senkung* der Pensionsrückstellungen hat zu erfolgen, wenn Verpflichtungen wegfallen, etwa durch Tod des Begünstigten oder wenn diese Verpflichtungen sich rechnerisch während der Zeit der Bezahlung von Betriebsrenten reduzieren. Die Senkung der Pensionsrückstellungen bedeutet in jedem Fall die *Umkehrung* des Innenfinanzierungseffekts. *Per Saldo* ergibt sich ein positiver Finanzierungseffekt im beschriebenen Sinne nur beim Aufbau der Pensionsrückstellungen, wenn also der Saldo aus Erhöhung der Rückstellungen für Pensionsverpflichtungen und ihrer Senkung positiv ist. Das ist insbesondere bei wachsenden Unternehmen mit junger Belegschaft der Fall. Bei lange mit Pensionszusagen operierenden Unternehmen ergibt sich oft ein relatives Gleichgewicht aus Neubildungen und Auflösungen von Pensionsrückstellungen. In dieser Situation besteht ein relativ unveränderter Kapitalstock, der sich laufend erneuert. Die Finanzierung aus dem Gegenwert von Nettoerhöhungen der Pensionsrückstellungen bleibt hier gerade erhalten, erhöht sich aber nicht mehr. Schließlich gibt es auch Unternehmensphasen, in denen die Auszahlungen für Betriebsrenten die Mittelzuführungen übersteigen, zum Beispiel bei gemessen an der Belegschaftsstärke schrumpfenden Unternehmen. In diesem Fall kehrt sich der ursprünglich positive Finanzierungseffekt der Aufbauphase in einen negativen Finanzierungseffekt um. Die dem Unternehmen bisher zur Verfügung gestandenen Mittel fließen ab und stellen eine aktuelle Belastung der Liquidität dar.

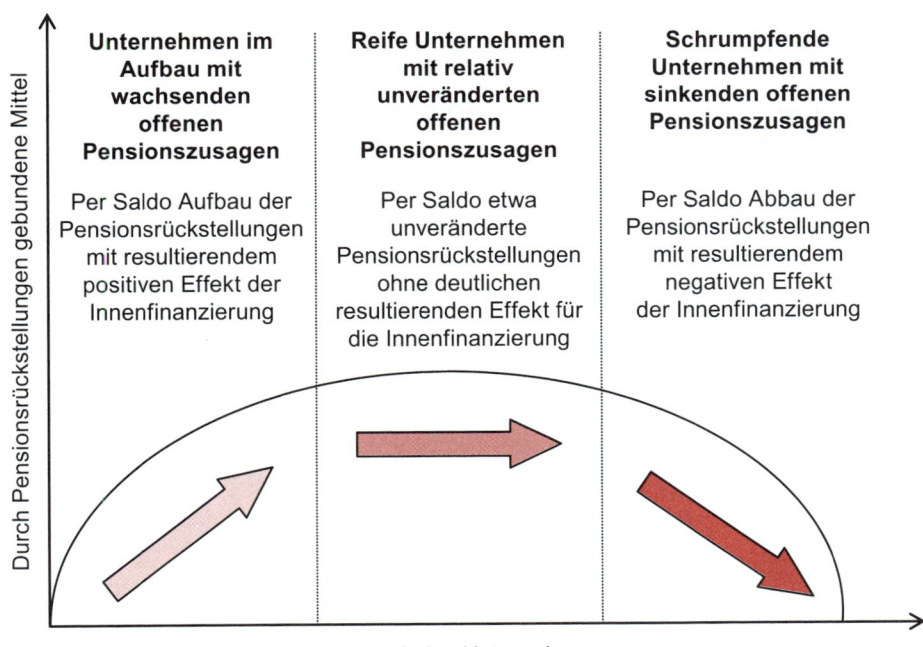

Abbildung 5.6: Finanzierungseffekt durch Entwicklung der Pensionsrückstellungen im Lebenslauf des Unternehmens

Der positive Finanzierungseffekt durch die Bildung von Pensionsrückstellungen ist nur gegeben, wenn das gewonnene Kapital dem Unternehmen nicht über eine Anlage außerhalb des Unternehmens wieder entzogen wird. Ein solcher Entzug würde zum Beispiel durch Einzahlung in einen Pensionsfonds erfolgen, der die Kapitalien für die Pensionszahlungen liquide anlegt, was im Unternehmen meistens nicht der Fall ist. Wenn eine solche Lösung der Kapitalansammlung außerhalb des Unternehmens gewählt wird, so geschieht dies oft, weil eine Anpassung an international weitverbreitete Gepflogenheiten gewünscht wird. Auch die nicht unbegründeten Sorgen bezüglich des negativen Finanzierungseffekts des Abbaus der oft sehr umfangreichen Pensionsrückstellungen spielen hier eine Rolle. Viele deutsche Großunternehmen legen die Gelder in Pensionsfonds an, um der kritischen Beurteilung der für Deutschland typischen Pensionsrückstellungen durch Ratingagenturen und angelsächsische Investoren zu entgehen.

5.5 Finanzierung durch Kapitalfreisetzung außerhalb des Umsatzprozesses

Unternehmen erarbeiten aus eigener Kraft Gelder weit überwiegend durch die Umsatztätigkeit. Die Finanzierung aus dem Umsatzüberschuss (Cashflow) ist deshalb der eindeutig dominierende Teil der Innenfinanzierung. Es ist aber auch möglich, Kapital außerhalb des üblichen Umsatzprozesses freizusetzen, indem man auf anderen Wegen als über den Verkauf der Produkte des Unternehmens ohne Außenfinanzierung Geld beschafft. Dabei werden andere Vermögensgegenstände als Umsatzgüter, in denen Kapital gebunden ist, freigesetzt. Solche Finanzierungen haben im Vergleich zur Finanzierung aus Umsatzüberschüssen allgemein weniger Bedeutung, können aber in speziellen Situationen doch sehr wichtig werden.

5.5.1.1 Reduzierung des betriebsnotwendigen Vermögens durch Rationalisierung

Eine erste Form dieser Kapitalfreisetzung außerhalb des Umsatzprozesses ist die *Finanzierung durch Rationalisierungsmaßnahmen,* eventuell in Form umfassender Restrukturierungen. Rationalisierungen haben meistens primär ertragswirtschaftliche Ziele wie Gewinnerhöhung oder Rentabilitätsverbesserung. Im Wechselspiel mit den ertragswirtschaftlichen Zielen werden dann auch Finanzierungseffekte erzielt. Rationalisierungsmaßnahmen führen zur liquiden Freisetzung des betriebsnotwendigen Vermögens – zum Beispiel durch Reduzierung des erforderlichen Maschinenparks – und so zur Beschleunigung des Kapitalumschlags, deren Effekte im ersten Kapitel erörtert wurden. Bisher war ein Teil des Kapitals in entbehrlichem Vermögen gebunden. Dieses wird nun frei und kann für beliebige Finanzierungen verwendet werden.

5.5.1.2 Sonstiger Verkauf von Vermögen

Als weitere Variante ist der Verkauf von Vermögen auch ohne explizites Rationalisierungsziel außerhalb des Umsatzprozesses beziehungsweise zusätzlich zum Umsatzprozess zu nennen. Das Finanzmanagement entschließt sich, zur Erlangung zusätzlicher Finanzierungsmittel bestimmte Vermögensgüter, die nicht Zahlungsmittel sind, in Zahlungsmittel zu transformieren (Aktivtausch). Die Möglichkeiten lassen sich sinnvoll einteilen in die Veräußerung von Forderungen einerseits und von sonstigem Vermögen andererseits.

Forderungsverkäufe

Forderungsverkäufe erfolgen vorzugsweise in Form von Factoring, Forfaitierung und Verkauf an Einzweckunternehmen, die sich über Asset Backed Securities refinanzieren. Diese Formen der Finanzierung lernen wir im folgenden Kapitel kennen, systematisch sind sie aber der Innenfinanzierung außerhalb des Umsatzprozesses zuzuordnen. Forderungsverkäufe können auch als Beschleunigung des Umsatzprozesses angesehen werden, der im ersten Kapitel analysiert wurde. Man wartet die letzte Stufe des Transformationsprozesses der Unternehmensleistungen in Geld nicht ab, sondern verkauft nach Abschluss des güterwirtschaftlichen Umsatzprozesses die entstandenen Forderungen.

Verkäufe von sonstigem Vermögen

Der Umsatzprozess bezieht sich auf die Güter, deren Erstellung und Verkauf der normale Unternehmenszweck ist. Man kann aber auch, und das liegt insbesondere in bedrohlichen Liquiditätsengpässen nahe, irgendwelche sonstigen Vermögensgüter veräußern, um sich zu finanzieren. Nahe liegt der *Verkauf nicht betriebsnotwendigen Vermögens.* Hat ein Unternehmen zum Beispiel ein nicht unmittelbar nötiges Vorratsgrundstück, eine entbehrliche Unternehmensbeteiligung oder dergleichen, so kann es sich über deren Veräußerung Finanzmittel beschaffen. Je schneller diese Vermögensgüter liquidierbar sind (etwa an einer Wertpapierbörse) und je geringer die Preiseinbußen durch einen Sonderverkauf sind, desto besser sind die entsprechenden Vermögensgüter dazu geeignet, zur Finanzmittelbeschaffung herangezogen zu werden.

Man kann aber auch einen *Verkauf betriebsnotwendigen Vermögens* zu Finanzierungszwecken vornehmen, das nicht durch Rationalisierung freigesetzt wurde, also weiter benötigt wird. Man muss dann allerdings gleichzeitig organisieren, dass man das Vermögensgut als Mieter oder Pächter weiter nutzen kann, obwohl man nicht mehr dessen Eigentümer ist. Eine gängige Variante dieser Vorgehensweise ist das *Sale-and-Lease-Back*: Das Unternehmen verkauft einen Vermögensgegenstand an eine Leasinggesellschaft, um den Gegenwert bar zu bekommen, und least ihn wieder zurück, da sie ihn im laufenden Betriebsprozess benötigt. Im Zusammenhang mit der Erörterung der Leasing-Finanzierung im nun folgenden Kapitel wird darauf genauer eingegangen werden.

Zusammenfassung dieses Kapitels

■ Cash Flow

Der Cashflow im Sinne von Umsatzüberschuss ist der zentrale Begriff der Innen-finanzierung. Er ist definiert als bare Erträge minus bare Aufwendungen (direkte Ermittlung) beziehungsweise gleichbedeutend als Gewinn minus unbare Erträge plus unbare Aufwendungen. Er ist nicht identisch mit der gesamten Änderung aller baren Mittel, die dem Unternehmen im Jahr netto zugeflossen sind, denn neben dem Cashflow treten noch Zuflüsse aus Außenfinanzierung (abzüglich Rückflüsse) und Abflüsse aus Investitionen (abzüglich Desinvestitionen). Während der Cashflow die liquiditätswirksamen Bewegungen in der Gewinn- und Verlust-rechnung erfasst, verändern die Außenfinanzierungs- und Investitionsvorgänge allein die Barmittel in der Bilanz. Aus den genannten Investitions- und Außen-finanzierungsvorgängen gliedert man oft auch den kurzfristigen Teil aus, das sind die Vorgänge, die das Working Capital (Saldo von Umlaufvermögen und kurzfris-tigen Verbindlichkeiten) ändern.

■ Finanzierung aus dem Cashflow

Die Finanzierung aus dem Cashflow ist im Normalfall der bedeutendste Teil der Innenfinanzierung. Sie lässt sich entsprechend den Elementen des Cashflows bei indirekter Ermittlung in Selbstfinanzierung und Finanzierung aus den Gegenwer-ten unbarer Aufwendungen einteilen (negative Bestandteile wären entgegenste-hende negative Finanzierungseffekte aus unbaren Erträgen).

■ Selbstfinanzierung

Selbstfinanzierung ist Innenfinanzierung durch Einbehalt von Gewinnen. Dieser Einbehalt kann ausgewiesene Gewinne betreffen (offene Selbstfinanzierung) oder aber versteckte Gewinne, die nur die stillen Reserven erhöhen (stille Selbstfinan-zierung). Die offene Selbstfinanzierung wird dadurch gekürzt, dass die Gewinne zu versteuern sind (barer Steueraufwand). Die Gewerbesteuer ist von Gewerbebetrie-ben zu bezahlen, die Körperschaftsteuer von Körperschaften, Personenvereinigun-gen und Vermögensmassen. Einzelunternehmer sowie Gesellschafter und Perso-nengesellschaften bezahlen Einkommensteuer auf die entnommenen Gewinne.

■ Gewinn- und Dividendenthese

Die Frage, ob Aktienkurse und damit der Unternehmenswert primär von der Höhe des Gewinns abhängen (Gewinnthese) oder aber vom ausgeschütteten Teil des Gewinns (Dividendenthese), ist umstritten. Die Behauptung der Irrelevanz der Dividende gemäß Gewinnthese erscheint allerdings zu radikal, um der Realität gerecht zu werden.

Aber auch die Dividendenhöhe lässt sich als alleinige Erklärung für den Unternehmens- beziehungsweise Aktienwert nicht verifizieren. Gesamtwirtschaftlich wird die Ausschüttung der Gewinneinbehaltung vorgezogen, da dann der Markt darüber entscheidet, in welche Verwendung die erzielten Gewinne erneut fließen.

■ Finanzierung aus den Gegenwerten unbarer Aufwendungen

Abschreibungsgegenwerte, die über den Produktpreis bar eingenommen werden, bleiben dem Unternehmen bis zur erforderlichen Reinvestition der Mittel erhalten und stellen deshalb eine Quelle der Cashflow-Finanzierung dar (Zuschreibungen wirken negativ). Der Lohmann-Ruchti-Effekt ist ein Modell, das erklärt, dass die Wiederanlage der Abschreibungsgegenwerte den Kauf zusätzlicher Investitionsgüter erlaubt, was zur Erhöhung der Periodenkapazität führt, also der im Geschäftsjahr einsetzbaren Investitionsgüter. Die Gesamtkapazität im Sinne der über die Gesamtlebensdauer nutzbaren Kapazität kann aufgrund dieses Effekts aber nicht über die Ausgangskapazität hinausgehen.

In Analogie zur Finanzierung aus einbehaltenen Gegenwerten der Abschreibungen gibt es auch eine Finanzierung aus den Gegenwerten einer anderen Aufwendung, die erst bedeutend später zu Geldabflüssen führt: Dies ist die Finanzierung aus den Aufwendungen zur Erhöhung sehr langfristiger Rückstellungen, speziell der Pensionsrückstellungen (Erträge aus Auflösung der Rückstellungen wirken negativ).

■ Sonstige Innenfinanzierungen

Neben der im Regelfall bedeutenderen Finanzierung aus dem Cashflow (Umsatzüberschuss) gibt es auch die Möglichkeit für das Unternehmen, Geld durch Mittelfreisetzungen außerhalb des üblichen Umsatzprozesses zu generieren. Dabei werden andere Vermögensgegenstände als Umsatzgüter, in denen Kapital gebunden ist, freigesetzt. Dies ist erreichbar, indem man durch Rationalisierungsmaßnahmen den Umfang des erforderlichen betriebsnotwendigen Vermögens reduziert oder andere Gelegenheiten wahrnimmt, um Vermögensgüter außerhalb der Umsatzgüter zu veräußern. Ein häufiger Fall ist der Verkauf von Forderungen, der im folgenden Kapitel separat erläutert wird. Daneben kann man andere Vermögensgüter verkaufen. Sofern sie betriebsnotwendig und nicht durch Rationalisierung freigesetzt sind, muss man die verkauften Güter wieder mieten, leasen oder pachten können.

Aufgaben

Die Lösungen zu diesen Aufgaben finden Sie am Ende des Buches.

Aufgabe 5-1

Cashflow (Umsatzüberschuss):
Welche der folgenden Aussagen (A bis E) sind richtig?

A. Zur Finanzierung aus dem Cashflow (Umsatzüberschuss) gehört unter anderem die Finanzierung durch Verkauf von Anlagegütern.

B. Zur Finanzierung aus dem Cashflow (Umsatzüberschuss) gehört unter anderem die Finanzierung aus einbehaltenen Gegenwerten der Bildung langfristiger Rückstellungen.

C. Der Cashflow (Umsatzüberschuss) ist die Summe aus Gewinn einerseits und der Differenz aus unbaren Aufwendungen und unbaren Erträgen andererseits.

D. Außenfinanzierungsvorgänge beeinflussen den Cashflow (Umsatzüberschuss) nicht.

E. Investitionen beeinflussen zwar die gesamte Cash-Veränderung, nicht aber den Cashflow (Umsatzüberschuss).

F. Alle Aussagen (A bis E) sind falsch.

Aufgabe 5-2

Liquiditätszufluss aus Cashflow (Umsatzüberschuss) und aus anderen Quellen:
Aus dem Rechnungswesen der Test GmbH sind als Zusammenfassung aller relevanten Zahlen eines Jahres folgende Angaben zusammengestellt worden:

a) Aus der GUV:

	T€	bar/unbar
Umsätze	600	bar
Löhne und Gehälter	250	bar
Materialeinsatz	100	bar
Zinsaufwand	50	bar
Gewinnsteuern	40	bar
Abschreibungen	70	unbar
Erhöhung der Pensionsrückstellungen	30	unbar

b) Aus der Bilanz im Vergleich zum Vorjahr (Veränderung von Bilanzpositionen durch Finanzierungsvorgänge):

Einlagen der Gesellschafter	10	bar
Aufnahme eines neuen Gesellschafter-Darlehens	60	bar
sonstige Darlehensaufnahmen	40	bar
Senkung aufgenommener kurzfristiger Kredite	20	bar

Welche der folgenden Aussagen (A bis C) sind richtig?

A. Die Finanzierung aus dem Cashflow (Umsatzüberschuss) ist 160 T€.

B. Der Liquiditätszufluss aus Außenfinanzierung setzt sich per Saldo (das heißt bei Abzug der Verminderungen von den Erhöhungen) aus Zuflüssen aus Eigenfinanzierung von 70 und solchen aus Fremdfinanzierung von 20 T€ zusammen.

C. Die Liquidität hat sich während des Jahres über den Cashflow hinaus netto um 90 T€ erhöht.

D. Alle Aussagen (A bis C) sind falsch.

Aufgabe 5-3

Selbstfinanzierung:

Welche der folgenden Aussagen (A bis F) sind richtig?

A. Die der Unternehmung durch offene Selbstfinanzierung zufließenden Mittel entstehen mit der Gewinnermittlung für die Jahresbilanz.

B. Im Regelfall werden die Gegenwerte der Gewinne im Lauf des Geschäftsjahres in liquider Form angesammelt, stehen also am Jahresende in bar zur Verfügung.

C. Die liquiden Gegenwerte der Gewinne dürfen vor Gewinnverteilung durch die Hauptversammlung nicht verwendet werden.

D. Stille Selbstfinanzierung entsteht, wenn aufgrund bestimmter bilanzierungs- und bewertungspolitischer Maßnahmen faktische wirtschaftliche Gewinne nicht als Gewinne zum Ausweis kommen.

E. Stille Selbstfinanzierung kann unter anderem als Folge der Unterbewertung (geringerer Betrag) von Gewährleistungsrückstellungen entstehen.

F. Alle Aussagen (A bis E) sind falsch.

Aufgabe 5-4

Kürzung der Selbstfinanzierung durch gewinnabhängige Steuern:

Welche der folgenden Aussagen (A bis E) sind richtig?

A. Personengesellschaften bezahlen keine gewinnabhängigen Steuern, sind insoweit also nicht Steuersubjekt.

B. Private Gesellschafter der Kapitalgesellschaften müssen bis einschließlich 2008 die Hälfte der Erträge aus ihren Eigenkapitalanteilen der Einkommensteuer unterwerfen, in den Jahren danach die vollen Erträge.

C. Bei einem progressiven Einkommensteuertarif liegt der Grenzsteuersatz immer über dem Durchschnittssteuersatz.

D. Eine Verschiebung von Gewinnen ins Ausland kann durch überhöhte Aufwendungen zugunsten eines Auslandsunternehmens des Konzerns erfolgen.

E. Im Fall einer Abgeltungssteuer werden die Kapitalerträge umso höher besteuert, je höher der Einkommensteuersatz des Steuersubjekts ist.

F. Alle Aussagen (A bis E) sind falsch.

Aufgabe 5-5

Finanzierung aus Abschreibungsgegenwerten:

Welche der folgenden Aussagen (A bis F) sind richtig?

A. Die Finanzierung aus Abschreibungsgegenwerten setzt ausreichend hohe Preise beim Verkauf der Produkte des Unternehmens voraus, damit die Abschreibungen auch verdient werden.

B. Die Finanzierung aus Abschreibungsgegenwerten ist letztlich immer eine Finanzierung durch Aufdeckung stiller Reserven.

C. Die Finanzierung aus Abschreibungsgegenwerten basiert typischerweise darauf, dass statt der Abschreibungen in Höhe des tatsächlichen Wertverlustes der Anlagen überhöhte Abschreibungen vorgenommen werden.

D. Die Finanzierung aus Abschreibungsgegenwerten beruht darauf, dass die Abschreibungen unbare Aufwendungen sind, ihre dem Unternehmen liquide zufließenden Gegenwerte also grundsätzlich für beliebige Finanzierungen zur Verfügung stehen.

E. Bei der Finanzierung aus Abschreibungsgegenwerten nach dem Modell von Lohmann/Ruchti wird die Periodenkapazität der Summe der abgeschriebenen Anlagegüter erhöht.

F. Bei der Finanzierung aus Abschreibungsgegenwerten nach dem Modell von Lohmann/Ruchti wird die Gesamtkapazität der Summe der abgeschriebenen Anlagegüter über deren restliche Abschreibungsdauer hinweg erhöht.

G. Alle Aussagen (A bis F) sind falsch.

Aufgabe 5-6 (Einfachauswahl)

Finanzierung aus Abschreibungsgegenwerten:
Ein Unternehmer hat am Anfang des Jahres 1 einen Maschinenpark von zehn neuen Maschinen, den er in der Zukunft aus den zurückgeflossenen Abschreibungsgegenwerten erweitern will. Jede Maschine hatte 100.000 Euro gekostet und wird wie folgt nicht linear, wie im üblichen Modell nach Lohmann-Ruchti, sondern arithmetisch-degressiv abgeschrieben:

- Abschreibung des 1. Jahres: 40.000 Euro

- Abschreibung des 2. Jahres: 30.000 Euro

- Abschreibung des 3. Jahres: 20.000 Euro

- Abschreibung des 4. Jahres: 10.000 Euro

Wie groß ist der Maschinenbestand am Anfang des Jahres 4, das heißt nach Reinvestition der Abschreibungsgegenwerte aus dem Jahr 3, unter den bis auf die arithmetisch-degressive Abschreibung üblichen Modellannahmen des Kapazitätserweiterungseffekts nach Lohmann-Ruchti? Und wie hoch ist der eventuelle Restbetrag an Abschreibungsgegenwerten aus den Vorjahren, der wegen Unterschreitung der Anschaffungskosten für eine neue Maschine noch nicht reinvestiert werden konnte?
Welche der folgenden Aussagen (A bis E) ist richtig?
A. 18 Maschinen, Restbetrag 60.000 Euro
B. 19 Maschinen, Restbetrag 0 Euro
C. 23 Maschinen, Restbetrag 40.000 Euro
D. 26 Maschinen, Restbetrag 0 Euro
E. 27 Maschinen, Restbetrag 20.000 Euro
F. Alle Aussagen (A bis E) sind falsch.

Aufgabe 5-7

Finanzierung aus den Gegenwerten der Bildung von Pensionsrückstellungen:
Welche der folgenden Aussagen (A bis G) sind richtig?
A. Der Finanzierungseffekt entsteht dadurch, dass dem heute kalkulatorisch verrechneten und über den Umsatz bar verdienten Gegenwert des (Personal-)Aufwands für die Bildung von Pensionsrückstellungen erst in späteren Jahren Auszahlungen gegenüberstehen.
B. Der Finanzierungsvorteil durch die Bildung von Pensionsrückstellungen wächst mit der Länge der Zeitspanne zwischen ihrer Bildung und den Pensionszahlungen.

C. Der Finanzierungseffekt kann per Saldo nur positiv sein, solange die Bildung zusätzlicher Pensionsrückstellungen jeweils die Höhe der Auflösung von Pensionsrückstellungen übersteigt.

D. Ein positiver Finanzierungseffekt tritt nur auf, wenn der Gegenwert der Pensionsrückstellungen jeweils in einem unternehmensexternen Pensionsfonds angesammelt wird.

E. Ein positiver Finanzierungseffekt aus den Pensionszusagen ist allein Folge der Tatsache, dass die Zusagen gemessen an den tatsächlichen Inanspruchnahmen aus Sicherheitsgründen normalerweise überhöht sind.

F. Die Finanzierung aus den Gegenwerten der Bildung von Pensionsrückstellungen erfordert nicht, dass ein spezielles liquides Aktivvermögen gebildet wird, aus dem die Pensionen bezahlt werden können.

G. Die Finanzierungswirkungen aus den Gegenwerten der Bildung von Pensionsrückstellungen werden durch die Altersstruktur der Belegschaft beeinflusst.

H. Alle Aussagen (A bis G) sind falsch.

Weitere Aufgaben zu diesem Kapitel finden Sie auf der Companion Website zum Buch unter *www.pearson-studium.de*.

Sonderformen der Finanzierung

6

ÜBERBLICK

Immer im Überblick: Position des Kapitels „Sonderformen der Finanzierung" in der Systematik des Buches:

Kapitel 1 Grundlagen der Finanzwirtschaft	Finanzierungsformen					Kapitel 9 Finanzorganisation, -planung und -controlling
	Außenfinanzierung			Kapitel 5 **Innenfinanzierung**	Kapitel 6 **Sonderformen der Finanzierung**	
	Kapitel 2 **Eigenfinanzierung**	Fremdfinanzierung				
		Kapitel 3 **Kreditfinanzierung**	Kapitel 4 **Fremdfinanzierung mit Effekten**			
	Kapitel 7 **Finanzderivate**					
	Kapitel 8 **Investitionsrechnung**					

Lernziele dieses Kapitels

- In diesem Kapitel soll der Leser Finanzierungsformen kennenlernen, die bis auf das Leasing systematisch der Innenfinanzierung zuordenbar sind, aber in der Praxis ein ganz eigenes Profil entwickelt haben.

- Der Leser soll bei den klassischen Varianten des Forderungsverkaufs, nämlich Factoring und Forfaitierung, lernen, wann ihre spezifischen Einsatzmöglichkeiten bestehen, welche Art von Forderungen dabei verkauft wird, welche Leistungen die Forderungskäufer bieten, welche Risiken sie dabei übernehmen und welche Vorteile sich für das finanzierende Unternehmen ergeben. Bei der Forfaitierung kommen noch spezielle Fragen zur Ausgestaltung der Form der veräußerten Wechsel hinzu sowie zur besonderen Besicherung der Forderungen vor deren Ankauf. Beide herkömmlichen Formen des Forderungsverkaufs soll man voneinander unterscheiden lernen.

- Unter dem Stichwort Asset Backed Securities (ABS) soll ein Eindruck von den Konstruktionsprinzipien einer innovativen Form des Forderungsverkaufs an eine Einzweckgesellschaft erarbeitet werden. Welchen Charakter hat die die Forderungen kaufende Gesellschaft, welche wirtschaftliche Basis haben die emittierten Wertpapiere in den Forderungen, wie wird die Bonität des haftenden Forderungsbestands durch weitere Sicherungsmaßnahmen verbessert? Welche Ausfallrisiken haben die ABS? Inwieweit sind die Zahlungen an die Wertpapierkäufer durch die Eingänge aus den Forderungen gesichert, welche Varianten der ABS gibt es in Abhängigkeit von der Art der durch die Einzweckgesellschaft angekauften Forderungen und welche Prüfungen erfolgen beim Rating von ABS-Emissionen?

- Das Finanzleasing als Miete im rechtlichen Sinne ist unter kaufmännischer Sicht vom Normalfall der Miete (Operating Leasing) zu unterscheiden. Es sollen die Grundform des Vollamortisationsleasing und die spätere Entwicklung des Teilamortisationsleasing unterschieden werden können. Was sind die Möglichkeiten der Vereinbarung von Rechten der Leasingnehmer am Ende der Grundmietzeit bei Voll- und Teilamortisationsleasing? Welche Bedeutung hat die Ausgestaltung dieser Möglichkeiten für die im Normalfall angestrebte Aktivierbarkeit des Leasingguts beim Leasingeber? Der Sinn der steuerlichen Einzelbestimmungen zur genannten Aktivierbarkeit sollte verstanden werden. Es sollen auch die Grundzüge der Kalkulation der Leasingraten erarbeitet werden und schließlich soll der Leser in der Lage sein, die sehr verschiedenen Argumente zu beurteilen, die bei Vergleichen von Finanzierungsleasing und Darlehensfinanzierung ins Feld geführt werden.

6.1 Factoring

6.1.1 Definition des Factoring

Factoring ist aus Sicht des sich finanzierenden Unternehmens der

- laufende Verkauf
- von Lieferungs- und Leistungsforderungen
- innerhalb einer Rahmenvereinbarung
- durch ein darauf spezialisiertes Unternehmen, den Factor.

6.1.2 Für wen eignet sich Factoring?

Factoring eignet sich bei Anschlusskunden des Factors mit

- Umsätzen von einigen Millionen Euro,
- Werten der Einzelrechnungen von einigen Tausend Euro,
- konstantem Abnehmerkreis,
- Forderungen, die selten nachträglich zu korrigieren sind (zum Beispiel nicht Baunebengewerbe),
- Unternehmen oder großen Institutionen als Abnehmer des Anschlusskunden.

Sehr große Unternehmen benötigen einen Factor eher nicht, da sie seine möglichen Dienstleistungen im Allgemeinen günstig selbst übernehmen können. Sehr kleine Unternehmen werden von Factors nicht akzeptiert, weil der Ankauf weniger Forderungen nicht wirtschaftlich ist. Der typische Factorkunde ist also ein Unternehmen mittlerer Größe. Gut geeignet sind Factors für Unternehmen mit stark gewachsenen Kundenforderungen, deren Banken die Kundenforderungen ohne sonstige Sicherheiten nicht oder nur gering beleihen.

6.1.3 Funktionen des Factors

Der Factor übernimmt alle oder einzelne folgender Funktionen:

- Finanzierungsfunktion,
- Übernahme des Delkredererisikos,
- Dienstleistungsfunktionen.

Finanzierungsfunktion Hinsichtlich dieser Funktion ist der Factor Konkurrent der *Bank*, die gegebenenfalls Kontokorrentkredite (eventuell gegen Sicherungszession laufender Forderungen) gewährt, weil ihr Kunde die Zeit bis zur Zahlung der von ihm gestellten Rechnungen liquiditätsmäßig überbrücken muss. Während der Factor Forderungen kauft, gibt die Bank nur Kredit. Der Kredit wird eventuell besichert, indem die Bank sich global die Forderungen aus Lieferungen und Leistungen abtreten lässt.

Delkrederefunktion Der Factor übernimmt mit dem Erwerb der Forderung das Risiko der Uneinbringlichkeit. Grundsätzlich wird anders als bei der Kreditversicherung keine prozentuale Selbstbeteiligung des Anschlusskunden des Factors vereinbart. Es gibt allerdings Restriktionen hinsichtlich insbesondere

- Höhe der ankaufbaren Forderungen gegenüber bestimmten Schuldnern (im Extrem kein Ankauf).
- Ankaufhöhe bei bestimmten Waren- oder Leistungsarten.

Im Fall der Kreditfunktion ohne Delkredereübernahme wird die betreffende Forderung nur bevorschusst (wie durch eine Bank), nicht angekauft. Dann liegt aber kein echtes Factoring vor, sondern sogenanntes unechtes Factoring.

Gemäß § 437 Abs. 1 BGB haften Verkäufer von Forderungen immer für deren rechtlichen Bestand. Ist eine Forderung also rechtlich nicht zustande gekommen, wird sie zum Beispiel wegen Nichterfüllung oder Schechterfüllung der Pflichten des Verkäufers ganz oder teilweise mit Recht bestritten, so kann sie insoweit auch nicht an einen Factor veräußert werden.

Factorinstitute sind sehr gut über die Zahlungsfähigkeit der Firmen informiert, sie ähneln insofern einer *Wirtschaftsauskunftei*. In partieller Konkurrenz zu Factorunternehmen bieten Kreditversicherungsunternehmen die bloße Übernahme des Delkredererisikos im Rahmen der sogenannten *Warenkreditversicherung* an.

Dienstleistungsfunktion Dienstleistungen, die der Factor erbringt, sind insbesondere

- Debitorenbuchhaltung,
- Rechnungsstellung,
- Inkasso und Mahnwesen.

Die Dienstleistungsfunktion wird insbesondere gegenüber größeren Kunden, welche die Leistungen gegebenenfalls selbst günstiger erbringen können, auf deren Wunsch manchmal eingeschränkt. Beispielsweise erfolgt oft keine Übernahme der Debitorenbuchhaltung. Bei der Dienstleistungsfunktion konkurrieren Factorgesellschaften insbesondere mit *Inkassounternehmen* sowie *Buchhaltungsgesellschaften*.

6.1.4 Kosten des Factoring

Die vom Kunden des Factors unmittelbar zu tragenden Aufwendungen sind

- Zinsabschlag vergleichbar den Kreditzinsen der Banken,
- Risikoprovision (je nach Risikoeinschätzung von circa 0,2 bis etwa 1,5 Prozent des Umsatzes),
- Dienstleistungsprovision (je nach Umfang der Leistungen circa 0,5 bis 2,5 Prozent des Umsatzes),
- separate Kreditprüfungsgebühren (zum Beispiel ein Festbetrag von 80 Euro pro zu überprüfendem Debitor).

Keine Gebühr ist der *Auszahlungseinbehalt* (Größenordnung 10 Prozent). Dies ist ein Teileinbehalt wegen zu erwartender Retouren, nachträglicher Preisabschläge aufgrund von Mängeln und so weiter, um die sich die abgetretenen Forderungen tatsächlich noch in etwa reduzieren. Soweit diese Reduktionen nicht Wirklichkeit werden, erhält der Factorkunde den Einbehalt wieder zurück.

Der Anschlusskunde des Factors erspart sich im Gegenzug zu den getragenen Factoringkosten:

- Aufwendungen für die vom Factor übernommenen Dienstleistungen,
- Abschreibung von Lieferungs- und Leistungsforderungen oder aber Kreditversicherung und außerdem eigene Kosten der Bonitätsprüfung der Abnehmer,
- alternative Kreditkosten (zum Beispiel nicht vorgenommene Skontoabzüge als Opportunitätskosten des Lieferantenkredits oder Kontokorrentzinsen bei der Bank).

6.1.5 Factoring und Zessionskredit der Banken

Tabelle 6.1 hebt wichtige Unterschiede von Factoring und dem als Konkurrenzprodukt zu verstehenden Zessionskredit hervor. Dabei ist der Vergleich zum Zessionskredit mit Globalzession sämtlicher Forderungen aus Lieferungen und Leistungen relevant.

Tabelle 6.1

Factoring contra Zessionskredit (mit Globalzession)

	Factoring	Zessionskredit (mit Globalzession)
Finanzdienstleister	Factor	Bank
Laufzeit des Vertragsverhältnisses	langfristig	bei Globalzession meistens mittel- bis langfristig
Finanzierungsanteil im Allgemeinen	100 %	ca. 25 % bis 50 %, selten höher
Übernahme von Dienstleistungsfunktionen durch den Finanzdienstleister	ja	nein
Delkrederefunktion des Finanzdienstleisters	ja	nein

Bilanzierung der Forderungen	beim Factor	beim die Forderung beleihenden Unternehmen
Art der Forderungszession	endgültig	nur sicherungsweise
Wer ist Schuldner des Finanzdienstleisters?	der Abnehmer	der Lieferant
Behinderung der Finanzierung durch verlängerten Eigentumsvorbehalt der Vorlieferanten des Abtretenden?	nein, Vorausabtretung der Forderungen an den Factor ist vereinbar	im Grundsatz geht die Forderungsabtretung aus verlängerten Eigentumsvorbehalt der Globalzession an die Bank vor
Kollision zwischen Globalzessionen an Factor und Bank bei Zessionskredit	Prioritätsprinzip: die jeweils frühere Zession geht vor	Prioritätsprinzip: die jeweils frühere Zession geht vor

6.1.6 Grenzen und Hindernisse für das Factoring

- Angst der Forderungsverkäufer, der Forderungsverkauf könnte für ihre Abnehmer wie eine Notfallmaßnahme aussehen;

- Angst der Forderungsverkäufer, bei ihren Kunden könnte zu schroff kassiert werden, sodass Kunden verloren gehen;

- Abtretungsverbote: Es ist nicht selten, dass Unternehmen die Abtretung gegen sie gerichteter Forderungen ausschließen, oft in ihren Allgemeinen Geschäftbedingungen. Die Abtretung ist dennoch wirksam, sofern Schuldner und Gläubiger Kaufleute sind (§ 354a HGB). Das die Zession ausschließende Unternehmen kann dann jedoch schuldbefreiend an den Lieferanten statt an einen Factor oder an einen anderen Forderungsübernehmer zahlen. Wurde allerdings nicht an den Lieferanten gezahlt, so kann sich ein Zessionar, an den die Forderungen trotzdem zediert wurden, im Insolvenzfall doch auf die Zession berufen.

Beispiel **Auswirkung des Factoring auf die Bilanz**

Angaben zum Anschlusskunden:

Jahresumsatz	20 Mio. Euro
Wareneinkauf p.a.	12 Mio. Euro

Der Factor kaufe alle Forderungen aus Lieferungen und Leistungen des Anschlusskunden an, wobei er einen Auszahlungseinbehalt von 10 Prozent geltend macht, der beim Anschlusskunden vorläufig als Forderung gegen den Factor zu verbuchen ist. Der Anschlusskunde tilge aus dem Zufluss vom Factor primär den Teil der Bankverbindlichkeiten, der über seine Kreditlinie von 1,1 Mio. Euro hinausgeht. Der Rest wird zum Abbau der Verbindlichkeiten aus Lieferungen und Leistungen verwendet.

Die Ausgangsbilanz vor Factoring sei repräsentativ für die Durchschnittsbestände des Gesamtjahres.

Tabelle 6.2

Ausgangsbilanz vor Factoring (in T€)

Anlagevermögen	1.500	Eigenkapital	500
Vorräte	1.000	Darlehen	1.500
Forderungen aus Lieferungen		Verbindlichkeiten aus Lieferungen	
und Leistungen	2.000	und Leistungen	1.000
liquide Mittel	500	Bankverbindlichkeiten	2.000
Bilanzsumme	**5.000**	**Bilanzsumme**	**5.000**

Gibt es keine Begrenzungen der ankaufbaren Forderungen aus Lieferungen und Leistungen, so erhält der Anschlusskunde vom Factor ohne Beachtung des Zinsabzugs vom Auszahlungsbetrag als maximalen Betrag 2 Mio. Euro (Forderungen aus Lieferungen und Leistungen) abzüglich 10 Prozent Einbehalt (wird eine Forderung an den Factor), also 1,8 Mio. Euro. Davon werden 0,9 Mio. Euro zum Abbau der Bankverbindlichkeiten verwendet, um sich wieder innerhalb des Kreditrahmens zu bewegen. Die restlichen 0,9 Mio. Euro werden zum Abbau der Verbindlichkeiten aus Lieferungen und Leistungen auf 0,1 Mio. Euro verwendet. Bei einem Einkauf von 12 Mio. Euro p.a. entfallen – das Jahr zu 360 Tagen gerechnet – auf einen Tag 12 Mio. Euro / 360 = 33.333 Euro, sodass das Unternehmen rechnerisch nur noch den dreifachen Betrag davon als Verbindlichkeiten aus Lieferungen und Leistungen behalten hat, also nur die Rechnungen der letzten drei Tage noch offen bleiben.

Es resultiert das Bilanzbild gemäß Tabelle 6.3. Die Bilanzsumme hat sich um den durch den Factor ausbezahlten Betrag reduziert.

Tabelle 6.3

Resultierende Bilanz nach Factoring (in T€)

Anlagevermögen	1.500	Eigenkapital	500
Vorräte	1.000	Darlehen	1.500
Forderungen aus Lieferungen		Verbindlichkeiten aus Lieferungen	
und Leistungen	0	und Leistungen	100
Forderungen an Factor	200	Bankverbindlichkeiten	1.100
liquide Mittel	500		
Bilanzsumme	**3.200**	**Bilanzsumme**	**3.200**

Auf das Gesamtunternehmen bezogen erhöht sich die Kapitalumschlaghäufigkeit (Umsatz p.a. geteilt durch Bilanzsumme) von ursprünglich 20 Mio. Euro p.a. / 5 Mio. Euro = 4 mal p.a. auf nun 20 Mio. Euro p.a. / 3,2 Mio. Euro = 6,25 mal p.a.

6.2 Forfaitierung

6.2.1 Definition und Ablauf

Forfaitierung ist der individuelle Verkauf von Forderungen, die meist relativ hoch und vorzugsweise mittel- oder langfristig sind. Der französische Ausdruck „a forfait" bedeutet „in Bausch und Bogen", das heißt der Forfaiteur (Forderungskäufer) kauft die Forderungen vom Forfaitisten (Forderungsverkäufer) im Regelfall ungekürzt und ohne Selbstbehalt an. Aber auch hier gilt die bei der Erörterung des Factoring genannte Regel, dass der Forderungsverkäufer dafür haftet, dass die Forderung tatsächlich zustande gekommen ist. Die Forfaitierung wird als Kapitalfreisetzung durch Verkauf von Vermögen wie das Factoring zu den Formen der Innenfinanzierung gerechnet. Die Käufer der Forderungen (Forfaiteure) sind oft spezialisierte Institute, können aber auch normale Banken sein.

Die Forfaitierung spielt zwar auch im Inlandskreditgeschäft eine bestimmte Rolle, das Hauptgewicht dieser Kreditart liegt aber auf dem Gebiet der Außenhandelsfinanzierung. Beispiele für Forfaitierung von Forderungen durch Banken im Inland sind der Verkauf von Leasingforderungen, durch den sich Leasinggesellschaften bei Banken refinanzieren, oder der Verkauf von Forderungen über den Bilanzstichtag hinweg an eine Bank zur Verbesserung des Bilanzbildes. Im Auslandsgeschäft werden Forderungen aus Großgeschäften, meistens vereinbarte Ratenzahlungen, an Forfaiteure veräußert.

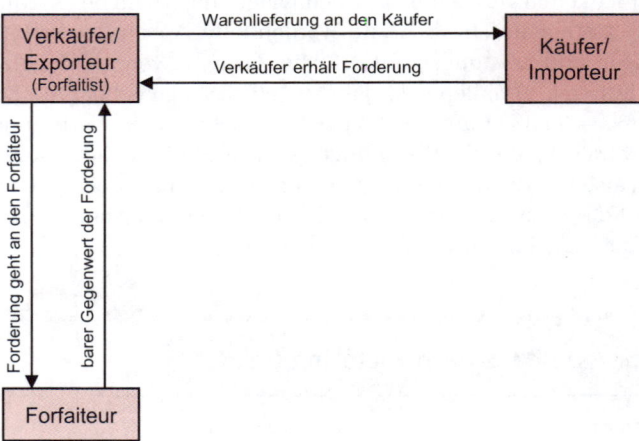

Abbildung 6.1: Forfaitierung

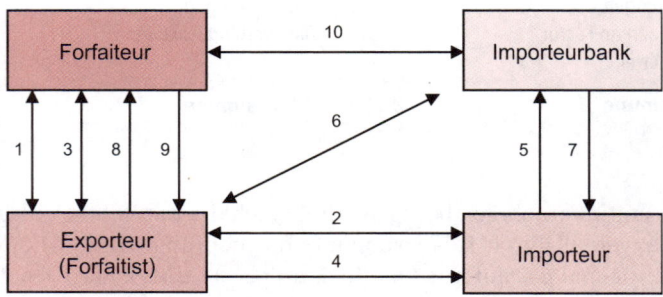

Abbildung 6.2: Ablauf einer Forfaitierung im Außenhandel

Die einzelnen Schritte in Abbildung 6.2 lassen sich so beschreiben:

1 Forfaitierungsanfrage und gegebenenfalls Forfaitierungsoption zu einem festen Diskontierungszins.

2 Liefervertrag mit forfaitierungsgerechten Zahlungsbedingungen.

3 Forfaitierungsvertrag.

4 Versand der Ware.

5 Der Importeur reicht eine Anzahl von Solawechseln bei seiner Bank mit der Bitte um Avalierung (das heißt Anbringung einer Wechselbürgschaft) ein. Jeder Solawechsel entspricht einer Ratenzahlung (Zins und Tilgung).

6 Der Exporteur übergibt der Importeurbank Dokumente (zum Beispiel Rechnung und ein Beweisdokument für den erfolgten Versand der Ware) gegen Überlassung der Wechsel, welche die Importeurbank avaliert hat.

7 Der Importeur erhält die Dokumente von seiner Bank.

8 Ankauf der bankavalierten Solawechsel des Importeurs durch den Forfaiteur.

9 Auszahlung des Forfaitierungsbetrags.

10 Der Forfaiteur legt bei der als Zahlstelle für die Wechsel vereinbarten Bank zu den jeweiligen Fälligkeitsterminen (etwa halbjährlich) die fälligen Wechsel zum Inkasso vor.

6.2.2 Dokumentation der Forderungen

Die Dokumentation der Forderungen des Lieferanten erfolgt alternativ entsprechend Abbildung 6.3.

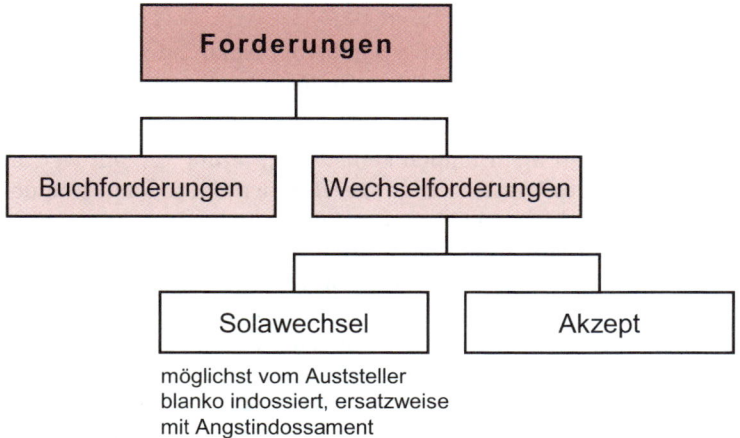

Abbildung 6.3: Dokumentation forfaitierbarer Forderungen

Im selteneren Fall, oft im Inlandsgeschäft, sind forfaitierte Forderungen *Buchforderungen*, im Normalfall dagegen *Wechselforderungen*. Bedeutender Vorteil des Wechsels ist seine Abstraktheit: Ist der Wechsel ordnungsgemäß unterschrieben, so muss er unabhängig von eventuellen Mängeln des Grundgeschäfts bezahlt werden. Einem Forfaiteur, der in Wechsel gekleidete Forderungen erworben hat, können keine Einwände aus dem Grundgeschäft entgegengehalten werden. Bei der Außenhandelsfinanzierung hat der Wechsel den Vorteil, dass die Wechselgepflogenheiten weltweit zwar nicht völlig gleich, aber doch in den Grundzügen einheitlich sind.

Man unterscheidet gemäß den Ausführungen im dritten Kapitel als Wechseltypen das Akzept und den Solawechsel. Kleidet man die zu forfaitierenden Forderungen in die Wechselform, so werden in den weitaus meisten Fällen *Solawechsel* verwendet. Gegen die Wahl des Akzepts spricht nämlich die Bestimmung des Art. 9 Wechselgesetz: „Der Aussteller haftet für ... die Zahlung des Wechsels. ... Jeder Vermerk, durch den er die Haftung für die Zahlung ausschließt, gilt als nicht geschrieben." Um nicht in eine nicht abdingbare Wechselhaftung zu geraten, darf also der Lieferant nicht als Aussteller auftreten und einen Wechsel (Tratte mit der Aufforderung zum Akzept) auf seinen Kunden ziehen, sondern er muss diesen einen Solawechsel ausstellen lassen.

Im Idealfall wird der Zahlungspflichtige seinen Solawechsel bei Weitergabe an den Lieferanten auch noch *blanko indossieren*, damit der Lieferant der Ware nicht als Indossant in die Wechselhaftung geraten kann. Wäre das Blankoindossament des Zahlungspflichtigen nicht auf dem Wechsel, so müsste der Lieferant bei der Weitergabe des Wechsels an den Forfaiteur ein Indossament anbringen. Im Normalfall gilt dann Art. 15 Wechselgesetz: „Der Indossant haftet mangels eines entgegenstehenden Vermerks für die ... Zahlung." Wie der Gesetzestext schon andeutet, kann man die Haftung aufgrund des Indossaments allerdings durch einen entgegenstehenden Vermerk im Indossament ausschließen. Der Vermerk lautet „ohne Obligo", „ohne Rückgriff", „ohne Regress" oder im Exportgeschäft meistens „without recourse". Damit ist ein sogenanntes *Angstindossament* entstanden (allerdings ist das Angstindossament international nicht überall bekannt). Der Lieferant hat durch diese Konstruktion erreicht, dass er

- weder als Aussteller haftet, weil Solawechsel des Zahlungspflichtigen verwendet werden,

- noch als Indossant, weil der Zahlungspflichtige blanko indossiert oder andernfalls der Lieferant bei Weitergabe nur ein Angstindossament anbringt.

Ist es nicht möglich, die Regresshaftung des Lieferanten mit einem geeigneten Wechsel auszuschließen, etwa weil ursprünglich keine Forfaitierung geplant war und deshalb auf die optimale Form des Wechsels nicht geachtet wurde, so kann sich der Lieferant auch eine Haftungsausschlusserklärung des Forfaiteurs geben lassen. Allerdings ist diese Erklärung nur schuldrechtlich relevant, im Wechselprozess ist sie unwirksam.

Bei einwandfreien Verpflichteten und besonders im Inlandsgeschäft ist auch der Ankauf von Buchforderungen möglich. Da der Buchforderung mit Bezug auf das Grundgeschäft widersprochen werden kann, muss sich der Forfaiteur eine Bestätigung geben lassen, dass das Grundgeschäft ordnungsgemäß abgelaufen ist. Unter anderem wird er sich vom Abnehmer der Ware oder Leistung eine *Abnahmebescheinigung* geben lassen, in der festgehalten ist, dass die Lieferung oder Leistung unbeanstandet abgenommen wurde.

6.2.3 Besicherung der Forderungen

Anders als beim Factoring sind die angekauften Forderungen vor allem bei Forfaitierung von Exportforderungen oft stark besichert. Üblicherweise handelt es sich im Exportgeschäft alternativ um folgende Sicherheiten einer bonitätsmäßig einwandfreien Bank oder Versicherungsgesellschaft:

1 **Aval der Bank des Zahlungspflichtigen auf dem Wechsel**

Dies ist eine Bürgschaft für den Zahlungspflichtigen direkt auf dem Wechsel (Vorderseite, gegebenenfalls auf einem Anhang oder der Rückseite). Sie ist die im Auslandsgeschäft am weitesten verbreitete, im Normalfall der Forfaitierung von durch Wechsel unterlegten Forderungen die technisch einfachste und auch die wohl klarste Form einer abstrakten Sicherheit. In Abbildung 6.2. wurde ein solches Aval unterstellt.

2 **Separate Wechseleinlösungsbürgschaft**

Hier gibt die Bank des Abnehmers außerhalb des Wechsels eine Bürgschaft dafür ab, dass der Wechsel eingelöst werden wird.

3 **Separate Bankgarantie**

Sie sollte immer eine reine Form der abstrakten Zahlungsgarantie sein, das heißt unbedingt gelten (zahlbar auf erste Anforderung hin).

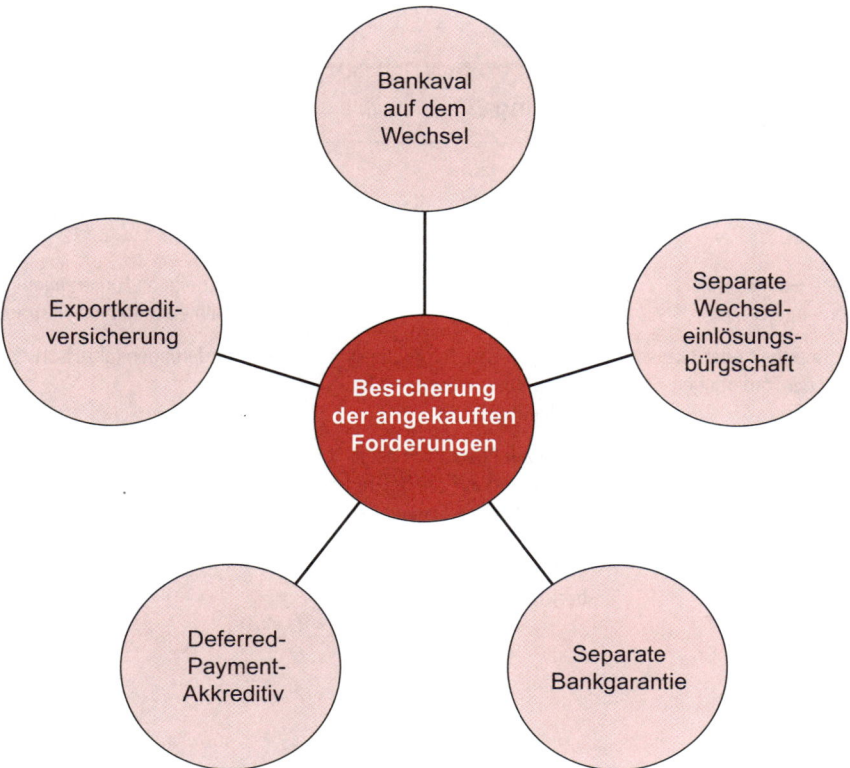

Abbildung 6.4: Besicherung der angekauften Forderungen bei Forfaitierung

4 **Akkreditiv (Dokumentenakkreditiv) zusammen mit Bestätigung, wonach die erforderlichen Dokumente bereits vorgelegt wurden**

Die Eröffnung eines Akkreditivs wurde im dritten Kapitel als Form der Kreditleihe charakterisiert. Das Akkreditiv ist ein Zahlungsversprechen der Bank des Importeurs (Zahlungspflichtigen) an den Exporteur (Zahlungsempfänger) mit der Bedingung, dass bestimmte Dokumente vorgelegt werden (zum Beispiel Rechnung und Frachtbrief), welche die Absendung der vereinbarten Ware und Erfüllung anderer Pflichten des Exporteurs beweisen. Bestätigt die das Akkreditivversprechen abgebende Bank des Importeurs, dass ordnungsgemäße Dokumente bereits vorgelegt wurden, so liegt nun faktisch ein unbedingtes Zahlungsversprechen vor, vergleichbar einer Garantie.

5 **Kreditversicherung**

Die Besicherung erfolgt durch eine abtretbare Kreditversicherung zugunsten des Lieferanten, welche die Zahlung durch den Abnehmer absichert.

6.2.4 Forfaitierung contra Factoring

Wenngleich es sich sowohl beim Factoring als auch bei der Forfaitierung um Formen des Forderungsverkaufs handelt, sind sie in der Praxis kaum zu verwechseln. Tabelle 6.4 macht die wichtigsten typischen Unterschiede klar.

Tabelle 6.4

Forfaitierung contra Factoring

	Forfaitierung	Factoring
Fristigkeit der Forderungen	vorwiegend mittel- bis langfristige Forderungen	nur kurzfristige Forderungen
Höhe und Anzahl der Forderungen	meistens sehr hohe Einzelforderungen	viele mittelhohe Forderungen innerhalb eines Rahmenvertrags
Abstraktheit oder Akzessorität der Forderungen	häufig Wechselforderungen (abstrakt), insbesondere im Auslandsgeschäft	Buchforderungen (akzessorisch)
Risikobegrenzung des Forderungskäufers	Forfaiteur übernimmt durch Forderungskauf das Delkredererisiko; aber vorwiegend Kauf sehr gut durch Banken oder Versicherungsgesellschaften besicherter Forderungen	Factor übernimmt durch Forderungskauf das Delkredererisiko meist unbesicherter Forderungen

6.3 Finanzierung über Asset Backed Securities

6.3.1 Asset Backed Securities

Asset Backed Securities (*ABS*) sind keine bestimmte Wertpapierform, die sich durch besondere Ausstattungsmerkmale der Wertpapiere auszeichnen würden, sondern es sind Wertpapiere, denen eine spezielle Entstehungsform zu eigen ist. Sie können in unterschiedlichsten Formen auftreten, zum Beispiel in kurzfristiger Form als Asset Backed Commercial Papers oder aber in langfristigen Formen als Asset Backed Straight Bonds oder Asset-Backed-Optionsanleihen.

ABS entstehen, indem ein Unternehmen Forderungen zu Geld macht, weshalb die Finanzierung aus Sicht des ursprünglichen Forderungsinhabers Ähnlichkeiten mit dem Factoring oder der Forfaitierung aufweist.

6.3.2 Grundsätzliche Konstruktion der True-Sale-Variante der Asset Backed Securities

Das sich finanzierende Unternehmen, im Zusammenhang mit diesem Finanzierungs-modell Originator genannt, verkauft bestimmte gleichartige Vermögenswerte (Assets), in der Praxis immer Forderungen, die einen laufenden Cashflow generieren. Es treten Banken ebenso wie Nicht-Banken als Originatoren auf. Die Assets sind im in diesem Kapitel allein betrachteten Fall des *echten Verkaufs* (*konventionelle Verbriefung*, *True Sale*) komplette Forderungen und/oder Rechte auf künftige Forderungen.[1] Käufer der Forderungen ist eine dazu eigens gegründete rechtlich selbstständige Spezialgesell-schaft, die organisatorisch von der verkaufenden Gesellschaft faktisch nicht getrennt sein muss. Die Gesellschaft ist zwecks klarer rechtlicher Trennung vom Originator oft eine Kapitalgesellschaft, die nicht im Eigentum des Originators, sondern zum Beispiel im Eigentum einer Stiftung steht. Diese erwerbende Gesellschaft nennt man *Zweck-gesellschaft*, noch klarer *Einzweckgesellschaft* oder *Special Purpose Vehicle* (SPV). Sie ist Intermediär zwischen dem die Forderungen verkaufenden Unternehmen und dem Finanzmarkt. Die Einzweckgesellschaft refinanziert den Ankauf der Forderungen durch Wertpapiere (*Securities*), deren wesentliche Sicherheit der Wert der angekauf-ten Forderungen ist (*Asset Backed*). Es wird stark darauf geachtet, dass die Einzweck-gesellschaft keine anderen Risiken trägt als nur die aus den erworbenen Forderungen, sie sich also durch sogenannte Insolvenzferne auszeichnet. Verzinsung und Tilgung der Wertpapiere erfolgen letztlich durch die Erträge der angekauften Forderungen und durch den Rückfluss aus ihrer Tilgung.

---

[1] Der Originator kann auch durch Verwendung von Kreditderivaten lediglich Kreditrisiken wei-tergeben und die Forderungen behalten. Dann kommt aber keine Finanzierung zustande. Diese sogenannte Not-True-Sale-Variante als Form synthetischer Verbriefung kommt im folgenden Kapitel zur Sprache.

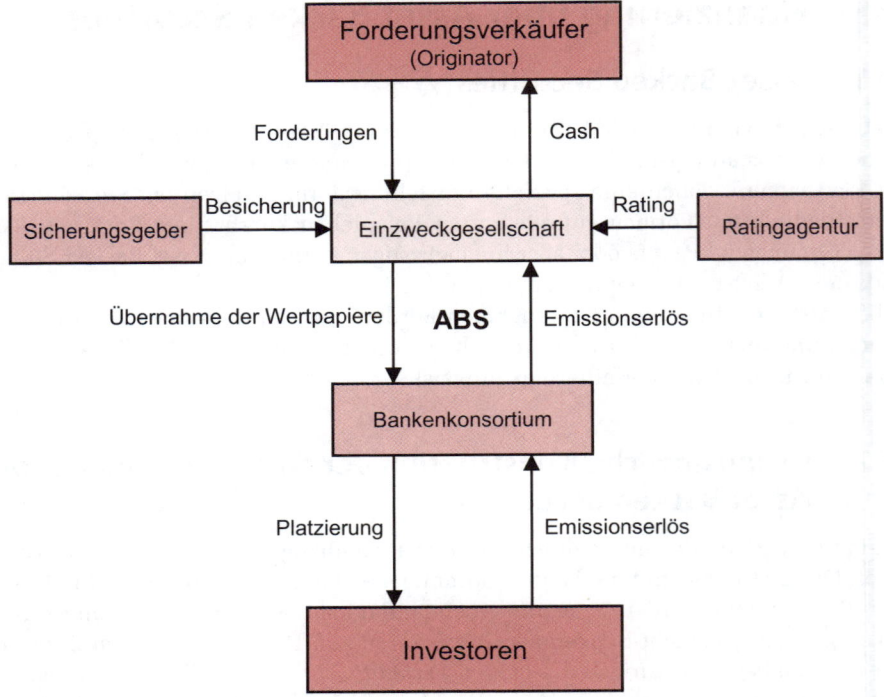

Abbildung 6.5: ABS-Schema, True Sale

6.3.3 Verbesserung der Bonität des Forderungsbestands

Die Einzweckgesellschaft wird wirtschaftlich oft noch zusätzlich abgesichert, damit die Emission der Asset Backed Securities ein gutes Rating erhält, was zu geringen oder keinen Risikoaufschlägen bei den Zinsen gegenüber erstklassigen Anleihen führt. Beispiele für Formen der Absicherung sind folgende:

- Die Einzweckgesellschaft erhält mehr Forderungen, als ihr nominell zustehen, zum Beispiel Übertragung von 10 Prozent mehr Forderungen des Originators (damit ausfallende Forderungen ersetzt werden) beziehungsweise Vereinbarung eines Abschlags von 10 Prozent auf den Barwert des übertragenen Forderungsvolumens;

- Kreditversicherung der Forderungen;

- Avale Dritter für die Einzweckgesellschaft, etwa Garantien in Höhe von 5 bis 10 Prozent der ABS-Emission;

- Währungs-Swaps (im siebenten Kapitel geschilderte Tauschvereinbarungen zu einem festgelegten Kurs) zur Absicherung von Devisenkursrisiken;

- Bildung eines Reservekontos (von zum Beispiel 5 Prozent des verkauften Forderungsbestands) bei der Zweckgesellschaft. Dies geschieht, indem der Forderungsverkäufer der Zweckgesellschaft zusätzlich ein Darlehen gibt, das insofern nachrangig ist, als es nur zurückzuzahlen ist, wenn die verkauften Forderungen komplett eingegangen sind.

Es wird auch darauf geachtet, dass übertragene künftige Forderungen einen sichereren Wert darstellen, indem die Managementsysteme des Forderungsverkäufers verbessert und überwacht werden, insbesondere die Planungs- und Kontrollsysteme und das Forderungsmanagement.

6.3.4 Collateralized Debt Obligation

Von Collateralized Debt Obligations (CDO) spricht man, wenn die von der Einzweckgesellschaft emittierten Wertpapiere tranchenweise unterschiedlich hohe Ausfallrisiken tragen. Diese Tranchierung ist der übliche Fall. Die Wertpapiere unterschiedlicher Bonität werden mit Hilfe der im nächsten Kapitel erörterten Kreditderivate konstruiert (siehe dort: Credit Linked Notes). Besteht der Forderungspool aus Anleihen, so spricht man von Collateralized Bond Obligations, besteht er aus Bankkrediten, so heißen sie Collateralized Loan Obligations. Im hier allein betrachteten True-Sale-Fall spricht man immer von Cash CDO, da der Originator sich dabei Barmittel beschafft. Beispielsweise kann man das Anleihevolumen in drei Tranchen aufteilen:

- Tranche 1 (Equity Tranche): 5 Prozent des Anleihevolumens, Rendite 30 Prozent
- Tranche 2: 10 Prozent des Anleihevolumens, Rendite 14 Prozent
- Tranche 3: 85 Prozent des Anleihevolumens, Rendite 6 Prozent

Je mehr Risiko eine Tranche trägt, desto höher muss sie verzinst werden. Tranche 1 fängt den Verlust bis zu 5 Prozent auf. Bis dahin bleiben die anderen Tranchen von Verlusten unberührt. Da sie wie Eigenkapital eines Unternehmens die ersten Verluste trägt, nennt man sie auch Equity Tranche oder First Loss Piece. Ist ein Verlust in Höhe von 1 Prozent des Nominalwerts der verbrieften Forderungen entstanden und wird dieser an die Inhaber der 1. Tranche weitergegeben, so haben diese 20 Prozent ihrer Investition verloren und die Rendite wird nur noch auf 80 Prozent des ursprünglich angelegten Betrags gezahlt. Das First Loss Piece wird oft vom Originator übernommen, der damit auch einen wesentlichen Teil der Forderungsrisiken des verkauften Forderungsbestands trägt. Übersteigen die Verluste 5 Prozent, so treffen sie die Tranche 2 bis zu einer Gesamtverlusthöhe von 15 Prozent. Erst ab da ist Tranche 3 betroffen. Die letzte Tranche, im Beispiel Tranche 3, hat meistens ein AAA-Rating. Die Tranchen können auch Wertpapiere mit unterschiedlichen Laufzeiten beinhalten. So können Anleger mit unterschiedlicher Risikobereitschaft und eventuell auch unterschiedlichem zeitlichem Anlagehorizont angesprochen werden. Es ist auch möglich, dass die eine oder andere Tranche nicht Wertpapiercharakter (Security) hat, sondern zum Beispiel ein Schuldschein ist.

6.3.5 Arten geeigneter Forderungen

Grundsätzlich sind bestehende und künftige Forderungen geeignet, die während der Laufzeit der ABS einen laufenden Cashflow generieren. Das können etwa sein:

- Hypothekendarlehen von Banken, Versicherungen oder Bausparkassen (die Asset Backed Securities dieses Typs nennt man *Mortgage Backed Securities*); sie waren die erste Form der ABS in den USA und ähneln etwas den deutschen Pfandbriefen.
- Besicherte gewerbliche Darlehen von Banken.

- Anleihen großer Unternehmen oder Staaten wie Emerging-Markets-Anleihen, High-Yield-Anleihen, Anleihen guter Bonität und auch ABS-Tranchen.
- Forderungen aus Lieferungen und Leistungen und ähnliche Forderungen (Konsumentenkredite, Kreditkartenforderungen, Autodarlehen oder Leasingforderungen von Finanzdienstleistungsunternehmen).

Verwendete Forderungen sollten bestimmte Eigenschaften besitzen:

- gleichartig;
- in der Summe nicht unter circa 50 Mio. Euro, gegebenenfalls müssen sich einige Originatoren zusammenschließen, um diese Grenze zu erreichen;
- von hoher Bonität (wenn nicht, so muss wie oben mit Beispielen geschildert eine wirksame Methode der Verbesserung der Bonität des Forderungsbestandes in seiner Gesamtheit gefunden werden);
- Zins- und Tilgungszahlungen sollten termingenau eingehen und von Forderungsverkäufern mit anspruchsvollen Buchhaltungs- und Controllingsystemen stammen;
- die Forderungen müssen klar bestimmbar sein, regresslos abtretbar (damit sie vollständig aus der Bilanz des Originators herausfallen) und während der Laufzeit der ABS bestehend oder revolvierend.

6.3.6 Varianten

Als Varianten kann man unter anderem unterscheiden:

- *Single Seller* oder *Multi Seller:* Die Forderungen können von nur einem Originator stammen (Grundform) oder von mehreren, die sich für eine derartige Finanzierung zusammentun.
- Entweder *Pass-through-Variante* (bei der Einzweckgesellschaft eingehende Zahlungen werden ohne Finanzmanagement einfach an die Anleger durchgeleitet) oder *Pay-through-Variante* (mit Finanzmanagement zur Abstimmung von ein- und ausgehenden Zahlungsströmen, um kontinuierliche Zahlungen an die Anleger zu gewährleisten).

6.3.7 Rating von Asset Backed Securities

Ratingagenturen prüfen für das erforderliche Emissionsrating

- das Kreditrisiko der verbrieften Aktiva,
- die Organisation von Durchleitung und Verteilung der Cashflows,
- die rechtliche Ausgestaltung der Transaktionen.

Unter Berücksichtigung der oben erwähnten Aktionen zur Verbesserung des Forderungsbestandes ergibt sich im Regelfall ein sehr gutes Rating für die Asset Backed Securities beziehungsweise bei mehreren Tranchen für ihre beste Tranche.

6.4 Finanzierungs-Leasing

Anders als die bisher erörterten Sonderformen stellt das Finanzierungs-Leasing keine Form des Forderungsverkaufs und damit der Innenfinanzierung dar. Es ist vielmehr eine Mischform aus Miete und Darlehensaufnahme.

6.4.1 Grundlagen und Formen

6.4.1.1 Finanzierungscharakter des Finanzierungs-Leasing

Finanziert ein Unternehmen eine Investition mit Fremdkapital, so wird ihm vom Finanzier Geld überlassen, mit dem das Investitionsgut erworben werden kann. Ersatzweise ist auch eine Konstruktion möglich, wonach statt der leihweisen Überlassung des Geldes zum Kauf des Investitionsobjekts gleich das Investitionsobjekt selbst leihweise überlassen wird, was rechtlich gesehen Miete ist. An die Stelle einer eigenen Investition und deren Finanzierung tritt eine fremde Investition mit Nutzungsüberlassung an das Unternehmen, das den Investitionsgegenstand einsetzen will. Beim Leasing ist das der Fall. Leasing ist rein rechtlich eine Miete, weist aber aus kaufmännischer Sicht deutliche Besonderheiten auf, die eine Gleichstellung mit der Miete verbieten. Die Bezeichnung Finanzierungs-Leasing im Gegensatz zum Operating-Leasing, der Miete, soll die Nähe des Finanzierungs-Leasing zur Finanzierung eines gekauften Objekts ausdrücken.

6.4.1.2 Formen des Leasing

Um sich dem Phänomen Leasing zu nähern, kann man sich eine Auswahl wichtiger Ausprägungsformen in der Praxis vor Augen halten. Als wichtige Formen von Leasingverträgen lassen sich folgende unterscheiden.

- Je nach Stellung des Leasinggebers zum Leasinggut: **direktes und indirektes Leasing**

  Das *direkte Leasing* oder *Hersteller-Leasing* zeichnet sich dadurch aus, dass der Hersteller des Leasingobjekts beziehungsweise eine von ihm wirtschaftlich abhängige Gesellschaft Leasinggeber ist. Der Hersteller setzt das Leasingangebot als absatzpolitisches Instrument ein. Wichtig ist das zum Beispiel in der Automobilbranche. Beim direkten Leasing ist eine Quersubventionierung der Leasingkonditionen durch den Verkäufer des Objekts häufig: Beispielsweise kann der Autohersteller auf einen Teil seines Kaufpreises verzichten, indem er zwar den offiziellen Verkaufspreis verlangt, aber eine Verbilligung des Leasingangebots über eine Bezuschussung seiner Leasingtochtergesellschaft ermöglicht. Beim *indirekten Leasing* dagegen ist der Leasinggeber ein vom Hersteller völlig unabhängiges Institut. Das unabhängige Leasingunternehmen muss ohne finanzielle Unterstützung des Verkäufers des Leasingobjekts kalkulieren.

- Je nach Leasingobjekt: **Mobilien- und Immobilien-Leasing**

  Immobilien-Leasing gibt es für gewerbliche Objekte. Das Immobilien-Leasing kann sich auch auf ganze Betriebsanlagen beziehen, man spricht dann von *Plant-Leasing*. In Deutschland hat das *Mobilien-Leasing* deutlich größere Bedeutung, weshalb ihm im Folgenden unser Hauptaugenmerk gilt. Weitaus wichtigste Leasing-Mobilien sind Autos, in weitem Abstand gefolgt von Büromaschinen (insbesondere EDV-Geräten).

- Je nach Umfang der Dienstleistungen des Leasinggebers: **Full-Service-, Teil-Service- und Net-Leasing**

  Manchmal ist der Umfang des Services eine ganz entscheidende Leistung des Leasinganbieters. Auch beim Immobilien-Leasing spielt der Service – jedenfalls in der Errichtungsphase des Bauwerks – eine sehr wichtige Rolle. In solchen Fällen können finanzielle Aspekte, die hier zur Debatte stehen, durchaus nur nachrangige Bedeutung haben. Beim *Full-Service-Leasing* übernimmt der Leasinggeber Wartung, Reparaturen, Versicherung und so weiter des Leasinggegenstands. Beispiel ist das Flotten-Leasing oder Fuhrpark-Leasing für ganze Autofuhrparks von Unternehmen. Beim *Teil-Service-Leasing* übernimmt der Leasinggeber bestimmte Servicearten, etwa allein die Instandhaltung des Leasingobjekts (dann auch *Maintenance-Leasing* genannt). Das *Net-Leasing* schließlich ist völlig ohne Service, ein reiner Finanzierungsersatz.

- **Sale-and-lease-back**

  Der Leasingnehmer verkauft beim Sale-and-lease-back ein ihm bisher gehörendes Objekt, oft eine Immobilie, an die Leasinggesellschaft. Die Leasinggesellschaft verleast das Objekt im Gegenzug an das Unternehmen zurück, damit das Unternehmen das Objekt weiter nutzen kann.

  Problematisch ist dieses Instrument in der Praxis dann, wenn beim Verkauf eines später zurückzuleasenden in der Steuerbilanz unterbewerteten Gegenstands eine hohe steuerliche Gewinnrealisierung erfolgt, sodass hohe Gewinnsteuern anfallen. Bei den sehr häufig stark unterbewerteten Immobilien kann das leicht der Fall sein. Deshalb kommt es zum Sale-and-lease-back mit hohe Bewertungsreserven bergenden Gegenständen (speziell Immobilien) im Allgemeinen nur, wenn eine Verrechnung der realisierten Gewinne mit aktuellen oder aus früheren Jahren vorgetragenen Verlusten möglich ist.

  Ein Beispiel zu Sale-and-lease-back: Ein Unternehmen besitzt eine Produktions- und Lagerhalle mit einem Buchwert von 4,7 Mio. Euro und einem Marktwert von 10 Mio. Euro. Die Hausbank des Unternehmens ist über Grundschulden auf dieser Immobilie in Höhe von 6 Mio. Euro für ein gleich hoch valutierendes Darlehen besichert und ist nicht bereit, zusätzliche Darlehen gegen eine weitere nachrangige Grundschuldeintragung einzuräumen. Demgegenüber ist eine ImmobilienLeasing-Gesellschaft offen dafür, das Objekt zum Marktpreis zu erwerben und an das Unternehmen zurückzuverleasen. Der Verkauf der Immobilie führt zwar zur Aufdeckung einer stillen Reserve von 5,3 Mio. Euro, dies führt aber zu keinem Anfall gewinnabhängiger Steuern, da Verlustvorträge und laufender Verlust im aktuellen Jahr den Betrag von 5,3 Mio. Euro überkompensieren. Die Vorgehensweise hinsichtlich der Darlehen, die mit einer Grundschuld auf der Immobilie besichert sind, kann folgendermaßen sein: Die Leasinggesellschaft kann im Zuge des Immobilienkaufs die Darlehen an das Unternehmen übernehmen (sie ist dann künftig Darlehensnehmer bei der Bank) und nur den Differenzbetrag zum Kaufpreis an das Unternehmen auszahlen. Alternativ kann das sich finanzierende Unternehmen die vollen 10 Mio. Euro von der Leasinggesellschaft kassieren und den Betrag von 6 Mio. Euro zur Sondertilgung der auf dem Objekt besicherten Darlehen verwenden. In jedem Fall bleiben dem Unternehmen noch 4 Mio. Euro an sofort zufließender Liquidität.

■ **Spezial-Leasing**

Beim Spezial-Leasing wird ein Leasingobjekt ganz individuell für die besonderen Bedürfnisse eines Abnehmers hergestellt und an ihn verleast. Das Objekt ist für Dritte nicht wirtschaftlich verwendbar, sodass der Leasinggeber das Leasingobjekt, etwa eine Sondermaschine, nur an diesen einen Interessenten verleasen kann. Offensichtlich ist die wirtschaftlich gesehene Eigentümerstellung des Leasing-Gebers bei dieser Leasingform sehr schwach ausgebildet, kann er doch mit seinem Eigentum selbst gar nichts anfangen, außer es an eine einzige Adresse zu verleasen. Deshalb werden Spezial-Leasing-Objekte steuerlich ausnahmslos beim Leasingnehmer aktiviert.

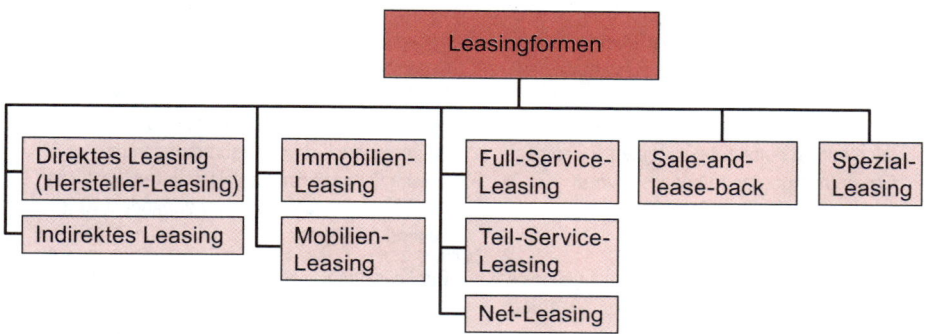

Abbildung 6.6: Leasingformen

6.4.1.3 Finanzierungs-Leasing contra Miete

Der Ausdruck Leasing wird – was zu Verwirrung führt – leider oft auch für einfache Mietverträge verwendet, man spricht dann von *Operate Leasing*. Man nennt dieses Operate Leasing im Sinne der Miete manchmal auch *unechtes Leasing*, um es klar vom hier verwendeten engeren Leasingbegriff, der nur das Finanzierung-Leasing umfasst, abzugrenzen. Im Fall der einfachen Miete kauft der Vermieter, der rechtlich und auch wirtschaftlich der Investor ist, ein Investitionsgut und verteilt die Nutzung auf seine Kunden, indem er ihnen für relativ eng begrenzte Zeit (relativ zur Gesamtnutzungszeit des Objekts) gegen eine Mietzahlung die Nutzung überlässt. Das Risiko, dass nicht genügend Mietverträge abgeschlossen werden und die Investition sich nicht amortisiert, trägt voll und ganz der Vermieter. Beispiel ist die Vermietung von Wohnmobilen oder Personenkraftwagen an Urlauber nur für die Zeit des Urlaubs oder die Vermietung von Spezialfahrzeugen, etwa Baufahrzeugen, an Firmen, die diese Fahrzeuge nur wenige Tage oder Wochen für außerordentliche Arbeiten benötigen.

Das eigentliche, das *echte Leasing*, wird zur klareren Abgrenzung vom Operate Leasing auch *Finance Leasing* oder *Finanzierungs-Leasing* genannt. Wenn neutral das Wort Leasing verwendet wird, auch in zusammengesetzten Worten, ist hier immer das Finanzierungs-Leasing gemeint. Von der Miete unterscheidet es sich insbesondere durch die Punkte, die in Tabelle 6.5 gesammelt sind. Allerdings gibt es in der Praxis fließende Übergänge.

Tabelle 6.5

Miete contra Finanzierungs-Leasing

Miete (Operate Leasing)	Finanzierungs-Leasing
Relativ zur Gesamtnutzungszeit des Objekts erfolgt eine nur kurzfristige Nutzungsüberlassung.	Relativ zur Gesamtnutzungszeit des Objekts erfolgt eine langfristige Nutzungsüberlassung.
Durch Miete soll die Nutzung eines Objekts auf viele Nutzer verteilt werden, die das Objekt für sich allein nicht voll nutzen können oder wollen.	Durch Leasing wird die Nutzung einem einziger oder sehr wenigen Nutzern überlassen.
Die Höhe der Miete einzelner Mieter deckt nur einen relativ kleinen Teil der Gesamtaufwendungen für das Objekt in seiner Gesamtnutzungszeit, da das Objekt dem einzelnen Nutzer auch nur für einen relativ kleinen Teil seiner Gesamtnutzungszeit überlassen wird.	Entweder decken die Leasingraten allein die Gesamtaufwendungen für das Objekt oder die Leasingraten decken nur einen Teil dieser Gesamtaufwendungen. Dann muss der Leasingnehmer jedoch durch Bestimmungen des Leasingvertrags den kalkulatorischen Restwert des Objekts garantieren oder zumindest weitgehend absichern.
Der Vermieter trägt das volle Investitionsrisiko, da die Mieter jeweils nur teilweise zur Amortisation des Mietobjekts beitragen.	Der Leasingnehmer sichert – zumindest weitgehend – die volle Amortisation des Leasingobjekts und trägt so in erheblichem Maße das Investitionsrisiko.

Nicht die Miete, die eine Investition ersetzt und deshalb eine Finanzierung unnötig macht, sondern nur das Finanzierungs-Leasing ist als Finanzierungsalternative anzusehen: Der Unternehmer braucht ein Investitionsobjekt und überlegt sich, ob er zur Finanzierung ein Darlehen aufnimmt oder ob er lieber eine *Leasingfinanzierung* machen soll. Der Unternehmer empfindet oft keinen prinzipiellen Unterschied zwischen einer Leasingrate und einer Darlehensrate. Auch die Tatsache, dass er juristisch nicht Eigentümer des Investitionsobjekts ist, ist für ihn oft sekundär, weil er sich wirtschaftlich als Eigentümer sieht. Allerdings existieren je nach Art der Leasingverträge Unterschiede und es gibt auch genügend Unternehmer, denen der Gedanke nicht behagt, rechtlich nicht Eigentümer des Investitionsobjekts zu sein. Und tatsächlich haben sie auch wirtschaftlich trotz der eigentümer-typischen Übernahme des Investitionsrisikos keineswegs eine klare Eigentümerstellung. Sie haben eine Zwitterstellung zwischen Eigentümer und Mieter und betonen dem Finanzamt gegenüber ihre Mieterposition. Die Position zwischen Eigentümer und Mieter wird sich bei der Erörterung der Vereinbarungen für die Zeit nach Beendigung des Leasingvertrags zeigen. Sie wird aber auch schon klar, wenn man bedenkt, dass der Leasingnehmer üblicherweise gewisse Wartungs- und Pflegevorschriften sowie Vorschriften zum schonenden Gebrauch beachten muss, sich Umbauten und Standortwechsel genehmigen lassen muss und Ähnliches mehr. Hat man aber beim Finanzierungs-Leasing immerhin noch eine dem Eigentum teilweise verwandte Stellung des Objektnutzers, so ist man bei der *Miete* ganz sicher nicht Eigentümer. Die Miete ersetzt die eigene Investition, ist also eine Investitionsalternative.

Die Finanzbehörden haben verschiedene noch ausführlich zu erörternde Bedingungen formuliert, unter welchen Umständen sie einen Leasingvertrag als ausreichend der Miete verwandt betrachten, damit das Leasingobjekt noch als dem Leasinggeber gehörend betrachtet werden kann und somit auch von diesem zu aktivieren ist. Diese Form des *nach steuerlichen Normen gestalteten Leasing* wird meistens angestrebt und ist gemeint, wenn man in Deutschland von Finanzierungs-Leasing spricht.

6.4.2 Voll- und Teilamortisationsleasing

Grundmietzeit nennt man die Zeitspanne, die der Leasingvertrag mindestens, das heißt ohne vorherige Kündigungsmöglichkeit, läuft. Sie ist aus unten erläuterten steuerlichen Gründen immer kürzer als die Abschreibungszeit. Das Leasinggeschäft in seiner ursprünglichen Form stellt sich aus Sicht des Leasinggebers so dar, dass er schon in der Grundmietzeit eine volle Amortisation seiner Investition in das Leasingobjekt erzielt, das heißt Rückfluss des Investitionsbetrags (Anschaffungs- oder Herstellungskosten) einschließlich Verzinsung des investierten Kapitals und Deckung der Nebenkosten. Diese Situation ist allein über die Zahlung von Leasingraten nur bei der Urform des *Vollamortisationsleasing* (*Full-pay-out-Leasing*) gegeben. Andernfalls, wenn durch die Leasingraten in der Grundmietzeit allein die volle Amortisation noch nicht gesichert ist, spricht man von *Teilamortisationsleasing* (*Non-pay-out-Leasing*).

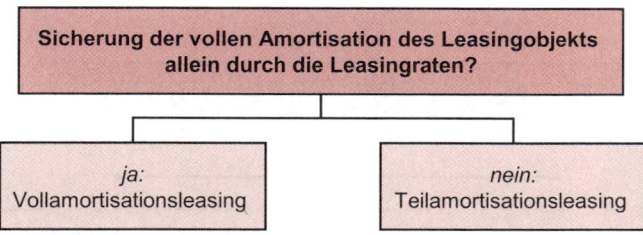

Abbildung 6.7: Voll- und Teilamortisationsleasing

In jedem Fall muss ein Finanzierungs-Leasingvertrag dem Leasinggeber gemäß dessen Plänen immer eine volle Amortisation seiner investierten Mittel ermöglichen, sei es nun Voll- oder Teilamortisationsleasing. Diese Amortisation erfolgt

- entweder bereits allein durch die laufenden Leasingraten (Vollamortisationsleasing)
- oder erst durch einen möglichst sicheren Restwerterlös bei Verwertung des noch nicht verbrauchten Leasingobjekts zusätzlich zu den laufenden Raten (Teilamortisationsleasing).

Beim Teilamortisationsvertrag erbringen also nur Leasingraten plus Realisierung des kalkulierten *Restwerts* einen vollen Rückfluss des in das Leasingobjekt investierten Kapitals einschließlich dessen Verzinsung. Dabei gilt der logische Zusammenhang: Wird von einem hohen Restwert ausgegangen, dann können die Teilamortisations-Leasingraten niedrig gehalten werden, wird dagegen mit einem niedrigen Restwert kalkuliert, so müssen die Leasingraten entsprechend höher sein.

6.4.3 Regelung der Situation nach Ablauf der Grundmietzeit

Beim Leasing ist die Frage wichtig, ob das Leasingobjekt trotz bestimmter eigentümerähnlicher Eigenschaften des Leasingnehmers – wie in aller Regel gewünscht – doch noch dem Leasinggeber zugerechnet werden kann. Es wird kritisch gefragt, ob der Leasinggeber nicht eine zu schwache Stellung hat, um als Eigentümer zu gelten. Diese Frage hängt unter anderem stark davon ab, welche Situation sich mit Ablauf der unkündbaren Grundmietzeit ergibt. Diese Thematik wird nun vorweg geklärt, ehe wir im darauffolgenden Punkt auf die steuerlichen Zurechnungsregeln im Einzelnen eingehen können. Hier geht es also um Vorüberlegungen zu Steuerfragen.

6.4.3.1 Rechte des Leasingnehmers auf das Leasingobjekt nach Ablauf der Grundmietzeit beim Vollamortisationsleasing

Der Bundesminister der Finanzen hat am 19.4.1971 den sogenannten Mobilien-Leasing-Erlass verfasst. Dieser bezieht sich unmittelbar nur auf Mobilien-Leasing in Form der damals allein bekannten ursprünglichen Form des Vollamortisationsleasing. In dem Erlass werden die möglichen Rechte, die der Leasingnehmer nach Ablauf der Grundmietzeit hat, so eingeteilt:

- keinerlei spezielles Recht,
- Kaufoption auf das Leasingobjekt,
- Verlängerungsoption für den Leasingvertrag.

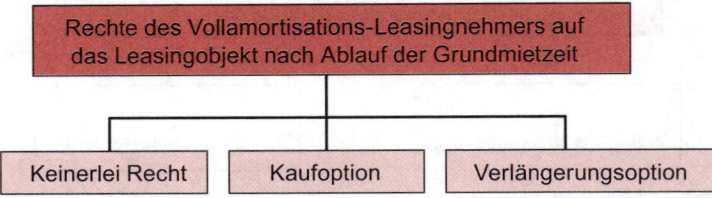

Abbildung 6.8: Mögliche Rechte des Vollamortisations-Leasingnehmers auf das Leasingobjekt nach Ablauf der Grundmietzeit

Hat der Leasingnehmer *keinerlei Recht* mehr auf das Leasingobjekt, so bedeutet das beim Vollamortisationsleasing, dass er das Objekt über die Leasingraten faktisch voll bezahlt hat, trotzdem das Leasingobjekt aber nicht behalten darf. Bei *Kauf- und Verlängerungsoption* dagegen muss er im Fall des Vollamortisationsleasing einen Kaufpreis bezahlen beziehungsweise weitere – meist allerdings drastisch geringere – Leasingraten für die Vertragsverlängerung bezahlen, obwohl er das Objekt faktisch komplett bezahlt hatte. Im Fall von Kauf- und Verlängerungsoption werden bestimmte Konditionen schon bei Abschluss des ursprünglichen Leasingvertrags vereinbart, zu denen der Leasingnehmer das Objekt nach Ablauf der Grundmietzeit erwerben oder weiterleasen kann. Je nach Vorteilhaftigkeit der Konditionen, die für den Fall der Kaufoption oder der Verlängerungsoption bestehen, erhält der Leasingnehmer eine nennenswerte Verbesserung seiner Position (was umgekehrt die Position des Leasinggebers verschlechtert) oder nicht.

6.4.3.2 Besondere Rechte und Pflichten der Parteien des Leasingvertrags im Fall des Teilamortisationsleasing

Beim Teilamortisationsleasing hat der Leasinggeber seine Aufwendungen mit Ablauf der Grundmietzeit noch nicht aus den erhaltenen Leasingraten gedeckt. Aus den Vereinbarungen für das Ende der Grundmietzeit müssen zwingend noch weitere Zuflüsse an den Leasinggeber resultieren. Der Leasinggeber braucht eine Regelung, welche die Amortisation des Restwerts des Objekts sichert. Da die Leasingraten nur die Amortisation eines Teils des Leasingobjekts sichern, muss der Leasingnehmer für die Restamortisation am Ende der Leasingzeit geradestehen oder zumindest klar dazu beitragen. Im Grundsatz geschieht dies dadurch, dass das noch nicht aufgebrauchte Leasingobjekt veräußert wird und aus dem erzielten Preis die Restamortisation erzielt wird. Da der künftige Verkaufspreis aber nicht feststeht, muss der Leasingnehmer bestimmte Pflichten übernehmen, damit ein angemessener Verkaufspreis zustande kommt. Das kann in zweierlei Weise geschehen:

1 Entweder muss der Leasingnehmer in irgendeiner Form die Garantie übernehmen, dass der bei der Kalkulation der Leasingraten berücksichtigte voraussichtliche *Restwert auch wirklich erzielt werden kann.* Typische Varianten werden in einem Schreiben des Bundesministers der Finanzen vom 22.12.1975 erörtert, dem sogenannten Teilamortisations-Erlass.

2 Andernfalls muss der Leasingnehmer bestimmte vertragliche Pflichten hinsichtlich der *angemessenen und pfleglichen Verwendung* übernehmen, damit der Leasinggeber das entsprechend deutlich begrenzte Restwertrisiko alleine übernehmen kann.

Restwertsicherung gemäß Teilamortisationserlass

Folgende Einteilung orientiert sich am erwähnten Teilamortisations-Erlass von 1975, der die seinerzeit wichtigsten Varianten der Praxis berücksichtigte. Danach unterscheidet man verschiedene Möglichkeiten von Vereinbarungen zur Sicherung einer vollen Amortisation für den Leasinggeber. Zu diesem Zweck wurden Regelungen hinsichtlich des seitens des Leasingnehmers abzulösenden Restwerts bei Teilamortisationsverträgen getroffen und dazu drei Vertragstypen definiert:

- Verträge mit Andienungsrecht (Verkaufsoption) des Leasinggebers,
- Verträge mit Aufteilung des Mehrerlöses (für den Fall, dass gilt: Erlös bei Verkauf > kalkulierter Restwert) und Differenzausgleichsverpflichtung des Leasingnehmers (für den Fall, dass gilt: Erlös bei Verkauf < kalkulierter Restwert),
- kündbare Verträge.

Die speziellen steuerlichen Vertragsbegrenzungen sollen sichern, dass der Leasinggeber, der ja als Eigentümer und Vermieter gelten soll, ein gewisses Mindestmaß an faktischer wirtschaftlicher Eigentümerposition behält. Im Fall eines Andienungsrechts des Leasinggebers war eine spezielle Vorschrift nicht notwendig, da dieses Recht ja den in seiner Position als Eigentümer stark zu haltenden Leasinggeber alleine begünstigt. Bei den beiden anderen Varianten werden aber auch den Leasingnehmern bestimmte Rechte eingeräumt. Diese Rechte wollte die Finanzverwaltung eingrenzen, um das von ihr geforderte Mindestmaß an Eigentümerrechten des Leasinggebers gesichert zu sehen. Die Finanzverwaltung hat so erreicht, dass in den Fällen des steuerlich anerkannten Finanzierungs-Leasing in der Variante des Teilamortisations-Leasing

- die Chancen einer Wertsteigerung des Leasingobjekts ganz oder teilweise beim Leasinggeber liegen,

- die Risiken der stärkeren Wertminderung (im Vergleich zur ursprünglichen Kalkulation des Leasinggebers) dem Leasingnehmer aufgebürdet werden.

Nur so war im Sinne des Teilamortisations-Erlasses die Eigentümerposition des Leasinggebers, der als Vermieter gelten soll, ausreichend gewahrt.

Die Effekte hinsichtlich der Verteilung von Wertsteigerungschancen und Wertminderungsrisiken bei den drei im Teilamortisations-Erlass berücksichtigten Varianten seien an Beispielen erläutert. In ihnen wird jeweils von einer Maschine ausgegangen, die 100.000 Euro Anschaffungskosten hatte.

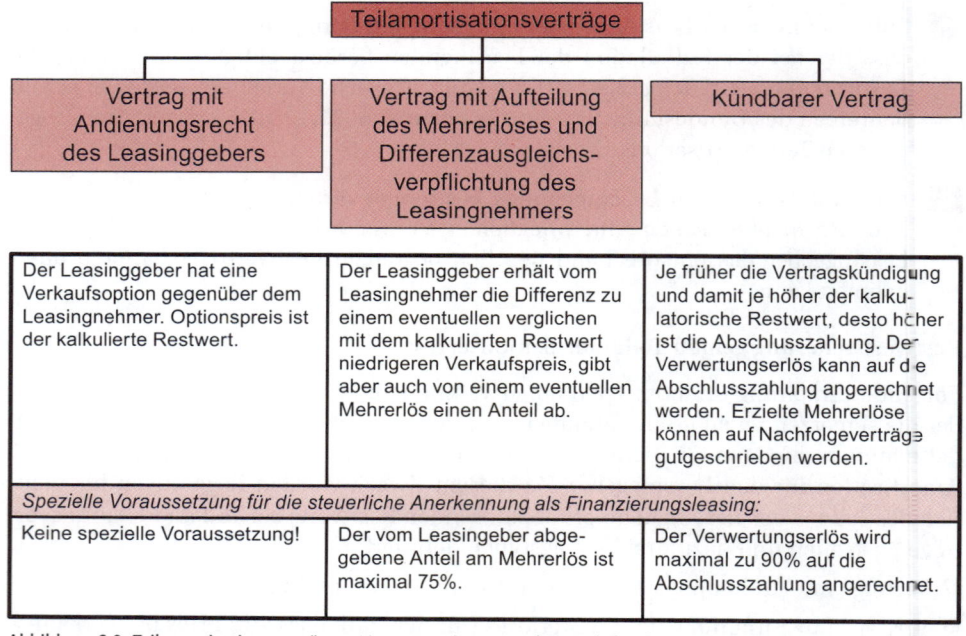

Abbildung 6.9: Teilamortisationsverträge – Vertragsvarianten und steuerlich relevante Grenzen

Beispiel

Vertrag mit Andienungsrecht des Leasinggebers (Variante 1)

Bei der Kalkulation des Teilamortisationsvertrags wurde von einem Restwert der Maschine bei Vertragsende von 25.000 Euro ausgegangen. Zu diesem Preis besteht ein Andienungsrecht, das ist eine Verkaufsoption, des Leasinggebers. Dann lassen sich prinzipiell die Fälle laut Tabelle 6.6 unterscheiden.

Tabelle 6.6

Vertrag mit Andienungsrecht des Leasinggebers

tatsächlicher Wert bei Vertragsende	Konsequenz hinsichtlich der Ausübung des Andienungsrechts
unter 25.000 Euro, z.B. 15.000 Euro	Der Leasinggeber übt sein Andienungsrecht aus, der Leasingnehmer muss die Maschine im Wert von 15.000 Euro für 25.000 Euro übernehmen, hat also einen Verlust von 10 T€.
25.000 Euro (wie kalkuliert)	Es ist für den Leasinggeber egal, ob er das Andienungsrecht ausübt oder nicht.
über 25.000 Euro, z.B. 35.000 Euro	Der Leasinggeber übt sein Andienungsrecht nicht aus, er verkauft die Maschine vielmehr freihändig zu 35.000 Euro und realisiert einen Gewinn von 10.000 Euro, der ihm alleine zusteht.

Beispiel

Vertrag mit Aufteilung des Mehrerlöses und Differenzausgleichspflicht des Leasingnehmers (Variante 2)

Wie im vorhergehenden Beispiel sei der kalkulierte Restwert 25.000 Euro. Es ergibt sich die Tabelle 6.7.

Tabelle 6.7

Vertrag mit Aufteilung des Mehrerlöses und Differenzausgleichspflicht des Leasingnehmers

tatsächlicher Wert bei Vertragsende	Konsequenz hinsichtlich Aufteilung des Mehrerlöses und Differenzausgleichspflicht des Leasingnehmers
unter 25.000 Euro, z.B. 15.000 Euro	Der Leasinggeber erlöst 10.000 Euro zu wenig, die ihm der Leasingnehmer bezahlen muss. Der Leasingnehmer hat einen Verlust von 10.000 Euro (wie bei Variante 1).
25.000 Euro (wie kalkuliert)	Es entsteht kein Mehrerlös und auch kein Mindererlös, der durch den Leasingnehmer ausgeglichen werden müsste (wie bei Variante 1).
über 25.000 Euro, z.B. 35.000 Euro	Der Leasinggeber verkauft die Maschine zu 35.000 Euro und realisiert einen Gewinn von 10.000 Euro von dem der Leasingnehmer z.B. die maximal möglichen 75 % bekommt, also 7.500 Euro (abweichend von Variante 1).

Beispiel **Kündbarer Vertrag (Variante 3)**

Die Maschine sei steuerlich über 60 Monate linear beim Leasinggeber abschreibbar. Hinsichtlich der Abschlusszahlungen in Prozent der Anschaffungskosten gelte die Regelung gemäß Tabelle 6.8, die eine volle Amortisation von Anschaffungskosten und sonstigen Kosten des Leasinggebers sichert.

Tabelle 6.8

Abschlusszahlungen und steuerliche Restwerte bei kündbarem Leasing

Kündigung zum Ende des folgenden Monats nach Vertragsbeginn	Abschlusszahlung in Höhe der nicht gedeckten Gesamtkosten (einschließlich noch offenem kalkulatorischem Gewinn) des Leasinggebers	steuerlicher Restwert
24	69.000 Euro	60
30	58.000 Euro	50
36	47.000 Euro	40
42	36.000 Euro	30
48	25.000 Euro	20
54	14.000 Euro	10

Die Kündigung erfolge per Ende des 48. Monats. Somit wird eine Abschlusszahlung von 25 Prozent fällig, bei Anschaffungskosten von 100.000 Euro also eine Abschlusszahlung von 25.000 Euro wie bei den Varianten 1 und 2. Die Konsequenzen hinsichtlich der Anrechnung des Verkaufserlöses auf die Abschlusszahlungen schildert die Tabelle 6.9.

Tabelle 6.9

Beispiel zum kündbaren Vertrag

tatsächlicher Wert bei Kündigung	Konsequenzen einschließlich möglicher Anrechnung des Verkaufserlöses auf die Abschlusszahlung des Leasingnehmers
unter 25.000 Euro, z.B. 15.000 Euro	Von den 15.000 Euro werden 90 % mit der Abschlusszahlung verrechnet, also 13,500 Euro. Der Leasinggeber erlöst 25.000 Euro − 13.500 Euro = 11.500 Euro zu wenig, die ihm der Leasingnehmer bezahlen muss (sein Verlust).
25.000 Euro (wie kalkuliert)	Von den 25.000 Euro werden 90 % mit der Abschlusszahlung verrechnet, also 22.500 Euro. Der Leasinggeber erlöst 25.000 Euro − 22.500 Euro = 2.500 Euro zu wenig, die ihm der Leasingnehmer bezahlen muss (sein Verlust).
über 25.000 Euro, z.B. 35.000 Euro	Der Leasinggeber verkauft die Maschine zu 35.000 Euro. Davon werden die steuerlich maximal zulässigen 90 % mit der Abschlusszahlung verrechnet, also 31.500 Euro. Der Mehrerlös von 6.500 Euro kann dem Leasingnehmer bei Abschluss eines Anschlussvertrags ganz oder teilweise gutgeschrieben werden (was den Leasingnehmer von der Vorteilhaftigkeit eines Anschlussvertrags überzeugen könnte).

Restwertrisiko und -chance allein beim Leasinggeber mit Vereinbarungen zur Werterhaltung des Leasingobjekts

In der Automobilindustrie beispielsweise gibt es neben den genannten Varianten des Teilamortisationsvertrags heute auch solche, bei denen die Chance eines höheren Restwerts, aber auch das gesamte Restwertrisiko grundsätzlich erst einmal beim Leasinggeber liegen. Das funktioniert natürlich nicht ohne Verpflichtung des Leasingnehmers zur Mitwirkung dazu, dass das Leasingobjekt seinen planmäßigen Restwert auch erhalten wird. Typisch ist im Beispielfall der Autoindustrie, dass man bei Vertragsabschluss die wahrscheinliche beziehungsweise standardmäßige Kilometerlaufleistung festlegt und für deutliche (zum Beispiel mindestens 10 Prozent) Mehr- beziehungsweise Minderkilometer Auf- oder Abschläge festlegt. Bei Rückgabe muss der Wagen in angemessenem Erhaltungszustand sein, außerordentliche Wertminderungen führen zu Abschlägen vom anrechenbaren Wert. Im Streitfall wird ein vereidigter Sachverständigter herangezogen, dessen Kosten sich Leasinggeber und -nehmer teilen. Das dann noch verbleibende begrenzte Restwertrisiko kann die Autofirma ohne allzu viele Probleme übernehmen, da sie das Wiederherrichten in den eigenen Werkstätten relativ günstig bewerkstelligen kann und meistens auch einen professionellen Gebrauchtwarenhandel aufgezogen hat.

6.4.4 Steuerliche Zuordnung des Leasinggegenstands

Das Leasing wird im Unternehmensfinanzierungsbereich trotz laufender Bemühungen des Fiskus, denkbare Steuervorteile zu begrenzen, oft aus steuerlichen Erwägungen vorgenommen, wobei eine Aktivierung des Leasingguts beim Leasinggeber entscheidende Voraussetzung für die unterstellten steuerlichen Vorteile ist. Es geht also darum, dass steuerlich anerkanntes Finanzierungs-Leasing vorliegt. Rechtliche Regelungen legen fest, wie das Mindestmaß an Eigentümerstellung des Leasinggebers ausgeprägt sein muss, damit er auch wirklich die Aktivierung in der Steuerbilanz (und dem folgend auch in der Handelsbilanz) vornehmen darf, obwohl seine Eigentümerposition faktisch relativ stark ausgehöhlt ist.

Grundsätzlich gelten eigentlich wirtschaftliche Kriterien bei der Entscheidung darüber, wer aus Sicht der Steuerbilanz als Eigentümer gilt und somit ein Investitionsobjekt zu aktivieren hat. Aber, und das ist wichtig, in einem ersten Schritt gilt:

Vermutet wird, dass der rechtliche auch der wirtschaftliche Eigentümer ist.

Insofern ist faktisch doch die rechtliche Sicht Ausgangspunkt der Beurteilung. Allerdings gilt die Ausschlussbedingung: Das wirtschaftliche Eigentum ist trotz rechtlichen Eigentums nicht gegeben, wenn der rechtliche Eigentümer von der Einwirkung auf das Wirtschaftsgut praktisch ausgeschlossen ist, weil er

- *keinen* Herausgabeanspruch hat oder
- sein Herausgabeanspruch wirtschaftlich *bedeutungslos* ist.

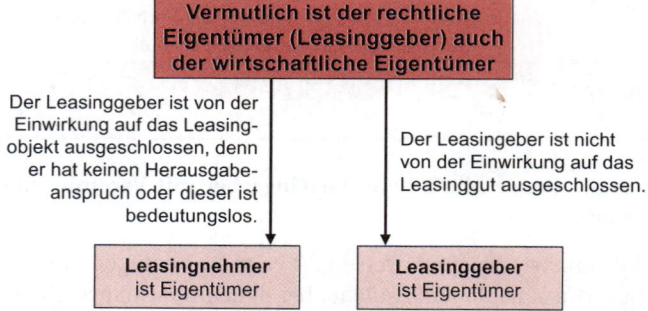

Abbildung 6.10: Nicht ausgehöhltes rechtliches Eigentum spricht für den Leasinggeber als Eigentümer

Die Steuerbehörden mussten einen pragmatischen Weg suchen, um die wenig konkreten und nachprüfbaren Kriterien zum wirtschaftlichen Eigentum in eine unzweifelhafte Regelung umzusetzen. Das ging nur unter Inkaufnahme einer guten Portion Willkür. Als Grundsatzregelung wurde die folgende steuerlich eingeführt:

Die Grundmietzeit muss zwischen 40 und 90 Prozent der betriebsgewöhnlichen Nutzungsdauer (steuerlichen Abschreibungszeit) liegen.

Die Begründung ist sicher nicht zwingend, bis zu einem gewissen Grad aber plausibel:

- Bei einer Grundmietzeit unter 40 Prozent der betriebsgewöhnlichen Nutzungsdauer liegt nach dem Verständnis der Finanzverwaltung *faktisch ein Ratenkauf* vor: Man bezahlt innerhalb weit weniger als der wirtschaftlichen Nutzungsdauer das gesamte Investitionsobjekt mit einer Anzahl von Raten. Der Leasingvertrag ist nach Ablauf der Grundmietzeit in der Realität fast nie beendet, sondern es wird seitens des Leasingnehmers von einer Verlängerungs- oder Kaufoption Gebrauch gemacht. Der *Anspruch des Leasinggebers* auf das Leasingobjekt *hat keine praktische Relevanz.*

■ Bei einer Grundmietzeit über 90 Prozent der betriebsgewöhnlichen Nutzungsdauer hat das Investitionsobjekt seine wirtschaftliche Nutzungszeit mit Ende dieser Grundmietzeit faktisch mehr oder weniger hinter sich. Damit ist der *Herausgabeanspruch* und somit die Eigentümerstellung des Leasinggebers weitgehend *bedeutungslos*.

Zusätzlich zur Bedingung, dass die Grundmietzeit zwischen 40 und 90 Prozent der betriebsgewöhnlichen Nutzungsdauer liegen muss, müssen aber auch die schon angesprochenen möglichen Zusatzrechte der Leasingnehmer beachtet werden. Die Fälle des Fehlens irgendeines Rechts des Leasingnehmers auf das Leasingobjekt gemäß Mobilien-Leasing-Erlass und des Andienungsrechts gemäß Teilamortisations-Erlass fallen weg, da sich dabei keine Vorteile für den Leasingnehmer ergeben können, sodass die folgenden Fälle gemäß den beiden genannten Leasing-Erlassen übrig bleiben, bei denen der Leasingnehmer gewisse Rechte eingeräumt bekommt:

■ Kaufoption beim Vollamortisationsleasing,

■ Verlängerungsoption beim Vollamortisationsleasing,

■ Beteiligung an einem Mehrerlös beim Teilamortisationsleasing,

■ Anrechnung eines Veräußerungserlöses auf Abschlusszahlungen beim kündbaren Leasing nach dem Teilamortisationsmodell.

Sind in einem von derartigen Verträgen die Rechte des Leasingnehmers sehr ausgeprägt, so können sie die Eigentümerstellung des Leasinggebers doch noch aushöhlen, was eine Zurechnung des Eigentums zum Leasingnehmer statt zum Leasinggeber zur Folge hat. Insgesamt ergibt sich für die steuerliche Einordnung die Situation, wie sie in Abbildung 6.11 systematisch dargestellt ist.

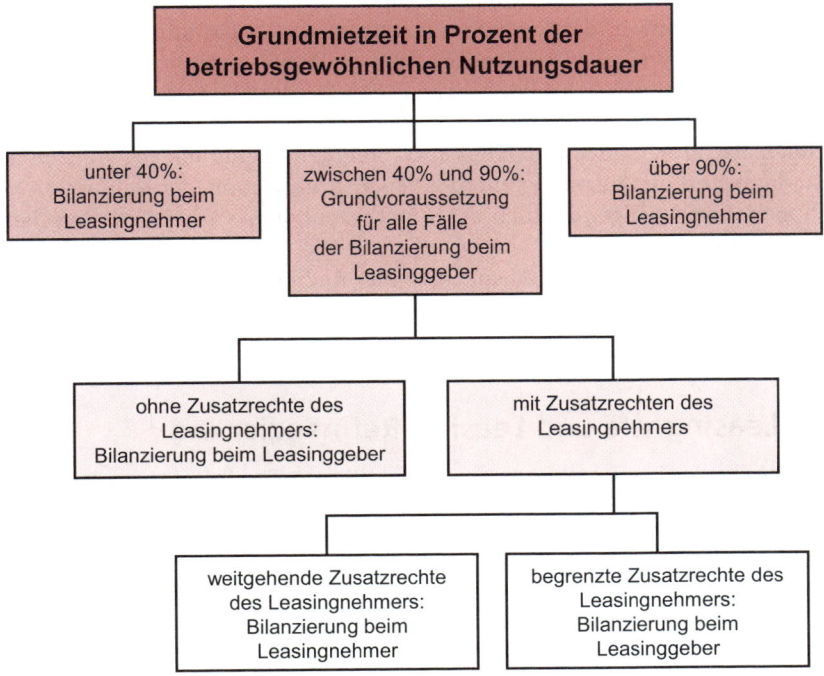

Abbildung 6.11: Aktivierung des Leasingguts in der Steuerbilanz

Wie weit die Zusatzrechte der Leasingnehmer ohne Brechung der Eigentümerstellung des Leasinggebers gehen dürfen, wird in den Leasing-Erlassen der Finanzverwaltung geregelt. Danach dürfen beim Mobilien-Leasing folgende Grenzen nicht überschritten werden:

- *Bei Kaufoption des Leasingnehmers* muss der Kaufpreis des Leasingguts mindestens seinem Restbuchwert nach linearer Abschreibung entsprechen oder seinem niedrigeren gemeinen Wert (allgemeiner Verkehrswert nach steuerlicher Definition).

- *Bei Mietverlängerungsoption des Leasingnehmers* muss in Analogie zur eben genannten Regel die Summe der Anschlussmieten (unter Berücksichtigung kalkulatorischer Zinsen) größer oder gleich dem Restbuchwert nach linearer Abschreibung oder dem niedrigeren gemeinen Wert sein.

- *Bei Beteiligung des Teilamortisationsleasingnehmers am Mehrerlös* darf der Leasingnehmer nicht mehr als 75 Prozent des Mehrerlöses erhalten (siehe oben).

- *Bei Anrechnung eines Veräußerungserlöses auf Abschlusszahlungen beim kündbaren Teilamortisationsleasing* dürfen dem Leasingnehmer nicht mehr als 90 Prozent des Verwertungserlöses auf die Abschlusszahlung angerechnet werden (siehe oben).

Im Fall des Vollamortisationsleasing bedeutet die Vorschrift der Koppelung der Mindesthöhe des Kaufpreises beziehungsweise der Anschlussmiete an den Restbuchwert am vereinfachten Beispiel demonstriert folgendes: Der Leasingnehmer hat in der Grundmietzeit von zum Beispiel 70 Prozent der betriebsgewöhnlichen Nutzungszeit das Leasingobjekt voll amortisiert, also ganz bezahlt. Das Objekt steht nun mit den restlichen 30 Prozent der Anschaffungskosten in den Büchern des Leasinggebers. Der Kaufpreis für die Leasingoption muss nun noch einmal diese 30 Prozent einbringen, sodass der Leasingnehmer 130 Prozent der Anschaffungskosten zu bezahlen hat. Er hat also die Abschreibung in der Restnutzungszeit (nach der Grundmietzeit) doppelt zu bezahlen. Ein „Hintertürchen" gegen diese für den Leasingnehmer unattraktive Regelung bietet allerdings die Tatsache, dass an die Stelle des rechnerischen Restwerts der niedrigere gemeine Wert (Verkehrswert aus steuerlicher Sicht) treten kann. Sind sich die Parteien also einig und können dies auch den Steuerbehörden gegenüber glaubhaft machen, dann sind im Beispiel letztlich bei Inanspruchnahme der Kaufoption eventuell doch mehr oder weniger deutlich unter 30 Prozent der seinerzeitigen Anschaffungskosten zu bezahlen.

Beim Immobilien-Leasing gelten spezielle hier nicht erörterte Vorschriften hinsichtlich der Zurechnung einerseits des Gebäudes und andererseits von Grund und Boden zum Leasinggeber oder -nehmer.

6.4.5 Leasingrate und Leasing-Refinanzierung

Als Ausgangspunkt der Berechnung der erforderlichen Leasingrate errechnet man eine Art „berichtigten Anschaffungspreis", die Leasingraten-Bemessungsgrundlage, nach dem mit Beispielzahlen ergänzten Schema der Tabelle 6.10.

Tabelle 6.10

Ermittlung der Leasingraten-Bemessungsgrundlage

Anschaffungs- und Herstellungskosten brutto [T€]	270
+ Anschaffungsnebenkosten [T€]	10
− abgezogene Rabatte [T€]	14
= Anschaffungs- und Herstellungskosten netto [T€]	266
− erhaltene Mietsonderzahlungen (Anfangsrate) [T€]	45
+ Zinsaufwand für erhaltene Anzahlungen und Zwischenfinanzierungen [T€]	2
= **Leasingraten-Bemessungsgrundlage** [T€]	**223**

Die Bemessungsgrundlage ist der Betrag, der beim Vollamortisationsleasing durch die Leasingraten an direkt dem Objekt zurechenbaren Kosten amortisiert werden muss. Im Teilamortisationsfall muss man davon noch den kalkulierten abgezinsten Restwert abziehen. Ist dieser zum Beispiel in Weiterführung des Tabellenbeispiels 48.000 Euro, so bleibt ein erforderlicher Betrag von 223.000 Euro − 48.000 Euro = 175.000 Euro.

Die Leasinggesellschaft zählt dann zur Bemessungsgrundlage noch die ebenfalls zu amortisierenden Beträge zur Deckung ihrer

- Verwaltungs- und Risikokosten sowie die
- Gewinnmarge

hinzu. Beides sind Kostenbestandteile, die allein die Leasinggesellschaft verursacht. Der Leasinggeber errechnet auf dieser Basis unter Zugrundelegung eines Kalkulationszinssatzes, der bei voller Refinanzierung zumindest seinem Refinanzierungszinssatz entsprechen wird, die Leasingrate als Annuitätenrate.

Zu ihrer Refinanzierung können die Leasinggesellschaften unter anderem *Bankdarlehen* aufnehmen, wobei sie als Sicherheit etwa den Anspruch auf die künftigen Leasingraten abtreten können. Daneben verkaufen Leasinggesellschaften zur Refinanzierung oft auch die künftigen Leasingraten zu ihrem Barwert. Der Verkauf erfolgt zum Beispiel als klassische Forfaitierung von Einzelforderungen (*Forfaitierung von Leasingforderungen*). Zur Abzinsung wird ein Zinssatz verwendet, der um einen Risikozuschlag (wegen Übernahme des von der forfaitierenden Bank übernommenen Debitorenrisikos) über den Darlehenszinsen liegt. Insbesondere in den USA ist alternativ auch ein Verkauf von umfangreichen Beständen von Leasingforderungen an eine Zweckgesellschaft verbreitet, welche die erworbenen Forderungen über *Asset Backed Securities* (ABS) refinanziert.

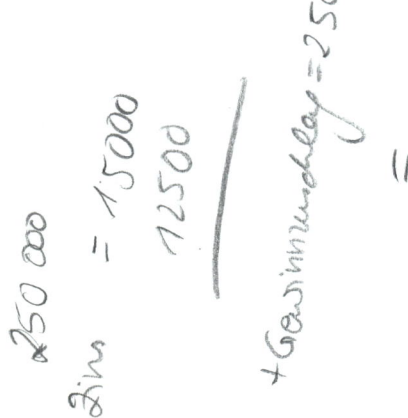

6.4.6   Finanzierungs-Leasing oder Darlehensfinanzierung

Die Frage, ob Finanzierung-Leasing oder Darlehensfinanzierung die bessere Finanzierungsvariante ist, hängt von einer Vielzahl qualitativer und quantitativer Faktoren ab, sodass der Vergleich eine sehr komplexe Problemstellung ist.

6.4.6.1 Wichtige qualitative Faktoren

- **Service:** Dies ist oft das wichtigste Argument, das Leasinggesellschaften im Firmengeschäft für sich in Anspruch nehmen können. Sie bieten neben der Finanzierung oft einen preiswerten Zusatzservice. Beispiel: Beim Leasing kompletter Fuhrparks geht es den Leasingkunden oft primär darum, die gesamte Fuhrparkverwaltung an einen Spezialisten zu übertragen, und nicht zuerst um die Vorteilhaftigkeit der Finanzierungskonditionen.

- **Bequemlichkeit der Finanzierung:** Ein sehr wichtiger Erfolgsfaktor für das Leasing ist, dass es seit Langem und häufiger als Darlehen parallel zum Verkauf angeboten wird, und zwar als Hersteller- beziehungsweise Händlerleasing.

- **100-Prozent-Finanzierung:** Leasinggesellschaften sind eher zu 100-Prozent-Finanzierungen bereit als Darlehen gebende Banken. Das hat seine Gründe: Leasinggeber haben bei Problemen als Eigentümer gegenüber dem Kunden eine relativ stärkere Position als die nur als Fremdkapitalgeber auftretenden Banken, können sich also wirksamer gegen Ausfälle schützen. Beispielsweise kann sich der Leasinggeber bei Nichtbezahlung der Raten schneller und mit weniger rechtlichen Hürden sein Eigentum abholen als der Darlehensgeber das finanzierte und eventuell als Sicherheit dienende Objekt. Der Leasinggeber kann auch anders als eine Kredit gebende Bank sicherheitshalber die freie Verfügung über das Leasingobjekt einschränken, etwa Veränderungen des Objekts und die örtliche Verlegung untersagen. Und schließlich gilt auch: Der Leasinggeber hat hinsichtlich der Verwertung des Leasingobjekts im Fall der Insolvenz des Leasingnehmers eine stärkere Position (Aussonderung aus der Insolvenzmasse) als der Kreditgeber (nur Absonderung innerhalb der Insolvenzmasse), der sich das finanzierte Objekt lediglich als Mobiliarsicherheit dienen lässt. Auch gilt, dass der Leasinggeber hinsichtlich des Leasingobjekts nicht selten verglichen mit einer Bank besondere Marktkenntnisse hat und deshalb zurückgenommene Leasingobjekte besser wieder veräußern oder noch einmal verleasen kann, als dies einer Kredit gebenden Bank möglich ist.

  Das Argument der 100-Prozent-Finanzierung durch Finanzierungs-Leasing ist aber in den häufigen Fällen unberechtigt, in denen eine „Mietsonderzahlung" ganz am Anfang der Leasingzeit fällig ist, denn eine sofortige Mietsonderzahlung von zum Beispiel 25 Prozent bedeutet, dass eine offizielle Vollfinanzierung sofort zur 75-Prozent-Finanzierung degeneriert.

- **Bilanzstruktureffekt:** Steuerlich anerkannte Finanzierungs-Leasinggeschäfte sind für den Leasingnehmer bilanzneutral: Das beim Leasinggeber aktivierte Objekt erscheint nicht auf der Aktivseite der Bilanz des finanzierenden Unternehmens und entsprechend scheint auf der Passivseite kein Fremdkapitalbetrag für die Finanzierung auf. Im Vergleich dazu erscheint bei Kauf mit Darlehensfinanzierung auf der Aktivseite das Investitionsobjekt und auf der Passivseite das zur Finanzierung aufgenommene Darlehen. Angesichts dieser Bilanzverlängerung verringert sich die Eigenkapitalquote des Investors, wenn er mit Darlehen finanziert. Das Argument der Bilanzneutralität etwas abschwächend gilt allerdings nach § 285 Nr. 3 HGB die Pflicht, im Anhang der Bilanz (der von mittleren und großen Kapitalgesellschaften offenzulegen ist) den Gesamtbetrag der sonstigen Verpflichtungen anzugeben, die nicht in der Bilanz erscheinen und nicht als Eventualverpflichtungen unter dem Bilanzstrich anzugeben sind, sofern diese Angabe für die Beurteilung der Finanzlage von Bedeutung ist. Zu diesen Verpflichtungen gehören auch solche aus bedeutenden Leasingverträgen. Angabepflichtig ist dabei allerdings nur der zu bezahlende Gesamtbetrag aus sämtlichen entsprechenden Verpflichtungen. Die Banken erfragen bei ihren Kunden oft den Jahresabschluss ergänzende Angaben zu Leasingverpflichtungen. Sie „berichtigen" dann oft aufgrund der ergänzenden Angaben zum Leasing rechnerisch die Kundenbilanzen um das Leasinggeschäft (Aktivierung des Leasingobjekts und Ansatz der abgezinsten ausstehenden Leasingraten als langfristige Verbindlichkeiten) in ihren internen Bilanzgliederungen. Der positive Bilanzstruktureffekt des Finanzierungs-Leasing besteht dann also nur auf den ersten Blick und wird analytisch eliminiert.

- **Vertragsklarheit und Klarheit über steuerliche Konsequenzen:** Es herrscht über Leasingverträge vergleichsweise mehr Unklarheit bei den finanzierenden Unternehmen als über Darlehensverträge. Die Leasingverträge sind im Regelfall komplexer und mit weit größeren Unsicherheiten behaftet als Darlehensverträge, unter anderem wegen der Vereinbarungen über die Weiterverwendung des Leasingguts nach der Grundmietzeit, über die zugelassene Nutzung des Leasingobjekts und dergleichen. Auch die steuerlichen Konsequenzen von Regelungen in den Leasingverträgen sind oft nicht leicht zu durchschauen.

- **Investitionsflexibilität:** Das oft gehörte Argument, das Finanzierungs-Leasing biete mehr Investitionsflexibilität als der mit Kredit finanzierte Kauf, ist meistens unbegründet. Der Leasingnehmer muss im Regelfall die volle Amortisation des Investitionsobjekts genauso absichern wie beim Kauf, hat also keinerlei Vorteil. Nur bei der Miete, die wir bewusst sorgfältig vom Finanzierungs-Leasing abgegrenzt haben, zieht das Argument der höheren Flexibilität im Vergleich zum Kauf.

- **Budgetelastizität:** In der Wirtschaftspraxis lässt sich oft beobachten, dass ein Unternehmen oder Amt aufgrund des ausgeschöpften Budgets einen Kauf nicht mehr vornehmen, als Ersatz aber immer noch einen Finanzierungs-Leasingvertrag abschließen kann. Insofern bietet das Leasing faktisch erhöhte Spielräume. Sachlich gerechtfertigt erscheint ein derartiges Vorgehen nicht. Es ist nur möglich, weil man die festen Verpflichtungen zu Leasingraten und gegebenenfalls das Risiko der Restwertgarantie nicht in der Budgetrechnung als Verbindlichkeiten, Rückstellungen oder Eventualverbindlichkeiten berücksichtigt.

6.4.6.2 Wichtige quantitative Faktoren

In ihrer Gesamtheit kann man die quantitativen Folgen des Finanzierungs-Leasing einerseits und der Darlehensfinanzierung andererseits für jeden isolierten Einzelfall analysieren, indem man die Zahlungen der Investition und der Finanzierung einerseits bei Leasing und andererseits bei Darlehensfinanzierung einander gegenüberstellt. Das wird im achten Kapitel, das sich mit der Investitionsrechnung beschäftigt, an einem Beispiel demonstriert werden. Die Rechnung lässt sich aber nie verallgemeinern, da sie immer bestimmte Konditionen für Leasing und Darlehen zugrunde legen muss, die nicht zwingend sind. Hier werden nur einige grundsätzliche Argumente dazu angesprochen, welche Einflüsse bei den zahlenmäßig erfassbaren Effekten von Leasing und Kauf mit Fremdfinanzierung wirksam sind.

- **Kaufpreise:** Oft sind Marktkenntnis und -macht der Leasinggesellschaften als Groß-kunden höher als die der Unternehmen, sodass die Leasinggesellschaften niedrigere Einkaufspreise durchsetzen können.

- **Zinsen:** Die großen Leasinggesellschaften können bei ihrer Refinanzierung oft bessere Zinskonditionen durchsetzen als mittelständische Unternehmen für ihre Darlehen.

- **Zusatzkosten bei finanzierender Bank und Leasinggesellschaft:** Im Allgemeinen wird angenommen, dass die Einschaltung einer Leasinggesellschaft eher mit mehr Kosten verbunden ist als die bloße Einschaltung einer finanzierenden Bank. Schließ-lich tritt mit dem Leasinggeber ein zusätzliches Unternehmen auf, das Kosten sowie kalkulatorische Gewinne verursacht. Die Bank wird immer (als Kostenver-ursacher) eingeschaltet, sei es von der Leasinggesellschaft, einer Einzweckgesell-schaft (die sich mit ABS refinanziert) oder vom Investor. Deshalb ist die zusätzliche Einschaltung einer Leasinggesellschaft immer ein Kostennachteil, der sich in den Leasingkonditionen niederschlagen muss.

- **Mindesthöhe des Kaufpreises bei Kaufoption und der Leasingrate bei Verlänge-rungsoption:** Kann man sich gegenüber den Finanzbehörden nicht darauf berufen, dass der gemeine Wert (Verkehrswert) unter dem Restwert des Leasingobjekts am Ende der Grundmietzeit liegt, so muss der Leasingnehmer bei Vollamortisations-verträgen wie geschildert die Abschreibung in der Restnutzungszeit nach der Grund-mietzeit doppelt bezahlen, wenn das Leasing steuerlich als Finanzierungs-Leasing akzeptiert werden soll.

- **Entgangene Vorteile der Leasingnehmer bei Teilamortisationsverträgen:** Die ge-schilderten steuerlichen Regelungen gemäß Teilamortisations-Leasingerlass bedin-gen, dass dem Teilamortisations-Leasingnehmer ganz oder teilweise Vorteile aus einer günstigen Wertentwicklung des Leasingobjekts entgehen.

- **Steuern:** Die Steuerersparnis durch Finanzierungs-Leasing ist ein häufiges, aber sehr strittiges Argument. Am bedeutendsten wird unter altem Steuerrecht bis einschließ-lich 2007 oft eine Ersparnis von *Gewerbesteuern* zu Buche schlagen. Der Leasingneh-mer verschuldet sich ja mit keinem Darlehen, hat also keine Dauerschulden und bezahlt somit auch keine gewerbesteuerpflichtigen Dauerschuldzinsen. Eine *endgül-tige* Steuerersparnis ist allerdings nur gegeben, wenn die Leasinggesellschaft nicht ihrerseits bei der Refinanzierung gewerbesteuerpflichtig wird. Das lässt sich erstens durch Verkauf der Leasingforderungen statt langfristiger Darlehensaufnahme errei-chen. Zweitens entfällt die Gewerbesteuer für Dauerschuldzinsen auch in dem Fall, in dem die Leasinggesellschaft grundsätzlich keine Gewerbesteuer zu bezahlen hat, weil sie durch enge Konzernverbindung in einem gewerbesteuerlichen Organschafts-verhältnis mit einem in diesem Bereich von der Gewerbesteuer befreiten Kreditinsti-tut steht. Denkbar ist drittens, dass eine Leasinggesellschaft in einer Gemeinde mit niedrigen Gewerbesteuer-Hebesätzen residiert und deshalb für ein Unternehmen in einer Gemeinde mit höheren Hebesätzen einen Vorteil hat. Nach absehbarem künfti-gen Steuerrecht entfallen zumindest im Prinzip entscheidende Gewerbesteuervor-teile, da Leasingraten mit ihrem pauschal festgelegten Zinsanteil gewerbesteuer-pflichtig sind, So verliert das Leasing wichtige steuerliche Vorteile.

Oft vermutete Vorteile bei anderen gewinnabhängigen Steuern sind nur Scheinvorteile, wenn man berücksichtigt, dass Vorteile des Leasingnehmers nicht durch Nachteile des

Leasinggebers kompensiert werden dürfen, da der Leasinggeber seine steuerliche Belastung tendenziell immer voll in den Leasingraten weitergeben wird. Beispiel: Ein Leasingnehmer kann die Leasingraten für seinen Vollamortisations-Leasingvertrag steuerlich absetzen. Die Grundmietzeit sei 60 Prozent der betriebsgewöhnlichen Nutzungsdauer. Im Vergleich dazu hätte er bei Kauf und Kreditfinanzierung des Objekts Abschreibungen und Zinsen abzusetzen, wobei die Abschreibungen auf die gesamte betriebsgewöhnliche Nutzungszeit (100 Prozent) zu verteilen wären. Dann zieht er über die Leasingraten rechnerisch seine Aufwendungen für die Investition zeitlich vor, amortisieren die Leasingraten das Objekt doch schon in 60 Prozent der Abschreibungszeit. Er kürzt somit früher seine Gewinne und profitiert also von einer zeitlichen Verschiebung der Gewinne und damit der Gewinnsteuern. Es wäre aber zu oberflächlich, wollte man darin einen Vorteil sehen. Denn die Leasinggesellschaft hat keinerlei Sonderrechte zum schnelleren Abschreiben als das Unternehmen. Zieht sie also ihre Erträge durch hohe Leasingraten in den ersten 60 Prozent der Abschreibungszeit vor, so zieht sie zwangsläufig auch die Gewinnsteuern zeitlich vor. Der frühere Anfall von Gewinnsteuern bei ihr muss sich natürlich in der Kalkulation der Leasingraten niederschlagen. Letztlich gleichen sich also Gewinnsteuerverschiebung beim Leasingnehmer und Gewinnsteuervorziehung beim Leasinggeber, deren Effekt über die Höhe der Leasingraten an den Leasingnehmer weitergegeben werden muss, gegenseitig aus.

Zusammenfassung dieses Kapitels

In dem Kapitel werden wichtige Finanzierungsformen vorgestellt, die bis auf das Leasing systematisch der Innenfinanzierung zuordenbar sind, die aber in der Praxis ein ganz eigenes Profil entwickelt haben. Gemeinsam ist diesen Sonderformen, dass sie nur oder auch unter Einschaltung spezieller Unternehmen zustande kommen, welche die Finanzmittel bereitstellen.

■ Factoring

Beim Factoring finanziert sich das Unternehmen durch den laufenden Verkauf von Forderungen aus Lieferungen und Leistungen innerhalb eines Rahmenvertrags mit einem Spezialfinanzierer, einem Factor. Es ist geeignet für Unternehmen, die nicht zu kleine Forderungen gegenüber einem relativ konstanten Kreis größerer Abnehmer haben. Der Factor übernimmt alle oder einzelne folgender Funktionen: Finanzierungsfunktion, Übernahme des Delkredererisikos und Dienstleistungsfunktionen. Das sind mehr Funktionen als beim einfachen Kredit – etwa dem alternativ möglichen Zessionskredit einer Bank – und dieses Mehr muss auch bezahlt werden. Wird das durch den Forderungsverkauf erhaltene Geld zur Tilgung von Verbindlichkeiten verwendet, so führt das Factoring letztlich – wie alle Formen des Forderungsverkaufs – zur Bilanzkürzung.

■ Forfaitierung

Die Forfaitierung ist ein einmaliger Forderungsverkauf, der sich nur lohnt, wenn die Forderung relativ hoch und/oder längerfristig ist. Forfaiteure sind Banken oder spezialisierte Finanzdienstleister. Häufig werden große Forderungen aus Exporten forfaitiert. Um eine vom Grundgeschäft unberührte abstrakte Forderung zu haben, werden die Forderungen in den meisten Fällen in Wechsel gekleidet. Für jede Zins-

und Tilgungsrate wird dann ein Wechsel ausgestellt. Die Forderungsverkäufer (zum Beispiel Exporteure), welche die Forderungen ohne verbleibende Eventualverpflichtungen aus ihren Büchern haben wollen, verwenden möglichst Solawechsel des Abnehmers (zum Beispiel des Importeurs), die sie bei Weitergabe an den Forfaiteur erforderlichenfalls, das heißt wenn sie nicht schon blanko indossiert sind, mit einem Angstindossament versehen. Zur Eingrenzung seines Risikos fordert der Forfaiteur eine besondere Besicherung der angekauften Forderungen, die durch eine Bank oder ein Versicherungsunternehmen vorgenommen werden kann, beispielsweise durch ein Wechselaval oder eine Kreditversicherung.

■ Asset Backed Securities

Asset Backed Securities (ABS) sind Wertpapiere einer rechtlich selbstständigen Spezialgesellschaft, die im Fall des echten Verkaufs (True Sale) allein den Zweck hat (Einzweckgesellschaft), Forderungen zu erwerben und sich mit den Asset Backed Securities zu refinanzieren. Der Forderungsbestand ist die bonitätsmäßige Basis der ABS, zusätzlich kann es Maßnahmen geben, die eine Verbesserung der Bonität des Forderungsbestands bewirken, beispielsweise die Bildung eines Reservekontos, aus dem die Beträge ausgefallener Forderungen ersetzt werden können, Garantien für den Fall des Forderungsausfalls oder Kreditversicherungen. Die Einzelgesellschaft emittiert oft die Wertpapiere in unterschiedlichen Tranchen, die sich durch den Risikogehalt (und damit auch durch die Verzinsung) der Wertpapiere unterscheiden, eventuell auch durch die Laufzeiten. Der verkaufte Forderungsbestand muss die Bedienung der ABS mit Zins und Tilgung ermöglichen. Erste ABS in den USA waren Mortgage Backed Securities (ABS, denen Hypothekenforderungen zugrunde liegen), die eine gewisse Verwandtschaft zu den Deutschen Pfandbriefen haben. Je nach Konstruktion kann die Einzweckgesellschaft dafür vorsorgen, dass im Fall von Problemen mit dem erwirtschafteten Cashflow trotzdem die ABS ordnungsgemäß bedient werden können (Pay-through-Variante), oder sie kann auf ein derartiges Finanzmanagement verzichten (Pass-through-Variante). Ratingagenturen prüfen für erforderliche Emissionsratings das Kreditrisiko der verbrieften Aktiva, die Organisation von Durchleitung und Verteilung der Cashflows und die rechtliche Ausgestaltung der Transaktionen.

■ Leasing

Leasing ist rein rechtlich eine Miete, weist aber im typischen Fall aus kaufmännischer Sicht deutliche Besonderheiten auf, die eine Gleichstellung mit der üblichen Miete verbieten. Die Bezeichnung Finanzierungs-Leasing im Gegensatz zum Operating Leasing, der normalen Miete, soll die Nähe zur Finanzierung eines gekauften Objekts ausdrücken. Entscheidender typischer Unterschied zur üblichen Miete ist, dass der Leasingnehmer weitgehend die Amortisation des Leasingobjekts absichern muss und so ein erhebliches Investitionsrisiko trägt. Ursprüngliche Form des Finanzierungs-Leasing ist das Vollamortisationsleasing, bei dem in der nicht die gesamte Abschreibungszeit umfassenden Grundmietzeit die volle Amortisation des Leasingobjekts für den Leasinggeber allein durch die Leasingraten gesichert ist. Beim Teilamortisationsleasing dagegen sichern die Leasingraten der Grundmietzeit nur zuzüglich des Restwerterlöses des Leasingobjekts die volle Amortisation.

Am Ende der Grundmietzeit hat beim Vollamortisationsleasing der Leasingnehmer keinerlei spezielles Recht, eine Kaufoption auf das Leasingobjekt oder eine Verlängerungsoption für den Leasingvertrag. Beim Teilamortisationsleasing soll eine Sicherung des zur vollen Amortisation nötigen Erhalts des Restwerts durch typische Vereinbarungen erfolgen, die im Teilamortisationserlass näher bestimmt sind: Andienungsrecht (Verkaufsoption) des Leasinggebers als konsequentester Schutz der Interessen des Leasinggebers, dessen Abmilderung durch Verträge mit Differenzausgleichspflicht des Leasingnehmers (sofern gilt: Erlös bei Verkauf < kalkulierter Restwert), aber auch Aufteilung eines eventuellen Mehrerlöses (sofern gilt: Erlös bei Verkauf > kalkulierter Restwert) und bestimmte Regelungen für kündbare Verträge. Alle drei Varianten sollen bewirken, dass die Chancen einer Wertsteigerung des Leasingobjekts ganz oder teilweise beim Leasinggeber liegen und die Risiken der stärkeren Wertminderung (im Vergleich zur ursprünglichen Kalkulation des Leasinggebers) dem Leasingnehmer aufgebürdet werden, damit im Sinne des Teilamortisations-Erlasses die Eigentümerposition des Leasinggebers ausreichend gewahrt bleibt. Es gibt daneben in der Praxis auch Leasingverträge, bei denen der Werterhalt des Leasingobjekts durch Vereinbarungen über die begrenzte und pflegliche Benutzung des Objekts gesichert wird.

Der Fiskus hat genaue Regelungen entwickelt, unter welchen Voraussetzungen er das wirtschaftliche Eigentum des Leasinggebers als ausreichend gesichert ansieht, um ihn als Investor wie einen normalen Vermieter zu akzeptieren, der das Objekt in seiner Bilanz aktivieren darf. Dazu muss erstens die Grundmietzeit zwischen 40 und 90 Prozent der linearen Abschreibungszeit des Leasingobjekts liegen und zweitens müssen die Rechte der Leasingnehmer am Ende der Leasingzeit nach festen Regeln begrenzt sein. Solche Rechte bestehen bei Kaufoption oder Verlängerungsoption im Fall des Vollamortisationsleasing sowie bei Beteiligung an einem Mehrerlös beim Teilamortisationsleasing und bei Anrechnung eines Veräußerungserlöses auf Abschlusszahlungen beim kündbaren Leasing nach dem Teilamortisationsmodell.

Die Leasingrate hat beim Vollamortisationsvertrag den Saldo aller Kosten und Erträge des Leasinggebers als Bemessungsgrundlage, bei Teilamortisationsverträgen muss man davon den kalkulierten abgezinsten Restwert des Leasingobjekts abziehen. Zusätzlich müssen die Leasingraten noch als spezifische Belastung durch die Leasinggesellschaft deren Verwaltungs- und Risikokosten abdecken und ihre Gewinnmarge. Die Refinanzierung der Leasinggeber erfolgt über die Aufnahme von Bankdarlehen oder durch den Verkauf der Forderungen auf künftige Leasingraten (Forfaitierung oder Verkauf an eine Einzweckgesellschaft).

Leasing und Darlehensfinanzierung unterscheiden sich durch eine Vielzahl qualitativer und quantitativer Faktoren, sodass ein Vergleich ein sehr komplexes Problem ist.

Aufgaben

Die Lösungen zu diesen Aufgaben finden Sie am Ende des Buches.

Aufgabe 6-1

Factoring:

Welche der folgenden Aussagen (A bis F) sind richtig?

A. Der Factor trägt nicht das Risiko des rechtlichen Bestands der erworbenen Forderungen.

B. Factorunternehmen schreiben normalerweise selbst keine Rechnungen im Auftrag des Kunden, sondern sie versenden meistens nur die Rechnungen ihrer Anschlusskunden.

C. Factoring vermindert bei den Anschlusskunden (im Vergleich zum Verzicht auf das Factoring) die Debitorenumschlagdauer, wenn die Finanzierungsmittel zur Schuldentilgung verwendet werden.

D. Argumente der Debitorenpflege sprechen aus Sicht vieler potenzieller Anschlusskunden eher gegen als für das Factoring.

E. Factoring betrifft den Ankauf von Buchforderungen.

F. Factoring beinhaltet den einmaligen oder fallweisen Ankauf einzelner Forderungen aus Lieferungen und Leistungen.

G. Alle Aussagen (A bis F) sind falsch.

Aufgabe 6-2

Factoring:

Welche der folgenden Aussagen (A bis E) sind richtig?

A. Der Factor hat immer das Recht, nicht eintreibbare Forderungen seinen Anschlusskunden zurückzubelasten.

B. Der Anschlusskunde muss beim Verkauf seiner Forderungen an den Factor einen bestimmten Diskontabschlag von der Summe der Zeitwerte der Forderungen hinnehmen.

C. Durch die Inanspruchnahme der Delkredereleistung des Factors spart sich der Anschlusskunde Forderungsabschreibungen.

D. Factoring kann besonders dann eine sinnvolle Alternative zu Kontokorrentkrediten von Banken sein, wenn der Kunde sehr stark steigende Umsätze hat und die Bank keine Krediterhöhung gegen Forderungszessionen akzeptiert.

E. Factoring kann besonders dann eine sinnvolle Alternative zu Kontokorrentkrediten von Banken sein, wenn der Kunde gleichzeitig mit der Finanzierung das Delkredererisiko ausschalten will.

F. Alle Aussagen (A bis E) sind falsch.

Aufgabe 6-3

Forfaitierung:

Welche der folgenden Aussagen (A bis F) sind richtig?

A. Im Fall der Forfaitierung haftet der Forderungsverkäufer weder für den rechtlichen Bestand noch für die Bonität der Forderung.

B. Bei der Forfaitierung werden aus Sicht des Forfaitisten (zum Beispiel Exporteur) im Idealfall gezogene Wechsel angekauft, notfalls auch Solawechsel.

C. Bei Exportforderungen übernimmt der Forfaiteur (Forderungskäufer) wegen der erhöhten Gefährdung dieser Forderungen im Allgemeinen nicht das Delkredererisiko.

D. Der Forfaiteur kann dem Forfaitisten (zum Beispiel Exporteur) den Forfaitierungsbetrag wieder zurückbelasten, wenn in dem Land, in dem der Schuldner der angekauften Forderungen (zum Beispiel Importeur) residiert, Zahlungen ins Ausland nicht mehr genehmigt werden.

E. Der Forfaiteur übernimmt das Forderungsinkasso nur ausnahmsweise, da er im Allgemeinen keine Dienstleistungsfunktionen anbietet.

F. Der Forfaiteur übernimmt bei Außenhandelsfinanzierungen typischerweise ohne Besicherung durch Dritte die erheblichen Risiken mangelnder Bonität der Importeure.

G. Alle Aussagen (A bis F) sind falsch.

Aufgabe 6-4

Forfaitierung contra Factoring:
Welche der folgenden Aussagen (A bis F) sind richtig?
Die Forfaitierung unterscheidet sich vom Factoring unter anderem dadurch, dass ...

A. der auszahlbare Forfaitierungsbetrag um keinen vorläufigen pauschalen Sperrbetrag für wahrscheinlich nicht zustande gekommene Forderungen (von zum Beispiel 10 Prozent des Forderungsbetrags) gekürzt wird.

B. sie sich vornehmlich auf mittel- bis langfristige, nicht auf sehr kurzfristige (bis 90 Tage) Forderungen bezieht.

C. die zu forfaitierenden Forderungen oft bankbesichert sind.

D. sie in der Praxis ihren Schwerpunkt bei Auslandsforderungen hat, während das Factoringgeschäft stärker inlandsorientiert ist.

E. der Forfaiteur mit dem Forfaitisten grundsätzlich nicht in laufenden Geschäftsbeziehungen stehen muss, um fallweise fällige Forfaitierungen vorzunehmen.

F. die Zinsen an den Forfaiteur üblicherweise periodisch, etwa vierteljährlich, vom Forfaitisten überwiesen werden.

G. Alle Aussagen (A bis F) sind falsch.

Aufgabe 6-5

Asset Backed Securities (ABS):
Welche der folgenden Aussagen (A bis G) sind richtig?

A. Verzinsung und Tilgung von Asset Backed Securities erfolgen aus den Zuflüssen aus Warenverkäufen der Einzweckgesellschaft.

B. Gelegentlich gibt ein Originator der Einzweckgesellschaft ein Darlehen, das insofern nachrangig ist, als es nur dann vollständig rückzahlbar ist, wenn die an die Einzweckgesellschaft verkauften Forderungen komplett eingegangen sind.

C. Die einer ABS-Emission zugrunde liegenden Forderungen (Assets) stammen aus Gründen der Risikoverteilung immer von mehreren Originatoren nebeneinander.

D. Das Emissionsrating für ABS-Emissionen erbringt typischerweise auch für die besten Tranchen der ABS ein eher schlechtes Ratingergebnis. Grund ist, dass die Originatoren naturgemäß nur schlechte Forderungen an die Einzweckgesellschaft ausgliedern.

E. Collateralized Loan Obligations liegen Anleiheforderungen zugrunde, die an die Zweckgesellschaft veräußert wurden.

F. Die Pass-through-Variante der ABS zeichnet sich dadurch aus, dass bei der Einzweckgesellschaft eingehende Zahlungen ohne Finanzmanagement an die Anleger durchgeleitet werden.

G. Es seien Asset Backed Securities in Tranchen mit unterschiedlichen Risiken emittiert worden, sogenannte Collateralized Debt Obligations. Sichert die Equity Tranche 3 Prozent des Nominalbetrags der Emission ab, so erleiden die Erwerber von Papieren dieser Tranche einen Totalverlust, wenn die Ausfälle diese 3 Prozent erreichen.

H. Alle Aussagen (A bis G) sind falsch.

Aufgabe 6-6

Leasingformen:

Welche der folgenden Aussagen (A bis F) sind richtig?

A. Direktes Leasing liegt vor, wenn der Verkäufer des Objekts (beziehungsweise ein Unternehmen seines Konzerns) sein Produkt selbst verleast.

B. Typisch für das indirekte Leasing ist, dass der Leasingvertrag nicht direkt mit dem Verkäufer des Leasingguts abgeschlossen wird, sondern mit einer von diesem unabhängigen separaten Leasinggesellschaft.

C. Spezial-Leasing zeichnet sich dadurch aus, das eine spezielle Leasinggesellschaft als Leasinggeber auftritt, nicht der Hersteller des Leasingguts selbst.

D. Beim Spezial-Leasing ist das Leasinggut eine Sonderanfertigung für den Leasingnehmer.

E. Beim Net-Leasing übernimmt der Leasinggeber Wartung, Reparatur, Versicherung des Leasingobjekts und ähnliche Service-Funktionen.

F. Operate-Leasing wird als die typische Leasingform oder auch als „echtes Leasing" bezeichnet.

G. Alle Aussagen (A bis F) sind falsch.

Aufgabe 6-7

Finanzierungs-Leasing gemäß steuerlich akzeptierten Regeln:

Welche der folgenden Aussagen (A bis F) sind richtig?

A. Der in Deutschland steuerlich anerkannte Finanzierungs-Leasingvertrag läuft in der Regel nur über einen kleinen Teil der wirtschaftlichen Lebensdauer – und damit steuerlichen Abschreibungsdauer – des Leasingobjekts, zum Beispiel über ein Viertel der steuerlichen Abschreibungszeit.

B. Leasingraten werden im Fall des steuerlich anerkannten Vollamortisations-Leasing immer so kalkuliert, dass sich das Leasingobjekt für den Leasinggeber in der Grundmietzeit allein durch die eingehenden Leasingraten amortisiert.

C. Typischerweise wird das Nutzungspotenzial pro Leasinggegenstand beim Finanzierungs-Leasing durch viele Leasingnehmer hintereinander genutzt.

D. Der Finanzierungs-Leasinggeber trägt allein das wirtschaftliche Risiko, dass sich der Leasinggegenstand insgesamt amortisiert.

E. Anders als beim Operate Leasing aktiviert beim steuerlich anerkannten Finanzierungs-Leasing der Leasinggeber das Leasinggut in der Bilanz.

F. Die Leasingrate für einen Anschlussleasingvertrag kann beim steuerlich anerkannten Vollamortisationsleasing grundsätzlich unabhängig vom steuerlich Restwert des Leasingobjekts festgelegt werden.

G. Alle Aussagen (A bis F) sind falsch.

Aufgabe 6-8

Teilamortisationsverträge im Finanzierungs-Leasing:

Welche der folgenden Aussagen (A bis F) sind richtig?

A. Wie beim Vollamortisationsvertrag des steuerlich anerkannten Finanzierungs-Leasing erhält der Leasinggeber während der Grundmietzeit eines Teilamortisationsvertrags einen vollen Ausgleich seiner Kosten durch die laufenden Leasingraten. Der festgelegte Restwert entspricht seinem Gewinn.

B. Die Differenzausgleichsverpflichtung bei bestimmten Teilamortisationsverträgen ist unter sonst gleichen Umständen ein umso größeres Liquiditätsrisiko für den Leasingnehmer, je höher der festgelegte Restwert angesetzt ist.

C. Der Leasingnehmer sollte bei zwei Teilamortisations-Leasingangeboten mit ansonsten gleichen Konditionen dasjenige mit dem höheren Restwert wählen.

D. Bei vergleichbar günstigen Teilamortisations-Leasingangeboten muss gelten: Je höher der festgelegte Restwert, desto niedriger die Leasingraten.

E. Beim kündbaren Leasing sind die Abschlusszahlungen des Leasingnehmers umso höher, je später der Vertrag gekündigt wird.

F. Durch eine Differenzausgleichsverpflichtung des Leasingnehmers beim Teilamortisationsleasing wird das Risiko eines unplanmäßig starken Wertverlustes des Leasingobjekts dem Leasingnehmer aufgebürdet.

G. Alle Aussagen (A bis F) sind falsch.

Aufgabe 6-9

Teilamortisationsvertrag mit Andienungsrecht des Leasinggebers:

Bei der Kalkulation eines Teilamortisationsvertrags wurde von einem Restwert eines Autos bei Vertragsende von 20.000 Euro ausgegangen. Mit diesem Preis besteht ein Andienungsrecht des Leasinggebers.

Welche der folgenden Aussagen (A bis E) sind dann richtig?

A. Hat das Auto bei Vertragsende tatsächlich einen Wert von 15.000 Euro, so wird der Leasinggeber sein Andienungsrecht ausüben.

B. Hat das Auto bei Vertragsende tatsächlich einen Wert von 25.000 Euro, so wird der Leasinggeber sein Andienungsrecht ausüben.

C. Hat das Auto bei Vertragsende tatsächlich einen Wert von 10.000 Euro, so erleidet der Leasingnehmer bei Ausübung des Andienungsrechts kalkulatorisch einen Verlust von 10.000 Euro.

D. Das Andienungsrecht des Leasinggebers kann am Ende der Leasingzeit zu einem unerwarteten Gewinn des Leasingnehmers führen.

E. Der Leasingnehmer steht mit dem Andienungsrecht des Leasinggebers immer besser, als wenn statt des Andienungsrechts eine Aufteilung des Mehrerlöses und eine Differenzausgleichspflicht des Leasingnehmers vereinbart worden wäre.

F. Alle Aussagen (A bis E) sind falsch.

Aufgabe 6-10

Leasing-Refinanzierung:

Welche der folgenden Aussagen (A bis E) sind richtig?

A. Zur Refinanzierung eines Leasinggeschäfts kann die Leasinggesellschaft unter anderem die ihr zustehenden Leasingraten an eine Bank verkaufen.

B. Zur Refinanzierung eines Leasinggeschäfts kann die Leasinggesellschaft unter anderem einen Kredit von einer Bank aufnehmen und die ihr zustehenden Leasingraten sicherungsweise an die Bank abtreten.

C. Die Refinanzierung gemäß Alternative A führt im Vergleich zu der gemäß Alternative B zu Unterschieden hinsichtlich der Debitorenrisiken der Leasinggesellschaft.

D. Leasinggesellschaften können sich teilweise aus Spargeldern refinanzieren, die Kunden bei ihnen angelegt haben.

E. Im Fall des Teilamortisationsleasing muss die Leasinggesellschaft nur einen Teil des Kaufpreises refinanzieren.

F. Alle Aussagen (A bis E) sind falsch.

Aufgabe 6-11

Vergleich von Leasing- und Kreditfinanzierung:

Welche der folgenden Aussagen (A bis E) ist richtig?

A. Anders als die Leasingfinanzierung kann die Kreditfinanzierung grundsätzlich nie 100 Prozent des Kaufpreises umfassen.

B. Die Leasingraten sind neben den Abschreibungen auf das Leasingobjekt zusätzlich steuerlich abzugsfähige Aufwendungen (Betriebsausgaben) des Leasingnehmers.

C. Verfügen Banken bei der Kreditprüfung über Angaben zu Leasingverpflichtungen, so berücksichtigen sie das Leasing oft analytisch durch Aktivierung des Leasingobjekts und Ansatz der abgezinsten ausstehenden Leasingraten als Verbindlichkeiten.

D. Aus steuerlichen Gründen ist das steuerlich anerkannte Finanzierungs-Leasing praktisch immer billiger als eine Darlehensfinanzierung.

E. Der Leasingnehmer kann anders als der Käufer ein technisch veraltetes Investitionsgut immer ohne Nachteile vorzeitig ersetzen, hat also höhere Investitionsflexibilität.

F. Alle Aussagen (A bis E) sind falsch.

Weitere Aufgaben zu diesem Kapitel finden Sie auf der Companion Website zum Buch unter *www.pearson-studium.de*.

Finanzderivate

7

ÜBERBLICK

Immer im Überblick: Position des Kapitels „Finanzderivate" in der Systematik des Buches:

Kapitel 1 Grundlagen der Finanzwirtschaft	Finanzierungsformen					Kapitel 9 Finanzorganisation, -planung und -controlling
	Außenfinanzierung			Kapitel 5 **Innenfinanzierung**	Kapitel 6 **Sonderformen der Finanzierung**	
	Kapitel 2 **Eigenfinanzierung**	Fremdfinanzierung				
		Kapitel 3 **Kreditfinanzierung**	Kapitel 4 **Fremdfinanzierung mit Effekten**			
	Kapitel 7 **Finanzderivate**					
	Kapitel 8 **Investitionsrechnung**					

Lernziele dieses Kapitels

- Die Finanzderivate sollen als zentrales Werkzeug des Risikomanagements in der Finanzwirtschaft der Unternehmung erkannt werden.

- Der Leser soll zuerst Derivate kennenlernen, die sich auf Basisobjekte mit allgemeinen Marktpreisen beziehen.

- Übliche Usancen im Derivategeschäft sollen vermittelt werden.

- Dem Leser soll klar werden, was die wichtigsten Grundformen der Derivate sind und inwieweit sich die unbedingten und bedingten Formen der Derivate jeweils untereinander ähneln.

- Für die verschiedenen Grundformen der Derivate soll einerseits erlernt werden, zu welchen Gewinnen und Verlusten ihre spekulative Anwendung führt, und andererseits ihre Anwendung als Hedginginstrumente des Finanzmanagements.

- Futures als einfache Grundform der Finanzderivate sollen deren Grundprinzipien bei Spekulation, Hedging und Hebeleffekt erkennen lassen.

- Bei den (Financial) Swaps sollen die großen Unterschiede von Zins- und Währungsswaps verständlich werden. Bei Zinsswaps sollen darüber hinaus die sehr unterschiedlichen Motive zu deren Abschluss klar unterschieden werden: Setzen auf eine bestimmte Zinsentwicklung ähnlich wie beim Future oder Ausnutzung komparativer Zinsunterschiede. Beim Währungsswap soll der Leser in die Lage versetzt werden, dessen Verwandtschaft zum einfachen Devisentermingeschäft zu erklären.

- Bei den Optionen steht am Anfang die Unterscheidung der Long- und Short-Positionen bei Kauf- und Verkaufsoptionen (Calls und Puts). Die Anwendung des Long-Option-Hedging soll in seinen Unterschieden zum Hedging mit unbedingten Termingeschäften (im Speziellen Futures) begriffen werden.

- Der Optionspreis soll mit seinen Komponenten innerer Wert und Zeitwert verstanden werden und es sollen einige Kennzahlen zur Beurteilung von Optionen erlernt werden.

- Der Leser soll sich ein klares Bild von Cap und Floor als wichtige Anwendungsmöglichkeiten des Optionsprinzips machen können.

- Der Leser soll den prinzipiell anderen Charakter der Kreditderivate im Vergleich zu den Marktpreisderivaten erfassen. Er soll darüber hinaus auch den Unterschied von Default-Risk-Derivaten einerseits und Spread-Widening-Risk-Derivaten andererseits erkennen und die einfachen Hauptvertreter dieser beiden Typen von Kreditderivaten beschreiben können.

7.1 Grundbegriffe und Einteilung

Ein Kennzeichen der modernen Finanzmärkte sind innovative Finanzierungstechniken, die Hilfselemente der Kapitalaufnahme und -anlage sind. Sie sind keine originären Finanzinstrumente, wie sie in den vergangenen Kapiteln besprochen wurden, sondern derivative, das heißt abgeleitete Finanzinstrumente, auch *Finanzderivate* genannt. Die Bezeichnung rührt daher, dass sich diese Instrumente auf originäre Finanzobjekte als *Basiswerte* (*Basisobjekte*, *Underlyings*) beziehen und sich insbesondere auch ihr Wert aus dem des jeweiligen Basisobjekts ableitet.

Finanzderivate ermöglichen dem Finanzmanagement die *Spekulation* auf die Entwicklung bestimmter Preise (Kurse) und – in praxi von weit größerer Bedeutung – die *Absicherung* (*Hedging*) gegen Risiken von Preisänderungen. Die Absicherung kann einzelne Positionen betreffen (Micro-Hedge), etwa den Kurs einer bestimmten Anleihe, oder aber zusammengefasste Positionen (Macro-Hedge), zum Beispiel die Kurse eines Portefeuilles von Anleihen. Neben dem Einsatz für Spekulation und Absicherung (Hedging) benützt man Finanzderivate auch für die *Arbitrage*, das ist die Ausnutzung unberechtigter Preisunterschiede auf ein und demselben Markt oder auf Märkten, deren Preise voneinander abhängen. Das kann beispielsweise der Markt für Wandelanleihen einerseits und der Markt für Aktien, auf die sich die Wandelanleihen beziehen, andererseits sein, oder der Spotmarkt für eine Anleihe einerseits und der Terminmarkt für diese Anleihe andererseits. Arbitrage auf den Finanzmärkten ist allerdings ganz überwiegend ein Bankgeschäft und wird deshalb hier nicht weiter betrachtet.

Die derivativen Finanzinstrumente sind sämtlich Termingeschäfte. *Termingeschäfte* zeichnen sich dadurch aus, dass in der Gegenwart die Preise für künftige Transaktionen fixiert werden, dass also Vertragsabschluss und -erfüllung zeitlich auseinanderfallen. Im Gegensatz dazu erfolgt bei den sogenannten *Kassageschäften* oder *Spot-Geschäften* unmittelbar nach Vertragsabschluss die Erfüllung: In der Gegenwart werden die Preise fixiert und auch sofort die Transaktionen ausgeführt. Termingeschäfte sind vom Grundprinzip her schon sehr alte Techniken, die allerdings auf den heutigen Finanzmärkten einen ganz neuen Stellenwert bekommen haben. International bedeutende Finanzmärkte sind ohne die sie ergänzenden Märkte für Finanzderivate nicht mehr denkbar, weil die Kapitalanleger und -aufnehmer die Möglichkeit fordern, mit Hilfe von Derivaten problemlos und kostengünstig Risiken einzugehen und abzusichern.

Entscheidende Kategorien der derivativen Finanzierungsinstrumente sind folgende:

- **Unbedingte Termingeschäfte** (Festtermingeschäfte): Kaufverträge mit Konditionenfestlegung in der Gegenwart und unbedingter Ausübung in der Zukunft.

- **Financial Swaps:** Tauschverträge von laufenden Zahlungsverpflichtungen in der Zukunft und gegebenenfalls ein Ausgangstausch in der Gegenwart, jeweils mit unbedingter Ausübung.

- **Bedingte Termingeschäfte** (optionsartige Termingeschäfte): Kaufverträge mit Konditionenfestlegung in der Gegenwart und bedingter Ausübung in der Zukunft nach Wahl eines der Vertragspartner.

Man kann die Swaps mit den unbedingten Termingeschäften zu den Derivaten mit Erfüllungspflicht zusammenfassen. Dann kommt man zu der Einteilung der Finanzderivate, die sich auf allgemeine Marktrisiken beziehen, gemäß Abbildung 7.1.

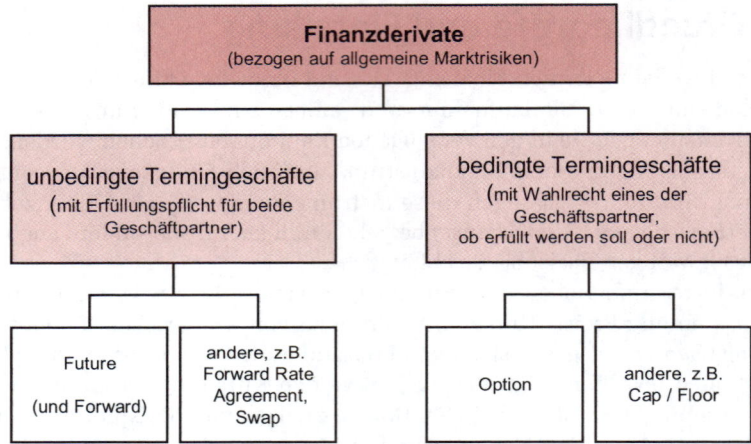

Abbildung 7.1: Finanzderivate, bezogen auf allgemeine Marktrisiken

Neben den genannten Derivaten, die sich auf allgemeine Marktpreise beziehen, gibt es noch sogenannte *Kreditderivate*, die sich auf individuelle Bonitäten einzelner Marktteilnehmer beziehen. Bei der Bezeichnung Kreditderivate wird der Ausdruck Kredit im weitesten Sinne verwendet, das heißt Kredit als Überlassung von Fremdkapital, sei dies nun ein individuelles Darlehen oder eine Anleihe. Ziel des Handels mit Kreditderivaten ist in praxi primär oft eine dynamische Steuerung von Kreditportfolios in Händen von Banken oder anderen Kapitalsammelstellen. Es treten aber auch Großunternehmen außerhalb des Finanzsektors auf den Märkten für Kreditderivate auf, weswegen sie hier im Anschluss an die Erörterung der auf Marktrisiken zielenden Derivate auch Gegenstand der Betrachtung sein werden.

Nach den Handelsorten lassen sich die Finanzderivate in börslich und in außerbörslich gehandelte Geschäfte unterscheiden. Die außerbörslich gehandelte Form wird meistens *Over-the-Counter-Geschäft* oder kurz *OTC-Geschäft* genannt. Für die OTC-Varianten gilt im Gegensatz zu den börsengehandelten Derivaten:

- Es existiert keine standardisierte Ausstattung, welche die Handelbarkeit wie an der Börse ermöglichen würde. OTC-Geschäfte haben dafür den Vorteil, dass sie sehr individuell entsprechend den Bedürfnissen der Vertragsparteien gestaltet werden können.

- Es gibt keine Börsen, an denen ihr Handel konzentriert ist, und somit auch keine Börsenaufsicht und keine Clearingstelle der Börse, die als bonitätsmäßig unbedenklicher Partner jeweils als vertragliche Gegenpartei gegenüber dem Käufer beziehungsweise Verkäufer auftreten könnte.

Nach der rechtlichen Ausgestaltung lassen sich die Derivate schließlich noch danach unterscheiden, ob sie als Wertpapiere konzipiert sind oder nicht. Bei den *Wertpapierformen* spricht man meistens von Scheinen, bei der *Nicht-Wertpapierform* von Verträgen oder Kontrakten.

Die Liefer- und Abnahmeverpflichtungen aus den Derivatekontrakten können unter Umständen am jeweiligen Markt durch tatsächliche Lieferung erfolgen. Dann spricht man von *Physical Settlement*. Es kann aber auch genügen, dass nur Gewinne und Verluste in Form der Differenz zwischen kontrahiertem Kurs und aktuellem Marktkurs zur Auszahlung kommen, was man *Barausgleich* oder *Cash Settlement* nennt.

7.2 Future und Forward

Diese Termingeschäfte sind *Festabschlüsse*. Sie müssen von beiden Vertragsparteien grundsätzlich ausgeführt werden, es ist für keine der Parteien ein Wahlrecht hinsichtlich der Ausübung vereinbart (*unbedingte Termingeschäfte*).

7.2.1 Begriff und Formen

Ein *Future* ist ein börsenmäßiger, ein *Forward* dagegen ein nicht börsenmäßiger Kauf oder Verkauf

- eines bestimmten Basisobjekts (Underlyings),

- in einer festgelegten Menge,

- zu einem festen Kurs,

- mit Ausführung zu einem festen Zeitpunkt in der Zukunft und

- mit Erfüllungszwang gleichermaßen für Käufer und Verkäufer.

Futures können sich auf die verschiedensten Basisobjekte beziehen, die einen Kurs haben oder aus Kursen abgeleitete Kenngrößen. Grundformen von Futures des Finanzsektors sind folgende:

- **Zinsfutures:** Ihnen liegen Geld- oder Kapitalanlagen als Basisobjekte zugrunde, auf die Zinsen als Erträge bezahlt werden, das sind insbesondere Anleihen, Termingelder oder Geldmarktpapiere. Beispiele sind etwa der an der deutsch-schweizerischen Terminbörse EUREX gehandelte Euro-Bund-Future als Future mit einem langfristig fixierten Zins und der 3-Monats-EURIBOR-Future[1] als Future mit kurzfristiger Zinsvereinbarung.

- **Aktienfutures:** Futures, die sich auf Aktien beziehen bzw. auf Aktienindizes. Wichtige Beispiele derartiger Futures an der EUREX sind der DAX-Future (Kontraktgröße hier zum Beispiel 25 Euro pro Indexpunkt des DAX) oder der EuroStoxx-50-Future.
- **Devisenfutures:** Futures zum Tausch zweier Währungen, sehr verbreitet unter Beteiligung des US-Dollars als eine der beteiligten Währungen.

Daneben gibt es unter anderem auch noch Futures auf sonstige Indices oder auf Körbe (Zusammenstellung von Wertpapieren in einem bestimmten festgelegten Verhältnis) von Wertpapieren oder Währungen, Futures auf bestimmte Fondsanteile sowie solche auf Schwankungsmaße (Volatilitätsindices).

Analog gibt es auch Forward-Geschäfte auf die gleichen Basisobjekte. Große Bedeutung haben außerbörsliche Festtermingeschäfte auf Devisen. Sie sind unter Bezeichnungen wie Solo- oder Outrightgeschäfte seit Jahrzehnten üblich und werden als traditionelle Geschäfte meistens nicht zu den Finanzderivaten gezählt, sind faktisch aber Forward-Kontrakte.

7.2.2 Euro-Bund-Future

Als Demonstrationsobjekt sei ein schon als Beispiel genannter Zinsfuture (Interest Rate Future) gewählt, der in Deutschland eine überragende Bedeutung hat, der *Euro-Bund-Future*. Er bezieht sich auf einen festverzinslichen Schuldtitel. Dabei wird der Schuldtitel zu einem im Voraus festgesetzten Kurs per einem späteren Fälligkeitstag gekauft beziehungsweise verkauft.

Bei Entstehung des Future-Kontrakts zu aktuellen Marktkonditionen des Underlyings kauft oder verkauft man nicht einen geldwerten Vorteil, wie man etwa eine Option kaufen oder verkaufen kann. Vielmehr kauft oder verkauft man nur das Basisobjekt, etwa ein Zinspapier, per Termin. Ein solcher Future-Kauf-Kontrakt zu aktuellen Konditionen für das Basisobjekt kostet deshalb bei Abschluss nichts, weil er wertneutral ist. Allerdings kann der Terminvertrag dann doch zum Handelsobjekt mit negativem oder positivem Wert werden, wenn eine der Vertragsparteien eine nicht mehr marktgerechte Kauf- oder Verkaufspflicht weitergibt, also eine Kauf- oder Verkaufsverpflichtung für das Basisobjekt zu nicht mehr aktuellen Terminpreisen für den Basiswert. Der Verkäufer eines alten Future-Kontrakts muss dann Geld bezahlen, wenn sich die Vorteilhaftigkeit des alten Futures negativ entwickelt hat, oder aber er erhält Geld, wenn sich die Vorteilhaftigkeit des alten Futures positiv entwickelt hat.

Beim Euro-Bund-Future verwendet man als Underlying kein tatsächlich existierendes Zinspapier, sondern ein synthetisches Zinspapier mit standardisierter Restlaufzeit. Man hat quasi ein Modell eines Rentenpapiers konstruiert, das eine hier günstige Abweichung von den wahren Papieren hat: Die Laufzeit echter Obligationen wird laufend kürzer, die der synthetischen Anleihe nicht. Beim Underlying des Bund-Futures

---

1 Als Preis oder Kurs des Basiswerts verwendet man hier 100 Prozent minus den gehandelten Zinssatz. Ist der Zins also zum Beispiel 3,125 Prozent, so ergibt sich ein Preis (oder Kurs) von rechnerisch 96,875 Prozent.

ermittelt man durch Vergleich mit ungefähr so lange laufenden tatsächlichen Bundes-Obligationen, welchen Kurs das Papier mit der unterstellten Laufzeit hätte.

Der Kontrakt über einen Bund-Future hat folgende wesentliche Merkmale:

- Basiswert: Fiktive Schuldverschreibung der Bundesrepublik Deutschland
- Nominalzins: 6 Prozent
- Restlaufzeit: Zehn Jahre (tatsächlich lieferbare ähnliche Anleihen: 8,5 bis 10,5 Jahre)
- Kontraktwert nominal: 100.000 Euro
- Laufzeit bis zu neun Monaten, mögliche Liefermonate März, Juni, September und Dezember (Liefertag jeweils 10. des Monats)
- kleinstmögliche Preisänderung 0,01 Prozent (ergibt bezogen auf den Nominalwert 0,01 Prozent von 100.000 Euro = 10 Euro)
- physische Lieferung (Physical Settlement)

Da es genau die Anleihe des Futures nicht gibt, muss im Fall der tatsächlich physischen Lieferung für die konkrete Lieferung einer ähnlichen Anleihe nach einem speziellen Verfahren ein Abrechnungspreis ermittelt werden, dessen Höhe je nach der faktisch gelieferten (ähnlichen) Anleihe variiert. Die Laufzeiten der lieferbaren Anleihen liegen zwischen 8,5 und 10,5 Jahren, also in der Nähe der idealtypischen 10 Jahre. In den weitaus meisten Fällen allerdings kommt es zu keiner Lieferung, vielmehr wird der ursprüngliche Future-Abschluss durch ein Gegengeschäft, eine *Glattstellungstransaktion*, neutralisiert. Dabei wird ein früherer Kauf per Termin durch einen gleich hohen Verkauf per gleichem Termin aufgehoben und umgekehrt ein früherer Verkauf per Termin durch einen gleich hohen Kauf. Der Unterschied von ursprünglich vereinbartem Terminkurs und Kurs für die Glattstellungstransaktion führt zu einem Gewinn oder Verlust. Die Glattstellungstransaktion macht das Physical Settlement faktisch zum Cash Settlement.

Warum spricht man hier, beim Handel eines Rentenwerts per Termin, von einem Zins-Future? Weil der Kurs eines festverzinslichen Wertpapiers unmittelbar die Zinsentwicklung widerspiegelt. Gehen die Marktzinsen zum Beispiel hoch, so sinkt der Kurs der festverzinslichen Wertpapiere auf dem Markt. Er sinkt so lange, bis sich auf der Basis des gesunkenen Kurses eine Rendite des Papiers errechnet, die den gestiegenen Marktzinsen entspricht.

7.2.3 Gewinn- und Verlustbetrachtung

Gegenstand der folgenden Erörterungen ist die Frage, welche Gewinne und Verluste Kauf und Verkauf von Futures zur Folge haben können. Die Gewinne und Verluste werden in Abhängigkeit von der Kursentwicklung des Underlyings, im hier weiter verwendeten Demonstrationsbeispiel der synthetischen Bundesanleihe, untersucht. Der Zeitpunkt, per dem der Gewinn oder Verlust bei dieser Analyse festgestellt wird, ist das Ende der Laufzeit des Futures.

In einem ersten Schritt wird davon ausgegangen, dass isoliert ein Kauf beziehungsweise ein Verkauf des Futures erfolgt (Spekulations-Fall). In einem zweiten Schritt wird dann analysiert, welche Gewinne und Verluste sich insgesamt einstellen, wenn man erstens ein Grundgeschäft vornimmt (zum Beispiel Kauf einer Anleihe) und zweitens zusätzlich einen Future-Vertrag abschließt, der die Risiken dieses Grundgeschäfts ausschalten soll (Hedging-Fall).

7.2.3.1 Spekulation mit Futures: Gewinn- und Verlustanalyse

In Abbildung 7.2 zeigt die ansteigende Linie, welche Gewinne oder Verluste in Abhängigkeit von der Kursentwicklung (nicht direkt in Abhängigkeit vom Zins) der per Termin erworbenen Anleihe entstehen, wenn unterstellt wird, dass der Kauf der Anleihe per Termin isoliert erfolgt, das heißt ohne Verquickung mit einer anderen Transaktion. Das wollen wir hier als *Spekulation* bezeichnen, weil eventuelle Gewinne oder Verluste nicht durch andere damit verbundene Geschäfte wieder ausgeglichen werden. Der Spekulant will aus Preisentwicklungen Gewinn schlagen.

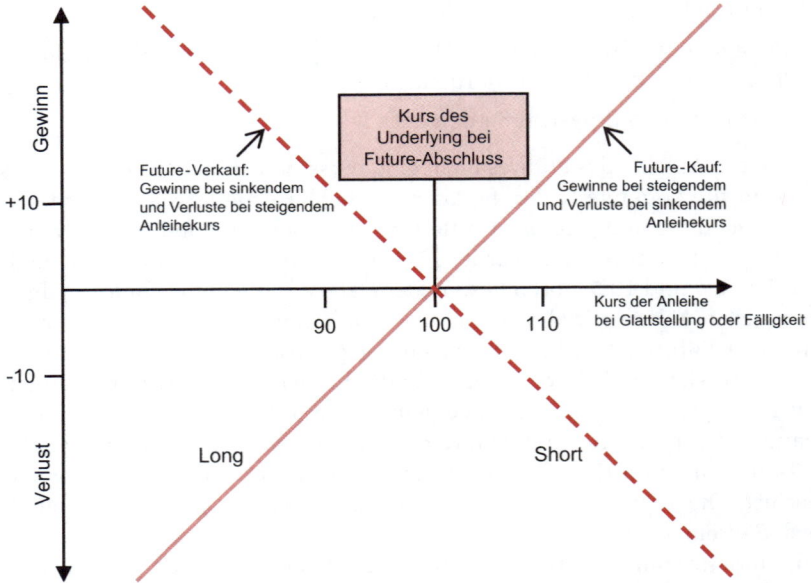

Abbildung 7.2: Spekulativer Terminkauf/-verkauf der synthetischen Bundesanleihe

Nimmt man die Kauf-Position (*Long-Position*) ein, so gewinnt man bei steigenden und verliert bei fallenden Kursen des Underlyings. Der zum Kauf gegenteilige Fall, der Verkauf (*Short-Position*) per Termin, ergibt logischerweise eine Gewinn- und Verlustkurve, die sich aus der obigen zum spekulativen Kauf ergibt, wenn man diese an der Abszisse spiegelt. Denn man kann sich Käufer und Verkäufer der Anleihe per Termin ja als unmittelbare Kontrahenten vorstellen, sodass der Gewinn des einen immer gleich dem Verlust des anderen ist (immer ohne Beachtung von Transaktionskosten).

Der Effekt eines früheren Future-Kaufs wird aufgehoben, wenn man einen identischen Future zum aktuellen Kurs verkauft und umgekehrt (*Glattstellung*). Futuregeschäfte lassen sich also durch Gegengeschäfte in ihrer Wirkung aufheben. Die Erfüllungspflicht beim Future findet durch das Gegengeschäft faktisch ein Ende. Allerdings hat eine Kauf- oder Verkaufsverpflichtung der Bundesanleihe zu Terminkursen, die nicht mehr aktuell sind, einen positiven oder negativen Wert. Die Glattstellung durch das Gegengeschäft führt also zu einer Gewinn- oder Verlustrealisierung.

Wer auf steigende Rentenkurse setzt, also auf sinkende Zinsen, der wird einen spekulativen *Kauf* des Futures vornehmen. Geht seine Spekulation auf, so steigt der Kurs des per Termin erworbenen Zinspapiers, sodass er zum Beispiel nach einem Vierteljahr das Papier zum relativ niedrigen (Termin-) Preis erwerben könnte, um es sofort

wieder zum gestiegenen Marktpreis am Spotmarkt zu veräußern und den Unterschiedsbetrag als Gewinn zu behalten.

Umgekehrt wird sich verhalten, wer auf sinkende Rentenkurse setzt, also auf steigende Zinsen. Er wird einen spekulativen *Verkauf* eines Futures vornehmen. Hat er
mit seiner Zinsprognose recht, so fällt der Kurs des per Termin verkauften Zinspapiers,
sodass er etwa nach einem Vierteljahr das verbilligte Papier in der Kasse erwerben
und zum vereinbarten relativ hohen Kurs gleich verkaufen könnte. Der Unterschiedsbetrag bleibt ihm als Gewinn.

Tabelle 7.1

Spekulative Strategien je nach Zinserwartung

erwartete Zinstendenz	resultierende erwartete Kurstendenz bei Renten	angemessene spekulative Strategie mit Zins-Futures
sinkend	steigend	Kauf eines Zins-Futures
steigend	sinkend	Verkauf eines Zins-Futures

7.2.3.2 Hedging mit Futures: Gewinn und Verlustanalyse

Es gibt nicht nur die Spekulation, wie sie manche Anleger reizt. Anderen Anlegern,
besonders im professionellen Bereich, und speziell auch Kreditnehmern und sonstigen
Kapitalaufnehmern ist mehr an der Absicherung, dem *Hedging*, gelegen. Sie wollen
sich im Fall des Zinsfutures gegen Verluste aus unerwünschten Zinsentwicklungen
beziehungsweise zinsinduzierten Kursentwicklungen schützen.

Das Hedging erfolgt allgemein nach einem Prinzip, das als *Kompensationsprinzip*
verstanden werden kann. Hat eine bestimmte Entwicklung der Marktpreise für ein
Grundgeschäft Verluste zur Folge, so wird zu dessen Hedging ein Future abgeschlossen,
der bei dieser Marktpreisentwicklung im Gegenteil Gewinne zur Folge hat. Allerdings
muss man dabei in Kauf nehmen, dass der kompensierende Effekt des Futures auch bei
Gewinnen aus dem Grundgeschäft funktioniert: Hat eine bestimmte Entwicklung der
Marktpreise für ein Grundgeschäft Gewinne zur Folge, so hat der zu dessen Hedging
abgeschlossene Future leider auch wieder den gegenteiligen Effekt, nun Verluste.

Wir bleiben bei unserem Demonstrationsbeispiel des Euro-Bund-Futures. Sein Wert
verändert sich in Abhängigkeit von der Veränderung langfristig festgelegter Zinsen
(10-Jahres-Zins). Er ist deshalb ideal dazu geeignet, das Gegengewicht zu Grundgeschäften zu bilden, bei denen auch eine zehnjährige Zinsbindung vereinbart wurde.
Das können Kapitalaufnahmen mit zehnjähriger Festzinsbindung sein (durch Kredite
oder Emissionen), es können aber auch Kapitalanlagen sein, zum Beispiel eine Darlehensvergabe oder eine erworbene Anleihe, deren Zinsen für zehn Jahre fest sind.

Auch die Gewinn- und Verlustmöglichkeiten *mit den Grundgeschäften* lassen sich
mit Gewinn- und Verlustkurven beschreiben wie oben die mit Futures. Und wenn
man bedenkt, dass sich der Future nur durch den späteren Ausführungszeitpunkt des
Geschäfts von einem Spotgeschäft unterscheidet, dann verwundert es nicht, dass auch
die Gewinn- und Verlustkurven der Grundgeschäfte völlig analog zum Future durch
einfache Geraden darstellbar sind. Die Kursgewinne und -verluste des Käufers einer
Anleihe auf dem Spotmarkt sind im Prinzip die gleichen wie Kursgewinne und -ver-

luste des Käufers der Anleihe auf dem Terminmarkt. Analog gilt das für die Verkäufe auf Spot- und Terminmarkt. Man kann generell sagen: Bezogen auf die Anleihe kann ich mit einem Spotkauf oder einem Terminkauf eine Long-Position eingehen, ebenso wie ich mit einem Spot-Verkauf oder einem Future-Verkauf eine Short-Position zur Anleihe eingehen kann. Und das Hedging mit einem Future erfolgt dadurch, dass eine Long- beziehungsweise Short-Position bezogen auf die Anleihe durch Eingehen einer gegenteiligen Short- oder Long-Position bezüglich des Futures kompensiert wird.

Abbildung 7.3 zeigt, wie sich die Gewinne und Verluste bestimmter Grundgeschäfte (jeweils zwei denkbare Grundgeschäfte genannt) entwickeln. Dabei werden wie immer in Abbildungen dieses Kapitels die Gewinn- und Verlustkurven von Grundgeschäften (Basisgeschäften) mit Doppelstrichen dargestellt.

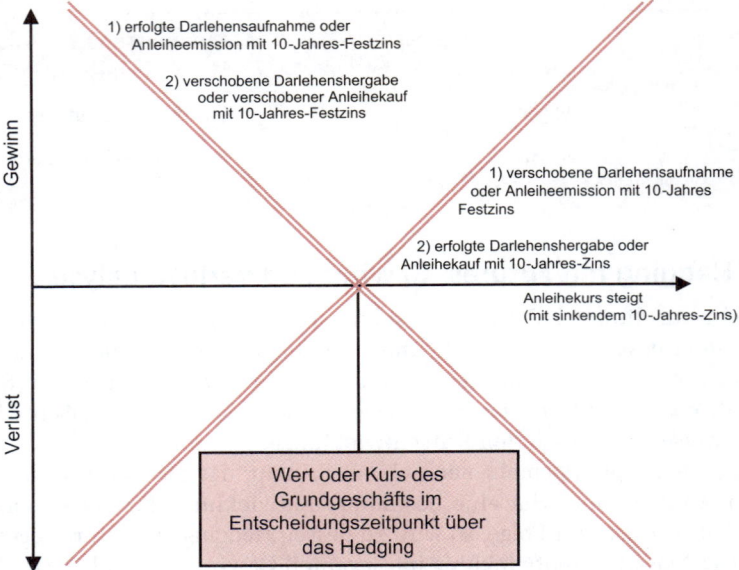

Abbildung 7.3: Gewinn- und Verlustkurven von Grundgeschäften mit zehnjähriger Zinsbindung

Kauft man zum Beispiel als Spekulant per Termin, so hofft man auf eine Kurssteigerung. Kauft man als Hedger per Termin, so fürchtet man wegen eines Grundgeschäfts eine Kurssteigerung und kompensiert den gefürchteten negativen Effekt der Kurssteigerung für das Grundgeschäft durch den positiven Effekt aus dem Kauf per Termin. Es gilt allgemein: Der Spekulant, der eine Entwicklung erhofft, und der Hedger, der eine Entwicklung (aufgrund eines Grundgeschäfts) befürchtet, schließen das gleiche Festtermingeschäft ab.

Die Abbildungen 7.4 und 7.5 zeigen an Beispielen, wie sich Gewinne und Verluste aus Grundgeschäft (Doppelstriche) und zum Hedging angemessenem Future (einfache Striche) in der Summe immer genau aufheben (*perfektes Hedging*). Für jeden möglichen Anleihekurs ist die Summe aus Gewinnen und Verlusten von Grundgeschäft und Absicherungsgeschäft gleich null (fetter Strich). Das gilt in dieser Reinheit allerdings streng genommen nur in dem theoretischen Idealfall, dass Spotpreis der Anleihe und Futurepreis identisch sind (man spricht von der sogenannten *Basis*, die gleich null ist) und sich völlig gleich in Abhängigkeit vom Zins entwickeln. Faktisch gibt es erstens Abweichungen zwischen dem Preis einer Anleihe und des Futures auf sie: Der Future notiert im Allgemeinen etwas anders als eine Anleihe mit identischen Konditionen (die *Basis ist ungleich null*), da der Future keinen Kapitaleinsatz erfordert (was kalkulatorische Zinskosten verursacht) und andererseits aber auch keine Zinserträge hat wie die Anleihe. Zweitens verändern sich die Preise von Anleihe und ihrem Future in Wirklichkeit nicht völlig gleich, sondern nur annähernd.

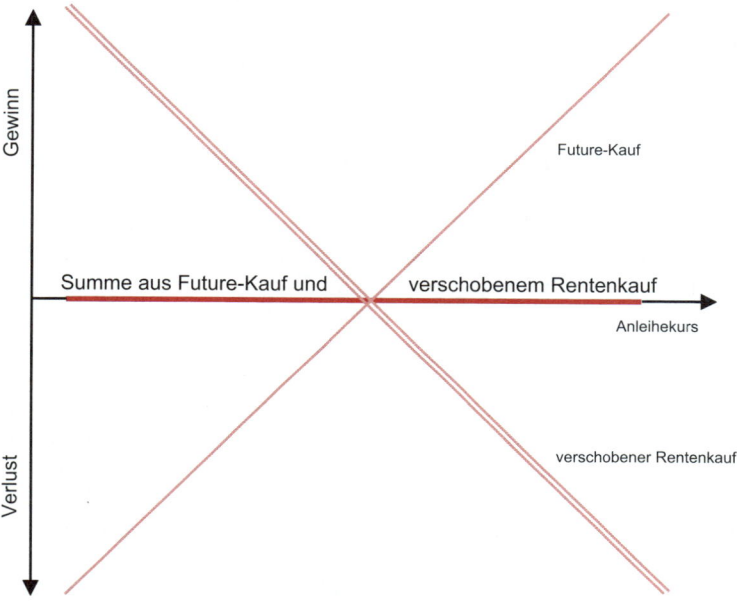

Abbildung 7.4: Long Hedge durch Kauf eines Futures

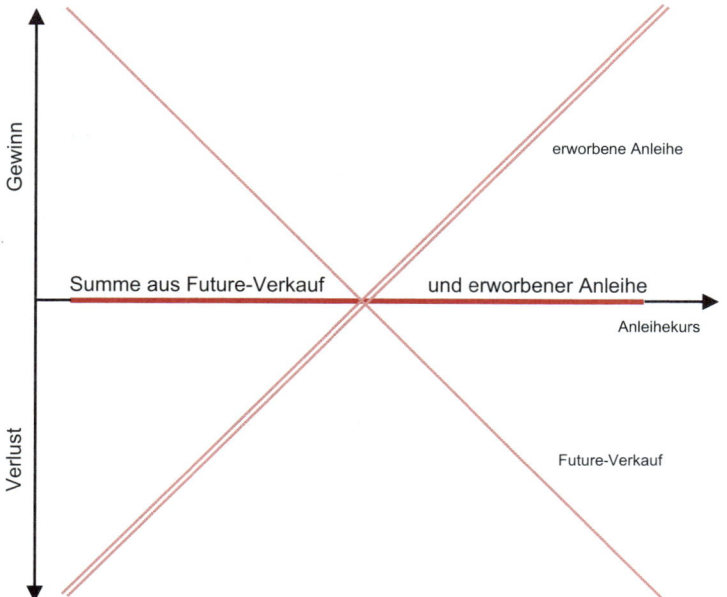

Abbildung 7.5: Short Hedge durch Verkauf eines Futures

7.2.4 Kapitaleinsatz durch Marginzahlung

Der Wert eines Euro-Bund-Future-Kontrakts mit dem Nominalwert von 100.000 Euro ist zum Beispiel bei einem Kurs des Bund-Futures von 85,70 Prozent gleich 85,70 Prozent × 100.000 Euro = 85.700 Euro. Käufer und Verkäufer müssen im Fall des Futures aber nur eine bestimmte Sicherheitsleistung erbringen, etwa 0,5 Prozent des Nominalwerts gleich 500 Euro, mit der potenzielle anfängliche Verluste abgedeckt werden können. Diese Sicherheitsleistung muss gleich am Anfang geleistet werden und heißt *Initial Margin* (anfängliche Sicherheitsrücklage). Entstehen rechnerische Verluste, so soll diese *Margin* planmäßig nicht völlig verbraucht werden, vielmehr werden zur Deckung zwischenzeitlicher rechnerischer Verluste wegen negativer Wertentwicklung des Futurekontrakts Marginnachschüsse angefordert (*Margin Calls*, Nachzahlungsforderungen).

Es wurde schon festgestellt, dass ein Futureabschluss mit Basispreisen auf aktuellem Marktniveau abgesehen von den die Abwicklung deckenden Transaktionskosten (die so oder ähnlich auch bei Spot-Geschäft anfallen) keine der Vertragsparteien etwas kostet. Ohne einen einzuschießenden Marginbetrag müsste kein Geld beim Futureabschluss zu aktuellen Basispreisen aufgewendet werden.

Die Marginzahlungen von Futurekäufer und -verkäufer gehen jeweils auf ein dafür eingerichtetes Konto. Erzielt der Marginkonto-Inhaber einen Gewinn, so kann er diesen voll entnehmen, soweit dadurch die Initial Margin, zum Beispiel 500 Euro, nicht vermindert wird. Bei Verlusten komplizieren sich die Verhältnisse in der Praxis dadurch, dass eine Nachforderung von liquider Sicherheit durch einen sogenannten Margin-Call nicht bei Unterschreiten des Betrags des Initial Margin (Initial Level) ausgelöst wird, sondern erst bei Unterschreiten eines niedrigeren *Maintenance Levels* (Erhaltungsniveaus). Ist das Maintenance Level etwa 75 Prozent des Initial Margin, so muss im Beispielfall nichts nachgeschossen werden, solange das Marginkonto den mit dem Initial Margin einbezahlten Betrag von im Beispiel 500 Euro nicht um mehr als 25 Prozent = 125 Euro unterschreitet. Erst wenn das Konto unter 375 Euro fällt, erfolgt ein Margin Call.

Der sehr begrenzte erforderliche Kapitaleinsatz durch Margineinschuss in Verbindung mit den dadurch bedingten entscheidenden Kostenersparnissen (insbesondere die kalkulatorische Verzinsung des Kapitals) ist ein ganz entscheidendes Charakteristikum des Terminkaufs gegenüber dem Spotkauf.

Der begrenzte Kapitaleinsatz führt bezüglich der Rendite zu einem Hebeleffekt. Der *Hebeleffekt* ist von entscheidender Bedeutung dafür, dass Futures zur Spekulation und zum Hedging eingesetzt werden. Er ergibt sich durch den relativ niedrigeren Kapitaleinsatz im Vergleich zum Kauf des Basiswerts, in unserem Demonstrationsbeispiel also der Obligation. Dies lässt sich leicht klarmachen, wenn man an einem Beispiel errechnet, welche Tagesrendite sich für den Future-Käufer allein durch die Kursentwicklung nach dem ersten Tag ergibt und welche sich einstellt, wenn er sich stattdessen eine Obligation kauft, die genau der Kontraktspezifikation des Bund-Futures entspricht.

> **Beispiel** — **Berechnung der Tagesrendite für den Future-Käufer durch die Kursentwicklung**
>
> Eine Obligation mit zehn Jahren Festzins steigt an einem Tag im Kurs von 83,50 Euro auf 83,80 Euro, das sind 0,3 Prozent vom Nominalwert von 100 Euro.
>
> Bei Kauf von 1.000 Obligationen ist der Kapitaleinsatz 83.500 Euro gewesen, die 1-Tages-Rentabilität somit (83.800 Euro − 83.500 Euro) / 83.500 Euro = 0,36 Prozent.
>
> Beim Euro-Bund-Future-Kauf (vereinfachend völlig identische Preise und Preisänderungen wie bei der Obligation unterstellt) sei der Kapitaleinsatz 500 Euro für einen Kontrakt über nominell 100.000 Euro und der Gewinn auch 0,3 Prozent vom Nominalwert 100.000 Euro. Die 1-Tages-Rentabilität ist hier 300 Euro / 500 Euro = 60 Prozent.
>
> Die Kapitaleinsätze sind im Fall des Obligationenkaufs 83.500 Euro, beim Futurekauf 500 Euro, das ergibt ein Verhältnis von 167 zu 1. Das Verhältnis der Renditen ist 60 Prozent zu 0,36 Prozent (genauer 0,3592814 Prozent) und damit ebenfalls 167 zu 1. Grund für den Hebeleffekt ist allein der unterschiedliche Kapitaleinsatz für Obligation einerseits und Future-Margin andererseits. Natürlich muss man bei differenzierterer Betrachtung beachten, dass sich in der Realität der Margineinsatz durch Marginnachschüsse und Abhebungen vom Marginkonto verändert.

7.3 Forward Rate Agreement

Vereinbart man bei einem Zins-Future beispielsweise einen künftigen Kurs von 100 Prozent für ein Geldmarktpapier mit einem Jahr Laufzeit und einem Nominalzins von 7,25 Prozent, so ist das letztlich nichts anderes als die Vereinbarung des festen Zinssatzes von 7,25 Prozent für eine künftige einjährige Laufzeit. Bei einem *Forward Rate Agreement* (FRA), das eine kurzfristige Zins-Forward-Vereinbarung im OTC-Geschäft ist, wird diese Festzinsvereinbarung für eine künftige Laufzeit direkt abgeschlossen statt über den Umweg einer Kursvereinbarung. Man vereinbart dabei, dass ein bestimmter Geldmarkt-Zinssatz, zum Beispiel der 12-Monats-EURIBOR, für eine bestimmte in drei Monaten beginnende Periode von einigen Monaten, etwa für 1.5.2006 bis 1.5.2007, bei einem festen Satz (*Forward Rate*) fixiert sei, etwa beim zum Zeitpunkt der Vereinbarung geltenden Satz von 7,25 Prozent. Ist der Zins dann bei Beginn der Periode der Zinsfixierung beispielsweise auf 7,45 Prozent angestiegen, so erhält eine der Parteien, der FRA-Käufer (er hat die Position des Kapitalaufnehmers zum vereinbarten Festzins), von der anderen, dem FRA-Verkäufer (Position des Kapitalgebers zum Festzins), die Zinsdifferenz bezogen auf einen fixierten Nennbetrag bezahlt. Ist der Nennbetrag im Beispiel 5 Mio. Euro, so zahlt der FRA-Verkäufer an den FRA-Käufer drei Monate nach FRA-Abschluss 0,2 Prozent auf 5 Mio. Euro für ein Jahr, also 100.000 Euro. Ist anders als im Beispiel der 12-Monats-EURIBOR unter die Forward Rate gefallen, so geht die Zahlung am Anfang der Zinsfixierungsperiode in die umgekehrte Richtung, das heißt vom FRA-Käufer an den FRA-Verkäufer.

FRA-Vereinbarungen werden nur für am Geldmarkt übliche Zeiten vereinbart, die Vorlaufzeit bis zum Beginn der Zinsbindungsperiode (start date) bewegt sich typischerweise ebenso zwischen einem und zwölf Monaten wie die Zinsbindungsperiode selbst (start date bis end date).

7.4 Financial Swaps

7.4.1 Begriff und Formen

Swap heißt Tausch. Ein *Financial Swap*, hier vereinfachend auch allein Swap genannt, ist eine OTC-Tauschvereinbarung im Finanzbereich, durch die im Fall von unterschiedlichen Währungen der Tauschbeträge ein Hintausch und Rücktausch von Kapitalbeträgen gleichen Werts einschließlich dem laufenden Tausch von Zinsen auf die getauschten Kapitalbeträge vereinbart wird. Haben die Kapitalbeträge die gleiche Währung, so werden allein laufende Zinszahlungen getauscht. Swaps können auch auf dem kurzfristigen Geldmarkt abgeschlossen werden, haben aber besonders im mittel- und langfristigen Bereich bis zu zehn Jahren und mehr Bedeutung.

Die Banken nehmen eine zentrale Stellung ein und betreiben auch einen Sekundärmarkt. Sie können dabei als Vermittler von Swaps oder aber als aktive Partner auftreten. Grundformen der Financial Swaps:

- **Zinsswap** *(Interest Rate Swap)*: Tausch unterschiedlich gearteter Zinsen, das heißt von Zinsen mit unterschiedlicher Fixierungsdauer (fix gegen variabel), weniger häufig auch von variablen Zinsen mit unterschiedlicher Basis, an welche die Zinsen jeweils gekoppelt sind (Basis Swap).
- **Währungsswap** *(Currency Swap oder Cross Currency Swap)*: Tausch von Kapitalbeträgen, die auf unterschiedliche Währungen lauten, einschließlich des Tauschs von Zinsen auf die Währungsbeträge.

Ein Swap, bei dem sowohl Kapitalbeträge in unterschiedlichen Währungen getauscht werden als auch unterschiedlich geartete Zinszahlungsverpflichtungen beziehungsweise -ansprüche, kann als Kombinationsform angesehen werden und wird als *Zins-Währungs-Swap* bezeichnet.

Eine andere Unterscheidung stellt darauf ab, ob es sich um Zinsverbindlichkeiten (Zinszahlungspflichten) handelt oder um Zinsforderungen (Zinsansprüche):

- **Liability-Swap:** Werden Zinszahlungspflichten (bei Currency Swaps einschließlich der diesen zugrunde liegenden Kapitalbeträge, das heißt Verbindlichkeiten) getauscht, so spricht man von Liability-Swaps.
- **Asset-Swap:** Sind im Gegenteil Zinsansprüche (bei Currency Swaps einschließlich der diesen zugrunde liegenden Kapitalbeträge, das heißt Forderungen) Tauschgegenstände, so spricht man von Asset-Swaps.

7.4.2 Zinsswap

Zinsswaps dienen dem Finanzmanagement zur Spekulation mit und insbesondere zum Hedging von Zinsprodukten genauso wie Zinsfutures und -forwards sowie FRAs, darüber hinaus aber auch zur Ausnutzung relativer Zinsvorteile.

7.4.2.1 Inhalt der Zinsswap-Vereinbarung

Grundsätzlich ist der Zinsswap ein Tausch nicht nur einzelner Zahlungen, sondern von Cashflows, nämlich von Zinsverpflichtungen (Abflüssen) oder -forderungen (Zuflüssen) auf gleich hohe Kapitalbeträge, ohne gleichzeitig die zugehörigen identischen Kapitalbeträge zu tauschen. Meistens wird dabei eine Verpflichtung oder Forderung zur Zahlung variabel definierter Zinsen gegen eine solche zur Zahlung/zum Erhalt eines Festzinses getauscht (Swap fix gegen variabel). Eine Vereinbarung enthält bei dieser Normalform folgende Parameter:

- Sofort beginnende Swap-Laufzeit, zum Beispiel   1.4.2007 bis 1.4.2012
- Tausch eines variablen Zinses, etwa   6-Monats-EURIBOR
- gegen einen Festsatz, den *Swapsatz*, zum Beispiel   7,375 Prozent
- bezogen auf einen Nominalbetrag (Swap-Volumen, notional amount), etwa   20 Mio. Euro
- an bestimmten Roll-over-Terminen, zum Beispiel jeweils   1.4. und 1.10.

7.4.2.2 Anlässe und Motive für Zinsswaps

Beim Zinsswap gibt es eine ganz spezifische Differenzierung von Motiven:

1. Motiv: Setzen auf eine bestimmte künftige Zinsentwicklung

2. Motiv: Ausnutzung komparativer Zinsvorteile

1. Motiv: Setzen auf eine bestimmte künftige Zinsentwicklung

Dieses Motiv kennen wir bereits vom Zinsfuture und Forward Rate Agreement. Es lässt sich in die Motive Spekulation und Hedging unterteilen.

Zinsswap

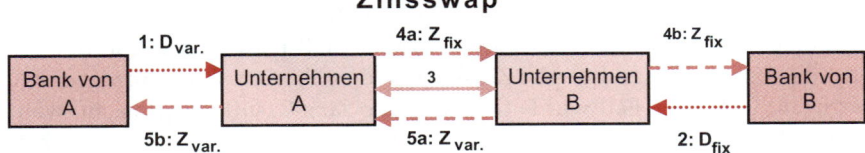

Die Pfeile haben folgende Bedeutungen:
1. Unternehmen A nimmt ein variabel zu verzinsendes Darlehen auf.
2. Unternehmen B nimmt ein festverzinsliches Darlehen auf.
3. Unternehmen A und B schließen einen Swapvertrag bezüglich Tausch der Zinszahlungen.
4. A zahlt Festzinsen an B, die dieser an seine Bank weitergibt.
5. B zahlt variable Zinsen an A, die dieser an seine Bank weitergibt.

Abbildung 7.6: Zinsswap

Das Beispiel der Abbildung 7.6 zeigt ein einfaches theoretisches Modell eines Swaps zwischen zwei Nichtbanken, die damit wunschgemäß die Zinsart ihrer jeweiligen aufgenommenen Bankdarlehen ändern. Anstelle der Darlehen könnten auch durch Anleihen aufgenommene Gelder stehen, dann hätte das eine Unternehmen einen Straight Bond mit langfristigem Festzins emittiert und das andere einen Floater. Durch den Zinsswap – zum Beispiel 6-Monats-EURIBOR gegen 8 Prozent fest bezogen 10 Mio. Euro für fünf Jahre – wird der ursprüngliche Festzinszahler zum Zahler variabler Zinsen und umgekehrt. In der Praxis treten zwischen die beiden Unternehmen Banken, sei es nur als Vermittler des Swaps oder als Vertragspartner (Gegenpartei) für jedes der beiden Unternehmen.

Per Saldo gilt in Abbildung 7.6:

- Bei Unternehmen A heben sich die zu zahlenden und die zu erhaltenden variablen Zinsen gegenseitig auf, es bleiben zu bezahlende fixe Zinsen.

- Bei Unternehmen B heben sich die zu zahlenden und die zu erhaltenden fixen Zinsen gegenseitig auf, es bleiben zu bezahlende variable Zinsen.

So haben A und B nach dem Swap letztlich nur noch die neue gewünschte Zinsart zu bezahlen. Ihre alten Darlehensvereinbarungen mit gegenteiliger Zinsvereinbarung bleiben rechtlich bestehen. Der Zinsswap dient dazu, auf eine künftige Zinsentwicklung zu setzen beziehungsweise sich gegen eine künftig erwartete Zinsentwicklung abzusichern, wie man dies mit Zinsfutures oder Forward Rate Agreements im Grundsatz auch machen kann.

Spekulativ kann man ohne Grundgeschäft einen Swap fix gegen variabel abschließen, weil man auf steigende oder sinkende variable Zinsen setzt: Beispiel: Man verpflichtet sich zur Bezahlung eines Festzinses von 8 Prozent auf einen Nominalbetrag von 10 Mio. Euro für fünf Jahre im Tausch gegen den Erhalt der Zahlung des 6-Monats-EURIBOR bezogen auf den gleichen Betrag (Tausch von Zins-Cashflows). Steigt der 6-Monats-EURIBOR zu bestimmten Zeiten während der fünf Jahre auf über 8 Prozent, so verdient man den Unterschied zum Festzins von 8 Prozent, bleibt er darunter, so verliert man den Unterschiedsbetrag.

Als *Absicherung*, die in der Praxis der Zinsswaps weit bedeutender ist als die Spekulation, kann man den gleichen Swap wie im gerade genannten Beispiel (Zahlung des Festzinses gegen Erhalt des variablen Zinses) vornehmen, wenn man in Erwartung sinkender variabler Zinsen ursprünglich einen Kredit gegen variable Zinsen (z.B. 6-Monats-EURIBOR + 0,5 Prozent p.a.) aufgenommen hatte und nun aber fürchtet, dass die variablen Zinsen sehr stark ansteigen. Dann bekommt man variable Zinsen, die man für den Kredit zahlen muss, aus dem Swap (zum Beispiel 6-Monats-EURIBOR) und zahlt dafür einen Festsatz von etwa 8 Prozent p.a. (Zinsswap als Cashflow-Hedge). Man hat dann pro Jahr zum Beispiel Zinskosten von 8 Prozent + 0,5 Prozent = 8,5 Prozent erreicht. In diesem Fall wurde der Swap der Zins-Cashflows gemacht, weil sich die Einschätzung der Entwicklungsrichtung der variablen Zinsen umgekehrt hat. Der Swap dient dann also der Anpassung an eine geänderte Meinung zu den Zinsen der Zukunft (Korrektur einer früheren Zinsmeinung).

Im Fall der Emission von Anleihen ist eine eventuell gewünschte Änderung der Art des Zinskupons nicht möglich, sodass zur Änderung der zu bezahlenden Zinsen allein der Zinsswap fix gegen variabel bleibt. Im Fall von Darlehen mit Festzins erspart der Zinsswap bei geänderter Zinsmeinung die in der Praxis teurere und umständlichere Variante der Kündigung und Rückzahlung der Hauptschuld unter Inkaufnahme einer eventuellen Vorfälligkeitsentschädigung (die auch entgangene Zinsmargen der Bank abdeckt) sowie Aufnahme eines neuen Kredits.

2. Motiv: Ausnutzung komparativer Zinsunterschiede

Komparative Zinsunterschiede (relative Zinsunterschiede) liegen vor, wenn beim Vergleich der Zinsen, die zwei Parteien bezahlen oder erhalten, der Unterschied bei einer Zinsart größer ist als bei der anderen. Ein Beispiel: Zwei Unternehmen bezahlen pro Jahr für ihre Kredite bei zehnjähriger Zinsbindung (Festzins) stärker unterschiedliche Zinsen als bei jeweils quartalsweise revolvierender Zinsfestschreibung (variabler Zins):

	Festzins	variabler Zins
Unternehmen A	5 %	3,5 %
Unternehmen B	6 %	4 %

Unternehmen B zahlt bei beiden Zinsarten die *absolut* höheren Zinsen. Der absolute Nachteil bei den variablen Zinsen ist mit nur 0,5 Prozent aber *vergleichsweise* (*komparativ, relativ*) geringer als bei den Festzinsen mit 1 Prozent. Man kann sagen, dass B bei den variablen Zinsen einen „*komparativen Vorteil*" im Sinne eines relativ kleineren absoluten Nachteils hat. A dagegen hat bei den Festzinsen sowohl einen absoluten Vorteil (zahlt niedrigere Zinsen) als auch einen komparativen Vorteil (1 Prozent statt nur 0,5 Prozent Vorteil).

Beispiel

Ausnutzung eines komparativen Kostenvorteils durch einen direkten Zinsswap zwischen zwei Parteien

Das Modellbeispiel erklärt das Grundprinzip, warum der Zinstausch (hier als Individualtausch) zwischen lediglich zwei Marktteilnehmern beiden einen Vorteil bringen kann.

Zwei von der Bonität her unterschiedlich eingestufte Emittenten von Obligationen A mit höchster Bonität und B mit geringerer Bonität haben verschieden hohe Festzinsen (zum Beispiel für zehn Jahre) einerseits sowie voneinander abweichende variable Zinsen andererseits. Der Unterschied bei den Festzinsen (für zehn Jahre) ist aber höher, sodass der bessere Schuldner bei den Festzinsen einen ganz besonderen Vorteil hat, bei den variablen Zinsen ist der Vorteil von A geringer, hier ist B relativ wettbewerbsfähiger als bei den Festzinssätzen (absoluter Nachteil, aber komparativer Vorteil). Will der schlechtere Schuldner lieber Festzinsen bezahlen und der bessere lieber variable, wollen die Partner also gerade die Zinsen zahlen, bei denen sie komparative Nachteile haben, so lohnt sich ein Zinsswap (siehe Tabelle 7.2), im Modell eine direkte Swapvereinbarung zwischen beiden.

Tabelle 7.2

Komparative Zinskostenunterschiede als Basis eines Zinsswaps

	Festsatzzins p.a.	variabler Zins p.a.
Bonitätsmäßig höher eingestuftes Unternehmen A	$F_A = 8{,}00$ %	V_A = 6-Monats-EURIBOR + 0,25 %, derzeit 6,25 %
Bonitätsmäßig niedriger eingestuftes Unternehmen B	$F_B = 8{,}50$ %	V_B = 6-Monats-EURIBOR + 0,5 %, derzeit 6,5 %
Differenz der Konditionen (Spread)	0,50 % oder 50 Basispunkte (BP)	0,25 % oder 25 Basispunkte (BP)

Die Unternehmen A und B wollen annahmegemäß 50 Mio. Euro Fremdkapital durch Emission von Obligationen aufnehmen. Zahlt der bessere Schuldner A EURIBOR + 0,25 Prozent für das wie gewünscht variabel zu verzinsende Kapital (Floating Rate Note) und der schlechtere B für sein − ebenfalls wie gewünscht − mit Festsatz zu bedienendes Kapital (Straight Bond) 8,5 Prozent, so bezahlen beide zusammen bezogen auf 50 Mio. Euro (Addition der Konditionen auf der Hauptdiagonalen der Tabelle):

$$F_B + V_A = 8,5 \% + \text{6-Monats-EURIBOR} + 0,25 \%$$
$$= \text{6-Monats-EURIBOR} + 8,75 \% \text{ p.a., derzeit } 14,75 \%.$$

Das sind absolut 7,375 Mio. Euro p.a. Bei der Variante mit Swap dagegen nimmt das bessere Unternehmen die Festsatzmittel auf und das schlechtere die variabel zu verzinsenden Gelder. Beide Unternehmen nehmen also im ersten Schritt die Emission von Wertpapieren vor, die jeweils mit der vom Emittenten nicht erwünschten Zinsart zu bedienen ist, weil die Emittenten dort jeweils einen komparativen Zinsvorteil haben. Dann bezahlen sie zusammen (Addition der Varianten auf der Nebendiagonalen der Tabelle):

$$F_A + V_B = 8 \% + \text{6-Monats-EURIBOR} + 0,5 \%$$
$$= \text{6-Monats-EURIBOR} + 8,5 \%, \text{ derzeit } 14,5 \% \text{ p.a.}$$

Das sind absolut 7,250 Mio. Euro p.a., also 125.000 Euro weniger. Beide kommen also gemeinsam bezogen auf 50 Mio. Euro um 0,25 Prozent p.a. billiger weg. Es lässt sich verallgemeinern: Es gibt immer eine unterschiedliche Vorteilhaftigkeit der Kombinationen der Finanzierung mit fixen oder variablen Konditionen der einen und der anderen finanzierenden Partei, wenn gilt: Summe der Kosten der Finanzierungsalternativen auf der Hauptdiagonalen der Tabelle 7.2 abzüglich Summe der Kosten der Finanzierungsalternativen auf der Nebendiagonalen der Tabelle ist ungleich null. Und der Betrag des Vorteils der einen gegenüber der anderen Kombinationsmöglichkeit ist gleich der Differenz der Alternative auf der Hauptdiagonalen und der auf der Nebendiagonalen. Es gilt also allgemein:

$$F_A + V_B − F_B − V_A \neq 0, \text{ daraus folgt } F_A − F_B − (V_A − V_B) \neq 0.$$

Die Differenz der Fixzinsen abzüglich der Differenz der variablen Zinsen muss also von null abweichen, wenn eine der durch Haupt- und Nebendiagonale in Tabelle 7.2 definierten Kombinationen besser sein soll als die andere. Und der Betrag der Differenz der Unterschiede von fixen Zinsen ($F_A − F_B$) und variablen Zinsen ($V_A − V_B$) beschreibt gleichzeitig die Differenz der beiden durch die Diagonalen beschriebenen Finanzierungskombinationen, also den durch Swap erzielbaren Vorteil der besseren gegenüber der schlechteren Konditionen. Deshalb zeigt in Tabelle 7.2 auch die Differenz der Zinsdifferenzen, also 50 BP − 25 BP = 25 BP, zwingend den Betrag des durch Swap erzielbaren Vorteils.

Es wäre im 2-Parteien-Modell Verhandlungssache, wie beide den gemeinsamen Vorteil untereinander aufteilen. Soll jedem die Hälfte davon zugute kommen, also je 0,125 Prozent, so muss zu guter Letzt resultieren (Endzustand):

A zahlt 6-Monats-EURIBOR + 0,125 Prozent p.a.
(statt 6-Monats-EURIBOR + 0,25 Prozent p.a.),
B zahlt 8,375 Prozent p.a. fest (statt 8,5 Prozent p.a. fest).

Bei der unterstellten Aufteilung des Vorteils durch den Swap zu gleichen Teilen sind nun die erforderlichen Swapzahlungen gesucht. Die eine der Zahlungen im Swap ist jeweils die variable Basis, hier der (6-Monats-)EURIBOR. Grafisch stellt sich das Problem der zu ermittelnden Festzinszahlungen dann so dar wie in Abbildung 7.7 gezeigt.

Suche des zu zahlenden Festzinses gegen EURIBOR

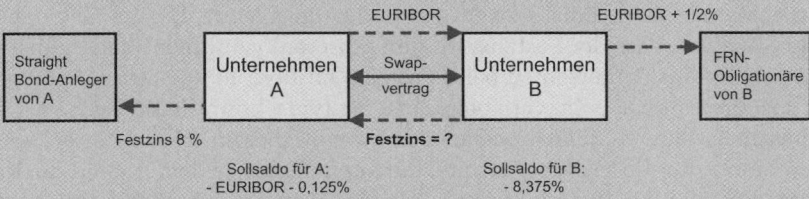

Abbildung 7.7: Suche des zu zahlenden Festzinses gegen EURIBOR

Bei folgender Berechnung haben Abflüsse ein negatives und Zuflüsse ein positives Vorzeichen.

Aus Sicht von A ergibt sich die gesuchte Festzinszahlung so: A hätte allein −6-Monats-EURIBOR − 0,25 Prozent bezahlt und braucht per Saldo einen Vorteil von +0,125 Prozent, sodass er auf −6-Monats-EURIBOR − 0,125 Prozent kommt. Zahlt er durch Swapvereinbarung genau −EURIBOR an B, so muss der Saldo der restlichen Zahlungen ein Abfluss von −0,125 Prozent sein. Da A direkt −8 Prozent bezahlt, muss er folglich durch den Swapvertrag 0,125 Prozent weniger bekommen, also +7,875 Prozent.

Aus Sicht von B ergibt sich die gesuchte Festzinszahlung so: B hätte allein −8,5 Prozent bezahlt und braucht einen Vorteil von +0,125 Prozent, sodass er auf −8,375 Prozent kommt. Erhält er durch Swapvereinbarung genau +6-Monats-EURIBOR, so muss der Saldo der restlichen Zahlungen −6-Monats-EURIBOR − 8,375 Prozent sein. Da B direkt −6-Monats-EURIBOR − 0,50 Prozent bezahlt, muss er folglich durch den Swapvertrag noch einen Abfluss von −7,875 Prozent haben.

Wäre die ermittelte Austauschrelation von 6-Monats-EURIBOR gegen 7,875 Prozent generelle Marktkondition, so ergäbe sich für beide Parteien das gleiche Ergebnis des Swaps. Dies wird unten für Unternehmen B noch beispielhaft gezeigt werden.

Tabelle 7.3

Ermittlung der Festzinszahlung im Swap

angestrebtes Ergebnis	EURIBOR-Zahlung im Swap	Zahlungen an Obligationäre	resultierende Zahlung x
− EURIBOR − 0,125 %	− EURIBOR	− 8 %	x = + 7,875 %
− 8,375 %	+ EURIBOR	− EURIBOR − 0,5 %	x = − 7,875 %

Zwei Partner können immer dann einen erfolgreichen Zinsswap zur Zinsverbilligung vornehmen, wenn die Aufschläge des schlechteren Partners gegenüber dem besseren bei den Zinsarten unterschiedlich sind und wenn beide bei der jeweils gewünschten Zinsart einen komparativen Nachteil haben. Dann nimmt jeder sein Geld mit der „falschen", d.h. letztlich nicht gewünschten Zinsart auf, bei der er aber einen komparativen Vorteil hat, und es wird getauscht. In der Praxis prüft der Zinszahler, zum Beispiel der Emittent einer Anleihe, ob es angesichts der Swap-Konditionen für ihn günstiger ist, eine Festzinsverpflichtung einzugehen und dann in eine Verpflichtung zur Zahlung eines variablen Zinses zu swapen oder umgekehrt. Die im Zahlenbeispiel genannte Situation, dass der Festzins für den besseren Schuldner relativ günstiger ist als der variable Zins (Unterschied beim Festzins im Beispiel 0,5 Prozent p.a. gegenüber nur 0,25 Prozent p.a. beim variablen Zins), ist typisch für die Praxis.

Gemeinsam bezahlen Kapital aufnehmende Swappartner niedrigere Zinsen, was auch geringere Zinsen für die Marktgegenseite, die Kapitalgeber, bedeutet. Sind die Kapitalgeber zum Beispiel Anleger, die Festzinsen für einen Straight Bond sowie variable Zinsen für eine Floating Rate Note erhalten, so bekommen die Anleger per Saldo weniger Zinsen, weil die Emittenten einen Zinsswap durchgeführt haben.

Zinsswap bei vorgegebenen Marktkonditionen

Faktisch erfolgt der Swap mit einer Bank und statt der im lediglich theoretischen Modellbeispiel individuell ausgehandelten Relation der ausgetauschten Zinsen gibt es eine Marktkondition für den Tausch zum Beispiel des 6-Monats-EURIBOR gegen einen Festsatz. Diese Marktkondition beschreibt aus Sicht eines Unternehmens dann die Zinskonditionen eines Swappartners. Die Bank hat ihren Gewinn in die Swapkonditionen bereits einkalkuliert und verlangt über die Swapkonditionen hinaus wohlgemerkt keine teilweise Abgabe eines Swapvorteils, sodass der Bankkunde die gesamten Vorteile des Swaps zu Marktkonditionen für sich hat. Ist die bei der Bank erfragte Marktkondition (Mittelkurs, Unterschied von Angebots- und Nachfragekonditionen vernachlässigt) in Abwandlung des Beispiels von Tabelle 7.2 also

6-Monats-EURIBOR/7,875 Prozent fest für zehn Jahre,

so stellt sich die Situation für das Unternehmen B wie in Tabelle 7.4 dar:

Tabelle 7.4

Beispiel 1 für Zinsswap mit der Bank zu Marktkonditionen

	Festsatzzins p.a.	variabler Zins p.a.
Bank A (Marktkonditionen)	$F_A = 7{,}875\ \%$	$V_A = $ 6-Monats-EURIBOR
Unternehmen B	$F_B = 8{,}50\ \%$	$V_B = $ 6-Monats-EURIBOR + 0,5 %, derzeit 6,5 %
Differenz der Konditionen (Spread)	0,625 % oder 62,5 Basispunkte (BP)	0,50 % oder 50 Basispunkte (BP)

Will das Unternehmen B einen Festzins bezahlen, so nimmt es das Geld erst einmal trotzdem zu variablen Zinsen von 6-Monats-EURIBOR + 0,5 Prozent p.a. auf. Es zahlt nun im Swap gemäß Marktkonditionen an die Bank 7,875 Prozent p.a. und bekommt im Gegenzug 6-Monats-EURIBOR. Insgesamt zahlt Unternehmen B dann per Saldo pro Jahr

$$- \text{6-Monats-EURIBOR} - 0,5\ \% - 7,875\ \% + \text{6-Monats-EURIBOR} = -8,3753\ \%$$

statt 8,5 Prozent. Der durch Swap erzielbare Vorteil, der nun alleine dem Unternehmen B zufließt, ist 12,5 BP. Er lässt sich gemäß oben auch ermitteln, indem man die Differenz der Finanzierungen ermittelt, wie sie sich auf den beiden Diagonalen darstellen:

$$8,50\ \% + \text{6-Monats-EURIBOR} - 7,875\ \% - \text{6-Monats-EURIBOR} - 0,50\ \% = 0,125\ \%.$$

Ein weiteres Beispiel demonstriert, wie ein Marktteilnehmer seinen komparativen Vorteil bei Festzinsen bei gegebenen Marktkonditionen für den erforderlichen Zinsswap in einen Zinsvorteil bei variablen Konditionen umwandelt.

Beispiel

Vorteil eines Marktteilnehmers aus einem Zinsswap bei gegebenen Marktkonditionen

Die W-AG könnte zur Finanzierung eines Exports in ein Entwicklungsland ein zinssubventioniertes Darlehen zu 2,5 Prozent p.a. fest für fünf Jahre erhalten oder ein Darlehen zu der nicht subventionierten variablen Kondition von 6-Monats-EURIBOR + 0,25 Prozent p.a. Sie will aber ihre Verpflichtungen mit Festzinscharakter nicht noch ausweiten. Am Swapmarkt kann man 6-Monats-EURIBOR gegen 4,5 Prozent fest für fünf Jahre (Mittelkurs, Unterschied von Angebots- und Nachfragekonditionen vernachlässigt) tauschen. Welche faktische (synthetische) Kondition mit variablen Zinsen kann sie durch einen Swap per Saldo realisieren und welchen Zins p.a. spart sie sich dadurch?

Lösung:

Tabelle 7.5

Beispiel 2 für Zinsswap mit der Bank zu Marktkonditionen

	W-AG (ohne Swap)	Marktpartner (Swapkonditionen)	Differenz
Festzins p.a.	2,5 %	4,5 %	− 2 %
variabel	6-Monats-EURIBOR + 0,25 %	6-Monats-EURIBOR	+ 0,25 %
Saldo der Zinsdifferenzen: − 2 % − 0,25 % =			**− 2,25 %**

Der absolute Betrag des Saldos der Zinsdifferenzen ist der für die W-AG erzielbare Swapvorteil. Nimmt die W-AG das besonders zinsgünstige Darlehen zu 2,5 Prozent p.a. (Abfluss) auf und tauscht sie entsprechend den Marktkonditionen 4,5 Prozent fest (Zufluss zur W-AG) gegen 6-Monats-EURIBOR (Abfluss bei der W-AG), so ergibt sich folgende Situation (Zufluss mit positivem und Abfluss mit negativem Vorzeichen, alle Zinsen p.a.):

Abfluss wegen Darlehen	− 2,5 %
Zufluss wegen Swap	+ 4,5 %
Abfluss wegen Swap	− 6-Monats-EURIBOR
Saldo-Abfluss = resultierende variable Kondition der W-AG	− 6-Monats-EURIBOR + 2 %
Übliche variable Kondition der W-AG	− 6-Monats-EURIBOR − 0,25 %
Zinsvorteil aus dem SWAP für die W-AG	2,25 %

Die W-AG kann also durch den Swap eine synthetische variable Kondition von 6-Monats-EURIBOR minus 2 Prozent p.a. realisieren, während ihre normale variable Kondition 6-Monats-EURIBOR plus 0,25 Prozent p.a. ist.

7.4.3   Währungs-Swap

7.4.3.1   Ablaufschema

Beim *Währungsswap* erfolgt neben dem Zinstausch auch ein Austausch der Kapitalbeträge in sich entsprechender Höhe (was bei gleicher Währung natürlich nicht geschieht). Im Grundsatz läuft ein Währungsswap in drei logischen Schritten ab, wie es das folgende Beispiel eines einfachen Währungsswaps zeigt, bei dem beide Seiten Festzinsen bezahlen (einfacher Währungs-Swap fix gegen fix).

Beispiel   **Ablauf eines Währungsswaps**

Das US-Unternehmen A hat Medium Term Notes für fünf Jahre in Höhe von 10 Mio. US-Dollar auf dem internationalen Kapitalmarkt aufgenommen.

A benötigt die Mittel aber für die Europa-Niederlassung in Euro, sodass ein sofortiger Umtausch in Euro erforderlich ist. Die Europaniederlassung hat auch Umsätze in Euro und somit keine Erträge, die für die Rückzahlung der US-Dollar dienen können.

Die aktuelle Kursrelation ist 1,25 US-Dollar pro Euro. Die Euro-Festzinsen bei fünf Jahren Zinsfestschreibung liegen bei 7 Prozent, die US-Dollar-Zinsen für die gleiche Laufzeit bei 6 Prozent.

A befürchtet nach dem Wechsel in den Euro ein Steigen des US-Dollars gegenüber dem Euro (Fallen des Euro gegenüber dem US-Dollar) bis zur Darlehensrückzahlung in fünf Jahren. Das hätte die unerwünschte Folge, dass A einen größeren Eurobetrag zurückbezahlen müsste, als es durch den aktuellen Tausch bekommen hat.

Zum Wechsel in der Euro und wieder zurück in den US-Dollar macht A nachfolgenden Swap.

1. Schritt: Hintausch des Kapitals (Anfangstausch, Spottransaktion im Swap, Spot-Swap)

Am Anfang steht der Austausch der Nominalbeträge verschiedener Währungen zu einem heute bestimmten Kurs, im Allgemeinen einfach zum aktuellen Kassakurs. Dieser Anfangstausch ist als separate Aktion nur dann erforderlich, wenn die Swapparteien wie in unserem Beispiel noch nicht die Währung haben, die sie in der Swapzeit haben wollen. Haben sie schon die gewünschte Währung und wollen nur in der Zukunft einen Umtausch in eine andere Währung, so entfällt dieser erste Schritt des Anfangstauschs (Anfangstausch ist schon gemacht) und der Swap besteht nur aus den nachfolgenden Schritten 2 und 3.

Unternehmen A gibt 10 Mio. US-Dollar an die Swap-Bank B, B gibt entsprechend der aktuellen Kursrelation 8 Mio. Euro an A.

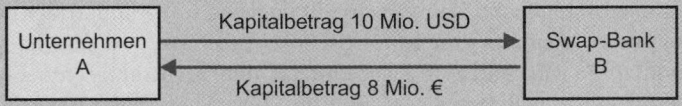

Abbildung 7.8: Währungs-Swap, 1. Schritt

2. Schritt: Zinstausch

Unternehmen A, das Euro erhalten hat, bezahlt nun auch die Euro-Zinsen von 7 Prozent p.a. fest für den Kapitalbetrag von 8 Mio. Euro, das sind pro Jahr 0,56 Mio. Euro. A bezahlt also – das ist eine wichtige Feststellung – in der Swaplaufzeit den Zins für die Währung, die es während der Swaplaufzeit hat. Analog bezahlt Swap-Bank B, die sich die US-Dollar durch Tausch besorgt hat, die US-Dollar-Zinsen von zum Beispiel 6 Prozent p.a. fest, das sind pro Jahr 0,60 Mio. US-Dollar.

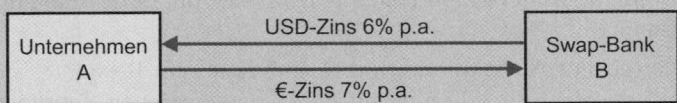

Abbildung 7.9: Währungs-Swap, 2. Schritt

3. Schritt: Rücktausch des Kapitals (Endtausch, Termintransaktion im Swap, Swap-Termin)

Die im ersten Schritt getauschten Beträge fließen unverändert wieder zurück. Das Unternehmen A erhält die Währung, die es am Ende in Händen haben will.

B gibt 10 Mio. US-Dollar an A, A gibt 8 Mio. Euro an B. Dadurch, dass die ursprünglichen Kapitalbeträge zurückgetauscht werden, zeigt sich, dass mit dem Swap der ursprüngliche Euro/US-Dollar-Kurs festgeschrieben wurde, also eine Kurssicherung erfolgt ist.

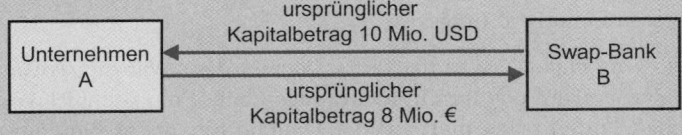

Abbildung 7.10: Währungs-Swap, 3. Schritt

7.4.3.2 Verwandtschaft mit dem klassischen Devisentermingeschäft

Für die Erklärung der engen Verwandtschaft des Währungsswaps mit dem Terminkauf beziehungsweise -verkauf der Währung ist vorweg die Feststellung eines *zwingenden Zusammenhangs auf den Zins- und Devisenmärkten* von Bedeutung: Ist das Zinsniveau einer Fremdwährung höher als das Euro-Zinsniveau, so führt das am Devisenmarkt dazu, dass die Fremdwährung per Termin billiger ist als am Kassamarkt. Und umgekehrt führt ein niedrigeres Zinsniveau bei der Fremdwährung als beim Euro – wie im gerade erörterten Beispiel unterstellt – dazu, dass die Fremdwährung per Termin teurer ist als am Kassamarkt.

Hätte anders als im Beispiel Unternehmen A ein Termingeschäft gemacht – was für längere Zeiten als ein Jahr aber nicht Usance ist –, so hätte der US-Dollar wegen seiner niedrigeren Zinsen (6 Prozent gegenüber 7 Prozent beim Euro) per Termin einen Aufschlag gehabt. A hätte also für seine Euro weniger US-Dollar erhalten, dafür aber keinen nachteiligen Zinstausch gehabt. Beim Swap gilt dagegen unverändert der bei Abschluss des Swaps geltende Kassakurs von 1,25 US-Dollar pro Euro und dies ist nur möglich, weil Unternehmen A während der Swaplaufzeit den unattraktiveren Euro-Zins von 7 Prozent bezahlt hatte, während es im Fall des Termingeschäfts nur die niedrigeren US-Dollar-Zinsen gezahlt hätte.

Generell gilt: Zinsen sind spezifisch für die jeweiligen Währungen. Ihre unterschiedliche Höhe führt

- *beim Swap* zu erforderlichen *Zinsausgleichszahlungen* bei Beibehaltung der alten Kursrelation,
- *beim Termingeschäft* zu einer Einrechnung der Zinsvor- oder -nachteile in den *Terminkurs*, der deshalb vom Kassakurs (bei Abschluss des Termingeschäfts) abweicht. Dafür ist im Gegenzug kein separater Zinsaustausch erforderlich.

Grundsätzlich gilt bei unterschiedlichem Zinsniveau für Euro und Fremdwährung zusammenfassend:

- Sind die Zinsen der Auslandswährung – anders als im Beispiel – *höher* als die Euro-Zinsen, so wird die Währung im Fall eines einfachen Termingeschäfts per Termin billiger. Macht man stattdessen einen Währungsswap, so bleibt der Kurs für das per Termin zu erfüllende Geschäft zwar unverändert (da der Rücktausch im gleichen Verhältnis erfolgt wie bei Swapabschluss), dafür muss der Bezieher der Fremdwährung beim Zinsswap aber nur den niedrigeren Euro-Zins bezahlen und erhält den höheren Fremdwährungszins.

- Sind umgekehrt die Zinsen der Auslandswährung – wie im Beispiel – *niedriger* als die Euro-Zinsen, so wird die Währung im Fall eines einfachen Termingeschäfts per Termin teurer. Macht man stattdessen einen Währungsswap, so bleibt der Kurs für das per Termin zu erfüllende Geschäft zwar unverändert (da der Rücktausch im gleichen Verhältnis erfolgt wie bei Swapabschluss), dafür muss der Bezieher der Fremdwährung aber beim Zinsswap den höheren Euro-Zins bezahlen und erhält den niedrigeren Fremdwährungszins.

Es besteht also eine enge Verwandtschaft zwischen dem Währungsswap und einem Devisenkauf oder -verkauf per Termin (Outrightgeschäft, Sologeschäft). Währungsswap und Sologeschäft laufen prinzipiell auf das Gleiche hinaus, es handelt sich nur um zwei unterschiedliche technische Vorgehensweisen. Der Währungsswap ist folgerichtig zur Kurssicherung einsetzbar. Er erfüllt eine wichtige Funktion, wenn es um die

Absicherung langfristiger offener Währungspositionen geht, da mit Devisentermin-geschäften Laufzeiten von über einem Jahr kaum absicherbar sind. Mit dem Swap lassen sich Absicherungsperioden von zumindest bis zu zehn Jahren realisieren.

Tabelle 7.6

Currency Swap contra Outright-Geschäft

Currency Swap	Outright-Geschäft
Hintausch und Rücktausch zu identischen Kursen. Dabei muss jeder bis zum Zieltermin die Zinsen für die Währung bezahlen, die er zur Verfügung hat, und erhält die Zinsen für die Währung, die er hergegeben hat. Der Halter der höher verzinslichen Währung hat dadurch einen Zinsnachteil.	Hintausch und Rücktausch zu unterschiedlichen Kursen. Es werden keine Zinszahlungen getauscht. Dabei ist der Rücktausch für den Halter der höher verzinslichen Währung nur zu verschlechtertem Kurs möglich.

7.5 Optionen

7.5.1 Begriff und Formen

Optionen sind anders als die bislang betrachteten Derivate bedingte Termingeschäfte. Es wird ein Geschäft ins Auge gefasst, das in der Zukunft zu einem bei Geschäftsabschluss vereinbarten Kurs ausgeführt werden kann. Von den Vertragsparteien hat eine sich das Wahlrecht (Option) gekauft, über die Frage der Ausübung des ins Auge gefassten Geschäfts zu entscheiden. Der Optionsinhaber entscheidet sich nur für die Ausübung, wenn diese ihm Vorteile bringt. Der Verkäufer der Option muss die Wahl des Käufers dulden.

Die Option ist die Grundform der bedingten Termingeschäfte. Sie ist das Recht,

- gegen Bezahlung eines *Optionspreises* (Optionsprämie), zum Beispiel pro Aktie 5 Euro,

- eine Menge von Vermögensgegenständen (*Basisobjekt, Underlying*), etwa 50 X-Aktien,

- zu einem festen Preis (*Basispreis, Strike Price*), zum Beispiel 200 Euro,

- zu einem bestimmten Zeitpunkt oder innerhalb eines Zeitraums, etwa bis zum 10. März 2008,

- zu kaufen oder zu verkaufen.

Ist das Recht innerhalb eines Zeitraums jederzeit ausübbar, so spricht man unabhängig vom Abschlussort von einer *amerikanischen Option*, bei Ausübungsmöglichkeit nur am Ende einer bestimmten Periode von einer *europäischen Option*. Optionshandel (als Handel mit Kontrakten oder aber als Handel mit Optionsscheinen) gibt es im börslichen und im OTC-Geschäft.

Ist die Option ein Kaufrecht, so spricht man von *Kaufoption* oder *Call*, ist sie dagegen ein Verkaufsrecht, so heißt sie *Verkaufsoption* oder *Put*. Beide Varianten kann man entweder kaufen (Long-Position) oder verkaufen (Short-Position).

Tabelle 7.7

Die vier möglichen Positionen im Optionsgeschäft

	Kauf (Long-Position)	Verkauf (Short-Position)
Kaufoption (Call)	Kauf einer Kaufoption (*Long Call*): **Recht** zum Kauf	Verkauf einer Kaufoption (*Short Call*): **Pflicht** zum Verkauf nach Wahl des Call-Käufers
Verkaufsoption (Put)	Kauf einer Verkaufsoption (*Long Put*): **Recht** zum Verkauf	Verkauf einer Verkaufsoption (*Short Put*): **Pflicht** zum Kauf nach Wahl des Put-Käufers

Das Optionsrecht stellt – anders als die bisher erörterten Derivate – einen einseitigen Vorteil des Käufers dar, weshalb eine Option immer einen Kaufpreis hat. Der Verkäufer akzeptiert das Optionsrecht, um diesen Preis bezahlt zu bekommen. Er muss abwarten, wie der Käufer optiert, und wird deshalb sehr plastisch auch *Stillhalter* genannt.

Tabelle 7.8

Erfüllungszwänge und -rechte bei Future und Option

	Future	Option
Käufer	Erfüllungszwang	Erfüllungsrecht
Verkäufer	Erfüllungszwang	Erfüllungszwang nach Wahl des Käufers

Sind Optionen in Wertpapierform, so spricht man von *Optionsscheinen* oder *Warrants*. Optionsscheine werden alleine oder zusammen mit anderen Obligationen emittiert. Im vierten Kapitel wurden Optionsscheine als Teil der Optionsanleihe besprochen. Häufiger entstehen Optionsscheine heute unabhängig von Anleihen. Bei Optionsscheinen gibt es über die hier betrachteten Grundformen hinaus eine nicht zu überblickende Zahl von sehr speziellen Konstruktionen der Optionsrechte (exotische Optionsscheine).

Optionen des Finanzbereichs beziehen sich in der Praxis auf eine äußerst breite Skala von Basisobjekten. Häufige solche Underlyings sind

■ Aktien, Aktienindizes, Aktienkörbe;

■ Anleihen, Anleiheindizes, Anleihekörbe oder Geldmarktsätze wie etwa der 6-Monats-USD-LIBOR (einfache Zinsoptionen);

■ Währungen;

■ andere Derivate, zum Beispiel die Zinsderivate Zinsfuture, Zinsswap oder FRA zur Konstruktion von Zinsoptionen oder wiederum Optionen (etwa Turbowarrant als Warrant auf Warrants).

Letztlich kann wie bei den Festgeschäften im Prinzip jedes Vermögensobjekt, das einen Preis oder Kurs hat, Underlying einer Option sein, sowie statt eines Vermögensobjekts auch eine bestimmte Gesamtheit von Vermögensobjekten (Basket) oder ein Maß für den Wert von Vermögensobjekten, insbesondere ein Index (wobei jedem Indexpunkt ein Geldbetrag zugeordnet wird, zum Beispiel 1 Euro).

7.5.2 Gewinn- und Verlustbetrachtung

Wie bei der Grundform der festen Termingeschäfte, dem Future, analysieren wir auch bei der Option als Grundform der Termingeschäfte mit Wahlmöglichkeit einer Partei genauer die Gewinne und Verluste für unterschiedliche Entwicklungen des Wertes des Underlyings. Der Zeitpunkt, an dem der Gewinn oder Verlust gemäß dieser Betrachtung festgestellt wird, sei am Ende der Laufzeit der Option beziehungsweise zum einzigen Optionszeitpunkt. Als Demonstrationsobjekt wählen wir die Aktienoption, wobei vorläufig jede Option sich genau auf eine Aktie beziehen soll.

7.5.2.1 Spekulation mit Optionen: Gewinn und Verlustanalyse

Die Gewinn- und Verlustkurve ist bei der Option nie eine einfache Gerade, wie wir sie beim Future und bei Kassageschäften kennengelernt haben. Es gibt bei der Option Kursbereiche des Underlyings, in denen sich an der Gewinn- beziehungsweise Verlustsituation der Vertragspartner des Optionsgeschäfts bei Kursänderungen des Basiswerts nichts ändert. Das ist immer dann der Fall, wenn es trotz Kursänderungen vernünftigerweise zu keiner Inanspruchnahme des Optionsrechts kommt. In dieser Situation hat bei isolierter Betrachtung des Optionsgeschäfts lediglich der Optionskäufer seinen Optionspreis verloren und der Optionsverkäufer ihn gewonnen. Die Tatsache, dass sich Gewinn und Verlust disproportional zum Preis des Underlyings entwickeln, hat den Optionen und mit ihnen allen anderen optionsähnlichen Termingeschäften die Bezeichnung *asymmetrische Derivate* eingebracht. Bei asymmetrischen Derivaten ist die Wertänderung bei steigenden Marktpreisen nicht spiegelbildlich zu der bei fallenden Marktpreisen, die Gewinn- und Verlustkurve ist nicht punktsymmetrisch bezogen auf den Nullpunkt (Gewinn = 0).

Analog zur Besprechung der Festgeschäfte beginnen wir mit der Gewinn- und Verlustbetrachtung in dem einfachen Fall, dass ganz isoliert das Optionsgeschäft vorgenommen wird, was wir als Spekulationsfall definieren. Siehe hierzu die Abbildungen 7.11 sowie 7.12. Die Kurven stellen den Wert der Option abzüglich des eingesetzten Optionspreises im letzten Augenblick vor Auslaufen der Optionszeit dar.

Die Position des Verkäufers (Short-Position) des Optionsgeschäfts ist jeweils entgegengesetzt zu der des Käufers (Long-Position), sein Gewinn ist bei entsprechenden Kursen jeweils gleich dem Verlust des Käufers und umgekehrt. Formal ergibt sich die Gewinn- und Verlustkurve des Verkäufers einer Option in Konsequenz dessen dadurch, dass man die des Käufers an der Abszisse spiegelt.

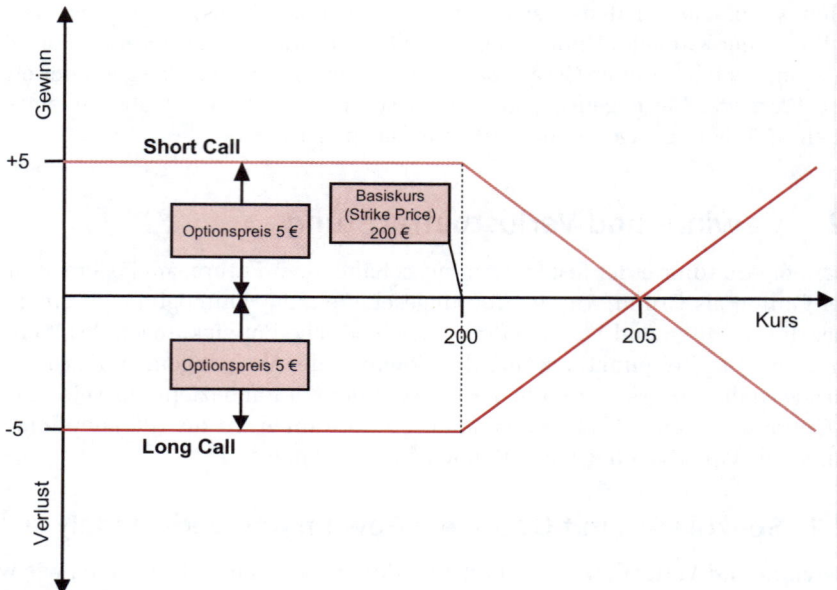

Abbildung 7.11: Gewinn und Verlust beim Call

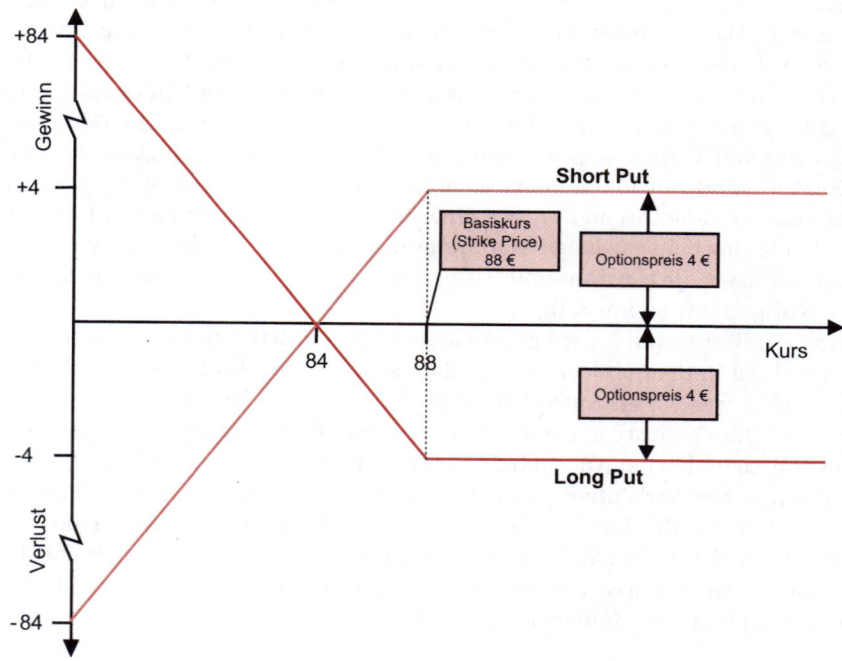

Abbildung 7.12: Gewinn und Verlust beim Put

Der Optionskäufer ist immer darauf angewiesen, erst den eingesetzten Optionspreis durch die Bewegung des Kurses in die von ihm erwartete Richtung hereinzubekommen, ehe er in die Gewinnphase kommt. Außerdem wird der Gewinn des Optionskäufers immer höher, je stärker der Kurs in die erwartete Richtung geht. Deshalb ist er bezüglich der Kursentwicklung des Underlyings *klarer Optimist (Long Call)* beziehungsweise *klarer Pessimist (Long Put)*. Umgekehrt ist der Verkäufer einer Option durch den Erhalt der Prämie erst einmal auf der Gewinnerseite. Er hätte den vollen Gewinn, wenn beim Verkauf einer Option, deren Basispreis dem Kassapreis entspricht (Option am Geld, siehe unten), der Kurs während der Optionszeit einfach stehen bleibt. Ja selbst bei einer Bewegung in die „falsche" Richtung hat er so lange noch einen Teilgewinn (teilweises Behalten des Optionspreises), wie der Preis der Option durch die Kursbewegung nicht ganz aufgezehrt ist. Und bei Bewegung der Kurse in die erwartete Richtung hat der Verkäufer keinen zusätzlichen Vorteil, wenn sich der Kurs äußerst stark in die erwartete Richtung bewegt, da er mehr als den Optionspreis nicht gewinnen kann. Die Verkäuferposition ist insofern immer als gemäßigt zu bezeichnen, er ist bezüglich der Kursentwicklung des Underlyings *gemäßigter Optimist (Short Put)* oder *gemäßigter Pessimist (Short Call)*.

Ein wesentliches Kennzeichen der Käuferposition ist die eng begrenzte Verlustmöglichkeit, da der Käufer immer nur maximal den Optionspreis verlieren kann. Analog ist Kennzeichen der Verkäuferposition, dass dieser nicht mehr als den Optionspreis verdienen kann. Umgekehrt ist die Gewinnmöglichkeit des Käufers und die Verlustmöglichkeit des Verkäufers beim Call unbegrenzt und beim Put lediglich auf den Basispreis abzüglich des Optionspreises begrenzt.

Tabelle 7.9

Klare und gemäßigte Positionen mit Optionen

	Call	Put
Long	Long Call: klarer Optimist	Long Put: klarer Pessimist
Short	Short Call: gemäßigter Pessimist	Short Put: gemäßigter Optimist

7.5.2.2 Hedging mit Optionen: Gewinn- und Verlustanalyse

Hier geht es um den Fall, dass eine Kurssicherung (Hedging) für ein Grundgeschäft angestrebt wird, keine Spekulation. Grundidee ist analog zur Argumentation, wie sie bei den Futures verwendet wurde, die, dass man tendenziell mit dem Absicherungsgeschäft in der Situation einen Gewinn machen muss, in der man aus dem Grundgeschäft einen Verlust hinnehmen muss. Macht man allerdings beim Grundgeschäft einen Gewinn, so ist es die Besonderheit des Optionsgeschäfts, dass man als Optionskäufer abgesehen vom Verlust des Optionspreises keinen weiteren kompensierenden Verlust macht. Der Kauf einer Option als Hedginginstrument (Long Option Hedge) führt also zu einer nur begrenzten Verlustgefahr in der abgesicherten Position bei Wahrung einer Gewinnchance (die allerdings immer durch den Optionspreis vermindert ist). Die folgenden grafischen Darstellungen zeigen Beispiele für die Verwendung von Long Call und Long Put als Hedginginstrumente. Dabei ist der Einfachheit halber der Fall unterstellt, dass eine Option für das Hedging verwendet wird, deren Basispreis gleich dem aktuellen Kurs des Underlyings ist. Eine derartige Option wird unten als Option am Geld bezeichnet werden. Beim Hedging eines Grundgeschäfts mit einer gekauften Option resultiert, wie aus den Abbildungen 7.13 und 7.14 ersichtlich, per

Saldo ein begrenzter möglicher Verlust oder aber ein Gewinn, der entweder grundsätzlich unbegrenzt (beim Long Option Hedge durch Kauf eines Puts) beziehungsweise nur durch die Höhe des Basispreises der Aktie abzüglich des Optionspreises begrenzt ist (beim Long Option Hedge durch Kauf eines Calls).

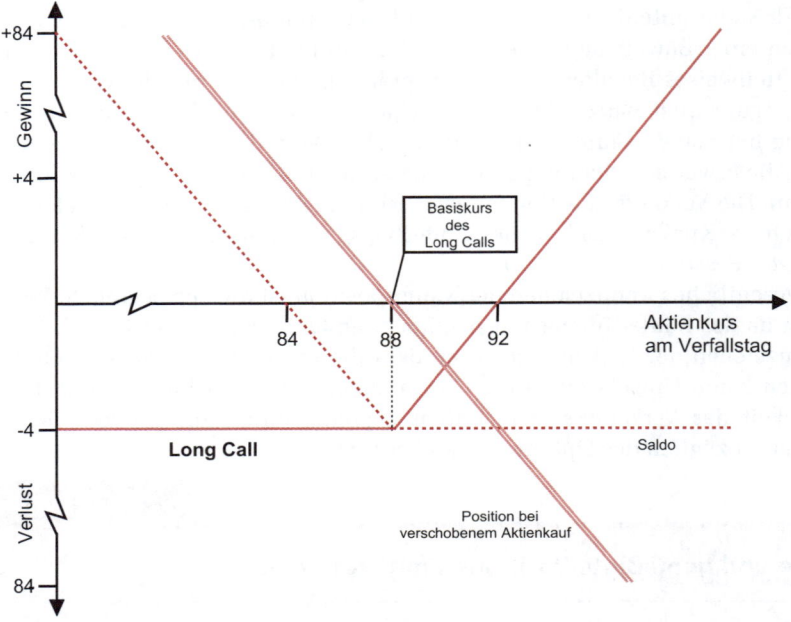

Abbildung 7.13: Long Option Hedge durch Kauf eines Calls

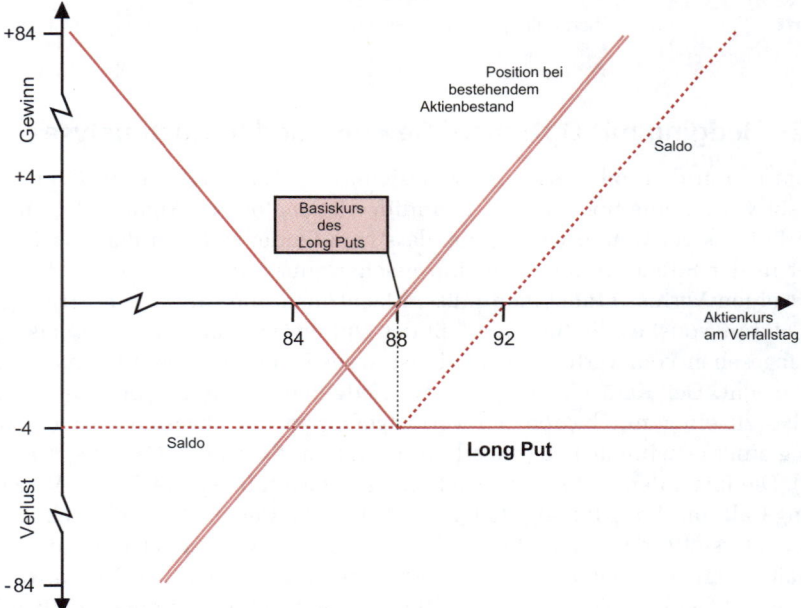

Abbildung 7.14: Long Option Hedge durch Kauf eines Puts

Es ist kein Zufall, dass sich unsere Hedging-Überlegungen auf den Long Option Hedge beschränken, denn nur der Kauf von Optionen ist gut für das Hedging geeignet, weil hier die Gewinne aus der Terminposition nicht begrenzt sind (beim Long Call) beziehungsweise lediglich auf den um den Optionspreis geminderten Basiskurs (beim Long Put). Wegen der nur auf den Optionspreis begrenzten (kompensierenden) Gewinnmöglichkeit ist die Stillhalterposition für das Hedging nicht gut geeignet.

7.5.3 Optionspreise

Verwendete Symbole (unterstelltes Underlying: Aktie):

I = innerer Wert

P = Parität

Z = Zeitwert

K_O = Optionskurs = Optionsprämie = Optionspreis

B_A = Basiskurs, Strike Price für die Aktie (beziehungsweise allgemeiner für das Underlying)

K_A = Kurs der Aktie (oder allgemeiner: Kurs des Underlyings)

V = Bezugsverhältnis (Aktien zu Optionen beziehungsweise allgemeiner Underlyings zu Optionen)

H = Hebel

Ω = Omega (Leverage, Elastizität)

7.5.3.1 Preisnotiz

An der Terminbörse wurden am 31.5. für die MMM-Aktie, die am selben Tag einen Schlusskurs von 43,58 Euro hatte, die Optionspreise in der Tabelle 7.10 notiert (alle Preise gemessen in Euro, Fälligkeiten jeweils am 3. Freitag des Monats).

Tabelle 7.10

Call- und Put-Preise auf eine Aktie bei unterschiedlichen Basispreisen und Laufzeiten

Basis-preise	Calls per ...			Puts per ...			im oder aus dem Geld
	Jun	Jul	Aug	Jun	Jul	Aug	
38	6,68			1,02			Calls im Geld, Puts aus dem Geld
40	5,25	6,52	7,34	1,59	2,76	3,49	
42	3,94	5,32	6,29	2,28	3,56	4,42	
44	2,99	4,34		3,33	4,58		Calls aus dem Geld, Puts im Geld
46	2,16			4,50			

Der Optionswert bzw. angemessene Optionspreis (Optionskurs K_O) lässt sich gedanklich so aufspalten:

- *Innerer Wert* (I): Er wird in der Call-Preistabelle von unten nach oben höher, in der Put-Preistabelle dagegen von oben nach unten.
- *Zeitwert* (Z): Er wird in beiden Preistabellen jeweils von links nach rechts höher.

7.5.3.2 Innerer Wert

Der Optionskurs K_O ist umso höher, je günstiger der Basispreis der Aktie (Basiskurs B_A) beziehungsweise allgemeiner des Underlyings für den Käufer ist. Beim Call sind die Optionen umso teurer, je niedriger der Basispreis B_A ist. Schließlich ist der Käufer bei einem niedrigen Basispreis B_A sicher, das Underlying für wenig Geld zu erhalten. Beim Put dagegen ist die Option umso teurer, je höher der Basispreis des Underlyings, hier der Aktie, B_A ist. Hier nämlich ist der Käufer bei einem hohen Basispreis B_A sicher, dass er das Underlying gegen viel Geld verkaufen kann. In obiger Preistabelle wirkt sich das so aus: Der *innere Wert* (*Intrinsic Value*, *Substanzwert*) als sicherer Kursvorteil des Inhabers des Optionsrechts wird in der Call-Preistabelle von unten nach oben immer höher, damit auch der Optionspreis K_O. In der Put-Preistabelle wird er dagegen von oben nach unten immer höher und entsprechend der Optionspreis K_O.

Man nennt eine Option *aus dem Geld* (*out of the money*), wenn der Kauf oder Verkauf des Underlyings bei Ausübung des Optionsrechts nachteilig wäre. *Am Geld* (*at the money*) ist die Option in dem Grenzfall, in dem es gerade egal ist, ob man das Underlying allgemein am Markt zum aktuellen Kurs des Underlyings K_A kauft beziehungsweise verkauft oder das Optionsrecht ausübt. Schließlich spricht man von einer Option *im Geld* (*in the money*), wenn es günstiger ist, das Underlying durch Ausübung des Optionsrechts zu kaufen (beim Call) beziehungsweise zu verkaufen (beim Put) statt am Spot-Markt.

Tabelle 7.11

Optionen im, am und aus dem Geld bei Put und Call

	Call	Put
im Geld	$K_A > B_A$	$K_A < B_A$
am Geld	$K_A = B_A$	$K_A = B_A$
aus dem Geld	$K_A < B_A$	$K_A > B_A$

Die nebeneinander verwendeten Begriffe *Parität* oder *Parity* (P) einerseits und *innerer Wert* (I) andererseits sind sehr ähnlich. Sie unterscheiden sich nur dadurch, dass man für die Parität negative Werte zulässt, für den inneren Wert nicht. Wird bei Darstellung der Formeln gegenüber den bisherigen Überlegungen neu berücksichtigt, dass das Bezugsverhältnis (V) von beziehbaren Underlyings, im Demonstrationsfall Aktien, und zum Bezug erforderlichen Optionen nicht 1 : 1 sein muss, sondern zum Beispiel wie sehr üblich bei Optionsscheinen auch 1 : 10 (V ist dann 0,1) oder 1 : 100 (V ist dann 0,01) sein kann, so gelten die Formeln:

$$P_{\text{Call}} = (\text{Kurs des Basiswerts} - \text{Basispreis}) \times \text{Bezugsverhältnis}$$

$$P_{\text{Put}} = (\text{Basispreis} - \text{Kurs des Basiswerts}) \times \text{Bezugsverhältnis}$$

Verwandt mit dem Begriff der Parität ist der Begriff der Moneyness. Bei der Moneyness wird aber nicht die Differenz der Kurse des Underlyings und des Basispreises gebildet, sondern beide Werte werden zueinander ins Verhältnis gesetzt. Außerdem wird dieses Kursverhältnis nicht mit dem Bezugsverhältnis multipliziert.

$$M_{\text{Call}} = \frac{\text{Kurs des Basiswerts}}{\text{Basispreis}}$$

$$M_{\text{Put}} = \frac{\text{Basispreis}}{\text{Kurs des Basiswerts}}$$

Tabelle 7.12

Parität, Moneyness und innerer Wert bei Call und Put

	Call	Put	Begrenzung der Werte
Parität P	$P = V \times (K_A - B_A)$	$P = V \times (B_A - K_A)$	keine
Moneyness M	$M = K_A / B_A$	$M = B_A / K_A$	keine
innerer Wert I	$I = V \times (K_A - B_A)$	$I = V \times (B_A - K_A)$	$I \geq 0$

Es ergeben sich immer eine positive Parität und ein (per Definition nur positiv möglicher) innerer Wert, wenn die Option im Geld ist, und eine negative Parität sowie ein fehlender innerer Wert, wenn die Option aus dem Geld ist. Sind Kurs des Underlyings und Basiskurs der Option gleich, so ist die Parität jeweils gleich 0 und die Moneyness jeweils gleich 1.

Gelegentlich wird die Parität/der innere Wert relativ zum tatsächlichen Optionsscheinkurs ausgedrückt. Der innere Wert relativ zum Optionswert zeigt, zu welchem Prozentsatz der Kurs der Option durch den inneren Wert gerechtfertigt ist.

7.5.3.3 Zeitwert

Neben dem inneren Wert (I) gibt es als zweiten Bestandteil des Optionswerts bzw. angemessenen Optionspreises (K_O) den sogenannten *Zeitwert* (*Time Value*) (Z), gelegentlich auch Aufgeld genannt. Alles, was man für eine Option bezahlt und was man nicht gleich in Form des inneren Wertes als Vorteil realisieren könnte, ist Zeitwert. Deshalb gilt:

$$\text{Zeitwert Z} = \text{Optionspreis } K_O - \text{innerer Wert I.}$$

Diese Wertkomponente ist ein Hoffnungs- oder Spekulationswert, der sich nur eventuell in der Zukunft als konkreter Wert herausstellen könnte. Mit dem Zeitwert werden auf dem Markt die noch nicht realisierten Chancen des Optionsrechts bewertet. Je länger die Optionszeit noch dauert, desto länger besteht die Chance einer Entwicklung des Kurses des Basiswerts, zum Beispiel der Aktie, in die aus Sicht des Optionskäufers gewünschte Richtung (beim Call nach oben, beim Put nach unten). Deshalb verringert sich der Zeitwert (und zwar in der Praxis progressiv) mit abnehmender Restlaufzeit der Option, in obigen Preistabellen also von rechts nach links. Am Ende der Optionslaufzeit besteht kein Zeitwert mehr, sondern nur noch ein eventueller innerer Wert.

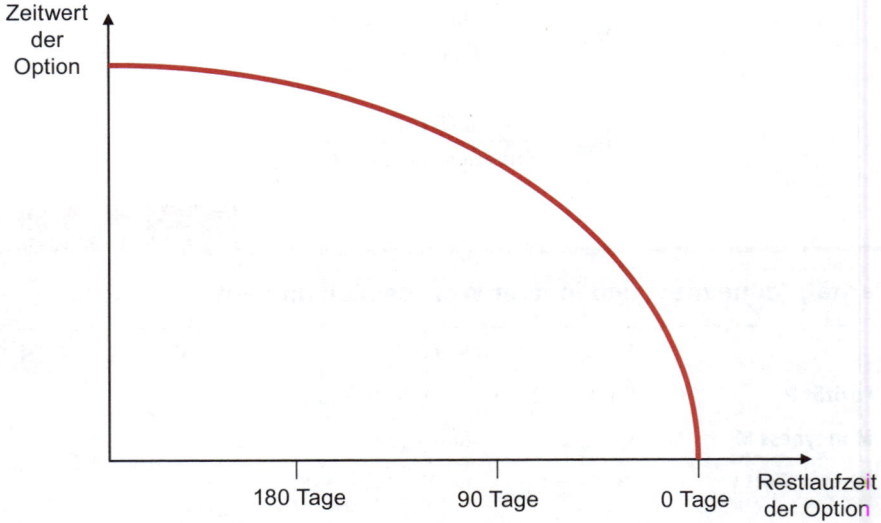

Abbildung 7.15: Entwicklung des Zeitwerts in Abhängigkeit von der Restlaufzeit der Option

Unter Verwendung der obigen Formeln für den inneren Wert (I) gelten die Definitionen für den Zeitwert:

Tabelle 7.13

Definition für den Zeitwert		
	Call	**Put**
Zeitwert Z	$Z = K_O - I = K_O - V \times (K_A - B_A)$	$Z = K_O - I = K_O - V \times (B_A - K_A)$ mit $I \geq 0$

Die Tatsache, dass der Optionspreis während der Optionslaufzeit in Höhe des Zeitwerts über dem inneren Wert liegt, führt zu folgender Schlussfolgerung: Es ist – abgesehen von bestimmten abwicklungstechnisch bedingten Besonderheiten in der Praxis – nicht sinnvoll, bei reibungslos funktionierender Optionsbörse eine handelbare amerikanische Option vor Ablauf der Optionszeit auszuüben, da man dann immer verglichen mit dem Verkauf der Option zum Optionspreis auf den Zeitwert verzichten würde. Statt einer Ausübung vor Ende der Optionslaufzeit ist bei gut funktionierendem Markt ein Verkauf der Option sinnvoller, da der Verkäufer dann auch den Zeitwert einstreichen kann.

Statt des absoluten Zeitwerts errechnet man häufig den Zeitwert relativ zum Kurs des pro Optionsschein erwerbbaren Underlying-Anteils ($V \times K_A$), zum Beispiel einer Zehntel Aktie bei $V = 0{,}1$. Das ist das Gleiche wie der Zeitwert aller erforderlichen Optionen bezogen auf den Kurs des Underlyings.

Der Zeitwert relativ zum Kurs des anteiligen Underlyings pro Option $V \times K_A$ wird gerne auch annualisiert. Der annualisierte Zeitwert relativ zum anteiligen Kurs des Underlyings gibt an, um wie viel Prozent der Basiswert p.a. bis zur Fälligkeit des Optionsscheins steigen muss (beim Put: fallen muss), damit der Optionsscheinkäufer keinen Verlust erleidet. Durch diese zeitliche Standardisierung kann man Optionsscheine mit unterschiedlichen Restlaufzeiten besser vergleichen.

Man kann den Zeitwert auch sinnvoll auf den Preis der Option beziehen. So erkennt man unmittelbar, welcher Teil des Optionspreises nur Zeitwert ist, also keinem inneren Wert entspricht.

7.5.3.4 Hebel und Omega

Der einfache *Hebel* H zeigt, das Wievielfache voraussichtlich die prozentuale Änderung des Optionskurses K_O im Verhältnis zu einer Änderung des anteiligen Kurses des Basiswerts $V \times K_A$, hier des anteiligen Aktienkurses, sein wird. Das ist unter einer noch zu nennenden vereinfachenden Annahme analog zum Fall des Futures das Verhältnis der Kapitaleinsätze für den direkten (anteiligen) Kauf des Underlyings (hier: Aktie) einerseits ($V \times K_A$) und für den Einsatz des Derivats, hier des Optionsscheins (K_O), andererseits, also

$$H = \frac{V \times K_A}{K_O}.$$

Der so errechnete einfache Hebel ist allerdings nur ausreichend aussagefähig, wenn die Voraussetzung gilt, dass sich Option und Kurs des Underlyings (der Aktie beziehungsweise des Aktienanteils, auf den sich eine Option bezieht) absolut immer um den gleichen Betrag verändern (beim Put mit umgekehrtem Vorzeichen). Diese Voraussetzung ist aber nur bei stark im Geld befindlichen Optionen annähernd erfüllt. Der einfache Hebel ist deshalb nur sehr bedingt brauchbar.

Es gibt eine Kennzahl *Delta* Δ für Optionen. Sie misst das tatsächliche Verhältnis der Änderung des Werts einer Option zur Änderung des Kurses des Basiswerts (unter Berücksichtigung des Bezugsverhältnisses V), das eben nicht immer gleich 1 beim Call beziehungsweise -1 beim Put ist. Bei Calls ist das Delta immer positiv und liegt zwischen 0 und 1, bei Puts immer negativ und liegt zwischen 0 und -1. Der Wert liegt nur dann nahe bei 1 (Call) beziehungsweise -1 (Put), wenn die Optionen bereits einen deutlich positiven inneren Wert haben, also weit im Geld sind.

Das im Vergleich zum Hebel weit aussagefähigere *Omega* Ω, auch *Leverage* oder *Elastizität* genannt, wird errechnet, indem der Hebel (H) im Fall des Call mit dem Delta und im Fall des Put (bei dem das Delta negativ ist) mit dessen negativem Wert multipliziert wird. Einfacher ausgedrückt: Der Hebel (H) ist jeweils mit dem positiven Betrag des Delta (Δ) zu multiplizieren.

$$\Omega_{Call} = H \times \Delta_{Call}$$

$$\Omega_{Put} = H \times (-\Delta_{Put}).$$

Dabei ist immer $\Delta_{Put} = \Delta_{Call} - 1$. Ist das Δ_{Call} also zum Beispiel 0,4, so ist das $\Delta_{Put} = -0{,}6$.

Das Omega Ω ist also eine Verfeinerung des nur im Grenzfall eine korrekte Aussage liefernden Hebels.

| Beispiel | **Kennzahlen eines Aktien-Calls** |

Es gelte für Aktien-Optionsscheine, die ein Kaufrecht beinhalten (Kaufoptionen, Calls): $V = 1 / 10$, $K_A = 560$ Euro, $B_A = 500$ Euro, $K_O = 10$ Euro, Laufzeit 90 Tage und $\Delta = 0{,}89$. Dann errechnen sich folgende Kennzahlen für den Call-Optionsschein:

Parität: $P = V \times (K_A - B_A) = 0{,}1 \times (560\,\text{€} - 500\,\text{€}) = 6\,\text{€}$

6 Euro des Preises des Optionsscheins entfallen auf die Parität (positiv, also gleich dem inneren Wert).

Moneyness: $K_A / B_A = 560 / 500 = 1{,}12$

Der Kurs der beziehbaren Aktie liegt wegen Moneyness > 1 über dem Bezugskurs.

Parität zu Optionsscheinkurs: $6\,\text{€} / 10\,\text{€} = 60\,\%$

60 Prozent des Optionsscheinkurses entfallen auf den inneren Wert.

Zeitwert: $Z = K_O - I = K_O - V \times (K_A - B_A) = 10\,\text{€} - 6\,\text{€} = 4\,\text{€}$

4 Euro des Preises des Optionsscheins entfallen auf den Zeitwert.

Zeitwert zum anteiligen Aktienkurs:
$[K_O - V \times (K_A - B_A)] / (V \times K_A) = 4\,\text{€} / 56\,\text{€} = 7{,}14\,\%$

Die Aktie muss um 7,14 Prozent von 560 Euro auf 600 Euro steigen (der anteilige Aktienwert von 56 Euro auf 60 Euro), damit der Wert des bezahlten Zeitwerts kompensiert ist.

Zeitwert zum anteiligen Aktienkurs annualisiert:
$\{[K_O - V \times (K_A - B_A)] / (V \times K_A)\} / (90 / 360) = 7{,}14\,\% \times 4 = $ ca. $28{,}57\,\%$ p.a.

Die Aktie muss mit einer Jahresrate von 28,57 Prozent im Kurs steigen, damit der Wert des Zeitwerts kompensiert ist.

Zeitwert zu Optionsscheinkurs p.a.: $[K_O - V \times (K_A - B_A)] / K_O = 40\,\%$

40 Prozent des Optionsscheinkurses entfallen auf den Zeitwert.

Hebel: $H = (V \times K_A) / K_O = (0{,}1 \times 560\,\text{€}) / 10\,\text{€} = 5{,}6$

Stiege der Optionsscheinkurs genauso stark wie der Aktienkurs, so wäre der Hebeleffekt der Option 5,6.

Omega: $\Omega_{\text{Call}} = H \times \Delta_{\text{Call}} = 5{,}6 \times 0{,}89 = 5$.

Angesichts eines Deltawerts von 0,89 (der Optionsscheinkurs steigt um das 0,89-Fache des Aktienkurses) hat der faktische Hebelwert, das Omega, einen Wert von 5. Die Rendite der Optionsscheinanlage wird mit diesem Hebelwert im Vergleich zur Rendite der Aktienanlage verstärkt.

7.5.4 Optionspreisentwicklung abhängig von der Kursentwicklung des Basiswerts

In den Abbildungen 7.11 und 7.12 wurden Gewinn und Verlust des Optionsinhabers dargestellt. Sie zeigten die Situation eines Calls oder eines Puts bei Fälligkeit, stellten also den Wert der Option abzüglich des eingesetzten Optionspreises im letzten Augenblick vor Auslaufen der Optionszeit dar. An dieser Stelle soll abweichend davon darauf eingegangen werden, wie sich der Wert der handelbaren Optionen, zum Beispiel Optionsscheine, ohne Abzug des eingesetzten Optionspreises in Abhängigkeit vom Haupteinflussfaktor „Kurs des Basiswerts" entwickelt. Es werden die gleichen Basispreise (Strike Prices) der Optionen wie in den genannten obigen Abbildungen unterstellt und es wird auf die Erläuterungen zum inneren Wert und zum Zeitwert zurückgegriffen, aus denen sich der Optionspreis (bei funktionierendem Markt mit dem Optionswert gleichzusetzen) zusammensetzt.

Für den Fall des Calls gilt: Bei steigendem Kurs des Basiswerts, hier einer Aktie, hat der Optionsschein vor Erreichen des Basiskurses (Strike Price, im Beispiel 200) nur einen Zeitwert, keinen inneren Wert. Ab da setzt sich der Optionspreis aus einem Zeitwert und einem inneren Wert zusammen. Der innere Wert steigt mit jedem Euro, den der Kurs über den Basispreis ansteigt, um das Bezugsverhältnis (in Abbildung 7.16 ist es 1:1) mal einen Euro.

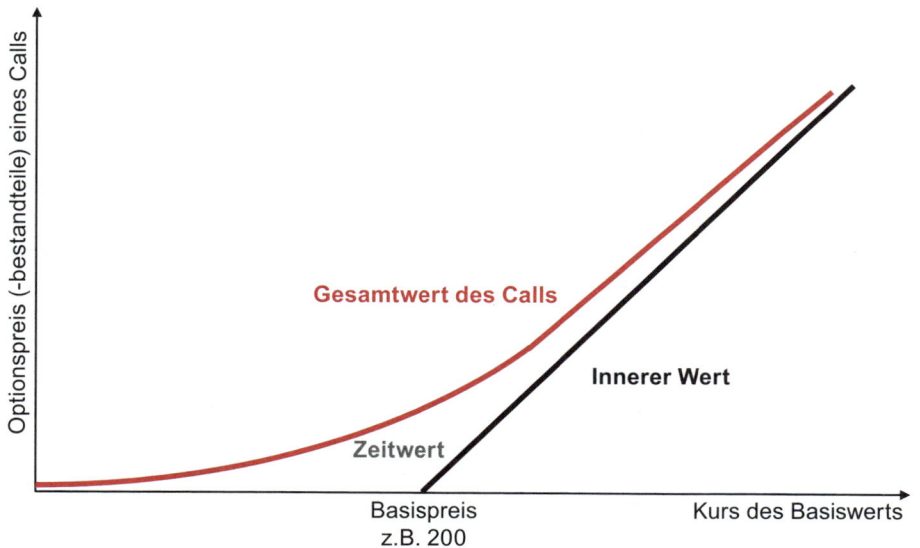

Abbildung 7.16: Callpreis in Abhängigkeit von der Kursentwicklung des Basiswerts (Darstellung nach Cox/Ross/Rubinstein): Option Pricing, Journal of Financial Economics, 1979)

Analog gilt für den Fall des Puts: Bei fallendem Kurs des Basiswerts, hier einer Aktie, hat der Optionsschein vor Erreichen des Basiskurses (Strike Price, im Beispiel 88) nur einen Zeitwert, keinen inneren Wert. Ab da setzt sich mit sinkendem Kurs des Basiswerts der Optionspreis aus einem Zeitwert und einem inneren Wert zusammen. Der innere Wert steigt mit jedem Euro, den der Kurs weiter unter den Basispreis fällt, um das Bezugsverhältnis (in Abbildung 7.17 ist es 1:1) multipliziert mit einem Euro.

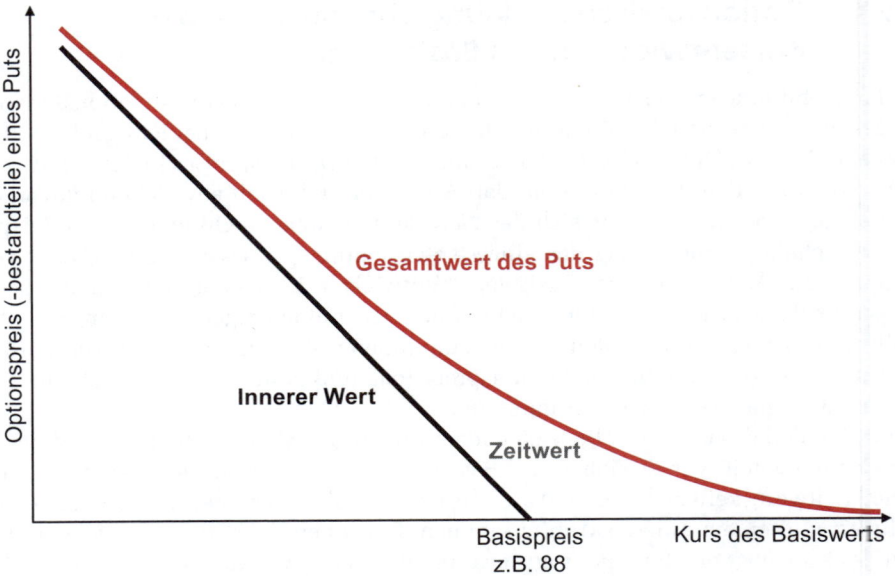

Abbildung 7.17: Putpreis in Abhängigkeit von der Kursentwicklung des Basiswerts (Darstellung nach Cox/Ross/Rubinstein)

Eine vergleichbare Überlegung wie hier für reine Optionen geschildert gilt auch für die im 4. Kapitel erörterte Wandelanleihe (siehe Abbildung 7.18), die ja eine Anleihe mit einer Wandlungsoption ist. Hier ist aber zusätzlich zu beachten, dass es einen Minimalwert der Wandelanleihe gibt, das ist der Wert des festverzinslichen Teils ohne Wandlungsoption (auch Kapitalwert genannt, da er sich durch Abzinsung aller Zinszahlungen und der Rückzahlung der Anleihe ergibt). Dieser Wert des festverzinslichen Teils der Wandeloption ist eine absolute Untergrenze des Werts der Wandelschuldverschreibung. Der Wandlungswert, die Parität der Wandelanleihe, entspricht – wenn man die Möglichkeit der Zuzahlung bei Wandlung außer Acht lässt – dem Marktwert des Underlyings, zum Beispiel der Aktie, multipliziert mit dem Wandlungsverhältnis. Sobald eine Wandlung lohnend wäre, entwickelt sich ein Wandlungswert (Parität), der über den Wert des festverzinslichen Teils hinausgeht. Die gesamte Differenz von Gesamtwert der Wandelanleihe und dem Wert des festverzinslichen Teils ohne Wandlungsoption nennt man Kapitalwertprämie (Investment Value Premium). Diese Prämie setzt sich aus zwei Komponenten zusammen. Erste Komponente ist der sofort realisierbare Vorteil aus der Wandlung, der Wandlungswert. Zweite Komponente ist die sogenannte Wandlungsprämie, die dem Aufgeld bei der Wandeloption entspricht und die Chance widerspiegelt, mit einer Absicherung nach unten (Wert des festverzinslichen Teils) von weiteren Kurssteigerungen des Basiswerts zu profitieren.

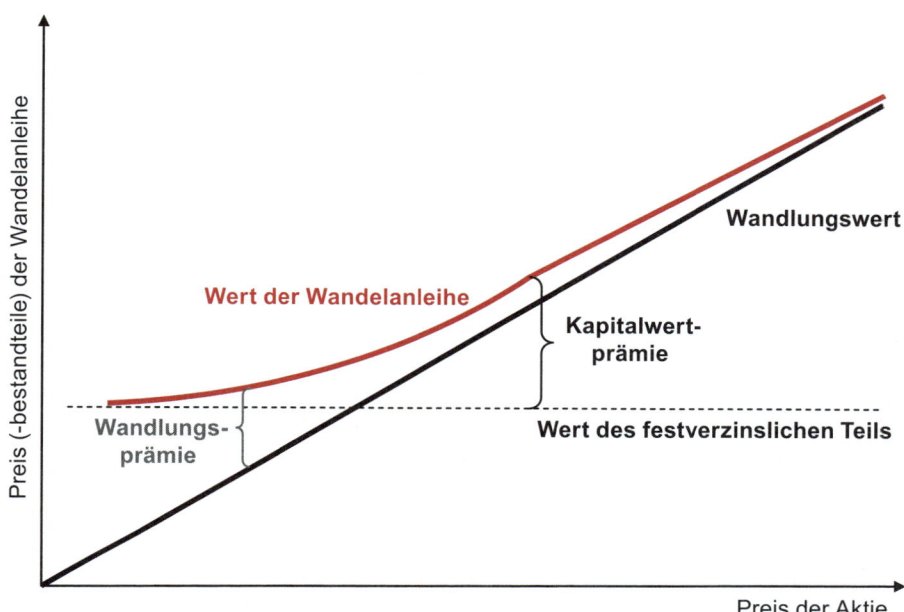

Abbildung 7.18: Preisbestandteile einer Wandelanleihe in Abhängigkeit von der Kursentwicklung des Basiswerts (Darstellung nach Calamos, Convertible Arbitrage, New Jersey 2003)

7.5.5 Margin bei Verkauf ungedeckter Optionen

Der Käufer einer Option, deren Preis vorweg bezahlt wurde, kann nicht mehr als eben diesen eingesetzten Optionspreis verlieren. Deshalb muss er logischerweise keine Margin (Einschuss) bezahlen. Anders ist die Situation beim Verkäufer der Option. Er erhält den Optionspreis und trägt dafür das Risiko von Verlusten, die diesen erheblich übersteigen können. Ist dieses Risiko nicht durch eine gegenteilige Chance aus einem Grundgeschäft kompensiert, so spricht man von einer ungedeckten Option. Eine *ungedeckte Option* (*Naked Option*) ist also eine Option, die nicht mit einer ausgleichenden Position im zugrunde liegenden Basiswert kombiniert ist. In diesem Fall muss der Stillhalter eine Marginzahlung leisten. Beispielsweise kann als Marginzahlung verlangt werden: Erhaltener Optionspreis plus 10 Prozent des Kurses des Underlyings. Die 10 Prozent sind zum Beispiel bei einer Aktie als relativ volatilem Wert angemessen. Statt des pauschalen Aufschlags von 10 Prozent kann man auch berücksichtigen, wie weit die Option eventuell aus dem Geld ist, was eine Ausübung unwahrscheinlicher macht. Beispielsweise können statt der 10 Prozent des Basiskurses höhere 20 Prozent fällig sein, aber abzüglich des Betrags, den die Option aus dem Geld liegt. Die Börse könnte zum Beispiel die jeweils höhere der beiden Marginmöglichkeiten als Marginvorschrift erlassen.

7.6 Cap und Floor

Cap und *Floor* sind Varianten der Option. Sie beziehen sich in der Praxis der Finanzmärkte vorwiegend auf Zinsgeschäfte, sind dann also die hier allein betrachteten *Interest Caps* und *Interest Floors* beziehungsweise *Zinskappen* und *Zinsfloors*. Sie sind Zinsbegrenzungsvereinbarungen, die entweder als OTC-Geschäfte abgeschlossen oder aber in Form von Wertpapieren gehandelt werden.

7.6.1 Cap

Der *Käufer* eines Caps erwirbt die Möglichkeit, Zinsen nach oben zu begrenzen. Analytisch betrachtet erwirbt er eine Serie von hintereinander, zu bestimmten Roll-over-Terminen fälligen Optionen. Diese Optionen verschaffen ihm jeweils das Recht auf die Differenz variable Zinsbasis minus Festzins. Beispiel: Der Cap-Käufer erwirbt am 1.8.2005 das Recht, in den kommenden drei Jahren 2006 bis 2008 jeweils zu den Roll-over-Terminen 1.2. und 1.8. die Differenz

6-Monats-EURIBOR minus 10 Prozent p.a.

für das darauf jeweils folgende Halbjahr auf einen Nominalbetrag von 20 Mio. Euro zu erhalten. Das führt dazu, dass der Käufer an jedem der sechs Termine für ein halbes Jahr bezogen auf 20 Mio. Euro eine Zinsdifferenz ausbezahlt bekommt, wenn der 6-Monats-EURIBOR die Marke von 10 Prozent p.a. übersteigt. Der Käufer kann den Cap *spekulativ* erworben haben, weil er darauf setzt, dass der 6-Monats-EURIBOR die Schwelle von 10 Prozent übersteigen wird. Er kann aber auch *in Hedgingabsicht* zum Beispiel die Zinsen für einen 20-Mio.-Euro-Kredit absichern, dessen Kondition an den 6-Monats-EURIBOR gekoppelt sind. Zahlt er für den Kredit (Grundgeschäft) jeweils am 1.2. und 1.8. einen Zins von zum Beispiel 6-Monats-EURIBOR plus 0,55 Prozent, so kann zusammen mit dem Cap der sich netto ergebende Zinsaufwand abgesehen vom bezahlten Cap-Preis (eine Form des Optionspreises) nicht über 10 Prozent p.a. + 0,55 Prozent p.a. = 10,55 Prozent p.a. steigen. Denn steigt der 6-Monats-EURIBOR über 10 Prozent hinaus, so wird der übersteigende Aufwand beim Kreditzins durch einen Ertrag aus der Cap-Vereinbarung kompensiert.

Der *Verkäufer* des Caps will den Cap-Preis (Optionspreis) verdienen und nimmt dafür das Risiko hin, dass er bei Übersteigen der Marke von 10 Prozent für den 6-Monats-EURIBOR die entsprechende Differenz an den Käufer des Caps auskehren muss.

7.6.2 Floor

Der Floor ist das Gegenstück zum Cap. In ihm ist analog zum Cap das Recht des *Käufers* auf eine Zinsdifferenz fixiert, die nun aber nicht als variable Zinsbasis minus Festzins, sondern umgekehrt als Festzins minus variable Zinsbasis definiert ist. Der Floor gelte zum Beispiel wieder für 20 Mio. Euro und die Roll-over-Termine 1.2. und 1.8. in den Jahren 2006 bis 2008 wie beim obigen Cap und berge das Recht auf

8 Prozent p.a. minus 6-Monats-EURIBOR.

Sinkt im Beispiel der 6-Monats-EURIBOR unter 8 Prozent p.a., so wird analog zum Cap die Differenzzahlung durch den Floor-Verkäufer an den Floor-Käufer fällig. Der Floor kann zur *Spekulation* auf sinkende Zinsen verwendet werden oder zur *Absicherung* von Zinsen eines Kapitalanlegers nach unten. Erhält etwa ein Anleger auf seine 20-Mio.-Euro-Anlage zu den Revolving-Terminen des Floors jeweils für das folgende Halbjahr 6-Monats-EURIBOR minus 0,1 Prozent, so kann sein Zinsertrag per Saldo (Grundgeschäft und Floor-Kauf), aufgewendeter Floor-Preis nicht eingerechnet, pro Jahr 8 Prozent − 0,1 Prozent = 7,9 Prozent nicht unterschreiten.

Der *Verkäufer* des Floors will den Floor-Preis (Optionspreis) verdienen. Er hofft darauf, dass er den Floor-Preis verdient, wenn der 6-Monats-EURIBOR nicht unter 8 Prozent sinkt.

7.6.3 Collar

Collar, auch *Minimax-Kontrakt* oder *Floor-Ceiling-Agreement* genannt, ist die Kombination von Cap und Floor, wobei jeweils die eine Zinsbegrenzungsoption erworben und die andere verkauft wird. Das wird an folgendem Beispiel klar, das aus den bisher verwendeten Beispielen kombiniert wurde:

- Variabler Kreditzins: 6-Monats-EURIBOR + 0,55 Prozent = derzeit 8,75 Prozent + 0,55 Prozent = 9,3 Prozent
- Cap und Floor beziehen sich auf die Höhe des 6-Monats-EURIBOR
- einmalige Kosten des Kreditnehmers für einen 3-Jahres-Cap von 10 Prozent: 0,83 Prozent
- einmaliger Ertrag des Kunden für einen 3-Jahres-Floor von 8 Prozent: 0,35 Prozent
- resultierende einmalige Kosten des 3-Jahres-Collar 8 Prozent / 10 Prozent: 0,48 Prozent
- gültig für 20 Mio. Euro
- Roll-over-Termine in 2006 bis 2008 jeweils 1.2. und 1.8. des Jahres

Der *Schuldner*, der einen Cap zur Absicherung gegen steigende Zinsen erworben hat, verkauft im Beispiel ergänzend einen Floor, der per Saldo (Kreditvereinbarung und verkaufter Floor zusammengenommen) die zu zahlenden Zinsen leider auch nach unten begrenzt, um durch die Prämieneinnahme für den Floor die Cap-Kosten teilweise wieder hereinzubekommen.

Analog könnten *Anleger*, die einen Floor zur Absicherung gegen fallende Zinsen erworben haben, das dafür bezahlte Geld wieder teilweise hereinholen, indem sie einen Cap verkaufen, der per Saldo (Anlagezinsvereinbarung und Ertrag aus verkauftem Cap zusammengenommen) ihre erzielbaren Zinsen leider auch nach oben begrenzt.

Es ist auch der Abschluss eines sogenannten *Zero Cost Collar* möglich, bei dem sich die Aufwendung für den Kauf des Caps und die Erträge für den Verkauf des Floors – oder umgekehrt die Aufwendungen für den Kauf des Floors und die Erträge für den Verkauf des Caps – genau ausgleichen. Beim Zero Cost Collar sind Zinsobergrenze und -untergrenze nahe zusammen, sodass die Unterschiede zum Festzins nicht mehr sehr groß sind.

Bei Floatern gibt es einfache Kombinationen mit Cap oder Floor (insbesondere den zwingenden Floor von 0 Prozent) und auch solche, die mit einem Collar (Minimax-Kontrakt) ausgestattet sind (sogenannte *Minimax-Floater*).

7.7 Kreditderivate

7.7.1 Inhalt, Bedeutung und Einsatzmotive

Kreditderivate sind Vereinbarungen über den Austausch von Zahlungen, von denen mindestens eine an die Höhe einer Schuldnerbonität (Bonität eines Unternehmens oder eines Landes) geknüpft ist. Ursprünglich bezogen sich Finanzderivate unmittelbar nur auf generelle *Marktpreisrisiken*. Das sind Risiken, die sich aus der Änderung der allgemeinen Marktpreise beziehungsweise Börsenkurse ergeben. Die Marktpreisrisiken auf den Finanzmärkten lassen sich in Zins-, (Aktien-) Kurs- und Devisenkursrisiken unterteilen. Marktpreise ändern sich unabhängig von den Verhältnissen bei einem speziellen Zahlungspflichtigen. Gegenbegriff zu den Marktpreisrisiken sind die *Bonitätsrisiken*, die von den Verhältnissen bei einem speziellen Zahlungspflichtigen abhängen. Auf diese Bonitätsrisiken beziehen sich die Kreditderivate, die im Prinzip korrekter Bonitätsderivate heißen sollten, da sie sich nicht nur auf die Bonität von Kreditnehmern, sondern auch von Wertpapieremittenten oder anderen Aufnehmern von Geld beziehen. „Kredit" bedeutet in diesem Zusammenhang sehr breit definiert Fremdkapitalaufnahme. Durch Kreditderivate sind individuelle Bonitätsrisiken von einer Geldüberlassung separierbar, somit auch gesondert handelbar. Dies gilt analog zur Separierbarkeit der Marktpreisrisiken von der Geldüberlassung bei den sonstigen Finanzderivaten.

Banken sind die wichtigsten Akteure auf dem Markt der Kreditderivate. Sie benutzen diese Derivate insbesondere zum Hedging von einzelnen Kreditpositionen (Micro-Hedges) und zur Absicherung größerer Teile ihres Kreditportfolios (Macro-Hedges). Das Verständnis des im 3. Kapitel erörterten Kreditgeschäfts der Banken ist heute ohne Verständnis der Kreditderivate nicht mehr möglich. Neben Banken haben besonders Wertpapierhäuser und Versicherungsunternehmen Bedeutung, zusätzlich noch Großunternehmen – was Kreditderivate auch außerhalb der Finanzbranche zum Thema macht – sowie Fonds.

Kreditderivate werden derzeit nur auf außerbörslichen Märkten gehandelt. Allerdings werden die Kreditderivate dabei vorzugsweise unter standardisierten Rahmenverträgen abgeschlossen. Sie lauten aktuell immer über Millionenbeträge. Mit Kreditderivaten werden im Normalfall keine sehr schlechten Risiken gehandelt, Problemkredite bereinigt man eher durch Kreditverkauf statt Kreditderivateverkauf.

Kreditderivate erlauben die Isolierung von Kreditrisiken und so ihre Absicherung. Daneben ermöglichen sie aber auch Investoren, Kreditrisiken gegen Erhalt einer Prämie aufzunehmen, die ihnen ansonsten unzugänglich wären, weil sie keine Kontakte zu entsprechenden Kapitalnachfragern, zum Beispiel bestimmten Kreditnehmern, knüpfen können.

7.7.2 Credit Event contra Credit Spread

Als Credit Event (Kreditereignis, synonym verwendet: Credit Default) bezeichnet man den Eintritt einer genau definierten Situation. Sehr häufig definiert man in den Verträgen die Insolvenz (Eröffnung des Insolvenzverfahrens oder Ablehnung der Eröffnung mangels Masse) als Credit Event, andere Möglichkeiten sind zum Beispiel erfolglose Zwangsvollstreckung, Zahlungseinstellung, ausbleibende Kuponzahlung bei einer Anleihe oder Zahlungsverzug. Der Credit Event ist je nach Definition mehr oder weniger nahe an einer Insolvenz. Die ISDA (International Swaps and Derivates Association), die bei der Standardisierung der Kreditderivate-Verträge eine entscheidende Position innehat, definiert als mögliche Ereignisse:

- Insolvenz (Bankruptcy) bei nichtstaatlichen beziehungsweise Moratorium bei staatlichen Schuldnern,
- Zahlungsausfall nach Ablauf einer Frist (Failure to Pay),
- substanziell unvorteilhafte Schuldenrestrukturierung (Material Adverse Restructuring of Debt),
- vorzeitiges Fälligwerden der Verbindlichkeiten des Unternehmens (Obligation Acceleration),
- bewusste Nichterfüllung beziehungsweise Verweigerung von Zahlungsverpflichtungen (Repudiation).

In gewissen Fällen wird die Feststellung eines dieser Ereignisse mit der Anforderung einer signifikanten Preisänderung einer spezifizierten Referenzanleihe verbunden, die vom Referenzschuldner entweder direkt emittiert oder garantiert ist (Materiality Clause). Diese Klausel soll sicherstellen, dass nicht ein lediglich technisch bedingter Zahlungsverzug ohne Verschlechterung der Bonität des Referenzschuldners zur Auslösung der Ausgleichszahlung führt.

Der Begriff des Credit Events wird mit dem des Credit Defaults gleichgesetzt, obwohl der Ausdruck Event (Ereignis) ursprünglich neutraler und weiter ist als der des Defaults (Nichterfüllung, Verzug, Versäumnis, Zahlungseinstellung).

Der **Credit Spread** (deutsch etwa: Kreditrisiko-Aufschlag) ändert sich anders als der singuläre Credit Event laufend. Der Credit Spread lässt sich definieren als Differenz der Renditen einer risikobehafteten und einer (praktisch) risikolosen Benchmark-Anleihe gleicher Laufzeit, meistens einer Staatsanleihe.

Der Credit Spread hängt von folgenden Faktoren ab:

- Bonität der Anleihe,
- Restlaufzeit der Anleihe (oder des Kredits): der Spread steigt tendenziell mit der Restlaufzeit,
- Liquidität der Anleihe: mangelnde Liquidität erhöht den Spread,
- Risikoneigung der Investoren,
- Zinsniveau (Frage des Einflusses auf den Spread ist aber strittig).

Die wichtigste prinzipielle Einteilung der hier alleine betrachteten Grundformen der Kreditderivate unterscheidet auf der obersten Ebene, ob sich das Derivat

- auf ein Credit-Event-Risiko (Credit-Default-Risiko) als singuläres Kreditereignis bezieht oder aber
- auf eine Spreadverschlechterung (Spread Widening Risk).

7.7.3 Risikoaktivum contra Referenzinstrument

Das Aktivum des Risikoverkäufers, das durch ein Kreditderivat abgesichert werden soll, ist das *Risikoaktivum* (Underlying, Basisinstrument). Davon ist das Instrument zu unterscheiden, dessen Wertänderung den Eintritt des Kreditereignisses definiert und die daraus resultierende Ausgleichszahlung festlegt. Dieses *Referenzinstrument* ist ein Aktivum (*Referenzaktivum*) oder aber auch ein Rating, ein Index oder ein Korb kreditrisikosensitiver Instrumente. Als Referenzinstrumente dienen in praxi hauptsächlich Anleihen von Staaten (wegen Länderrisiken), Banken und Großunternehmen. Es ist eher die Ausnahme, dass Risikoaktivum und Referenzinstrument identisch sind, meistens fallen sie auseinander. Im Fall des Auseinanderfallens ist es bei Absicherungswünschen des Risk Sellers wichtig, dass die Risiken von Risikoaktivum und Referenzinstrument stark korrelieren.

7.7.4 Default-Risk-Derivate

7.7.4.1 Credit Default Swap

Der Credit Default Swap (CDS), im Fall einer Vorwegzahlung der ansonsten periodischen Prämie durch den Risk Seller seltener auch *Credit Default Option* (CDO) genannt, ist die einfache und sehr weit verbreitete Grundform eines Kreditderivats. Der Credit Default Swap ist eine der erfolgreichsten Finanzinnovationen der letzten Jahrzehnte. Der

- Sicherungsnehmer (Sicherheitskäufer, Protection Buyer, Risikoabgeber, Risk Seller) bezahlt hierbei eine Prämie (Optionspreis) vorweg (up front) oder eine periodische Risikoprämie an den

- Sicherungsgeber (Sicherheitsverkäufer, Protection Seller, Risikoübernehmer, Risk Buyer).

Die Zahlung durch den Sicherungsgeber erfolgt allein bei Eintritt des Kreditereignisses. Dadurch wird ausschließlich das Defaultrisiko des Sicherungsnehmers isoliert.

Bei entsprechender Definition des Credit Defaults ist der CDS einer Kreditgarantie, Kreditbürgschaft oder Kreditversicherung sehr ähnlich, allerdings unter anderem leicht handelbar und schon insofern wirtschaftlich von deutlich anderer Qualität. Der Sicherungsgeber beim Credit Default Swap erwirbt durch Erbringung seiner Leistung auch nicht automatisch die Forderung des Sicherungsnehmers wie ein Kreditbürge oder Kreditversicherer. Ein wichtiger Unterschied zur Kreditversicherungen ist auch, dass es in ihrem Fall anders als beim Credit Default Swap eine Selbstbeteiligung des Sicherungsnehmers gibt, das heißt das Kreditrisiko ist nicht zu 100 Prozent abgesichert. Ein Unternehmen, das beispielsweise hohe Lieferantenkredite an seine Großkunden vergibt oder große Exportforderungen erwirbt, kann zur Absicherung seiner Kredite zwischen dem Abschluss eines Credit Default Swaps, einer Kreditgarantie oder -bürgschaft einer Bank sowie einer Kreditversicherung wählen.

Der Absicherungspreis (Prämie, CDS-Spread) ist vergleichbar mit einer Kreditgarantie-Provision. Diese Prämie wird als fixer Prozentsatz p.a. auf das Nominalvolumen kalkuliert und meistens in Basispunkten (BP) im Sinne von hundertstel Prozent ausgedrückt.

Die Ausgleichszahlung kann verschieden erfolgen:

- Zahlung des Nominalwerts gegen Lieferung des Referenzaktivums (Physical Settlement),

- Zahlung eines fest vereinbarten Betrags (fixierte Versicherungshöhe, Cash Settlement erster Art),

- Differenzausgleich zum Restwert des Referenzaktivums nach Eintritt des Credit Events (Cash Settlement zweiter Art).

Abgesehen vom Fall der Ausgleichszahlung in Form der fixierten Versicherungshöhe kommt es bei Eintreten des Credit Events auch zum Ausgleich von Marktwertänderungen des Referenzaktivums, die nicht auf Bonitätsänderungen zurückzuführen sind.

Beispiel (mit Referenzanleihe):

- Nominalvolumen: 50 Mio. Euro
- Referenztitel: 7,75 Prozent Rep. of Indonesia 08/2011
- Counterpart: Bank
- Laufzeit: 5 Jahre
- Optionspreis (Prämie):   0,68 Prozent p.a. = 340.000 Euro p.a.

Abgesichert wird das Länderrisiko eines Kredits an einen indonesischen Importeur (Risikoaktivum).

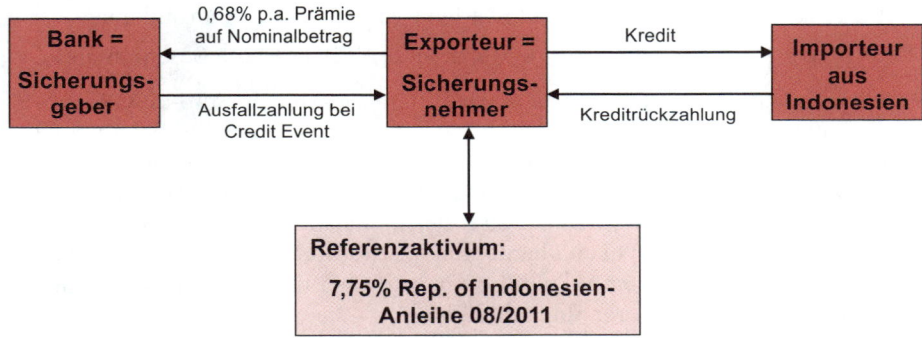

Abbildung 7.19: Kauf eines Credit Default Swaps durch einen Exporteur

7.7.4.2   Credit Linked Note

Bei der relativ häufigen Credit Linked Note (CLN) geht es immer statt um einen individuellen Kredit um eine Anleihe (Note), die einen Credit Link an ein bestimmtes Bonitätsrisiko hat. Die hier allein betrachtete häufigste Form ist die *Credit Default Linked Note*, es gibt aber auch Credit Spread Linked Notes und Total Return Linked Notes.

Der Emittent der Anleihe ist Sicherungsnehmer. Die Anleihe wird nur dann zu Laufzeitende zum vollen Nennwert zurückgezahlt, wenn der Credit Default (Risiko bei der Credit Default Linked Note übertragen durch Credit Default Swap) beim Referenzaktivum nicht eingetreten ist. Tritt dieses definierte Kreditereignis jedoch ein, so wird die CLN innerhalb einer festgesetzten Frist nur unter Abzug eines bestimmten Ausgleichsbetrags zurückbezahlt. So wurde das Risiko auf eine Vielzahl von Anlegern verteilt. Die Besonderheit der hier erreichten breiten Publikumsstreuung wurde durch Verbriefung und Handelbarkeit an einem Sekundärmarkt ermöglicht. Ausgleichsbetrag ist typischerweise die Differenz zwischen Nominal- und Restwert des Referenzaktivums. Dabei hat der Sicherungsnehmer kein Kontrahentenrisiko, denn im Fall eines Credit Events hat er das der Besicherung dienende Kapital bereits in Händen und kürzt den Rückzahlungsbetrag der Anleihe entsprechend.

Die Referenzanleihe muss eine genügend große Liquidität haben, um eine transparente Preisbildung gewährleistet zu haben. Die Laufzeit der CLN ist maximal so lang wie die der Referenzanleihe. Der Investor übernimmt neben dem Ausfallrisiko des

Emittenten der CLN (Sicherungsnehmer) auch das Ausfallrisiko der Referenzanleihe, im folgenden Beispiel eine Bulgarien-Anleihe (gegen entsprechenden Aufschlag – in Basispunkten – auf einen risikolosen Zins).

Beispiel | **Credit Linked Note**

Ein Emerging-Südosteuropa-Fonds will in Bulgarien-Risiken investieren und tut dies mit folgender Credit Linked Note:

- Laufzeit: 1 Jahr
- Nominalbetrag: 25 Mio. Euro
- Emittent: Bank (Sicherungsnehmer)
- Underlying Risk: Bulgarien (-Anleihe) = Referenzanleihe
- Kupon: 6-Monats-Euro-LIBOR + 245 Basispunkte.

Der Fonds legt 25 Mio. Euro an und erhält darauf 6-Monats-Euro-LIBOR + 245 Basispunkte und bekommt sein Geld zurück, wenn die Bulgarien-Anleihe nicht falliert (Credit Event). Der CLN-Emittent (Sicherungsnehmer) hat damit ein Papier verkauft, dessen Bonität an die Bonität einer Rumänien-Anleihe gekoppelt wurde. Faktisch hat der Sicherungsnehmer zum Beispiel als Risikoaktiva im Auslandskreditgeschäft Bulgarienrisiken übernommen, etwa durch Kredite an bulgarische Importeure, Bestätigung von Akkreditiven bulgarischer Banken gegenüber begünstigten deutschen Exporteuren und Ähnliches.

Die CLN ist letztlich eine Kombination aus einer Anleihe (im Beispiel der Bank) und einem erworbenen Credit Default Swap (im Beispiel auf die Bulgarien-Anleihe). Der Anleger = Sicherungsgeber (im Beispiel der Emerging-Südosteuropa-Fonds) hat eine synthetische Anlage in das Referenzaktivum (im Beispiel Bulgarien-Anleihe) getätigt, ohne es direkt zu kaufen.

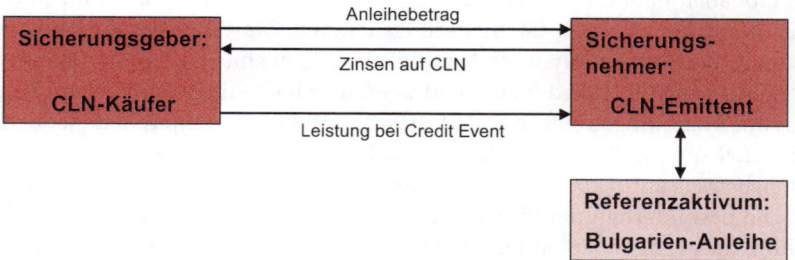

Abbildung 7.20: Credit Linked Note

Die Schaffung von Credit Linked Notes nennt man *synthetische Verbriefung*. Die synthetische Verbriefung kann auch unter Einschaltung von Einzweckgesellschaften (Special Purpose Vehicles, SPVs) erfolgen, nur dass anders als bei der True-Sale-Struktur gemäß Kapitel 6 dem SPV durch Abschluss von Credit Default Swaps allein das Ausfallrisiko des zu verbriefenden Forderungspools übertragen wird. Die Forderungen und mit ihnen die Zins- und Währungsrisiken verbleiben beim Originator. Das SPV, das Kreditrisiken ohne die Kredite selbst übernommen hat, verlinkt die Kreditrisiken mit von ihm emittierten Anleihen (Credit Linked Notes) und emittiert sie. Die finanziellen Mittel aus der Emission der ABS werden zur Sicherstellung der Ansprüche des Originators (Sicherungsnehmer) und der Investoren in risikoarme Anlagen, zum Beispiel Bundesanleihen, angelegt. Die vom SPV emittierten Papiere zählen zu den *Asset Backed Securities* (ABS), dies ist aber die *Not-True-Sale-Variante*. Das SPV tranchiert in der Regel das Kreditrisiko und lässt so die im vorherigen Kapitel kennengelernten Collateralized Debt Obligations entstehen. Diese durch synthetische Verbriefung entstandene Form nennt man synthetische Collateralized Debt Obligations (synthetische CDO). Eine derartige Tranchierung ist auch bei den Credit Linked Notes häufig, die ohne Einschaltung von Einzweckgesellschaften emittiert werden.

7.7.5 Spread-Widening-Risk-Derivate

Grundformen der Spread-Widening-Risk-Derivate sind die Credit Spread Option und der Total Rate of Return Swap. Bei diesen Kreditderivaten müssen Credit Spreads und/oder Marktpreise von Referenzanleihen stets laufend verlässlich ermittelt werden können.

7.7.5.1 Credit Spread Option

Der Basiswert dieser Option ist ein Credit Spread zwischen einem risikobehafteten Referenz-Underlying, zum Beispiel einer Industrieanleihe, und einem risikolosen Bezugswert gleicher Laufzeit und Zinsart. Der Käufer einer Credit Spread Put Option erwirbt das Recht auf eine Ausgleichszahlung, sobald sich der Zinsspread wegen Bonitätsverschlechterung des Referenzaktivums erhöht. Meistens sichert man sich gegen eine Bonitätsverschlechterung ab, weswegen der Kauf von Puts der Normalfall ist. Credit Spread Calls gibt es seltener, mit ihnen sichert sich der Käufer gegen eine Verringerung des Zinsspreads ab, also eine Bonitätsverbesserung des Referenzaktivums.

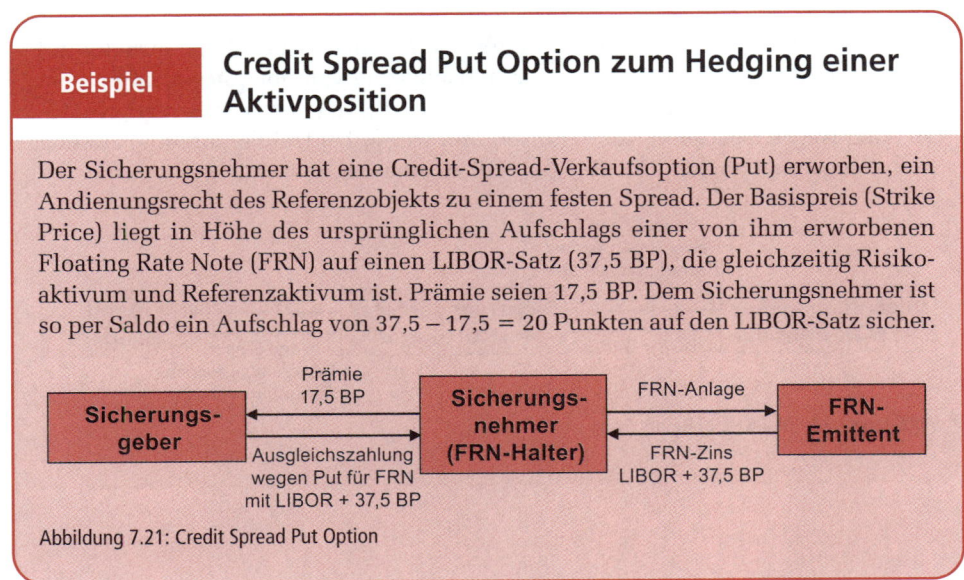

Beispiel

Credit Spread Put Option zum Hedging einer Aktivposition

Der Sicherungsnehmer hat eine Credit-Spread-Verkaufsoption (Put) erworben, ein Andienungsrecht des Referenzobjekts zu einem festen Spread. Der Basispreis (Strike Price) liegt in Höhe des ursprünglichen Aufschlags einer von ihm erworbenen Floating Rate Note (FRN) auf einen LIBOR-Satz (37,5 BP), die gleichzeitig Risikoaktivum und Referenzaktivum ist. Prämie seien 17,5 BP. Dem Sicherungsnehmer ist so per Saldo ein Aufschlag von 37,5 − 17,5 = 20 Punkten auf den LIBOR-Satz sicher.

Abbildung 7.21: Credit Spread Put Option

Der Kauf einer Credit Spread Put Option kann nicht nur wie im Beispiel zur Absicherung des Werts einer Aktivposition verwendet werden. Er kann – um einen wichtigen anderen Fall zu nennen – ebenso dazu verwendet werden, das Eingehen einer Passivposition in der Zukunft zu hedgen. Wird der Spread der Anleihen des Unternehmens selbst als Referenzinstrument definiert, so erhält es bei einer Spreaderhöhung eine Ausgleichszahlung. Diese gleicht die erhöhten Zinsspreads aus, die das Unternehmen bei einer späteren Anleiheemission tatsächlich bezahlen muss.

7.7.5.2 Total (Rate of) Return Swap

Beim Total (Rate of) Return Swap (TROR-Swap, TR-Swap) wird der gesamte Kern der wirtschaftlichen Risiken eines Referenzaktivums übertragen, also alle

- Bonitätsrisiken und
- Marktpreisrisiken.

Dabei werden im Unterschied zur Credit Spread Option sämtliche Kurseffekte übertragen, auch allein durch die allgemeine Marktsituation bedingte Kursänderungen (Bewertungsgewinne und -verluste). Es handelt sich also um ein umfassendes Finanzderivat, das auch den Effekt eines Kreditderivats in Form eines Spread-Widening-Risk-Derivats mit einschließt.

Hier erfolgt ein periodischer Abgleich der Bewertungsveränderungen (zum Beispiel in gleicher Frequenz wie ein gezahlter LIBOR-Satz). Der Gesamtertrag (Total Return) wird immer übertragen, unabhängig vom Eintritt eines singulären Kreditereignisses. Referenzwerte von Total Return Swaps sind in der Regel börsengehandelte Anleihen, sodass Kursveränderungen laufend exakt festgestellt werden können.

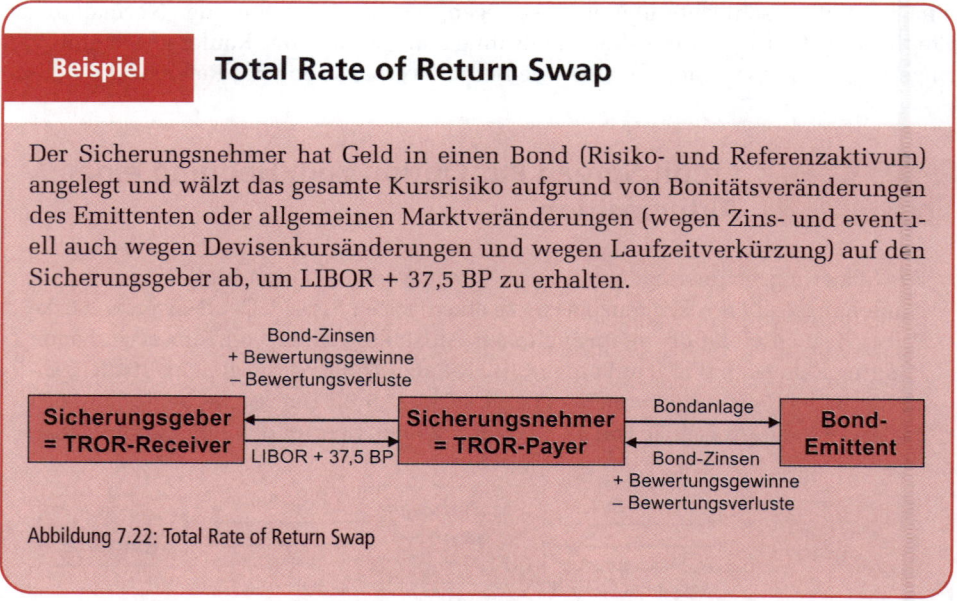

Beispiel **Total Rate of Return Swap**

Der Sicherungsnehmer hat Geld in einen Bond (Risiko- und Referenzaktivum) angelegt und wälzt das gesamte Kursrisiko aufgrund von Bonitätsveränderungen des Emittenten oder allgemeinen Marktveränderungen (wegen Zins- und eventuell auch wegen Devisenkursänderungen und wegen Laufzeitverkürzung) auf den Sicherungsgeber ab, um LIBOR + 37,5 BP zu erhalten.

Abbildung 7.22: Total Rate of Return Swap

Die Kuponzahlungen werden vom Sicherungsnehmer jeweils weitergeleitet und der Empfänger (Sicherungsgeber) zahlt auf den Nominalbetrag LIBOR plus Aufschlag. Am Laufzeitende des Swaps (oder auch periodisch) erfolgt gegebenenfalls die Zahlung, welche die Änderung des Anleihewerts widerspiegelt. Fällt die Anleihe aus, so hat dies üblicherweise das Ende des Swaps zur Folge und der Sicherungsgeber zahlt bei Cash Settlement die Differenz von Nominalwert der Anleihe und Marktpreis. Fällt im obigen Beispiel der Bond-Emittent aus, so muss sich der Sicherungsnehmer nicht darum bemühen, eventuelle Sicherheiten zu verwerten.

Will ein Kreditgeber beispielsweise ein Branchenrisiko oder ein Länderrisiko absichern, so kann er als Sicherungsnehmer (TROR-Payer) eines TROR-Swaps mit Cash Settlement auftreten, der sich auf einen Basket aus Anleihen von Unternehmen dieser Branche oder aus diesem Land als Referenzobjekt bezieht.

Zusammenfassung dieses Kapitels

■ Einleitung der Finanzderivate

Finanzderivate sind Termingeschäfte, die sich auf originäre Finanzobjekte als *Basiswerte* beziehen, insbesondere leitet sich auch der Wert aus dem des jeweiligen Basiswerts ab. Man kann die Finanzderivate in unbedingte Termingeschäfte (Erfüllungspflicht beider Geschäftspartner) und bedingte Termingeschäfte (Wahlrecht eines der beiden Geschäftspartner, ob erfüllt werden soll oder nicht) unterteilen. Die unbedingten Termingeschäfte sind einmal Festtermingeschäfte (Futures und Verwandte), das sind Kaufverträge mit Konditionenfestlegung in der Gegenwart und unbedingter Ausübung in der Zukunft, und zum anderen Swaps, das sind Tauschverträge von laufenden Zahlungsverpflichtungen in der Zukunft und gegebenenfalls zusätzlich in der Gegenwart mit unbedingter Ausübung. Die bedingten Termingeschäfte sind Optionen sowie Cap und Floor als Optionsverwandte.

Finanzderivate können an Börsen und außerhalb (OTC-Geschäfte) von Börsen gehandelt werden, mit oder ohne Kleidung in Wertpapierform. Die Terminkäufe und -verkäufe werden faktisch ausgeführt (Physical Settlement) oder es kommen nur Gewinne und Verluste in Form der Differenz zwischen kontrahiertem Kurs und aktuellem Marktkurs zur Auszahlung (Cash Settlement).

Behandelt werden zuerst solche Derivate, die sich auf Basisobjekte mit allgemeinen Marktpreisen beziehen (insbesondere Kurse von Zinspapieren, Aktien, Devisen und Indizes als „zusammengesetzte Kurse" eines Korbs von Papieren).

■ Futures und Forwards

Futures (börsengehandelt) und Forwards (nicht börsengehandelt) sind der Kauf und Verkauf eines bestimmten Basisobjekts in einer festgelegten Menge zu einem festen Kurs mit Ausführung zu einem festen Zeitpunkt in der Zukunft und mit Erfüllungszwang gleichermaßen für Käufer und Verkäufer. Der Euro-Bund-Future dient uns als Demonstrationsobjekt.

Gewinne und Verluste bei allen Finanzderivaten kann man einmal auf die isolierte Ausübung des derivativen Geschäfts beziehen, mit der man auf Gewinn hofft (Spekulation), zum anderen auf die Absicherung eines Grundgeschäfts (Hedging).

Die Gewinne und Verluste spekulativer Futuregeschäfte (analog jeweils Forwards) entwickeln sich linear mit der Änderung des Kurses des Underlyings genauso wie die Gewinne und Verluste von Kassageschäften. Der Futurekauf erbringt Gewinne wie der Kassakauf, der Futureverkauf wie der Kassaverkauf. Beim Hedging kompensiert man die Risiken und Chancen des Grundgeschäfts durch gegenteilige Chancen und Risiken des absichernden Futures. Entscheidend bei Rentabilitätsüberlegungen ist die Tatsache, dass man beim Abschluss des Futures nur einen kleinen Teil des Betrages einsetzen muss, auf den sich das betroffene Basisobjekt beläuft (Marginzahlung). Dadurch wird die Rentabilität, errechnet als Gewinn (bei Kassageschäft mit dem Basisobjekt etwa gleich hoch wie beim Futuregeschäft) geteilt durch eingesetztes Kapital, gehebelt. Der geringere Kapitaleinsatz beim Futuregeschäft hat also entscheidende Bedeutung für die Rentabilitätsunterschiede zum Kassageschäft.

■ Forward Rate Agreement

Das Forward Rate Agreement ist hinsichtlich der abwicklungstechnischen Vorgehensweise vom Zinsfuture und -forward zu unterscheiden. Bei ihm wird eine Festzinsvereinbarung für eine künftige Laufzeit direkt abgeschlossen statt über den Umweg einer Kursvereinbarung.

■ Swaparten

Swap heißt Tausch. Swaps, die sich auf Zahlungspflichten beziehen, heißen Liability-Swaps, solche mit Bezug auf Zahlungsansprüche Asset-Swaps. Grundformen der Financial Swaps sind Zins- und Währungsswap. Der Zinsswap ist der Tausch unterschiedlich gearteter Zinszahlungen, insbesondere von Zinsen mit unterschiedlicher Fixierungsdauer (fix gegen variabel), weniger bedeutend und im Kapitel nicht weiter beachtet ist der Tausch von variablen Zinsen mit unterschiedlicher Basis, an welche die Zinsen gekoppelt sind. Der Währungsswap ist der Tausch von Kapitalbeträgen, die auf unterschiedliche Währungen lauten, einschließlich des Tauschs von Zinsen auf die Währungsbeträge. Ein Swap, bei dem sowohl Kapitalbeträge in unterschiedlichen Währungen getauscht werden als auch unterschiedlich geartete Zinszahlungsverpflichtungen beziehungsweise -ansprüche, kann als Kombinationsform angesehen werden und wird als *Zins-Währungs-Swap* bezeichnet.

■ Zinsswap

Man kann mit einem Zinsswap wie mit einem Zinsfuture spekulativ auf eine bestimmte Zinsentwicklung (damit auch Kursentwicklung von Zinswerten) setzen beziehungsweise ihn entsprechend zum Hedging einsetzen. Der Zinsswap ist demnach dem Zinsfuture oder als OTC-Geschäft eher dem Zinsforward sehr verwandt. Der Zinsswap wird aber auch benutzt, um komparative Zinsunterschiede auszunutzen. Komparative Zinsunterschiede (relative Zinsunterschiede) liegen vor, wenn beim Vergleich der Zinsen, die zwei Parteien bezahlen oder erhalten, der Unterschied bei einer Zinsart größer ist als bei der anderen. Ein Modellbeispiel: Zwei Unternehmen bezahlen pro Jahr für ihre eigenen Emissionen bei zehnjähriger Zinsbindung (Straight Bonds) stärker unterschiedliche Zinsen als bei jeweils quartalsweise revolvierender Zinsfestschreibung (Floater). Wollen die Partner gerade die Zinsen zahlen, bei denen sie komparative Nachteile haben, so lohnt sich ein Zinsswap. Jedes Unternehmen macht die Emission, bei der es im Vergleich zum anderen relativ gut dasteht, im Modellbeispiel emittiert der bessere Schuldner den Straight Bond und der schlechtere den Floater. Durch einen Zinsswap tauschen sie dann ihre Zinszahlungspflichten, womit sie gemeinsam einen Zinsvorteil erzielen, den sie untereinander aufteilen. Die Bondkäufer erhalten bei dieser Konstruktion per Saldo niedrigere Zinsen für ihre Geldanlage. In der Praxis erfolgt der Swap mit einer Bank und statt individuell ausgehandelter Relationen der ausgetauschten Zinsen gibt es eine feste Marktkondition für den Tausch eines variablen Zinses (zum Beispiel 6-Monats-EURIBOR) gegen einen Festsatz. Der Vorteil des Tauschs zu Marktkonditionen bleibt ausschließlich dem Kunden.

■ Währungsswap

Beim Währungsswap werden nicht nur Zinszahlungen getauscht, sondern auch Kapitalbeträge in sich entsprechender Höhe. Als Grundmodell kann man drei Schritte sehen: Tausch der Kapitalbeträge unterschiedlicher Währung, um eine zwischenzeitliche Aktivposition in der anderen Währung zu erzielen (sofern man die gewünschte Währung noch nicht hat), Tausch der in die Gegenrichtung fließenden Zinsen, sodass jede Partei die Zinsen auf die Währung bezahlt, die sie während der Swapzeit hält, und schließlich Rücktausch der Kapitalbeträge am Ende der Swapzeit (in Gegenrichtung zum Anfangstausch). Es lässt sich zeigen, dass man einen Währungsswap mit dem gleichen Ziel wie ein festes Devisentermingeschäft abschließen kann. In der Praxis werden Termingeschäfte dabei für Geldhandelszeiten (bis etwa ein Jahr) abgeschlossen und Währungsswaps für längere Laufzeiten. Beispielsweise hat der Erwerb eines Währungsbetrags gegen Euro zum Terminkurs finanziell den gleichen Effekt wie sein Bezug zum Kassakurs bei gleichzeitigem Tausch der Zinsen (Hergabe der Währungszinsen in der Tauschzeit und Erhalt von Euro-Zinsen).

■ Option

Eine Option ist das Recht, gegen Bezahlung eines Optionspreises (zum Beispiel pro Aktie 5 Euro) eine Menge von Vermögensgegenständen (Basisobjekt, Underlying), etwa eine X-Aktie zu einem festen Preis (Basispreis, Strike Price) von 200 Euro, zu einem bestimmten Zeitpunkt oder innerhalb eines Zeitraums, zum Beispiel bis zum 10. März 2008, zu kaufen (Kaufoption, Call) oder zu verkaufen (Verkaufsoption, Put). Eine Partei kauft dieses Recht (Long), die andere – Stillhalter genannt – verkauft es (Short).

Bei spekulativer Anwendung kann der Käufer der Option maximal den bezahlten Optionspreis verlieren und der Verkäufer maximal diesen verdienen. Der Gewinn des Käufers und Verlust des Verkäufers sind dagegen bei der Kaufoption (bei unbegrenzter Kurssteigerung) theoretisch unbegrenzt, bei der Verkaufsoption nur durch den Kurs abzüglich des Optionspreises begrenzt.

Zum Hedging eignet sich wegen der zu starken Gewinnbegrenzung beim Verkauf einer Option nur der Kauf einer Option, nicht der Verkauf.

■ Optionspreis

Der Optionspreis lässt sich gedanklich in den inneren Wert der Option einerseits und den Zeitwert andererseits aufspalten. Der innere Wert (null oder größer) ist der Kursvorteil, den der Optionsinhaber bei Bezug des Basisobjekts durch Ausnutzung des Optionsrechts hat. Alles, was man für eine Option bezahlt und nicht gleich in Form des inneren Werts als Vorteil realisieren könnte, ist Zeitwert. Diese Wertkomponente ist ein Hoffnungs- oder Spekulationswert, der sich nur eventuell in der Zukunft als konkreter Wert herausstellen könnte. Mit dem Zeitwert werden auf dem Markt die noch nicht realisierten Chancen des Optionsrechts bewertet. Der Zeitwert sinkt überproportional mit sich verkürzender Restlaufzeit der Option.

Betrachtet man den Optionspreis abhängig von der Kursentwicklung des Basiswerts, so gilt: Bis der Kurs des Basiswerts den Basiskurs (Strike Price) erreicht, besteht der Optionspreis nur aus dem ansteigenden Zeitwert, der ab dem Zeitpunkt wieder abfällt, zu dem der dann ansteigende innere Wert hinzukommt. Analog gilt beim Put, dass sein Preis mit fallendem Kurs des Basiswerts nur aus dem ansteigenden Zeitwert besteht, bis der Basiskurs erreicht ist. Ab dem Zeitpunkt fällt der Zeitwert mit weiter sinkendem Kurs des Basiswerts, zu ihm kommt aber als weiterer Bestandteil des Optionspreises der ansteigende innere Wert hinzu. Bei einer Wandelanleihe gilt im Vergleich zum Call zusätzlich insbesondere zu beachten, dass es einen Minimalwert der Wandelanleihe gibt, das ist der Wert des festverzinslichen Teils ohne Wandlungsoption. Der Wandlungswert, die Parität der Wandelanleihe, entspricht dem Marktwert des Underlyings, zum Beispiel der Aktie, multipliziert mit dem Wandlungsverhältnis. Die Wandlung ist lohnend, sobald der Wandlungswert über den Wert des festverzinslichen Teils steigt.

■ Cap und Floor

Cap und *Floor* sind Varianten der Option. Beziehen sie sich auf Zinsen, was der häufigste Fall ist, so spricht man von Zinskappe und Zinsfloor. Der *Käufer* eines Caps erwirbt die Möglichkeit, Zinsen nach oben zu begrenzen. Analytisch betrachtet erwirbt er eine Serie von hintereinander, zu bestimmten Roll-over-Terminen fälligen Optionen. Diese Optionen verschaffen ihm jeweils das Recht auf die Differenz variable Zinsbasis minus Festzins. Der Cap-Käufer handelt in spekulativer oder in Hedgingabsicht. Der *Verkäufer* des Caps will den Cap-Preis verdienen. Die Kauf einer Zinskappe eignet sich als Hedginginstrument, um Kreditzinsen nach oben zu begrenzen.

Der Floor ist das Gegenstück zum Cap. In ihm ist analog zum Cap das Recht des *Käufers* auf eine Zinsdifferenz fixiert, die nun aber nicht als variable Zinsbasis minus Festzins, sondern umgekehrt als Festzins minus variable Zinsbasis definiert ist. Der Kauf eines Zinsfloors eignet sich zur Spekulation oder aber als Hedginginstrument, um Anlagezinsen nach unten zu begrenzen. Der Verkäufer des Floors will den Floorpreis verdienen.

Der Käufer eines Zinsbegrenzungsrechts, zum Beispiel Cap, kann gleichzeitig als Verkäufer einer gegenteiligen Zinsvereinbarung auftreten, etwa Floor. Diese Kombination heißt Collar.

■ Kreditderivate

Kreditderivate sind Vereinbarungen über den Austausch von Zahlungen, von denen mindestens eine an die Höhe einer Schuldnerbonität (Bonität eines Unternehmens oder eines Landes) geknüpft ist und nicht an generelle Marktpreise. Sie erlauben die Isolierung von Kreditrisiken und so ihre Absicherung. Daneben ermöglichen sie aber auch Investoren, Kreditrisiken aufzunehmen. Kreditderivate lassen sich danach unterscheiden, ob ein singulärer Credit Event eine Zahlung an den Sicherungsnehmer auslöst (Default-Risk-Derivate) oder aber jede Spreadverschlechterung (Spread-Widening-Risk-Derivate). Wichtigste einfache Formen der Default-Risk-Derivate ist der Credit Default Swap. Eine andere bedeutende Variante ist die Credit Linked Note. Die synthetische Verbriefung zur Credit Linked Note kann auch unter Einschaltung von Einzweckgesellschaften (Special Purpose Vehicles, SPVs) erfolgen, wobei dem SPV durch Abschluss von Credit Default Swaps allein das Ausfallrisiko des zu verbriefenden Forderungspools übertragen wird. Grundformen der Spread-Widening-Risk-Derivate sind die Credit Spread Option, durch die alle Änderungen der Spread-Aufschläge gegenüber risikolosen Finanzierungen separiert werden, und der umfassende Total Rate of Return Swap, durch den der gesamte Korb der wirtschaftlichen Risiken eines Referenzaktivums übertragen wird, also alle Bonitätsrisiken und Marktpreisrisiken.

Aufgaben

Die Lösungen zu diesen Aufgaben finden Sie am Ende des Buches.

Aufgabe 7-1

Futures:

Welche der folgenden Aussagen (A bis G) sind richtig?

A. Der spekulative Verkäufer eines Zinsfutures setzt auf steigende Zinsen.

B. Der Verkäufer eines Zinsfutures muss keine Marginzahlung leisten.

C. Jeder frühere Kauf eines Futures an einer Terminbörse lässt sich durch den Verkauf eines gleichartigen Futures zu aktuellen Konditionen aufheben.

D. Der Euro-Bund-Future bezieht sich auf die jeweils letzte emittierte Bundesanleihe als Underlying.

E. Ein Physical Settlement ist beim Euro-Bund-Future nicht möglich, nur ein Cash Settlement.

F. Wer den Kauf einer Anleihe verschiebt, etwa weil er noch nicht die liquiden Mittel zum Kauf in Händen hat, fürchtet steigende Zinsen und kann zur Absicherung einen passenden Zinsfuture kaufen.

G. Plant man den Verkauf eines Rentenpapiers, so kann man sich gegen gefürchtete Kursrückgänge des Papiers mit einem Future-Verkauf absichern.

H. Alle Aussagen (A bis G) sind falsch.

Aufgabe 7-2

Renditenvergleich der Anlage in einen Future und in sein Underlying:

Die Bank verlange für einen Euro-Bund-Future-Kontrakt eine Initial Margin von 1.000 Euro. Ein Anleger ist Future-Käufer mit nominell 100.000 Euro bei einem Kurs von 100 Prozent. Am folgenden Tag ist der Settlement-Preis 99,60 Prozent. Ermitteln Sie die Ein-Tages-Rendite (verstanden als Kapitalrentabilitätszahl, das heißt Kapitalertrag relativ zum Kapitaleinsatz) eines Käufers von nominell 100.000 Euro effektiven Bundesobligationen (die genau der Kontraktspezifikation des Bund Futures entsprechen) und die des Future-Käufers, wenn Sie lediglich die hier entscheidende Rendite durch den Kursverlust berücksichtigen! Welche der folgenden Aussagen (A bis G) sind richtig?

A. Die Ein-Tages-Rendite des Anleihe-Käufers ist −0,4 Prozent.

B. Die Ein-Tages-Rendite des Future-Käufers ist −0,4 Prozent.

C. Die Ein-Tages-Rendite des Future-Käufers ist 40 Prozent.

D. Die Ein-Tages-Rendite des Future-Käufers ist −40 Prozent.

E. Die Ein-Tages-Renditen von Anleihe und Future unterscheiden sich wegen des unterschiedlichen Kapitaleinsatzes für ihren Erwerb.

F. Die Rendite beim Future-Kauf kehrt sich gegenüber der Rendite beim Anleihe-Kauf vom Vorzeichen her um.

G. Die Ein-Tages-Renditen von Anleihe und Future unterscheiden sich nicht, weil sich proportional zum Kapitaleinsatz auch der Gewinn ändert.

H. Alle Aussagen (A bis G) sind falsch.

Aufgabe 7-3

Modell eines direkten Zinsswaps zwischen zwei Parteien zur Ausnutzung komparativer Zinsunterschiede:

Firma PLEITIER und Firma ALLSTAR wollen jeweils eine 100-Mio.-Euro-Anleihe mit zehn Jahren Laufzeit auflegen. PLEITIER will letztlich einen Festzins bezahlen, ALLSTAR dagegen einen an den 6-Monats-EURIBOR gekoppelten variablen Zins.

Die bestenfalls realisierbaren Zinsen bei eigenen Anleihen sind für beide wie folgt:

a) PLEITIER: 6,5 Prozent fest oder 6-Monats-EURIBOR + 0,75 Prozent p.a.
b) ALLSTAR: 5 Prozent fest oder 6-Monats-EURIBOR + 0,25 Prozent p.a.

PLEITIER und ALLSTAR schließen eine individuelle Swapvereinbarung (Tausch von 6-Monats-EURIBOR gegen x Prozent) ab, bei der sich beide Parteien den Gesamtvorteil 50 : 50 teilen.

Welche der folgenden Aussagen (A bis F) sind richtig?

A. Der Gesamtvorteil aus dem Swap für beide Parteien beträgt 0 Prozent p.a., denn der Vorteil der einen Partei aus dem Swap ist gleich dem Nachteil der anderen Partei.
B. Der Gesamtvorteil aus dem Swap für beide Parteien beträgt 1 Prozent p.a. von 100 Mio. Euro.
C. Der Gesamtvorteil aus dem Swap für beide Parteien beträgt 2 Prozent p.a. von 100 Mio. Euro
D. Beim Swap werden 5,25 Prozent gegen den 6-Monats-EURIBOR getauscht.
E. Beim Swap werden 5,5 Prozent gegen den 6-Monats-EURIBOR getauscht.
F. Beim Swap werden 6 Prozent gegen den 6-Monats-EURIBOR getauscht.
G. Alle Aussagen (A bis F) sind falsch.

Aufgabe 7-4 (Einfachauswahl)

Zinsswap zu Marktkonditionen zur Ausnutzung komparativer Zinsunterschiede:
Die bestenfalls realisierbaren Zinsen bei der Anleihe eines Unternehmens X sind 6,25 Prozent p.a. fest oder 6-Monats-EURIBOR + 0,75 Prozent p.a. Als Swapkonditionen sind am Swapmarkt realisierbar: 6-Monats-EURIBOR gegen 5,25 Prozent fest für zehn Jahre. Emittiert X einen Floater mit 6-Monats-EURIBOR + 0,75 Prozent p.a. und nimmt X den Swap zu Marktkonditionen vor, so ergibt sich für X per Saldo folgender zu bezahlender (synthetischer) Festzins p.a. für die zehn Jahre Laufzeit:

A. 5,75 Prozent (Zinsvorteil von 0,50 Prozent p.a. bei der resultierenden synthetischen Festsatzkondition für X)
B. 6,00 Prozent (Zinsvorteil von 0,25 Prozent p.a. bei der resultierenden synthetischen Festsatzkondition für X)
C. 6,25 Prozent (kein Zinsvorteil bei der resultierenden synthetischen Festsatzkondition für X)
D. 6,50 Prozent (Zinsnachteil bei der resultierenden synthetischen Festsatzkondition für X, Floater-Emission mit Swap rentiert sich nicht als Ersatz für Emission einer Festsatz-Anleihe)
E. Alle Aussagen (A bis D) sind falsch.

Aufgabe 7-5

Currency Swap zur Kurssicherung:

Die europäische ZWÖLF AG hat in drei Jahren eine 50 Mio.-US-Dollar-Anleihe zu tilgen. Die US-Dollar aus der Anleihe hatte sie dazu verwendet, Investitionen zu bezahlen. Sie erwirtschaftet allein Erträge in Euro, also nicht die für die Anleihe-tilgung erforderlichen US-Dollar. Da sie mit einer Kurssteigerung des US-Dollar bis zum Tilgungszeitpunkt rechnet, will sich die ZWÖLF AG für die letzten drei Laufjahre der Anleihe gegen die verbleibenden US-Dollar-Kursrisiken für den Rückzahlungsbetrag der Anleihe absichern. Für einem normalen US-Dollar-Kauf = Euro-Verkauf per Termin sind die Laufzeiten zu lang, deshalb wird ein Swap mit der SWAPBANK AG abgeschlossen.

Aktuelle Konditionen:

- Die Zinsen für dreijährige Festschreibungszeiten auf US-Dollar sind 5,5 Prozent p.a. und auf Euro 6,5 Prozent p.a.
- Die aktuelle Kursrelation, die auch dem Kapitaltausch beim Swap zugrunde gelegt wird, ist derzeit 1,30 US-Dollar pro Euro.

Welche der folgenden Aussagen (A bis F) sind richtig?

A. Da die ZWÖLF AG bereits in Besitz der Währung (Euro) ist, die sie am Ende der Swapperiode hergeben will, ist ein Spot-Swap (Währungstausch als Spot-Geschäft am Anfang der Swapperiode) nicht mehr vorzunehmen.

B. Am Ende der Swapperiode erhält die ZWÖLF AG Euro von der SWAPBANK AG.

C. Am Ende der Swapperiode gibt die ZWÖLF AG auf 0,1 Mio. Euro genau gerechnet 38,5 Mio. Euro an die SWAPBANK AG.

D. Die ZWÖLF AG bezahlt während der Swapperiode den Zins von 5,5 Prozent p.a. auf die US-Dollar an die SWAPBANK AG und erhält im Gegenzug den Zins von 6,5 Prozent p.a. auf die Euro.

E. Wäre trotz des langen Zeitraums von drei Jahren ein einfaches Devisen-termingeschäft statt des Swaps möglich gewesen, so hätte die ZWÖLF AG per Termin Euro verkauft (und US-Dollar empfangen), um denselben Effekt wie mit dem Swap zu haben.

F. Im Fall eines theoretisch denkbaren Devisentermingeschäfts gemäß E würde die ZWÖLF AG per Termin pro Euro zwar weniger als 1,30 US-Dollar erhalten, würde sich andererseits aber den für sie nachteiligen Zinstausch beim Swap ersparen.

G. Alle Aussagen (A bis F) sind falsch.

Aufgabe 7-6

Optionen:

Welche der folgenden Aussagen (A bis F) sind richtig?

A. Der Käufer einer Option kann nicht mehr als den Optionspreis verlieren, sein möglicher Verlust ist also klar begrenzt.

B. Der Verlust des Stillhalters bei einem Put ist auf den Basispreis (Strike Price) des Underlyings abzüglich des erhaltenen Optionspreises begrenzt.

C. Der Käufer einer Option braucht seinem Kontrahenten keine Sicherheit wegen drohender Verluste zu stellen.

D. Ein deutscher Importeur braucht in drei Monaten zur Bezahlung einer Ein-fuhrrechnung US-Dollar. Fürchtet er, dass sich der US-Dollar gegen den Euro in dieser Zeit verteuert, so kann er zur Absicherung eine Verkaufsoption für Euro (gegen den US-Dollar) erwerben.

E. Setzt ein Spekulant darauf, dass die Kurse des Underlyings in der Nähe des Basispreises bleiben und tendenziell eher leicht sinken werden, so eignet sich ein Short Call als Finanzwette.

F. Ein Optionsschein mit einem Kurs K_O von 1,60 Euro verkörpere das Recht auf den Bezug von $V = 1/100$ einer Aktie, deren aktueller Kurs K_A bei 190 Euro liegt zu einem Bezugskurs B_A von 90 Euro. Daraus ergibt sich ein Zeitwert Z pro Optionsschein von 0,40 Euro.

G. Alle Aussagen (A bis F) sind falsch.

Aufgabe 7-7

Long Option Hedge mit At-the-Money-Puts:

Sie finden per 11.12.08 die Optionskurse für die V-Aktie gemäß der Tabelle 7.14 in der Zeitung (alle Preise in Euro).

Tabelle 7.14

Optionskurse für die V-Aktie

Basis-kurse	Calls					Puts				
	Dez	Jan	Feb	Mar	Jun	Dez	Jan	Feb	Mar	Jun
80,0	10,10	–	–	11,10	–	0,02	–	–	0,56	–
85,0	5,00	5,75	–	7,25	–	–	–	0,95	1,38	3,00
87,5	–	3,90	–	–	–	–	1,01	–	–	–
90,0	1,20	2,37	–	3,90	4,95	1,10	–	–	–	5,30
92,5	0,36	1,22	–	–	–	–	–	–	–	–
95,0	–	0,66	1,27	1,92	2,90	–	–	–	–	–

Der Kurs der V-Aktie ist an diesem Tag genau 90 Euro. Der Treasurer eines Unternehmens der gleichen Branche, das eine Minderheitsbeteiligung von 10.000 V-Aktien hält, fürchtet wegen eines Börseneinbruchs einer anderen Gesellschaft der Branche in den USA vorübergehende Kursverluste bei der V-Aktie. Deshalb erwirbt der Treasurer per Juni 2007 At-the-money-Puts für alle V-Aktien im Besitz seines Unternehmens. Die Puts können zu den aktuell notierten Optionspreisen gekauft werden. Gesucht sind die Gewinne und Verluste pro Aktie, die sich bei alternativen Aktienkursen am Tag des Auslaufs des Juni-Puts ergeben.

Dabei werden separat die Gewinne und Verluste aus folgenden Geschäften beziehungsweise Kombinationen aus Geschäften betrachtet:

1) Grundgeschäft (Long-Position in Aktien)
2) Absicherungsgeschäft (Long Put) und
3) Kombination der Geschäfte 1) und 2), das heißt Summe von Grund- und Absicherungsgeschäft (also Long-Position in Aktien, abgesichert durch Long Put).

Transaktionskosten bleiben vernachlässigt.

Das Ausfüllen der Tabelle 7.15 sowie eine Grafik der Gewinn- und Verlustkurven erleichtern die Antworten.

Tabelle 7.15

Long Option Hedge durch Kauf eines At-the-Money-Puts

Aktienkurs am letzten Optionstag	Gewinn oder Verlust (pro Aktie)		
	Grundgeschäft (Behalten der Aktien statt Verkauf) (1)	allein Absicherungsgeschäft (Long Put) (2)	insgesamt (Long Put statt sofortigem Aktienverkauf) (3) = (1) + (2)
75,00			
80,00			
85,00			
90,00			
95,00			
100,00			
105,00			

Welche der folgenden Aussagen (A bis G) sind richtig?

A. Aus dem Grundgeschäft (Geschäft 1 = Long-Position in Aktien) ergibt sich bei einem Steigen des Aktienkurses über 90 Euro hinaus immer ein Gewinn pro Aktie, der gleich dem Aktienkurs abzüglich 90 Euro ist.

B. Aus dem Grundgeschäft (Geschäft 1 = Long-Position in Aktien) ergibt sich bei einem Fallen des Aktienkurses unter 90 Euro immer ein Verlust pro Aktie, der gleich dem Aktienkurs abzüglich 90 Euro ist (Vorzeichen des Verlusts negativ).

C. Aus dem Absicherungsgeschäft für sich allein betrachtet (Geschäft 2 = Long Put) ergibt sich immer ein Vorteil, wenn der Aktienkurs unter 90 Euro sinkt.

D. Aus dem Absicherungsgeschäft für sich allein betrachtet (Geschäft 2 = Long Put) ergibt sich immer ein Vorteil, wenn der Aktienkurs um mehr als den Optionspreis unter 90 Euro sinkt.

E. Der maximale Verlust aus dem Absicherungsgeschäft für sich allein betrachtet (Geschäft 2 = Long Put) ist gleich dem Optionspreis.

F. Grund- und Absicherungsgeschäft zusammen (3 = Kombination aus den Geschäften 1 und 2, also Long-Position der Aktie und Long Put kombiniert) ergeben im schlechtesten Fall einen Gesamtverlust in Höhe des Optionspreises.

G. Bei Anstieg des Aktienkurses auf 105 Euro errechnet sich ein Gesamtgewinn aus Grund- und Absicherungsgeschäft zusammen (3 = Kombination aus den Geschäften 1 und 2, also Long-Position der Aktie und Long Put kombiniert) von 9,70 Euro.

H. Alle Aussagen (A bis G) sind falsch.

Aufgabe 7-8

Kennzahlen eines Put-Optionsscheins:

Es gelte für Optionsscheine, die ein Verkaufsrecht beinhalten (Verkaufsoptionen, Puts):

- Bezugsverhältnis Aktie zu Optionsscheine $V = 1 : 10$
- Kurs der Aktie (Underlying) $K_A = 90,00$ Euro
- Basiskurs der Aktie $B_A = 93,00$ Euro
- Kurs des Optionsscheins $K_O = 0,80$ Euro
- Laufzeit der Option 180 Tage
- Delta der Option $\Delta = -0,60$

Dann errechnen sich folgende Kennzahlen für den Put-Optionsschein (Rechengenauigkeiten jeweils 1/100, 1/100 Euro beziehungsweise 1/100 Prozent, das Jahr wird mit 360 Tagen gerechnet):

Welche der folgenden Aussagen (A bis D) sind richtig?

A. Parität = 0,30 Euro, Moneyness = 1,03, Zeitwert = 0,50 Euro.

B. 37,50 Prozent des Optionsscheinkurses sind durch seinen inneren Wert gerechtfertigt, die restlichen 62,50 Prozent entfallen auf den Zeitwert.

C. Die Aktie muss um 5,56 Prozent sinken, damit der Wert des bezahlten Zeitwerts kompensiert ist. Das bedeutet, sie muss mit einer Jahresrate von 11,11 Prozent sinken, bis die Option am Geld ist.

D. Der einfache Hebel ist 11,25, das Omega aber nur 6,75.

E. Alle Aussagen (A bis D) sind falsch.

Aufgabe 7-9

Wertentwicklung von Option und Wandelanleihe (ohne Zuzahlungen bei Wandlung) in Abhängigkeit von der Kursentwicklung des Basiswerts (Aktie):

Welche der folgenden Aussagen (A bis E) sind richtig?

A. Bei steigendem Kurs der Aktie hat der Call-Optionsschein vor Erreichen des Basiskurses (Strike Price, im Beispiel 200) nur einen Zeitwert.

B. Der innere Wert steigt mit jedem Euro, den der Kurs der Aktie über den Basispreis eines Calls ansteigt, um das Bezugsverhältnis mal einen Euro.

C. Der innere Wert steigt mit jedem Euro, den der Kurs der Aktie über den Basispreis eines Puts ansteigt, um das Bezugsverhältnis mal einen Euro.

D. Die festverzinsliche Wandelanleihe hat den Wert von null, wenn sich eine Wandlung nicht lohnt.

E. Lohnt sich die Wandlung einer Wandelanleihe, so bedeutet das, dass der Wandlungswert (Marktpreis der Aktie mal Wandlungsverhältnis) über dem Wert des festverzinslichen Teils der Wandelanleihe liegt.

F. Alle Aussagen (A bis E) sind falsch.

Aufgabe 7-10

Cap und Floor:

Das Unternehmen A erwirbt das Recht, am 2.1.08, 2.7.08, 2.1.09 und 2.7.09 für ein je halbes Jahr den folgenden Zinsbetrag bezogen auf eine Kapitalsumme von 10 Mio. Euro zu fordern:

6-Monats-EURIBOR minus 4 Prozent.

Welche der folgenden Aussagen (A bis E) sind richtig?

A. Das durch das Unternehmen A erworbene Recht führt zu Auszahlungen an A, wenn an einem oder mehreren der genannten Zeitpunkte der 6-Monats-EURI-BOR auf über 4 Prozent p.a. steigt.

B. Das Unternehmen A kann sich mit dem erworbenen Recht als Hedger gegen ein Ansteigen des 6-Monats-EURIBORs über 4 Prozent absichern, wenn es einen Kredit über 10 Mio. Euro mit an den 6-Monats-EURIBOR gekoppeltem Kreditzins aufgenommen hat.

C. Das von Unternehmen A erworbene Recht lässt sich durch zusätzlichen Verkauf einer Zinskappe zu einem Zinscollar ergänzen.

D. Das von Unternehmen A erworbene Recht ist eine Zinskappe.

E. Das erworbene Recht eignet sich als Hedginginstrument für einen Anleger, der für sein Festgeld in Höhe von 10 Mio. Euro einen an den 6-Monats-EURIBOR gekoppelten Zins erhält.

F. Alle Aussagen (A bis E) sind falsch.

Aufgabe 7-11

Kreditderivate:

Welche der folgenden Aussagen (A bis H) sind richtig?

A. Jede Veränderung eines Credit Spreads ist ein Credit Event.

B. Die Veränderung des Credit Spreads einer Anleihe ist grundsätzlich allein Folge einer Veränderung ihrer Bonität, die sich zum Beispiel durch ein Rating messen lässt.

C. Das durch ein Kreditderivat abgesicherte Risikoaktivum muss auch das Referenzaktivum in der Derivatevereinbarung sein.

D. Die Höhe der Ausgleichszahlung beim Credit Default Swap ist immer vom Restwert des Referenzaktivums abhängig.

E. Sicherungsgeber im Fall einer Credit Linked Note sind die Anleger, welche die Note erwerben.

F. Bei der Credit Spread Option ist unabhängig vom Eintritt eines speziellen Kreditereignisses eine Ausgleichszahlung bereits zu leisten, sobald sich der Zinsspread ändert.

G. Ändert sich der Kurs des Referenzaktivums wegen veränderter allgemeiner Marktverhältnisse auf dem Markt dieses Referenzaktivums, so löst dies beim Total Rate of Return Swap Ausgleichszahlungen aus.

H. Bei der synthetischen Verbriefung unter Einschaltung einer Einzweckgesellschaft enthalten die von der Einzweckgesellschaft emittierten Wertpapiere auch das Insolvenzrisiko des Originators.

I. Alle Aussagen (A bis H) sind falsch.

Weitere Aufgaben zu diesem Kapitel finden Sie auf der Companion Website zum Buch unter *www.pearson-studium.de*.

Investitionsrechnung

Immer im Überblick: Position des Kapitels „Investitionsrechnung" in der Systematik des Buches:

	Finanzierungsformen					
Kapitel 1 Grundlagen der Finanzwirtschaft	Außenfinanzierung			Kapitel 5 Innenfinanzierung	Kapitel 6 Sonderformen der Finanzierung	Kapitel 9 Finanzorganisation, -planung und -controlling
		Fremdfinanzierung				
	Kapitel 2 Eigenfinanzierung	Kapitel 3 Kreditfinanzierung	Kapitel 4 Fremdfinanzierung mit Effekten			
	Kapitel 7 Finanzderivate					
	Kapitel 8 Investitionsrechnung					

Lernziele dieses Kapitels

- Ein erstes Lernziel ist die Klärung der Stellung der Investitionsrechnung im Rahmen des Gesamtprozesses der Investitionsplanung.

- Bei allen Rechenverfahren soll verstanden werden, wie sie praktisch durchzuführen sind und wie ihre Ergebnisse interpretiert werden können. Dabei sind Gemeinsamkeiten der Verfahren untereinander und Unterschiede zu erkennen. Es soll dabei auch klar werden, welche Verfahren in welchen Situationen anwendbar sind.

- Der Leser soll ein Verständnis für den gemeinsamen Charakter der statischen Rechenverfahren entwickeln und für deren logischen Zusammenhang.

- Zur Beurteilung der Grenzen der statischen Verfahren soll sich der Leser klar machen, mit welchen wichtigen Vereinfachungen sie operieren.

- Für die einzelnen Verfahren der statischen Rechnung sollen vergleichbare Berechnungsschemata eingesetzt werden.

- Der abweichende Blickwinkel der dynamischen Verfahren, basierend auf Zahlungsströmen und Abzinsung im Vergleich zu den kostenrechnerisch geprägten statischen Verfahren, soll verstanden werden. Dabei sollen eingangs der Betrachtung Inhalt und Bedeutung des Kalkulationszinses erfasst werden.

- Die finanzmathematische Vorgehensweise der dynamischen Hauptverfahren soll eingeübt werden. Aufbauend auf einem einfachen Beispiel sollen dabei auch die speziellen Unterschiede der dynamischen Verfahren Kapitalwertmethode, Interne-Zinsfuß-Methode und Annuitätenmethode bei Investitionen mit unterschiedlichen Kapitaleinsätzen und Investitionslaufzeiten klar werden.

■ Die universelle Anwendbarkeit und Bedeutung der Methodik der dynamischen Investitionsrechnung soll anhand der Erklärung zweier wichtiger Anwendungsfälle verständlich werden: Bewertung von Unternehmen nach der Ertragswertmethode und Vergleich unterschiedlicher Finanzierungen einer Investition unter Verwendung der dynamischen Verfahren.

■ Die Nutzwertanalyse soll als ein im Vergleich zu den vorherigen Verfahren gedanklich viel breiter angelegtes Verfahren erlernt werden, das die problematische Optimierung lediglich eines numerischen Unterziels vermeiden kann.

8.1 Inhalt von Investitionsrechnung und -planung

8.1.1 Bedeutung der Investitionen für die betriebliche Finanzwirtschaft

Wir haben bereits im ersten Kapitel eine abstrakte Charakterisierung der Investition vorgenommen. Danach bedeutet *Investition im weiteren Sinne* Kapitalbindung verstanden als Auszahlungen für betriebliche Zwecke. Ein bedeutender Unterfall sind Auszahlungen für langlebige Wirtschaftsgüter wie zum Beispiel Maschinen oder Gebäude, die man *im engeren Sinne* als Investition definiert. Letztere sind ein Kernbereich der Finanzwirtschaft, da hier eine umfangreiche und langfristige Kapitalbindung erfolgt, was besondere Anforderungen an das Finanzmanagement stellt, insbesondere hinsichtlich der Ermittlung und der adäquaten Deckung des umfangreichen und langfristigen Kapitalbedarfs. Große Investitionen mit langer Bindung der Mittel sind für die Abstimmung der Ein- und Auszahlungen im Finanzmanagement von hoher Bedeutung. Wir orientieren uns deshalb bei den Beispielen in diesem Kapitel stark an der engeren Begriffsfassung der Investition. Grundsätzlich sind aber alle Investitionen im weiteren Sinne solchen Investitionsrechnungen zugänglich, soweit ihnen Kosten und Leistungen (bei statischer Rechnung) oder Auszahlungen und Einzahlungen (bei dynamischer Rechnung) zuordenbar sind.

8.1.2 Investitionsrechnung und -entscheidung

Wird die Investition durch Zahlungsströme beschrieben, so befasst sich die Investitionsrechnung im Kern mit der Errechnung des Saldos der Zahlungen. Dieser Saldo wird absolut ermittelt (als Kapitalwert oder Annuität) oder aber relativ zum eingesetzten Kapital (als interner Zinsfuß). Es kann auch ermittelt werden, ab welchem Zeitpunkt der Saldo positiv wird, also die Einzahlungen die Auszahlungen übersteigen (Amortisationsrechnungen). Einfache klassische Verfahren der Praxis, die auf die Kostenrechnung aufbauen, verwenden statt Ein- und Auszahlungen der gesamten Investition vereinfachend repräsentative Erlöse und Kosten eines Jahres.

Sieht man die hier erörterten klassischen Verfahren der Investitionsrechnung im weiteren Rahmen der gesamten Investitionsentscheidung, so erfassen Investitionsrechnungen nur Teilaspekte, die bei Investitionsentscheidungen eine Rolle spielen. Von den vielen Einflussfaktoren, die bei Investitionsentscheidungen Bedeutung haben, werden nur eng definierte unmittelbare, rechnerisch gut erfassbare Konsequenzen berücksichtigt, die mit traditionellen Mitteln der Kosten- und Leistungsrechnung oder mit Liquiditätsströmen der Finanzrechnung erfassbar sind. Dabei werden unter Umständen wichtige Aspekte zu wenig oder überhaupt nicht berücksichtigt, zum Beispiel

- Fragen der langfristigen technischen Strategie des Unternehmens, die durch eine Investition beeinflusst werden kann,
- langfristige Marktaspekte,
- Auswirkungen auf immaterielle Ziele wie unternehmerische Unabhängigkeit, Umweltschutz, soziales Engagement oder gesellschaftspolitische Ziele,
- Risikoaspekte (Ausnahme: prinzipiell berücksichtigt beim Amortisationsvergleich),
- Flexibilitätswünsche

und vieles mehr. Weiterentwickelte neuere Verfahren versuchen, diesen Aspekten zumindest teilweise Rechnung zu tragen. Wir gehen zu diesem Zweck neben den klassischen statischen und dynamischen Verfahren noch auf die Nutzwertanalyse ein.

8.1.3 Ablauf der Investitionsplanung

Die Investitionsrechnung ist eines der zentralen Hilfsmittel der Investitionsplanung. Man kann sich die Investitionsplanung in einem Phasenschema vorstellen. Die Phasen stellt man sich vereinfachend nacheinander vor, tatsächlich sind sie in einem Regelkreissystem miteinander verbunden, das ganz oder in Teilen wiederholt durchlaufen wird.

Phase 1: Investitionsanregung

Anregungen zu Investitionen ergeben sich als Folge der allgemeinen Unternehmensplanung. Investitionen großer Bedeutung sind Ausfluss der Planung der Geschäftsleitung, kleinere Investitionen können auf hierarchischen Ebenen darunter geplant werden. Beispiele für wichtige Investitionsanregungen sind

- Kapazitätsengpässe,
- Strategische Planung, Analyse von Stärken/Schwächen und Chancen/Risiken, Marktanalyse,
- Rationalisierungs- und Restrukturierungspläne,
- Verbesserungsvorschläge,
- technische Neuerungen,
- Betriebsvergleiche,
- Ergebnisse wirtschaftlicher und technischer Unternehmensberatungen.

Phase 2: Suche nach Investitionsalternativen

Es werden Investitionsalternativen gesammelt, die den wirtschaftlichen und technischen Mindestanforderungen genügen. Zu den Mindestanforderungen gehört auch, dass die Alternativen den Finanzierungsmöglichkeiten Rechnung tragen (im Idealfall simultane Investitions- und Finanzplanung).

Phase 3: Investitionsentscheidungsprozess

Es werden quantitative und qualitative Beurteilungskriterien festgelegt sowie die Entscheidungsregeln, nach denen diese Kriterien verarbeitet werden. Die den Schwerpunkt dieses Kapitels bildenden Investitionskalküle sind Teil speziell dieser Phase. Sie kombinieren in einer wirtschaftlichen Analyse Zahlen der Kosten- und Leistungsrechnung oder der Zahlungsstromanalyse und wenden vereinfachte Zielkriterien für die Auswahl an. Da die klassischen Investitionskalküle allein auf die quantitativ leicht fassbaren Daten aufbauen, muss man sich ihrer begrenzten Aussage bewusst bleiben. Auch die sehr eng definierten unterstellten Ziele der Kostenminimierung, Gewinnmaximierung, Rentabilitätsmaximierung, Minimierung der Kapitalrückflusszeit und so weiter können dem komplexen Zielsystem eines Unternehmens nur begrenzt gerecht werden. Die Unsicherheit der Prognosedaten wird bei den hier dargestellten einfachen klassischen Investitionskalkülen wenig beachtet. Man arbeitet mit wahrscheinlichsten Werten, Durchschnittswerten und eventuell einfachen Risikoabschlägen auf Rückflüsse beziehungsweise auf Zuflüsse oder aber auf Kalkulationszinsen. Deshalb ist das Ergebnis eines Investitionskalküls auch nicht mit einer zwingenden Entscheidungsvorschrift zu verwechseln. Die Investitionsrechenverfahren können nur der Entscheidungsvorbereitung dienen.

Qualitative Beurteilungskriterien gehen in die klassischen Investitionsrechenverfahren nicht ein und werden zum Beispiel durch Nutzwertanalysen berücksichtigt, deren Grundlagen wir ergänzend erörtern werden.

Die Planung einzelner Investitionen ist in ein Investitionsprogramm einzubetten, in dem die gegenseitige Beeinflussung der Investitionen bedacht wird (Konkurrenzen und Synergien). Diese Planung des Investitionsprogramms muss ihrerseits wieder mit der Finanzplanung sowie ganz umfassend mit der Gesamtunternehmensplanung koordiniert werden, idealerweise in einem Simultanplanungsmodell.

Phase 4: Investitionsdurchsetzung und -kontrolle

Begleitend zur organisatorischen Durchsetzung der Investitionsplanung und im Anschluss daran werden Ex-post-Rechnungen vorgenommen und mit den Ex-ante-Rechnungen der Planungsphase verglichen. Abweichungen zwischen beiden Rechnungen sind wichtige Investitionsanregungen und Anlass zur Verbesserung der Planung.

8.1.4 Typen der klassischen Investitionsrechenverfahren

Die klassischen Verfahren der Investitionsrechnung werden eingeteilt in

- **statische Verfahren** und
- **dynamische Verfahren**.

Unsere Betrachtung der Verfahren ist auf die Annahme oder Ablehnung einer Neuinvestition oder aber auf den Vergleich sich gegenseitig ausschließender Alternativen für Neuinvestitionen beschränkt. Dabei wird unterstellt, die Dauer der Investition stehe fest und die benötigten Daten seien sicher beziehungsweise die Unsicherheit könnte durch einfache Sicherheitsauf- oder -abschläge bei bestimmten genannten Rechnungsgrößen ausreichend berücksichtigt werden. Auf Fragen der optimalen Dauer einer Investition und des optimalen Zeitpunkts des Ersatzes einer Investition durch eine konkurrierende Neuinvestition wird im Rahmen dieses Grundlagenbuches nicht eingegangen, ebenso nicht auf komplexere Überlegungen zur Berücksichtigung der Unsicherheit der Erwartungen.

8.2   Statische Verfahren

8.2.1   Gemeinsame Grundlagen der statischen Verfahren

Die statischen Verfahren sind eng mit der Wirtschaftspraxis in mittelständischen Unternehmen verbunden. Es dominiert die praktische Prägung gegenüber mathematisch-theoretischer Herangehensweise. Man benutzt die oft am ehesten vorhandenen Zahlen der Kosten- und Leistungsrechnung auch für die Investitionsrechnung. Deshalb könnte man sie auch als *kostenrechnerische Verfahren* bezeichnen.

8.2.1.1   Einteilung der statischen Verfahren und grundsätzlicher Vergleich

Man kann die statischen Verfahren in die logisch aufeinander aufbauenden Methoden Kosten-, Gewinn- und Rentabilitätsvergleich einteilen. Zusätzlich gibt es den statischen Amortisationsvergleich.

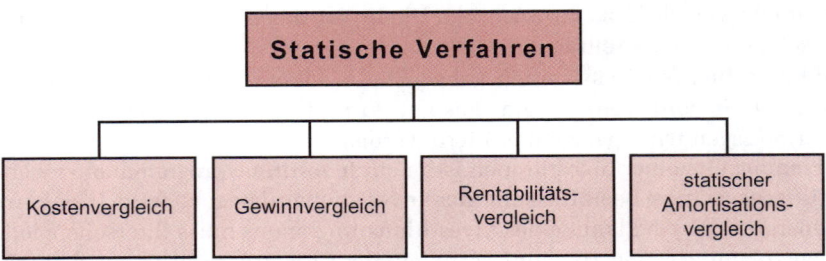

Abbildung 8.1: Statische Investitionsrechnungsverfahren

Der logische Zusammenhang der drei erstgenannten statischen Praktikerverfahren wird aus der folgenden Formel für die Gesamtkapitalrentabilität klar:

$$\text{Gesamtkapitalrentabilität} = \frac{\text{Kapitalgewinn}}{\text{Gesamtkapital}} = \frac{\text{Gewinn} + \text{Zinsen}}{\text{Gesamtkapital}}$$

$$= \frac{(\text{Erlöse} - \text{Kosten}) + \text{Zinsen}}{\text{Gesamtkapital}}$$

Die Rentabilität wurde im ersten Kapitel als ein typischerweise dominierendes Ziel der Unternehmen beschrieben. Unterscheidet man bei der Investitionsrechnung nicht, ob die Finanzierung durch Eigen- oder Fremdkapital erfolgt, so bleiben als mögliche Ausprägung des Rentabilitätsziels die Gesamtkapitalrentabilität und der Return on Investment übrig. Dabei gibt es keinen zwingenden Grund, die eine oder die andere dieser beiden Rentabilitätsziffern vorzuziehen. Wie im ersten Kapitel dargestellt, bezieht man beim Return on Investment allein den Gewinn auf das Gesamtkapital, nicht den Gewinn plus Zinsen (Kapitalgewinn). Wir unterstellen im Folgenden die Gesamtkapitalrentabilität als Oberziel und gehen davon aus, dass diese Rentabilitätsziffer maximiert werden soll.

Ein Unterziel ist ein Mittel zur Erreichung eines Oberziels. Dem Oberziel einer maximalen Gesamtkapitalrentabilität (ermittelt beim Rentabilitätsvergleich) dient ein maximaler Gewinn vor Zinsen (ermittelt beim Gewinnvergleich) als Mittel zu seiner Erreichung. Bei einem in der Investitionsrechnung als gegeben unterstellten erforderlichen Gesamtkapital steigt die Gasamtkapitalrentabilität zwingend mit dem Gewinn vor Zinsen. Das Ziel eines maximalen Gewinns vor Zinsen ist wiederum ein Oberziel im Verhältnis zum Ziel der minimalen Kosten (ermittelt beim Kostenvergleich). Bei gegebenen Erlösen steigt der Gewinn mit sinkenden Kosten.

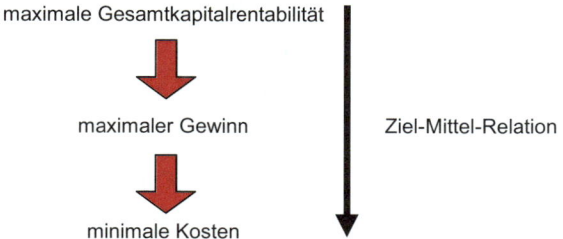

Abbildung 8.2: Ziel-Mittel-Relation (Oberziel-Unterziel-Relation) von Gesamtkapitalrentabilität, Gewinn und Kosten

Geht man davon aus, dass die Rentabilität des Gesamtkapitals das Oberziel ist, so müsste im Grundsatz immer ein Rentabilitätsvergleich der Investitionsalternativen vorgenommen werden. Wenn dies in der Realität aber offensichtlich nicht der Fall ist, so kann dies folgende Gründe haben:

- Die Erreichung des Unterziels sichert die Erreichung des Oberziels. Ist der Erlös zweier verglichener Alternativen vernachlässigbar, weil als gleich unterstellbar, dann sichert die Kostenminimierung die Maximierung des Gewinns vor Zinsen. Und ist der Kapitaleinsatz zweier verglichener Alternativen vernachlässigbar, weil als gleich unterstellbar, dann sichert die Maximierung des Gewinns vor Zinsen die Maximierung der Gesamtkapitalrentabilität.

- Es gibt keine hinreichenden Informationen über das eingesetzte Gesamtkapital, deshalb begnügt man sich mit der Maximierung des Kapitalgewinns (Gewinns vor Zinsen), und/oder es gibt keine hinreichenden Informationen über die Erlöse, deshalb begnügt man sich mit der Minimierung der Kosten.

Das vierte statische Verfahren, die statische *Amortisationsvergleichsrechnung*, stellt nicht wie die anderen drei das Rentabilitätsdenken in den Mittelpunkt, sondern die *sicherheitsorientierte* Überlegung, dass sich eine Investition innerhalb möglichst kurzer Zeit amortisieren sollte. Dahinter steht die Vorstellung, dass späte Rückflüsse aus einer Investition unsicherer sind als frühe. Rentabilitäts- und Sicherheitsziele können sich im konkreten Einzelfall allerdings widersprechen (teilweise konkurrierende Ziele).

Man kann die statischen Rechnungen jeweils als *Vergleichsrechnungen* verstehen, weil entweder die Kenngrößen von zwei oder mehr Investitionsalternativen verglichen werden oder die Kenngröße einer Einzelinvestition mit einer Zielvorgabe.

8.2.1.2 Vereinfachungen in allen statischen Rechnungen

Die statischen Rechnungen sind durch sehr weitgehende pragmatische Vereinfachungen gekennzeichnet, die klar auf eine maximale Genauigkeit verzichten. Solche Vereinfachungen sind insbesondere dann akzeptabel, wenn die Zukunft so *schlecht prognostizierbar* ist, dass eine differenziertere Rechnung nur eine Scheingenauigkeit suggeriert. Daneben erscheint eine vereinfachte statische Rechnung auch berechtigt, wenn sie nur verwendet wird, um eine *allererste grobe Einschätzung* zu entwickeln, die bei positivem Urteil zu einer Miteinbeziehung der Investitionsalternative in eine differenziertere Planung führt. Angesichts der mit den modernen Wirtschaftsrechnern und Softwareprogrammen sehr leichten Perfektionierung der Rechnung haben die statischen Rechnungen im Vergleich zu früheren Zeiten an Berechtigung und tatsächlich auch an Verbreitung verloren.

Einschneidende Hauptvereinfachungen sind die folgenden zwei:

1   Unterstellung einer repräsentativen Periode

Alle Kosten und Erlöse, die in die Rechnung eingehen, werden auf ein Jahr bezogen und gelten als repräsentativ oder durchschnittlich für die Gesamtlaufzeit der Investition. Analog ist der Kapitaleinsatz der typische oder durchschnittliche Kapitaleinsatz pro Jahr. Diese Vereinfachung auf ein Jahr, das für alle steht, ist nicht unproblematisch, insbesondere wenn die Verhältnisse in den einzelnen Jahren sehr unterschiedlich sind. Aber diese Vereinfachung der Betrachtungsweise wird hingenommen und ist insbesondere in den Fällen vertretbar, in denen relativ gleichmäßige Verhältnisse über die Gesamtlaufzeit der Investition herrschen. Eine bedeutende und problematische Konsequenz der Unterstellung einer repräsentativen Periode ist auch, dass man beim statischen Vergleich von Investitionen nicht beachtet, wie lange die verglichenen Investitionen jeweils laufen. Letztlich unterstellt man damit implizit, man könne gleich lange Laufzeiten annehmen, beziehungsweise man unterstellt die Möglichkeit, beliebig viele gleichartige Investitionen der betrachteten Art hintereinander stellen zu können, sodass die Länge der Einzelinvestition keine Rolle spielt.

2   Arbeit mit einfachen Faustregeln

Die statischen Rechnungen sind durch die Anwendung von sehr einfachen Faustregeln gekennzeichnet, beispielsweise bei der Definition der Höhe des eingesetzten Kapitals abschreibbarer Vermögensgüte sowie der Kapitalkosten (fester Prozentsatz des gebundenen Kapitals), Zulassung allein linearer Abschreibungen, Verwendung nur linearer Kostenkurven und pauschale Einteilung aller Kosten in fix oder variabel. Die statischen Rechnungen nehmen allein deshalb nur den Charakter grober Näherungsrechnungen an. Jede Faustregel bedeutet mangelnde Beachtung der Realitäten zugunsten einer einfacheren Vorgehensweise.

8.2.2   Kostenvergleichsrechnung

Die Kostenvergleichsrechnung ist die Variante der drei rentabilitätsorientierten statischen Rechnungen, bei der man sich auf den Kostenvergleich beschränkt, weil man *auf die Beachtung unterschiedlicher Erträge und Kapitaleinsätze verzichten* kann oder aus Informationsmangel muss.

8.2.2.1   Entscheidungskriterium

- Bei nur einer möglichen Investition: Es ist eine Grenze für die Gesamt- oder die Stückkosten festzulegen, die nicht überschritten werden darf, es wird also mit einer Zielvorgabe verglichen. Als zulässige Obergrenze der Kosten wird man in der Regel zumindest die unterstellten Erlöse wählen, da ansonsten keine absolute Vorteilhaftigkeit gesichert wäre.

- Bei der Wahl zwischen mehreren Möglichkeiten der Investition: Wähle die Alternative mit den niedrigeren Gesamt- oder Stückkosten. Zusätzlich werden nur bestimmte maximale Stück- oder Gesamtkosten zugelassen (in der Regel zumindest die unterstellten Erlöse), das heißt es erfolgt ein zusätzlicher Vergleich mit einer Zielvorgabe.

8.2.2.2 Einbezogene Kosten

Im Idealfall bezieht man alle Kosten in den Vergleich ein, die durch eine Investition verursacht werden, das sind nach einer einfachen Einteilung

- **Fixkosten**, das sind Kapitalkosten in Form kalkulatorischer Zinsen, Abschreibungen und eventuelle sonstige Fixkosten, sowie
- **variable Kosten** für Löhne, Material und Sonstiges (Raumkosten, Werkzeugkosten, Instandhaltungskosten und so weiter).

Die Erfassung sämtlicher Kosten ist zwingend, wenn man die Ergebnisse des Kostenvergleichs für einen Gewinn- oder Rentabilitätsvergleich weiterverwendet. Macht man dagegen allein einen Kostenvergleich, so kann man sich auch notfalls darauf beschränken, nur diejenigen Kosten zu vergleichen, die bei den Investitionsalternativen unterschiedliche Höhe haben können.

Bereits bei dieser sehr einfachen Rechnung werden unter den Kosten auch die *Kapitalkosten* berücksichtigt. Dabei definiert man:

Kapitalkosten = geforderte Verzinsung des durchschnittlich gebundenen Kapitals.

Was dabei das durchschnittlich gebundene Kapital ist, wird durch Faustregeln festgelegt, die wesentliche Vereinfachungen beinhalten. Bei den Abschreibungen werden nur lineare Abschreibungen unterstellt.

Die Faustregeln zu Kapitalkosten und Abschreibungen seien mit Hilfe eines Beispiels erläutert:

Beispiel **Anwendung von Faustregeln betreffend Kapitalkosten und Abschreibungen**

Gegeben seien:

- Anschaffungs- oder Herstellungskosten des abschreibbaren Vermögens AHK_{AB} 100.000 Euro
- Restwert des abschreibbaren Vermögens RW_{AB} 20.000 Euro
- Anschaffungs-/Herstellungskosten des nicht abschreibbaren Vermögens AHK_{nAB} 40.000 Euro
- kalkulatorischer Zinssatz i 12 Prozent
- Nutzungsdauer n 8 Jahre

Gesucht sind

- Abschreibungen pro Jahr AB,
- Betrag der kalkulatorischen Zinsen pro Jahr KZ (aufgeteilt in kalkulatorische Zinsen auf abschreibbares Vermögen KZ_{AB}, auf den Restwert KZ_{RW} und auf das nicht abschreibbare Vermögen KZ_{nAB}).

Für die Höhe des durchschnittlich gebundenen Kapitals verwendet man die in Tabelle 8.1 fett gedruckten Regeln:

Tabelle 8.1

Faustregeln für Kapitalkosten und Abschreibungen

Kalkulatorische Verzinsung des durchschnittlich gebundenen Kapitals	Kalkulatorische Abschreibungen

Abnutzbares Anlagevermögen

Im Durchschnitt ist nur die Hälfte des anfangs eingesetzten Kapitals abzüglich des Restwerts gebunden und zu verzinsen.

$$KZ_{AB} = [(AHK_{AB} - RW_{AB}) / 2] \times i$$
$$= [(100.000\,€ - 20.000\,€) / 2] \times 12\,\%\ \text{p.a.}$$
$$= 4.800\ €/\text{Jahr}$$

Der Restwert ist in allen betrachteten Perioden gebunden und ist wie ein nicht abnutzbares Vermögensgut immer in voller Höhe zu verzinsen.

$$KZ_{RW} = RW_{AB} \times i$$
$$= 20.000\,€ \times 12\,\%\ \text{p.a.}$$
$$= 2.400\,€\ \text{p.a.}$$

Es erfolgt immer lineare Abschreibung (AB), ermittelt als Quotient aus Anschaffungs- oder Herstellungskosten abzüglich Restwert und Nutzungsdauer in Jahren.

$$AB = (AHK_{AB} - RW_{AB}) / n$$
$$= (100.000\,€ - 20.000\,€)/ 8\ \text{Jahre}$$
$$= 10.000\,€\ \text{p.a.}$$

Nicht abnutzbares Vermögen

a. nicht abnutzbares Anlagevermögen (Grundstücke) und

b. Umlaufvermögen, zum Beispiel der Investition zurechenbare zusätzliche Vorräte oder Forderungen (meist nicht explizit berücksichtigt)

Das in diese Vermögensgegenstände gebundene Kapital bleibt immer ungekürzt gebunden, muss also immer in voller Höhe verzinst werden.

$$KZ_{nAB} = AHK_{nAB} \times i$$
$$= 40.000\,€ \times 12\,\%\ \text{p.a.}$$
$$= 4.800\,€\ \text{p.a.}$$

(keine Abschreibung)

Summe

$$KZ = KZ_{AB} + KZ_{RW} + KZ_{nAB}$$
$$= [(AHK_{AB} - RW_{AB}) / 2] \times i + RW_{AB} \times i + AHK_{nAB} \times i$$
$$= \{[(AHK_{AB} - RW_{AB}) / 2] + RW + AHK_{nAB}\} \times i$$
$$= (AHK_{AB} / 2 + RW_{AB} / 2 + AHK_{nAB}) \times i$$
$$= \{[(AHK_{AB} + RW_{AB}) / 2] + AHK_{nAB}\} \times i$$
$$= \{[(100.000\,€ + 20.000\,€) / 2] + 40.000\,€\} \times 12\,\%\ \text{p.a.}$$
$$= 12.000\,€\ \text{p.a.}$$

Dies entspricht der Summe der obigen Zwischenergebnisse.

$$AB = (AHK_{AB} - RW_{AB}) / n$$
$$= (100.000\,€ - 20.000\,€)/ 8\ \text{Jahre}$$
$$= 10.000\,€\ \text{p.a.}$$

Als durchschnittlich gebundenes Kapital gilt also die Summe aus 100 Prozent des nicht abschreibbaren Vermögens (40.000 Euro), 100 Prozent des Restwerts des abschreibbaren Vermögens (20.000 Euro) und 50 Prozent des tatsächlich abzuschreibenden Vermögens ohne Restwert (80.000 Euro / 2 = 40.000 Euro). Nur das so vereinfachend ermittelte durchschnittlich gebundene Kapital ist kalkulatorisch zu verzinsen.

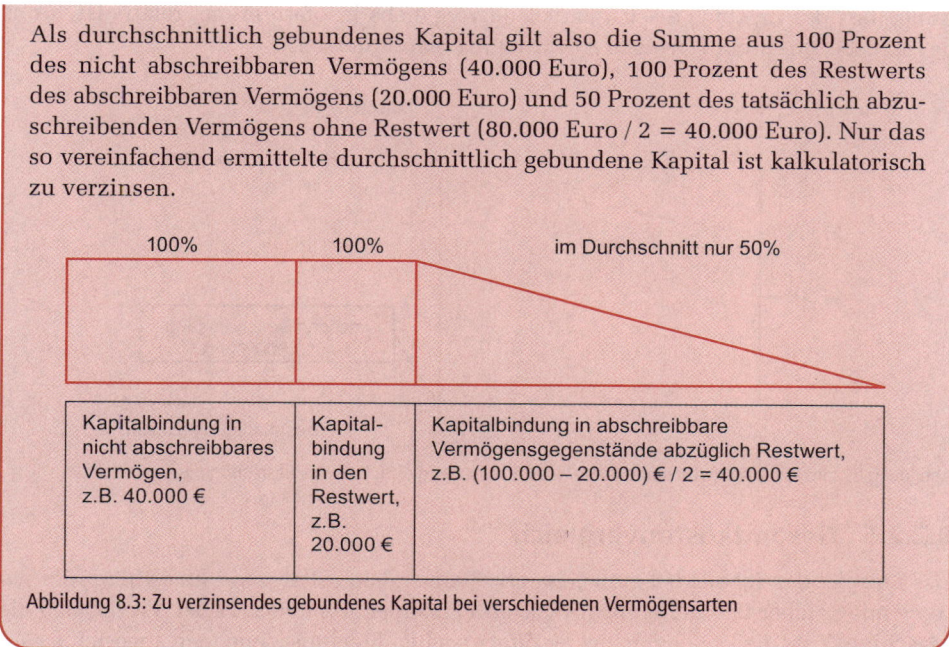

Abbildung 8.3: Zu verzinsendes gebundenes Kapital bei verschiedenen Vermögensarten

8.2.2.3 Gesamt- oder Stückkosten

Man kann vergleichen:

- Gesamtkosten, das sind die Kosten pro Zeiteinheit, hier immer pro Jahr, und
- Stückkosten, das sind die Kosten pro produzierter Einheit.

Der Vergleich der Gesamtkosten pro Jahr reicht aus und kommt zum gleichen Ergebnis wie der Vergleich der Stückkosten, wenn bei den Investitionsalternativen gleiche Beschäftigung (mengenmäßige Leistung, Stückzahl) vorgesehen ist. Sind die mengenmäßigen Leistungen der Investitionsalternativen dagegen unterschiedlich, so unterscheiden sich die Ergebnisse von Gesamtkosten- und Stückkostenvergleich und ein Stückkostenvergleich ist zwingend.

8.2.2.4 Kritische Beschäftigung beim Gesamtkostenvergleich

Wird der Kostenvergleich als bloßer Vergleich der Gesamtkosten gesehen, so stellt er sich unter Zugrundelegung linearer Gesamtkosten (in Abhängigkeit von der Beschäftigung, das heißt der stückmäßigen Ausbringung) grafisch wie in Abbildung 8.4 dar. Im Aufgabenteil wird auf die Herleitung der Höhe der kritischen Beschäftigung eingegangen.

In der Abbildung könnte Maschine A eine Spezialmaschine sein, deren Fixkosten zwar relativ hoch, deren variable Kosten (Steigung der Kostenkurve) dagegen relativ niedrig sind. Im Gegensatz dazu kann man sich Maschine B als Universalmaschine vorstellen, deren Fixkosten zwar relativ niedrig sind, bei der aber hohe variable Kosten anfallen. Bei niedriger Beschäftigung ist die Universalmaschine hinsichtlich der Gesamtkosten im Vorteil. Ab einer Beschäftigung von 12.500 Stück ist dieser Vorteil durch die höheren Stückkosten aufgebraucht und die Spezialmaschine weist geringere Gesamtkosten auf. Es zeigt sich als wichtige Erkenntnis für die Investitionsrechnung, dass das Ergebnis des Gesamtkostenvergleichs insofern immer relativ ist, als es davon beeinflusst wird, welche Ausbringung man unterstellt.

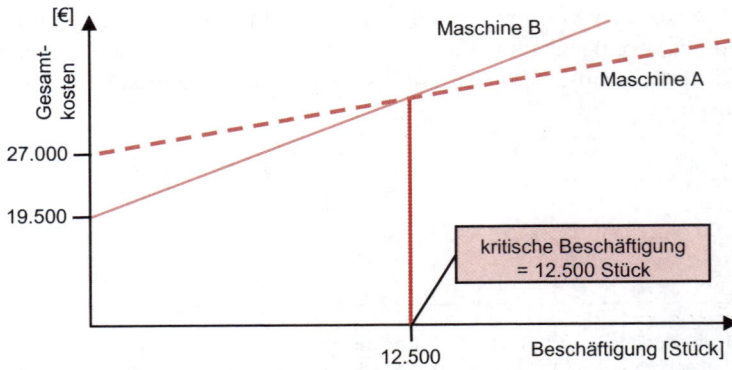

Abbildung 8.4: Investitionsentscheidung durch Gesamtkostenvergleich: Kritische Beschäftigung

8.2.2.5 Gesamtkostenvergleich

Das Beispiel der Tabelle 8.2 zum Gesamtkostenvergleich stellt zwei Investitionsalternativen mit gleicher Beschäftigung (Stückzahl) einander gegenüber. Dabei erweist sich die Maschine A als die kostengünstigere. Zum gleichen Ergebnis käme man angesichts gleicher Planbeschäftigungen der verglichenen Maschinen mit einem Stückkostenvergleich.

Tabelle 8.2

Gesamtkostenvergleich

	Maschine A	Maschine B
Anschaffungskosten abnutzbarer Anlagegüter [€]	80.000	60.000
Nutzungsdauer hierfür [Jahre]	5 Jahre	5 Jahre
Anschaffungskosten nicht abnutzbarer Anlagegüter [€]	10.000	5.000
durchschnittlich gebundenes Kapital [€]	**50.000**	**35.000**
Planbeschäftigung [Stück pro Jahr]	20.000	20.000
Kapitalkosten und sonstige Fixkosten [€]		
kalkulatorischer Zins [€] 10%	**5.000**	**3.500**
Abschreibung [€]	**16.000**	**12.000**
sonstige fixe Kosten [€]	6.000	4.000
Summe Fixkosten [€]	**27.000**	**19.500**
Variable Kosten [€]		
Löhne (0,6 €/Stück / 1,0 €/Stück)	12.000	20.000
Material (0,1 €/Stück / 0,1 €/Stück)	2.000	2.000
sonstige variable Kosten (0,1 €/Stück / 0,3 €/Stück)	2.000	6.000
Summe variable Kosten [€]	**16.000**	**28.000**
Gesamtkosten [€]	**43.000**	**47.500**

Fett gedruckte Zahlen wurden aus den anderen Angaben errechnet.

8.2.2.6 Stückkostenvergleich

Bei unterschiedlicher geplanter Beschäftigung führen Stück- und Gesamtkostenvergleich nicht zwingend zum gleichen Ergebnis. Der Unterschied von Gesamtkosten- und Stückkostenvergleich lässt sich einfach demonstrieren, wenn man als Abweichung vom bisherigen Beispiel in Tabelle 8.3 zum Stückkostenvergleich unterstellt, dass die Maschine B erstens eine um 25 Prozent niedrigere Jahresausbringung hat sowie bei gleichen variablen Kosten pro Stück entsprechend auch eine um 25 Prozent niedrigere Summe der variablen Kosten. Es resultieren bei der Maschine A zwar höhere Gesamtkosten, aber niedrigere Stückkosten.

		Tabelle 8.3
Stückkostenvergleich		
	Maschine A	**Maschine B**
Anschaffungskosten abnutzbarer Anlagegüter [€]	80.000	60.000
Nutzungsdauer hierfür [Jahre]	5	5
Anschaffungskosten nicht abnutzbarer Anlagegüter [€]	10.000	5.000
durchschnittlich gebundenes Kapital [€]	**50.000**	**35.000**
Planbeschäftigung [Stück pro Jahr]	20.000	*15.000*
Kapitalkosten und sonstige Fixkosten [€]		
kalkulatorischer Zins [€] 10 %	**5.000**	**3.500**
Abschreibung [€]	**16.000**	**12.000**
sonstige fixe Kosten [€]	6.000	4.000
Summe Fixkosten [€]	**27.000**	**19.500**
Variable Kosten [€]		
Löhne (0,6 €/Stück bzw. 1,0 €/Stück)	12.000	*15.000*
Material (0,1 €/Stück bzw. 0,1 €/Stück)	2.000	*1.500*
sonstige variable Kosten (0,1 € bzw. Stück / 0,3 €/Stück)	2.000	*4.500*
Summe variable Kosten [€]	**16.000**	**21.000**
Gesamtkosten [€] – Vergleich hier irrelevant	**43.000**	**40.500**
Stückkosten [€]	**2,15**	**2,70**

Fett gedruckte Zahlen wurden aus den anderen Angaben errechnet, kursiv gedruckte Zahlen wurden gegenüber der Tabelle 8.2 zum Gesamtkostenvergleich geändert.

Bei unterschiedlichen geplanten Ausbringungen muss man die Stückkosten vergleichen. Dabei muss unterstellt werden, dass unterschiedliche Mengen produzierbar und alle produzierten Stücke absetzbar sind. Auf das gleiche Ergebnis wie beim Stückkostenvergleich käme man auch immer, würde man die Gesamtkosten von Anzahlen der beiden Maschinentypen vergleichen, die gleiche Stückzahlen p.a. produzieren könnten. In unserem Beispiel könnten drei Maschinen vom Typ A und vier Maschinen vom Typ B jeweils 60.000 Stück produzieren. Vergleicht man nun die Gesamtkosten pro Jahr für drei Maschinen von Typ A und vier Maschinen von Typ B, so ergibt sich auch hier wie beim Stückkostenvergleich ein besserer Wert für den Typen A:

- Maschine A: Gesamtkosten von 43.000 € × 3 = 129.000 € bzw. 2,15 € × 60.000 = 129.000 €,

- Maschine B: Gesamtkosten von 40.500 € × 4 = 162.000 € bzw. 2,70 € × 60.000 = 162.000 €.

Das Verhältnis der Gesamtkosten von 162.000 Euro zu 129.000 Euro ist nun gleich dem der Stückkosten 2,70 Euro zu 2,15 Euro.

8.2.2.7 Grenzen des bloßen Vergleichs der Kosten

Der Kostenvergleich arbeitet allein mit Kosteninformationen und vernachlässigt die Erlöse. Er ist deshalb nur in den Fällen angemessen, in denen es entbehrlich oder unmöglich ist, unterschiedliche Erlöse verglichener Alternativen zu beachten. Immer, wenn das nicht unterstellt werden kann, ist zumindest ein Gewinnvergleich vorzunehmen. Außerdem kann allein der Gewinnvergleich die Gewähr bieten, dass eine Investition absolut vorziehenswürdig ist, denn auch niedrige Kosten bedeuten nicht, dass sie auch durch Erlöse zumindest gedeckt sind.

8.2.3 Gewinnvergleichsrechnung

Bei der Gewinnvergleichsrechnung werden gegenüber der Kostenvergleichsrechnung auch die Erlöse der Investitionsalternativen in die Rechnung mit einbezogen.

8.2.3.1 Entscheidungskriterium

- Bei Einzelinvestition: Der Gesamt- oder der Stückgewinn muss über null und gegebenenfalls zusätzlich über einer vorgegebenen Höhe sein.

- Bei der Wahl zwischen zwei Investitionsalternativen: Wähle die Alternative mit dem höheren Gesamt- oder Stückgewinn (eventuell jeweils nur ab einem bestimmten vorgegebenen Minimalgewinn).

Anders als beim Kostenvergleich erlaubt der Gewinnvergleich für sich allein eine Aussage über die absolute Vorteilhaftigkeit einer Investition, da der Gewinn über null im Prinzip eine Investition als vorteilhaft kennzeichnet (gegenüber der Nicht-Investition).

8.2.3.2 Kritische Beschäftigung beim Gesamtgewinnvergleich

Analog zum Gesamtkostenvergleich kann es beim *Gesamtgewinnvergleich* wegen des unterschiedlichen Einflusses von fixen und variablen Kosten eine kritische Beschäftigung im Sinne der Kostentheorie geben, das heißt eine kritische Produktions- und Absatzmenge, bei der sich die Vorziehenswürdigkeit zwischen zwei verglichenen Alternativen umdreht.

Beispiel	**Ermittlung der kritischen Beschäftigung bei einem Gesamtgewinnvergleich**

Ausgangsdaten:

	Verkaufspreise pro Stück [€]	Fixkosten [€]	variable Kosten pro Stück [€]
Maschine A	3,30	27.000	0,80
Maschine B	3,35	19.500	1,40

Allgemeine Gewinngleichung:

$$\text{Gewinn} = \text{Erlöse} - \text{fixe Kosten } K_f - \text{variable Kosten } K_v$$
$$= \text{Stückpreis} \times \text{Beschäftigung } x - \text{fixe Kosten } K_f$$
$$- \text{variable Stückkosten} \times \text{Beschäftigung } x$$

Anwendung der Gewinngleichung auf die Maschinen A und B:

$$G_A = 3,30\ € \times x - 27.000\ € - 0,80 \times x \quad \rightarrow G_A = 2,50\ € \times x - 27.000\ €$$

$$G_B = 3,35\ € \times x - 19.500\ € - 1,40\ € \times x \quad \rightarrow G_B = 1,95\ € \times x - 19.500\ €$$

Die Gleichungen beschreiben die Gewinngeraden. Die *kritische Beschäftigung* ermittelt man, indem man G_A gleich G_B setzt:

$$2,50\ € \times x - 27.000\ € = 1,95\ € \times x - 19.500\ €$$

$$0,55\ € \times x = 7.500\ €$$

$$x = 13.636.$$

Bei dieser Beschäftigung ist der Gewinn beider Alternativen gleich:

$$G_A = 2,50\ € \times 13.636,36...\ € - 27.000\ € = 34.090,90\ € - 27.000\ € = 7.091\ €$$

$$G_B = 1,95\ € \times 13.636,36...\ € - 19.500\ € = 26.591\ € - 19.500\ € = 7.091\ €.$$

Der Punkt mit den Koordinaten

$$G = 7.091\ € \text{ und } x = 13.336$$

ist ein *gemeinsamer Punkt* der Gewinngeraden der Maschinen A und B. Man hat die beiden Geraden ausreichend definiert, wenn man von ihnen je noch einen weiteren Punkt nennen kann. Dieser Punkt ist leicht ermittelbar als Verlust bei der Beschäftigung null, weil dort der Verlust gleich den Fixkosten ist.

Die *Gewinnschwellen* x_{GSA} und x_{GSB} beider Maschinen (in Stück) sind dort, wo der jeweilige Gewinn gleich null ist:

$$0\ € = 2,50\ € \times x_{GSA} - 27.000\ €$$

$$x_{GSA} = 27.000\ € / 2,50\ € = 10.800$$

$$0\ € = 1,95\ € \times x_{GSB} - 19.500\ €$$

$$x_{GSB} = 10.000$$

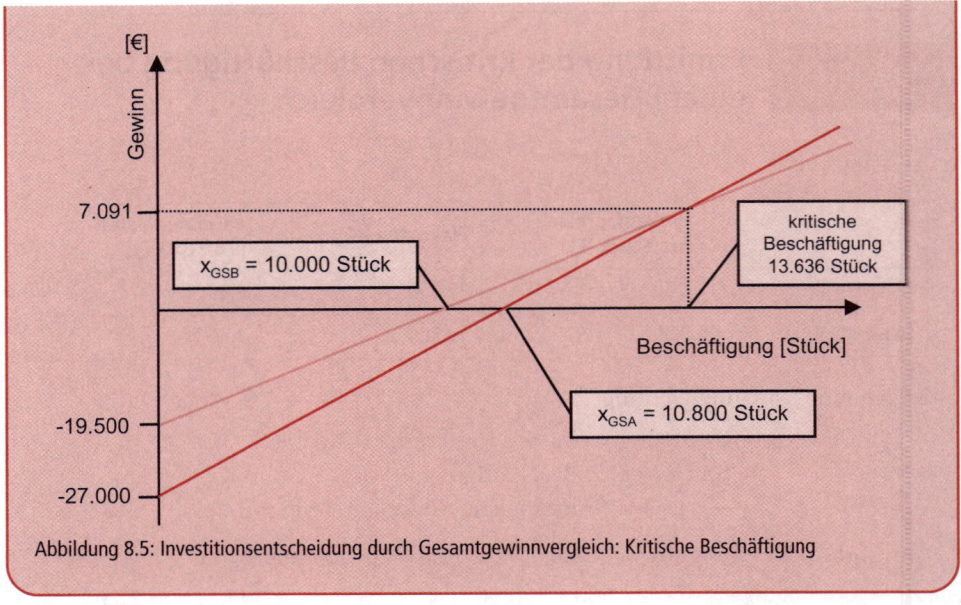

Abbildung 8.5: Investitionsentscheidung durch Gesamtgewinnvergleich: Kritische Beschäftigung

Die nun folgenden Tabellen zum Gewinnvergleich bauen auf die obigen Beispiele zum Kostenvergleich auf, und zwar die Tabelle zum Gesamtgewinnvergleich auf die zum Gesamtkostenvergleich und die Tabelle zum Stückgewinnvergleich auf die zum Stückkostenvergleich.

8.2.3.3 Gesamtgewinnvergleich

Der Gesamtgewinnvergleich ist bei gleicher Beschäftigung (Stückzahlen der Alternativen) ausreichend.

Tabelle 8.4

Gesamtgewinnvergleich

Kalkulationszins: 10 %	Maschine A	Maschine B
Anschaffungskosten abnutzbarer Anlagegüter [€]	80.000	60.000
Nutzungsdauer hierfür [Jahre]	5 Jahre	5 Jahre
Anschaffungskosten nicht abnutzbarer Anlagegüter [€]	10.000	5.000
durchschnittlich gebundenes Kapital [€]	**50.000**	**35.000**
Planbeschäftigung [Stück pro Jahr]	20.000	20.000
Verkaufserlös pro Stück [€]	*3,30*	*3,35*
Verkaufserlös in € (pro Stück 3,30 € bzw. 3,35 €)	*66.000*	*67.000*
Kapitalkosten und sonstige Fixkosten [€]		
kalkulatorischer Zins [€]	**5.000**	**3.500**
Abschreibung [€]	**16.000**	**12.000**
sonstige fixe Kosten [€]	6.000	4.000
Summe Fixkosten [€]	**27.000**	**19.500**

Variable Kosten [€]		
Löhne (0,6 €/Stück / 1,0 €/Stück)	12.000	20.000
Material (0,1 €/Stück / 0,1 €/Stück)	2.000	2.000
sonstige variable Kosten (0,1 €/Stück / 0,3 €/Stück)	2.000	6.000
Summe variable Kosten [€]	**16.000**	**28.000**
Gesamtkosten [€] – ihr Vergleich allein ist nicht aussagekräftig wegen unterschiedlicher Stückpreise	**43.000**	**47.500**
Gesamtgewinn [€]	*23.000*	*19.500*

Kursiv gedruckte Zahlen zusätzlich zur Tabelle 8.2 (zum Gesamtkostenvergleich), fett gedruckte Zahlen aus den anderen Angaben errechnet.

8.2.3.4 Stückgewinnvergleich

Man muss einen Vergleich der Stückgewinne vornehmen, sofern die Ausbringungen pro Alternative unterschiedlich sind, wie dies in der Tabelle zum Stückgewinnvergleich unterstellt ist.

Tabelle 8.5

Stückgewinnvergleich

Kalkulationszins: 10 %	Maschine A	Maschine B
Anschaffungskosten abnutzbarer Anlagegüter [€]	80.000	60.000
Nutzungsdauer hierfür [Jahre]	5	5
Anschaffungskosten nicht abnutzbarer Anlagegüter [€]	10.000	5.000
durchschnittlich gebundenes Kapital [€]	**50.000**	**35.000**
Planbeschäftigung [Stück pro Jahr]	20.000	15.000
Verkaufserlös pro Stück [€]	*3,30*	*3,35*
Verkaufserlös p.a. [€]	*66.000*	*50.250*
Kapitalkosten und sonstige Fixkosten [€]		
kalkulatorischer Zins [€]	**5.000**	**3.500**
Abschreibung [€]	**16.000**	**12.000**
sonstige fixe Kosten [€]	6.000	4.000
Summe Fixkosten [€]	**27.000**	**19.500**
Variable Kosten [€]		
Löhne (0,6 €/Stück / 1,0 €/Stück)	12.000	15.000
Material (0,1 €/Stück / 0,1 €/Stück)	2.000	1.500
sonstige variable Kosten (0,1 €/Stück / 0,3 €/Stück)	2.000	4.500
Summe variable Kosten [€]	**16.000**	**21.000**
Gesamtkosten [€]	**43.000**	**40.500**
Stückkosten [€]	*2,15*	*2,70*
Gesamtgewinn [€]	*23.000*	*9.750*
Stückgewinn [€]	*1,15*	*0,65*

Kursiv gedruckte Zahlen zusätzlich zur Tabelle 8.3 (zum Stückkostenvergleich), fett gedruckte Zahlen aus den anderen Angaben errechnet.

Den Effekt des Stückgewinnvergleichs kann man sich – analog zur Vorgehensweise beim Stückkostenvergleich – wieder klar machen, wenn man als gleichwertige Methode so viele Maschinen beider Typen miteinander vergleicht, dass die stückmäßigen Ausbringungen der beiden Maschinentypen gleich wären. Im Beispiel wären dies drei Maschinen des Typs A und vier Maschinen des Typs B, die jeweils eine Produktion von 60.000 Stück erbringen würden. Vergleicht man für diese von der Ausbringung her vergleichbaren Anzahlen von Maschinen die Gesamtgewinne, so haben sie das gleiche Verhältnis zueinander wie die Stückgewinne, nämlich 3 × 23.000 Euro = 69.000 Euro verhalten sich zu 4 × 9.750 Euro = 39.000 Euro bei Teilen durch jeweils 60.000 wie 1,15 Euro : 0,65 Euro oder 1,7692 : 1. Das Verhältnis der Stück*kosten* dagegen war anders (1 / 1,2588), führt also bei divergierenden Erträgen nicht zwingend zum gleichen Ergebnis hinsichtlich der Vorziehenswürdigkeit der Alternativen wie der Stückgewinnvergleich.

8.2.3.5 Grenzen des Gewinnvergleichs

In nicht wenigen Fällen der Praxis lassen sich einer Investition zwar die Kosten relativ gut zurechnen, nicht aber die für den Gewinnvergleich auch zu ermittelnden spezifischen Erlöse. Das ist etwa der Fall, wenn die Investition nur innerbetrieblich verwendete Leistungen erstellt, die man nicht ausreichend klar bewerten kann. Der Kostenvergleich ist dann angemessener.

Absolute Gewinne ohne Bezug auf das zu deren Erzielung eingesetzte Kapital haben begrenzte Aussagekraft. Meistens stellen sich die Unternehmen Rentabilitätsziele und nicht absolute Gewinnziele, weshalb der folgende Rentabilitätsvergleich als umfassendster Ansatz angesehen wird, zumindest aber den Vergleich der absoluten Gewinne sinnvoll ergänzt.

8.2.4 Rentabilitätsvergleichsrechnung

Die Kenntnis allein der absoluten Gewinnhöhe ist bei unterschiedlichem Kapitaleinsatz bei den verglichenen Alternativen unbefriedigend. Denn es ist ein Unterschied, ob man zum Beispiel einen Gewinn von 10.000 Euro pro Jahr macht, wenn man lediglich 100.000 Euro eingesetzt hat, oder aber wenn man dafür 1.000.000 Euro einsetzen musste. Das Maß, das diesen offensichtlichen Unterschied beschreibt, ist die Rentabilität, im genannten Beispiel einmal 10 Prozent und einmal nur 1 Prozent bei gleichem absolutem Gewinn. Deshalb birgt der Rentabilitätsvergleich bei unterschiedlichen Kapitaleinsätzen zusätzliche Informationen in Ergänzung zum Gewinnvergleich.

Als Möglichkeit der Messung von Kapitalrentabilitäten haben wir oben die Gesamtkapitalrentabilität gewählt. Sie wurde bereits im ersten Kapitel definiert als Quotient aus Kapitalgewinn und Gesamtkapitaleinsatz, also

$$\text{Gesamtkapitalrentabilität} = \frac{\text{Kapitalgewinn}}{\text{Gesamtkapital}} = \frac{\text{Gewinn} + \text{Zinsen}}{\text{Gesamtkapital}}$$

8.2.4.1 Entscheidungskriterium

- Bei Einzelinvestition: Es ist eine Grenze für die Gesamtkapitalrentabilität festzulegen, die nicht unterschritten werden darf.
- Bei der Wahl zwischen Investitionsalternativen: Wähle die Alternative mit der höheren Gesamtkapitalrentabilität (gegebenenfalls nur, sofern eine geforderte Mindestrentabilität erreicht wurde).

| Beispiel | **Rentabilitätsvergleich** |

In Tabelle 8.6 zum Rentabilitätsvergleich werden die Zahlen des Beispiels zur Methode des Stückgewinnvergleichs übernommen, zusätzlich wird die Gesamtkapitalrentabilität ermittelt.

Tabelle 8.6

Rentabilitätsvergleich

Kalkulationszins: 10 %	Maschine A	Maschine B
Anschaffungskosten abnutzbarer Anlagegüter [€]	80.000	60.000
Nutzungsdauer hierfür [Jahre]	5	5
Anschaffungskosten nicht abnutzbarer Anlagegüter [€]	10.000	5.000
durchschnittlich gebundenes Kapital [€]	**50.000**	**35.000**
Planbeschäftigung [Stück pro Jahr]	20.000	15.000
Verkaufserlös pro Stück [€]	3,30	3,35
Verkaufserlös p.a. [€]	**66.000**	**50.250**
Kapitalkosten [€]		
kalkulatorischer Zins p.a. (10%)	**5.000**	**3.500**
Abschreibungen p.a. [€]	**16.000**	**12.000**
sonstige Fixkosten p.a. [€]	6.000	4.000
Fixkosten insgesamt p.a. [€]	**27.000**	**19.500**
Betriebskosten pro Stück [€]		
Lohnkosten pro Stück [€]	0,60	1,00
Materialkosten pro Stück [€]	0,10	0,10
sonstige variable Kosten pro Stück [€]	0,10	0,30
Gesamtkosten [€]		
Stückkosten (Gesamtkosten pro Stück) [€]	**2,15**	**2,70**
Gesamtkosten p.a. [€]	**43.000**	**40.500**
Gewinn [€]		
Stückgewinn [€]	**1,15**	**0,65**
Gesamtgewinn p.a. [€]	**23.000**	**9.750**
Gewinn vor Zinsen p.a. [€] (= Gewinn p.a. + Zinsen p.a.)	*28.000*	*13.250*
Gesamtkapitalrentabilität [€] (Gewinn vor Zinsen / Gesamtkapital)	*28.000 / 50.000* = 56,0 %	*13.250 / 35.000* = 37,9 %

Kursiv gedruckte Zahlen zusätzlich zur Tabelle 8.5 zum Stückgewinnvergleich, fette Zahlen aus den anderen Angaben errechnet.

8.2.4.2 Grenzen des statischen Rentabilitätsvergleichs

Die Methode des statischen Rentabilitätsvergleichs trägt der Tatsache Rechnung, dass das Rentabilitätsziel in Form der Gesamtkapitalrentabilität eine hervorragende Rolle in betriebswirtschaftlicher Theorie und Praxis spielt. Sie kann wegen der erwähnten starken Vereinfachungen, die bei den statischen Methoden angewendet werden, diesem Anspruch allerdings nur bedingt Rechnung tragen.

Da eine hohe Rentabilität bei sehr geringem Kapitaleinsatz auch nur zu einem relativ geringen absoluten Gewinn führt, sollte man neben dem Vergleich der Rentabilitäten auch zusätzlich absolute Mindestgewinnziele festlegen.

8.2.5 Statische Amortisationsrechnung

8.2.5.1 Entscheidungskriterium

- Bei nur einer Investition: Die Investition ist vorzunehmen, wenn eine vorgegebene Grenze für die Anzahl der Jahre nicht überschritten wird, innerhalb derer sich die Investition amortisieren soll.

- Bei der Wahl zwischen mehreren Investitionen: Wähle die Alternative mit der niedrigeren Anzahl von Jahren, die zur Amortisation erforderlich sind (sofern eine eventuell definierte Maximalzahl von Jahren eingehalten ist).

Amortisation heißt dabei: Rückfluss des Investitionsbetrags. Der jährliche Rückfluss aus einer Investition wird dabei definiert als Summe von Gewinn und Abschreibungen. Diese Summe ist eine vereinfachte Formel für den Cashflow (Umsatzüberschuss). Es wird das Ziel unterstellt, dass die Rückflüsse so schnell wie möglich den investierten Betrag wieder erbringen sollen. Dahinter steht eine Sicherheitsorientierung: Die Jahre, die bis zur vollen Amortisation vergehen, werden als Risikozeitspanne gesehen, die möglichst kurz sein sollte. Die Minimierung dieses Risikos wird als Entscheidungskriterium gewählt. Unterschiede in den Überschüssen nach Vollamortisation werden dabei – was in dieser Einseitigkeit problematisch ist – nicht beachtet. Der Amortisationsvergleich unterscheidet sich hinsichtlich des unterstellten Ziels des Entscheiders also fundamental von den anderen drei statischen Methoden. Er eignet sich deshalb vor allem als ergänzende Rechnung für diese, um neben die Gewinn- und Rentabilitätsorientierung die Sicherheitsorientierung zu stellen.

8.2.5.2 Durchschnitts- und Kumulationsmethode

Beim statischen Amortisationsvergleich unterscheidet man die sehr globale Durchschnittsmethode von der Kumulationsmethode, die im folgenden einfachen Beispiel einander gegenübergestellt werden.

Tabelle 8.7

Statische Amortisationsrechnung, Durchschnitts- und Kumulationsmethode

	Investition A	Investition B
Anschaffungskosten abnutzbarer Anlagegüter [T€]	200	200
Nutzungs- und Abschreibungsdauer [Jahre]	5 Jahre	5 Jahre
Abschreibungen p.a. [T€]	**40**	**40**
Gewinne [T€] im Jahr ...		
1	30	5
2	40	10
3	25	25
4	10	40
5	5	30
Jahresdurchschnitt	**22**	**22**
resultierender Cashflow [T€] im Jahr ...		
1	**70**	**45**
2	**80**	**50**
3	**65**	**65**
4	**50**	**80**
5	**45**	**70**
Jahresdurchschnitt	**62**	**62**

Durchschnittsmethode:

Amortisationszeit [Jahre] $= \dfrac{\text{Anschaffungskosten [€]}}{\text{durchschnittlicher Cashflow [€/Jahre]}}$	**3,22**	**3,22**

Kumulationsmethode:
Jahr für Jahr wird der Cashflow [T€] von den Anschaffungskosten [T€] abgezogen, bis diese zurückgeflossen sind.

	Investition A	Investition B
	200	200
	−70	−45
	−80	−50
	−65	−65
	= −15	−80
		= −40
	=> Amortisation im 3. Jahr	=> Amortisation im 4. Jahr

Kumulationsmethode:
Nicht amortisierter Restsaldo [T€] des jeweiligen Jahres = Anschaffungskosten minus zurückgeflossene Cashflows bis zum jeweiligen Jahr

	Investition A	Investition B
	Jahr 0: 200	**Jahr 0: 200**
	Jahr 1: 130	**Jahr 1: 155**
	Jahr 2: 50	**Jahr 2: 105**
	Jahr 3: −15	**Jahr 3: 40**
		Jahr 4: −40

Fette Zahlen wurden aus den anderen Angaben errechnet.

Die *Durchschnittsmethode* rechnet wie alle anderen bisher betrachteten statischen Methoden auch mit einem repräsentativen Jahr, verstanden als durchschnittliches Jahr. Das in der Tabelle vorgestellte Beispiel zeigt die Problematik dieser Einperioden-Betrachtung: Der relativ schnellere Rückfluss der investierten Mittel bei Investition A im Vergleich zu Investition B in den ersten Jahren bleibt unbeachtet. So fließen bei Investition A in den ersten beiden Jahren schon (70 + 80) T€ = 150 T€ zurück, das sind 75 Prozent des investierten Betrags, während bei Investition B im gleichen Zeitraum nur (45 + 50) T€ = 95 T€ zurückfließen, das sind nur 47,5 Prozent des investierten Betrages. Beide Alternativen sind aber nach der Durchschnittsmethode hinsichtlich ihrer relativen Vorziehenswürdigkeit nicht unterscheidbar.

Durch die *Kumulationsmethode* wird dagegen die günstigere zeitliche Struktur der Investition A berücksichtigt, weil man – eigentlich untypisch für das Denken in statischen Modellen – die unterschiedlichen Rückflüsse der Jahre beachtet, allerdings ohne unterschiedliche Abzinsung je nach Jahr des Rückflusses. Im Beispiel führt dies dazu, dass die Investitionen bei der kumulativen Variante als unterschiedlich vorteilhaft bewertet werden, während sie mit der pauschaleren Durchschnittmethode als gleichwertig eingestuft werden. Hat der Planer also eine Vorstellung von der zeitlichen Struktur der Rückflüsse, so wird er vernünftigerweise die differenziertere kumulative Methode wählen.

Verfeinert wird die Methode des statischen Amortisationsvergleichs in ihrer Kumulationsvariante noch weiter, wenn man die Amortisationszeiten nicht nur in ganzen Jahren misst, sondern auch eine *unterjährige Messung* vornimmt. Für diese verfeinerte Rechnung unterstellt man der Einfachheit halber, dass sich die Amortisation während des Jahres linear entwickelt, sodass man den unterjährigen Amortisationszeitpunkt durch lineare Interpolation ermitteln kann. Das demonstriert folgende Beispielrechnung.

| **Beispiel** | **Statische Amortisationsrechnung mit unterjähriger Rechnung** |

Demonstriert am Zahlenbeispiel der Tabelle zur statischen Amortisationsrechnung ergeben sich bei Anwendung des Kumulationsverfahrens folgende genauere unterjährige Ergebnisse:

Investition A: Ende des Jahres 2 ist der noch nicht amortisierte Betrag 50 T€ Ende des Jahres 3 sind 15 T€ über den Investitionsbetrag amortisiert. Der über das Jahr 2 hinaus erforderliche Zeitraum x bis zur Vollamortisation ergibt sich dann durch folgende Relation, resultierend aus einem Vergleich der Ordinaten der zwei ähnlichen (das heißt mit gleichen Innenwinkeln) Dreiecke ABC und DEC in Abbildung 8.7:

$$50 \text{ T€} / x = 15 \text{ T€} / (1 - x)$$

$$50 \text{ T€} - 50 \text{ T€} \times x = 15 \text{ T€} \times x$$

$$x = 50 \text{ T€} / 65 \text{ T€} = 0,77$$

Die Vollamortisation der Investition erfolgt demnach nach 2,77 Jahren.

Investition B: Ende des Jahres 3 ist der noch nicht amortisierte Betrag 40.000 Euro, Ende des Jahres 4 sind 40.000 Euro über den Investitionsbetrag amortisiert. Der über das Jahr 3 hinaus erforderliche Zeitraum y bis zur Vollamortisation ergibt sich dann durch folgende Relation, resultierend aus einem Vergleich der Ordinaten der zwei ähnlichen Dreiecke FGH und IJH in Abbildung 8.7:

$$40 \text{ T€} / y = 40 \text{ T€} / (1 - y)$$

$$40 \text{ T€} - 40 \text{ T€} \times y = 40 \text{ T€} \times y$$

$$40 = 80y$$

$$y = 0{,}50$$

Die Vollamortisation der Investition erfolgt demnach nach 3,5 Jahren.

Die geschilderten Überlegungen führen zu folgender Formel für die lineare Interpolation:

Nennt man die letzte Jahreszahl vor Amortisation „Vorjahr" und die nach Amortisation „Nachjahr", so gilt:

$$\text{Rückflusszeit} = \text{Vorjahr} + \frac{\text{Restsaldo Vorjahr}}{\text{Restsaldo Vorjahr} - \text{Restsaldo Nachjahr}}$$

Dabei ist der Restsaldo Nachjahr immer eine negative Zahl.

Inhaltliche Interpretation des Bruchs in der Formel: Der Bruch bezieht sich auf das Jahr, das nicht mehr voll für die Amortisation benötigt wird, sondern nur noch zum Teil. Im Zähler wird der Cashflow dieses Jahres erfasst, der für die Amortisation noch benötigt wird, im Nenner wird der Gesamt-Cashflow dieses Jahres erfasst. Damit zeigt der Bruch, welcher Cashflow-Anteil des Jahres noch für die Amortisation benötigt wird. Und da der Cashflow gleichmäßig über das Jahr verteilt ist, bedeutet der Bruch gleichzeitig, welcher Teil des betroffenen Jahres noch für die Amortisation erforderlich ist.

Anwendung der Formel auf unser Beispiel (Geldbeträge in T€):

$$\text{Rückflusszeit}_{\text{Investition A}}$$

$$= \text{Vorjahr}_{\text{Investition A}} + \frac{\text{Restsaldo Vorjahr}_{\text{Investition A}}}{\text{Restsaldo Vorjahr}_{\text{Investition A}} - \text{Restsaldo Nachjahr}_{\text{Investition A}}}$$

$$= 2 \text{ Jahre} + \frac{50}{50 + 15} [\text{Jahre}] = 2{,}77 \text{ Jahre}$$

$$\text{Rückflusszeit}_{\text{Investition B}}$$

$$= \text{Vorjahr}_{\text{Investition B}} + \frac{\text{Restsaldo Vorjahr}_{\text{Investition B}}}{\text{Restsaldo Vorjahr}_{\text{Investition B}} - \text{Restsaldo Nachjahr}_{\text{Investition B}}}$$

$$= 3 \text{ Jahre} + \frac{40}{40 + 40} [\text{Jahre}] = 3{,}50 \text{ Jahre}$$

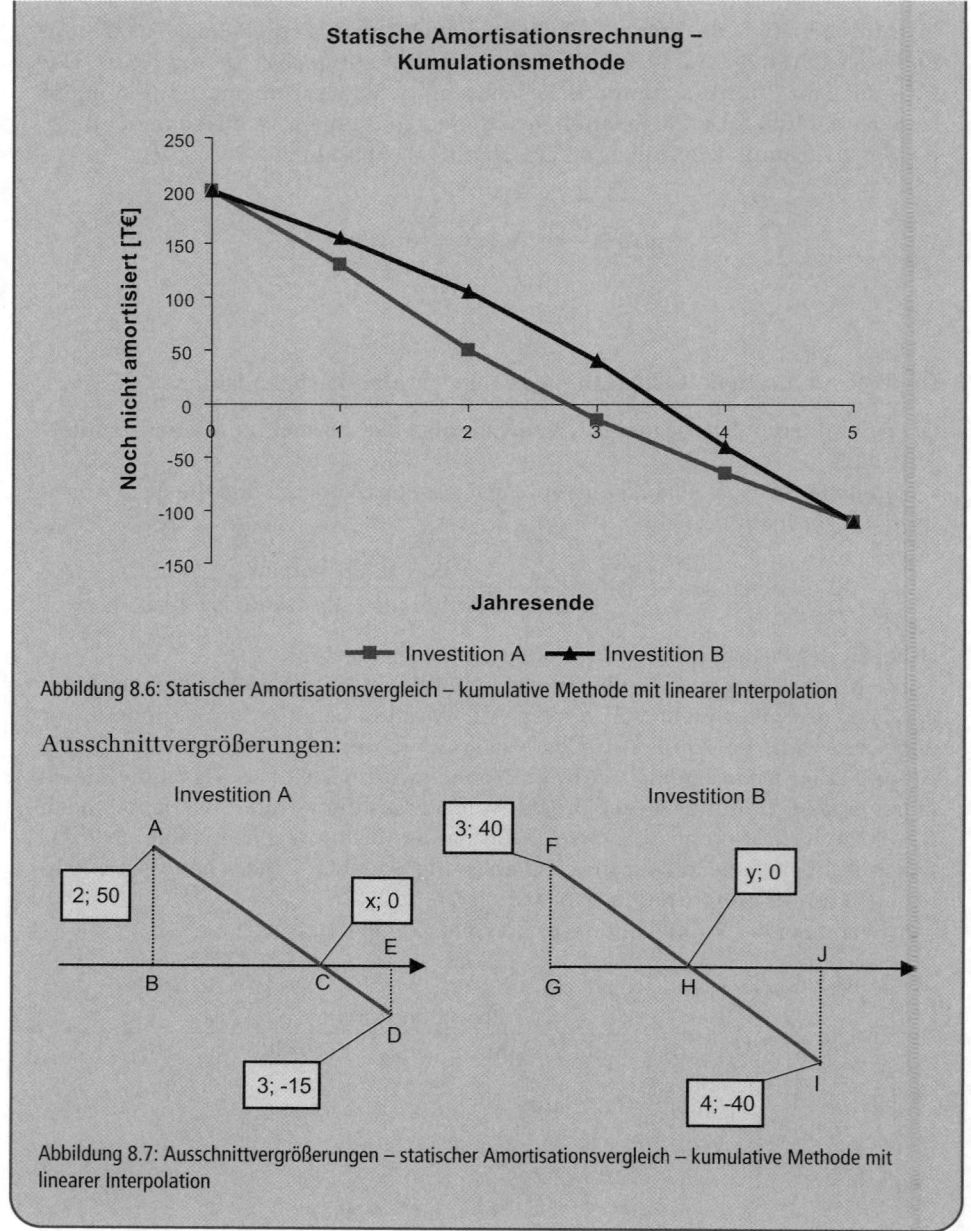

Abbildung 8.6: Statischer Amortisationsvergleich – kumulative Methode mit linearer Interpolation

Ausschnittvergrößerungen:

Abbildung 8.7: Ausschnittvergrößerungen – statischer Amortisationsvergleich – kumulative Methode mit linearer Interpolation

8.2.5.3 Grenzen des statischen Amortisationsvergleichs

Als alleiniges Kriterium zur Investitionsentscheidung ist die Rückflussdauer der investierten Mittel zu einseitig sicherheitsorientiert, ist aber eine sinnvolle und in der Praxis geschätzte Ergänzung der gewinn- und rentabilitätsorientierten statischen Methoden. Die kumulative Variante hebt dabei die typische Einseitigkeit aller statischen Verfahren, nur ein Durchschnittsjahr zu betrachten, auf, was eine Entwicklung hin zur differenzierteren dynamischen Betrachtung bedeutet. Allerdings unterbleibt dann bei der kumulativen Variante inkonsequenterweise die Abdiskontierung der Rückflüsse der Planjahre, was angesichts des geringen Rechenaufwands hierfür wenig überzeugend ist.

8.2.6 Zusammenfassender Vergleich der statischen Methoden

Tabelle 8.8

Gegenüberstellung der Anwendbarkeit der statischen Methoden

Kostenvergleich	Das Verfahren ist ausreichend, wenn die Erträge der Investitionsalternativen gleich oder nicht ermittelbar sind, sodass es nur noch auf Kostendifferenzen ankommt.
	Eine absolute Aussage über die Vorteilhaftigkeit einer Investition ist allein aufgrund der Kosten nicht möglich, denn auch Investitionen mit niedrigen Kosten können zu Verlusten führen.
	Bei Investitionen gleicher Planbeschäftigung genügt der Gesamtkostenvergleich, bei Investitionen mit unterschiedlich hohen Planbeschäftigungen muss auch ein Stückkostenvergleich vorgenommen werden.
Gewinnvergleich	Er muss statt des Kostenvergleichs gewählt werden, wenn unterschiedliche Erträge bei den Investitionsalternativen zu beachten und auch ermittelbar sind.
	Sind Erträge schlecht den Investitionsalternativen zuordenbar, was in der Praxis nicht selten der Fall ist, dann lässt sich ein zuverlässiger Gewinnvergleich nicht realisieren.
	Bei Investitionsalternativen gleicher Planbeschäftigung genügt der Gesamtgewinnvergleich, bei Investitionen mit unterschiedlich hohen Planbeschäftigungen muss auch ein Stückgewinnvergleich vorgenommen werden.
Rentabilitätsvergleich	Statt des Gewinnvergleichs oder besser ergänzend zu ihm wird der Rentabilitätsvergleich vorgenommen, wenn sich der durchschnittliche Kapitaleinsatz der Investitionsalternativen voneinander unterscheidet und man den Gewinn vor Zinsen (auch) relativ zum eingesetzten Kapital messen will.
Amortisationsvergleich	Während die drei bisher genannten Methoden sich am Gewinndenken orientieren, stellt diese Methode das Sicherheitsdenken in den Mittelpunkt: Je schneller die investierten Mittel zurückfließen, desto besser.
	Die Methode eignet sich zur Ergänzung der anderen statischen Investitionsrechnungen.
	Die Durchschnittsmethode berücksichtigt dabei nicht die Unterschiede bei den Rückflüssen (Cashflows) der verschiedenen Jahre, die Kumulationsmethode schon.

8.3   Dynamische Verfahren

Die dynamischen Verfahren sind theoretisch wesentlich konsequenter als die bisher behandelten statischen Verfahren. Problematische vereinfachende Unterstellungen der statischen Verfahren entfallen. Hier wird nur auf einfache Versionen der traditionellen unter den dynamischen Verfahren eingegangen, die auch in der Praxis große Bedeutung erlangt haben, mittlerweile eindeutig mehr als die statischen Verfahren. Komplexere Verfahren auf Basis der Methoden des Operations Research sind in diesem Grundlagenbuch nicht Gegenstand der Betrachtung.

Die traditionellen dynamischen Verfahren sind, wie sich zeigen wird, sehr verwandt miteinander, führen aber je nach unterstellten Annahmen gegebenenfalls zu voneinander abweichenden Investitionsempfehlungen. Den Unterschieden der Verfahren wird besondere Aufmerksamkeit gewidmet.

8.3.1   Zahlungsströme als Basis

Ein entscheidender methodischer Unterschied der dynamischen zu den statischen Verfahren ist die Verwendung von Zahlungsströmen (Liquiditätsbetrachtung) statt des Verwendens von Kosten und Erlösen. Dabei werden immer Zahlungsströme nicht nur eines, sondern unterschiedlicher Jahre erfasst und die *Zeitwerte* der Zahlungen (Werte, die zu den jeweiligen Zeitpunkten tatsächlich fließen) werden durch Abdiskontierung zu *Barwerten* und damit vergleichbar gemacht. Die Zahlungsstromorientierung zeichnet die dynamische Betrachtungsweise als typisch finanzwirtschaftliche Vorgehensweise aus, während die statischen Verfahren dem Kostendenken entsprechen.

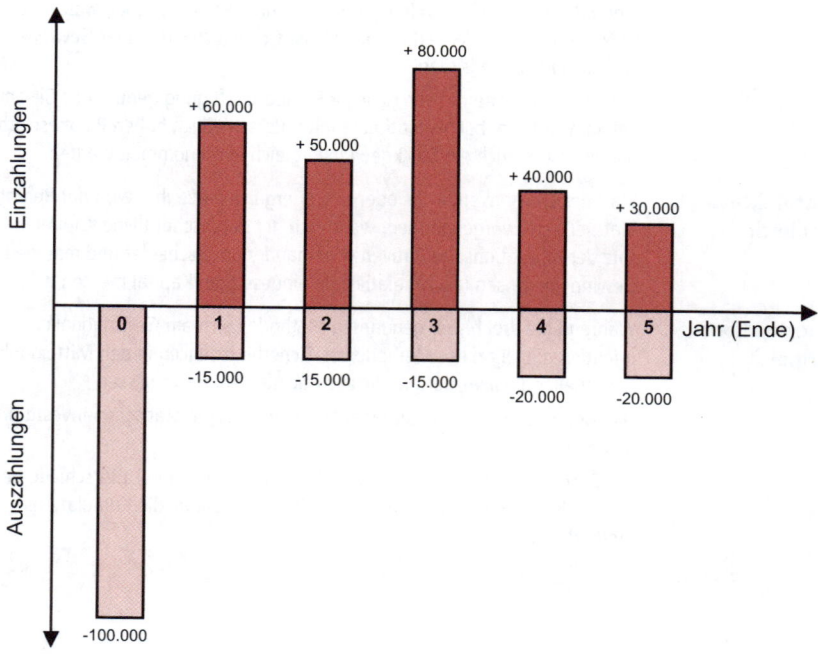

Abbildung 8.8: Beispiel für den Zahlungsstrom einer Investition

Als Perioden werden hier immer Jahre gewählt. Die Ein- und Auszahlungen des Jahres werden rechnerisch dem Jahresende zugeordnet, das heißt man unterstellt wie üblich nachschüssige Zahlungen. *Auszahlungen* resultieren aus der Anschaffung der Investitionsgegenstände einschließlich aller Nebenkosten, aus dem Kauf zugehöriger Komponenten, aus dem Aufbau der erforderlichen Produktions-Infrastruktur sowie beim laufenden Einsatz dieser Gegenstände aus Aufwendungen für Material, Aufbau des Absatzlagers, Personal, geleistete Anzahlungen, Abgaben, Energiekosten und so weiter. *Einzahlungen* dagegen erfolgen insbesondere durch den Verkauf der Produkte, aber zum Beispiel auch durch Liquidation des Investitionsguts am Ende der Nutzung zum Restwert.

8.3.2 Kalkulationszins

Die Wahl des *Kalkulationszinses* i (*Diskontierungszinsfuß*) hat äußerst große Bedeutung, weshalb sehr sorgfältig zu überlegen ist, welches der angemessene Rechnungszinsfuß ist. Die Höhe der Kapitalwerte oder der Annuitäten bei den nachfolgend erörterten dynamischen Methoden hängt unmittelbar vom Kalkulationszins ab, genauso wie die Annahme oder Ablehnung einer Investition mit einem bestimmten internen Zins davon abhängt, mit welchem (Kalkulations-)Zins der interne Zins verglichen wird.

Im *Grundsatz* entspricht der Kalkulationszins der vom Investor geforderten Mindestverzinsung.

$$i = \text{gewünschte Mindestverzinsung}$$

Als Anhaltspunkte für die angemessene Höhe der gewünschten Mindestverzinsung kann man die folgenden Überlegungen anstellen.

8.3.2.1 Entgangene Rendite bei alternativer Kapitalverwendung

Nimmt ein Investor eine Investition vor, so verzichtet er auf eine konkurrierende Investition, die eine bestimmte Verzinsung des eingesetzten Kapitals erbringen würde. Die Investition verdrängt die Anlage in die bestmögliche Alternativinvestition. Deshalb unterstellt man in der dynamischen Rechnung, dass sich jeder bei einer geprüften Investition eingesetzte Betrag zumindest mit der Rendite der bestmöglichen Alternativinvestition verzinsen muss. Deshalb gilt als Ausgangsthese die Forderung für den Kalkulationszins i, der Zahlungen unterschiedlicher Perioden vergleichbar machen soll:

$$i \geq \text{entgangene Alternativrendite}$$

Bindet der Investor sein vorhandenes Guthaben (Eigenkapital) nicht in die Investition, so erhält er alternativ minimal den individuellen *Habenzins*, der bei seiner Bank oder anderswo bei entsprechender Laufzeit erzielbar ist. Er verlangt also für eine aus seinem Eigenkapital finanzierte Investition mindestens diesen Habenzins.

$$i \geq \text{Habenzins } i_{EK}$$

8.3.2.2 Zins der Finanzierung (Herkunft des eingesetzten Kapitals) als Untergrenze

Eine Investition ist über das Gesagte hinaus aber auch nie sinnvoll, wenn sie nicht mindestens die Kosten des zu ihrer Fremdfinanzierung eingesetzten Kapitals wieder hereinbringt. Der Kalkulationszins muss neben der alternativ möglichen Eigenkapitalverwendung auch die eventuelle Fremdkapitalbeschaffung berücksichtigen. Man muss für eine Investition sinnvollerweise verlangen, dass mindestens der für die Fremdfinanzierung tatsächlich zu zahlende *Sollzinssatz* erwirtschaftet werden müsste.

$$i \geq \text{Sollzins } i_{FK}$$

Bei Mischfinanzierung der Investition mit einem Eigenkapitalbetrag EK und einem Fremdkapitalbetrag FK muss man dann logischerweise mindestens den *Mischzinssatz* erwirtschaften, den man für die Finanzierung rechnerisch aufbringen muss. Er ist das mit den Finanzierungsanteilen der jeweiligen Kapitalart gewogene arithmetische Mittel aus den oben definierten Eigenkapital- und Fremdkapitalzinsen.

$$i = \frac{i_{EK} \times EK + i_{FK} \times FK}{EK + FK}$$

8.3.2.3 Zins für risikolose Anlagen beim Rechnen mit Sicherheitsäquivalenten

Der Staat gilt in Industrieländern im Normalfall als risikoloser Kreditnehmer und man kann sein Geld immer auch in *risikolose Staatsanleihen* anlegen. Die Staatsanleihe ist dann eine jedem offen stehende risikolose Investitionsalternative. Folglich hat jeder unter anderem den für die Investitionszeit zu erwartenden Durchschnittszins der Staatsanleihen als Alternativzins zur Verfügung. Da die Zinshöhe von der Zinsbindungszeit abhängt, muss man zum Vergleich solche Staatsanleihen wählen, in die das investierte Geld durchschnittlich so lange gebunden ist wie in die analysierte Investition. Bei sehr kurzfristigen Investitionen (bis zu einem Jahr) könnte man statt dem Zins einer Staatsanleihe einen Zins aus dem *Geldhandel unter Banken* wählen, etwa einen EURIBOR- oder LIBOR-Satz für die entsprechende Laufzeit. Auch diese Sätze enthalten faktisch keinerlei Risikoaufschlag, weil sie nur für Banken erster Bonität gelten.

Der Zins für risikolose Anlagen ist als Diskontierungszinsfuß aber nur dann angemessen, wenn man die Risiken und Risikopräferenzen der Entscheider *bereits beim Ansatz der Einzahlungen und Auszahlungen* berücksichtigt, sodass sie nicht mehr im Kalkulationszinssatz zu berücksichtigen sind. Ist die Investition also beispielsweise relativ riskant und der Entscheider relativ risikoscheu, so wird er die Ein- und Auszahlungen mit sehr vorsichtigen Werten ansetzen, die Einzahlungen relativ niedrig und die Auszahlungen relativ hoch. Der Entscheider wählt dann nicht die wahrscheinlichsten Zahlungen, sondern vorsichtigere Werte entsprechend seiner subjektiven Risikopräferenzen. Diese Werte kann man als *Sicherheitsäquivalente* bezeichnen, wenn sie so vorsichtig angesetzt werden, dass der Entscheider sie behandeln kann, als seien sie mit Sicherheit zu erwarten. Dann darf der Kalkulationszins keinerlei Risikoaufschlag enthalten, es ist also ein risikolos erzielbarer Alternativzinssatz zu wählen.

8.3.2.4 Risikozuschlag je nach Investitionsobjekt

Rechnet man nicht mit Sicherheitsäquivalenten der Ein- und Auszahlungen, sondern mit wahrscheinlichsten Werten, so muss das *Risiko der analysierten Investition* in Form eines Aufschlags im Kalkulationszins berücksichtigt werden. Je riskanter die konkrete Kapitalbindung in eine Investition ist, desto höher ist die geforderte Rendite. Deshalb werden beim Vergleich mit Alternativrenditen risikoloser Kapitalanlagen *Risikozuschläge* gemacht, die das besondere Risiko der zur Entscheidung stehenden

Investition berücksichtigen. Die angemessene Höhe der Risikozuschläge für die jeweilige Investition bedarf jeweils einer intensiven Analyse des Einzelfalls. Wählt man als Kalkulationszins je nach Branche, in der investiert wird, einen typischen Branchensatz, so enthält dieser gegenüber dem risikolosen Zins bereits einen Aufschlag für das typische Branchenrisiko. Dann unterstellt man vereinfachend, dass alle Investitionen in einer bestimmten Branche ein bestimmtes Risikoniveau haben.

8.3.2.5 Kalkulationszins als abgeleiteter Zinssatz bei Kapitalbudgetierung

Ordnet man in einem einfachen Modell (Capital Budgeting Modell nach Dean) alle zur Verfügung stehenden Finanzmittel mit aufsteigendem Zinssatz (also kein einheitlicher Zins auf dem unvollkommenen Kapitalmarkt), so erhält man eine Kapitalangebotskurve. Dem kann man die Investitionen als Finanzmittelbedarf gegenüberstellen, die mit fallender durch die Investitionen erzielbarer Verzinsung, unten als interner Zins bezeichnet, abnehmen (Kapitalnachfragekurve). Der Schnittpunkt beider Kurven legt bei dieser Betrachtung den Kalkulationszins (Cut-off-Rate) als Ergebnis des Modells der Kapitalbudgetierung fest.

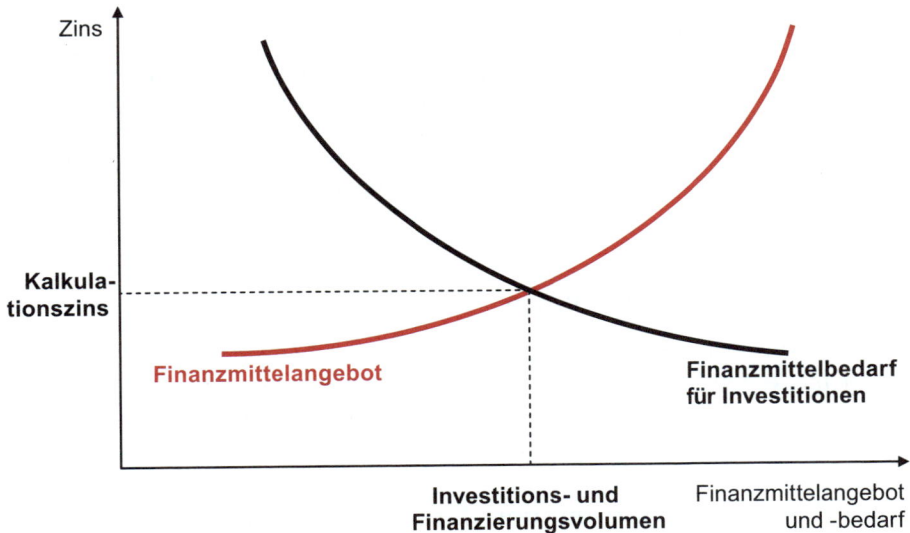

Abbildung 8.9: Capital Budgeting Modell nach Dean

8.3.2.6 Finanzmathematische Faktoren

Heutzutage verwendet man üblicherweise Elektronenrechner für finanzmathematische Rechnungen, wovon auch im Weiteren ausgegangen wird. Als Hilfe für das Verständnis der Rechnungen sei aber in einer Übersicht auf die Verwendung von Zinsfaktoren eingegangen, soweit sie bei den hier dargestellten Methoden von Bedeutung sind. Mit diesen Faktoren, deren Zahlenwert immer vom Kalkulationszins i einerseits abhängt sowie von der Anzahl der Jahre n andererseits, werden die Zahlungsbeträge (Zeitwerte der jeweiligen Perioden, hier immer Jahre) multipliziert.

Tabelle 8.9

Vier finanzmathematischen Faktoren

Bezeichnung	mathemati-sche Formel	Beschreibung
Abzinsungsfaktor, Diskontierungsfaktor	$(1+i)^{-n}$	Er zinst einen einzelnen in n Jahren fälligen Geldbetrag auf einen im Jahr 0 fälligen Geldbetrag ab.
Abzinsungssummenfaktor, Diskontierungssummenfaktor, Kapitalisierungsfaktor	$\dfrac{(1+i)^{n-1}}{i \times (1+i)^n}$	Er zinst eine Reihe gleich hoher Zahlungen in den künftigen Perioden 1 bis n ab und addiert die erhaltenen Barwerte (verwandelt eine Reihe n gleich hoher künftiger Zahlungen in eine Einmalzahlung im Jahr 0).
Annuitätenfaktor, Verrentungsfaktor, Kapitalwiedergewinnungsfaktor	$\dfrac{i \times (1+i)^n}{(1+i)^{n-1}}$	Er verteilt einen im Jahr 0 fälligen Geldbetrag in gleich hohe Geldbeträge der nächsten n Jahre (verwandelt eine Einmalzahlung im Jahr 0 in eine Reihe gleich hoher Zahlungen der folgenden n Jahre).
Restwertverteilungsfaktor	$\dfrac{i}{(1+i)^{n-1}}$	Er verteilt eine in n Jahren fällige Einmalzahlung in gleich hohe Zahlungen der Jahre 1 bis n. Er spielt vor allem eine Rolle, wenn Investitionen nach Abschluss der Investitionsperiode noch einen Restwert aufweisen und dieser rechnerisch in gleiche Jahresbeträge während der Investitionslaufzeit umgerechnet werden soll.

8.3.3 Kapitalwertmethode

Andere Namen für die *Kapitalwertmethode* sind *Nettobarwertmethode*, *Net-Present-Value-Methode* (Kapitalwert = Net Present Value beziehungsweise NPV), *Diskontierungsmethode* und *Discounted-Cashflow-Methode*. Sie ermittelt letztlich nichts anderes als den Barwert eines Stromes von Aus- und Einzahlungen.

8.3.3.1 Verwandtschaft mit der statischen Methode des Gesamtgewinnvergleichs

Die Kapitalwertmethode ist mit der statischen Methode des Gesamtgewinnvergleichs lose verwandt. Bei beiden Methoden ist das Vergleichskriterium ein absoluter Überschuss. Während es sich beim Gesamtgewinnvergleich aber um einen Überschuss von Erlösen über Kosten *pro Jahr* handelt, da der Gewinnvergleich sich immer auf ein repräsentatives Jahr bezieht, ist es bei der Kapitalwertmethode die Summe abdiskontierter Nettozahlungen (Zahlungsüberschüsse) *über alle Jahre der Investition hinweg*. Der Kapitalwert entspricht also der Summe der Gesamtgewinne aller Investitionsjahre.

8.3.3.2 Vorteilsregeln

Kriterium für Einzelinvestitionen:

- Eine einzeln geprüfte Investition mit einem Kapitalwert von mindestens null ist vorteilhaft.

Kriterium für miteinander konkurrierende Investitionen:

- Von mehreren Alternativen mit positivem Kapitalwert ist die mit dem höchsten Kapitalwert zu wählen.

8.3.3.3 Interpretation des Kapitalwerts

Aussage eines positiven Kapitalwerts

Mit einem positiven Kapitalwert hat der Investor Folgendes erreicht:

- Wiedergewinnung der eingesetzten Mittel,
- Verzinsung der eingesetzten Mittel in Höhe des Kalkulationszinsfußes,
- Erzielung eines rechnerischen Überschusses in Höhe des Kapitalwerts.

Der Kapitalwert ist die Summe der mit dem Diskontierungszinsfuß auf den Beginn der Investitionsdauer abgezinsten Nettozahlungen der Investition. Er ist die Änderung des Geldvermögens des Investors rechnerisch bezogen auf den Zeitpunkt des Investitionsbeginns. Durch die Investition wächst das Geldvermögen des Investors um den Kapitalwert stärker, als wenn er sein Geld in die durch den Kalkulationszins definierte Alternativinvestition gesteckt hätte. Bei positivem Kapitalwert wird die Verzinsung (Rendite) der Alternativinvestition überschritten.

   Es gelte:

K_0 = Kapitalwert per Ende der Periode 0
E = Einzahlung
A = Auszahlung
n = Investitionsdauer
R_n = Restwert per Ende des Jahres n
i = Kalkulationszins

Das Jahr (hier: Jahresende, da wir immer die endfällige Rechnung verwenden), dem Kapitalwert oder Zahlungen zugeordnet werden, wird mit einer tiefgestellten Ziffer angegeben. Dann ist die *Bestimmungsgleichung für den Kapitalwert* allgemein:

$$K_0 = -A_0 + \frac{(E-A)_1}{(1+i)^1} + \frac{(E-A)_2}{(1+i)^2} + \dots + \frac{(E-A)_n}{(1+i)^n} + \frac{R_n}{(1+i)^n}$$

Dabei wird für den Investitionszeitpunkt regelmäßig allein eine Auszahlung unterstellt, im Grundsatz könnte man aber auch einen Nettowert $E_0 - A_0$ verwenden.

Arbeiten mit Excel

Unter Nettobarwert NBW wird anders als bei manchen Wirtschaftsrechnern nicht der Kapitalwert im hier definierten Sinne verstanden, das heißt Barwert aller Zahlungen unter Miteinbeziehung der Zahlung am Ende der Periode 0, sondern der Barwert aller Zahlungen erst ab Ende der Periode 1. Um den Kapitalwert zu erhalten, muss man deshalb von dem so gemäß Excel definierten NBW (für alle Zahlungen ab Periode 1) noch separat die Anfangsinvestition am Ende der Periode 0 abziehen. Die Eingabe aller Zahlungen einschließlich der Anfangsinvestition am Ende der Periode 0 in die NBW-Formel führt also zu einem falschen Ergebnis!

Beispiel   ## Ermittlung eines Kapitalwerts

Ein Spezialkran kostet 100.000 Euro und erfordert bei Investition noch zusätzliche Nebenkosten von 10.000 Euro. Er kann über fünf Jahre hinweg vermietet werden und bringt in diesen Jahren abzüglich der Abflüsse für laufende Kosten die Beträge (jeweils Euro) 55.000, 50.000, 45.000, 40.000 und 30.000 sowie im letzten Jahr zusätzlich noch einen Schrottwert von 2.000 Euro. Welcher Kapitalwert ergibt sich bei einem Kalkulationszins von 10 Prozent? Das Ergebnis zeigt Tabelle 8.10.

Tabelle 8.10

Tabellarische Ermittlung eines Kapitalwerts

Jahresende n (1)	Abzinsungsfaktor $(1+i)^n$ (2)	Zeitwerte der Nettozahlungen [€] (3)	Barwerte der Nettozahlungen [€] $(4 = 2 \times 3)$
0	1	− 110.000	− 110.000
1	0,909091	55.000	50.000
2	0,826446	50.000	41.322
3	0,751315	45.000	33.809
4	0,683013	40.000	27.321
5	0,620921	32.000	19.869
Summe = Kapitalwert			**62.321**

Die Barwerte der Nettozahlungen liegen unter deren Zeitwerten, da der Barwert durch Multiplikation mit einem Abzinsungsfaktor entsteht, der immer unter 1 ist. Je höher der Kalkulationszins, desto stärker liegen die Barwerte unter den Zeitwerten.

Bei Verwendung der NBW-Formel von Excel gibt man den Kalkulationszins ein sowie die Werte der Zahlungen in den Perioden 1 bis 5. Zum Formelergebnis zählt man dann die Anfangsinvestition – mit negativem Vorzeichen – hinzu.

8.3.3.4 Kapitalwertkurven und Einfluss des Kalkulationszinses auf die Rangfolge der Alternativen

Kapitalwertkurven

Die Kurven in Abbildung 8.10 stellen die Kapitalwerte dreier Investitionen in Abhängigkeit vom verwendeten Kalkulationszinsfuß i dar. Bei den typischen Investitionsverläufen mit hoher Anfangsauszahlung und folgenden Nettoüberschüssen ergeben sich die dargestellten einfachen konvexen Kurven. Je nach Höhe des Kalkulationszinses i ist im Beispiel jeweils eine andere Investition gemäß dem Kriterium der Kapitalwertmethode die günstigste. Grafisch heißt das, dass je nach Kalkulationszins die *Kapitalwertkurven* unterschiedlicher Investitionen am höchsten (am weitesten oben) liegen können.

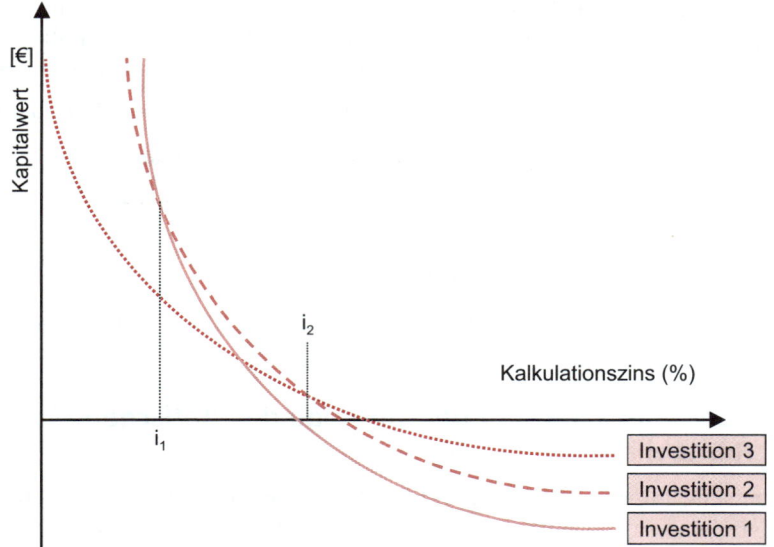

Abbildung 8.10: Kapitalwertkurven

In der Abbildung dreier Kapitalwertkurven gilt:

Wenn $i < i_1$, dann ist Investition 1 (durchgehende Linie) vorzuziehen.

Wenn $i_1 < i < i_2$, dann ist Investition 2 (gestrichelte Linie) vorzuziehen.

Wenn $i > i_2$, dann ist Investition 3 (gepunktete Linie) vorzuziehen.

Kritische Kalkulationszinssätze

Die Kapitalwertmethode kann also je nach Kalkulationszins zu unterschiedlichen Ergebnissen führen. Im konkreten Fall der Auswahl zwischen unterschiedlichen Alternativen tut man gut daran auszutesten, bei welchen *kritischen Kalkulationszinssätzen* sich die Rangfolge der Vorziehenswürdigkeit der Alternativen ändert. Man braucht sich dann bei der Entscheidung nach der Kapitalwertmethode nicht auf einen exakten Kalkulationszins festzulegen, sondern muss nur fixieren, zwischen welchen kritischen Werten des Kalkulationszinses man den Zins festlegen will.

8.3.3.5 Kapitalwert bei unendlicher Investitionsdauer

Kann man nach Vornahme der Anfangsinvestitionsausgabe von unendlich langen jährlich gleichen Einzahlungsüberschüssen ausgehen, so wird die Kapitalwertrechnung
rechnerisch sehr einfach, nämlich konstanter Einzahlungsüberschuss/Kalkulationszins i
minus Anfangsinvestition. Der Grund liegt darin, dass der Diskontierungssummenfaktor
für eine gegen unendlich gehende Anzahl von Investitionsjahren n einfach zu 1/i wird.

Beispiel   **Kapitalwert bei unendlicher Investitionsdauer**

Ein Grundstück wird zu 90.000 Euro (A_0) gekauft und erbringt bei zeitlich unbegrenzter Nutzung einen jährlichen Einzahlungsüberschuss (Einzahlungen minus
Auszahlungen E − A) von 10.000 Euro. Ist die Investition bei einem Kalkulationszins von 10 Prozent nach der Kapitalwertmethode sinnvoll? Als Lösung ergibt sich:

Kapitalwert K_0 = (E − A) × 1/i − A_0 = 10.000 € × 10 − 90.000 € = 10.000 €

Die Investition hat einen positiven Kapitalwert, ist also lohnend.

8.3.4   Interne-Zinsfuß-Methode

Der *interne Zinsfuß* wird auch *Internal Rate of Return* (IRR) oder *Discounted Cash
Flow Rate of Return* genannt.

8.3.4.1 Verwandtschaft mit der Methode des statischen Rentabilitätsvergleichs

Die dynamische *Interne-Zinsfuß-Methode* ist mit der Methode des Rentabilitätsvergleichs bei den statischen Investitionsrechenverfahren eng verwandt. Bei beiden
Methoden ist das Vergleichskriterium das Verhältnis eines absoluten Überschusses
zum eingesetzten Kapital. Während der verwendete absolute Überschuss bei der
Methode des Rentabilitätsvergleichs aber der Überschuss der typischen jährlichen
Investitionserlöse über die Kosten (vor Abzug der Zinsen) ist, setzt sich der verwen-
dete Überschuss bei der Internen-Zinsfuß-Methode aus den Nettozahlungen (Zahlungs-
überschüssen) aller Investitionsjahre zusammen. Das gebundene Kapital wird beim
Rentabilitätsvergleich mit einer groben Faustregel ermittelt, bei der Internen-Zinsfuß-
Methode dagegen exakt für alle Investitionsjahre.

8.3.4.2 Vorteilsregeln

Kriterium für Einzelinvestitionen

■ Eine einzeln geprüfte Investition mit einem internen Zinsfuß mindestens in Höhe
einer geforderten Mindestverzinsung ist vorteilhaft.

Im Fall der einzelnen Investition führt die Interne-Zinsfuß-Methode grundsätzlich
zum selben Ergebnis wie die Kapitalwertmethode. Ist der interne Zins größer als der
vorgegebene Kalkulationszins, dann ist auch der Kapitalwert größer als null und

umgekehrt. Der interne Zinssatz ist der Grenzzins, den der Kalkulationszins nicht überschreiten darf, bevor der Kapitalwert der Investition negativ würde.

Kriterium für miteinander konkurrierende Investitionen

■ Von mehreren Alternativen, die mindestens den geforderten internen Zinssatz erbringen, wird die mit dem höchsten internen Zins gewählt.

Arbeiten mit Excel

IKV errechnet den internen Zinsfuß durch Iteration. Als Werte der Zahlungsreihe sind also die Reihe aller Zahlungen der Investition einschließlich der Anfangszahlung in Periode 0 einzugeben.

8.3.4.3 Interpretation des internen Zinsfußes im Gegensatz zum Kapitalwert

Mit der Kapitalwertmethode wird der Nutzen eines Investitionsprojekts in *absoluten* Beträgen (Gesamtüberschuss der abdiskontierten Einzahlungen über die abdiskontierten Auszahlungen) gemessen, mit der Internen-Zinsfuß-Methode dagegen *relativ* zum gebundenen Kapital. Hätte man es nicht mit Zahlungsgrößen, also Ein- und Auszahlungen, sondern mit Kategorien der Kostenrechnung oder der externen Erfolgsrechnung zu tun, also mit Erlösen und Kosten beziehungsweise mit Aufwendungen und Erträgen, so entspräche

■ der *Kapitalwert* dem *Gesamtgewinn* aus einem Investitionsprojekt,

■ der *interne Zinsfuß* dagegen der *Rentabilität* des gebundenen Kapitals.

Kann man also im Einzelfall feststellen oder unterstellen, dass die Aufwendungen gleich den Auszahlungen sind und die Erträge gleich den Einzahlungen, so ist der Kapitalwert gleich dem rechnerischen Gesamtgewinn aus der Investition und der interne Zins gleich ihrer Rentabilität. Da weder eine Unterscheidung der Kapitalerträge in Gewinn und Zinsen erfolgt noch eine Differenzierung des Kapitals in Eigen- und Fremdkapital, handelt es sich logischerweise um eine Rentabilität des Gesamtkapitals. Insbesondere bei Finanzinvestitionen ist die Gleichheit von Auszahlungen und Aufwendungen sowie von Einzahlungen und Erträgen sehr oft gegeben, sodass man die Interne-Zinsfuß-Methode verwenden kann, um die effektive Rendite einer Finanzinvestition zu ermitteln, auch die Effektivverzinsung eines Darlehens (das ja als Investition des Darlehensgebers aufgefasst werden kann).

Der interne Zinssatz ist aus Sicht der Kapitalwertmethode derjenige Zinssatz, bei dem der Kapitalwert null ist. Bei den üblich strukturierten Zahlungsströmen von Investitionen, das sind solche mit einer hohen Anfangsinvestition und folgend laufenden Einzahlungsüberschüssen, gibt es nur einen einzigen Zinssatz, bei dem der Kapitalwert null ist, sodass in diesen für die Praxis relevanten Fällen der interne Zinsfuß eindeutig ist. Der interne Zinssatz ist insofern ein kritischer Kalkulationszins aus Sicht der Kapitalwertmethode, als sich bei Diskontierungszinssätzen über dem internen Zinsfuß negative Kapitalwerte ergeben und bei Diskontierungszinssätzen unter dem internen Zinsfuß positive.

Aus dem Gesagten ergibt sich, dass die Interne-Zinsfuß-Methode nicht mit einem extern vorgegebenen Kalkulationszins rechnet, sondern mit einem Kalkulationszins, der sich im Grenzfall des Kapitalwerts von null rechnerisch ergibt. Das hat eine weitreichende Konsequenz: Die Interne-Zinsfuß-Methode unterstellt implizit, dass alle Einzahlungsüberschüsse aus der Investition *zum errechneten internen Zinssatz* angelegt werden und alle erforderlichen Kapitalien für die Investition zum internen Zinsfuß ausgeliehen werden können. Das ist eine wichtige Abweichung von der Kapitalwertmethode, wo Kapitalanlage und -aufnahme rechnerisch zum extern vorgegebenen Kalkulationszinsfuß erfolgen.

Wenn der interne Zinsfuß einer Investitionsalternative der ist, bei dem der Kapitalwert null ist, dann braucht man theoretisch einfach in der oben kennengelernten Formel für den Kapitalwert den Kapitalwert gleich null zu setzen und die Gleichung nach dem Zinssatz i aufzulösen. Da der gesuchte Zinssatz i ab einer Investitionszeit von drei Perioden dabei entsprechend mindestens in der dritten Potenz auftritt, lässt sich i nicht unmittelbar errechnen, sondern nur durch Iteration ermitteln. Wir bleiben bei der oben eingeführten Voraussetzung der normalen Struktur des Zahlungsstroms der Investition, bei der sich nur ein einziger Schnittpunkt der Kapitalwertkurve mit der Zinsachse ergibt. Dann können wir in einem Beispiel eine grafisch erklärte Näherungslösung für den gesuchten internen Zins herleiten. Unsere Erklärung orientiert sich an den Abbildungen 8.11 und 8.12.

Man ermittelt durch Versuche zwei Kalkulationszinsfüße, die möglichst nahe am erwarteten internen Zins liegen. Am besten nimmt man einen Kalkulationszins, der zu einem absolut sehr kleinen positiven Kapitalwert führt, und einen zweiten Kalkulationszins, der zu einem absolut sehr kleinen negativen Kapitalwert führt. Dann errechnet man den gesuchten Wert des internen Zinses durch lineare Interpolation.

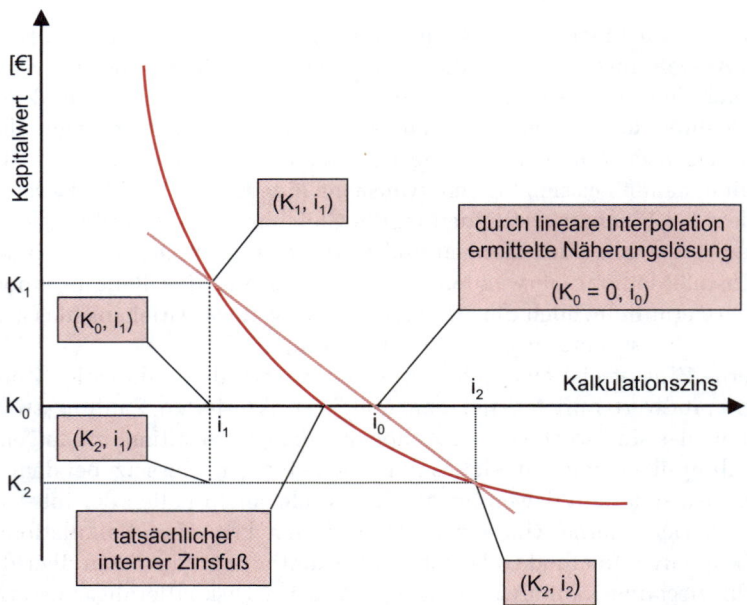

Abbildung 8.11: Lineare Interpolation für eine Näherungslösung bei der Internen-Zinsfuß-Methode

Der interne Zins i_0 in der Abbildung wird rechnerisch ermittelt, indem man die Gleichheit des Verhältnisses einander entsprechender Seiten ähnlicher Dreiecke in der Abbildung 8.12 verwendet, die eine Ausschnittsvergrößerung aus Abbildung 8.11 ist. Man betrachtet die beiden ähnlichen (das heißt mit gleichen Innenwinkeln) Dreiecke mit den Ecken (K_1, i_1), (K_0, i_1) und (K_0, i_0) beziehungsweise (K_1, i_1), (K_2, i_1) und (K_2, i_2).

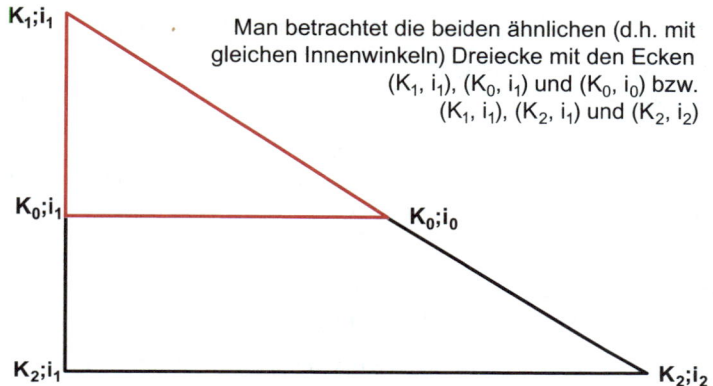

Abbildung 8.12: Ähnliche Dreiecke für die Herleitung der Formel für die lineare Interpolation

Nach dem Strahlensatz, der auf dem Vergleich zweier ähnlicher Dreiecke fußt, gilt folgende Relation für den Vergleich von entsprechenden Seiten ähnlicher Dreiecke:

$$\frac{K_0 - K_1}{i_0 - i_1} = \frac{K_2 - K_1}{i_2 - i_1}$$

Das besagt: Die Verhältnis jeweils der vertikalen Kathete zur horizontalen Kathete beim kleinen und beim großen Dreieck ist gleich. Nun setzt man $K_0 = 0$ und löst die Gleichung nach i_0 auf. Es ergibt sich die Gleichung:

$$i_0 = i_1 - K_1 \times \frac{i_2 - i_1}{K_2 - K_1}$$

Bei der normalen Struktur des Zahlungsstroms (hohe Anfangsauszahlung mit nachfolgend konstanten Einzahlungsüberschüssen) verläuft die Kapitalwertkurve zumindest im entscheidenden Bereich konvex. Dann erbringt die Näherungslösung einen etwas zu hohen Schätzwert für den internen Zinsfuß, weil die lineare Sehne in Abbildung 8.11 immer nordöstlich der wahren Kapitalwertkurve verläuft. Computerprogramme, etwa die gängigen Tabellenkalkulationsprogramme, und Wirtschafts-Taschenrechner bieten heute natürlich vollkommen exakte Iterationsrechnungen an, bei denen kein Fehler bei der Errechnung des internen Zinses mehr verbleibt.

Beispiel   **Interne-Zinsfuß-Methode mit näherungsweiser linearer Interpolation und bei exakter Rechnung**

- Eine Maschine kostet (Anfangsauszahlung)   10.000 Euro
- Betriebs- und Instandhaltungsauszahlungen acht Jahre lang je   1.900 Euro
- Einzahlungen acht Jahre lang je   3.500 Euro
- Restwerterlös   1.200 Euro

Frage: Welchen internen Zinsfuß hat die Investition ...
a) bei Probe-Kalkulationszinssätzen von 7 und 8 Prozent und linearer Interpolation,
b) bei exakter Rechnung?

Lösung:
Zu a) Ohne Verwendung eines Elektronenrechners mit linearer Interpolation gemäß oben hergeleiteter Formel (Kapitalwerte in T€):

Kapitalwert K_1 bei einem Kalkulationszins von 7 Prozent: 252,4885
Kapitalwert K_2 bei einem Kalkulationszins von 8 Prozent: −157,0550

$$i_0 = i_1 - K_1 \times \frac{i_2 - i_1}{K_2 - K_1} = 0,07 - 252,4885 \times \frac{0,08 - 0,07}{-157,0550 - 252,4885}$$

$$= 0,076165 = 7,6165\ \%$$

Zu b) unter Verwendung eines Elektronenrechners:

$$\text{Interner Zinsfuß} = 7,6091.$$

Wie erläutert, musste die exakte Lösung etwas unter der Näherungslösung liegen.

8.3.4.4   Interner Zinssatz bei unendlicher Investitionsdauer

Analog zum Fall des Kapitalwerts bei unendlicher Investitionsdauer vereinfacht sich auch hier die Rechnung stark, wenn neben einer Anfangsinvestition (A_0) eine unendliche Reihe gleich hoher Einzahlungsüberschüsse (E − A) gegeben ist. Der interne Zinssatz i ist dann gleich den jährlichen Nettorückflüssen geteilt durch die Anfangsinvestition. Die Vereinfachung der Formel ergibt sich daraus, dass der Abzinsungssummenfaktor für eine gegen unendlich gehende Zahl von Investitionsjahren zu 1/i wird. Dann gilt, da der Kapitalwert beim gesuchten i gleich null ist:

$$(E - A)/i - A_0 = 0$$

$$i = (E - A)/A_0$$

Beispiel — **Interner Zinsfuß bei unendlicher Investitionsdauer**

Die Daten sind die gleichen wie im oben erörterten Fall des Kapitalwerts bei unendlicher Investitionsdauer:

Ein Grundstück wird zu 90.000 Euro (A_0) gekauft und erbringt bei zeitlich unbegrenzter Nutzung einen jährlichen Einzahlungsüberschuss (E − A) von 10.000 Euro. Wie hoch ist der interne Zins? Die Lösung ist:

$$\text{Interner Zins} = (E − A)/A_0 = 10.000\ € / 90.000\ € = 11{,}11\ \%.$$

8.3.4.5 Zulässige Zahlungsreihen bei der Internen-Zinsfuß-Methode

Dem internen Zinsfuß entspricht in der oben genannten *Bestimmungsgleichung für den Kapitalwert* der Zinssatz i, bei dessen Verwendung der *Kapitalwert null* wird. Bei dem gesuchten i ist der Barwert der Einzahlungen gleich dem der Auszahlungen. Die Bestimmungsgleichung für i ist ein Polynom n-ten Grades, das höchstens n verschiedene Nullstellen hat. Bei n > 1 kann es mehrere Nullstellen geben. Somit ist bei n > 1 eine eindeutige Ermittlung eines einzigen internen Zinsfußes nicht gewährleistet. Allerdings gibt es im Normalfall einer hohen Anfangsauszahlung und folgender laufender Überschüsse pro Periode immer nur eine Lösung, sodass es nur einen internen Zinsfuß gibt. Mit anderen Worten: Wechselt das Vorzeichen im Zahlungsstrom nur einmal (typischerweise beim Wechsel von Periode 0 mit Auszahlungsüberschuss zu den folgenden Perioden mit lauter Einzahlungsüberschüssen), so gibt es nur eine reelle Lösung für den internen Zinsfuß. Wechselt es aber mehrmals, so kann es auch mehrere Lösungen für den ermittelten Zinsfuß geben. Bei dem für die Realität wenig relevanten mehrfachem Vorzeichenwechsel (das heißt Wechseln zwischen zeitweisen Zahlungsüberschüssen und -defiziten pro Periode) in dem die Investition charakterisierenden Zahlungsstrom ist die Interne-Zinsfuß-Methode mangels sicherer einziger Lösung nicht geeignet.

8.3.5 Annuitätenmethode

8.3.5.1 Verwandtschaft mit der statischen Methode des Gesamtgewinnvergleichs

Die Annuitätenmethode ist mit der statischen Methode des Gesamtgewinnvergleichs eng verwandt. Bei beiden Methoden ist das Vergleichskriterium ein absoluter Überschuss pro Jahr. Während es sich beim Gesamtgewinnvergleich um einen Überschuss von Erlösen über Kosten bezogen auf ein repräsentatives Jahr handelt, ist es bei der Annuitätenmethode die Summe abdiskontierter Nettozahlungen (Zahlungsüberschüsse) umgerechnet auf ein Jahr (durchschnittlicher Kapitalwert pro Jahr).

8.3.5.2 Vorteilsregeln

Kriterium bei Einzelinvestition

■ Eine einzeln geprüfte Investition ist positiv, wenn die Annuität größer oder gleich null ist. Zusätzlich kann noch ein Minimum der Annuität gefordert werden.

Im Fall der Einzelinvestition kann keine andere Entscheidung als gemäß der Kapitalwertmethode resultieren, denn ein positiver Kapitalwert fällt immer mit einer positiven Annuität zusammen.

Kriterium bei miteinander konkurrierenden Investitionen

■ Es ist die Investition mit der höchsten (nicht negativen) Annuität zu wählen.

 **Arbeiten mit Excel**

Die Formel RMZ (regelmäßige Zahlung) liefert den negativen (!) Wert der Annuität. Der als Eingabe geforderte Barwert der Zahlungen ist der Kapitalwert der Investition. Zusätzlich sind anzugeben: Anzahl der Investitionsperioden, als Endwert 0 und es ist gesondert einzugeben, dass alle Zahlungen endfällig erfolgen (mit F = 0).

8.3.5.3 Interpretation der Annuität im Gegensatz zum Kapitalwert

Annuität ist generell eine periodisch gleichbleibende Zahlung, die aus einem Zins- und einem Tilgungsanteil für einen Kapitalbetrag besteht. Im Rahmen der Annuitätenmethode verwendet man den Begriff speziell für den lediglich rechnerisch ermittelten Durchschnittswert eines Zahlungsstroms pro Periode, der tatsächlich meistens aus unterschiedlichen Zahlungen besteht: Im Gegensatz zum Kapitalwert, der den Gesamtüberschuss aus einer Investition ausdrückt, gibt die Annuität einen *durchschnittlichen Überschuss pro Periode*, hier immer p.a. unterstellt, an. An die Stelle des Totalüberschusses aus der Investition tritt hier also der Periodenüberschuss. Eine analoge Unterscheidung, bei der aber statt Ein- und Auszahlungen Erlöse und Kosten beziehungsweise Erträge und Aufwendungen zugrunde liegen, ist die in

■ *Gesamtgewinn* einer Maßnahme (entspricht dem *Kapitalwert*) einerseits und

■ rechnerisch *durchschnittlichen Jahresgewinn* (entspricht der *Annuität*) andererseits.

Kann man im Einzelfall feststellen oder unterstellen, dass die Einzahlungen gleich den Einnahmen und die Auszahlungen gleich den Aufwendungen sind, so ist die Annuität gleich dem rechnerischen durchschnittlichen Jahresgewinn.

Die Annuität einer Investition ist rechnerisch der unter Beachtung eines Kalkulationszinses auf gleich hohe Periodenwerte verteilte Kapitalwert. Man kann sie immer sehr einfach im Anschluss an die Ermittlung des Kapitalwerts errechnen, indem man den Kapitalwert mit dem *Annuitätenfaktor* multipliziert. Die Höhe des Werts des Annuitätenfaktors hängt vom Kalkulationszins i ab sowie von der Anzahl der Jahre n, über welche die Investition läuft. Die Multiplikation mit einem Annuitätenfaktor führt immer zur Verteilung eines im Jahr 0 (am Investitionsbeginn) fälligen Geldbetrags in gleich hohe Geldbeträge der nächsten n Jahre.

8.3.5.4 Annuität bei unbegrenzter Investitionsdauer und konstanten Nettoüberschüssen

Analog zu den vereinfachten Rechnungen in den Fällen der Kapitalwertmethode und der Internen-Zinsfuß-Methode ergibt sich auch bei der Annuitätenmethode eine deutliche Rechenvereinfachung, wenn unendlich lang gleich hohe Nettoüberschüsse anfallen. Dann gilt

Annuität = konstanter Nettoüberschuss p.a. - Anfangsinvestition × Kalkulationszins.

Begründung: Der oben ermittelte Kapitalwert bei einer gegen unendlich gehenden Investitionsdauer $(E - A) \times 1 / i - A_0$ wird mit dem Annuitätenfaktor multipliziert, der bei gegen unendlich gehendem n den Wert i annimmt:

$$[(E - A) \times 1 / i - A_0] \times i = (E - A) - A_0 \times i$$

Beispiel **Annuität bei unendlicher Investitionsdauer**

Die Daten sind die gleichen wie in den oben erörterten Fällen zur Kapitalwertmethode und zur Internen-Zinsfuß-Methode bei unendlich langen konstanten Periodenüberschüssen.

Ein Grundstück wird zu 90.000 Euro (A_0) gekauft und erbringt bei zeitlich unbegrenzter Nutzung einen jährlichen Einzahlungsüberschuss (Einzahlungen minus Auszahlungen E − A) von 10.000 Euro. Ist die Investition bei einem Kalkulationszins von 10 Prozent nach der Annuitätenmethode sinnvoll? Die Lösung ist wie folgt:

Annuität = $(E - A) - A_0 \times i$ = 10.000 Euro − 90.000 Euro × 10 % = 1.000 Euro

Die Investition hat eine positive Annuität, ist also lohnend.

8.3.6 Vergleich bei abweichenden Investitionshöhen und -dauern

Bei unterschiedlichen Investitionshöhen und -dauern kann der rechnerische Vergleich der Alternativen zu voneinander abweichenden Ergebnissen führen, je nachdem, ob man die Kapitalwertmethode, die Interne-Zinsfuß-Methode oder die Annuitätenmethode anwendet. Dieses Phänomen soll nun an einem klar strukturierten Beispiel erläutert werden.

Dynamische Investitionsrechnung bei abweichenden Investitionshöhen und -dauern

Gegeben sind die drei Investitionen A, B und C der Tabelle 8.11.

Tabelle 8.11

Investitionen unterschiedlicher Höhe und Dauer

	Zahlungen [T€]					Kapital-wert [T€] (i=10%)	interner Zins (%)	Annuität [T€] (i=10%)
Jahr	0	1	2	3	4			
A	−100	+20	+120	−	−	17,3554	20 %	10
B = A+A*	−200	+40	+240	−	−	34,7107	20 %	20
C = A/A'	−100	+20	+120 −100	+20	+120	31,6987	20 %	10

Die Investition B ist zweimal die Investition A, also doppelt so hoch (Mehrfachinvestition mit zwei *parallelen* identischen Investitionen des Typs A). Die zeitgleiche zweite Investition A* in der Alternative B wird hier als *identische Zusatzinvestition* bezeichnet.

Die Investition C weist eine andere Art der Doppelung von A auf: Sie besteht aus zwei *hintereinander* durchgeführten Investitionen des Typs A (*Investitionskette* mit zwei aufeinanderfolgenden identischen Gliedern vom Typ A). Die zeitlich folgende zweite Investition A' in der Alternative C wird hier als *identische Folgeinvestition* bezeichnet.

Investitionen unterschiedlicher Höhen und Dauern

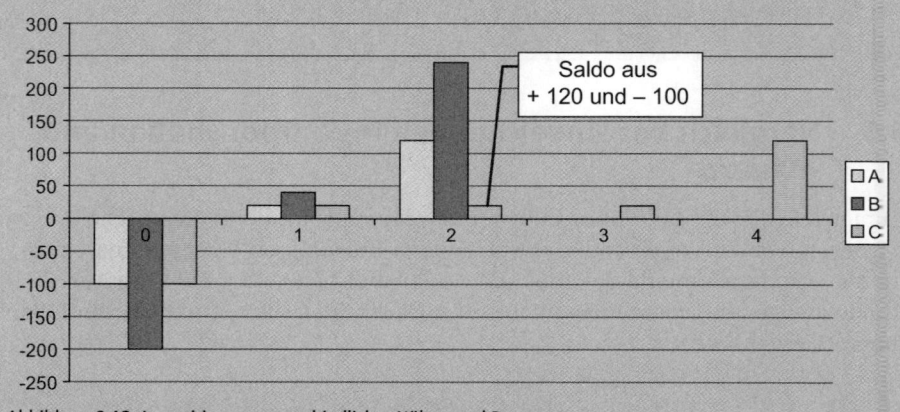

Abbildung 8.13: Investitionen unterschiedlicher Höhen und Dauern

Der „identische" Charakter der Zusatz- und Folgeinvestitionen bezieht sich dabei auf die Beschreibung der Investitionen durch Zahlungen zum jeweiligen Zeitpunkt (Zeitwerte). Identische Zusatz- und Folgeinvestitionen haben weitgehend gleichen Charakter und können allgemein als *identische Differenzinvestitionen* bezeichnet werden. Sie unterscheiden sich nur dadurch, dass die *Folgeinvestition* nach Abschluss der Hauptinvestition beginnen, die *Zusatzinvestition* dagegen gleichzeitig.

Zur Erleichterung des Verständnisses wird im Folgenden jeweils die Parallele zu den eng verwandten Begriffen Gesamtgewinn, Rentabilität (des eingesetzten Gesamtkapitals) und durchschnittlicher Jahresgewinn gezogen: Wenn die Einzahlungen aus der Investition gleich den Erträgen sind und die Auszahlungen gleich den Aufwendungen, so entspricht der Kapitalwert dem Gesamtgewinn, der interne Zins der Rentabilität und die Annuität dem durchschnittlichen Jahresgewinn.

8.3.6.1 Unterschiedliche Investitionshöhen (Vergleich der Investitionen A und B)

Kapitalwerte

B hat den doppelten Kapitalwert von A. Begründung: Die identische Zusatzinvestition A* hat den gleichen Kapitalwert wie die Investition A allein. Die Kapitalwerte addieren sich wie Gesamtgewinne der zwei Einzelinvestitionen.

Nimmt man für den Vergleich an, dass der Investor bei der kleineren Investition A auch den Kapitalbetrag von 200.000 Euro zur Verfügung hat, so wird mit dem Ergebnis der Kapitalwertmethode

- unterstellt, dass er den nicht investierten Betrag von 100.000 Euro, die Differenzinvestition, nur zum Kalkulationszins (im Beispiel 10 Prozent) und damit nur mit einem Kapitalwert von *null* anlegen kann.

Sollte das im Einzelfall nicht unterstellt werden, so müsste eine explizite Zuatzinvestition (Differenzinvestition) für die zweiten 100 T€ unterstellt werden, die auch einen positiven oder negativen Kapitalwert haben kann.

Interne Zinssätze

Anders als die Kapitalwerte sind die internen Zinssätze von A und B identisch. Die identische Zusatzinvestition A* hat den gleichen internen Zins wie die Investition A allein. Die internen Zinssätze addieren sich – wie Rentabilitäten – aber nicht.

Nimmt man für den Vergleich an, dass der Investor bei der kleineren Investition A auch den Kapitalbetrag von 200.000 Euro zur Verfügung hat, so wird mit dem Ergebnis der Internen-Zinsfuß-Methode

- unterstellt, dass er den nicht investierten Betrag von 100.000 Euro, die Differenzinvestition, auch mit einem internen Zins (im Beispiel errechnete 20 Prozent) wie dem der Investition A anlegen kann.

Bei der Kapitalwertmethode wird stattdessen eine Differenzinvestition unterstellt, die sich mit dem Kalkulationszins (10 Prozent) verzinst. Dies ist ein wichtiger Unterschied der impliziten Unterstellungen bei Kapitalwertmethode und Interner-Zinsfuß-Methode, der zu den demonstrierten unterschiedlichen Ergebnissen beim Investitionsvergleich führt. Soll die Verzinsung mit dem internen Zins im Einzelfall nicht unterstellt werden, so muss eine explizite Zuatzinvestition (Differenzinvestition) für die zweiten 100 T€ unterstellt werden, die auch einen höheren oder niedrigeren internen Zins haben kann.

Abbildung 8.14 zeigt, dass die Kapitalwertkurve von Investition B immer doppelte positive und negative Werte der Investition A hat. Den Schnittpunkt mit der Zinsachse und damit auch den gegenseitigen Schnittpunkt haben beide Kapitalwertkurven bei einem Kalkulationszins, der gleich dem internen Zins ist.

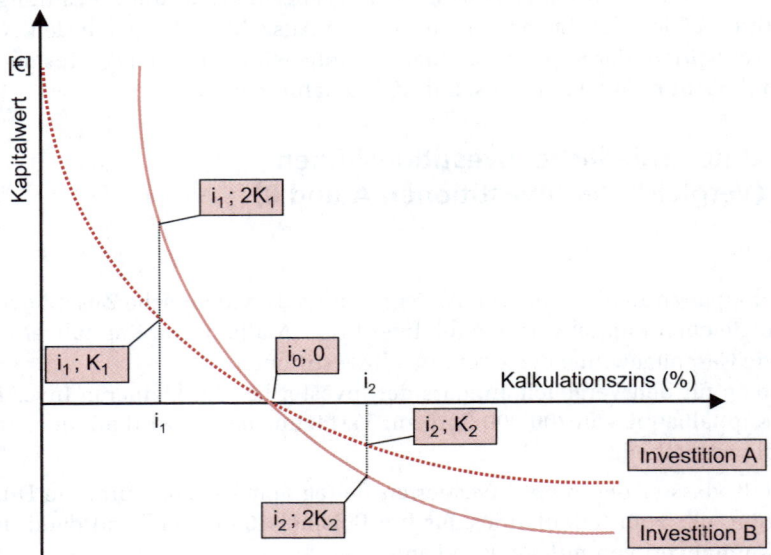

Abbildung 8.14: Investition B als Doppeltes der Investition A

Annuitäten

B hat die doppelte Annuität von A. Begründung: Die identische Zusatzinvestition A* hat die gleiche Annuität wie die Investition A allein. Die Annuitäten addieren sich bei gleich lange laufenden Investitionen wie durchschnittliche Jahresgewinne der zwei Einzelinvestitionen.

Nimmt man für den Vergleich an, dass der Investor bei der kleineren Investition A auch den Kapitalbetrag von 200.000 Euro zur Verfügung hat, so wird mit dem Ergebnis der Annuitätenmethode

- unterstellt, dass er den nicht investierten Betrag von 100.000 Euro, die Zusatzinvestition, wie bei der Kapitalwertmethode nur zum Kalkulationszins (im Beispiel 10 Prozent) und damit mit einer Annuität von null anlegen kann.

Folglich ist die Annuität bei der kleineren Investition entsprechend niedriger als bei der größeren.

8.3.6.2 Unterschiedliche Investitionsdauern (Vergleich der Investitionen A und C)

Kapitalwerte

Der Kapitalwert von C übersteigt den von A. Die identische Folgeinvestition A' hat die gleichen Zeitwerte der Zahlungen wie Investition A, allerdings niedrigere Barwerte per Ende der Periode 0, da die Zahlungen zwei Perioden später anfallen. Der Kapitalwert von A' ist per Ende des Jahres 2 gleich dem von A per Ende des Jahres 0. Zinst man den Wert per Ende des Jahres 2 noch auf das Ende des Jahres 0 ab, so ergibt sich ein Kapitalwert von 14.343,30 Euro, der kleiner ist als der Kapitalwert von A per Ende des Jahres 0. Dieser addiert zum Kapitalwert von A ergibt den Gesamtkapitalwert (analog: Gesamtgewinn) von C per Ende des Jahres 0.

Nimmt man für den Vergleich an, dass der Investor bei der kürzeren Investition A das Geld auch für vier Jahre zur Verfügung hat, so wird mit dem Ergebnis der Kapitalwertmethode implizit

■ unterstellt, dass er die ihm zum Ende des Jahres 2 zur Verfügung stehenden Gelder als Folgeinvestition nur zum Kalkulationszinsfuß (im Beispiel 10 Prozent), somit zum Kapitalwert (analog: Gesamtgewinn) von null anlegen kann.

Soll das im Einzelfall nicht unterstellt werden, so muss eine explizite Folgeinvestition für die zweiten 100.000 Euro unterstellt werden, die auch einen positiven oder negativen Kapitalwert haben kann.

Interne Zinssätze

Anders als die Kapitalwerte sind die internen Zinssätze von A und C identisch. Die identische Folgeinvestition A' hat den gleichen internen Zins wie die Investition A allein. Die internen Zinssätze addieren sich – wie Rentabilitäten – aber nicht.

Nimmt man für den Vergleich an, dass der Investor bei der kürzeren Investition A das Geld auch für vier Jahre zur Verfügung hat, so wird mit dem Ergebnis der Internen-Zinsfuß-Methode

■ unterstellt, dass er die ihm zum Ende des Jahres 2 zur Verfügung stehenden Gelder als Folgeinvestition zum internen Zins (im Beispiel 20 Prozent) der Investition A anlegen kann.

Soll das im Einzelfall nicht unterstellt werden, so muss eine explizite Folgeinvestition für die zweiten 100.000 Euro unterstellt werden, die auch einen höheren oder niedrigeren internen Zins haben kann.

Annuitäten

C hat wohlgemerkt die gleiche Annuität wie A und nicht etwa eine höhere. Hier ist klar keine Parallelität zur Kapitalwertmethode gegeben. Dies ist ein weiteres wichtiges Ergebnis unserer vergleichenden Betrachtung. Begründung: Der erhöhte Kapitalwert (analog: Gesamtgewinn) der längeren Investition C ist nun – unter Beachtung von Zinsen – auf die Gesamtlaufzeit von Investition A und Folgeinvestition A' zu verteilen, um die Annuität (analog: durchschnittlicher Jahresgewinn) zu ermitteln, also auf mehr Jahre als der Kapitalwert der kürzeren Investition A.

Nimmt man für den Vergleich an, dass der Investor bei der kürzeren Investition A das Geld auch für vier Jahre zur Verfügung hat, so wird mit dem Ergebnis der Annuitäten-methode implizit

- unterstellt, dass er bei Investitionsalternative A die ihm zum Ende des Jahres 2 zur Verfügung stehenden Gelder als Folgeinvestition nur mit einer Annuität von null anlegen kann, also nur zum Kalkulationszinsfuß (im Beispiel 10 Prozent) wie bei der Kapitalwertmethode. Dies beeinflusst die resultierende Annuität bei der kleineren Investition in Richtung einer Verringerung. Dem steht aber die nur halbe Anzahl der Jahre entgegen, auf die der Kapitalwert (analog: Gesamtgewinn) der kürzeren Investition – unter Berücksichtigung von Kalkulationszinsen – zu verteilen ist, um die Annuität (analog: durchschnittlicher Jahresgewinn) zu errechnen. Beide Einflüsse heben sich gegenseitig genau auf.

8.3.7 Dynamische Amortisationsrechnung

Die dynamische Amortisationsrechnung ist eine Weiterentwicklung der Kumulations-variante des statischen Amortisationsvergleichs.

8.3.7.1 Vorteilsregeln

Das Kriterium für Einzelinvestitionen

- Eine Investition ist vorzunehmen, wenn die Amortisationsdauer unterhalb einer festgelegten maximalen Amortisationsdauer liegt.

Das Kriterium für konkurrierende Investitionen

- Von den Investitionen mit befriedigender Amortisationsdauer ist die mit der mini-malen Amortisationsdauer zu wählen.

8.3.7.2 Vorgehensweise

Man kann die statische Methode des Amortisationsvergleichs in der bei dynamischer Betrachtungsweise allein relevanten Variante der Kumulationsmethode grundsätzlich einfach dadurch dynamisieren, dass man die jährlichen Cashflow-Rückflüsse abzinst. In Weiterentwicklung des obigen Beispiels der statischen kumulativen Methode werden in Tabelle 8.12 die Rückflüsse mit einem Kalkulationszinsfuß von 10 Prozent abgezinst. Dadurch verlängert sich natürlich die rechnerische Amortisationszeit (Kapitalwieder-gewinnungs- oder -rückflusszeit), werden doch die Beträge der Rückflüsse durch das Abdiskontieren rechnerisch kleiner.

Tabelle 8.12

Dynamische Amortisationsrechnung

	Investition A	Investition B
Anschaffungskosten [T€]	200	200
Nutzungs- und Abschreibungsdauer [Jahre]	5	5
Abschreibungen p.a. [T€]	**40**	**40**
Gewinne [T€] im Jahr		
1	30	5
2	40	10
3	25	25
4	10	40
5	5	30
resultierender Cashflow im Jahr [T€]		
1	**70**	**45**
2	**80**	**50**
3	**65**	**65**
4	**50**	**80**
5	**45**	**70**
resultierender mit 10 % abgezinster Cashflow im Jahr [T€]		
1	*63,6*	*40,9*
2	*66,1*	*41,3*
3	*48,8*	*48,8*
4	*34,2*	*54,6*
5	*27,9*	*43,5*
dynamische Kumulationsmethode [T€]		
0	*200,0*	*200,0*
1	*–63,6*	*–40,9*
2	*–66,1*	*–41,3*
3	*–48,8*	*–48,8*
4	*–34,2*	*–54,6*
5	*= –12,7*	*–43,5*
6		*= –29,1*
Jahr für Jahr wird der Cashflow von den Anschaffungskosten abgezogen, bis dieser Betrag zurückgeflossen ist	*=> Amortisation im 4. Jahr*	*=> Amortisation im 5. Jahr*

Fett gedruckte Zahlen wurden aus den anderen Angaben errechnet, kursiv gedruckte Zahlen wurden gegenüber Tabelle 8.7 zur statischen Amortisationsrechnung ergänzt oder geändert.

Wird mit der anfänglichen Investitionsausgabe als negativer Zahl gestartet und zählt man Jahr für Jahr den abgezinsten Cashflow der Investition jeweils als positiven Wert hinzu, so bekommt man die Reihe der bis zum jeweiligen Jahr erzielten Kapitalwerte der Investitionen (siehe Tabelle 8.13).

Tabelle 8.13

Entwicklung der Kapitalwerte

	Jahresende n	kumulierter Kapital-wert Investition A [T€]	kumulierter Kapital-wert Investition B [T€]
Jahr für Jahr wird der bis dahin erzielte Kapitalwert ermittelt. Die Investition, bei welcher der Kapital-wert zuerst die kriti-sche Grenze von null überschreitet, hat zum schnelleren Kapi-talrückfluss geführt.	0	−200	−200
	1	−200+63,6 = −136,4	−200 + 40,9 = −159,1
	2	−136,4+66,1 = −70,3	−159,1+41,3 = −117,8
	3	−70,3+48,8 = −21,5	−117,8+48,8 = −69,0
	4	−21,5+34,2 = **+12,7**	−69,0+54,6 = −14,4
	5		−14,4+43,5 = **+29,1**

Die Investition A erreicht den kritischen Kapitalwert von null bereits vor Ende der Periode 4, Investition B erst vor Ende der Periode 5. Durch die schon aus der Erörterung der statischen Amortisationsmethode bekannte *lineare Interpolation* kann man das unterjährige Erreichen der Null-Grenze ermitteln:

$$\text{Rückflusszeit}_A = 3 \text{ Jahre} + \frac{21{,}5}{21{,}5+12{,}7} \text{ [Jahre]} = 3{,}63 \text{ Jahre}$$

$$\text{Rückflusszeit}_B = 4 \text{ Jahre} + \frac{14{,}4}{14{,}4+29{,}1} \text{ [Jahre]} = 4{,}33 \text{ Jahre}$$

8.3.7.3 Kombination mit anderen dynamischen Verfahren

Die statischen und dynamischen Verfahren der Amortisationsrechnung gelten als in der Praxis besonders beliebt. Sie berücksichtigen die sehr pragmatische Einstellung, dass der Kaufmann erst einmal sein investiertes Geld zurückhaben will, ehe er sich um andere Ziele kümmert. Das ist Ausfluss eines Sicherheitsdenkens. Andererseits kann man aber festhalten, dass auch Gewinn- und Rentabilitätsorientierung einen hohen Stellenwert haben. Um dem Rechnung zu tragen, ist es naheliegend, die Amortisationsverfahren immer auch mit einem gewinn- und/oder rentabilitätsorientierten Verfahren zu kombinieren. Eine plausible Entscheidungsregel ist: Es wird eine befriedigende Amortisationszeit festgelegt, die dem Sicherheitsstreben ausreichend Rechnung trägt. Von allen Investitionen, die als notwendige Voraussetzung einen Rückfluss innerhalb einer als maximal vorgegebenen Zeit erfüllen, wird die gewählt, die einem der gewinnorientierten Kriterien genügt (maximaler Kapitalwert, maximaler interner Zins oder maximale Annuität).

8.3.8 Universelle Anwendbarkeit der dynamischen Methoden

Lassen sich die Konsequenzen einer Entscheidung als Zahlungsstrom definieren, so kann die Frage der Vorteilhaftigkeit der Entscheidung auch mit den beschriebenen dynamischen Investitionsrechenverfahren beantwortet werden. Die Anwendungsmöglichkeiten der dynamischen Rechenverfahren sind dadurch sehr groß. Unter anderem wird, wie schon festgestellt, der

- Effektivzins von Kapitalanlagen und -aufnahmen

vorwiegend nach der Internen-Zinsfuß-Methode ermittelt. Ein anderes Beispiel ist die

- Bewertung von Immobilien nach der Kapitalwertmethode (siehe Ertragsbewertung im dritten Kapitel).

Es folgen zwei sehr fundamentale Anwendungsfälle, bei denen jeweils die Kapitalwertmethode eingesetzt wird. Alternativ wären auch Annuitäten errechenbar (durch Multiplikation mit dem Annuitätenfaktor) und der interne Zins (durch Anwendung unterschiedlicher Kalkulationszinsen und Ermittlung des Kalkulationszinses, bei dem der Kapitalwert null wird, durch die geschilderte lineare Interpolation).

8.3.8.1 Bewertung von Finanzierungsalternativen

Man kann zusammen mit einer bestimmten Investition anders als bisher gemacht auch die jeweilige Form ihrer Finanzierung explizit berücksichtigen. Ermittelt man dann den Barwert der Periodenüberschüsse, so ist eine Gesamtbeurteilung der Investition einschließlich ihrer speziellen Finanzierung möglich. Man kann aber faktisch auch allein *Finanzierungsalternativen miteinander vergleichen*, indem man die Alternativen definiert als

- Investition X bei Wahl der Finanzierungsalternative A einerseits und
- Investition X bei Wahl der Finanzierungsalternative B andererseits.

Diese Vorgehensweise wird demonstriert am Fall einer Investition, die alternativ durch ein Darlehen oder durch Leasing finanziert wird. Die Fragestellung wurde im sechsten Kapitel aufgeworfen und stellt insofern auch eine Ergänzung zu den dortigen Ausführungen dar.

Anwendung der Kapitalwertmethode zum Finanzierungsvergleich

Ein Unternehmen schafft sich eine Fräsmaschine an:

- Katalogmäßiger Anschaffungspreis   200.000 Euro
- Summe aller der Investition zurechenbaren Nettoeinzahlungen p.a. ohne Abzug der Darlehens- oder Leasingraten   38.000 Euro
- betriebsgewöhnliche Nutzungsdauer (Abschreibung linear)   5 Jahre
- Nur die Leasinggesellschaft kann aufgrund ihrer besonders starken Marktstellung folgenden Rabatt auf den katalogmäßigen Anschaffungspreis erreichen   5 Prozent

1. Finanzierungsalternative: Darlehen

- Darlehensbetrag   200.000 Euro
- Zins p.a.   10 Prozent
- Tilgungen (parallel zu den Abschreibungen, somit entsprechen den Abschreibungen gleich hohe Auszahlungen)   20 Prozent

2. Finanzierungsalternative: Leasing

- Grundmietzeit   4 Jahre
- Die Leasinggesellschaft berechnet die (vereinfachend unterstellt nachschüssig fälligen) Vollamortisations-Leasingraten der Grundmietzeit so, als handle es sich um ein Annuitätendarlehen über die Zeitdauer der Grundmietzeit, das folgende kalkulatorische Verzinsung ihres Kaufpreises p.a. erbringt (z.B. Darlehenszins der Leasinggesellschaft plus Risiko- und Gewinnaufschlag):   9 Prozent
- Anschlussleasingrate für die 5 Jahre der Anschlussleasingzeit p.a.   11.800 €

Der Gewinn sei gleich dem endgültigen Einzahlungsüberschuss. Die Gewinnsteuerbelastung ist 45 Prozent, das Unternehmen rechnet mit einem Kalkulationszinssatz von 12 Prozent. Ein Restwert nach Ablauf einer Lebensdauer der Investition von neun Jahren bestehe nicht. Die der Investition zurechenbaren Nettoeinzahlungen vor Abzug der Finanzierungsraten fallen in allen Jahren der Lebensdauer unverändert an.

    Bei welcher Finanzierungsvariante ergibt sich ein höherer Gesamtüberschuss (Kapitalwert)?

Lösung mit Hilfe der Kapitalwertmethode:

1. Darlehen (Geldbeträge in €):

Tabelle 8.14

Kapitalwert der Investition bei Darlehensfinanzierung

Jahresende i	zurechenbare Einzahlungen netto	Restschuld = Restbuchwert	Tilgungen in Höhe der Abschreibungen	Zinsen auf Restschuld	Auszahlungen insgesamt	Gewinn/Verlust vor Steuern	Gewinn/Verlust nach Steuern	Barwert des Gewinns/ Verlusts nach Steuern
(1)	(2)	(3)	(4)	(5 = 3_{i-1} × 10 %)	(6 = 4 + 5)	(7 = 2 − 6)	(8 = 7 × 0,55)	(9 = 8 mit 12 % abgezinst)
0		200.000						
1	38.000	160.000	40.000	20.000	60.000	−22.000	−12.100	−10.803,6
2	38.000	120.000	40.000	16.000	56.000	−18.000	−9.900	−7.892,2
3	38.000	80.000	40.000	12.000	52.000	−14.000	−7.700	−5.480,7
4	38.000	40.000	40.000	8.000	48.000	−10.000	−5.500	−3.495,3
5	38.000	0	40.000	4.000	44.000	−6.000	−3.300	−1.872,5
6	38.000	0	0	0	0	38.000	20.900	10.588,6
7	38.000	0	0	0	0	38.000	20.900	9.454,1
8	38.000	0	0	0	0	38.000	20.900	8.441,2
9	38.000	0	0	0	0	38.000	20.900	7.536,7
Summe								**6.476,0**

2. Leasing (Geldbeträge in €):

Tabelle 8.15

Kapitalwert der Investition bei Leasingfinanzierung

Jahr	zurechen-bare Ein-zahlungen netto	Leasing-raten	Gewinn/ Verlust vor Steuern	Gewinn/ Verlust nach Steuern	Barwert des Gewinns/ Verlusts nach Steuern
(1)	(2)	(3)	(4 = 2 – 3)	(5 = 4 × 0,55)	(6 = 5 abgezinst mit 12 %)
1	38.000	58.647,05	−20.647,05	−11.355,88	−10.139,2
2	38.000	58.647,05	−20.647,05	−11.355,88	−9.052,8
3	38.000	58.647,05	−20.647,05	−11.355,88	−8.082,9
4	38.000	58.647,05	−20.647,05	−11.355,88	−7.216,9
5	38.000	11.800	26.200,00	14.410,00	8.176,6
6	38.000	11.800	26.200,00	14.410,00	7.300,6
7	38.000	11.800	26.200,00	14.410,00	6.518,4
8	38.000	11.800	26.200,00	14.410,00	5.820,0
9	38.000	11.800	26.200,00	14.410,00	5.196,4
Summe					−1.480,0

Im Beispiel spricht der höhere Kapitalwert für die Darlehensfinanzierung, der Kapitalwert bei Leasingfinanzierung ist sogar negativ (der interne Zinsfuß somit unter 12 Prozent).

8.3.8.2 Ertragswert eines Unternehmens

Nach der Kapitalwertmethode ist eine Investition mit ihrem Kapitalwert zu bewerten. Wählt man bei einer Investition *bar entziehbare Netto-Erträge* als Basis der Bewertung[1], so nennt man den Kapitalwert sehr verbreitet Ertragswert und die hier angewendete Kapitalwertmethode wird *Ertragswertmethode* genannt. Im dritten Kapitel

---

1　Gilt die Gewinnthese nach Modigliani/Miller (siehe Kapitel 5, Punkt 5.3.4), so ist die bare Entziehbarkeit der Gewinne nicht erforderlich.

war bereits darauf hingewiesen worden, dass eine Immobilie (Investitionsobjekt) nach der Ertragswertmethode bewertet werden kann, indem man die Nettomieten abzinst und zum Barwert summiert. Es folgt ein anderer bedeutender Fall der Anwendung der Ertragswertmethode, die Unternehmensbewertung. Die Darstellung ist eine nützliche Ergänzung zu den im zweiten Kapitel erörterten Fragen der Aktienbewertung, da der Ertragswert einer Aktie bei realistischerer Rechnung als dort (wo vereinfachend nur konstante Gewinne unterstellt werden) einem Anteil am nun darzustellenden Unternehmenswert entspricht.

Zur Ermittlung des Wertes eines Unternehmens – etwa anlässlich eines Unternehmenskaufs oder eines IPO (zur Festlegung des Emissionskurses der Aktien) – ist die Ertragswertmethode in der einen oder anderen Variante die in Theorie und Praxis am meisten anerkannte Methode, die auch in der deutschen Rechtsprechung als angemessene Methode angesehen wird. Nach ihr wird der *Netto*wert eines Unternehmens ermittelt, verstanden als Wert des *Eigenkapitals*. Der so definierte Unternehmenswert ist gleich dem Kapitalwert der dem Unternehmen künftig bar entziehbaren Gewinne. Dabei wählt man wie in Tabelle 8.16 die Gewinne *nach* Gewinnsteuern, da diese Steuern nicht den Eigentümern zufließen.

Tabelle 8.16

Beispiel einer Ertragswertberechnung

Geschäftsjahr	2008 [€]	2009 [€]	2010 [€]	2011 [€]	2012 [€]	ab 2013 [€]
entziehbarer Gewinn nach Gewinnsteuern	3.285.120	3.730.560	3.674.880	3.786.240	5.233.920	4.710.528
Barwert der konstanten Gewinne ab 2013 per Ende 2012 (Kalkulationszins 14 %)					33.646.629	
Barwerte aller Gewinne per Ende 2007 (Kalkulationszins 16 %)	2.832.000	2.772.414	2.354.340	2.091.107	2.491.937 + 16.019.598	

Unternehmenswert = Summe der Barwerte aller entziehbaren Gewinne per Ende 2007: **28.561.396 €**

Das Unternehmen wird mit dem *Kapitalwert der prognostizierten Überschüsse* (Gewinne) bewertet, die ihm von seinen Eigentümern bar entzogen werden können. Der Wert des Unternehmens ist gleich dem Kapitalwert dieser entziehbaren Gewinne, weil unterstellt wird, dass jeder rational agierende Käufer das Unternehmen nur wegen der Gelder erwerben wird, die er aus ihm herausziehen kann. Man erhält die gewohnte Struktur des Zahlungsstroms bei der Kapitalwertmethode, wenn man einen Kaufpreis (Investitionsbetrag A_0) an den Anfang stellt und dem die Gewinnwerte (als Nettoeinzahlungen) gegenüberstellt. Ist im Beispiel der Tabelle 8.16 der Kaufpreis etwa 25 Mio. Euro, so ergibt sich dann ein Kapitalwert von 28.561.369 Euro − 25.000.000 Euro = 3.561.396 Euro. Der Unternehmenswert kann als Kapitalwert beim Kaufpreis Null definiert werden.

Ohne die Anwendung komplizierter Formeln kann man bei der Ermittlung des Unternehmenswerts als Barwert aller ausschüttbaren Gewinne – demonstriert am gegebenen Beispiel – wie folgt vorgehen: In einem ersten Schritt errechnet man den Barwert der pauschal geschätzten konstanten entziehbaren Gewinne ab dem Jahr 2013 per Ende des vorhergehenden Jahres, also des Jahres 2012. Hierzu verwendet man die in diesem Kapitel schon kennengelernte Formel des Barwerts einer unendlichen Reihe gleicher Zahlungen, das heißt man teilt die pro Periode anfallende Zahlung durch den Kalkulationszins, im Beispiel teilt man 4.710.128 Euro durch den Kalkulationszins 14 Prozent und erhält den Barwert per Ende des Jahres 2012 von 33.646.629 Euro. In einem zweiten Schritt ermittelt man die Barwerte der entziehbaren Gewinne der jeweils einzeln geplanten Jahre 2008 bis 2012 bei einem Kalkulationszins von 16 Prozent. Zusätzlich zinst man auch den auf 2012 abgezinsten Barwert der unendlich gleichbleibenden Gewinne ab 2013 seinerseits wie den Gewinn von 2012 selbst noch einmal auf das Ende des Jahres 2007 ab. Der Barwert des auf 2007 abgezinsten Betrags der Periode unveränderter Zinsen von 33.646.629 Euro ist dabei 16.019.598 Euro.

Begründung der Wahl unterschiedlicher Diskontierungszinsfüße

Der Diskontierungszins sei für die einzeln geplanten Jahre 2008 bis 20012 16 Prozent. Für die Jahre mit als konstant unterstellten entziehbaren Gewinnen, im Beispiel ab dem Jahr 2013, wird ein verminderter Diskontzins verwendet. Dies hat seinen Grund in folgender Überlegung: Bis einschließlich 2012 liegt eine Nominalwertplanung vor, in welche die erwartete Inflationsrate mit eingeflossen ist. Das hat dazu geführt, dass jährliche Preiserhöhungen sich in den geplanten Beschaffungs- und Absatzpreisen unmittelbar niedergeschlagen haben. Ab 2013 dagegen wird unterstellt, dass der reale, inflationsbereinigte ausschüttbare Gewinn immer gleich bleibt (im Beispiel 90 Prozent des Gewinns des letzten einzeln geplanten Jahres 2012). Bei Annahme von 2 Prozent Inflationsrate p.a. müsste man deshalb auch eine jährlich Steigerung des nominellen Gewinns um die unterstellte Inflationsrate von 2 Prozent p.a. berücksichtigen. Da dies die Rechnung aber komplizieren würde, rechnet man lieber mit nominell gleichbleibendem Gewinn und reduziert stattdessen den Diskontierungszins um 2 Prozent. So sind also die nominellen Gewinne zu niedrig angesetzt, zur Kompensation dieser den Unternehmenswert senkenden Annahme wird aber im Gegenzug der Diskontierungszinsfuß für die betreffenden Jahre gesenkt, was den rechnerischen Unternehmenswert zum Ausgleich wieder erhöht.

Berücksichtigung der Unsicherheit

Ein Zins für risikolose Anlagen wäre dann als Diskontierungszinsfuß angemessen, wenn man die Risiken und Risikopräferenzen der Eigenkapital gebenden Entscheider bereits bei der Errechnung der zu diskontierenden entziehbaren Gewinne berücksichtigt hätte. Dabei hätten sich mehr oder weniger starke Sicherheitsabschläge bei den errechneten entziehbaren Gewinnen ergeben. Im Beispiel wurde ein anderer Weg beschritten. Die entziehbaren Gewinne sind die wahrscheinlichsten Werte ohne spezielle Sicherheitsabschläge. Als Konsequenz wird ein erhöhter Diskontierungszins verwendet, der die besonders hohe Risikoeinschätzung aus Sicht des Investors berücksichtigt.

8.4 Nutzwertanalyse

8.4.1 Überwindung der Suboptimierung bei den klassischen Investitionsrechenverfahren

Die Vorstellung eines einzigen und quantitativ definierbaren Unternehmensziels bei den Investitionsrechenverfahren, wie sie bislang erörtert wurden, ist eine Vereinfachung. Unternehmen haben tatsächlich immer ein komplexes Zielsystem, zusammengesetzt aus quantitativ oder auch nur qualitativ definierbaren Einzelzielen, weshalb die bisher betrachteten Verfahren faktisch nur die Optimierung bezüglich eines herausgegriffenen quantitativ definierbaren Teilziels bedeuten. Mehr oder weniger unsystematisch wird die durch das Ergebnis der klassischen Investitionsrechnung nahegelegte Entscheidung tatsächlich wohl immer noch einer Prüfung im Lichte auch anderer Ziele unterworfen. Ein systematisches Verfahren, um die Beurteilung von Investitionsalternativen im Lichte eines mehrdimensionalen Zielsystems zu ermöglichen, das quantitative und qualitative Ziele einschließt, ist die *Nutzwertanalyse*.

Nutzwert oder Gesamtwert ist der Gesamtnutzen einer Investitionsalternative im Lichte eines komplexen Zielsystems. Er ist mit anderen Worten Ausdruck des Beitrags einer Investitionsalternative zur Erreichung einer Zielkombination, die der Investor anstrebt.

8.4.2 Ablauf der Nutzwertanalyse

Die Nutzwertanalyse ermittelt auf der Grundlage subjektiver Zielgewichtungen und Teilnutzenbestimmungen einen gesamten Nutzwert als umfassendes Maß der Vorziehenswürdigkeit einer Investitionsalternative. Die Nutzwertanalyse wird dabei immer zum Alternativenvergleich verwendet. Man kann bei der Nutzwertanalyse entweder allein die qualitativen Ziele berücksichtigen (Nutzwert im engeren Sinne) und das Ergebnis einem numerischen Investitionskalkül gegenüberstellen oder aber das Ergebnis von Investitionskalkülen auch in die Nutzenbewertung mit einbeziehen (Nutzwert im weiteren Sinne). Im folgenden einfachen Demonstrationsbeispiel wird allein der Nutzwert im engeren Sinne ermittelt.

1. Schritt: Festlegung und Gewichtung der Zielkriterien

Der *Kriterienkatalog* sollte sehr breit angelegt werden, um alle relevanten Zielbereiche zu erfassen. Bei umfangreichen Kriterienkatalogen wird man oft zweistufig vorgehen, indem man in einer ersten Stufe *Kriteriengruppen* definiert und in einer zweiten Stufe dann für jede Gruppe verschiedene *Einzelkriterien*. Entsprechend der subjektiven Vorstellungen der Entscheider sind die Kriteriengruppen und innerhalb dieser die Einzelkriterien nach ihrer gewünschten Bedeutung für die Investitionsentscheidung zu *gewichten*.

Tabelle 8.17

Kriterienkatalog mit Gewichten

Kriteriengruppen und Einzelkriterien	Gruppen-gewicht	Teil-gewicht in der Gruppe	resultie-rendes Kriterien-gewicht
1. Absatzmarkt	250		
a. Marktwachstum p.a.		30 %	75
b. Marktanteil		40 %	100
c. Marktzutrittsbeschränkungen		30 %	75
2. Beschaffungsmarkt einschließlich Personalbeschaffung	100		
a. Rekrutierbarkeit erforderlicher Fachkräfte		25 %	25
b. Qualität der Zulieferer für Rohstoffe		15 %	15
c. Qualität der Zulieferer für Komponenten		60 %	60
3. Marketing	200		
a. Produkt passt in das bisherige Sortiment		35 %	70
b. Produkt entspricht unserem Image		25 %	50
c. Eignung des Produkts für bisherige Vertriebskanäle		40 %	80
4. Technik	200		
a. Universalität/Flexibilität/Umrüstaufwand/ Kapazitätsreserven		35 %	70
b. Qualität/Genauigkeit		30 %	60
c. Zukunftssicherheit		25 %	50
d. Erprobtheit		10 %	20
5. Arbeitsplatz	150		
a. Unfallsicherheit/Vermeidung von Gesundheitsrisiken		30 %	45
b. Ausmaß körperlicher Belastung		40 %	60
c. geistige/psychologische Belastung		30 %	45
6. Umwelt und Soziales	100		
a. Emissionsprobleme (Gifte, Lärm)		30 %	30
b. Verwendbarkeit von Recycling-Einsatzstoffen		10 %	10
c. Arbeitsplatzerhaltung		30 %	30
d. Arbeitszufriedenheit		30 %	30

2. Schritt: Festlegung der Messskala für die Zielbeiträge und Transformation in eine einheitliche Nutzenskala

Nun werden die möglichen Zielbeiträge der zu vergleichenden Investitionsalternativen durch nominale, ordinale oder kardinale *Messung* definiert und die Messergebnisse in *Teilnutzen* transformiert. Bei der Transformation wird für alle Zielkriterien eine einheitliche Kardinalskala verwendet, in unserem Beispiel die Skala von 1 bis 5. Die Unterstellung der kardinalen Messbarkeit der Teilnutzen ist eine Vereinfachung, welche die Addierbarkeit der Teilnutzen erlaubt.[2]

Tabelle 8.18

Definition der möglichen Zielbeiträge pro Kategorie und Transformation in eine Teilnutzenskala

Zielkriterium	Zielerreichung				
Nutzenskala	**1**	**2**	**3**	**4**	**5**
1a	< 0 %	0 – 5 %	5 – 10 %	10 – 20 %	> 20 %
1b	< 1 %	1 – 2 %	2 – 5 %	5 – 10 %	> 10 %
1c	keine	gering	mittel	hoch	extrem hoch
2a	sehr schwer	schwer	mittel	leicht	sehr leicht
2b	schlecht	ausreichend	befriedigend	gut	sehr gut
2c	schlecht	ausreichend	befriedigend	gut	sehr gut
3a	niemals	schlecht	halbwegs	gut	ideal
3b	niemals	schlecht	halbwegs	gut	ideal
3c	ungeeignet	schlecht	machbar	gut	sehr geeignet
4a	schlecht	ausreichend	befriedigend	gut	sehr gut
4b	niedrig	ausreichend	mittel	hoch	sehr hoch
4c	keineswegs	kaum	halbwegs	einigermaßen	eindeutig
4d	unerprobt	kaum erprobt	halbwegs bewährt	eher bewährt	lange bewährt
5a	sehr niedrig	niedrig	mittel	hoch	sehr hoch
5b	sehr niedrig	niedrig	mittel	hoch	sehr hoch
5c	sehr niedrig	niedrig	mittel	hoch	sehr hoch
6a	sehr problematisch	problematisch	Normalniveau	kaum Emissionen	emissionsfrei
6b	nein	sehr begrenzt	teilweise	gut verwendbar	vorbildlich
6c	sehr gering	gering	teilweise	weitgehend	vollständig
6d	sehr gering	gering	mittel	hoch	sehr hoch

---

2   Zu den Messskalen und zur Unterstellung der kardinalen Messbarkeit vgl. Kapitel 3, Absatz 3.1.3.

3. Schritt: Ermittlung der Zielerreichung durch die Alternativen und Errechnung von Teil- und Gesamtnutzen

Nun kann für die zu vergleichenden Investitionsalternativen das Ausmaß der jeweiligen *Zielerreichung* ermittelt und in *Teilnutzeneinheiten* ausgedrückt werden.

Tabelle 8.19

Ermittlung der Zielerreichung durch die Alternativen und Errechnung von Teil- und Gesamtnutzen

Zielkriterium	Teilnutzenwerte Alternative A	Teilnutzenwerte Alternative B	Kriteriengewicht	gewichtete Teilnutzenwerte Alternative A	gewichtete Teilnutzenwerte Alternative B
1a	1	2	75	75	150
1b	3	2	100	300	200
1c	3	3	75	225	225
2a	4	3	25	100	75
2b	2	3	15	30	45
2c	1	1	60	60	60
3a	2	3	70	140	210
3b	4	2	50	200	100
3c	3	4	80	240	320
4a	3	5	70	210	350
4b	3	2	60	180	120
4c	3	2	50	150	100
4d	4	3	20	80	60
5a	1	1	45	45	45
5b	5	4	60	300	240
5c	2	4	45	90	360
6a	2	5	30	60	150
6b	3	2	10	30	20
6c	3	2	30	90	60
6d	4	3	30	120	90
				2.725	**2.980**

Ergebnis

Im Beispiel hat die Alternative B einen höheren Nutzwert im engeren Sinne, das heißt bei den nicht quantifizierbaren Kriterien. Dem kann man nun die Ergebnisse des Investitionskalküls gegenüberstellen. Ist danach die gleiche Reihenfolge der Vorziehenswürdigkeit gegeben, also B besser eingestuft, so spricht alles einheitlich für B. Ist dort allerdings eine umgekehrte Reihenfolge gegeben, so ist zu entscheiden, ob das Investitionskalkül oder die Nutzwertanalyse im engeren Sinne das höhere Gewicht haben soll. Das hängt natürlich auch davon ab, wie klar die Vorteilhaftigkeit beim Rechenkalkül einerseits und bei der Nutzwertanalyse andererseits ist. Alternativ könnte man die Ergebnisse von Investitionskalkülen auch als Zielkriterien in obigen Tabellen verwenden (zum Beispiel Kapitalwerte als Zielkriterium 7a und Kapitalrückflusszeiten gemäß dynamischer Amortisationsmethode als Kriterium 7b) und so einen Nutzwert im weiteren Sinne für qualitative und quantitative Ziele ermitteln.

Zusammenfassung dieses Kapitels

■ **Klassische statische und dynamische Investitionsrechnungen**

Klassische statische und dynamische Investitionsrechnungen berücksichtigen aus dem Spektrum der Aufgaben der Investitionsplanung nur eng definierte unmittelbare, rechnerisch gut erfassbare Konsequenzen, die mit traditionellen Mitteln der Kosten- und Leistungsrechnung oder mit Liquiditätsströmen der Finanzrechnung erfassbar sind.

■ **Statische Verfahren**

Die statischen Verfahren sind vom Denken der Kostenrechnung geprägt. Dabei orientieren sich Kosten-, Gewinn- und Rentabilitätsvergleich letztlich alle am Rentabilitätsziel, die statische Amortisationsrechnung erfasst mit dem Kriterium der Schnelligkeit des Rückflusses der investierten Mittel Sicherheitsaspekte.

Die statischen Verfahren arbeiten mit starken Vereinfachungen: Insbesondere wird bei den Entscheidungen eine repräsentative Periode der Investitionszeit unterstellt (Durchschnitts- oder Normalkosten-Denken) und es wird mit einfachen Faustregeln gearbeitet.

Das Verfahren des Kostenvergleichs ist ausreichend, wenn die Erträge der Investitionsalternativen gleich sind, sodass es nur noch auf Kostendifferenzen ankommt. Bei Investitionen gleicher Planbeschäftigung genügt der Gesamtkostenvergleich, bei Investitionen mit unterschiedlich hohen Planbeschäftigungen muss auch ein Stückkostenvergleich vorgenommen werden.

Der Gewinnvergleich muss statt des Kostenvergleichs gewählt werden, wenn unterschiedliche Erträge bei den Investitionsalternativen zu beachten sind. Bei Investitionsalternativen gleicher Planbeschäftigung genügt der Gesamtgewinnvergleich, bei Investitionen mit unterschiedlich hohen Planbeschäftigungen muss auch ein Stückgewinnvergleich vorgenommen werden.

Die Ergebnisse des Gesamtkosten- und des Gesamtgewinnvergleichs hängen davon ab, welche Beschäftigung (mengenmäßige Ausbringung) unterstellt wird. Es lässt sich bei Unterstellung linearer Kosten und Ertragskurven bei beiden einfach eine kritische Beschäftigung errechnen, bei der sich die Vorziehenswürdigkeit der verglichenen Investitionsalternativen umkehrt.

Statt des Gewinnvergleichs oder ergänzend zu ihm wird der Rentabilitätsvergleich vorgenommen, wenn sich der durchschnittliche Kapitaleinsatz der Investitionsalternativen voneinander unterscheidet und man den Gewinn vor Zinsen relativ zum eingesetzten Kapital messen will.

Beim statischen Amortisationsvergleich gilt: Je schneller die investierten Mittel zurückfließen, desto besser. Die Durchschnittsmethode berücksichtigt dabei nicht die Unterschiede bei den Rückflüssen (Cashflows) der verschiedenen Jahre, die Kumulationsmethode schon.

■ Dynamische Verfahren

Die dynamischen Methoden rechnen mit Zahlungsströmen. Zahlungsströme verschiedener Jahre müssen durch Abzinsung vergleichbar gemacht werden. Der Kalkulationszins entspricht im Grundsatz der vom Investor geforderten Mindestverzinsung. Diese geforderte Mindestverzinsung ist mindestens gleich der entgangenen Rendite bei alternativ möglicher Kapitalverwendung. Gleichzeitig hat sie den Zins der Finanzierung, die für die Investition aufgenommen wird, als Untergrenze. Das Risiko der Investition muss entweder durch Risikoaufschläge auf den risikolos erzielbaren Alternativzins berücksichtigt werden oder aber durch Risikoaufschläge bei Auszahlungen und Risikoabschläge bei Einzahlungen aus der Investition. Ordnet man in einem einfachen Modell (Capital Budgeting Modell nach Dean) alle zur Verfügung stehenden Finanzmittel mit aufsteigendem Zinssatz, so erhält man eine Kapitalangebotskurve. Dem kann man die Investitionen als Finanzmittelbedarf gegenüberstellen, die mit sinkender durch die Investitionen erzielbarer Verzinsung, unten als interner Zins bezeichnet, abnehmen (Kapitalnachfragekurve). Der Schnittpunkt beider Kurven legt bei dieser Betrachtung den Kalkulationszins (Cut-off-Rate) als Ergebnis des Modells der Kapitalbudgetierung fest.

Die Kapitalwertmethode ermittelt den abgezinsten Gesamtüberschuss der Investition, wobei der Kalkulationszins vorgegeben werden muss. Ein positiver Kapitalwert bedeutet die Wiedergewinnung der eingesetzten Mittel, die Verzinsung der eingesetzten Mittel in Höhe des Kalkulationszinsfußes und die Erzielung eines rechnerischen Überschusses in Höhe des Kapitalwerts. Je nach Wahl des Kalkulationszinses kann die Rangfolge der Kapitalwerte verschiedener Investitionsalternativen wechseln. Der Kalkulationszins, bei dem sich die Aussage über die Vorziehenswürdigkeit der Alternativen ändert, ist als kritischer Wert des Kalkulationszinses zu beachten.

Der interne Zins ist nicht wie der Kalkulationszins bei der Kapitalwertmethode vorgegeben, sondern er ist der resultierende Zins, bei dem der Kapitalwert null wäre. Der interne Zins soll ein vorgegebenes Niveau übersteigen, damit eine Investition als positiv eingestuft werden kann, und bei einer Wahl zwischen verschiedenen Alternativen möglichst hoch sein. Der interne Zins muss mathematisch durch Iteration ermittelt werden. Bei den üblichen Investitionen mit einer hohen Anfangsauszahlung und folgenden Überschüssen pro Jahr gibt es nur einen ermittelbaren internen Zins.

Die Annuität ist der durchschnittliche Kapitalwert pro Investitionsjahr. An die Stelle eines Totalüberschusses aus der Investition bei der Kapitalwertmethode tritt hier also der durchschnittliche Periodenüberschuss.

Ein Vergleich von Investitionen bei unterschiedlichen Investitionshöhen und -dauern ergibt, dass ohne spezielle Annahmen über die betraglichen (Zusatzinvestitionen) oder zeitlichen (Folgeinvestitionen) Differenzinvestitionen, welche die Alternativen unterscheiden, je nach Methode unterschiedliche Ergebnisse bei der vergleichenden Beurteilung der Investitionen resultieren können.

Die dynamische Amortisationsrechnung entspricht der statischen Methode in Form der Kumulationsrechnung bei Abdiskontierung der jährlichen Überschüsse.

Die dynamischen Methoden haben in der Betriebswirtschaftslehre ein sehr breites Anwendungsspektrum. Dies lässt sich demonstrieren an den Beispielen des Vergleichs zweier Investitionen mit unterschiedlichen Finanzierungen, die in die Investitionsrechnung mit einbezogen und damit verglichen werden, sowie der Bewertung eines Unternehmens anhand des Barwerts der entziehbaren Netto-Erträge (Ertragswertmethode).

■ Nutzwertanalyse

Die Nutzwertanalyse soll die einseitige Ausrichtung der Investitionsentscheidung an einem einzigen quantitativ formulierten Ziel aufheben. Gleichzeitig dient sie der Erfassung qualitativer Unterschiede bei den Konsequenzen der Investitionen. Sie ist ein systematisches Verfahren, um die Beurteilung von Investitionsalternativen im Lichte eines mehrdimensionalen Zielsystems zu ermöglichen, das quantitative und qualitative Ziele einschließt. Nutzwert ist der Gesamtnutzen einer Investitionsalternative im Lichte eines komplexen Zielsystems, somit des Beitrags einer Investitionsalternative zur Erreichung einer Zielkombination, die der Investor anstrebt. Die Nutzwertanalyse ermittelt auf der Grundlage subjektiver Zielgewichtungen und Teilnutzenbestimmungen einen Nutzen aus Sicht allein qualitativer Ziele. Sie kann aber auch einen gesamten Nutzwert als umfassendes Maß der Vorziehenswürdigkeit einer Investitionsalternative unter Beachtung qualitativer und quantitativer Kriterien ermitteln. Die Nutzwertanalyse wird dabei immer zum Alternativenvergleich verwendet.

Aufgaben

Die Lösungen zu diesen Aufgaben finden Sie am Ende des Buches.

Ab Aufgabe 8-5 ist ein spezieller Wirtschaftsrechner oder die Anwendung von Excel beziehungsweise eines vergleichbaren Tabellenkalkulationsprogramms erforderlich.

Aufgabe 8-1

Statische Gesamtkosten- und Gesamtgewinnvergleichsrechnung:
Zwei Investitionsalternativen mit einer Planbeschäftigung von jeweils 750 Stück sind durch folgende Zahlen definiert:

- Alternative 1: Fixkosten 5.000 Euro, variable Stückkosten 30 Euro, Verkaufserlös pro Stück 40 Euro;

- Alternative 2: Fixkosten 7.800 Euro, variable Stückkosten 20 Euro, Verkaufserlös pro Stück 44 Euro.

Welche der folgenden Aussagen (A bis G) sind richtig?
A. Kritische Beschäftigung beim Gesamtkostenvergleich: 280 Stück.
B. Kritische Beschäftigung beim Gesamtkostenvergleich: 500 Stück.
C. Kritische Beschäftigung beim Gesamtgewinnvergleich: 750 Stück.
D. Kritische Beschäftigung beim Gesamtgewinnvergleich: 200 Stück.
E. Der Gewinn bei der kritischen Beschäftigung im Fall des Gesamtgewinnvergleichs ist 2.000 Euro.
F. Der Gesamtkostenvergleich ist wegen der abweichenden Verkaufserlöse pro Stück als Methode in diesem Fall nicht empfehlenswert.
G. Bei Planbeschäftigung der Investitionsobjekte wäre der Gewinn bei Alternative 1: 2.500 Euro und bei Alternative 2: 10.200 Euro.
H. Alle Aussagen (A bis G) sind falsch.

Aufgabe 8-2

Gesamt- und Stückgewinnvergleich in der statischen Investitionsrechnung:
Durch Gewinnvergleich (siehe Tabelle 8.20) werden zwei Typen von Maschineninvestitionen einander gegenübergestellt.
Welche der folgenden Aussagen (A bis E) sind richtig?
A. Stückgewinn bei A > Stückgewinn bei B.
B. Der Stückgewinnvergleich ist eher angemessen als der Gesamtgewinnvergleich.
C. Stück- und Gesamtgewinnvergleich führen grundsätzlich zum gleichen Ergebnis, sodass man immer nur den einen oder den anderen der beiden Vergleiche vorzunehmen braucht.
D. Gesamtgewinn bei A > Gesamtgewinn bei B.
E. Nimmt man die Investition A nebeneinander dreimal vor und Investition B nebeneinander viermal, so führt der Gesamtgewinnvergleich (dreimal A verglichen mit viermal B) logischerweise zum gleichen Ergebnis wie der Stückgewinnvergleich.
F. Alle Aussagen (A bis E) sind falsch.

Tabelle 8.20

Gewinnvergleich

	Investition A	Investition B
Anschaffungskosten voll abschreibbar [€]	200.000	140.000
Nutzungsdauer [Jahre]	5	5
Planbeschäftigung [Stück pro Jahr]	20.000	15.000
Verkaufserlös pro Stück [€]	4,50	5,00
Abschreibungen	linear	linear
kalkulatorischer Zins	jeweils 10 % des durchschnittlich durch die Anlageinvestition gebundenen Kapitals	
sonstige Fixkosten p.a. [€]	2.000	2.000
variable Kosten pro Stück		
für Löhne [€]	0,60	0,70
für Material [€]	0,10	0,10
für Sonstiges [€]	0,10	0,30

Aufgabe 8-3 (Einfachauswahl)

Rentabilitätsmethode in der statischen Investitionsrechnung:
Errechnen Sie aus folgenden Angaben die Rentabilität des eingesetzten Gesamtkapitals nach der statischen Rentabilitätsvergleichsrechnung!

- Anschaffungskosten Gebäude   2.000.000 Euro
- Anschaffungskosten Grundstück   1.000.000 Euro
- Durchschnittserlöse p.a.   600.000 Euro
- Durchschnittskosten p.a. einschließlich Zinsen   500.000 Euro

Die in den Kosten enthaltenen Zinsen p.a. betragen 10 Prozent vom durchschnittlichen Kapitaleinsatz.

Welche der folgenden Aussagen (A bis E) ist richtig?

Daraus ergibt sich die Rentabilität:
A. 3 Prozent
B. 5 Prozent
C. 15 Prozent
D. 20 Prozent
E. 30 Prozent
F. Alle Aussagen (A bis E) sind falsch.

Aufgabe 8-4

Statische Amortisationsrechnung, Durchschnitts- und Kumulationsmethode:

Eine Investition von 100.000 Euro ermöglicht in ihrer Lebensdauer von fünf Jahren den Rückfluss der linearen jährlichen Abschreibungen sowie zusätzlich folgender Gewinne (negativ: Verluste):

- 1. Jahr: 10.000 Euro
- 2. Jahr: 20.000 Euro
- 3. Jahr: 5.000 Euro
- 4. Jahr: −10.000 Euro
- 5. Jahr: −15.000 Euro

Die vom Investor maximal akzeptierte Zeit, innerhalb welcher der Cashflow aus Gewinn und Abschreibungen die Anfangsinvestition wieder hereingebracht haben muss, ist vier Jahre.

Welche der folgenden Aussagen (A bis E) sind richtig?

A. Gemäß der Durchschnittsmethode der statischen Amortisationsrechnung wird die Investition abgelehnt.

B. Gemäß der Durchschnittsmethode der statischen Amortisationsrechnung ist der jährliche Rückfluss unter 20.000 Euro.

C. Gemäß der Kumulationsmethode der statischen Amortisationsrechnung sind die Rückflüsse in den ersten vier Investitionsjahren rechnerisch niedriger als nach der Durchschnittsmethode.

D. Gemäß der Kumulationsmethode der statischen Amortisationsrechnung wird die Investition vorgenommen.

E. Die auf volle zehntel Jahre genau gemessene Amortisationszeit gemäß der Kumulationsmethode der statischen Amortisationsrechnung beträgt 3,5 Jahre.

F. Alle Aussagen (A bis E) sind falsch.

Aufgabe 8-5 (Einfachauswahl)

Kapitalwertmethode:

Gesucht ist der Kapitalwert bei 8 Prozent Kalkulationszinsfuß für einen Zerobond, der heute zu 10.000 Euro erworben werden kann und in fünf Jahren mit 17.000 Euro zurückgezahlt wird.

Welche der folgenden Aussagen (A bis E) ist richtig?

A. 11.570 Euro

B. 6.806 Euro

C. 1.570 Euro

D. 713 Euro

E. Der Kapitalwert ist negativ.

F. Alle Antworten (A bis E) sind falsch.

Aufgabe 8-6 (Einfachauswahl)

Interne-Zinsfuß-Methode:

Ein Anleger kauft 35 Wandelobligationen. Welcher interne Zins ergibt sich für diese Finanzinvestition, wenn sie durch die Zahlungen laut Tabelle 8.21 beschreibbar ist?

Tabelle 8.21

Zu Aufgabenstellung 8-6

Zeitpunkt (Periodenende)	Vorgang
0	Kauf der Wandelobligationen zum Anschaffungspreis pro Obligation von 100 Euro abzüglich 2 Prozent Disagio
0	Bankprovision beim Kauf der Wandelobligationen: 1 Prozent vom Kurswert der Wandelobligationen, min. 50 Euro pro Kaufauftrag
1, 2 und 3	In allen drei Jahren Bezug von Zinsen in Höhe von 4 Prozent vom Nominalbetrag
3	Bezug von 1 Aktie pro 5 Wandelobligationen, Zuzahlung pro Aktie 50 Euro
4	Verkauf der Aktien zu je 920 Euro
4	Verkaufsprovision für die Aktien am Ende des Jahres 4: 1 Prozent vom Kurswert der Aktien, min. 50 Euro pro Verkaufsauftrag

Welche der folgenden Aussagen (A bis D) zum internen Zins der Anlage, ermittelt mit einer Genauigkeit von 0,1 Prozent, sind richtig?

A. 8,2 Prozent

B. 9,6 Prozent

C. 10,9 Prozent

D. 17,1 Prozent

E. Alle Aussagen (A bis D) sind falsch.

Aufgabe 8-7

Kapitalwert-, Interne-Zinsfuß- und Annuitätenmethode bei abweichenden Investitionshöhen und -dauern:

Gegeben sind drei Investitionen A, B und C laut Tabelle.

Tabelle 8.22

Zu Aufgabenstellung 8-7

Jahr	0	1	2	3	4	5	6
Investition A [€]	−80.000	30.000	45.000	90.000			
Investition B [€]	−160.000	60.000	90.000	180.000			
Investition C [€]	−80.000	30.000	45.000	10.0000	30.000	45.000	90.000

Kalkulationszins für Kapitalwert- und Annuitätenmethode: 10 Prozent

Welche der folgenden Aussagen (A bis H) sind richtig?

A. Der Kapitalwert von Investition A ist genau die Hälfte des Kapitalwerts von Investition B.

B. Die Annuität von Investition A ist genau die Hälfte der Annuität der Investition B.

C. Der interne Zinsfuß von Investition A ist genau die Hälfte des internen Zinsfußes von Investition B.

D. Der Kapitalwert der Investition C ist genau das Doppelte des Kapitalwerts von Investition A.

E. Die Annuität der Investition C ist genau das Doppelte der Annuität von Investition A.

F. Der interne Zinsfuß der Investition C ist genau das Doppelte des internen Zinsfußes von Investition A.

G. Der interne Zins aller drei Investitionen ist gleich.

H. Die Annuitäten der Investitionen A und C sind gleich.

I. Alle Aussagen (A bis H) sind falsch.

Aufgabe 8-8 (Einfachauswahl)

Dynamische Amortisationsrechnung:

Gegeben sind laut Tabelle Daten über zwei miteinander zu vergleichende Investitionsalternativen. Ermitteln Sie daraus den Unterschied der Amortisationszeiten nach der Methode der dynamischen Amortisationsrechnung unter Verwendung eines Kalkulationszinses von 12 Prozent!

Tabelle 8.23

Zu Aufgabenstellung 8-8

	Investition A	Investition B
Anschaffungskosten, abschreibbar [€]	300	320
Nutzungs-/Abschreibungsdauer [Jahre]	5	5
Gewinne [€] im Jahr:		
1	60	14
2	88	20
3	45	38
4	22	90
5	12	75

Welche der folgenden Aussagen (A bis E) ist richtig?

Der Unterschied der Amortisationszeiten (gemessen mit einer Genauigkeit von 0,01 Jahren) lässt sich so beschreiben:

A. Die Amortisationszeit der Investition A liegt um mehr als ein Jahr unter der von Investition B.

B. Die Amortisationszeit der Investition A liegt um weniger als ein Jahr unter der von Investition B.

C. Die Amortisationszeit der Investition A ist identisch mit der der Investition B.

D. Die Amortisationszeit der Investition A liegt um weniger als ein Jahr über der von Investition B.

E. Die Amortisationszeit der Investition A liegt um mehr als ein Jahr über der von Investition B.

F. Alle Aussagen (A bis E) sind falsch.

Aufgabe 8-9

Entscheidung zwischen Finanz-Leasing und Darlehensfinanzierung mit Hilfe der Kapitalwertmethode:

Ein Unternehmen schafft sich eine Drehmaschine an:

- Katalogmäßiger Anschaffungspreis   500.000 Euro

- zurechenbare Nettoeinzahlungen p.a. vor Abzug der Darlehens- oder Leasingraten   300.000 Euro

- betriebsgewöhnliche Nutzungsdauer   5 Jahre

Die Leasinggesellschaft kann aufgrund ihrer besonders starken Marktstellung auf dem Beschaffungsmarkt einen Rabatt von 5 Prozent auf den katalogmäßigen Anschaffungspreis erreichen. Die Konditionen der konkurrierenden Finanzierungen sind:

Darlehen:

- Darlehensbetrag   500.000 Euro

- Darlehenszins   10 Prozent p.a.

- Tilgungen (parallel zu den Abschreibungen, somit entsprechen den Abschreibungen gleich hohe Auszahlungen)   20 Prozent p.a.

Leasing:

- Grundmietzeit   4 Jahre

- Die Leasinggesellschaft berechnet die Leasingraten (vereinfachend jährlich nachschüssig unterstellt) der Grundmietzeit so, als handle es sich um ein Annuitätendarlehen über die Zeitdauer der Grundmietzeit, das folgende kalkulatorische Verzinsung ihres Kaufpreises erbringt (zum Beispiel Darlehenszins der Leasinggesellschaft plus Risiko- und Gewinnaufschlag)   9 Prozent

- Anschlussleasingraten für die fünf Jahre der Anschlussleasingzeit p.a.: Es wird die gleiche Methode zur Errechnung der Leasingrate verwendet wie in der Grundmietzeit, nun aber auf Basis des rechnerischen Restwerts der Drehbank.

Der Gewinn sei gleich dem endgültigen Einzahlungsüberschuss. Das Unternehmen rechnet pauschal mit einer Gewinnsteuerbelastung von 45 Prozent und einem Kalkulationszinssatz von 12 Prozent. Ein Restwert nach Ablauf einer Lebensdauer der Investition von neun Jahren bestehe nicht. Die der Investition zurechenbaren Nettoeinzahlungen vor Abzug der Finanzierungsraten fallen in allen Jahren der Lebensdauer unverändert an.

Welche der folgenden Aussagen (A bis E) sind richtig?

Es gilt bei Rundung aller erfragten Zahlen auf volle hundert Euro:

A. Die vier ersten Jahres-Leasingraten mit Annuitätenratencharakter sind jeweils unter 150.000 Euro.

B. Die Jahres-Leasingraten 5 bis 9 mit Annuitätenratencharakter sind jeweils über 50.000 Euro.

C. Der Gewinn vor Steuern (Zeitwerte) ist in den Jahren 6 bis 9 bei der Leasing-variante niedriger als bei der Darlehensvariante.

D. Der Kapitalwert der darlehensfinanzierten Investition ermittelt als Barwert des Gewinns nach Steuern ist im Fall der Darlehenslösung im sechsten Jahr höher als der im fünften Jahr.

E. Der Kapitalwert der leasingfinanzierten Investition ist niedriger als der der dar-lehensfinanzierten Investition, das heißt die Summe der Barwerte der Gewinne nach Steuern ist beim Leasing niedriger als bei der Darlehensvariante.

F. Alle Lösungen (A bis E) sind falsch.

Aufgabe 8-10

Unternehmensbewertung mit Hilfe der Kapitalwertmethode:

Gegeben sind die folgenden zu diskontierenden entziehbaren Gewinne nach Unternehmenssteuern gemessen in Euro:

Jahr	2007	2008	2009	2010	2011	ab 2012
entziehbare Gewinne	1.895.840	2.080.800	2.100.800	2.145.400	3.107.600	3.107.600

Der normale Diskontierungszins sei 16 Prozent, der Abzinsungsabschlag für die Jahre unveränderter Gewinne ab 2012 sei 2 Prozent. Die Unternehmensbewer-tung erfolgt per Ende 2006.

Welche der folgenden Aussagen (A bis E) sind richtig?

A. Der Barwert der ausschüttbaren Gewinne nach Unternehmenssteuern in der unendlichen Periode ab 2012 unveränderter entziehbarer Gewinne ist per Ende 2011 auf volle T€ gerundet 22.197 T€.

B. Per Ende 2006 ist der Barwert des Barwerts der Gewinne in der unendlichen Periode per Ende 2011 gemäß A auf volle T€ gerundet 10.568 T€.

C. Der Barwert der unendlich lange anfallenden entziehbaren Gewinne ab 2009 ist unendlich hoch.

D. Der Kapitalwert beim Kaufpreis Null (Ertragswert des Unternehmens) liegt unter 20 Mio. Euro.

E. Der Kapitalwert beim Kaufpreis Null (Ertragswert des Unternehmens) liegt über 28 Mio. Euro.

F. Alle Aussagen (A bis E) sind falsch.

Aufgabe 8-11 (Einfachauswahl)

Nutzwertanalyse:

Gegeben ist ein Katalog mit qualitativen Zielkriterien für eine Investitionsentscheidung einschließlich deren Gewichtung und einer Nutzenskala, anhand derer die Zielerreichung gemessen wird. Die Zuordnung von Skalenwerten für jedes Kriterium zu den Investitionsalternativen ist ebenfalls kenntlich gemacht (siehe Tabelle 8.24).

Tabelle 8.24

Zu Aufgabenstellung 8-11

Zielkriterium (Gewicht)	Zielerreichung (mit Einordnung der Alternativen A und B)				
Nutzenskala	**1**	**2**	**3**	**4**	**5**
1. Marktanteilssteigerung (30)	< 1 %	1 – 2 % **(Investition A und Investition B)**	2 – 4 %	4 – 7 %	> 7 %
2. Effekte für Personalsektor (10)	neutral	eher positiv	merklich positiv **(Investition B)**	positiv **(Investition A)**	deutlich positiv
3. Wirkung auf Beziehungen zu Zulieferern (5)	klar störend	eher störend **(Investition A)**	neutral **(Investition B)**	eher fördernd	klar fördernd
4. Einpassung in die Marketingstrategie (25)	schlecht passend	ausreichend passend **(Investition A)**	befriedigend passend **(Investition B)**	gut passend	sehr gut passend
5. Technik (20)	unerprobt **(Investition A und Investition B)**	wenig erprobt	halbwegs bewährt	eher bewährt	gut bewährt
6. Umweltwirkungen (10)	sehr problematisch	problematisch **(Investition A)**	Normalniveau	unproblematisch **(Investition B)**	positive Effekte

Welche der folgenden Aussagen (A bis E) ist richtig?

Hinsichtlich der Punktebewertung des Gesamtnutzens aus der Erreichung der qualitativen Kriterien gilt:

A. Nutzwert für die qualitativen Kriterien ist 320 bei Alternative A und 255 bei Alternative B.

B. Nutzwert für die qualitativen Kriterien ist 320 bei Alternative A und 295 bei Alternative B.

C. Nutzwert für die qualitativen Kriterien ist bei beiden Alternativen gleich hoch.

D. Nutzwert für die qualitativen Kriterien ist 200 bei Alternative A und 240 bei Alternative B.

E. Nutzwert für die qualitativen Kriterien ist 200 bei Alternative A und 255 bei Alternative B.

F. Alle Aussagen (A bis E) sind falsch.

Weitere Aufgaben zu diesem Kapitel finden Sie auf der Companion Website zum Buch unter *www.pearson-studium.de.*

Finanzorganisation, -planung und -controlling

9

ÜBERBLICK

Immer im Überblick: Position des Kapitels „Finanzierungsoranisation, -planung und -controlling" in der Systematik des Buches:

Grundlagen der Finanzwirtschaft	Finanzierungsformen					Finanzorganisation, -planung und -controlling

Tabelle (Struktur):

Kapitel 1 Grundlagen der Finanzwirtschaft	Finanzierungsformen					Kapitel 9 Finanzorganisation, -planung und -controlling
	Außenfinanzierung			Kapitel 5 Innenfinan-zierung	Kapitel 6 Sonder-formen der Finanzierung	
	Kapitel 2 Eigenfinan-zierung	Fremdfinanzierung				
		Kapitel 3 Kreditfinan-zierung	Kapitel 4 Fremdfinan-zierung mit Effekten			
	Kapitel 7 **Finanzderivate**					
	Kapitel 8 **Investitionsrechnung**					

Lernziele dieses Kapitels

- Der Leser soll die organisatorische Einordnung des Finanzbereichs in das Unternehmen und in den Konzern kennenlernen.

- Erstellung und Bedeutung der Finanzplanungswerkzeuge sollen klar werden: Liquiditätsstatus, Finanzplan und Plan-Jahresabschluss sowie von diesem abgeleitete Instrumente (Plan-Cashflow-Statement, Kapitalbindungsplan und Analysen der Entwicklung von Finanzmittel-Fonds).

- Der Leser soll weitverbreitete Finanzierungsregeln und -modelle kennenlernen und in die Lage versetzt werden, ihre jeweilige Aussagefähigkeit zu beurteilen. Dabei geht es um einfache Regeln, die Beziehungen zwischen Kapital- und Vermögenspositionen festlegen (horizontale Kapital-Vermögensstrukturregeln) und um Modelle, die sich mit dem Verhältnis von Fremdkapital zu Eigenkapital befassen. Was besagt in diesem Zusammenhang der Leverage-Effekt? Wie unterscheiden sich das traditionelle Modell zu den Kapitalkosten in Abhängigkeit vom Verschuldungskoeffizienten nach Solomon einerseits und das Modigliani-Miller-Theorem zu den Kapitalkosten andererseits?

- Hinsichtlich der optimal diversifizierten Zusammenstellung von Anlagemöglichkeiten zu einem Gesamtportfolio sollen die Grundgedanken der Theorie der Portfolio-Selektion nach dem Modell von Markowitz erlernt werden.

- Schließlich soll erarbeitet werden, welche Kennzahlen für das Finanzcontrolling eingesetzt werden können. Dabei werden Kennzahlen zur Bilanz, zur Erfolgsrechnung und zum Cashflow-Statement unterschieden. Die Aussagefähigkeit der gängigen Kennzahlen des Finanzbereichs soll eingeschätzt werden können, aber auch deren Grenzen.

Umfassende Führungsaufgaben des Finanzmanagements, die der Koordination aller finanzwirtschaftlichen Funktionen der Unternehmung dienen, sind die

■ **Finanzorganisation**

im Sinne der Aufbauorganisation der Betriebsbereiche mit finanzwirtschaftlichen Aufgaben und ihre Einordnung in die Unternehmensorganisation, sowie die ganzheitliche Steuerung aller finanzwirtschaftlichen Funktionen durch

■ **Finanzplanung und -controlling**.

9.1 Finanzorganisation

9.1.1 Finanzorganisation im einzelnen Unternehmen

9.1.1.1 Einordnung des Finanzbereichs in die Unternehmensorganisation

Bei der klassischen Gliederung des Unternehmens in Bereiche, in denen gleichartige Funktionen zusammengefasst werden (funktionale Organisation), ist der Bereich der Finanzen einer der Hauptbereiche. Kern seiner Zuständigkeit ist primär die Außenfinanzierung und sekundär die Innenfinanzierung. Beispielsweise gliedert sich die oberste Hierarchieebene funktional in

■ Forschung und Entwicklung,

■ Logistik,

■ Produktion,

■ Absatz,

■ Personal,

■ Rechnungswesen und Controlling,

■ Finanzen,

■ Verwaltung.

Die drei letztgenannten Funktionen oder zwei davon werden oft zusammengefasst, etwa zu Finanzen und Rechnungswesen, Finanzen und Controlling oder noch umfassender zu Finanzen und Verwaltung. Der Leiter dieses Bereichs ist dann Finanzchef oder Finanzdirektor in einem umfassenden Sinne, wie er auch durch die angelsächsische Bezeichnung Chief Financial Officer (CFO) umschrieben wird. Ihm sind dann oft unmittelbar ein Treasurer und ein Controller unterstellt. Der Treasurer ist für die Finanzwirtschaft im engeren Sinne zuständig, der Controller dagegen für Rechnungswesen und Steuern.

Der Funktionsbereich Finanzen (oder: Finanzwirtschaft) oder der engere Bereich Treasury ist dabei im Kern für die Bewahrung der Liquidität (siehe finanzwirtschaftliche Ziele im Kapitel 1) zuständig, das Liquiditätsmanagement. Dieses kann man nach dem zeitlichen Horizont unterteilen in

■ kurzfristige Finanzdisposition /Cash Management und

■ langfristiges Finanzbeschaffungs- und Finanzanlagemanagement.

Der kurzfristige Bereich ist stark durch den Zahlungsverkehr geprägt. Der langfristige Bereich bezieht sich demgegenüber auf die Gestaltung der Kapitalstruktur im Sinne der aus der Passivseite der Bilanz ersichtlichen Kapitalquellen, beeinflusst durch Kapitalaufnahmen und Rückzahlungen, sowie – zusammen mit der kurzfristigen Finanzdisposition – auf die Anlage von freien Mitteln, ersichtlich aus der Aktivseite der Bilanz (Finanzanlage- und -umlaufvermögen). In sehr großen Unternehmungen werden spezielle Funktionen wie

- Zinsmanagement (Steuerung der Zinsaufwendungen und -erträge) und/oder
- Währungsmanagement

organisatorisch in besonderen Einheiten zusammengefasst.

Bei kleineren Unternehmen, bei denen die Inhaber meistens für Kredite persönlich haften müssen oder bei denen durch die Rechtsform der Einzelfirma oder Personengesellschaft Privat- und Unternehmensvermögen haftungsmäßig im Grundsatz nicht getrennt sind, behält sich oft der Unternehmer selbst wichtige Teile des Finanzmanagements vor, insbesondere das Kreditmanagement. Eine Zwischenlösung ist, dass sich die Geschäftsleitung den Finanzbereich unmittelbar als Stabsstelle oder Stabsabteilung ohne eigene Weisungsbefugnisse angliedert.

Bei der für manche Großunternehmen kennzeichnenden Spartenorganisation, das heißt der Aufgliederung des Unternehmens in Geschäftssparten oder Divisionen, betreut der Zentralbereich Finanzen einerseits die ihm direkt überstellte Unternehmensleitung und andererseits die Objektbereiche, zum Beispiel Produktgruppenbereiche, sowie die dort gegebenenfalls angesiedelten eigenen Sparten-Finanzabteilungen.

9.1.1.2 Außenbeziehungen zu den Banken

Bei den Bankbeziehungen konkurrieren grundsätzlich Hausbank- und Konkurrenzbankprinzip. Die *Hausbank* ist bei kleinen Unternehmen oft die einzige und bei Großunternehmen die eindeutig dominierende Bank. Sie ist über das Unternehmen bestens informiert, sodass sie sehr schnell zu Finanzierungsentscheidungen in der Lage ist. Dem Nachteil der monopolähnlichen Stellung der Hausbank steht der Vorteil der intensiven Informationsflüsse zwischen Bank und Unternehmen gegenüber, der zu Rationalisierungsvorteilen und Vertrauensbildung führt. Mit der Größe der Unternehmen verliert das Hausbankprinzip tendenziell zugunsten des *Konkurrenzbankprinzips* an Bedeutung: Die Banken sollen keine monopolähnliche Stellung erringen können, sondern sich im freien Wettbewerb untereinander immer wieder bewähren und keinen formellen oder informellen Vorzug genießen. Die Zusammenarbeit mit vielen Banken erfordert dabei eine intensive Informationspolitik. Die übliche Strategie bei großen Unternehmen ist ein Kompromiss, der aber näher am Konkurrenzprinzip liegt, die *Kernbanken-Strategie*: Man hat für die wichtigsten Finanzgeschäftsfelder jeweils eine Gruppe von Kernbanken. Diese Kernbankengruppe ist

- zwar groß genug, dass ausreichende Konkurrenz unter den Mitgliedern der Gruppe aufkommen kann,
- aber andererseits klein genug, sodass auf jede der Kernbanken noch genügend Geschäft entfällt, um das Unternehmen als bedeutenden Kunden bei allen dieser Banken anzusiedeln.

Neben diesen Kernbanken hat man weniger bedeutende Standardbanken und schließlich noch Opportunitätsbanken, die nur bei besonderen Gelegenheiten kontaktiert werden, zum Beispiel bei großen Finanzierungen.

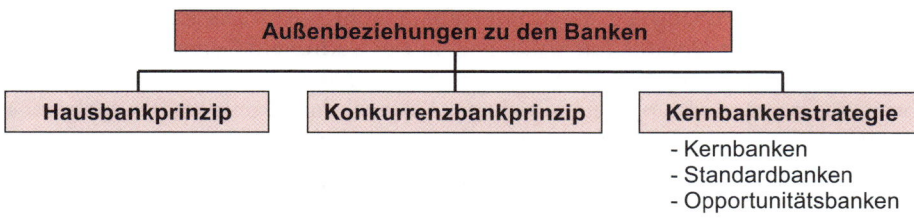

Abbildung 9.1: Hausbank-, Konkurrenzbanken- und Kernbankenstrategie

9.1.2 Finanzorganisation im Konzern

9.1.2.1 Zentralisierung oder Dezentralisierung der Finanzführung

Grundsatzentscheidung bei der Organisation der Konzernfinanzierung ist die zwischen zentraler und dezentraler Finanzführung des Konzerns. Idealtypisch lässt sich der Gegensatz folgendermaßen charakterisieren.

Dezentrale Finanzführung

Die Zentrale kümmert sich bei dezentraler Führung für alle Konzernunternehmen um

- Eigenkapitalausstattung,
- Gewinnverwendung,
- Liquiditätsüberwachung.

Zentrale Finanzführung

Gegenüber der dezentralen Führung werden von der Zentrale zusätzlich folgende Funktionen übernommen:

- Zentrales Fremdfinanzierungsmanagement: Planung und Durchführung der konzernexternen Fremdfinanzierungen.
- Zentrales Cash Management (statt bloßer Liquiditätsüberwachung): Planung und Durchführung von Zahlungen und Liquiditätssicherung.

Zwischen diesen Reinformen gibt es Zwischenlösungen. In der Praxis sind weitgehend zentrale Formen der Finanzführung im Konzern eindeutig vorherrschend. Nur bei hochgradiger Zentralisierung lassen sich nämlich

- Kostenminimierung (zum Beispiel Abstimmung von Geldanlagen und -aufnahmen, Vorteile der großen Masse, Konzentration von Finanzierungskompetenz, Kontrolleffizienz, Steueroptimierung) und
- optimale Risikobegrenzung (etwa Zinsrisiko- und Devisenkurssicherung)

realisieren.

Allerdings sind auch bei grundsätzlicher Zentralisierung in der Praxis oft gewisse dezentrale Vorgänge ergänzend zugelassen, insbesondere in Bezug auf

- währungskongruente Finanzierung,
- regionale Finanzmarktvorteile von Tochterunternehmen,
- steuerliche Aspekte.

Ein naheliegender Grundsatz der Konzernfinanzpolitik ist, dass für konzerninterne Finanzbeziehungen *Marktbedingungen* gelten. Das verhindert Verzerrungen der Teilergebnisse der einzelnen Konzernunternehmen und Niederlassungen, etwa durch falsche Verrechnungszinsen oder unangemessene Verrechnungskurse bei den Währungen. Allerdings kann es umgekehrt in der Realität auch Ziel des Managements sein, aus steuerlichen Gründen bewusst die Teilergebnisse der Konzernunternehmen in Ländern mit niedrigen Gewinnsteuersätzen anzuheben und entsprechend in Ländern mit hoher Gewinnsteuerbelastung zu senken.

9.1.2.2 Finanzierungsgesellschaften

Separate Finanzierungsgesellschaften dienen vorrangig

- der Erschließung internationaler Finanzierungsquellen zur Konzernfinanzierung sowie
- der Realisierung steuerlicher Vorteile.

Zusätzlich übernehmen Finanzierungsgesellschaften oft auch finanzielle Servicefunktionen wie

- Cash Management,
- Konzernclearing,
- Devisenkurssicherung,
- Organisation von Projektfinanzierungen.

Es lassen sich reine und gemischt tätige Finanzierungsgesellschaften unterscheiden:

- **Reine Finanzierungsgesellschaften** halten keine Beteiligungen an anderen Konzerngesellschaften. Sie sind anders als die gemischt tätigen typischerweise nur mit einem Mindestkapital ausgestattet, ihre Kreditwürdigkeit wurzelt in der Garantie, Patronatserklärung oder dergleichen der Muttergesellschaft. Aufgabe einer reinen Finanzierungsgesellschaft ist die Beschaffung von Kapital auf nationalen und internationalen Finanzmärkten und dessen Weiterleitung an andere Konzerngesellschaften, also eine Kapitalvermittlung. Dazu kommt unter Umständen noch eine Transformationsfunktion hinsichtlich der Währung, der Finanzmittelkategorie und der Beträge, normalerweise nicht hinsichtlich der Fristigkeit.

- **Gemischt tätige Finanzierungsgesellschaften** haben zusätzlich Holdingaufgaben (*Finanzholding*). Sie sind mit ausreichend Eigenkapital ausgestattet, um ohne Unterstützung bis zu einem gewissen Grad kreditwürdig zu sein, und sie beteiligen sich an den Konzerngesellschaften, stellen und verwalten also Eigenfinanzierungsmittel.

Über die Funktionen einer Finanzholding hinaus gehen die einer *geschäftsleitenden Holding*, die die gesamte einheitliche Leitung der Beteiligungsgesellschaften übernimmt.

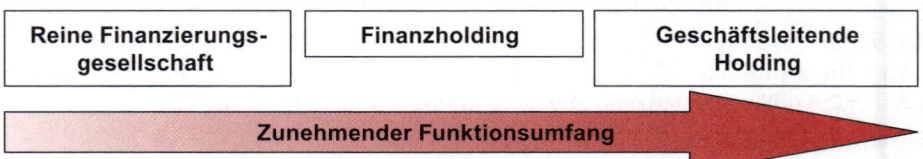

Abbildung 9.2: Reine Finanzierungsgesellschaft, Finanzholding und geschäftsleitende Holding

9.2 Finanzplanung und -controlling

Ausgangspunkt der *Finanzplanung* ist die Festlegung der Zielsetzung, an der sie sich zu orientieren hat. Die finanzwirtschaftlichen *Oberziele* haben wir im ersten Kapitel erläutert. Basierend auf einer *Analyse* der Situation, die integrativer Bestandteil der Planung ist, setzt die *Planung* die Zielsetzungen in konkrete Handlungsvorgaben für die Zukunft um.

Das *Finanzcontrolling* ist eng mit der Planung verzahnt. Jede Planung ist sinnlos, wenn ihren Sollwerten nicht die Istwerte gegenübergestellt werden und man die Soll-Ist-Abweichungen nicht analysiert. Diese Gegenüberstellung der Soll- und Istwerte und die Analyse der Soll-Ist-Abweichungen bietet das Finanzcontrolling. Die Soll-Ist-Abweichungen sind in einem ersten Schritt negativ anzusehen, wurde doch der Plan nicht realisiert. Das Finanzcontrolling wird so zum Ausgangspunkt von Korrekturen in künftigen Realisierungsphasen. In einem zweiten Schritt ist aber auch die Frage zu stellen, ob die Sollwerte angemessen waren. Insofern sichert das Finanzcontrolling die notwendige laufende Erneuerung der Planung.

9.2.1 Stellung der Finanzplanung in der Gesamtplanung

Aus dem speziellen Blickwinkel des Finanzmanagements läuft die Abstimmung der Teilpläne des Unternehmens wie in Abbildung 9.3 dargestellt.

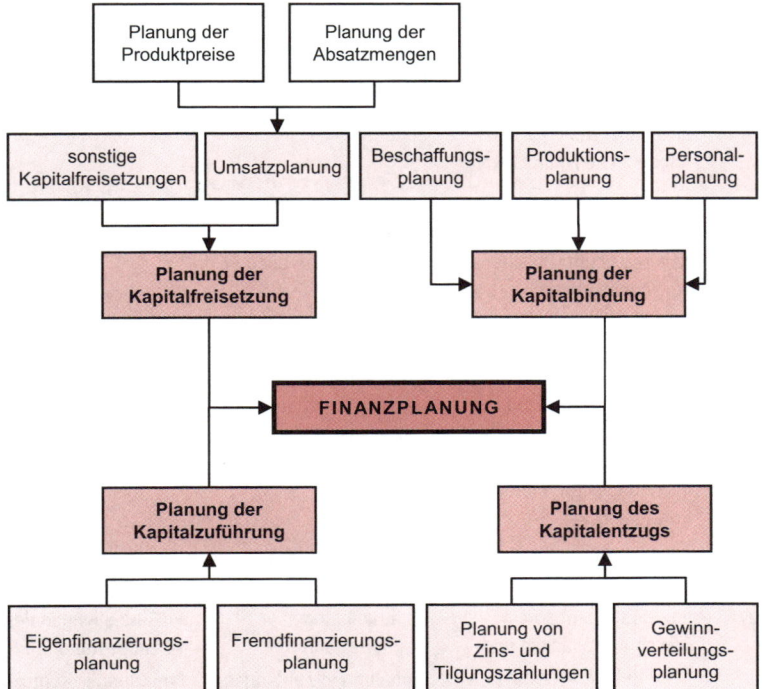

Abbildung 9.3: Planabstimmung aus Sicht des Finanzbereichs

In Normalzeiten ist die Planung von Kapitalzuführung und -entzug die ureigene Domäne der Finanzleitung (Außenfinanzierung), während die Planung von Kapital-

bindung und -freisetzung (Innenfinanzierung) primär Ausfluss der anderen Bereichsplanungen ist. Bei Liquiditätsengpässen allerdings müssen sich die sonstigen Bereichsplanungen nach den Erfordernissen der Finanzplanung richten.

9.2.2 Klassische Planungsinstrumente

Für die Finanzplanung gibt es einige typische Planarten, die sich in ihren Zielen,
Methoden und durch die Weite ihres Planungshorizonts unterscheiden:

- Liquiditätsstatus als Tagesrechnung
- Finanzplan als kurz- bis mittelfristige Planungsrechnung
- Plan-Jahresabschluss und von diesem abgeleitete Instrumente als originär langfristige
  Rechnungen, die allerdings auch für relativ kurze Fristen verwendet werden können.

Tabelle 9.1 zeigt vorweg einige Charakteristika dieser Rechnungen im Überblick.

Tabelle 9.1

Pläne des Finanzbereichs im Vergleich

	Plan-Jahresabschluss und von diesem abge-leitete Rechnungen	**Finanzplan**	**Liquiditätsstatus**
Planungs-ziel	Ziel der Mehrjahres-planung: Lenkung der Kapitalstruktur. Ziele kürzerfristiger Rech-nungen: wie Finanzplan	Sicherung der grundsätz-lichen Zahlungsfähigkeit in der absehbaren Zukunft	Sicherung der aktuellen Zahlungsbereitschaft
Planlänge	bis etwa zehn Jahre, aber Untergliederungen für die nähere Zukunft üblich bis auf Monatsebene	bis ein Jahr, unmittel-bare Zukunft bis zu tageweise untergliedert	ein Tag
Planungs-häufigkeit	jährlich und zu besonderen Gelegenheiten	monatlich oder quartalsweise	täglich
Plan-ersteller	Unternehmensleitung mit zentralem Planungsstab, Leiter Finanzen und/oder Rechnungswesen und Controlling	Leiter Treasury oder Leiter Finanzen	Finanzdisponent
Inhaltliche Beschrei-bung bzw. Grund-struktur	Planbilanz, Planerfolgs-rechnung und Plan-Cash-flow-Statement sowie Bewegungsbilanzen und Kapitalflussrechnungen	Anfangsbestand + Einzahlungen − Auszahlungen = Endbestand Einteilung in Zahlungen des Leistungsbereichs und solche des Außen-finanzierungsbereichs	Anfangsbestand + Einzahlungen des Tages − Auszahlungen des Tages = Endbestand Ermittlung je Kontokorrent-konto und Unterteilung der Zahlungen nach Zahlungs-arten

9.2.2.1 Liquiditätsstatus und Cash Management

Der **tägliche Liquiditätsstatus** bezieht sich auf die Ein- und Auszahlungen allein eines Tages. Er ermittelt die aktuelle Liquidität am jeweiligen Planungstag und erlaubt auf den Tag beschränkte Anpassungen bei den Zahlungsvorgängen. Er ist Basis der täglichen Finanzdispositionen. Die primäre Untergliederung des Liquiditätsstatus erfolgt nach Kontokorrentkonten. Für jedes dieser Konten wird erfasst:

Anfangsbestand liquider Mittel (gemäß Kontoauszug per Tagesanfang
beziehungsweise Ende des Vortags)
+ Plan-Einzahlungen des Tages
− Plan-Auszahlungen des Tages
= Plan-Endbestand des Tages

Erfolgt die Erstellung des Liquiditätsstatus nicht per Tagesanfang, sondern später am Tag, so sind bestimmte der Ein- und Auszahlungen bereits erfolgt und damit nicht mehr Planzahlungen, sondern unabwendbar.

Die Ein- und Auszahlungen des Tages werden pro Kontokorrentkonto in Tabellen erfasst, bei denen die Zahlungen üblicherweise *nach Zahlungsarten* gegliedert sind, zum Beispiel:

- Einzahlungen: Überweisungseingänge, Lastschrifteingänge, Scheckeinreichungen zur Gutschrift, Bareinzahlungen, sonstige Einzahlungen.

- Auszahlungen: Überweisungsausgänge, Daueraufträge, ausgehende Lastschriften, erwartete Belastungen ausgestellter Schecks, Barauszahlungen, sonstige Auszahlungen.

Man kann die geplanten Zahlungen zusätzlich nach weiteren Kriterien unterscheiden, vorzugsweise folgende:

- Einzahlungen und Auszahlungen je nach deren terminlicher Sicherheit: Manche Zahlungen sind terminlich genau fixiert, der zeitliche Eingang oder Ausgang von anderen muss geschätzt werden (zum Beispiel Debitorenzahlungen oder etwa wann ein selbst ausgestellter Scheck der eigenen Bank zur Zahlung und Kontobelastung vorgelegt werden wird). Bei sehr großen Beträgen vereinbart man häufig eine taggenaue Avisierung der Zahlung durch den Zahlungspflichtigen.

- Auszahlungen je nach deren Zwangscharakter: Es ist dabei zu unterscheiden, ob der Zwang lediglich wirtschaftlicher Art ist (etwa letzter Tag der Frist, innerhalb der bei gewünschtem Skontoabzug bezahlt werden muss) oder aber juristischer Art (im Extremfall letzte Zahlungsmöglichkeit vor einem befürchteten Insolvenzantrag des Zahlungsempfängers).

Der Plan-Endbestand des Liquiditätsstatus muss sich jeweils innerhalb der für die jeweiligen Konten vereinbarten Kontokorrentkreditlinien bewegen. Absehbare Überziehungen von Einzelkonten bei gleichzeitigen offenen Spielräumen auf anderen führen zu ausgleichenden Überträgen. Besteht aber für die Gesamtheit der Konten eine erwartete Liquiditätslücke, so werden gleichtägig wirkende Maßnahmen eingeleitet, die den tatsächlichen Eintritt des Defizits vermeiden sollen. An erster Stelle werden meistens nicht zwingend geplante Auszahlungen verschoben. Eine kurzfristige Generierung zusätzlicher Einzahlungen auf Kontokorrentkonten ist auch denkbar, und zwar insbesondere durch Veräußerung geldnaher Vermögenspositionen (near money assets), zum

Beispiel Veräußerung von Geldmarktpapieren oder auch Auflösung von Tagesgeldern beziehungsweise sofort kündbaren Termingeldern. Bei erwarteten Liquiditätsüberschüssen dagegen werden kurzfristige zinsgünstige (höhere Zinsen als Habenzinsen auf dem Kontokorrentkonto) geldnahe Vermögenspositionen aufgebaut.

Die Liquiditätsdispositionen auf Basis des Liquiditätsstatus bezeichnet man als *Cash Management*. Das Cash Management dient unmittelbar dem Liquiditätsziel, soll aber im Rahmen gesicherter Liquidität auch die sonstigen Unternehmensziele im Auge behalten, insbesondere Gewinn- beziehungsweise Rentabilitätsziele. Deshalb ist eine effiziente Gestaltung der Zahlungen anzustreben, eine zinsgünstige Kontoführung (hohe Anlage- und niedrige Kreditzinsen) sowie in international operierenden Unternehmen und Konzernen auch eine optimale Währungsdisposition.

Im Rahmen eines zentralisierten Cash Managements der Konzerne und Filialunternehmen mit finanziell selbstständigen Niederlassungen sind wichtige Werkzeuge zur rationellen Liquiditätsdisposition die Methoden des Netting und des Pooling. Unter *Netting* versteht man die Abwicklung gruppeninterner Zahlungsströme über Verrechnungskonten. Bilaterale Forderungen und Verbindlichkeiten zwischen Filial- oder Konzernunternehmen werden nicht brutto in beide Richtungen durch Zahlungen beglichen, sondern sie werden gegeneinander aufgerechnet und nur verbleibende Spitzenbeträge werden durch Zahlungen ausgeglichen. Vorteile des Netting sind

- Einsparung von Zahlungsverkehrsspesen bei den Banken,
- Zinsersparnis, da zwischen dem in der Zinsrechnung der Banken relevanten Datum der Belastung des einen Kontos und dem der Gutschrift auf dem Empfängerkonto kein Wertstellungsverlust (Valutaverlust, Float) entsteht,
- Wegfall von Provisionen der Banken im Devisengeschäft beziehungsweise von Devisenspreads (Kursmarge der Banken zwischen Kauf- und Verkaufskursen von Devisen).

Weiter gehend als das Netting ist das *Pooling*, die Zusammenführung der Bestände aller erfassten Kontokorrentkonten auf einem oder wenigen (zum Beispiel für verschiedene Währungen) Master-Konten (Zielkonten). Diese sehr konsequente Kontenzusammenführung führt dazu, dass nur noch der Saldo des Master-Kontos angelegt oder durch Kredit gedeckt werden muss. Vorteile des Pooling sind

- Minimierung der Zinsaufwendungen beziehungsweise Maximierung der Zinserträge,
- sonstige Größenvorteile im Geschäft mit den Banken, die besonders potenten Kunden vorbehalten sind,
- optimale Übersicht über die Liquiditätssituation des Gesamtunternehmens oder Konzerns.

Electronic Banking als Service der Banken besteht aus dem informations- und kommunikationstechnisch optimierten Transfer und der Verarbeitung von Kontodaten. In dessen Rahmen werden Unternehmen mit vielen Zahlungsverkehrs- und sonstigen Konten bei unterschiedlichen Banken und Bankfilialen internationale *Cash-Management-Systeme* angeboten. Insbesondere machen davon Unternehmen mit regional verstreut liegenden Unternehmensbereichen und Konzerne Gebrauch. Cash-Management-Systeme dienen der Zentralisierung und Optimierung der Liquiditätsplanung, insbesondere der täglichen Liquiditätsdisposition. Die Systeme erfüllen einmal Informationsbeschaffungsfunktionen, insbesondere

- Zur-Verfügung-Stellung von Kontoständen weltweit,
- Bankvorschläge zur Anlage freier Liquidität oder zur Deckung von Liquiditätsdefiziten,
- finanzierungsrelevante Auswertungen und
- Hinweise zu Zins- und Währungsfragen.

Daneben bieten die Cash-Management-Systeme rationelle Methoden zum elektronischen Zahlungsverkehr. Und schließlich werden verschiedene Informationsverarbeitungsmöglichkeiten angeboten:

- unterschiedlichste Auswertungs- und Sortiermöglichkeiten hinsichtlich der Kontostände und Zahlungsvorgänge,
- Unterstützungen im Bereich von Währungsrechnung und -absicherung,
- Angebot von Netting- und Poolinglösungen,
- unterschiedliche Optimierungsrechnungen unter Verwendung von Unternehmens- und/oder Bankdatenbeständen.

9.2.2.2 Finanzplan

Ziel des Finanzplans ist die Ermittlung der künftigen Liquidität als Liquidität am Ende bestimmter kürzerer bis mittlerer Zeitabschnitte. Der dabei erfasste maximale Planungshorizont ist allgemein ein Jahr. Zur Ermittlung der unterjährigen Liquidität wird die gesamte Planperiode in Teilperioden unterteilt. Für die nahe Zukunft (zum Beispiel eine Woche) erfolgt ein taggenauer Ausweis.

Inhaltliche Struktur des Finanzplans

Der grundsätzliche Aufbau entspricht dem beim Liquiditätsstatus, nur dass die Planzahlen weit über den aktuellen Tag hinausgehen:

Anfangsbestand liquider Mittel
+ Plan-Einzahlungen der jeweiligen Periode
− Plan-Auszahlungen der jeweiligen Periode
= Plan-Endbestand der jeweiligen Periode

Die Einteilung der geplanten Ein- und Auszahlungen erfolgt hier nicht nach Zahlungsarten wie beim Liquiditätsstatus. Untergliederungen erfolgen vielmehr insbesondere in Zahlungen des Leistungsbereichs und solche des Außenfinanzierungsbereichs:

- Zahlungen des *Leistungsbereichs*: Kapitalfreisetzungen und -bindungen, untergliederbar in Aufwands- und Ertragsbereich einerseits sowie Investitionsbereich andererseits.
- Zahlungen des *Außenfinanzierungsbereichs*, der die engere Domäne der Finanzleitung ist: Kapitalzuführungen und -entzüge.

Der Aufbau erfolgt im Prinzip gemäß der Tabelle 9.2, daneben zeigt Tabelle 9.3 einen Gliederungsvorschlag einer deutschen Großbank (unter Verwendung der Begriffe Ein-/Ausgaben im Sinne von Ein-/Auszahlungen). Resultiert ein negativer Plan-Endbestand der liquiden Mittel, so muss dieser Saldo durch einen geplanten Kontokorrentkreditrahmen gedeckt sein.

Tabelle 9.2

Grundschema eines Finanzplans

	Planbereiche	**Erläuterung zur weiteren Untergliederung in Einzelpositionen**
	Plananfangsbestand liquider Mittel	Kontokorrentstände (gegebenenfalls nach Banken oder Konten gegliedert)
Planeinzahlungen	+ Planeinzahlungen des Leistungsbereichs	Einzahlungen aus Umsätzen, sonstigen Erträgen (beziehungsweise Leistungen) und aus Desinvestitionen weitere Differenzierung der aus Umsätzen resultierenden Einzahlungen nach Sparten, Produkten, Kunden, Regionen und so weiter.
	+ Planeinzahlungen des Außenfinanzierungsbereichs	aus Eigen- und Fremdfinanzierung
Planauszahlungen	− Planauszahlungen des Leistungsbereichs	für Aufwendungen (beziehungsweise Kosten) und für Investitionen in Vermögensgüter
	− Planauszahlungen des Außenfinanzierungsbereichs	Kapitalflüsse an Eigen- und Fremdkapitalgeber (Ausschüttungen und Rückzahlungen)
	= Planendbestand liquider Mittel	Kontokorrentstände, gegebenenfalls Untergliederung in vorläufigen Endbestand, Ausgleichsmaßnahmen wegen einer Liquiditätslücke und korrigierten Endbestand

Tabelle 9.3

Beispiel-Finanzplan[1]

Tage/Wochen/Dekaden, hier z.B. Wochen		1	2	3	4	5	6
Einnahmen aus ...	**Summen**						
Umsätzen	1 vorhandenen Debitoren	357	200	104	38	5	8	2
	2. vorhandenen Aufträgen	2.157	244	300	381	406	417	409
	3. sonstigen Planumsätzen							
	4. Anzahlungen	66					33	33
sonstige Einnahmen	5. Diskonterträgen, Zinsen	23		23				
	6. Mieten, Pachten							
	7. Zuschüssen							
	8. sonstigen Erträgen	37	24		13			
	9. Umsatzsteuer-Erstattungen							
	10. Darlehensaufnahmen							
	11. Einlagen							
	12. sonstigen Einnahmen							
13. Summe Einnahmen		2.640	468	427	432	411	458	444
Ausgaben für ...								
Personalkosten	14. Löhne netto	859		421				438
	15. Gehälter netto	125		63				62
	16. Lohnsteuer	164		80				84
	17. Sozialabgaben	276		136				140
	18. Berufsgenossenschaft	19		9				10
	19. Renten, Pensionen	46		23				23
	20. sonstige Personalkosten	34	4	14			4	12

---

1 Deutsche Bank: *Planen Sie mit uns Ihre Finanzen und Ihren Erfolg,* Mittelstandsbroschüre 9, Frankfurt a.M. 1984, leicht verändert.

Wochen		Summen	1	2	3	4	5	6
Ausgaben für …								
Kreditoren und Akzepten	21. vorhandene Kreditoren	66	30	13	10	10	3	
	22. vorhandene Wechselschulden							
	23. geplante Materialeingänge	160		17	29	34	40	40
	24.							
	25.							
	26. geplante sonst. Aufwendungen	7	7					
	27. geplante Investitionen	51					51	
Zinsen	28. Darlehenszinsen	93		47				46
	29. Kontokorrentzinsen							
	30. Diskontaufwand, sonst. Zinsen							
Steuern	31. Unternehmensgewinnsteuern	17		17				
	32. Umsatzsteuer	24			24			
	33. sonstige Steuern	4			4			
sonstige Ausgänge	34. Darlehenstilgung	27		13				14
	35. Steuerentnahmen	3		3				
	36. Privatentnahmen	9		9				
	37. sonstige Ausgaben							
38. Summe Ausgaben		1.984	41	865	67	44	98	869
Saldo Einnahmen minus Ausgaben								
	39. Überschuss		427		365	367	360	
	40. Defizit			438				425
41. kumulativ		656	427	−11	354	721	1.081	656
Finanzierung		Vortrag						
	42. Entwicklung laufende Konten	−308	119	−319	46	413	773	348
	43. Limit:	400						

Bei der Finanzplanung muss man

- Umsätze und aus früheren Umsätzen entstandene Forderungen aus Lieferungen und Leistungen
- sowie Einkäufe und aus früheren Einkäufen entstandene Verbindlichkeiten aus Lieferungen und Leistungen

nach bestimmten Regeln in Zahlungen umwandeln. Dafür muss man eine Vorstellung entwickeln, wie aus Umsätzen (sie werden mit Rechnungsstellung Forderungen aus Lieferungen und Leistungen) Geldeingänge werden. Dazu kann man alternativ so vorgehen:

- Einzelplanung der Zahlungen der großen Einzelumsätze beziehungsweise Einzelforderungen,
- globale Unterstellung von Zahlungsgewohnheiten für den Rest der kleineren Forderungen.

Beispiel für eine Unterstellung der Zahlungsgewohnheiten bei monatlicher Planung:

- 50 Prozent des Monatsumsatzes: Geldeingang im gleichen Monat
- 40 Prozent des Monatsumsatzes: Geldeingang im nächsten Monat
- 10 Prozent des Monatsumsatzes: Geldeingang im übernächsten Monat

Man teilt dann die laufenden Umsätze im Verhältnis 50 : 40 : 10 auf den laufenden und die Folgemonate auf. Bei den Forderungen aus Lieferungen und Leistungen aus den Vormonaten ist dann nach Alter zu unterscheiden: Forderungen aus dem Vormonat sind wie 40 : 10 auf die ersten beiden Monate des Finanzplans zu verteilen, Forderungen mit zwei Monaten Alter führen alle zu Einzahlungen im ersten Monat des Finanzplans.

Analoge Überlegungen muss man für die Beschaffungsseite anstellen. Es ist festzustellen, wie aus Einkäufen (sie werden mit Erhalt der Rechnungen Verbindlichkeiten aus Lieferungen und Leistungen) Auszahlungen werden. Auch hier gibt es wieder die Alternativen:

- Einzelplanung der Zahlungen für große Einzellieferungen beziehungsweise Einzelverbindlichkeiten,
- globale Festlegung der eigenen Zahlungsweise für den Rest der kleineren Verbindlichkeiten.

Beispiel für eine Festlegung der eigenen Zahlungsweise bei monatlicher Planung:

- 40 Prozent der Einkäufe: Geldausgang im gleichen Monat
- 20 Prozent der Einkäufe: Geldausgang im nächsten Monat
- 10 Prozent der Einkäufe: Geldausgang im übernächsten Monat
- 30 Prozent der Einkäufe: Geldausgang im 3. Monat später

Man teilt dann die laufenden Einkäufe im Verhältnis 40 : 20 : 10 : 30 auf den laufenden und die drei Folgemonate auf. Bei den Verbindlichkeiten aus Lieferungen und Leistungen aus den Vormonaten ist dann nach Alter zu unterscheiden: Verbindlichkeiten aus dem Vormonat sind wie 20 : 10 : 30 auf die ersten drei Monate des Finanzplans zu verteilen, Verbindlichkeiten mit zwei Monaten Alter im Verhältnis 10 : 30 auf die ersten beiden Monate des Finanzplans und Verbindlichkeiten mit drei Monaten Alter führen alle zu Auszahlungen im ersten Monat des Finanzplans.

Zeitliche Struktur des Finanzplans

Der Finanzplan ist das wichtigste Planungsinstrument des Finanzmanagements. Er muss die Erreichung des zentralen Ziels des Finanzmanagements sichern, die jederzeitige Zahlungsfähigkeit in der absehbaren Zukunft. Da die Zahlungsfähigkeit an jedem einzelnen Tag gesichert sein muss, muss die Finanzplanung im Grundsatz taggenau sein. Man spricht auch von der Erreichung der *Momentanliquidität*. Für mehrere Monate die taggenaue Liquidität vorauszuplanen ist allerdings unmöglich, da die Planbarkeit mit der Entfernung zum betroffenen Zeitpunkt abnimmt. Also plant man für die weitere Zukunft nur wochen-, dekaden-, monats- oder quartalsweise. Eine Monatsplanung etwa kann aber nur die sogenannte *Periodenliquidität* sichern. Die Periodenliquidität besagt, dass die innerhalb der Periode bis zum letzten Tag kumulierten Auszahlungen durch die kumulierten Einzahlungen der Periode zuzüglich des Anfangsbestands an Zahlungsmitteln und einer eventuellen unbenutzten Kreditlinie gedeckt sind. Dadurch ist aber nicht gesichert, dass auch an jedem Tag innerhalb der Periode das Liquiditätspostulat erfüllt wird. Die Lösung des offensichtlichen Problems bietet die *rollierende Finanzplanung*. Bei dieser Variante der Planung erfolgt eine periodische, zum Beispiel vierteljährliche Aktualisierung des Finanzplans nach einem rollierenden System, wie es in Abbildung 9.4 dargestellt ist. Nach diesem System hat man jedes Quartal neu eine Finanzplanung für ein volles Jahr (Quartale I, II, III und IV). Dabei wird erstens mit Ablauf jedes Quartals ein zusätzliches Planquartal am Ende des Planungszeitraums in den Plan eingefügt (jeweils Quartal 4, in der Abbildung mit vertikaler Schraffierung gekennzeichnet). Zweitens wird die Planung für das jeweils unmittelbar beginnende Quartal bei dieser Neuplanung stärker differenziert, beispielsweise zur wochengenauen Planung verfeinert (jeweils erstes Quartal, in der Abbildung mit horizontaler Schraffierung). Zusätzlich zur quartalsweisen Neuplanung wird etwa immer wöchentlich die unmittelbar folgende Woche zu einer taggenauen Planung differenziert.

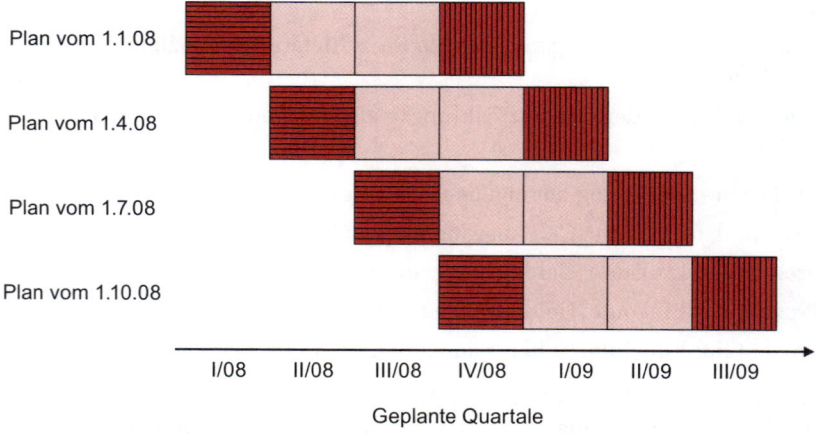

Abbildung 9.4: Rollierende jährliche Finanzplanung

Bei der Planung für Wochen, Monate oder Quartale ist auf dort vermutete *Belastungsspitzen* innerhalb der Planperioden zu achten, etwa auf Lohnzahlungen zu den Monatsenden bei lohnintensiven Betrieben, auf Steuertermine oder auf konkrete Zahlungen für Großinvestitionen oder Darlehenstilgungen.

Je ungenauer die Finanzplanung ist, desto höhere Bedeutung haben *Liquiditätsreserven,* etwa in Form eiserner Kassenbestände, ungenutzter Kontokorrentkreditlinien oder liquiditätsnaher Aktiva.

Behebung vorläufiger Defizite an liquiden Mitteln

Der tägliche Liquiditätsstatus löst im Fall eines absehbaren Defizits an Zahlungskraft zwar auch Korrekturmaßnahmen aus, die zur Erhöhung der Liquidität führen, dies sind aber nur äußerst kurzfristige Maßnahmen im allerletzten Augenblick. Demgegenüber ist der Finanzplan das zentrale Werkzeug des Finanzmanagements zur planmäßigen Liquiditätssicherung. Zeigt der Finanzplan eine mangelnde Deckung des Plandefizits durch Kreditlinien an, so gibt es eine Reihe denkbarer Maßnahmen, die zu deren Behebung dienen können, Beispiele führt Tabelle 9.4 auf.

Tabelle 9.4

Maßnahmen zur Deckung des Liquiditätsdefizits in der Finanzplanung

Vermögen außer der Reihe zu Geld machen:
- Verkauf von Wertpapierbeständen oder anderem entbehrlichem Finanzvermögen
- Verkauf nicht betriebsnotwendiger Vermögensteile
- Sale-and-lease-back

Eingänge beschleunigen, Ausgänge verzögern:
- sofortigen Rechnungsausgang sicherstellen
- kurzfristige Intensivierung des Mahnwesens
- Rechnungen erst nach dritter Mahnung bezahlen, sich im Extremfall sogar erst verklagen lassen
- Zahlungstermine durch Abbuchungsverfahren sichern
- Steuervorauszahlungen möglichst herabsetzen, über Steuerstundungen verhandeln
- Vereinbarung von Tilgungsstreckungen

Spezielle Einlagen und Kredite beschaffen:
- mit Lieferanten Verlängerung der Zielfrist vereinbaren
- Vorauszahlungen erbitten, sofern irgend möglich
- private Darlehen und Darlehen von Geschäftsfreunden

Zugunsten von Liquidität Rentabilität opfern:
- grundsätzlich Geschäft mit Sofortzahlern bevorzugen
- selbst unrentables Geschäft machen, sofern es noch Liquiditätsvorteile bringt

Gesellschafter müssen Farbe bekennen:
- geringere Entnahmen, Vergütungen, Mieten usw. an Gesellschafter und deren Familienmitglieder
- Einfordern zusätzlicher Einlagen sowie von Krediten seitens der Gesellschafter (gegebenenfalls Notverkäufe im Privatbereich), neue Sicherheiten aus dem Privatbereich der Gesellschafter
- Zuführung von Eigenkapital durch Aufnahme neuer Gesellschafter

Rigoros Auszahlungen kürzen:
- Personalabbau durch Fluktuation nutzen, kurzfristige betriebsbedingte Kündigungen
- Personalbedarfsspitzen nur durch Überstunden und Zeitverträge befriedigen
- Materialeinsatz so weit wie möglich nur zu Lasten des Lagerbestands

9.2.2.3 Plan-Jahresabschluss und von diesem abgeleitete Rechnungen

Heute erstellt man Plan-Jahresabschlüsse, auch einfach Planbilanzen genannt oder in typischer betriebswirtschaftlicher Begriffsverwirrung auch als Finanzpläne bezeichnet, unter Einsatz von Businessplanungs-Software oder der gängigen Tabellenkalkulations-programme problemlos für einige Jahre – meistens fünf oder zehn – auf Quartals- oder Monatbasis. Mit der starken zeitlichen Differenzierung verschwimmt die klassische Trennung von 1-Jahres-Finanzplan und Planjahresabschlüssen zusehends. Das gilt insbesondere dann, wenn der Plan-Jahresabschluss auch ein Plan-Cashflow-Statement enthält, was immer öfter der Fall ist. Desgleichen verliert dabei die Trennung in allge-meine Unternehmensplanung (Business-Planung) und spezifische Finanzplanung an Bedeutung. Das ist eine positive Entwicklung, weil so die notwendige Integration aller Unternehmenspläne eine solide informationstechnische Basis erhalten hat. Aus einem Nebeneinander von Teilplänen ist so in sehr vielen Unternehmen schon eine inte-grierte Planungskultur entstanden. Die Unternehmensplanung am Computer ist mehr oder weniger nahe an Simulationsmodellen der Unternehmensplanung, welche die unterschiedlichsten besonderen Auswertungen aus dem Gesamtmodell des Unterneh-mens zulassen. Die Besonderheiten der Liquiditäts- und Finanzstruktur-Planung schlagen sich dann vor allem darin nieder, spezielle Aufbereitungen und Auswertun-gen zu erstellen. Als wichtige Formen lassen sich nennen:

- Plan-Cashflow-Statement,
- Kapitalbindungsplan,
- Analysen der Entwicklung von Finanzmittel-Fonds.

Plan-Cashflow-Statement als liquiditätsorientierte Ergänzungsrechnung

Im fünften Kapitel wurde dargelegt, wie man ausgehend vom Jahresüberschuss bezie-hungsweise -fehlbetrag die Veränderung der Zahlungsmittel (gesamte Cash-Verände-rung) ermittelt. Der Ausdruck Cashflow-Statement ist also nicht lediglich auf den Cashflow im Sinne des Umsatzüberschusses bezogen, sondern er kennzeichnet die Errechnung sämtlicher Cash-Veränderungen, was man nur in einem hier sonst nicht verwendeten sehr umfassenden Sinne als Cashflow bezeichnet. Mit der zunehmenden Bedeutung der Rechnungslegung nach US-GAAP und in der Europäischen Union zunehmend nach IAS/IFRS wird das in den Jahresabschlüssen nach diesen Normen enthaltene Cashflow-Statement ohnehin immer mehr zum dritten Bestandteil des Jah-resabschlusses (neben Bilanz sowie Gewinn- und Verlustrechnung) und entsprechend weisen mittlerweile auch die Plan-Jahresabschlüsse zunehmend Plan-Cashflow-State-ments auf.

Der Saldo des Plan-Cashflow-Statements zeigt als „gesamte Cash-Veränderung" die geplante Veränderung der Salden der Kontokorrentkonten. Die Ermittlung des Saldos des Cashflow-Statements nimmt ihren Ausgang bei der Plan-Gewinn-und-Verlustrechnung: Der Saldo der bar anfallenden Erträge und Aufwendungen ergibt den Umsatzüber-schuss, den Cashflow im üblichen Sinne. Ausgehend von diesem Umsatzüberschuss wird die gesamte geplante Veränderung des Kontokorrents ermittelt, indem man (aus der Plan-Bilanz ersichtliche) erfolgsneutrale Cash-Veränderungen hinzuzählt beziehungs-weise abzieht, wie dies in Tabelle 9.5 beschrieben wird (Kurzform der Tabelle 5.4).

Tabelle 9.5

Ermittlung der Gesamtveränderung der Cash-Mittel (des Kontokorrents)

	Cashflow (Umsatzüberschuss)
+/−	Zu- und Abfluss liquider Mittel durch Veränderung des Working Capital
=	Mittelzu-/-abfluss aus laufender Geschäftstätigkeit
+/−	Zu- und Abfluss liquider Mittel durch Investitions- und Desinvestitionsaktivitäten im Anlagevermögen (investing activities)
=	Mittelzufluss/-abfluss nach Einrechnung der Investitionstätigkeit
+/−	Zu- und Abfluss liquider Mittel durch langfristige Finanzaktivitäten (financing activities)
=	**gesamte Cash-Veränderung** (Veränderung des Saldos der Kontokorrentkonten)

In Tabelle 9.6 wird zusätzlich in den letzten drei Zeilen demonstriert, wie im Anschluss an die Ermittlung der gesamten Cash-Veränderung die geplanten liquiden Mittel, das ist der Saldo der Kontokorrentkonten des Unternehmens, zu den Periodenenden ermittelt werden. Ergäbe sich als Saldo in einem Plan-Cashflow-Statement ein bestimmter negativer Zahlungsmittelbestand, so müsste dieser durch offene Kontokorrentlinien abgedeckt sein. Gibt es keine offene Kontokorrentlinie, so muss das Cashflow-Statement jeder Planperiode mit einem positiven Bestand an liquiden Mitteln enden.

Tabelle 9.6

Beispiel eines Plan-Cashflow-Statements

€		2008	2009	2010	2011	2012
	Jahresüberschuss/-fehlbetrag	−45.516	−13.851	29.143	29.953	26.982
+/−	Abschreibungen/Zuschreibungen auf Gegenstände des Anlagevermögens	3.001	2.119	920	895	35
+/−	Veränderung der Pensionsrückstellungen	204	206	205	230	190
=	Cashflow (Umsatzüberschuss)	−42.311	−11.526	30.268	31.078	27.207
+/−	Zunahme/Abnahme des Working Capital	−19.569	−6.279	8.641	24.045	44.788
=	Mittelzufluss/-abfluss aus laufender Geschäftstätigkeit	−61.880	−17.806	38.910	55.123	71.995

€	2008	2009	2010	2011	2012
+/− Einzahlungen aus Desinvestitionen/ Auszahlungen für Investitionen in das Anlagevermögen	8.680	0	0	0	0
= Mittelzufluss/-abfluss nach Einrechnung der Investitionstätigkeit	−70.560	−17.806	38.910	55.123	71.995
+/− Einzahlungen aus Kapitalerhöhungen und Zuschüssen der Gesellschafter/Auszahlungen an Gesellschafter	0	20.000	0	0	0
+/− Einzahlungen aus Begebung von Anleihen und aus Aufnahme von (Finanz-)Krediten/ Rückzahlungen	−8.975	−9.442	−9.952	−10.510	−11.121
= gesamte Cash-Veränderung	−79.535	−7.247	28.958	44.613	60.874
Mittelzufluss/-abfluss kumuliert	−79.535	−86.782	−57.824	−13.211	47.662
+ Cash zu Periodenbeginn (2008: 100.000 €)	100.000	20.465	13.218	42.176	86.789
= **Liquide Mittel zu Periodenende**	**20.465**	**13.218**	**42.176**	**86.789**	**147.662**

Kapitalbindungsplan (prospektive Bewegungsbilanz)

Eine sehr einfache analytische Aufbereitung der Planbilanzen für Zwecke der Finanzplanung ist der Kapitalbindungsplan, der entgegen seinem eng gefassten Namen allerdings nicht nur Kapitalbindungen ausweist, wie sich zeigen wird. Der Kapitalbindungsplan ist eine *prospektive Bewegungsbilanz*. Eine Bewegungsbilanz wird zwar ohne Zusatzinformationen aus den Bilanzen erstellt und besitzt insofern gegenüber diesen objektiv keine Zusatzinformationen. Die Aufbereitung der Zahlen zweier aufeinanderfolgender Bilanzen, hier: Planbilanzen, hat aber analytischen Nutzen.

Um einen Kapitalbindungsplan (prospektive Bewegungsbilanz) zu erstellen, errechnet man zuerst eine einfache prospektive *Veränderungs- oder Differenzenbilanz*, wie dies am stark vereinfachten Beispiel der Tabelle 9.7 klar wird. Eine Veränderungsbilanz stellt die Differenzen zwischen zwei Bilanzen dar, indem von den Bilanzwerten der Bilanz eines Jahres n die Werte der Bilanz des vorhergehenden Jahres n − 1 abgezogen werden.

Tabelle 9.7

Entwicklung der prospektiven Veränderungsbilanz

Zwei aufeinanderfolgende Plan-Bilanzen und die resultierende Plan-Veränderungsbilanz (in T€)

Aktiva	2007	2008	Differenz	Passiva	2007	2008	Differenz
liquide Mittel	100	179	+ 79	kurzfristige Verbindlichkeiten	1.500	1.538	+ 38
kurzfristige Forderungen	3.000	3.338	+ 338	langfristige Verbindlichkeiten	1.500	1.444	− 56
Vorräte	300	229	− 71	gezeichnetes Kapital	2.000	2.414	+ 414
Anlagevermögen	2.600	2.889	+ 289	Gewinnrücklagen	1.000	1.239	+ 239
Summe	6.000	6.635	+ 635	Summe	6.000	6.635	+ 635

Ordnet man eine Differenzenbilanz um, indem man auf der linken Seite die Aktiva-Erhöhungen (A^+) und Passiva-Senkungen (P^-) zusammenfasst und auf der rechten die Passiva-Erhöhungen (P^+) und die Aktiva-Senkungen (A^-), wobei ein Wechsel auf die gegenüberliegende Seite zu einem Vorzeichenwechsel führt, so ergibt sich eine Bewegungsbilanz. Tabelle 9.8 zeigt die sich ergebende prospektive Bewegungsbilanz, Kapitalbindungsplan bezeichnet, die aus der vorher beispielhaft entwickelten Plan-Veränderungsbilanz hergeleitet wurde.

Tabelle 9.8

Kapitalbindungsplan (prospektive Bewegungsbilanz)

Kapitalverwendung	T€	Kapitalherkunft	T€
liquide Mittel	79	kurzfristige Verbindlichkeiten	38
kurzfristige Forderungen	338	gezeichnetes Kapital	414
Anlagevermögen	289	Gewinnrücklagen	239
langfristige Verbindlichkeiten	56	Vorräte	71
Summe	**762**	**Summe**	**762**

Die Veränderungen der Bilanzpositionen lassen sich den im ersten Kapitel erörterten Kapitalbewegungen folgendermaßen zuordnen:

- Aktiva-Erhöhungen sind Kapitalbindung
- Passiva- Senkungen sind Kapitalentzug
- Passiva-Erhöhungen sind Kapitalzuführung (Außenfinanzierung)
- Aktiva-Senkungen sind Kapitalfreisetzung (Innenfinanzierung)

Kapitalbindung und -entzug sind die zwei Möglichkeiten der Kapitalverwendung, Kapitalzuführung und -freisetzung dagegen sind die zwei Möglichkeiten der Kapitalherkunft.

- Kapitalherkunft = Kapitalzuführung + Kapitalfreisetzung
- Kapitalverwendung = Kapitalbindung + Kapitalentzug

Die Bewegungsbilanz und somit auch der Kapitalbindungsplan als prospektive Variante sind allgemein also eine Gegenüberstellung von solchen Formen der Kapitalbewegungen, besser: Salden von Kapitalbewegungen des Bilanzjahres, die aus der Bilanz ersichtlich sind. Welche ersichtlich sind ist allerdings von den Bilanzierungsregeln abhängig. Beispielsweise führt die sofortige Erfassung als Aufwand und damit mangelnde Aktivierbarkeit (Erhöhung des im Unternehmen gebundenen Vermögens) der Auszahlungen für eine Werbekampagne oder eine Personalausbildungsmaßnahme dazu, dass die entsprechende Kapitalbindung nicht erfasst wird. Stattdessen führt der Aufwand zu einer Minderung des Saldos der Kapitalzuführung (weniger Gewinn).

Tabelle 9.9

Prinzipieller Aufbau einer (prospektiven) Bewegungsbilanz	
Kapitalverwendung	**Kapitalherkunft**
A^+ ist Kapitalbindung	A^- ist Kapitalfreisetzung
P^- ist Kapitalentzug	P^+ ist Kapitalzuführung

Analysen der Entwicklung von Finanzmittelfonds

Ein Finanzmittelfonds ist die Zusammenfassung aktiver und/oder passiver Bilanzpositionen, die (saldiert) einen Erklärungswert hinsichtlich des Liquiditätspotenzials eines Unternehmens aufweisen, weil sie mehr oder weniger nahe an der Geldform sind. Beispiele sind folgende Fonds, die jeweils die Differenz aus

- mehr oder weniger liquiden Aktiva einerseits und
- dem kurzfristigen Fremdkapital andererseits

erfassen. Die speziellen in Tabelle 9.10 als Beispiele genannten Fonds zeichnen sich dadurch aus, dass man bei Division der jeweiligen Aktiva (je nach Fonds) und Passiva (immer das kurzfristige Fremdkapital) die üblichen Liquiditätsgrade erhält, die am Ende dieses Kapitels noch einmal zur Sprache kommen werden.[2]

---

2 Man verwendet die beiden erstgenannten Fonds der flüssigen Mittel netto und des Nettogeldvermögens auch zu einer Abgrenzung der Begriffspaare Einnahmen/Ausgaben und Einzahlungen/Auszahlungen: Erhöhungen des Fonds der flüssigen Mittel netto sind danach Einzahlungen und Senkungen Auszahlungen. Erhöhungen des Fonds des Nettogeldvermögens dagegen sind Einnahmen und Senkungen Ausgaben. Die so vorgenommenen Definitionen der Einnahmen/Ausgaben unterscheiden sich von denen im ersten Kapitel dadurch, dass im ersten Kapitel alle Forderungen und Verbindlichkeiten in den Begriffsumfang eingingen, hier dagegen nur die kurzfristigen der Forderungen und Verbindlichkeiten.

Tabelle 9.10

Häufig verwendete Finanzmittelfonds

Fonds flüssiger Mittel netto:
Kassenbestand + Schecks + Bankguthaben + sonstige Wertpapiere des Umlaufvermögens
− kurzfristiges Fremdkapital

Fonds des Nettogeldvermögens:
Kassenbestand + Schecks + Bankguthaben + sonstige Wertpapiere des Umlaufvermögens +
kurzfristige Forderungen
− kurzfristiges Fremdkapital

(Net) Working Capital Fonds:
Umlaufvermögen
− kurzfristiges Fremdkapital

Um die Hintergründe der Entstehung von Fonds zu erklären, kann man zum Zweck der Analyse die Geschäftsvorfälle erfassen, welche die Komponenten der Fonds verändert haben. Aus Sicht der Buchhaltung bedeutet das, dass man jeweils die Gegenbuchungen zu allen Buchungen erfasst, welche die Fondskonten verändert haben. Solche Erklärungen von Fondsänderungen durch ihre Gegenbuchungen auf Nicht-Fonds-Konten nennt man auch *Kapitalflussrechnungen* auf Fondsbasis. Sie lassen sich auch gut für Planungsrechnungen einsetzen.

Zur Erläuterung der Aussage, dass die Gegenbuchungen auf den Nicht-Fonds-Konten einen gewissen Erklärungswert hinsichtlich der bewirkten Fondsänderungen haben, dient Tabelle 9.11. Die dargestellte *Umsatzmatrix* arbeitet mit dem Fonds des Working Capital, im Beispiel vereinfacht definiert als Kasse + Bank + Debitoren + Vorräte − Kreditoren. Die Plan-Umsatzmatrix zeigt anschaulich, durch welche Buchungen die Bilanzpositionen verändert werden sollen. An die Stelle des Gewinns als Bilanzsaldo (und gleichzeitig Saldo der Gewinn- und Verlustrechnung) werden dabei die Aufwendungen/Erträge, deren Saldo ja der Gewinn ist, eingesetzt.

Die Umsatzmatrix stellt dar, durch welche Buchungen die in Kopfzeile und -spalte genannten Konten miteinander verbunden sind. Dabei geht in dieser globalen Darstellung tatsächlich nur die Summe aller gleichartigen Buchungen statt der Einzelbuchungen in die Rechnung ein. Das schränkt die Aussagefähigkeit der hier primär Erklärungszwecken dienenden Umsatzmatrix im Vergleich zu einer ausführlicheren Fondsrechnung der Praxis natürlich ein. Buchungen zwischen Konten des Fonds (Kasse und Bank, Debitoren, Kreditoren, Vorräte), in der Tabelle die Buchungen im dunkel schattierten Bereich, verändern den Fonds nicht, weil Soll- und Habenbuchungen gleichermaßen Fondskonten betreffen. Desgleichen verändern Buchungen zwischen Nicht-Fonds-Konten (Konten des Gegenfonds), im unschattierten Bereich mit kursiv gedruckten Zahlen, den Fonds nicht, weil weder Soll- noch Habenbuchungen auf den Fondskonten erfolgen. Es verbleiben die Buchungen im hell schattierten zweiteiligen Bereich, bei denen entweder die Sollbuchung auf einem Fondskonto erfolgt (Fondserhöhung) und die Habenbuchung auf einem Gegenfondskonto oder umgekehrt die Habenbuchung auf einem Fondskonto (Fondssenkung) und die Sollbuchung auf einem Gegenfondskonto. Diese Buchungen erfassen also die Veränderungen des Fonds und erklären diese durch Veränderungen der Gegenfondskonten. Die Buchungen stellen eine *Kapitalflussrechnung* im oben genannten Sinne dar.

Tabelle 9.11

Plan-Umsatzmatrix

(Mio. €)	Kasse, Bank	Debitoren	Kreditoren	Vorräte	Aufwendungen/Erträge	Betriebsanlagen	Finanzanlagen	Obligationenschuld	Aktienkapital	Rücklagen	Sollsummen	Erhöhungen des Working Capital WC+	Senkungen des Working Capital WC−
Kasse, Bank		70	12			11	1	20	10	40	164	82	110
Debitoren	7	8	16		94		3				128	97	9
Kreditoren	24	9	9	15	35		2				94	37	23
Vorräte	16		22								38	0	25
Aufwendungen/Erträge	35	9	15	25		6	3			9	102		
Betriebsanlagen	30				4	6		10		5	55		
Finanzanlagen	16		13		1		8			3	41		
Obligationenschuld	25								4		29		
Aktienkapital							10				10		
Rücklagen	4										4		
Habensummen	157	96	87	40	134	23	17	30	24	57	665		
Summen der Erhöhungen und Senkungen des Working Capital (WC)												216	172
Saldo der Änderungen des Fonds Working Capital (WC)												**44**	

Left margin label: *Sollbuchungen auf Konto ...*
Top label: *Habenbuchungen auf Konto ...*

Zwei Beispiele dafür, dass die Gegenfondsbuchungen einen Erklärungswert für die Fondsentwicklung bieten, seien hier exemplarisch genannt. Dabei erfolgen die Sollbuchungen jeweils auf dem Fondskonto „Kasse/Bank" (Fondserhöhung), die Gegenbuchungen auf den Gegenfondskonten „Aktienkapital" und „Betriebsanlagen":

- Das Working Capital (Fonds) erhöht sich um 10 Mio. Euro (Sollbuchung auf „Kasse/Bank"), weil in dieser Höhe durch Aktienemission das nominelle Aktienkapital erhöht wird (Habenbuchung auf Konto „Aktienkapital").

- Das Working Capital (Fonds) erhöht sich um 11 Mio. Euro (Sollbuchung auf „Kasse/Bank"), weil in dieser Höhe Betriebsanlagen gegen Barmittel veräußert werden (Habenbuchung auf Konto „Betriebsanlagen").

Die Umsatzmatrix hat den das Verständnis erleichternden Vorteil der sehr übersichtlichen Darstellung der Zusammenhänge, ist für die reale Planungs- und Rechnungspraxis aber zu pauschal. Das gilt auch dann, wenn eine weit stärkere Untergliederung der Konten als im Beispiel vorgenommen wird. Sie weist in der dargestellten Form nämlich immer nur die Summe der Buchungen mit gleichem Buchungssatz aus, etwa alle Erhöhungen der Barmittel zulasten der Betriebsanlagen. In differenzierten Plan-Kapitalflussrechnungen mit weniger aggregierten Zahlen sind zumindest die wichtigen einzelnen Geschäftsvorfälle separat aufzuführen und inhaltlich klar zu beschreiben, damit man nicht nur aufgrund der Buchung spekulieren muss, was hinter einer geplanten Fondsänderung stecken dürfte. Denn die Interpretation, welche Aktion hinter einer Buchung steckt, ist meistens nicht eindeutig möglich.

Die geplanten Erhöhungen und Senkungen des Fonds des Working Capital ergeben sich als Summe der jeweiligen Buchungen auf den Gegenfondskonten. Diese Erhöhungen und Senkungen wurden in Tabelle 9.11 in den beiden Spalten rechts außen zusammengefasst. Der Saldo aus allen Erhöhungen und Senkungen entspricht der geplanten Fondsänderung (im Beispiel 44 Mio. Euro).

9.2.3 Finanzierungsregeln und -modelle

9.2.3.1 Horizontale Kapital-Vermögensstrukturregeln

Es gibt sehr einfache Erfahrungsregeln, die trotz mangelnder theoretischer Fundierung für die Praxis der Finanzplanung als Norm verwendet werden und sich der Frage widmen, wie man die Kapitalherkunft mit der Kapitalverwendung unter Beachtung allein von Liquiditätsaspekten aufeinander abstimmen sollte. Die Regeln orientieren sich am Bilanzbild, erfassen also keine Phänomene, die nicht in der Bilanz erfasst werden. Diese Regeln werden als horizontale Strukturregeln bezeichnet, weil es um einen Vergleich von Vermögens- und Kapitalpositionen geht, die in der Bilanz nicht untereinander stehen (vertikal), sondern nebeneinander (horizontal).

Die diesbezügliche Grundregel ist die **goldene Finanzierungsregel**. Danach sollen sich generell die Fristen von Kapitalbeschaffung und Kapitalverwendung entsprechen. Beschafft sich der Kaufmann Kapital für x Monate, so soll es auch nur für x Monate oder darunter investiert werden. Die Beachtung dieser Regel erleichtert die jederzeitige Zahlungsfähigkeit. Dabei ist unterstellt, dass die in das Vermögen gebundenen Kapitalbeträge über den Leistungsprozess des Unternehmens termingerecht freigesetzt werden und zur Rückzahlung des aufgenommenen Kapitals verwendet werden können. Sonstige aus der Bilanz nicht ermittelbaren Auszahlungserfordernisse aus dem

Leistungsprozess wie etwa erforderliche Lohnzahlungen oder Mietzahlungen sind dabei unberücksichtigt. Auch wird nicht auf sonstige Unternehmensziele neben dem Liquiditätsziel abgestellt, etwa auf das Rentabilitätsziel.

Wendet man die generelle goldene Finanzierungsregel auf die Grobstruktur der Bilanz an, eingeteilt in

- Anlage- und Umlaufvermögen auf der einen Seite sowie
- Eigenkapital (steht zeitlich unbegrenzt zur Verfügung) und Fremdkapital (lang- oder aber kurzfristig) auf der anderen Seite,

so konkretisiert sie sich in der **goldenen Bilanzregel**. Diese Regel besagt in einer extrem engen Fassung, dass Anlagevermögen durch Eigenkapital zu finanzieren sei. Das stellt aber eine Übererfüllung der Forderungen der goldenen Finanzierungsregel dar, da das Anlagevermögen abgesehen vom nicht abschreibbaren Teil im Unternehmen nicht prinzipiell unbegrenzt gebunden ist, das Eigenkapital aber unbegrenzt zur Verfügung steht.

In der weiteren Fassung verlangt die goldene Bilanzregel nur, dass das Anlagevermögen durch langfristig gebundenes Kapital zu finanzieren ist, das ist Eigenkapital oder langfristiges Fremdkapital. Präziser wird diese Regel, wenn man zusätzlich beachtet, dass ein Teil des Umlaufvermögens, zum Beispiel eiserne Bestände des Vorratsvermögens, faktisch langfristig gebunden ist. Dann lautet die goldene Bilanzregel: Anlagevermögen und langfristiges Umlaufvermögen müssen durch Eigenkapital und langfristiges Fremdkapital finanziert werden. Wird diese Regel nicht übererfüllt, sondern nur gerade eingehalten, dann entsprechen sich in der Bilanz auch der kurzfristige Teil des Umlaufvermögens und das kurzfristige Fremdkapital.

Tabelle 9.12

Varianten der weiten Fassung der goldenen Bilanzregel

Variante 1

Bilanz	
Anlagevermögen	Eigenkapital
	langfristiges Fremdkapital
Umlaufvermögen	kurzfristiges Fremdkapital

Variante 2

Bilanz	
Anlagevermögen	Eigenkapital
	langfristiges Fremdkapital
langfristiges Umlaufvermögen	
kurzfristiges Umlaufvermögen	kurzfristiges Fremdkapital

Über die Kritik hinaus, dass nicht alle künftigen Ein- und Auszahlungen aus der Bilanz ersichtlich sind, sodass Liquiditätsregeln nicht allein auf Bilanzverhältnissen fußen können, gilt noch weiter, dass der zeitliche Anfall von Ein- und Auszahlungen aus den sehr grob eingeteilten Bilanzpositionen sehr unbestimmt ist, wird doch auf Aktiv- und Passivseite nur zwischen kurz- und langfristigen Positionen unterschieden.

Eine so grobe Einteilung nach dem Zeitraum der Zahlungswirksamkeit kann natürlich auch nur zu einer groben Regel führen. Trotz dieser mangelnden Präzision hat die goldene Bilanzregel als pragmatische Vorschrift in der Praxis doch einige Bedeutung erlangt. Ihre Einhaltung kann aber die oben geschilderten Formen der auf Ein- und Auszahlungen basierenden Planung nicht ersetzen.

9.2.3.2 Vertikale Kapitalstrukturmodelle

Die Frage der optimalen Struktur des Kapitals wird hier auf die in der Finanzierungslehre am weitaus häufigsten diskutierte Frage reduziert, wie das optimale Verhältnis von Fremdkapital zu Eigenkapital ist. Dieses Verhältnis nennen wir hier *Verschuldungskoeffizient* und unterscheiden diesen Begriff vom *Verschuldungsgrad*, definiert als Anteil des Fremdkapitals am Gesamtkapital. Die vertikalen Kapitalstrukturmodelle der herrschenden Finanzierungslehre gehen nicht auf Fragen der Kapitalfristigkeit ein (Unterscheidung lang- und kurzfristigen Kapitals).

Allzu einfache vertikale Kapitalstrukturregeln wie etwa die rigorose Forderung nach einem Verschuldungskoeffizienten von maximal eins haben sich in der Betriebswirtschaftslehre nicht durchgesetzt. Vornehmlich dreht sich die Diskussion hierzu vielmehr um die Fragen,

- wie man die Rentabilität des Eigenkapitals durch Einsatz von zusätzlichem Fremdkapital (und damit Änderung der Kapitalstruktur) steigern kann (Leverage Effekt) und

- wie hoch der Verschuldungskoeffizient sein sollte, wenn minimale Kosten des eingesetzten Gesamtkapitals anfallen sollen, was unter sonst gleichen Umständen ein Maximum des Unternehmenswerts bedeutet (Kapitalstrukturmodelle nach Solomon und Modigliani/Miller).

Leverage-Effekt

Die Frage der Kapitalstruktur taucht in der Theorie und besonders in der Praxis oft mit dem nachfolgend diskutierten Phänomen auf, dem *Leverage-Effekt*. Dieser Effekt stellt eine Verbindung zwischen Kapitalstruktur einerseits und für die Kapitalarten zu bezahlenden Zins oder Gewinn („Kapitalkosten") andererseits her. Der Gesamtertrag des eingesetzten Kapitals steht den Kapitalgebern zu, das sind Eigen- und Fremdkapitalgeber. Dabei haben die Fremdkapitalgeber insofern Priorität, als sie erst ihre Zinsen bekommen – allerdings auch nicht mehr –, ehe die Eigenkapitalgeber den sich dann ergebenden Rest des Gesamtkapitalertrags, also eine Saldogröße, erhalten. Je geringer die Eigenkapitalquote ist, desto stärker wirkt sich der den Eigenkapitalgebern nach Abzug der Zinsen verbleibende Teil des Gesamtertrags des Kapitals auf die Rentabilität ihres Eigenkapitaleinsatzes aus. Das ist der sogenannte Leverage-Effekt, der mit folgendem Beispiel veranschaulicht wird. Wegen des Phänomens des Leverage-Effekts ist die Steuerung des Verschuldungskoeffizienten ein hervorstechendes Instrument des Finanzmanagements, eingespannt im Zwiespalt zwischen dem Streben nach Sicherheit (bei niedrigem Verschuldungskoeffizienten) und Chance auf hohe Eigenkapitalrentabilität (bei hohem Verschuldungskoeffizienten).

Beispiel | **Leverage-Effekt**

Ein Unternehmen hat ein Gesamtkapital von 200.000 Euro, die Gesamtkapital-rentabilität ist 15 Prozent, die Fremdkapitalzinsen sind 9 Prozent. Die Gesamt-kapitalrentabilität liegt also über dem Fremdkapitalzins. Wie hoch ist die Eigen-kapitalrentabilität bei Eigenkapitalquoten von 50 Prozent und 10 Prozent?

1. Bei Eigenkapitalquote 50 Prozent

Zinsen für das Fremdkapital: 100.000 Euro × 9 % = 9.000 Euro

Es verbleibt als Gewinn: 200.000 Euro × 15 % − 9.000 Euro = 21.000 Euro

Es ergibt sich als Eigenkapitalrentabilität: 21.000 Euro / 100.000 Euro = 21 %

2. Bei Eigenkapitalquote 10 Prozent

Zinsen für das Fremdkapital: 180.000 Euro × 9 % = 16.200 Euro

Es verbleibt als Gewinn: 200.000 Euro × 15 % − 16.200 Euro = 13.800 Euro

Es ergibt sich als Eigenkapitalrentabilität: 13.800 Euro / 20.000 Euro = 69 %

Die Chance, mit Erhöhung des Verschuldungskoeffizienten FK/EK die Eigenkapital-rentabilität zu erhöhen, nennt man *Leverage-Chance*. Sie lässt sich verwirklichen, wenn die Gesamtkapitalrentabilität die Höhe der Zinsen in Prozent (Fremdkapitalrendite) übersteigt. Der Effekt wirkt natürlich in beide Richtungen. Liegt in Prozenten gemes-sen die Gesamtkapitalrentabilität unter den Zinsen für das Fremdkapital, so wirkt der Leverage-Effekt in die negative Richtung, man spricht vom *Leverage-Risiko*: Die Eigen-kapitalrendite wird umso stärker beeinträchtigt, je höher der Verschuldungskoeffi-zient FK/EK ist und je deutlicher die Gesamtkapitalrendite unter den Zinsen liegt, die für das Fremdkapital aufzubringen sind. Ein Beispiel zum negativen Leverage-Effekt, dem Leverage-Risiko, findet sich bei den Aufgaben zu diesem Kapitel.

Am Modell des Leverage-Effekts wird insbesondere die Unterstellung kritisiert, dass die Fremdkapitalzinsen und die Gesamtkapitalrentabilität unabhängig vom Verschul-dungskoeffizienten und damit auch von der Eigenkapitalquote sind. Das führt dazu, dass unter der Voraussetzung einer Gesamtkapitalrentabilität über dem geforderten Fremdkapitalzins ein möglichst hoher Fremdkapitaleinsatz erfolgen sollte, wenn man die Eigenkapitalrendite maximieren wollte. Die in Frage gestellte implizite These einer solchen Unabhängigkeit der Fremd- und Gesamtkapitalrentabilität vom Verschuldungs-koeffizienten taucht im umstrittenen Theorem von Modigliani und Miller auf. Im in der Praxis eher akzeptierten traditionellen Kapitalstrukturmodell nach Solomon wird dagegen angenommen, dass der Fremdkapitalzins steigt, wenn die Gefährdung der Fremdkapitalgeber durch einen erhöhten Verschuldungskoeffizienten und damit eine niedrigere Eigenkapitalquote steigt. Auf beide Modelle wird nun eingegangen. Sie füh-ren zu unterschiedlichen Aussagen dazu, ob es einen optimalen Verschuldungsgrad im Sinne minimaler Gesamtkapitalkosten (und damit eines maximalen Unternehmens-werts) gibt oder nicht.

Traditionelles Kapitalstrukturmodell nach Solomon mit optimalem Verschuldungs-koeffizienten

Nach aller Erfahrung in der Praxis sind die Renditeforderungen sowohl der Eigenkapitalgeber als auch der Fremdkapitalgeber unter anderem auch vom Verschuldungskoeffizienten abhängig (andere Einflussfaktoren als der Verschuldungskoeffizient werden nicht untersucht). Eigen- und Fremdkapitalgeber fürchten jeweils ab dem Überschreiten einer bestimmten Höhe des Verschuldungskoeffizienten mit zunehmendem Verschuldungskoeffizienten ein erhöhtes Verlustrisiko und fordern dafür einen Risikoaufschlag auf ihren Kapitalertrag.

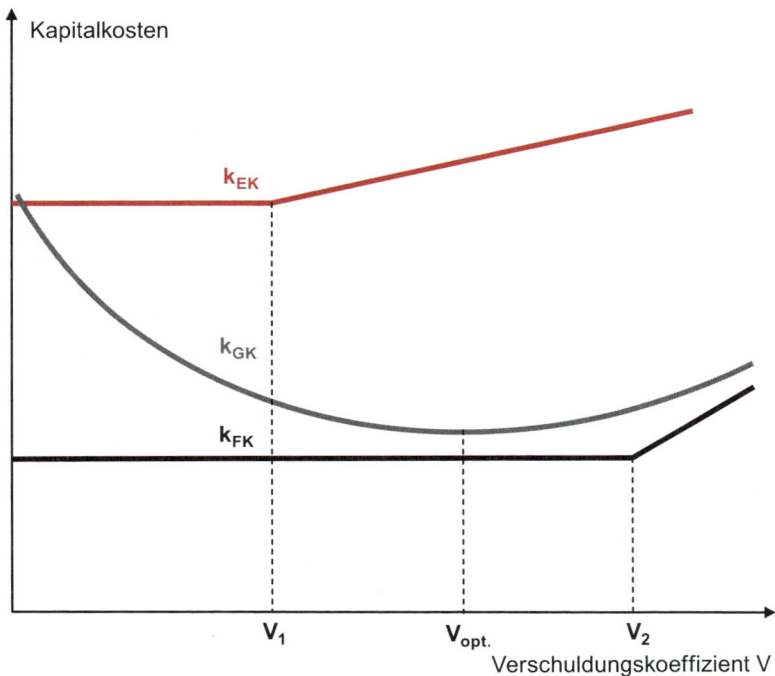

Abbildung 9.5: Traditionelles Modell zu den Kapitalkosten nach Solomon

Der durchschnittliche Kapitalkostensatz für das Gesamtkapital k_{GK}, die Gesamtkapitalrentabilität, ist das gewogene arithmetische Mittel der Kosten von Eigen- und Fremdkapital (k_{EK} und k_{FK}), wie dies schon im Zusammenhang mit dem Kalkulationszins in der dynamischen Investitionsrechnung festgestellt wurde:

$$k_{GK} = \frac{k_{EK} \times EK + k_{FK} \times FK}{EK + FK}$$

Die Eigenkapitalkosten k_{EK} (Eigenkapitalrentabilität) sind eine Residualgröße. Was vom Kapitalgewinn (Gewinn vor Zinsen) nach Abzug der Zinsen auf das Fremdkapital übrig bleibt, ist der auf das Eigenkapital entfallende Teil des Gesamtkapitalertrags:

$$k_{EK} = \frac{Kapitalgewinn - k_{FK} \times FK}{EK}$$

Die Abbildung der Kapitalkosten nach Solomon zeigt, dass es bei den unterstellten Annahmen über den Verlauf der Eigen- und der Fremdkapitalkosten (k_{EK} und k_{FK}) eine unter Aspekten der Gesamtkapitalrentabilität optimale Kapitalstruktur, hier ausgedrückt als Verschuldungskoeffizient Fremd- zu Eigenkapital (FK/EK), gibt. Dieses Optimum ist der Punkt der minimalen Gesamtkapitalkosten. Ab dem Punkt V_1 wird unterstellt, dass die Eigenkapitalgeber einen Risikoaufschlag wegen des erhöhten Anteils an Fremdkapital verlangen. Die Fremdkapitalgeber, so wird angenommen, reagieren erst bei einer höheren Verschuldung auf das erhöhte Kapitalstrukturrisiko (V_2) und fordern erst später einen erhöhten Ertrag für ihr eingesetztes Kapital.

Die Gesamtkapitalkosten sinken bis V_{opt}, da zunehmend günstiges Fremdkapital beigemischt wird. Ab da macht sich der Risikoaufschlag für die Kosten des Eigenkapitals bemerkbar und der Anstieg der Gesamtkapitalkosten wird später noch verstärkt durch den Risikoaufschlag der Fremdkapitalgeber.

Ein Optimum (Minimum) der Kurve der Gesamtkapitalkosten ergäbe sich auch, wenn die Fremdkapitalkosten früher anstiegen als die Eigenkapitalkosten oder bei gleichem Verschuldungsgrad. Der Anstieg der Fremdkapitalkosten bei einem höheren Verschuldungskoeffizienten als die Eigenkapitalkosten ist für die Existenz des Minimums also nicht entscheidend. Auch käme man zum prinzipiell gleichen Ergebnis, wenn man die Kosten des Eigen- und Fremdkapitals nur allmählich ansteigen ließe. Entscheidend für Herleitung der Existenz einer optimalen Kapitalstruktur sind folgende Annahmen:

- Am Anfang wird bei unveränderten Kosten von Eigen- und Fremdkapital teures Eigenkapital durch billiges Fremdkapital substituiert. Dadurch sinken die durchschnittlichen Kapitalkosten.

- Mit erhöhtem Verschuldungskoeffizienten steigen die Eigenkapital- und die Fremdkapitalrenditen, was zu einem verminderten Sinken der Gesamtkapitalkosten und schließlich zu ihrem Anstieg führt.

Die erstgenannte These der anfangs (bei geringem Fremdkapitalkoeffizienten) unveränderten Höhe der Kosten von Eigen- und Fremdkapital erscheint nicht absolut zwingend. Stiegen die Eigenkapitalkosten aber von Anfang an ausreichend stark mit dem Fremdkapitalkoeffizienten, so würde dies den Effekt der anfangs sinkenden Gesamtkapitalkosten in Frage stellen.

Modigliani-Miller-Modell ohne optimalen Verschuldungskoeffizienten

Modigliani und Miller gehen nicht von Verhaltensannahmen aus, wie dies beim traditionellen Kapitalstrukturmodell gemacht wird, sondern von einem Modell des vollkommenen Markts. Ihre hier nicht diskutierten Modellannahmen sind dabei sehr restriktiv. Unter anderem unterstellen sie, dass Eigen- und Fremdkapital auf einem vollkommenen Markt mit vollständiger Markttransparenz und vollständiger Information aller Marktteilnehmer und ohne Transaktionskosten gehandelt werden, dass es kein Liquiditäts- und Insolvenzrisiko gibt (Kredite sind sicher), dass Investitionspläne unabhängig von der Finanzierung sind und dass Steuerfragen den Einsatz von Eigen- oder Fremdkapital nicht beeinflussen. Vor dem Hintergrund dieser Annahmen leiten sie her, dass die Kapitalstruktur einen Unternehmenswert nicht beeinflussen kann und damit auch irrelevant für die Gesamtkapitalkosten ist (*Irrelevanztheorem*). Sie leiten aus der linearen Gesamtkapitalkostenkurve auf unveränderlichem Niveau dann die ebenfalls lineare Kurve der Fremdkapitalkosten her sowie eine linear ansteigende Kurve der Eigenkapitalkosten wie in Abbildung 9.6. Nimmt man bei ihrem Modell einen Anstieg der Zinsen für das Fremdkapital mit steigendem Fremdkapitalkoeffizienten an, so ändert das nicht die lineare Gesamtkapitalkurve, sondern führt nur dazu, dass die Eigenkapitalkosten zum Ausgleich geringer ansteigen.

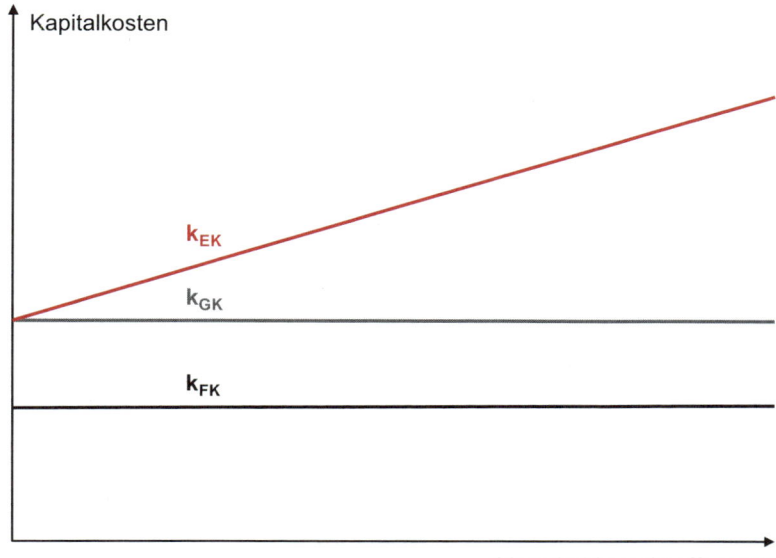

Abbildung 9.6: Modigliani-Miller-Theorem zu den Kapitalkosten

In der Praxis sieht man die restriktiven Modellannahmen von Modigliani und Miller als zu realitätsfern an und verlässt sich stärker darauf, dass die Grundannahmen des traditionellen Kapitalstrukturmodells die Wirklichkeit besser einfangen.

9.2.4 Optimale Diversifizierung der Kapitalanlagen

Bei einem absehbaren Überschuss an liquiden Mitteln ist eine zusätzliche Kapitalanlage einzuplanen. Möglicherweise existieren aufgrund der leistungswirtschaftlichen Planung Eventual-Investitionspläne, die nur wegen des Mangels an Geld zurückgestellt worden waren. Diese Investitionen können dann nachträglich doch in Erwägung gezogen werden. Es kann aber auch sein, dass Eventualpläne für Zusatzinvestitionen nicht existieren. Dann ist es eine primär finanzwirtschaftliche Aufgabe, das Geld in Form von Finanzinvestitionen anzulegen. Eine modellmäßige Überlegung zum Kapitalanlageproblem bei Finanzinvestitionen von großer Bedeutung für die Finanzierungslehre und für die Praxis des Finanzmanagements gleichermaßen ist das Modell zur Portfolio-Selektion nach Markowitz. Dabei geht es nicht um die Auswahl einzelner Finanzinvestitionen. Für sie wird unterstellt, dass sie eine möglichst hohe Rendite erbringen sollen, dass man aber andererseits auch risikoscheu ist. Markowitz kümmert sich stattdessen nur um die Frage, wie unterschiedliche Finanzinvestitionen miteinander zu kombinieren sind. Die Überlegungen werden hier wie bei Markowitz allein auf Finanzanlagen bezogen, sie gelten aber prinzipiell für alle Investitionen im weitesten Sinne, beispielsweise auch für die Anlage des Kapitals in Krediten oder Beteiligungen.

Markowitz hat mit seiner Theorie ein uraltes Prinzip in ein Modell gefasst, das Prinzip der *Diversifikation*. Er macht die plausible Unterstellung, dass der Kapitalanleger

- einerseits eine möglichst hohe Rendite erzielen will (Rentabilitätsziel) und
- andererseits ein möglichst geringes Risiko bei seiner Kapitalanlage eingehen will (Sicherheitsziel).

Das Risiko wird von Markowitz mit einer Volatilitätsziffer gemessen. *Volatilität* heißt dabei Standardabweichung. Sie ist ein Maß für die Bandbreite, mit welcher der Marktwert einer Anlage in einem bestimmten Anteil der Fälle (zum Beispiel in 68 Prozent aller Fälle) über einen festgelegten Zeitraum (man nimmt hier immer ein Jahr) schwanken kann.

Rendite und Risiko sind nicht unabhängig voneinander: Das Tragen eines höheren Risikos wird durch eine erhöhte Rendite belohnt (Risikoprämie). Man kann nach dem Prinzip der Diversifikation der Risiken die Einzelanlagen so miteinander kombinieren, dass sich die Ausschläge des Werts der Einzelanlagen nach oben und unten gegenseitig möglichst kompensieren. Dadurch glättet sich die Wertentwicklung des gesamten Portfolios. Allerdings lässt sich das Risiko des Gesamtportfolios nicht auf null verringern. Das ideal diversifizierte Portfolio hat immer noch das „allgemeine Marktrisiko", abhängig von Konjunktur, Inflation, Marktstimmung und ähnlichen Faktoren. Durch Diversifikation ausschaltbar ist nur das „spezifische Risiko" der Einzelanlagen, etwa das Risiko der Schwankung des Ertragswerts einer Aktie (und damit der Schwankung des Unternehmenswerts) oder der Schwankung der Ertragswerte der Aktien einer bestimmten Branche. Allein das allgemeine Marktrisiko wird vom Markt durch eine erhöhte Rendite belohnt, nicht das durch Diversifizierung ausschaltbare spezifische Risiko.

Ein vernünftiger Kapitalanleger wird sein Geld nur in „effizienten Portfolios" anlegen. Ein Portfolio ist dann effizient, wenn sich kein anderes Portfolio finden lässt, das

- bei gleichem Ertrag ein geringeres Risiko aufweist oder
- bei gleichem Risiko einen höheren Ertrag verspricht.

In Abbildung 9.7 werden durch Punkte mögliche Einzelanlagen oder Portfolios dargestellt, beschrieben durch ihre jeweilige Kombination von Risiko und Ertrag. Die effizienten Portfolios liegen typischerweise auf einer konkaven Linie nordwestlich der Punktewolke (durchgezogene Linie). Diese hier gegenüber dem Modell von Markowitz vereinfachte Effizienzkurve zeigt die Auswahl an sinnvoll kombinierten Portfolios, wobei die Rendite mit ansteigender Volatilität zunimmt. Allerdings impliziert die konkave Form, dass die Rendite mit ansteigender Volatilität immer weniger zunimmt. Es kommt nun auf die Risikofreudigkeit des Anlegers an, wie weit er seine Rendite durch Hinnahme eines erhöhten Risikos (erhöhter Volatilität) steigern will. Rein theoretisch lässt sich die Einstellung eines speziellen Anlegers durch Nutzenkurven (in der Abbildung gestrichelt) darstellen: Jede Nutzenkurve zeigt die Risiko-Ertrag-Kombinationen, die dem spezifischen Anleger einen gleichen Nutzen spenden. Je höher in der Abbildung der Startpunkt einer Nutzenkurve an der Renditeachse (bei Risiko = 0) ist, desto höher ist der durch die Kurve beschriebene Nutzen. Die konvexen Nutzenkurven werden mit steigendem Risiko immer steiler, da der Anleger mit steigendem Risiko eine stärker steigende Rendite will. Das Ausmaß, wie stark die Nutzenkurven mit steigendem Risiko ansteigen, beschreibt die Ausprägung der Risikobereitschaft des Anlegers. Würde man in der Abbildung also einen risikoscheueren Anleger unterstellen, so würden die Nutzenkurven steiler ansteigen.

Der Anleger will den höchstmöglichen Nutzen erreichen, das heißt grafisch interpretiert auf eine einen möglichst hohen Nutzen beschreibende Nutzenkurve gelangen. Die in der Abbildung rot gestrichelte Nutzenkurve beschreibt seinen höchsten erreichbaren Nutzen. An ihrem Startpunkt bei Risiko = 0 kann man ablesen, dass im gewählten Anschauungsbeispiel der Nutzen dem einer risikolosen Anlage mit einem Zins von 6 Prozent entspricht (äquivalenter risikofreier Zinssatz).

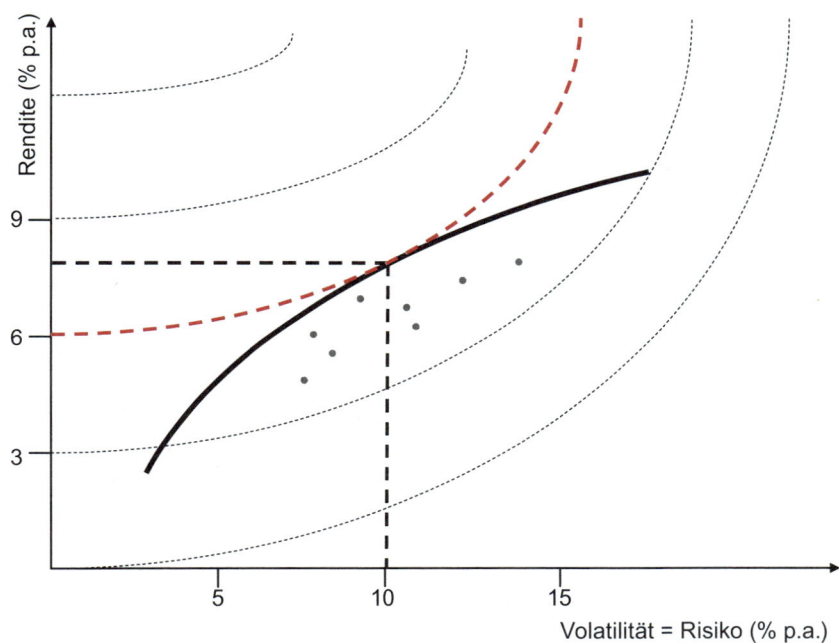

Abbildung 9.7: Effizienzkurve und Nutzenkurven: Bestimmung des optimalen Portfolios für den Anleger (Beispiel)

Aufbauend auf das Modell von Markowitz entwickelte sich das wichtigste Kapitalmarktmodell zur Erklärung der Preisbildung auf Wertpapiermärkten, das *Capital Asset Pricing Modell, CAPM*. Das Modell legt dar, dass allein die Aufnahme des durch die Portfoliozusammensetzung nicht diversifizierbaren Risikos durch einen Ertrag prämiert wird: Misst man die Volatilität der Rendite (= Risiko) eines Wertpapiers oder eines Portfolios (Capital Asset) im Vergleich zur Marktrendite durch einen Faktor β (Beta), so bedeutet die Hinnahme eines hohen β die Erzielung einer erhöhten Rendite.

9.2.5 Kennzahlen für Finanzplanung und -controlling

Kennzahlen dienen dazu, wichtige Tatbestände in einer einzigen Zahl zu komprimieren. Planungsergebnisse lassen sich in Sollwerte von Kennzahlen zusammenfassen und das Controlling nimmt meistens seinen Ausgangspunkt bei der Überwachung von Kennzahlen. Die Kennzahlen werden beim Controlling systematisch in Soll- und Ist-Werten einander gegenübergestellt und einer *Abweichungsanalyse* unterzogen. Neben die Soll-Ist-Abweichungsanalyse treten häufig auch *Benchmarkanalysen*, das heißt Gegenüberstellungen von Istwerten und Orientierungszahlen, insbesondere Branchendurchschnitten (mit der Gefahr, dass man sich mit relativ schlechten Unternehmen vergleicht) oder Werten von Branchenführern (mit Vorbildfunktion). Auch *Zeitreihen der Kennzahlen* werden oft gebildet, um einen Entwicklungstrend zu erkennen. Die Kennzahlen beziehen sich dabei auf den Gesamtkonzern beziehungsweise das Gesamtunternehmen oder auf bestimmte Teilbereiche, etwa Teilbetrieb oder Sparten.

Hier seien unter Finanzkennzahlen Kennzahlen unter Verwendung von Zahlen der Finanzbuchhaltung und Quellzahlen dafür verstanden, die speziell das Finanzmanagement verwendet. Finanzkennzahlen lassen sich nur durch ihre Schwerpunktlegung von Unternehmenskennzahlen allgemein abgrenzen, da das Finanzmanagement auch in der Gesamtverantwortung für alle Unternehmensziele steht.

Die Einteilung der Kennzahlenbereiche orientieren wir am Aufbau eines Jahresabschlusses mit den Rechnungen

- Bilanz,
- Erfolgsrechnung und
- Cashflow-Statement.

Die drei Rechnungsarten sind eng miteinander verwoben und entsprechend lassen sich die zugehörigen Kennzahlen teilweise mit gleicher Berechtigung dem einen oder anderen Bereich zuordnen.

Der externe Analytiker, wie etwa die Kreditprüfung betreibende Bank, muss sich mit den externen Zahlen begnügen, die Geschäftsführung hat dagegen Zugriff auf die gesamte Finanzbuchhaltung sowie die Kosten- und Leistungsrechnung und kann entsprechend differenziertere Kennzahlen bilden.

Bei den Kennzahlen auf den nächsten Seiten werden folgende gängige Abkürzungen verwendet:

Kapital: EK = Eigenkapital, FK = Fremdkapital, GK = Gesamtkapital
Vermögen: AV = Anlagevermögen, UV = Umlaufvermögen

9.2.5.1 Kennzahlen zur Bilanz

Tabelle 9.13

Einteilung der Kennzahlen zur Bilanz

Kennzahlen zur Bilanz: Bereiche

a. Vermögen
aa. Vermögensstruktur
ab. Änderungen des Anlagevermögens
ac. Vermögensumschlag

b. Horizontale Bilanzstruktur
ba. Deckungsgrade
bb. Liquiditätsgrade

c. Kapital
ca. Kapitalstruktur
cb. Kapitalumschlag

a. Kennzahlen zum Vermögen Kapitalbindung und -freisetzung schlagen sich per Saldo im Vermögen nieder, das in der Bilanz auf der Aktivseite gezeigt wird.

aa. Vermögensstrukturkennzahlen

Die Strukturkennzahlen beschreiben den Aufbau des Vermögens. Sie sind bei bildlicher Beschreibung als vertikale Bilanzstrukturkennzahlen der Aktivseite charakterisierbar.

Eine häufige Kennzahl zur Beschreibung des aktuellen Vermögens ist die Anlageintensität, die beschreibt, welche Bedeutung das Anlagevermögen relativ zum Gesamtvermögen prozentual hat.

$$\text{Anlageintensität} = \frac{\text{AV}}{\text{Bilanzsumme}} \times 100\%$$

Die Bilanzsumme ist gleich dem Gesamtvermögen (Bilanzsumme auf der Aktivseite der Bilanz). Die Anlageintensität ist in Branchen, die mit viel Anlagevermögen arbeiten, besonders hoch. Andere Vermögensstrukturkennzahlen wie zum Beispiel Vorratsintensität oder Immobilienintensität, jeweils verstanden als Verhältnis von Vermögensposition zu Bilanzsumme, können insbesondere je nach Branche im Einzelfall Bedeutung haben.

ab. Kennzahlen zur Beurteilung von Änderungen des Anlagevermögens

Nettoinvestitionen in das Anlagevermögen (Zugänge minus Abgänge) und Abschreibungen auf das Anlagevermögen p.a. (immer saldiert mit eventuellen Zuschreibungen) erfasst man in ihrer Bedeutung unter anderem durch die Kennzahlen Investitionsquote, Abschreibungsquote und Investitionsdeckung, die sich im Regelfall nur auf Sachanlagen beziehen:

$$\text{Investitionsquote} = \frac{\text{Nettoinvestitionen in Sachanlagen}}{\text{Sachanlagen}} \times 100\%$$

$$\text{Abschreibungsquote} = \frac{\text{Abschreibungen auf Sachanlagen}}{\text{Sachanlagen}} \times 100\%$$

Die beiden Quoten beschreiben die relative Bedeutung von Nettoinvestitionen und Abschreibungen, gemessen am Bestand.

$$\text{Investitionsdeckung} = \frac{\text{Abschreibungen auf Sachanlagen}}{\text{Nettoinvestitionen in Sachanlagen}} \times 100\%$$

Die Investitionsdeckung kann auch als Quotient aus Abschreibungsquote und Investitionsquote errechnet werden. Ist die Investitionsdeckung über 100 Prozent, so sind die Abschreibungen höher als die Nettoinvestitionen, was bei angemessener Abschreibungspolitik ein Schrumpfen der Anlagen und eventuell einen Investitionsrückstau bedeutet. Andererseits kann eine zu hohe Investitionsdeckungsziffer aber bei externer Analyse auch als Anhaltspunkt für eine unangemessen den Gewinnausweis kürzende Abschreibungspolitik sprechen.

ac. Vermögensumschlagziffern

Die Umschlagziffern (Umschlagdauern oder -häufigkeiten p.a.) für das Vermögen wurden im ersten Kapitel erläutert. Eine hohe Umschlaghäufigkeit bedeutet jeweils einen geringen Kapitalbedarf. Die wichtigsten Umschlaghäufigkeiten von Vermögenspositionen p.a. sind folgende (siehe erstes Kapitel):

$$\text{Umschlaghäufigkeit p.a. des AV} = \frac{1 \text{ [Jahr]}}{\text{durchschnittliche Abschreibungsdauer des AV [Jahre]}}$$

$$\text{Umschlaghäufigkeit p.a. des Absatzlagers} = \frac{\text{Umsatz p.a.}}{\text{durchschnittlicher Absatzlagerbestand}}$$

$$\text{Umschlaghäufigkeit p.a. der Debitoren} = \frac{\text{Umsatz p.a.}}{\text{durchschnittlicher Debitorenbestand}}$$

Die durchschnittlichen Bestände laut Bilanz in den Nennern der letzten zwei Kennzahlen, also Absatzlager beziehungsweise Debitoren (Forderungen aus Lieferungen und Leistungen), ermittelt man meistens vereinfachend als Mittelwerte aus der Jahresanfangs- und Jahresendbeständen. Die Umschlagdauern in Tagen errechnet man jeweils, indem man 360 Tage durch die Umschlaghäufigkeiten p.a. dividiert.

b. Horizontale Bilanzstrukturkennzahlen Bei den horizontalen Bilanzstrukturkennzahlen werden Vermögenspositionen und Kapitalpositionen zueinander in Relation gesetzt. Man unterscheidet:

- durch Division entstehende Deckungsgrade,
- durch Größenvergleich definierte goldene Bilanzregeln,
- Liquiditätsgrade und ihnen entsprechende Fonds.

ba. Deckungsgrade

$$\text{Anlagendeckung I (eng)} = \frac{\text{EK}}{\text{AV}} \times 100 \text{ \%}$$

$$\text{Anlagendeckung II (weit)} = \frac{\text{EK + langfristiges FK}}{\text{AV}} \times 100 \text{ \%}$$

Dabei gilt die enge Fassung als zu streng, die Praxis orientiert sich an der weiten Version. Mit diesen Kennzahlen ist die in diesem Kapitel schon ausführlich erläuterte Normvorstellung verbunden, dass die Kapitalüberlassungsdauer (Fristigkeit des Passivums) mit der Kapitalbindungsdauer (Fristigkeit des Aktivums) abgestimmt werden muss.

Die Anlagedeckung entwickelt sich bei nachlässigem Finanzmanagement oft automatisch negativ, wenn alle Anschaffungen, auch die langlebiger Anlagegüter, einfach zu Lasten des Geschäftskontos bei der Bank bezahlt werden, was automatisch die kurzfristige Kreditart Kontokorrentkredit erhöht und gleichzeitig unter anderem auch das langfristig gebundene Vermögen.

bb. Goldene Bilanzregel

$$eng: AV \leq EK$$

$$weit: AV \leq EK + langfristiges\ FK$$

Es gilt sinngemäß das, was zu den Deckungsgraden gesagt wurde. Es wird lediglich das Verhältnis von Kapital- zu Vermögenspositionen durch deren Größenvergleich ersetzt.

bc. Liquiditätsgrade und ihnen entsprechende Fonds

Die Liquiditätsgrade spielen im Rahmen von Finanzplanung und -controlling eine herausragende Rolle, beziehen sie sich doch unmittelbar auf das spezifische Ziel des Finanzbereichs, die Liquidität. Deshalb sind wir schon verschiedene Male auf diese Kennzahlen gestoßen. Im Zähler der Brüche stehen jeweils liquide Mittel beziehungsweise relativ schnell liquidierbare Aktiva, im Nenner die kurzfristig zum Abfluss liquider Mittel führenden kurzfristigen Fremdkapitalien (nach anderen Definitionen nur die kurzfristigen Verbindlichkeiten, also keine kurzfristigen Rückstellungen).

$$\text{Liquidität 1. Grades} = \frac{\text{liquide Mittel}}{\text{kurzfristiges FK}} \times 100\%$$

$$\text{Liquidität 2. Grades} = \frac{\text{liquide Mittel} + \text{kurzfristige Forderungen}}{\text{kurzfristiges FK}} \times 100\%$$

$$\text{Liquidität 3. Grades} = \frac{\text{UV}}{\text{kurzfristiges FK}} \times 100\%$$

Im ersten Kapitel wurde gezeigt, dass es für das Finanzmanagement angesichts seiner Kenntnis der Kontokorrentlinien vernünftig ist, zu den Zählerausdrücken in den Formeln der Liquiditätsgrade jeweils noch eventuelle unausgenutzte Kontokorrentlinien zu addieren, da diese auch für Zahlungen zur Verfügung stehen wie bilanzierbare liquide Mittel.

Die Liquiditätsgrade zeigen an, inwieweit für das im Nenner jeweils genannte kurzfristig zu tilgende Fremdkapital (manchmal nimmt man nur die kurzfristigen Verbindlichkeiten, also kurzfristiges Fremdkapital ohne kurzfristige Rückstellungen) mehr oder weniger liquide Mittel des Umlaufvermögens (jeweils im Zähler) vorhanden sind. Statt die mehr oder weniger liquiden Vermögenswerte durch das kurzfristige Fremdkapital, das sie tilgen sollen, zu teilen, kann man auch einfach die Differenz bilden. Dann erhält man den absoluten Betrag verschiedener oben kennengelernter kürzerfristiger Fonds:

$$\text{Flüssige Mittel netto} = \text{liquide Mittel} - \text{kurzfristiges FK}$$

$$\text{Nettogeldvermögen} = \text{liquide Mittel} + \text{kurzfristige Forderungen} - \text{kurzfristiges FK}$$

$$\text{(Net) Working Capital} = \text{Umlaufvermögen} - \text{kurzfristiges FK}$$

Die absolute Höhe des Fonds sagt allerdings nichts darüber aus, ob er einen kleinen oder großen Teil des Vermögens ausmacht. Eine relative Aussage bekommt man jedoch, wenn man den Fondsbetrag durch die Bilanzsumme (Gesamtvermögen) teilt.

c. Kennzahlen zum Kapital Kapitalzuführung und Kapitalentzug in Form von Tilgungen schlagen sich im Kapital nieder, das in der Bilanz auf der Passivseite gezeigt wird.

ca. Kapitalstrukturkennzahlen

Diese Strukturkennzahlen beschreiben den Aufbau des Kapitals. Sie sind bei bildlicher Beschreibung als vertikale Bilanzstrukturkennzahlen der Passivseite charakterisierbar.

Bilanzkurse (siehe zweites Kapitel) beschreiben eine Relation zwischen dem gesamten Eigenkapital und einem speziellen Eigenkapitalteil, dem gezeichneten Kapital:

$$\text{Prozentualer Bilanzkurs} = \frac{\text{EK}}{\text{gezeichnetes Kapital}} \times 100\ \%$$

Der einfache prozentuale Bilanzkurs gibt an, wie hoch in Prozent vom Nennwert gemessen der Kurs einer Aktie theoretisch sein sollte, wenn man unterstellt, dass die Bilanz die Verhältnisse realistisch widerspiegelt. Ist der tatsächliche Aktienkurs höher, so ist zu fragen, ob dies durch nicht aus der Bilanz ersichtliche stille Reserven gerechtfertigt ist oder nicht. Eine Verbesserung ist der korrigierte prozentuale Bilanzkurs, der die stillen Reserven als tatsächlichen Eigenkapitalanteil berücksichtigt:

$$\text{Korrigierter prozentualer Bilanzkurs} = \frac{\text{bilanziertes EK+stille Reserven}}{\text{gezeichnetes Kapital}} \times 100\ \%$$

Allerdings können die stillen Reserven nicht direkt aus der Bilanz entnommen, sondern nur geschätzt werden.

Eine weitere Relation zwischen Eigenkapitalteilen ist der Selbstfinanzierungsgrad:

$$\text{Selbstfinanzierungsgrad} = \frac{\text{Gewinnrücklagen}}{\text{EK}} \times 100\ \%$$

Diese Kennzahl drückt aus, wie stark das Eigenkapital durch Selbstfinanzierung gebildet wurde. Ein hoher Selbstfinanzierungsgrad kennzeichnet eine positive Gewinnhistorie.

Relationen zwischen Eigen- und Fremdkapital: Die in Theorie und Praxis eindeutig am meisten beachteten Kapitalstrukturkennzahlen befassen sich mit der Aufteilung des Kapitals in Eigen- und Fremdkapital, insbesondere anhand der meistbeachteten aller Kennzahlen, der Eigenkapitalquote. Daneben verwendet man Verschuldungsgrad und Verschuldungskoeffizient.

$$\text{Eigenkapitalquote} = \frac{\text{EK}}{\text{EK} + \text{FK}} \times 100\ \% = \frac{\text{EK}}{\text{GK}} \times 100\ \%$$

$$\text{Verschuldungsgrad} = \frac{\text{FK}}{\text{EK} + \text{FK}} \times 100\ \% = \frac{\text{FK}}{\text{GK}} \times 100\ \%$$

$$\text{Verschuldungskoeffizient} = \frac{\text{FK}}{\text{EK}} \times 100\ \%$$

cb. Kapitalumschlagskennzahlen

Sehr verbreitet ist die Verwendung der schon im ersten Kapitel zur Sprache gekommenen Kennzahl der Umschlaghäufigkeit der Kreditoren (Kreditorenumschlag), Gegenstück zur Umschlaghäufigkeit der Debitoren (Debitorenumschlag).

$$\text{Umschlaghäufigkeit der Kreditoren p.a.} = \frac{\text{Umsatz p.a.}}{\text{durchschnittlicher Kreditorenbestand}}$$

Den durchschnittlichen Bestand der Kreditoren laut Bilanz im Nenner ermittelt man dabei meistens vereinfachend als Mittelwert aus den Jahresanfangs- und Jahresendbeständen der Kreditoren (Verbindlichkeiten aus Lieferungen und Leistungen). Die Kreditorenumschlagdauer in Tagen errechnet man, indem man 360 Tage durch die Umschlaghäufigkeit p.a. dividiert. Umschlagshäufigkeiten von Bilanzpositionen sollen immer möglichst hoch sein, das heißt der Umsatz soll mit wenig Vermögen beziehungsweise Kapital erreicht werden. Eine niedrige Umschlaghäufigkeit (oder hohe Umschlagdauer) speziell der Kreditoren ist tendenziell ein Anzeichen für Finanzierungsprobleme, da die damit tendenziell verbundene hohe Inanspruchnahme von Lieferantenkrediten gemessen am Umsatz für den Verzicht auf Skontoabzug spricht, also für die Inanspruchnahme einer sehr teuren Kreditart. Letzteres deutet auf mögliche Liquiditätsprobleme hin.

Die häufigste sonstige Kapitalumschlagkennzahl misst die Effizienz des gesamten Kapitaleinsatzes im Unternehmen:

$$\text{Kapitalumschlaghäufigkeit des Gesamtunternehmens p.a.} = \frac{\text{Umsatz p.a.}}{\text{Gesamtkapital}}$$

9.2.5.2 Kennzahlen zur Erfolgsrechnung

Tabelle 9.14

Einteilung der Kennzahlen zur Erfolgsrechnung

Kennzahlen zur Erfolgsrechnung: Bereiche

a. Absolutes Ergebnis (Gewinn bzw. Verlust)

b. Rentabilität

c. Erfolgsquellen
ca. Erfolgsbeiträge von Unternehmenssegmenten
cb. Aufwandsquoten

a. Absolute Gewinn- beziehungsweise Verlustkennzahlen (Ergebniszahlen)
Die globale Ergebniszahl ist der Saldo der Gewinn- und Verlustrechnung, das

- **Jahresergebnis** (Jahresüberschuss beziehungsweise -fehlbetrag).

Gerne verwendet man auch andere Ergebniszahlen, die bestimmte, das Jahresergebnis beeinflussende Komponenten nicht mit einbeziehen.

Tabelle 9.15

Unterschiedlich weit definierte Gewinnbegriffe

Kennzahlen zur Erfolgsrechnung: Bereiche

Jahresergebnis (Jahresüberschuss beziehungsweise Jahresfehlbetrag)

+ Steueraufwendungen

= EBT (earnings before taxes, Ergebnis vor Steuern)

+ außerordentliche Aufwendungen − außerordentliche Erträge

= Ergebnis aus gewöhnlicher Geschäftstätigkeit (Betriebsergebnis nach Zinsen)

+ Zinsaufwendungen − Zinserträge

= Betriebsergebnis (vor Zinsen)
= EBIT (earnings before interests and taxes, Ergebnis vor Zinsen und Steuern)

+ Abschreibungen (− Zuschreibungen)

= EBITDA (earnings before interests, taxes and depreciations, Ergebnis vor Zinsen, Steuern und Abschreibungen)

Je nach Analyseziel wählt man einen Ergebnisbegriff, der bestimmte Einflüsse ausschließt. Will man beispielsweise die Steuern ausschließen, weil man Unternehmen in Ländern mit unterschiedlichen Steuern ohne diesen speziellen Einfluss vergleichen will, so wählt man EBT. Die am häufigsten verwendete Ergebnisgröße ist neben dem Jahresergebnis das Betriebsergebnis, in angelsächsischer Bezeichnung EBIT.

Insbesondere Externe interessieren sich auch für durch Analytiker ermittelte berichtigte Ergebnisziffern, etwa das im zweiten Kapitel erläuterte

- **Ergebnis nach DVFA/SG**.

Schließlich wählt man auch noch oft ersatzweise für eine echte Ergebnisziffer den

- **Cashflow** (Umsatzüberschuss).

Der schon oft in anderem Zusammenhang erörterte Cashflow (Umsatzüberschuss) hat gegenüber dem Jahresergebnis den für externe Analytiker unschätzbaren Vorzug, dass er weit weniger manipuliert werden kann. Die geringe Manipulierbarkeit rührt daher, dass der Cashflow nur liquide Erträge und Aufwendungen enthält, die aufgrund unbeeinflussbarer Zahlungsbelege gebucht werden. Unbare Erträge und Aufwendungen, die wie Abschreibungen oder Rückstellungsbildungen betraglich nicht objektiv fixierbar sind, bieten demgegenüber Manipulationen großen Raum. Der Cashflow ist eigentlich keine Ergebnisziffer, seine Entwicklung korreliert aber mit der des Jahresergebnisses oft relativ eng beziehungsweise läuft dem offiziell ausgewiesenen Jahresergebnis in der Entwicklungsrichtung sogar nicht selten faktisch voraus, ist also bei externer Bilanzanalyse als Frühindikator für das Jahresergebnis nützlich. Erklärlich ist der Vorlaufcharakter durch die Tatsache, dass die Bilanzersteller oft Entwicklungsrichtungen des Gewinns (aber eben nicht des Cashflows) in der Bilanz durch Bilanzpolitik unerkennbar machen und erst nach einiger Zeit die wahre Entwicklung im Ausweis des Jahresergebnisses nicht mehr kaschieren können.

b. Rentabilitätszahlen Als relative gewinnabhängige Kennzahlen werden die verschiedenen Kapitalrentabilitätszahlen verwendet, die ab dem ersten Kapitel wiederholt zur Sprache kamen. Dabei bezieht man die absolute Nettoertragsgröße auf einen bestimmten Kapitaleinsatz. Statt dem Ausdruck Gewinn könnte man wieder allgemeingültiger den Ausdruck Ergebnis verwenden, um auch Verluste zu berücksichtigen.

$$\text{Kapitalrentabilität} = \frac{\text{Überschuss aus Kapitalnutzung}}{\text{eingesetztes Kapital}}$$

$$\text{Eigenkapitalrentabilität} = \frac{\text{Gewinn}}{\text{EK}} = \frac{\text{Ertrag} - \text{Aufwand}}{\text{EK}}$$

$$\text{Gesamtkapitalrentabilität} = \frac{\text{Gewinn} + \text{Zinsen}}{\text{EK} + \text{FK}} = \frac{\text{Kapitalgewinn}}{\text{GK}}$$

$$\text{Return on Investment} = \frac{\text{Gewinn}}{\text{EK} + \text{FK}} = \frac{\text{Gewinn}}{\text{GK}}$$

Als Gewinnziffer wählt man vorzugsweise den Jahresüberschuss. Wählt man nur den Betriebsgewinn, so ist beim Kapital auch nur das betriebsnotwendige Kapital zu berücksichtigen. Als Zinsen, die in den Zähler der Gesamtkapitalrentabilität eingehen, wählt man zuweilen den Netto-Zinsaufwand, definiert als Zinsaufwand minus Zinsertrag. Der Return on Investment (ROI) spielt in Kennzahlensystemen eine hervorragende Rolle. Er ist die Spitze eines klassischen Kennzahlenschemas (DuPont-Schema), bei dem die übergeordneten Kennzahlen jeweils in untergeordnete Kennzahlen zerlegt werden. Die erste Zerlegung ist wie schon in Kapitel 1 erläutert die des ROI in Umsatzrentabilität und Kapitalumschlaghäufigkeit des Unternehmens:

Return on Investment

$= \text{Umsatzrentabilität} \times \text{Kapitalumschlaghäufigkeit des Unternehmens}$

$= \dfrac{\text{Gewinn}}{\text{Umsatz}} \times \dfrac{\text{Umsatz}}{\text{GK}}$

Dabei kann man die Umsatzrentabilität als Spitzenkennzahl der untergeordneten Kennzahlen der Marktebene verwenden und die Kapitalumschlaghäufigkeit des Unternehmens als Spitzenkennzahl der untergeordneten Kennzahlen der Finanzebene. Man hat so in der ersten Unterstufe die Teilung des Kennzahlensystems in die zwei oft als am wichtigsten angesehenen Planungs- und Controllingbereiche des Unternehmens erreicht.

c. Kennzahlen zu den Erfolgsquellen Zur Analyse des Zustandekommens der Gewinn- und Rentabilitätsziffern gibt es eine große Zahl von Kennzahlen. Besondere Bedeutung haben Erfolgskennzahlen von Unternehmenssegmenten und Aufwandsquoten relativ zum Umsatz.

ca. Kennzahlen zu Erfolgsbeiträgen von Unternehmenssegmenten

Segmente sind isolierbare Unternehmensbereiche. Sie lassen sich dabei nach verschiedenen Kriterien bilden, etwa

- geografische Gebiete oder aber

- Tätigkeitsbereiche je nach Produktgruppe, Kundengruppe oder Vertriebsmethode.

Die meisten Kennzahlen zu Bilanz, Erfolgsrechnung und Cashflow-Statement lassen sich zur vertieften Information auf einzelne Segmente beziehen. Besondere Bedeutung hat die Aufgliederung in Segmentumsätze und Segmentgewinne.

$$\text{Umsatzanteil des Segments} = \frac{\text{Segmentumsatz}}{\text{gesamter Umsatz}} \times 100\,\%$$

$$\text{Gewinnanteil des Segments} = \frac{\text{Segmentgewinn}}{\text{gesamter Gewinn}} \times 100\,\%$$

cb. Aufwandsquoten

Aufwandsquoten sind Kennzahlen, welche die relative Bedeutung bestimmter den Gewinn kürzender Aufwendungen beschreiben. Dabei wird die Aufwandsart meistens auf den Umsatz bezogen (und gegebenenfalls zur Erlangung einer Prozentzahl mit 100 Prozent multipliziert). Beispiele (mit F&E als Abkürzung für Forschung und Entwicklung):

$$\text{Personalaufwandsquote} = \frac{\text{Peronalaufwand}}{\text{Umsatz}} \times 100\,\%$$

$$\text{Materialwandsquote} = \frac{\text{Materialaufwand}}{\text{Umsatz}} \times 100\,\%$$

$$\text{F\&E-Aufwandsquote} = \frac{\text{F\&E-Aufwand}}{\text{Umsatz}} \times 100\,\%$$

Für das Finanzmanagement ist die Finanzaufwandsquote von besonderem Interesse:

$$\text{Finanzaufwandsquote} = \frac{\text{Zinsaufwendungen} - \text{Zinserträge}}{\text{Umsatz}} \times 100\,\%$$

9.2.5.3   Kennzahlen zum Cashflow-Statement

Der *Cashflow* (Umsatzüberschuss) wird direkt aus dem Cashflow-Statement entnommen, wo er einen *Zwischensaldo* darstellt. Bei den folgenden Kennzahlen wird jeweils sehr hypothetisch unterstellt, der Cashflow diene jeweils allein zum Einsatz für einen einzigen Zweck: Der Bezahlung der Nettoinvestitionen, der Schuldentilgung oder dem Schuldendienst (Zins und Tilgung). Deshalb dürfen die Kennzahlen nicht so verstanden werden, dass ihr hypothetisches Ergebnis wirklich realisierbar wäre, denn der Cashflow als übliche Hauptquelle der Zahlungsmitteleingänge wird nie nur für einen Zweck verwendet.

$$\text{Investitionsfinanzierungskraft} = \frac{\text{Cashflow}}{\text{Nettoinvestitionen}} \times 100\,\%$$

Die Kennzahl liefert den Prozentsatz, zu dem das Unternehmen seine Nettoinvestitionen (Zugänge minus Abgänge) rechnerisch aus eigener Kraft (Cashflow) finanzieren könnte.

$$\text{Dynamischer Verschuldungsgrad} = \text{Schuldentilgungsdauer [Jahre]} = \frac{\text{FK}}{\text{Cashflow p.a.}}$$

Die Kennzahl misst, wie viele Jahre das Unternehmen theoretisch brauchen würde, um das Fremdkapital mit dem allein zu dessen Tilgung verwendeten Cashflow zu tilgen.

$$\text{Jährliche Deckungsrelation} = \frac{\text{Cashflow p.a.}}{\text{Schuldendienst p.a.}}$$

Die jährliche Deckungsrelation zeigt, das Wievielfache des jährlichen Schuldendienstes (für alle oder für bestimmte Darlehen) der jährliche Cashflow deckt. Bei einer Größe von 1 würde hypothetisch der gesamte Cashflow genau für den jährlichen Schuldendienst verbraucht werden.

$$\text{Barwertüberdeckungsrelation} = \frac{\text{Barwert der Cashflows p.a. in der Darlehensrestlaufzeit}}{\text{Restdarlehen}}$$

Anders als die vorherige Kennzahl bezieht sich die Barwertüberdeckungsrelation nicht nur auf einen Abfluss pro Jahr. Sie drückt aus, ob die abgezinsten Cashflows in der Restdarlehenszeit theoretisch ausreichen würden, um das beziehungsweise die Restdarlehen zu tilgen.

9.2.5.4 Grenzen der Finanzkennzahlen

Finanzkennzahlen können jeweils nur ganz spezifische Aspekte der Realität erfassen. Deshalb besteht immer das Risiko, dass man bei Orientierung an ihnen wichtige Informationen nicht berücksichtigt. Folglich dürfen Kennzahlen nie alleine betrachtet werden, da sonst Suboptimierungen hinsichtlich des von der Kennzahl erfassten Aspekts die Folge sein können. Dies versucht der Ansatz der Balanced Scorecard[3], übersetzbar als „ausgeglichener Kennzahlenbogen", zu vermeiden, der in Theorie und Praxis gleichermaßen auf hohe Resonanz gestoßen ist. Das Konzept der Balanced Scorecard fordert eine ausgewogene Beachtung insbesondere folgender Perspektiven, wobei je nach Unternehmen zusätzliche spezifische Perspektiven nötig werden können:

- Finanzielle Perspektive: Letztlich angestrebte quantitativ definierte Ziele, einteilbar in die Komponenten Ertragswachstum und -mix, Kostensenkung/Produktivitätsverbesserung sowie Nutzung von Vermögenswerten/Investitionsstrategie.

- Interne Prozessperspektive: Sie bezieht sich auf unternehmensinterne Abläufe, einteilbar in Innovationsprozess, Betriebsprozess und Kundendienstprozess.

- Kunden- und Marktperspektive mit den Komponenten Marktanteil, Kundenakquisition, Kundenrentabilität, Kundentreue und Kundenzufriedenheit.

- Lern- und Entwicklungsperspektive: Sie bezieht sich auf die zur Erreichung der Ziele der drei anderen Perspektiven notwendige Infrastruktur, einteilbar in Mitarbeiterpotenziale und Weiterbildung der Mitarbeiter, Potenziale von Informationssystemen sowie Motivation, Empowerment und Zielausrichtung.

Es wird als typischer Fehler traditioneller Kennzahlensysteme angesehen, dass man sich einseitig auf die erstgenannte finanzielle Betrachtungsweise und ihre quantitativen Kennzahlen konzentriert. Andererseits hat die finanzielle Perspektive, welche die traditionellen Finanzkennzahlen umfasst, doch eine gewisse Priorität. Die finanziellen Ziele dienen im Konzept der Balanced Scorecard nämlich als Endziele für die Ziele und zugehörigen Kennzahlen der anderen Perspektiven. Man darf aber nicht allein die Kennzahlen erfassen, welche die Endziele beschreiben. Beachtet man – um es an einem Beispiel zu schildern – im Kennzahlensystem nicht die Lebenszyklen der Produkte

---

3 Vgl. Kaplan, R. /Norton, D.: *Balanced Scorecard-Strategie erfolgreich umsetzen*, Stuttgart 1997.

(langfristige Kundenperspektive), so freut man sich vielleicht über sehr hohe Gewinne, übersieht aber vielleicht folgende Situation: Die aktuellen Gewinne kommen nur zustande, weil man viele alte Produkte hat, die auf guten Märkten eine starke Stellung haben. Diese Produkte werden aber bald an Bedeutung verlieren und es wurde nicht mit der Entwicklung von Nachfolgeprodukten vorgesorgt, die heute zwar noch das Ergebnis belasten oder wenig stützen, morgen aber die notwendigen Gewinnbringer sein können.

Die Ausgeglichenheit, die mit einer Balanced Scorecard angestrebt wird, bezieht sich auch auf die Balance aus Sicht folgender polarer Perspektiven, welche die Einseitigkeit der Beachtung jeweils nur einer Perspektive vermeiden soll:

- kurz- und langfristige Perspektive,
- monetäre und nicht monetäre Perspektive,
- Früh- und Spätindikatoren,
- externe und interne Performance-Perspektiven.

Verwendet man Balanced Scorecards, so werden circa 20 Kennzahlen als Fixpunkte vorgeschlagen, die eine Führungskraft für ihren Bereich (zum Beispiel Unternehmen oder Geschäftsbereich) noch übersehen kann. Zwischen diesen Kennzahlen müssen Ursache-Wirkungsbeziehungen (Kausalbeziehungen) definiert sein.

Zusammenfassung dieses Kapitels

Umfassende Führungsaufgaben der betrieblichen Finanzwirtschaft sind Finanzorganisation, Finanzplanung und Finanzcontrolling.

■ Finanzorganisation

Der Bereich Finanzen (oder Finanzwirtschaft) ist organisatorisch einer der Funktionsbereiche des Unternehmens. Er umfasst nach dem zeitlichen Horizont unterteilt die kurzfristige Finanzdisposition/Cash Management und das langfristige Finanzbeschaffungs- beziehungsweise Finanzanlagemanagement.

Bei den Bankbeziehungen konkurrieren grundsätzlich Hausbank- und Konkurrenzbankprinzip, ein Kompromiss ist die Kernbanken-Strategie.

Grundsatzentscheidung bei der Organisation der Konzernfinanzierung ist die zwischen zentraler und dezentraler Finanzführung des Konzerns. Ein Grundsatz der Konzernfinanzpolitik ist, dass für konzerninterne Finanzbeziehungen Marktbedingungen gelten. Das verhindert Verzerrungen der Teilergebnisse der einzelnen Konzernunternehmen und Niederlassungen.

■ Finanzierungsgesellschaften

Finanzierungsgesellschaften von Konzernen dienen vorrangig der Erschließung internationaler Finanzierungsquellen zur Konzernfinanzierung sowie der Realisierung steuerlicher Vorteile. Es lassen sich reine und gemischt tätige Finanzierungsgesellschaften unterscheiden: Reine Finanzierungsgesellschaften halten keine Beteiligungen an anderen Konzerngesellschaften, gemischt tätige Finanzierungsgesellschaften dagegen haben auch Holdingaufgaben *(Finanzholding)* und eventuell noch weitere operative Funktionen.

■ Finanzplanung

In Normalzeiten ist die Planung von Kapitalzuführung und -entzug die ureigene Domäne der Finanzleitung (Außenfinanzierung), während die Planung von Kapitalbindung und -freisetzung (Innenfinanzierung) primär Ausfluss der anderen Bereichsplanungen ist. Bei Liquiditätsengpässen allerdings müssen sich die sonstigen Bereichsplanungen nach den Erfordernissen der Finanzplanung richten.

Für die Finanzplanung gibt es einige typische Planarten, die sich in ihren Zielen und Methoden sowie durch die Weite ihres Planungshorizonts unterscheiden:

- Liquiditätsstatus als Tagesrechnung,

- Finanzplan als kurz- bis mittelfristige Planungsrechnung und

- Plan-Jahresabschluss sowie von diesem abgeleitete Instrumente als originär langfristige Rechnungen, die allerdings auch für relativ kurze Fristen verwendet werden können.

Der Liquiditätsstatus dient der Sicherung der aktuellen Zahlungsbereitschaft (ein Tag). Die Planung erfolgt täglich durch einen Finanzdisponenten. Der Liquiditätsstatus ist Ausgangsinformation für das Cash Management des Unternehmens.

Der Finanzplan hat die Sicherung der grundsätzlichen Zahlungsfähigkeit in der absehbaren Zukunft (bis ein Jahr) zum Ziel. Die Planung erfolgt monatlich oder quartalsweise unter Verantwortung des Leiters Finanzen oder des Leiters Treasury.

Der Planjahresabschluss und von ihm abgeleitete Rechnungen dienen primär der Mehrjahresplanung (bis zehn Jahre). Die Planung erfolgt jährlich und zu besonderen Gelegenheiten durch die Unternehmensleitung, unterstützt durch einen zentralen Planungsstab, oder auch unter Verantwortung des Leiters Finanzen und/oder Rechnungswesen und Controlling. Die Trennung in allgemeine Unternehmensplanung (Business-Planung) und spezifische Finanzplanung verliert hier an Bedeutung. Die Unternehmensplanung am Computer ist mehr oder weniger nahe an Simulationsmodellen der Unternehmensplanung, welche die unterschiedlichsten besonderen Auswertungen aus dem Gesamtmodell des Unternehmens zulassen. Die Besonderheiten der Liquiditäts- und Finanzstruktur-Planung schlagen sich dann vor allem darin nieder, spezielle Aufbereitungen und Auswertungen zu erstellen. Als wichtige Formen lassen sich nennen:

- Plan-Cashflow-Statement,

- Kapitalbindungsplan und

- Analysen der Entwicklung von Finanzmittel-Fonds.

Das *Plan-Cashflow-Statement* ist eine liquiditätsorientierte Ergänzungsrechnung zu Planbilanz und Plan-Erfolgsrechnung.

Der *Kapitalbindungsplan* ist eine in die Zukunft gerichtete (prospektive) Bewegungsbilanz. Sie stellt die Kapitalherkunft der Kapitalverwendung gegenüber. Dabei wird die Kapitalherkunft interpretiert als Summe von Passiva-Erhöhungen (Kapitalzuführung, Außenfinanzierung) und Aktiva-Senkungen (Kapitalfreisetzung, Innenfinanzierung).

Die Kapitalverwendung wird demgegenüber interpretiert als Summe von Aktiva-Erhöhungen (Kapitalbindung) und Passiva-Senkungen (Kapitalentzug).

Ein *Finanzmittelfonds* ist die Zusammenfassung aktiver und/oder passiver Bilanzpositionen, die (saldiert) einen Erklärungswert hinsichtlich des Liquiditätspotenzials eines Unternehmens aufweisen. Um die Hintergründe der Entstehung der Fonds zu erklären, kann man zum Zweck der Analyse die Geschäftsvorfälle erfassen, welche die Komponenten der Fonds verändert haben. Aus Sicht der Buchhaltung bedeutet das, dass man jeweils die Gegenbuchungen zu allen Buchungen erfasst, welche die Fondskonten verändert haben. Solche Erklärungen von Fondsänderungen durch ihre Gegenbuchungen auf Nicht-Fonds-Konten nennt man auch *Kapitalflussrechnungen* auf Fondsbasis. Sie lassen sich auch gut für Planungsrechnungen einsetzen. Zur Erklärung der Aussage, dass die Gegenbuchungen auf den Nicht-Fonds-Konten einen gewissen Erklärungswert hinsichtlich der bewirkten Fondsänderungen haben, wurde eine Plan-Umsatzmatrix analysiert.

■ Finanzierungsregeln und Finanzierungsmodelle

Die weitverbreiteten *Finanzierungsregeln* und -modelle kann man in solche einteilen, die Beziehungen zwischen Kapital- und Vermögenspositionen festlegen (horizontale Kapital-Vermögensstrukturregeln), und solche, die sich mit dem Verhältnis von Fremdkapital zu Eigenkapital befassen. Die horizontalen Kapital-Vermögensstrukturregeln fußen auf der goldenen Finanzierungsregel. Danach sollen sich die Fristen von Kapitalbeschaffung (Passiva) und Kapitalverwendung (Aktiva) entsprechen. Bezogen auf eine grobe Einteilung der Bilanzpositionen ergibt sich unter anderem die Empfehlung, dass das Anlagevermögen und der langfristig gebundene Teil des Umlaufvermögens in voller Höhe durch Eigenkapital und langfristiges Fremdkapital zu finanzieren sind. Die Einhaltung dieser Regel gibt allerdings nur eine grobe Richtschnur vor und sichert nicht die Liquidität des Unternehmens.

Vertikale Kapitalstrukturmodelle beziehen sich auf das Verhältnis von Fremd- zu Eigenkapital (Verschuldungskoeffizient). Das Modell des Leverage-Effekts kommt zu dem Ergebnis: Je geringer die Eigenkapitalquote ist, desto stärker wirkt sich der den Eigenkapitalgebern nach Abzug der Zinsen verbleibende Teil des Gesamtertrags des Kapitals auf die Rentabilität ihres Eigenkapitaleinsatzes aus. Am Modell des Leverage-Effekts wird insbesondere eine stillschweigende Unterstellung eines unveränderten Fremdkapitalzinses und einer fixen Gesamtkapitalrentabilität kritisiert. Beim Leverage-Effekt wird unterstellt, dass die Fremdkapitalzinsen und die Gesamtkapitalrentabilität unabhängig vom Verschuldungskoeffizienten und damit auch von der Eigenkapitalquote sind. Das führt dazu, dass unter der Voraussetzung einer Gesamtkapitalrentabilität über dem geforderten Fremdkapitalzins ein möglichst hoher Fremdkapitaleinsatz erfolgen sollte, wenn man die Eigenkapitalrendite maximieren will. Im traditionellen Kapitalstrukturmodell nach

Solomon und im konkurrierenden Modell von Modigliani und Miller wird explizit die Frage gestellt, wie sich die verschiedenen Kapitalkosten in Abhängigkeit von der Kapitalstruktur verhalten. Es wird insbesondere gefragt, ob es einen Verschuldungskoeffizienten gibt, bei dem die Gesamtkapitalkosten minimal und damit unter sonst gleichen Umständen der Unternehmenswert maximal ist (optimale Kapitalstruktur). Modigliani und Miller leiten aus einem theoretischen Modell unter Annahme eines vollkommenen Kapitalmarkts her, es gäbe keinen Zusammenhang zwischen Gesamtkapitalkapitalkosten und Verschuldungskoeffizient, der Verschuldungskoeffizient sei also irrelevant für die Gesamtkapitalkosten (Irrelevanztheorem). Damit gäbe es keine optimale Kapitalstruktur. Nach den in der Praxis weitgehend als realistischer akzeptierten Vorstellungen von Solomon dagegen (traditionelles Kapitalstrukturmodell), der von steigenden Zins- und Gewinnforderungen bei steigendem Verschuldungskoeffizienten ausgeht, ergibt sich bei einem bestimmten Verschuldungskoeffizienten dagegen ein Minimum der Gesamtkapitalkosten und damit ein Optimum der Kapitalstruktur.

■ Modell zur Portfolio-Selektion

Beim Modell zur Portfolio-Selektion nach Markowitz geht es nicht um die Auswahl einzelner Finanzinvestitionen. Für sie wird unterstellt, dass sie eine möglichst hohe Rendite erbringen sollen, dass man aber andererseits auch risikoscheu ist. Markowitz kümmert sich stattdessen nur um die Frage, wie unterschiedliche Finanzinvestitionen im Sinne der Diversifizierung miteinander zu kombinieren sind. Ein vernünftiger Kapitalanleger wird sein Geld nur in „effizienten Portfolios" anlegen. Ein Portfolio ist dann effizient, wenn sich kein anderes Portfolio finden lässt, das bei gleichem Ertrag ein geringeres Risiko aufweist oder bei gleichem Risiko einen höheren Ertrag verspricht. Aus den effizienten Portfolios sucht der Anleger entsprechend seiner Präferenzen hinsichtlich Rendite und Risiko das optimale aus.

■ Finanzwirtschaftliche Kennzahlen

Kennzahlen dienen bei Finanzplanung und -controlling dazu, wichtige finanzwirtschaftlich relevante Tatbestände in einer einzigen Zahl zu komprimieren. Die betrachteten Kennzahlen kombinieren Daten aus Bilanz, Erfolgsrechnung und Cashflow-Statement. Es dürfen aber nicht nur finanzwirtschaftliche Phänomene beschreibende Kennzahlen im Unternehmen beachtet werden. Man muss auch solchen Kennzahlen Aufmerksamkeit schenken, die erklären, welche sachlichen Ursachen aus Sicht der internen Prozessperspektive, Kundenperspektive oder Lern- und Entwicklungsperspektive zur Veränderung der Finanzkennzahlen geführt haben (Kausalbeziehungen zwischen Kennzahlen). Kennzahlen dürfen auch nie isoliert betrachtet werden, da sonst Suboptimierungen hinsichtlich des von der Kennzahl erfassten Aspekts die Folge sein können.

Aufgaben

Die Lösungen zu diesen Aufgaben finden Sie am Ende des Buches.

Aufgabe 9-1

Finanzorganisation:

Welche der folgenden Aussagen (A bis E) sind richtig?

A. Der Funktionsbereich Finanzen ist unter anderem für Geldaufnahme und Geldanlage zuständig.

B. Der Funktionsbereich Finanzen ist unter anderem für das Cash Management zuständig.

C. Konzerninterne Finanzierungen sollten zu besseren als Marktbedingungen zwischen den Konzernunternehmen verrechnet werden, um einen Konzern objektiv zu steuern.

D. Bei dezentraler Finanzführung im Konzern wird trotzdem typischerweise das Liquiditätsmanagement in Form eines zentralen Cash Managements betrieben.

E. Finanzierungsgesellschaften von Konzernen halten grundsätzlich immer die wichtigsten Beteiligungen der Konzernfirmen, sind also immer Holdingunternehmen.

F. Alle Aussagen (A bis E) sind falsch.

Aufgabe 9-2

Liquiditätsstatus:

Welche der folgenden Aussagen (A bis F) sind richtig?

A. Der tägliche Liquiditätsstatus wird oft dem Unternehmen von seiner Bank in Form eines Kontoauszugs mitgeteilt.

B. Der Zeitpunkt, wann ein ausgestellter Scheck dem bezogenen Konto belastet wird, ist von vornherein eindeutig fixiert.

C. Tagesgelder eignen sich als schnell liquidierbare Vermögensgüter zur Liquiditätsvorsorge.

D. Netting ist die Zusammenfassung aller erfassten Kontokorrentkonten in einem Filialunternehmen oder Konzern auf einem Zielkonto (Masterkonto). Nur noch der Saldo dieses Zielkontos ist bei der Liquiditätsdisposition anzulegen beziehungsweise muss durch eine Kreditlinie gedeckt sein.

E. Netting führt zu Zinsvorteilen für die Unternehmen durch Vermeidung von Wertstellungsverlusten.

F. Netting internationaler Konzerne führt zur Verringerung von Verlusten aus Devisenspreads.

G. Alle Aussagen (A bis F) sind falsch.

Aufgabe 9-3

Finanzplan:

Welche der folgenden Aussagen (A bis E) sind richtig?

A. Der für ein Jahr erstellte Finanzplan stellt für alle Tage des Jahres fest, ob die Momentanliquidität gewahrt ist.

B. Der Finanzplan ist ein Plan der Finanzierungen und als solcher nur von Einzahlungen. Auszahlungen werden durch den Finanzplan nicht erfasst.

C. Die geplanten baren Umsatzerlöse kann man für den Finanzplan immer direkt aus der Plan-Gewinn-und-Verlust-Rechnung entnehmen.

D. Der rollierende jährliche Finanzplan hat den Nachteil, dass gegen Ende des Planjahres wegen Ablauf des größten Teils der Planungsperiode der Planungshorizont zeitlich bereits sehr verkürzt ist.

E. Die Vornahme von Verlustgeschäften kann bei Liquiditätsengpässen die Situation nur noch verschlimmern.

F. Alle Aussagen (A bis E) sind falsch.

Aufgabe 9-4

Kapitalbindungsplan:

Gegeben ist der Kapitalbindungsplan laut Tabelle 9.16.

Tabelle 9.16

Kapitalbindungsplan (prospektive Bewegungsbilanz) für 2006 (in T€)

Kapitalverwendung		Kapitalherkunft	
liquide Mittel	79	gezeichnetes Kapital	414
kurzfristige Forderungen	338	Gewinnrücklagen	239
Anlagevermögen	1.289	langfristige Verbindlichkeiten	1.038
kurzfristige Verbindlichkeiten	56	Vorräte	71
	1.762		1.762

Welche der folgenden Aussagen zum Beispiel Kapitalbindungsplan (A bis H) sind richtig?

A. Die Vorräte im Planjahr nehmen per Saldo ab.

B. Die langfristigen Verbindlichkeiten werden per Saldo abgebaut.

C. Die liquiden Mittel werden aufgebaut.

D. Die Summen von Kapitalherkunft und -verwendung sind grundsätzlich gleich hoch, nicht nur im Beispiel.

E. Nur eine Position im Beispiel-Kapitalbindungsplan dokumentiert eine Kapitalfreisetzung.

F. Nur eine Position im Beispiel-Kapitalbindungsplan dokumentiert einen Kapitalentzug.

G. Die Kapitalbindung im Planjahr ist 1.706 T€.

H. Die Kapitalzuführung des Jahres ist grundsätzlich gleich der Kapitalbindung.

I. Alle Aussagen (A bis H) sind falsch.

Aufgabe 9-5

Kapitalflussrechnung unter Verwendung von Finanzmittelfonds:

Welche der folgenden Aussagen (A bis E) sind richtig?

A. Ein Finanzmittelfonds ist definiert als die Zusammenfassung bestimmter Aktivpositionen der Bilanz.

B. Der Fonds des Nettogeldvermögens unterscheidet sich durch die kurzfristigen Forderungen vom Fonds flüssiger Mittel netto.

C. Buchungen zwischen Fondskonten führen zu einer Veränderung des Fonds.

D. Buchungen zwischen Konten des Gegenfonds führen zu einer Veränderung des Fonds.

E. Buchungen zwischen Fondskonten und Gegenfondskonten führen zu einer Veränderung des Fonds.

F. Alle Aussagen (A bis E) sind falsch.

Aufgabe 9-6

Finanzierungsregeln und -modelle:

Welche der folgenden Aussagen (A bis E) sind richtig?

A. Die Einhaltung der goldenen Bilanzregel sichert die Liquidität des Unternehmens.

B. Die Steigerung des Verschuldungsgrads führt wegen des Leverage-Effekts immer zu einer Erhöhung der Eigenkapitalrentabilität, wenn der Kapitalgewinn (Gewinn vor Zinsen) positiv ist.

C. Das traditionelle Kapitalstrukturmodell nach Solomon unterstellt, dass sowohl Eigenkapitalgeber als auch Fremdkapitalgeber bei sehr niedrigem Fremdkapitalkoeffizienten erst einmal einen unveränderten Kapitalertrag fordern, dann aber beide ab einer bestimmten Höhe des Verschuldungskoeffizienten eine Steigerung des Kapitalertrags fordern und erhalten.

D. Das Modigliani/Miller-Theorem unterstellt, dass der vollkommene Kapitalmarkt zu einer vom Fremdkapitalkoeffizienten unabhängigen Höhe der Gesamtkapitalkosten führt.

E. Das traditionelle Kapitalstrukturmodell nach Solomon und das Modigliani/Miller-Theorem ermöglichen beide eine Feststellung des Verschuldungskoeffizienten, bei dem die Gesamtkapitalkosten minimal sind.

F. Alle Aussagen (A bis E) sind falsch.

Aufgabe 9-7 (Einfachauswahl)

Kapitalrenditen und Leverage-Effekt:

Gegeben ist:

■ Gesamtkapital	100.000 Euro
■ Gesamtkapitalrendite	6 Prozent
■ Fremdkapitalzins	9 Prozent

Um wie viele Prozentpunkte (gerundet auf volle Prozent) vermindert sich die Eigenkapitalrentabilität rechnerisch, wenn der Eigenkapitalanteil am Gesamtkapital von 50 Prozent auf 20 Prozent sinkt, weil ein Teil des Eigenkapitals durch Fremdkapital ersetzt wird?

Welche der folgenden Aussagen (A bis E) ist richtig?

A. 3 Prozent

B. 6 Prozent

C. 9 Prozent

D. 12 Prozent

E. 24 Prozent

F. Alle Aussagen (A bis E) sind falsch.

Aufgabe 9-8

Optimale Diversifizierung von Kapitalanlagen:

Welche der folgenden Aussagen (A bis E) sind richtig?

A. Das Modell der Portfolio-Selektion nach Markowitz berücksichtigt allein das Rentabilitätsziel des Anlegers und kein Sicherheitsziel.

B. Die Wertentwicklung eines Portfolios soll nach dem Modell von Markowitz möglichst geglättet werden.

C. Das ideal diversifizierte Portfolio birgt kein allgemeines Marktrisiko mehr.

D. Übernimmt man mit seiner Kapitalanlage das allgemeine Marktrisiko, so belohnt dies der Markt durch eine erhöhte Rendite.

E. Ein Portfolio ist im Sinne von Markowitz dann effizient, wenn es einen maximalen Ertrag erwarten lässt.

F. Alle Aussagen (A bis E) sind falsch.

Aufgabe 9-9

Bilanzkennzahlen:

Gegeben sind Plan-Bilanzen und Zusatzangaben für die Jahre 2006 und 2007 sowie Erläuterungen laut den drei folgenden Tabellen zur Aufgabenstellung (Beträge in T€).

Die Bilanzen unterstellen jeweils vollständige Gewinnverwendung durch Vorstand und Aufsichtsrat sowie durch die Hauptversammlung.

Tabelle 9.17

Bilanz

Aktiva	2006	2007	Passiva	2006	2007
A. Anlagevermögen			A. Eigenkapital		
Immaterielle			gezeichnetes Kapital	200	200
Vermögensgegenstände	206	180	Kapitalrücklage	490	490
Sachanlagen	900	915	Gewinnrücklagen	352	392
Finanzanlagen	144	165	**Summe Eigenkapital**	**1042**	**1082**
Summe Anlagevermögen	**1.250**	**1.260**	B. Rückstellungen		
B. Umlaufvermögen			Rückstellungen für Pensionen	310	330
Vorräte	310	361	Steuerrückstellungen	40	10
Forderungen aus Lieferungen			sonstige Rückstellungen	55	76
und Leistungen	430	450	**Summe Rückstellungen**	**405**	**416**
sonstige kurzfristige			C. Verbindlichkeiten		
Forderungen und sonstige			langfristige Verbindlichkeiten	640	512
Vermögensgegenstände	20	20	Verbindlichkeiten aus		
Wertpapiere	104	104	Lieferungen und Leistungen	144	273
Kasse, Guthaben bei			sonstige kurzfristige		
Kreditinstituten	96	95	Verbindlichkeiten	10	12
Summe Umlaufvermögen	**960**	**1030**	**Summe Verbindlichkeiten**	**794**	**797**
C. Rechnungsabgrenzung	40	10	D. Rechnungsabgrenzung	9	5
			Summe Fremdkapital	**1.208**	**1.218**
Summe Aktiva	**2.250**	**2.300**	**Summe Passiva**	**2.250**	**2.300**

Tabelle 9.18

Zusatzangaben

	2006	2007
Umsätze [T€]	1.800	1.900
Jahresüberschüsse (voll einbehalten) [T€]	40	40
Cashflow [T€]	100	110
Netto-Zinsaufwand [T€]	79	64
stille Reserven [T€]	90	110
Schuldendienst [T€]	95	83
Zugänge zu Sachanlagen [T€]	55	70
Abgänge von den Sachanlagen [T€]	0	0
Abschreibungen auf Sachanlagen [T€]	40	50

Tabelle 9.19

Erläuterungen

Pensionsrückstellungen gelten als langfristiges Fremdkapital, sonstige Rückstellungen als kurzfristiges.

Liquide Mittel sind Kasse, Guthaben bei Kreditinstituten und Wertpapiere des Umlaufvermögens.

Passive Rechnungsabgrenzungsposten werden für die Kennzahlen dem kurzfristigen Fremdkapital zugeordnet, aktive dem Umlaufvermögen. Damit erhöht sich für die Kennzahlen das Umlaufvermögen 2006 und 2007 auf 1 Mio. Euro beziehungsweise 1,04 Mio. Euro und das kurzfristige Fremdkapital 2006 und 2007 auf 258.000 Euro beziehungsweise 376.000 Euro.

Als Durchschnittsbestände eines Jahres gelten hier vereinfachend die jeweiligen Jahresendbestände.

Als Gewinn wird jeweils der Jahresüberschuss gewählt, als Gesamtkapital bei der Ermittlung der Rentabilitätsziffern die Bilanzsumme.

Für die Errechnung von Umschlagdauern wird das Jahr mit 360 Tagen angesetzt.

Welche der folgenden Aussagen (A bis N) sind richtig, wenn bei gefragten Prozent-zahlen jeweils auf zehntel Prozent genau gerechnet wird?

A. Die Anlagedeckung im weiteren Sinne und die Anlageintensität steigen von 2006 auf 2007.

B. Die Liquidität 1. Grades ist in beiden Jahren unter 50 Prozent.

C. Einfacher und korrigierter prozentualer Bilanzkurs steigen von 2006 auf 2007.

D. Das (Net) Working Capital steigt von 2006 auf 2007.

E. Der prozentuale Selbstfinanzierungsgrad steigt von 2006 auf 2007.

F. Die Gesamtkapitalumschlaghäufigkeit sinkt von 2006 auf 2007 (Messgenauig-keit 0,1 mal).

G. Die in Jahren gemessene Schuldentilgungsdauer (auf 0,1 Jahre genau gemes-sen) steigt von 2006 auf 2007.

H. Die Finanzaufwandsquote sinkt von 2006 auf 2007.

I. Die jährliche Deckungsrelation für die langfristigen Verbindlichkeiten ist in beiden Jahren unter 2 (Rechengenauigkeit 0,1).

J. In beiden Jahren liegt der Return on Investment unter 2,0 Prozent.

K. Die Umsatzrentabilität steigt von 2006 auf 2007 leicht an.

L. Die Umschlaghäufigkeit (Rechengenauigkeit 0,1 mal pro Jahr) des Kreditoren-bestands p.a. erhöht sich von 2006 auf 2007.

M. Die Vorräte laut Bilanz bestehen annahmegemäß nur aus direkt zum Verkauf bestimmten Waren. Dann steigt die Umschlagdauer (ermittelt auf volle Tage genau) des Absatzlagers im Jahr 2007 gegenüber 2006.

N. Von 2006 auf 2007 steigt die Investitionsquote, dagegen fallen Investitions-deckung und Investitionsfinanzierungskraft.

O. Alle Aussagen (A bis N) sind falsch.

Weitere Aufgaben zu diesem Kapitel finden Sie auf der Companion Website zum Buch unter *www.pearson-studium.de*.

Lösungen

10

ÜBERBLICK

Auf den folgenden Seiten finden Sie die Lösungen zu allen Aufgaben im Buch sortiert nach Kapiteln.

10.1   Lösungen der Aufgaben zu Kapitel 1

Lösung 1-1: C, E, F

Zu A: Der Zugang einer Gesellschaftereinlage ist eine Kapitalzuführung.

Zu B: Der Abbau der Warenvorräte über den Umsatzprozess ist eine Kapitalfreisetzung.

Zu D: Eine Kapitalentnahme durch einen Personengesellschafter ist ein Kapitalentzug.

Lösung 1-2: C, D, F, H

Zu A:

$$\text{Kapitalumschlaghäufigkeit [p.a.]} = \frac{360 \text{ Tage}}{\text{Kapitalumschlagdauer [Tage]}}$$

Zu B:

$$\text{Kapitalbedarf} = \text{Kapitalumschlaghöhe [€ pro Tag]} \times \text{Kapitalumschlagdauer [Tage]}$$

$$= \frac{\text{Kapitalumschlagshöhe [€ p.a.]}}{360 \text{ Tage}} \times \frac{360 \text{ Tage}}{\text{Kapitalumschlaghäufigkeit [p.a.]}}$$

$$= \frac{\text{Kapitalumschlaghöhe [p.a.]}}{\text{Kapitalumschlaghäufigkeit [p.a.]}}$$

Zu C:

$$\text{Kapitalumschlaghäufigkeit der Debitoren p.a.} = \frac{360 \text{ Tage}}{\text{Debitorenumschlagdauer [Tage]}}$$

Zu D:

$$\text{Kapitalbedarf für den Debitorenbestand} = \frac{\text{Umsatz p.a.}}{\text{Debitorenumschlaghäufigkeit p.a.}}$$

Zu E: Die Kapitalumschlaghäufigkeit entwickelt sich umgekehrt proportional zur Kapitalumschlagdauer.

$$\text{Kapitalumschlaghäufigkeit von Vermögensgütern p.a.} = \frac{360 \text{ Tage}}{\text{Kapitalumschlagdauer [Tage]}}$$

Zu F und G:

$$\text{Kapitalbedarf für das Warenlager} = \frac{\text{Umsatz p.a.}}{\text{Warenlagerumschlaghäufigkeit p.a.}}$$

$$= \frac{\text{Umsatz p.a.}}{360 \text{ [Tage]} / \text{Umschlagdauer [Tage]}}$$

$$= \text{Umsatz [pro Tag]} \times \text{Umschlagdauer [Tage]}$$

Zu H:

$$\text{Kapitalumschlaghäufigkeit des Anlagevermögens p.a.}$$

$$= \frac{1 \text{ [Jahr]}}{\text{durchschnittliche Abschreibungsdauer des Anlagevermögens [Jahre]}}$$

Lösung 1-3: D

$$\text{Kapitalbedarf vorher} = \frac{\text{Kapitalumschlaghöhe p.a.}}{\text{Kapitalumschlaghäufigkeit p.a.}} = \frac{3.000.000 \ \text{€}}{3} = 1.000.000 \ \text{€}$$

Kapitalbedarf nachher = Kapitalbedarf vorher + 0,5 Mio. € = 1.500.000 €

Umschlagdauer nachher [Jahre] = 1.500.000 € / 6.000.000 [€ p.a.] = 1/4 Jahr = 90 Tage

=> Differenz: 120 Tage − 90 Tage = 30 Tage

Alternativ kann man sich allein auf die Formel für den Kapitalbedarf in Abhängigkeit von der Kapitalumschlaghöhe pro Tag beschränken. Dazu muss der Lagerumsatz pro Jahr in den Umsatz pro Tag umgerechnet werden:

Vorher: $\quad \text{Tagesumsatz} = \dfrac{3 \ \text{Mio.} \ [\text{€ pro Jahr}]}{360 \ [\text{Tage pro Jahr}]} = 8.333,333... \ [\text{€ pro Tag}]$

$$\text{Kapitalbedarf} = 8.333,33... \ [\text{€ pro Tag}] \times 120 \ [\text{Tage}] = 1 \ \text{Mio.} \ \text{€}$$

Im Folgejahr ist der Kapitalbedarf auf 1,5 Mio. Euro gestiegen und der Tagesumsatz hat sich auf 16.666,66... Euro verdoppelt:

Nachher: $\quad \text{Kapitalbedarf} = 1.500.000 \ [\text{€}] = 16.666,66... \ [\text{€ pro Tag}] \times x \ [\text{Tage}]$

$$x = \frac{1,5 \ \text{Mio.} \ [\text{€ pro Jahr}]}{16.666,66... \ [\text{€}]} = 90 \ [\text{Tage}], \text{ somit Abnahme von 30 Tagen.}$$

Lösung 1-4: B, C, D

Zu A: Die Periodenliquidität als rechnerische Liquidität zum Periodenende hängt neben den Ein- und Auszahlungen der Periode auch vom Anfangsbestand ab.

Zu E: Die Kollision ist zwar möglich, das Finanzmanagement muss aber konfliktäre Ziele verfolgen. Die Erhaltung der Liquidität ist zwingende Bedingung im finanzwirtschaftlichen Zielsystem. Sie steckt einen Rahmen ab, innerhalb dessen andere Ziele verfolgt werden können, auch das Ziel der Erhöhung der Gesamtkapitalrentabilität.

Lösung 1-5: F, G

Zu A: Der Begriff Außenfinanzierung bezieht sich auf die Herkunft der Finanzierungsmittel, nicht auf deren Verwendung.

Zu B: Die Außenfinanzierung unterteilt sich in solche durch Eigentümer (Eigenfinanzierung) und solche durch Fremdkapitalgeber (Fremdfinanzierung).

Zu C: Die Finanzierung aus Umsatzerlösen ist eine aus eigener Kraft des Unternehmens und somit Innenfinanzierung.

Zu D: Außenfinanzierung ist nicht allein Fremdfinanzierung (siehe B) und schon gar nicht allein Fremdfinanzierung in Form der Kreditfinanzierung.

Zu E: Beteiligungsfinanzierung ist eine Form der Außenfinanzierung (siehe F).

Zu H: Beteiligungsfinanzierung ist Außenfinanzierung, die Finanzierung durch Einbehaltung von Gewinnen (Selbstfinanzierung) ist dagegen eine Finanzierung aus eigener Kraft des Unternehmens, also Innenfinanzierung.

Zu I: Die Finanzierung durch Kredite ist immer Fremdfinanzierung, auch wenn sie von einer Person kommt, die gleichzeitig Eigenkapitalgeber ist.

Lösung 1-6: C

Zu A: Mezzanines Kapital wird vorwiegend so konstruiert, dass seine Ausschüttungen steuerlich nicht als Gewinne gelten.

Zu B: Mezzanines Kapital liegt typischerweise im Rang vor Eigenkapital und nach Fremdkapital.

Zu D: Die Liquiditätsbelastung aus einem Non Equity Kicker ergibt sich erst bei Rückzahlung des mezzaninen Kapitals.

Zu E: Der Equity Kicker führt erst bei Ausübung der Option auf Eigenkapitalerwerb eventuell zu einem Liquiditätseffekt, dann aber zu einem Liquiditätszufluss (zum Beispiel Zahlung eines Preises für die Aktie, eventuell auch Zuzahlung bei einem Umtausch in eine Aktie).

Zu F: Mezzanines Kapital trägt höhere Risiken als Fremdkapital und ist deshalb teurer (Ausgleich für erhöhtes Risiko).

Lösung 1-7: B, C

Zu A: Geldmarkt ist nur der Sektor des Finanzmarkts mit kurzen Laufzeiten der Kapitalüberlassung und zwischen professionellen Teilnehmern.

Zu D und E: Der LIBOR ist je nach Währung und Laufzeit unterschiedlich.

Zu F: Der EURIBOR bezieht sich allein auf die Währung Euro.

10.2 Lösungen der Aufgaben zu Kapitel 2

Lösung 2-1: D, E

Zu A: GmbH-Anteile werden nicht in Anteilspapieren dokumentiert, die man haben müsste, um sein Recht als Gesellschafter auszuüben, sind also keine Wertpapiere.

Zu B: Die Stammeinlage kann niedriger sein als die Einzahlung.

Zu C: Machbar ist trotz der Standardregelung gemäß D eine Haftungsbegrenzung von Gesellschaftern durch individuelle Haftungsbegrenzungsabreden eines Kreditgebers mit jedem einzelnen Gesellschafter.

Lösung 2-2: A, C, E, F, G, H, I

Zu B: Die typische stille Gesellschaft wird im HGB geregelt, das sich auf Kaufleute bezieht. Schon allein deshalb wäre die Bezeichnung als BGB-Gesellschaft abwegig.

Zu D: Der typische stille Gesellschafter ist die dem Kreditgeber ähnlichere Ausprägung des stillen Gesellschafters und hat allein einen Anspruch auf Rückzahlung des Nominalbetrags seiner Einlage.

Lösung 2-3: A, B, D, F

Zu C: Der Erwerb eigener Aktien ist gemäß dieser Vorschrift ist nach § 71 Abs. 2 auf 10 Prozent des Grundkapitals begrenzt.

Zu E: Die Regelung gemäß § 71 Abs. 1 Nr. 8 schließt auch den Rückkauf zur Kurspflege mit ein.

Lösung 2-4: A, C, E

Zu B: Ab einem bestimmten Gewinnniveau erhalten die Stammaktionäre immer die gleiche Dividende wie die Inhaber einer Aktie mit prioritätischem Gewinnanspruch. Letzterer ist demnach nur bei niedrigeren Gewinnen von Vorteil.

Zu D: Fällt kein Gewinn an, so erhalten die Inhaber der Aktien mit prioritätischem Gewinnanspruch und Überdividende auch keinerlei Dividende.

Lösung 2-5: B, E

Zu A: Der einfache Bilanzkurs kann zu stark durch den fehlenden Ausweis der stillen Reserven beeinflusst sein, um generell eine gute Schätzung für den angemessenen Aktienkurs zu erlauben.

Zu C: Ein erhöhter Kalkulationszins wertet die Gewinne der Zukunft stärker ab und führt deshalb zu einem niedrigeren Ertragswert und damit auch zu einem niedrigeren Ertragswertkurs.

Zu D: Der Cashflow pro Aktie erscheint im Nenner der Formel für die Cashflow Ratio, folglich sinkt diese mit steigendem Cashflow.

Zu E und F:

Tabelle 10.1

Zu Lösung 2-5

	vorher (Frage E)	Änderung (Frage F)	nachher (Frage F)
Grundkapital	10 Mio. €	5 Mio. €	15 Mio. €
Rücklagen	4 Mio. €	20 % von 5 Mio. € = 1 Mio. €	5 Mio. €
Summe = Eigenkapital	14 Mio. €	6 Mio. €	20 Mio. €
Bilanzkurs	$\dfrac{14\ \text{Mio. €}}{10\ \text{Mio. €}} \times 1\,€ = 1{,}40\,€$		$\dfrac{20\ \text{Mio. €}}{15\ \text{Mio. €}} \times 1\,€ = 1{,}33\,€$

Lösung 2-6: A, E, F

Zu A und B:

$$\text{Dividendenrendite} = \frac{\text{Dividende}}{\text{Kurs}} \times 100\,\% = \frac{0{,}1 \times 1\,€}{10\,€} \times 100\,\% = 1\,\%$$

Zu C und D: Als Gewinnziffer wird der durch Analyse zu ermittelnde Gewinn pro Aktie verwendet, nicht eine unmittelbar aus Bilanz oder Erfolgsrechnung herauslesbare Gewinnziffer.

Lösung 2-7: A, B, D

Zu A und B: $\text{KGV}_{2003} = 20\ \text{€} / 0{,}5\ \text{€} = 40$

$\qquad\qquad \text{PEG}_{2003} = 40 / 40 = 1$

Zu C: $\text{KGV}_{2006} = 20\ \text{€} / (0{,}5\ \text{€} \times 1{,}4^3) = 20 / 1.372 = 14{,}6$

Zu D: $\text{KGV} = \dfrac{\text{Börsenkurs}}{\text{Gewinn pro Aktie}}$

Das KGV reduziert sich rechnerisch bei Verwendung der erwarteten höheren Gewinne der Zukunft, da bei gleichem Kurs im Zähler wachsende Gewinne im Nenner des Ausdrucks stehen, der das KGV darstellt.

Lösung 2-8: B, C, F

Zu A: Es gibt auch viele nicht an Börsen notierte Aktien, etwa die kleiner Gesellschaften oder von Gesellschaften, deren Aktien nur in wenigen Händen sind.

Zu D: Teilnehmer an Computerbörsen treffen sich körperlich überhaupt nicht.

Zu E: Um dies zu vermeiden, muss man eine Limitorder aufgeben. Zusätzlich falsch ist der Ausdruck „bestens" deshalb, weil er für „so teuer wie möglich" steht und eine Marketorder eines Anbieters einer Aktie beschreibt, nicht die eines Nachfragers.

Zu G und H: Bei „bG" bestand zum genannten Kurs noch weitere Nachfrage, die bis zu diesem Kurs limitierten Kaufaufträge konnten nicht vollständig ausgeführt werden. Alle Verkaufswünsche bis zum Limit wurden erfüllt.

Lösung 2-9: C, E

Zu A: Es gibt auch Indizes für Kurse, die häufiger (zum Beispiel jede Minute) festgestellt werden. Indizes können sich aber auch etwa auf Monatsendkurse beziehen.

Zu B: Durch die Dividendenausschüttung sinkt der Kurs einer Aktie und damit auch der Kursindex, in den ihr Kurs eingeht.

Zu D: Von den Dax-Indices wird mangels besonderem Zusatz bei der Bezeichnung des Dax der Dax-Performance-Index verwendet, der Dow Jones Industrial Average ist dagegen ein damit schlecht vergleichbarer Kursindex.

Zu F: Der Dax ist nur repräsentativ für Aktien deutscher Großunternehmen.

Lösung 2-10: B, E, G, H

Zu A: Die Emission kann auch ganz oder teilweise dazu dienen, schon bestehende Aktien zu platzieren, etwa solche des bisherigen Alleinaktionärs. Dann erhöht sich das Eigenkapital der Gesellschaft nicht.

Zu C: Der Bezugsrechtswert ist umso höher, je niedriger der Emissionskurs ist.

Zu D: Ein hoher Bezugsrechtswert fließt allein den Altaktionären zu, nicht der Gesellschaft. Er ist keine Bezahlung für hohe stille Reserven, sondern ein Ausgleich für einen relativ niedrigen Emissionskurs junger Aktien.

Zu F: Das Bookbuilding-Verfahren soll das bei einer Auflegung zur Zeichnung drohende Overpricing gerade verhindern. Overpricing droht eher beim Subskriptionsverfahren.

Lösung 2-11: D, E

Zu A und B: Das Bezugsrecht schützt nur das Halten des bisherigen prozentualen Anteils am Grundkapital und so auch des Stimmanteils in der Hauptversammlung.

Zu C: Das Bezugsrecht ist nur ein Vermögensausgleich für einen Wertverlust der alten Aktien.

Zu E: Mischkurs ist $(3 \times 100\,€ + 1 \times 80\,€)\,/\,4 = 95\,€$, Bezugsrechtswert ist $100\,€ - 95\,€ = 5\,€$.

Lösung 2-12: A, B, E, F

Zu C: Diese Bedingung findet sich nicht unter den im Aktiengesetz aufgeführten Bedingungen. Alle diese Bedingungen zeichnen sich dadurch aus, dass Dritte zu bestimmten Gelegenheiten von einem Umtausch- oder Bezugsrecht Gebrauch machen.

Zu D: Die Genehmigung einer genehmigten Kapitalerhöhung bezieht sich immer darauf, dass Aktien in einem zukünftigen Zeitraum emittiert werden dürfen.

Lösung 2-13: F, J

Zu A: Es war Ziel, das Investment gegen das sogenannte systematische Risiko des Gesamtmarkts abzusichern, nicht gegen das spezifische Risiko der Einzeltitel.

Zu B: Die Vermögenswerte alternativer Investments sind typischerweise wenig transparent und ihre Märkte wenig liquide (geringe Umsätze).

Zu C: Private Equity bezieht sich nur auf Finanzierungen durch Fonds und andere Institutionelle.

Zu D: Captive Funds sammeln keine Einlagen Dritter, um sie als Intermediäre für diese anzulegen, sondern sind eigene Beteiligungsgesellschaften von Banken, Versicherungen oder großen Konzernen, die auf die Kapitalkraft allein der Gesellschafter zurückgreifen.

Zu E: Inkubatoren zeichnen sich gerade durch ihren Service aus. Sie bieten komplette Büros oder übernehmen bestimmte Büroarbeiten, beraten das Management und stellen technisches Know-how zur Verfügung.

Zu G: Buy-Out-Finanzierungen werden meistens unter starkem Einsatz von Fremdkapital vorgenommen (sind also meistens Leveraged Buy Outs).

Zu H: Buy Out Fonds mischen sich typischerweise stark in die Unternehmensführung des Beteiligungsunternehmens ein, um durch eine veränderte Politik den Wert des Unternehmens schnell zu erhöhen.

Zu I: Secondary Purchase ist der Verkauf einer Beteiligung an einen anderen Private-Equity-Investor, also an einen gleichen Investorentypus. Der Verkauf einer Beteiligung an einen industriellen, strategischen Investor heißt Trade Sale.

10.3 Lösungen der Aufgaben zu Kapitel 3

Lösung 3-1: F

Zu A: Nach § 18 Satz 1 des Kreditwesengesetzes gibt es bei Bankkrediten von mehr als 250.000 Euro eine Pflicht für Kreditinstitute, sich die wirtschaftlichen Verhältnisse offenlegen zu lassen, insbesondere durch Vorlage der Jahresabschlüsse.

Zu B: Es genügt bei ins Handelsregister eingetragenen Unternehmen, wenn das Unternehmen keine entgegenstehende Weisung erteilt hat.

Zu C: Banken legen Wert darauf, dass ihre Kreditmittel angemessen verwendet werden. Insbesondere soll die Verwendung einen Cashflow generieren helfen, aus dem Kreditzinsen und Kredittilgungen bestritten werden können.

Zu D: Marketing und Management sind sehr wichtige Bereiche der Kreditprüfung.

Zu E: Die verschiedenen Faktoren gehen grundsätzlich mit ihnen jeweils zugemessenen Gewichtungen in das Gesamturteil ein, eine gleiche Gewichtung aller Faktoren wäre zu pauschal.

Lösung 3-2: A, B, C, D

Zu E: Die Bank hat auf Verlangen des Kunden bei Überbesicherung so viele Sicherheiten nach ihrer Wahl freizugeben, bis sie nur noch angemessen besichert ist.

Lösung 3-3: C

Zu A bis D: Die selbstschuldnerische Bürgschaft greift bereits nach erfolglosen Mahnungen gemäß kaufmännischen Gepflogenheiten.

Zu E: Bürgen haften immer unabhängig von eigenem Verschulden.

Lösung 3-4: A, C, D, E

Zu B: Das ist der erweiterte Eigentumsvorbehalt (Eigentumsvorbehalt mit Verarbeitungsklausel).

Zu F: Die Forderungszession darf auch still sein, also ohne Anzeige an die Zahlungsverpflichteten.

Lösung 3-5: C

Zu A bis D: Effektive Übergabe (Besitzübertragung) ist nur bei Verpfändung erforderlich, nicht bei Sicherungsübereignung. Bei Letzterer wird nur das rechtliche Eigentum übertragen, nicht der Besitz.

Zu E: Der zeitlich frühere Eigentumsvorbehalt geht der versuchten nachträglichen Sicherungsübereignung vor.

Zu F: Der Eigentumsvorbehalt ist keine gesetzliche Sicherheit. Logischerweise gibt es deshalb auch zur Frage der Vorausabtretung der Forderungen keinerlei gesetzliche Norm. Die Vorausabtretung führt zu einer speziellen Variante eines vereinbarten Eigentumsvorbehalts, nämlich zum verlängerten Eigentumsvorbehalt.

Zu G: Die Verpfändung erfordert immer Besitzübergang.

Lösung 3-6: D, F

Zu A: Es können auch zum Beispiel einzelne Wohnungen eines Hauses belastet werden oder Besitzanteile an einem Haus.

Zu B: Der Rahmenzins ist wie die ganze Grundschuld eine abstrakte Sicherheit, deshalb im Grundsatz unabhängig von der Bezahlung der Zinsen auf die Hauptschuld zu bezahlen.

Zu C: Eine eventuelle persönliche Haftung des Grundschuldgebers ist eine zusätzliche Sicherheit, die Grundschuld ist allein eine Sachsicherheit.

Zu E: Die abstrakte Grundschuld besteht im Prinzip unabhängig davon, wem sie zusteht. Davon zu unterscheiden ist der gesetzliche Löschungsanspruch von solchen Sicherungsnehmern, die im Rang nach dieser Grundschuld besichert sind. Sie müssen dazu die Löschung verlangen, es gibt keine automatische Löschung.

Lösung 3-7: A, B, D

Zu C: Die Rangordnung ist änderbar. Zurücktretende und vortretende Partei können eine Rangänderung miteinander vereinbaren. Die Rangänderung ist als Voraussetzung für ihre Wirksamkeit ins Grundbuch einzutragen. Der Rangrücktritt einer Grundschuld erfordert dabei zusätzlich immer eine Zustimmung des Grundstückseigentümers (§ 880 Abs. 2 Satz 2 BGB).

Zu E: Die Grundschulden im Rang vor der Grundschuld des Betreibers der Zwangsversteigerung bleiben immer bestehen, der Erwerber erwirbt das mit ihnen belastete Objekt. Es erfolgt keine Auszahlung des Kapitalbetrags dieser Grundschulden.

Zu F: Der Barwert der Jahresreinerträge (statt Jahresroherträge) des Gebäudes für die Restlebensdauer, das heißt die Reinerträge abgezinst mit einem marktüblichen Zinssatz, ergibt den Ertragswert des Gebäudes ohne Boden (also nicht des Gesamtgrundstücks).

Lösung 3-8: A, B, C, E, G

Zu D: Die Banken diskontieren Wechsel zu einigermaßen niedrigen Zinssätzen, die tendenziell eher unter dem Satz für Kontokorrentkredite liegen. Das gilt ganz besonders dann, wenn wegen des Wechselregresses neben dem Einreicher noch andere als Wechselverpflichtete haften (insbesondere auch der Aussteller) und diese eine gute Bonität besitzen.

Zu F: Die Beliebtheit des Kontokorrentkredits ist nicht in der Höhe der Kontokorrentzinsen begründet, da diese eher hoch liegen, sondern in der unkomplizierten Inanspruchnahme in wechselnder Höhe.

Zu H: Akzeptiert eine Bank einen auf sie gezogenen Wechsel, so heißt das Akzeptkredit.

Lösung 3-9: A, B, D, E

Zu C: Der absolute Betrag des Zinsteils der monatlichen Darlehensrate sinkt im Zeitablauf sowohl beim Annuitätendarlehen als auch beim Tilgungsdarlehen wegen des jeweils im Zeitablauf niedrigeren zu verzinsenden Kapitalbetrags.

Lösung 3-10: B, C, D

Tabelle 10.2

Zins- und Tilgungspläne

1. Annuitätendarlehen

Jahresende	Gesamtrate	Zins	Tilgung	Effektivrest
1	79.139	30.000	49.139	250.861
2	79.139	25.086	54.053	196.808
3	79.139	19.681	59.458	137.349
4	79.139	13.735	65.404	71.945
5	79.139	7.194	71.945	0
Summen	395.696	95.696	300.000	

2. Tilgungsdarlehen (Abzahlungsdarlehen)

Jahresende	Gesamtrate	Zins	Tilgung	Effektivrest
1	90.000	30.000	60.000	240.000
2	84.000	24.000	60.000	180.000
3	78.000	18.000	60.000	120.000
4	72.000	12.000	60.000	60.000
5	66.000	6.000	60.000	0
Summen	390.000	90.000	300.000	

Zur Ermittlung des Zins- und Tilgungsplans des Annuitätendarlehens geht man periodenweise (jahreweise) dann so vor:

1 Man ermittelt pro Periode den Zins, indem man den Kreditsaldo (Darlehensrest) der Vorperiode mit dem Kreditzins multipliziert. Erster Darlehensrestbetrag ist der ursprüngliche Darlehensbetrag (zu verzinsender Rückzahlungsbetrag).

2 Ermittelte Annuitätenrate (zum Beispiel mit Excel-Formel RMZ) abzüglich Zinsbetrag der Periode gemäß 1. ergibt den Tilgungsbetrag.

3 Der neue Darlehensrest ergibt sich, indem man den Tilgungsbetrag gemäß 2. vom Darlehensrest der Vorperiode abzieht.

Lösung 3-11: D

$$\text{Mittlere Laufzeit} = 3 \text{ Jahre} + \frac{(10-3)+1}{2} \text{ Jahre} = 7 \text{ Jahre}.$$

$$\text{Effektivzins}_{\text{approximativ}} = \frac{5\ \% + 10\ \% \div 7}{90\%} \left[\text{p.a.} \right] = \text{ca.}\ 7{,}1\ \% \left[\text{p.a.} \right]$$

Lösung 3-12: D, E

Zu A: Es gibt zinssubventionierte und nicht zinssubventionierte durchgeleitete Darlehen.

Zu B: Die durchgeleiteten Darlehen werden banküblich besichert, wenn es keine Sondervereinbarungen gibt.

Zu C: Ein Schuldschein wird nur im Regelfall ausgestellt, nicht immer. Abgesehen davon ist der Schuldschein kein Wertpapier.

Zu F: Ein partiarisches Darlehen ist keine stille Gesellschaft. Es ist dem einfachen Darlehen näher als die stille Gesellschaft. Insbesondere ist das partiarische Darlehen ohne Zustimmung der damit finanzierten Gesellschaft übertragbar. Es ist auch nie am Verlust beteiligt.

Lösung 3-13: C, F

Zu A: Ein Avalkredit einer Bank muss nicht zu einer Zahlung der Bank führen.

Zu B: Avalkredite müssen wie andere Kredite besichert werden. Das Zahlungsversprechen einer guten Bank bietet dem Begünstigten aber eine besonders hoch eingeschätzte, leicht hinsichtlich ihrer Werthaltigkeit einschätzbare Sicherheit für seine Ansprüche.

Zu D: Für das Aval muss unabhängig von der Inanspruchnahme und ihr folgender Zahlung eines Kapitalbetrags eine Avalprovision bezahlt werden, welche die Risikoübernahme des Kreditgebers honoriert.

Zu E: Die Bank ist Akzeptant eines Wechsels, den der Exporteur – als Ersatz für eine Bezahlung seiner Exportleistung durch den Importeur – auf sie zieht.

10.4 Lösungen der Aufgaben zu Kapitel 4

Lösung 4-1: D, E, F, G

Zu A: Securitisation, wörtlich „Verbriefung", ist die Kleidung von Ansprüchen in die Form von Wertpapieren.

Zu B: Der Trend zur Obligation ist begleitet vom Verzicht auf den Druck körperlicher Wertpapiere.

Zu C: Stückzinsen sind die noch nicht bezahlten aufgelaufenen Zinsen auf eine Obligation, die beim Kauf der Obligation mit erworben werden müssen.

Zu H: Der Rex zählt zu den Kursindizes, der RexP ist ein Performanceindex.

Lösung 4-2: B, C, E

Zu A: Das Rating von Anleihen durch externe Ratinggesellschaften hat trotz Veröffentlichung von Jahresabschlüssen große Bedeutung erlangt. Die Jahresabschlüsse allein reichen zur Beurteilung der Anleihen durch die potenziellen Anleihekäufer nicht aus.

Zu D: Anleihen werden bei Verschlechterung ihrer Bonität durch die Ratinggesellschaften herabgestuft.

Lösung 4-3: B, C, D

Zu A: Unternehmen werden die normalen Floater tendenziell eher dann ausgeben wollen, wenn sie annehmen, dass im Durchschnitt das Zinsniveau des Floaters in der Gesamtlaufzeit der Anleihe niedriger ist als der Festzins eines vergleichbaren Rentenpapiers bei Emission.

Lösung 4-4: A, C, D

Zu B: In diesem Fall hat das deutsche Unternehmen Währungsrisiken und -chancen, da es Zahlungen in einer fremden Währungen zu leisten hat, sich selbst aber Euro-Vermögen erarbeitet. Der japanische Anleger dagegen hat keine Währungsrisiken und -chancen.

Zu E: Die Währungsoption ist dann ein Nachteil für den Emittenten, wenn sie den Käufern der Anleihe zusteht, nicht dem Emittenten.

Lösung 4-5: A, B, C, D, E

Lösung 4-6: A, C, D

Zu B: Commercial Papers werden im typischen Fall ohne Platzierungsgarantien seitens Underwriter-Banken (Garantiebanken) emittiert.

Lösung 4-7: C

Der Anleger bekommt für ein Stück der Anleihe im Wert von 100 Euro und zusätzlich je 8 Euro Zuzahlung pro Aktie zehn Aktien im Wert von 10×20 Euro = 200 Euro. Er gibt also eine Anleihe im Wert von 100 Euro und zusätzlich Zahlungen im Wert von 10×8 Euro = 80 Euro hin, zusammen somit einen Wert von 180 Euro, und erhält zehn Aktien im Wert von 200 Euro. Er hat also für zehn Aktien einen Vorteil von 20 Euro, pro Aktie somit 2 Euro.

Lösung 4-8: C

Zu A und B: Die Optionsanleihe enthält immer eine Option auf den Bezug von Aktien gegen Bezahlung, nicht auf den Umtausch wie bei der Wandelanleihe.

Zu D: Optionspreis ist der Betrag, der für den Erwerb eines Optionsrechts zu bezahlen ist. Der für die zu beziehende Aktie zu bezahlende Preis heißt Basispreis oder Strike Price.

Zu E: Der Totalverlust des Werts eines Optionsscheines ist in der Praxis nicht selten.

Lösung 4-9: E

Zu A: Nachrangige Anleihen können Junk Bonds sein, müssen es aber nicht.

Zu B: Eigenkapital ist stärker nachrangig als nachrangige Obligationen.

Zu C: Junk Bonds weisen eine sehr hohe Verzinsung bezogen auf ihren Kurswert auf. Der Ausdruck Junk bezieht sich auf die Bonität.

Zu D und F: Geborene Junk Bonds entstehen planmäßig als solche. Die Emission ist dabei schlecht geratet, die Bonität des Emittenten kann aber allgemein gut sein.

Zu F: Junk Bonds können von guten Unternehmen stammen, die aber eine nachrangige Emission mit schlechtem Emissionsrating vornehmen.

Lösung 4-10: A, B, D, F

Zu C: Ein Nachzahlungsanspruch für ausgefallene Genussscheinzinsen macht die Genussscheine den Zinspapieren, also dem Fremdkapital, ähnlicher.

Zu E: Genussscheine begründen nie das Recht auf Zustimmungsvorbehalte.

10.5 Lösungen der Aufgaben zu Kapitel 5

Lösung 5-1: B, C, D, E

Zu A: Der Verkauf von Anlagevermögen ist kein Umsatz und deshalb die Finanzierung durch die dabei erzielten Einzahlungen keine Finanzierung aus Umsatzüberschuss (Cashflow).

Lösung 5-2: A, C

Zu A:

Cashflow (direkt):

$$\text{Cashflow} = \text{Barerträge} - \text{Baraufwand}$$
$$= 600 \text{ T€} - (250 \text{ T€} + 100 \text{ T€} + 50 \text{ T€} + 40 \text{ T€}) = 160 \text{ T€}$$

Cashflow indirekt:

$$\text{Gewinn} + \text{unbare Aufwendungen} - \text{unbare Erträge.}$$

Man ermittelt zuerst den Gewinn:

$$\text{Gewinn} = 600 \text{ T€} - (250 \text{ T€} + 100 \text{ T€} + 50 \text{ T€} + 40 \text{ T€} + 70 \text{ T€} + 30 \text{ T€}) = 60 \text{ T€}$$

Dann addiert man Gewinn und unbare Aufwendungen zum Cashflow:

$$\text{Cashflow} = 60 \text{ T€} + 70 \text{ T€} + 30 \text{ T€} = 160 \text{ T€}$$

Zu B/C/D:

$$\text{Eigenfinanzierung: } + 10 \text{ T€}$$

$$\text{Fremdfinanzierung netto: } + 60 \text{ T€} + 40 \text{ T€} - 20 \text{ T€} = 80 \text{ T€}$$

Die Summe aus Eigen- und Fremdfinanzierung von 90 T€ ist die Außenfinanzierung. Sie ist im vorliegenden Fall die Finanzierung, die über die Innenfinanzierung aus Cashflow (Umsatzüberschuss) hinaus erfolgt ist.

Lösung 5-3: D

Zu A: Die bilanzielle Gewinnermittlung ist allein ein Akt des Rechnungswesens, der keinen Mittelzufluss generieren kann. Die Mittel fließen beim Umsatzakt zu, wenn die Umsatzgüter mit Gewinn verkauft werden.

Zu B und C: Die Gegenwerte der Gewinne werden nicht liquide angesammelt, sondern sie werden schon unter dem Jahr im laufenden Betrieb wieder eingesetzt.

Zu E: Stille Reserven entstehen durch Überbewertung von Passiva wie zum Beispiel von Gewährleistungsrückstellungen, nicht durch deren Unterbewertung.

Lösung 5-4: A, B, C, D

Zu E: Durch den pauschalen Satz der Abgeltungssteuer ergibt sich keine Erhöhung des Steuersatzes mit der Einkommenshöhe.

Lösung 5-5: A, D, E

Zu B und C: Die Finanzierung aus Abschreibungsgegenwerten ist völlig unabhängig von eventuellen stillen Reserven. Sie beruht nicht auf dem Effekt überhöhter Abschreibungen. Die Finanzierung aus der Bildung stiller Reserven durch überhöhte Abschreibungen ist stille Selbstfinanzierung.

Zu F: Die Gesamtkapazität über alle Perioden hinweg wird nicht erhöht, stattdessen lediglich die Periodenkapazität, also die in einer Rechnungsperiode nutzbare Kapazität.

Lösung 5-6: C

Tabelle 10.3

Zu Lösung 5-6

I Anfang des Jahres i	II Anzahl der Maschinen und deren Alter (tiefgestellt: Jahre) nach (!) (Re-)Investition am Jahresanfang	III (siehe II und VI) Kontrollwert: Aktueller Bilanzwert plus Restwert nach Reinvestition = Anschaffungskosten in €	IV=II×2.000€ Abschreibungen des abgelaufenen Jahres in €	V (siehe IV und VI) Reinvestition (aus Abschreibungen zuzüglich altem kumuliertem Restbetrag) in €	VI= (IV−V)$_{kumuliert}$ kumulierter Restbetrag nach Reinvestition der Abschreibungsbeträge in €
1	10_0	10×100.000 $= 1.000.000$	–	–	0
2	$10_1 + 4_0$ $= 14$	10×60.000 $+ 4 \times 100.000$ $= 1.000.000$	10×40.000 $= 400.000$	4×100.000 $= 400.000$	0
3	$10_2 + 4_1 + 4_0$ $= 18$	10×30.000 $+ 4 \times 60.000$ $+ 4 \times 100.000$ $+ 60.000$ $= 1.000.000$	10×30.000 $+ 4 \times 40.000$ $= 460.000$	4×100.000 $= 400.000$	60.000
4	$10_3 + 4_2 + 4_1 + 5_0$ $= 23$	10×10.000 $+ 4 \times 30.000$ $+ 4 \times 60.000$ $+ 5 \times 100.000$ $+ 40.000$ $= 1.000.000$	10×20.000 $+ 4 \times 30.000$ $+ 4 \times 40.000$ $= 480.000$	5×100.000 $= 500.000$	40.000

Lösung 5-7: A, B, C, F, G

Zu D: Der positive Finanzierungseffekt tritt auf, wenn die zugeflossenen Gelder im Unternehmen eingesetzt werden. Die Weiterleitung der Gelder aus dem Unternehmen heraus entzieht dem Unternehmen diese Gelder und macht so den Finanzierungseffekt für das Unternehmen zunichte.

Zu E: Die Finanzierung aus dem Gegenwert der Erhöhung von Pensionsrückstellung bezieht sich auf den Fall der Bildung von Pensionsrückstellungen in angemessener Höhe. Sie ist nicht mit der Finanzierung aus der Bildung stiller Reserven zu verwechseln, die unter anderem auch durch die Bildung zu hoher Pensionsrückstellungen herbeigeführt werden kann.

10.6 Lösungen der Aufgaben zu Kapitel 6

Lösung 6-1: A, C, D, E

Zu B: Es gehört zum üblichen Service der Factorunternehmen, dass sie im Auftrag ihrer Anschlusskunden die Rechnungen schreiben.

Zu F: Factoring beinhaltet immer den laufenden Ankauf von Forderungen innerhalb eines Rahmenvertrags.

Lösung 6-2: B, C, D, E

Zu A: Der Factor kauft die Forderungen und übernimmt damit das Risiko, dass sie nicht eintreibbar sind. Diese Übernahme der Delkrederefunktion ist für echtes Factoring zwingend, ein Rückbelastungsrecht nicht eintreibbarer Forderungen gibt es nicht.

Lösung 6-3: G

Zu A: Der Forderungsverkäufer haftet immer für den rechtlichen Bestand der Forderung.

Zu B: Im Idealfall werden Solawechsel angekauft, um die Ausstellerhaftung zu umgehen.

Zu C: Der Forfaiteur übernimmt immer das Delkredererisiko, er kümmert sich aber darum, nur ausreichend gute Forderungen anzukaufen.

Zu D: Eine Zurückbelastung von Forderungen ist nicht möglich, auch nicht bei Problemen aufgrund des Länderrisikos.

Zu E: Der Forfaiteur kauft Forderungen und muss seine Forderungen dann auch selbst eintreiben.

Zu F: Der Forfaiteur übernimmt meistens keine Bonitätsrisiken der Importeure. Üblicherweise verlangt er eine Absicherung dieser Risiken durch eine Bank oder Versicherung.

Lösung 6-4: A, B, C, D, E

Zu F: Die Zinsen für den Forfaiteur werden, vergleichbar der Vorgehensweise beim Factoring, dadurch bezahlt, dass der Forfaitist nur den abgezinsten Wert seiner Forderungen gutgeschrieben erhält.

Lösung 6-5: B, F, G

Zu A: Verzinsung und Tilgung von Asset Backed Securities erfolgen aus den Zuflüssen aus den von der Einzweckgesellschaft erworbenen Forderungen. Die Einzweckgesellschaft tätigt keine Warenverkäufe.

Zu C: Die Forderungen stammen oft – das ist dann der Single Seller Fall – allein von einem Originator. Eine Risikobegrenzung kann dann durch andere Methoden erfolgen als durch Risikostreuung auf mehrere Originatoren.

Zu D: Das Emissionsrating für ABS-Emissionen erbringt typischerweise jedenfalls für die besten Tranchen der ABS ein eher gutes oder sehr gutes Ratingergebnis. Es trifft auch nicht zu, dass die Originatoren naturgemäß nur schlechte Forderungen an die Einzweckgesellschaft ausgliedern würden.

Zu E: Collateralized Loan Obligations liegen gewerbliche Bankdarlehen zugrunde, die an die Zweckgesellschaft veräußert wurden.

Lösung 6-6: A, B, D

Zu C: Beim Spezial-Leasing wird ein Leasingobjekt ganz individuell für die besonderen Bedürfnisse eines Abnehmers hergestellt und an ihn verleast. Das herstellerunabhängige Leasing dagegen heißt indirektes Leasing.

Zu E: Beim Net-Leasing übernimmt der Leasinggeber keinerlei Service-Funktionen, das Leasing ist alleine Finanzierungsersatz.

Zu F: Operate Leasing ist die Miete, die dem „echten Leasing" im Sinne des Finanzierungs-Leasing gegenübergestellt wird.

Lösung 6-7: B

Zu A: Das in Deutschland steuerlich anerkannte Leasing läuft über einen mittleren bis großen Teil der wirtschaftlichen Lebensdauer des Leasingobjekts, nämlich über 40 bis 90 Prozent der steuerlichen Abschreibungsdauer.

Zu C: Typischerweise wird das Nutzungspotenzial pro Leasinggegenstand beim Finanzierungs-Leasing durch einen oder wenige Leasingnehmer genutzt.

Zu D: Der Finanzierungs-Leasingnehmer trägt weitgehend das wirtschaftliche Risiko, dass sich der Leasinggegenstand insgesamt amortisiert.

Zu E: Wie beim Operate Leasing aktiviert beim steuerlich anerkannten Finanzierungs-Leasing der Leasinggeber das Leasinggut in der Bilanz.

Zu F: Die Leasingrate für einen Anschlussleasingvertrag muss beim steuerlich anerkannten Vollamortisationsleasing grundsätzlich den steuerlichen Restwert des Leasingobjekts amortisieren. Ersatzweise allerdings genügt die Amortisation des niedrigeren gemeinen Werts.

Lösung 6-8: B, D, F

Zu A: Anders als beim Vollamortisationsvertrag des steuerlich anerkannten Finanzierungs-Leasing erhält der Leasinggeber während der Grundmietzeit eines Teilamortisationsvertrags keinen vollen Ausgleich seiner Kosten durch die laufenden Leasingraten. Erst die zusätzliche Amortisation des festgelegten Restwerts erbringt die volle Kostendeckung.

Zu C: Der Leasingnehmer sollte das Angebot mit dem niedrigeren Restwert wählen, da dann nur noch ein niedrigerer Betrag nach Ende der Leasingzeit amortisiert werden muss.

Zu E: Beim kündbaren Leasing sinken die Abschlusszahlungen mit der Leasingzeit, die bis zur Kündigung vergeht, da die Abschlusszahlungen einen immer niedrigeren Restwert des Leasingobjekts umfassen.

Lösung 6-9: A, C

Zu B: Hat das Auto bei Vertragsende tatsächlich einen Wert von 25.000 Euro, so wird der Leasinggeber sein Andienungsrecht nicht ausüben, da er bei freiem Verkauf einen höheren Preis erzielt.

Zu D: Die Ausübung des Andienungsrechts kann allein zu einer Erzielung eines Gewinns beim Leasinggeber führen.

Zu E: Der Leasingnehmer steht mit dem Andienungsrecht des Leasinggebers immer schlechter, als wenn statt des Andienungsrechts eine Aufteilung des Mehrerlöses und Differenzausgleichspflicht des Leasingnehmers vereinbart worden wäre. Denn bei Aufteilung des Mehrerlöses hat er zusätzlich die Chance eines Anteils an einem eventuell erzielten Mehrerlös für das verwertete Leasingobjekt.

Lösung 6-10: A, B, C

Zu D: Leasinggesellschaften sind keine Banken, die Spargelder einsammeln könnten.

Zu E: Die Leasinggesellschaft muss immer das Leasingobjekt erwerben und deshalb den gesamten Kaufpreis refinanzieren.

Lösung 6-11: C

Zu A: Auch die Kreditfinanzierung kann 100 Prozent des Kaufpreises umfassen.

Zu B: Die Leasingraten sind steuerlich abzugsfähige Aufwendungen (Betriebsausgaben) des Leasingnehmers, nicht dagegen auch Abschreibungen auf das Leasingobjekt.

Zu D: Das steuerlich anerkannte Finanzierungs-Leasing ist oft per Saldo steuerlich nicht besonders vorteilhaft, insbesondere nicht nach der Steuerreform in 2007.

Zu E: Der Leasingteilnehmer muss im Regelfall die volle Amortisation des Investitionsobjekts genauso absichern wie beim Kauf, hat also keinerlei Vorteil. Nur bei der normalen Miete zieht das Argument der höheren Investitionsflexibilität im Vergleich zum Kauf.

10.7 Lösungen der Aufgaben zu Kapitel 7

Lösung 7-1: A, C, G

Zu B: Der Verkäufer eines Zinsfutures muss das Zinspapier zum vereinbarten Preis in der Zukunft liefern, egal, wie teuer es geworden ist. Sein Verlust ist deshalb sogar nicht begrenzt. Die Verlustmöglichkeit führt zum Erfordernis einer Marginzahlung.

Zu D: Der Euro-Bund-Future bezieht sich auf eine real nicht existierende synthetische Bundesanleihe.

Zu E: Im Fall des Euro-Bund-Futures ist Lieferung und Abnahme einer Anleihe, also ein Physical Settlement, vorgesehen.

Zu F: Der Verschieber des Anleihekaufs fürchtet eine Verteuerung der Anleihe, also nicht steigende, sondern sinkende Marktzinsen. Zur Absicherung kann er einen passenden Zinsfuture kaufen.

Lösung 7-2: A, D, E

Der Renten-Käufer hat einen Kursverlust von 100 Prozent um 0,40 Prozent auf 99,60 Prozent. Die Renten haben einen um 100.000 Euro × 0,4 Prozent = 400 Euro niedrigeren Wert. Relativ zum investierten Betrag ist das ein Unterschied von −0,4 Prozent (negative 1-Tages-Rendite).

Der Future-Käufer musste einen Initial Margin von 1.000 Euro einsetzen. Sein Kontostand nach einem Tag sinkt ebenfalls um 400 Euro. Bezogen auf das am Vortag investierte Geld von 1.000 Euro ist die Reduktion relativ −400 Euro / 1.000 Euro = −40 Prozent, also das 100-Fache verglichen mit der Obligation.

Der Kapitaleinsatz beim Direktkauf der Obligation ist das 100-Fache des Kapitaleinsatzes beim Kauf per Termin, nämlich (100.000 Euro × 100 Prozent) / 1.000 Euro = 100. Er ist Ursache des Hebels von 100, mit dem die, hier negative, Rendite durch den Future-Kauf vervielfacht wird.

Lösung 7-3: B, D

Beispiel zum Swap

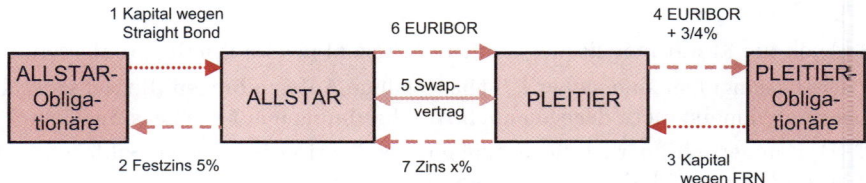

Abbildung 10.1: Zu Lösung 7-3, Beispiel zum Swap

In Abbildung 10.1 bedeuten die Pfeile:

- Pfeil 1: ALLSTAR nimmt eine festverzinsliche Anleihe über 100 Mio. Euro auf;
- Pfeil 2: Zins 5 Prozent p.a.;
- Pfeil 3: PLEITIER nimmt eine variabel verzinsliche Anleihe über 100 Mio. Euro auf;
- Pfeil 4: Zins 6-Monats-EURIBOR + ¾ Prozent;
- Pfeil 5: ALLSTAR und PLEITIER schließen einen Swapvertrag;
- Pfeil 6: ALLSTAR zahlt genau 6-Monats-EURIBOR an PLEITIER (keinen zusätzlichen Aufschlag, es wäre sinnlos, sich gegenseitig aufhebende Zinszahlungen zu vereinbaren);
- Pfeil 7: PLEITIER zahlt einen gesuchten Festzins an ALLSTAR.

Zu A und B: Der Gesamtvorteil aus dem Swap ergibt sich als Unterschied zwischen dem Fall, dass PLEITIER den Straight Bond emittiert und ALLSTAR die Floating Rate Note (nachteilige Variante), und dem Fall, dass umgekehrt ALLSTAR den Straight Bond emittiert und PLEITIER die Floating Rate Note:

$$(6,5\ \% + 6\text{-Monats-EURIBOR} + 0,25\ \%) - (5\ \% + 6\text{-Monats-EURIBOR} + 0,75\ \%)$$
$$= 6,75\ \% - 5,75\ \% = 1\ \%$$

Dieser Vorteil wird im vorliegenden Fall gleichmäßig auf beide Parteien aufgeteilt, sodass sich per Saldo ergeben muss:

- ALLSTAR bezahlt letztlich 6-Monats-EURIBOR + 0,25 Prozent − 0,5 Prozent = 6-Monats-EURIBOR − 0,25 Prozent

- PLEITIER bezahlt letztlich 6,5 Prozent − 0,5 Prozent = 6,00 Prozent

Zu C bis E: Ermittlung der Höhe des im Swap gegen EURIBOR zu bezahlenden festen Zinssatzes aus Sicht von jedem der beiden Swap-Partner:

a. Sicht von ALLSTAR:

ALLSTAR muss auf 6-Monats-EURIBOR − 0,25 Prozent kommen. Wenn es durch den Swap 6-Monats-EURIBOR bezahlt, dann erhält es zum Ausgleich mehr als die 5 Prozent, die es an seine Obligationäre zahlt, nämlich 0,25 Prozent mehr, also 5,25 Prozent.

b. Sicht von PLEITIER:

PLEITIER muss auf 6 Prozent kommen. Wenn es 6-Monats-EURIBOR bekommt und selbst 6-Monats-EURIBOR + 0,75 Prozent an seine Obligationäre bezahlt, dann hat es schon 0,75 Prozent Aufwand. Um auf die 6 Prozent zu kommen, muss das Unternehmen noch 5,25 Prozent zahlen.

Faktisch erfolgt der Swap mit einer Bank. Sind die Marktkonditionen (Mittelkurse, Unterschiede von Angebots- und Nachfragekonditionen vernachlässigt) 6-Monats-EURIBOR / 5,25 Prozent fest für zehn Jahre, so können beide Parteien den hier ermittelten Vorteil von jeweils 0,5 Prozent p.a. realisieren.

Lösung 7-4: B

Tabelle 10.4

Zinsswap zu Marktkonditionen			
	X (ohne Swap)	**Markt(partner)**	**Differenz**
fest	6,25 %	5,25 %	1 %
variabel	6-Monats-EURIBOR + 0,75 %	6-Monats-EURIBOR	0,75 %
Saldo der Differenzen (fest minus variabel) = Swapvorteil			**0,25 %**

Der Nachteil von X gegenüber dem Markt(partner) ist beim Festzins mit 1 Prozent höher als beim variablen Zins mit 0,75 Prozent, es ergibt sich ein Saldo der Zinsdifferenzen zu Lasten des von X angestrebten Festzinses. Also lohnt sich der Swap zur Verbilligung der Festsatz-Kondition. Der Swapvorteil fließt allein X zu.

Emittiert X den Floater und nimmt den Swap vor, so ergibt sich folgende Situation (Zufluss mit positivem und Abfluss mit negativem Vorzeichen):

Abfluss wegen Floater der X	−6-Monats-EURIBOR − 0,75 Prozent
Zufluss wegen Swap p.a.	+6-Monats-EURIBOR
Abfluss wegen Swap p.a.	−5,25 Prozent p.a.
Saldo-Abfluss p.a. = resultierende Festsatzkondition der X p.a. (Lösung)	−6 Prozent
Übliche Festsatzkondition der X p.a.	−6,25 Prozent
Zinsvorteil aus dem SWAP für die W-AG p.a.	0,25 Prozent

Der Zinsvorteil entspricht dem Betrag des oben errechneten Saldos der Zinsdifferenzen von Festzinsen einerseits (+ 1 Prozent) und variablen Zinsen (+ 0,75 Prozent) andererseits.

Lösung 7-5: A, C, E, F

Zu A: Ein „Hintausch" als Spotgeschäft erfolgt nicht, da die ZWÖLF AG sich die derzeit (während der Swaplaufzeit) noch benötigten Euro schon beschafft hatte, um die Investitionen vorzunehmen. Es geht nur noch darum, den Zinstausch und den (Rück-)Tausch des Kapitals (Beschaffung von US-Dollar) am Ende der Swapperiode durch den Swap zu organisieren.

Zu B bis D:

1. Kapitaltausch am Ende der Swaplaufzeit:

Die Swap-Bank AG gibt nach drei Jahren 50 Mio. US-Dollar an die ZWÖLF AG (Kauf der US-Dollar durch die ZWÖLF AG zum alten Kurs), diese gibt 50 Mio. Euro / 1,30 = ca. 38,5 Mio. Euro an die Swap-Bank AG.

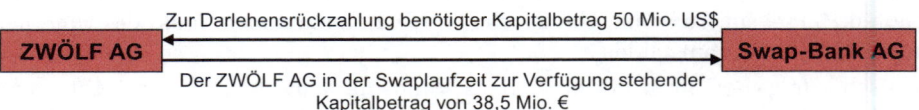

Abbildung 10.2: Zu Lösung 7-5, Fragen B bis D, 1. Grafik: Kapitaltausch im Rahmen eines Währungsswaps zur Kursabsicherung

2. Zinstausch:

Jede der Parteien muss Zinsen auf die Währung bezahlen, die sie während der Swaplaufzeit besitzt (in der sie sich wirtschaftlich gesehen nun verschuldet hat und die sie am Ende hergibt).

Die ZWÖLF AG, die während der Swaplaufzeit Euro hält, bezahlt für die nächsten drei Jahre 6,5 Prozent Euro-Zins p.a. auf 58,8 Mio. Euro an den Swap-Partner und bekommt US-Dollar-Zinsen in Höhe von 5,5 Prozent auf 50 Mio. US-Dollar.

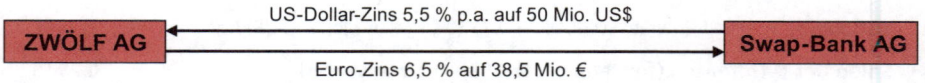

Abbildung 10.3: Zu Lösung 7-5, Fragen B bis D, 2. Grafik: Zinsswap im Rahmen einer Kursabsicherung

Zu E und F: Der Swap ist prinzipiell eine gleichwertige Alternative zum Termingeschäft. Im Beispiel wäre das entsprechende Termingeschäft ein Kauf von US-Dollar beziehungsweise Verkauf von Euro per Termin. Wäre ein solches Termingeschäft möglich gewesen, so hätte der US-Dollar per Termin wegen seiner niedrigeren Zinsen eine Werterhöhung erfahren. Das bedeutet bei der üblichen Form der Notiz des Euro ausgedrückt in dafür erhältlichen US-Dollar („Euro gegen US-Dollar") einen Kursabschlag, also weniger als 1,30 US-Dollar pro Euro.

Nicht gefragt, aber zur genaueren Erläuterung sei hier der exakte theoretische Terminkurs des Euro gegen den US-Dollar errechnet. Dazu ermittelt man die sich durch Verzinsung ergebenden Beträge, die sich aus einem Euro und seinem aktuellen Gegenwert von 1,30 US-Dollar ergeben. Die Relation der sich ergebenden Beträge ist die rechnerische Kursrelation per Termin:

1 Aus 1 Euro werden in drei Jahren $1 \times 1,065^3$ Euro = 1,20795 Euro

2 Aus 1,3000 US-Dollar werden in drei Jahren $1,3000 \times 1,055^3$ US-Dollar = 1,52651 US-Dollar

Neue Relation ist 1,52651 US-Dollar zu 1,20795 Euro = 1,2637 US-Dollar pro Euro. Es ergibt sich also ein Abschlag von 1,3000 − 1,2637 [US-Dollar pro Euro] = 0,0363 US-Dollar pro Euro.

Lösung 7-6: A, B, C, D, E

Zu F:

$$\text{Zeitwert } Z = K_O - V \times (K_A - B_A) = 1,60\ € - 0,01 \times (190\ € - 90\ €) = 0,60\ €$$

Lösung 7-7: A, B, D, E, F, G

Tabelle 10.5

Long Option Hedge durch Kauf eines At-the-Money-Puts (Lösungstabelle)

Aktienkurs am letzten Optionstag	Gewinn oder Verlust (pro Aktie)		
	Grundgeschäft (Behalten der Aktien statt Verkauf) (1)	allein Absicherungsgeschäft (Long Put) (2)	insgesamt (Long Put statt sofortigem Aktienverkauf) (3) = (1) + (2)
75,00	− 15,00	− 5,30 + 15,00 = + 9,70	− 5,30
80,00	− 10,00	− 5,30 + 10,00 = + 4,70	− 5,30
85,00	− 5,00	− 5,30 + 5,00 = − 0,30	− 5,30
90,00	0,00	− 5,30 + 0,00 = − 5,30	− 5,30
95,00	+ 5,00	− 5,30	− 0,30
100,00	+ 10,00	− 5,30	+ 4,70
105,00	+ 15,00	− 5,30	+ 9,70

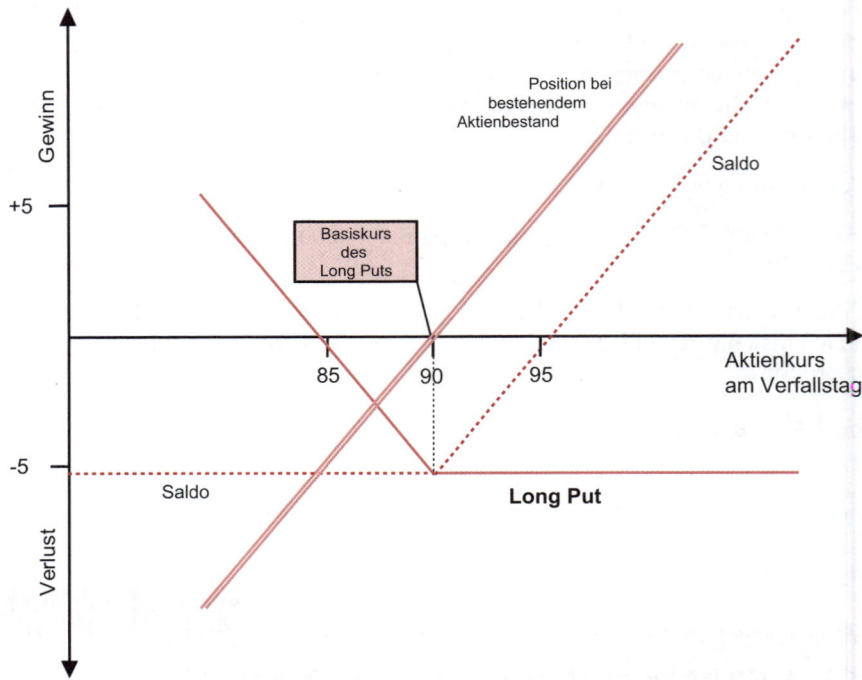

Abbildung 10.4: Zu Lösung 7-7: Long Option Hedge durch Kauf eines At-the-Money-Puts (Lösungsgrafik)

Zu C: Aus dem Long Put ergibt sich nur ein Vorteil, wenn der Aktienkurs um mehr als den Optionspreis von 5,30 Euro unter den Strike Price von 90 Euro sinkt, also unter 84,70 Euro.

Lösung Aufgabe 7-8: A, B, C, D

Zu A: Parität: $P = V \times (B_A - K_A) = 0{,}1 \times (93{,}00\ € - 90{,}00\ €) = 0{,}30\ €$

Moneyness: $B_A / K_A = 93{,}00\ € / 90{,}00\ € = 1{,}03$

Zeitwert: $Z = K_O - I = K_O - V \times (B_A - K_A) = 0{,}80\ € - 0{,}30\ € = 0{,}50\ €$

Zu B: Innerer Wert zu Optionsscheinkurs:

$$[V \times (B_A - K_A)] / K_O = 0{,}30\ € / 0{,}80\ € = 37{,}50\ \%$$

Zeitwert zu Optionsscheinkurs:

$$[K_O - V \times (B_A - K_A)] / K_O = 0{,}50\ € / 0{,}80\ € = 62{,}50\ \%$$

Zu C: Zeitwert zum anteiligen Aktienkurs:

$$[K_O - V \times (B_A - K_A)] / (V \times K_A) = 0{,}50\ € / 9{,}00\ € = 5{,}56\ \%$$

Zeitwert zum anteiligen Aktienkurs annualisiert:

$$\{[K_O - V \times (B_A - K_A)] / (V \times K_A)\} / (180 / 360)$$
$$= 5{,}56\ \% \times 2 = 11{,}11\ \%\ \text{p.a.}$$

Zu D: Hebel: $H = (V \times K_A) / K_O = (0,1 \times 90,00\ \text{€}) / 0,80\ \text{€} = 11,25$

Fiele der Optionsscheinkurs genauso stark wie der Aktienkurs, so wäre der Hebel-effekt der Option 11,25. Angesichts eines Deltawerts von $-0,60$ hat der faktische Hebelwert, das Omega, aber nur einen Wert von 6,75:

$$\text{Omega: } \Omega_{Put} = H \times (-\Delta_{Put}) = 11,25 \times 0,60 = 6,75$$

Lösung Aufgabe 7-9: A, B, E

Zu C: Der innere Wert steigt mit jedem Euro, den der Kurs der Aktie unter den Basis-preis eines Puts fällt, um das Bezugsverhältnis mal einen Euro.

Zu D: Der festverzinsliche Teil der Wandelobligation ist immer ein positiver Wert. Er entspricht dem Barwert der Zinszahlungen und der Rückzahlung der Obligation.

Lösung Aufgabe 7-10: A, B, D

Zu C und D: Das erworbene Recht führt dazu, dass der Käufer an jedem der vier Termine für ein halbes Jahr bezogen auf 10 Mio. Euro eine Zinsdifferenz ausbezahlt bekommt, wenn der 6-Monats-EURIBOR die Marke von 4 Prozent p.a. übersteigt. Das Recht ist also eine Zinsbegrenzung nach oben, eine Zinskappe von 4 Prozent. Eine erworbene Zinskappe lässt sich durch zusätzlichen Verkauf eines Zinsfloors zu einem Zinscollar ergänzen.

Zu E: Das erworbene Recht, die Zinskappe, eignet sich als Hedginginstrument für einen Kreditnehmer, der für seinen Kredit in Höhe von 10 Mio. Euro einen an den 6-Monats-EURIBOR gekoppelten Zins zahlt.

Lösung Aufgabe 7-11: E, F, G

Zu A: Credit Event und Credit Spread sind grundsätzlich voneinander zu unterschei-den. Ein Credit Event ist ein singuläres Ereignis, während eine Veränderung des Credit Spreads laufend mehr oder weniger stark auftritt.

Zu B: Eine Spreadveränderung kann sehr unterschiedliche Ursachen haben. Diese rei-chen von Änderungen der Bonität der Anleihe über die Änderungen der Restlaufzeit, der Liquidität der Anleihe und der Risikoneigung der Investoren bis – dieser Einfluss ist strittig – eventuell zu Veränderungen des Zinsniveaus.

Zu C: Risikoaktivum und Referenzaktivum fallen in den Derivatevereinbarungen oft auseinander.

Zu D: Die Höhe der Ausgleichszahlung beim Credit Default Swap kann auch vorweg festgelegt werden wie eine vom Schaden unabhängige feste Versicherungssumme.

Zu H: Bei synthetischer Verbriefung unter Einschaltung einer Einzweckgesellschaft enthalten die von der Einzweckgesellschaft emittierten Wertpapiere nicht das Insol-venzrisiko des Originators. Bei der synthetischen Verbriefung ohne Einschaltung einer Einzweckgesellschaft durch Emission von Credit Linked Notes dagegen enthalten diese auch das Insolvenzrisiko des Originators.

10.8   Lösungen der Aufgaben zu Kapitel 8

Lösung 8-1: A, D, F, G

Zu A und B: Kritische Beschäftigung beim Gesamtkostenvergleich:

$$5.000\ € + 3\ € \times x = 7.800\ € + 20\ € \times x$$

$$10\ € \times x = 2.800\ €$$

$$x = 280$$

Kostenkurven (Kostengerade) definiert durch jeweils zwei Punkte:

$$x_1 = 0 \quad \Rightarrow K_1 = 5.000\ €$$

$$x_1 = 280 \quad \Rightarrow K_1 = 5.000\ € + 8.400\ € = 13.400\ €$$

$$x_2 = 0 \quad \Rightarrow K_2 = 7.800\ €$$

$$x_2 = 280 \quad \Rightarrow K_2 = 7.800\ € + 5.600\ € = 13.400\ €$$

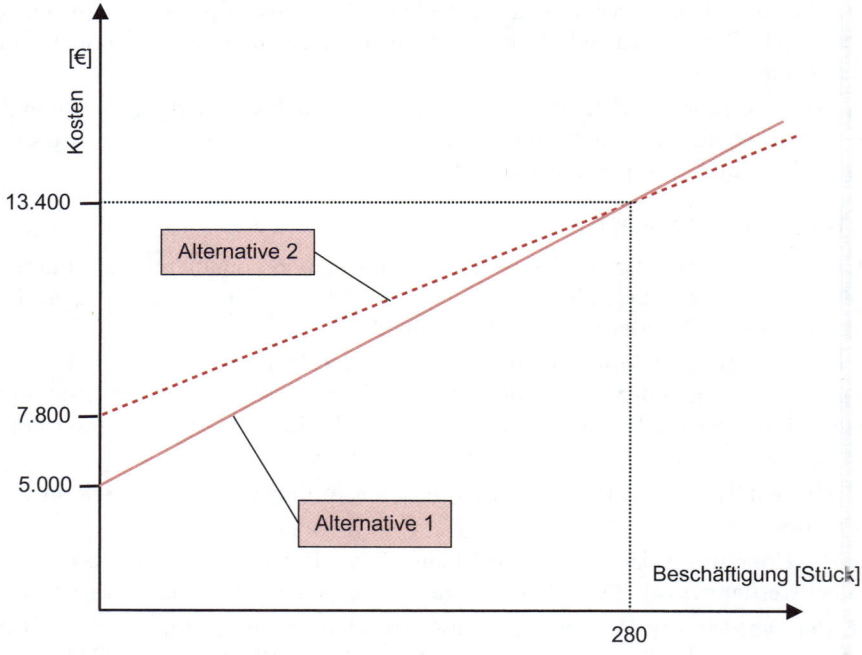

Abbildung 10.5: Zu Lösung 8-1, Fragen A und B

Zu C bis E: Kritische Beschäftigung beim Gesamtgewinnvergleich:

$$40\ € \times x - 30\ € \times x - 5.000\ € = 44 \times x - 20\ € \times x - 7.800\ €$$

$$10\ € \times x - 5.000\ € = 24\ € \times x - 7.800\ €$$

$$- 14\ € \times x = - 2.800\ €$$

$$x = 200$$

Gewinnkurven (Gewinngerade):

Schnittpunkt der Gewinnkurve 1 durch die X-Achse:

$$40 \text{ €} \times x - 30 \text{ €} \times x - 5.000 \text{ €} = 10 \text{ €} \times x - 5.000 \text{ €} = 0 \Rightarrow x = 500$$

Schnittpunkt der Gewinnkurve 2 durch die X-Achse:

$$44 \text{ €} \times x - 20 \text{ €} \times x - 7.800 \text{ €} = 24 \text{ €} \times x - 7.800 \text{ €} = 0 \Rightarrow x = 325$$

Bei $x = 200$ (kritische Beschäftigung bei Gewinnvergleich) ist der Gewinn beziehungsweise Verlust:

$$G_1 = 40 \text{ €} \times x - 30 \text{ €} \times x - 5.000 \text{ €} = 8.000 \text{ €} - 6.000 \text{ €} - 5.000 \text{ €} = -3.000 \text{ €}$$

$$G_2 = 44 \text{ €} \times x - 20 \text{ €} \times x - 7.800 \text{ €} = 8.800 \text{ €} - 4.000 \text{ €} - 7.800 \text{ €} = -3.000 \text{ €}$$

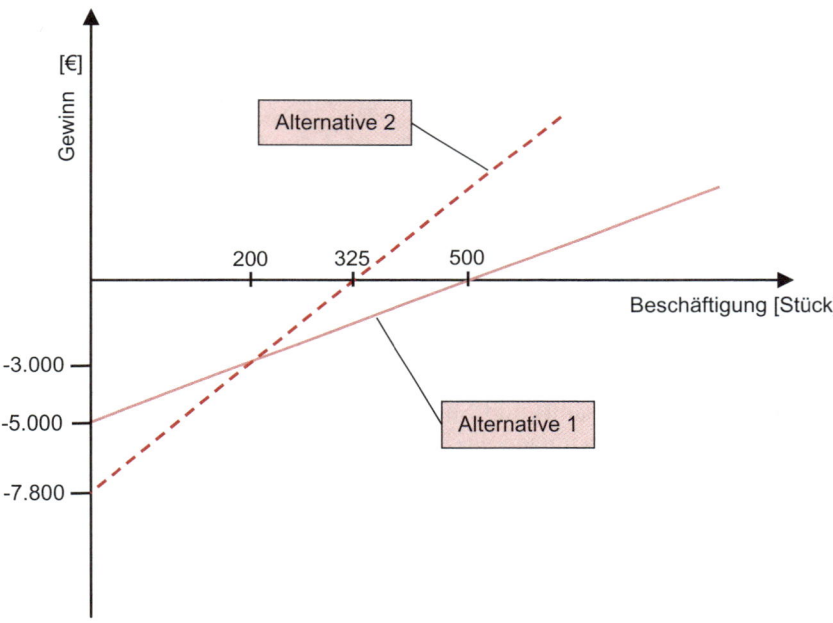

Abbildung 10.6: Zu Lösung 8-1, zu C bis E

Zu F: Angesichts abweichender Verkaufserlöse pro Stück sollte auch die Ertragsseite in die Rechnung eingehen. Deshalb ist der bloße Gesamtkostenvergleich als Methode in diesem Fall nicht empfehlenswert.

Zu G: Bei $x = 750$ Stück gilt:

$$G_1 = 40 \text{ €} \times x - 30 \text{ €} \times x - 5.000 \text{ €} = 30.000 \text{ €} - 22.500 \text{ €} - 5.000 \text{ €} = 2.500 \text{ €}$$

$$G_2 = 44 \text{ €} \times x - 20 \text{ €} \times x - 7.800 \text{ €} = 33.000 \text{ €} - 15.000 \text{ €} - 7.800 \text{ €} = 10.200 \text{ €}$$

Lösung 8-2: B, D, E

Tabelle 10.6

Gewinnvergleich

	Investition A	Investition B
1. Fixkosten		
Kapitalkosten (AHK/2 × 0.1) [€]	10.000	7.000
Abschreibungen (AHK/Jahre) [€]	40.000	28.000
sonstige Fixkosten [€]	2.000	2.000
Summe Fixkosten [€]	**52.000**	**37.000**
2. Variable Kosten		
Löhne (0,6 € × 20.000 bzw. 0,7 € × 15.000)	12.000	10.500
Material (0,1 € × 20.000 bzw. 0,1 € × 15.000)	2.000	1.500
sonstige variable Kosten (0,1 € × 20.000 bzw. 0,3 € × 15.000)	2.000	4.500
Summe variable Kosten [€]	**16.000**	**16.500**
3. Erlöse [€] (4,5 € × 20.000 bzw. 5,0 € × 15.000)	**90.000**	**75.000**
4. Gewinn gesamt p.a. [€]	**22.000**	**21.500**
(90.000 € − 52.000 € − 16.000 € bzw. 75.000 € − 37.000 € − 16.500 €)		
5. Gewinn pro Stück [€]	**1,10**	**1,43**
(22.000 € / 20.000 bzw. 21.500 € / 15.000)		

Speziell zu B, C und E: Gesamt- und Stückgewinnvergleich können bei unterschiedlichen unterstellten Ausbringungen der Investitionsalternativen zu unterschiedlichen Ergebnissen führen. Dies wäre auch im vorliegenden Fall so. Der Stückgewinnvergleich ist eher angemessen als der Gesamtgewinnvergleich, da die Planbeschäftigungen je Maschine unterschiedlich sind. Alternativ zum Stückgewinnvergleich könnte man die Gesamtgewinne der Mehrfachinvestitionen vergleichen, aus denen jeweils die gleichen Ausbringungen resultieren, das sind zum Beispiel drei mal Investition A (erbringt Gesamtgewinn 3 × 22.000 Euro = 66.000 Euro) oder vier mal Investition B (erbringt 4 × 21.500 Euro = 86.000 Euro). Ein solcher Vergleich von Mehrfachinvestitionen, die auf gleiche Ausbringungen der Investitionsalternativen kommen, führt immer zum gleichen Ergebnis wie ein Stückgewinnvergleich.

Lösung 8-3: C

Gewinn = Erlöse − Kosten (jeweils Durchschnitt p.a.) = 600 T€ − 500 T€ = 100 T€

durchschnittlicher Kapitaleinsatz = 2.000 T€ / 2 + 1.000 T€ = 2.000 T€

Zinsen = 10 Prozent vom durchschnittlicher Kapitaleinsatz = 200 T€

Gewinn + Zinsen = Kapitalgewinn = 300 T€

Rentabilität (des Gesamtkapitals) = 300 T€ / 2.000 T€ = 15 Prozent

Lösung 8-4: A, D, E

Cashflow = Gewinn + Abschreibungen

Durchschnittlicher Cashflow: 110 T€ / 5 = 22 T€

Tabelle 10.7

Zu Lösung 8-4

Jahr (Ende)	tatsächliche Cashflows [T€]	Durchschnittsbeträge kumuliert [T€]	tatsächliche Beträge kumuliert [T€]
1	10 + 20 = 30	22	30
2	20 + 20 = 40	44	70
3	5 + 20 = 25	66	95
4	−10 + 20 = 10	88	105
5	−15 + 20 = 5	110	110
Summe	110	–	–

Zu A und B: Die 100 T€ sind gemäß Durchschnittsmethode bei 22 T€ Rückfluss p.a. erst am Ende des Jahres 5 überschritten, sodass die Investition abgelehnt wird.

Zu C und D: Gemäß Kumulationsmethode ist der Investitionsbetrag Ende des Jahres 4 bereits zurückgeflossen. Die Rückflüsse in den ersten vier Investitionsjahren sind nach dieser Methode 105 T€ statt nur 88 T€ gemäß der Durchschnittsmethode.

Zu E: Der Rückfluss nach der Kumulationsmethode ist unterjährig gemessen nach 3,5 Jahren erfolgt, da die lineare Interpolation zwischen den Jahren 3 und 4 ein weiteres halbes Jahr ergibt.

In folgender Gleichung gibt der sogenannte Restsaldo den jeweils noch nicht amortisierten Investitionsbetrag an. Das „Vorjahr" ist die Jahreszahl vor dem vollen Rückfluss des Investitionsbetrags, das „Nachjahr" die Jahreszahl nach dem vollen Rückfluss des Investitionsbetrags:

$$\text{Rückflusszeit [Jahre]} = \text{Vorjahr} + \frac{\text{Restsaldo Vorjahr}}{\text{Restsaldo Vorjahr} - \text{Restsaldo Nachjahr}}$$

$$= 3 \text{ Jahre} + \frac{5}{5 - (-5)} [\text{Jahre}] = 3,5 \text{ Jahre}$$

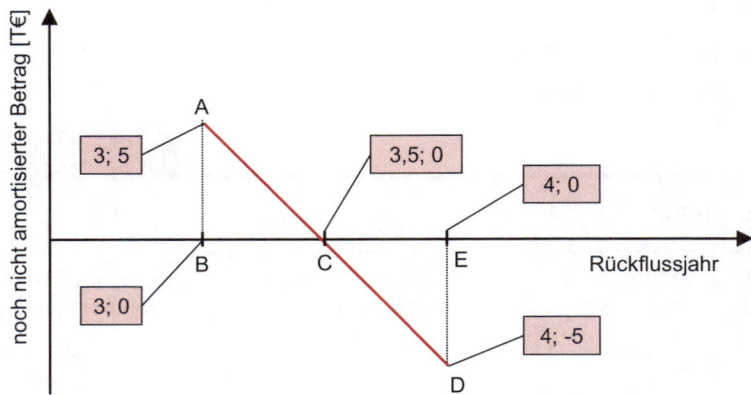

Abbildung 10.7: Zu Lösung 8-4, zu C bis E: Statischer Amortisationsvergleich – kumulative Methode mit linearer Interpolation

Lösung 8-5: C

Zahlungsstrom [€]:

0	1	2	3	4	5
= −10.000	= +0	= +0	= +0	= +0	= +17.000

Mit Abzinsungsfaktor ermitteltes Ergebnis:

$$\text{Kapitalwert} = -10.000 \, € + 17.000 \, € \times \text{Abzinsungsfaktor}_{8\%, 5\text{Jahre}}$$
$$= -10.000 \, € + 17.000 \, € \times 0.680583$$
$$= -10.000 \, € + 11.569,91 \, €$$
$$= 1.569,91 \, €$$

Lösung 8-6: D

Zahlungsstrom [€]:

0	1	2	3	4
−3.500+70−50	+140	+140	+140−350	+6.440−64,4
= −3.480			= −210	= +6.375,6

Auf vier Nachkommastellen genau: i = 17,1139 Prozent

Lösung 8-7: A, B, G, H

Tabelle 10.8

Zu Lösung 8-7

	Kapitalwerte [€]	Interne Zinsfüße [%]	Annuitäten [€]
Investition A	52.081,14	37,69 %	20.942,60
Investition B	104.162,28	37,69 %	41.885,20
Investition C	91.210,47	37,69 %	20.942,60

Lösung 8-8: A

Tabelle 10.9

Zu Lösung 8-8

	Investition A	Investition B
Anschaffungskosten [€]	300	320
Nutzungs- und Abschreibungsdauer [Jahre]	5	5
Abschreibungen p.a. [€]	**60**	**64**
Gewinne im Jahr [€]		
1	60	14
2	88	20
3	45	38
4	22	90
5	12	75
resultierende Cashflows (Zeitwerte) [€]		
0	**− 300**	**− 320**
1	**120**	**78**
2	**148**	**84**
3	**105**	**102**
4	**82**	**154**
5	**72**	**139**
resultierende mit 12 % abgezinste Barwerte der Cashflows [€]		
1	**107,14**	**69,64**
2	**117,98**	**66,96**
3	**74,74**	**72,60**
4	**52,11**	**97,88**
5	**40,85**	**78,87**
Entwicklung des Saldos aus Anfangsinvestition abzüglich der Cashflows bis zum jeweiligen Jahr (negative Werte zeigen Entwicklung des Kapitalwerts von Jahr zu Jahr)	**Jahr 0:** 300,00 **Jahr 1:** 192,86 **Jahr 2:** 74,88 **Jahr 3:** 0,14 **Jahr 4:** −51,97 **=> Amortisation kurz nach Ende des 3. Jahres im 4. Jahr**	**Jahr 0:** 320,00 **Jahr 1:** 250,36 **Jahr 2:** 183,40 **Jahr 3:** 110,80 **Jahr 4:** 12,92 **Jahr 5:** −65,95 **=> Amortisation im 5. Jahr**

Fette Zahlen wurden aus den anderen Angaben errechnet.

Lineare Interpolation für die unterjährige Rechnung:

$$\text{Rückflusszeit}_A = 3 \text{ Jahre} + \frac{0,14}{0,14 + 51,97} [\text{Jahre}] = 3,00 \text{ Jahre}$$

$$\text{Rückflusszeit}_B = 4 \text{ Jahre} + \frac{12,92}{12,92 + 65,95} [\text{Jahre}] = 4,16 \text{ Jahre}$$

Investition A hat eine um 1,16 Jahre kürzere Rückflusszeit.

Lösung 8-9: A, C, D, E

1. Darlehen (Beträge in €):

Tabelle 10.10

Zu Lösung 8-9, Tabelle 1

Jahr i	zurechenbare Einzahlungen netto	Restschuld = Restbuchwert	Tilgungen in Höhe der Abschreibungen	Zinsen	Betriebsausgaben	Gewinn vor Steuern	Gewinn nach Steuern	Barwert des Gewinns nach Steuern
(1)	(2)	(3)	(4)	(5 = $3_{i-1} \times 10\%$)	(6 = 4 + 5)	(7 = 2 − 6)	(8 = 7 × 0,55)	(9 = 8 mit 12 % abgezinst)
0		500.000						
1	300.000	400.000	100.000	50.000	150.000	150.000	82.500	73.660,7
2	300.000	300.000	100.000	40.000	140.000	160.000	88.000	70.153,1
3	300.000	200.000	100.000	30.000	130.000	170.000	93.500	66.551,5
4	300.000	100.000	100.000	20.000	120.000	180.000	99.000	62.916,3
5	300.000		100.000	10.000	110.000	190.000	104.500	59.296,1
6	300.000					300.000	165.000	83.594,1
7	300.000					300.000	165.000	74.637,6
8	300.000					300.000	165.000	66.640,7
9	300.000					300.000	165.000	59.500,7
Summe								**616.951**

2. Leasing (Beträge in €):

Tabelle 10.11

Zu Lösung 8-9, Tabelle 2

Jahr i	zurechen-bare Ein-zahlungen netto	Leasing-raten	Gewinn vor Steuern	Gewinn nach Steuern	Barwert des Gewinns nach Steuern
(1)	(2)	(3)	(4 = 2 − 3)	(5 = 4 × 0,55)	(6 = 5 abge-zinst mit 12 %)
1	300.000	146.617,61	153.382,39	84.360,31	75.321,7
2	300.000	146.617,61	153.382,39	84.360,31	67.251,5
3	300.000	146.617,61	153.382,39	84.360,31	60.046,0
4	300.000	146.617,61	153.382,39	84.360,31	53.612,5
5	300.000	24.423,78	275.576,22	151.566,92	86.003,1
6	300.000	24.423,78	275.576,22	151.566,92	76.788,5
7	300.000	24.423,78	275.576,22	151.566,92	68.561,2
8	300.000	24.423,78	275.576,22	151.566,92	61.215,3
9	300.000	24.423,78	275.576,22	151.566,92	54.656,6
Summe					**603.456**

Die Leasingraten der ersten vier Jahre ergeben sich wie für ein Annuitätendarlehen mit 9 Prozent (Darlehens-)Zins, 475.000 Euro Barwert und vier jährlichen Annuitätenraten, die der Jahre 5 bis 9 mit 9 Prozent (Darlehens-)Zins, 95.000 Euro Barwert und fünf jährlichen Annuitätenraten.

Lösung 8-10: A, B, D

Tabelle 10.12

Zu Lösung 8-10

Geschäftsjahr	2007	2008	2009	2010	2011	ab 2012
Entziehbarer Gewinn [€]	1.895.840	2.080.800	2.100.800	2.145.400	3.107.600	3.107.600
Barwert der konstanten Periode ab 2009 per Ende 2011 [€]					22.197.143	
Barwertmultiplikator	0,862069	0,743163	0,640658	0,552291	0,476113	
Barwerte per Ende 2006 [€]	1.634.345	1.546.374	1.345.894	1.184.885	1.479.569 + 10.568.348	
Unternehmenswert = Summe der Barwerte: 17.759.415 €						

Lösung 8-11: D

Tabelle 10.13

Zu Lösung 8-11

Zielkri-terium	Teilnutzen-werte Alter-native A	Teilnutzen-werte Alter-native B	Kriterien-gewichte	gewichtete Teilnutzen-werte Alternative A	gewichtete Teilnutzen-werte Alternative B
1	2	2	30	60	60
2	4	3	10	40	30
3	2	3	5	10	15
4	2	3	25	50	75
5	1	1	20	20	20
6	2	4	10	20	40
				200	240

Alternative B hat einen höheren Gesamtnutzen bei den nicht quantifizierbaren Kriterien.

10.9 Lösungen der Aufgaben zu Kapitel 9

Lösung 9-1: A, B

Zu C: Konzerninterne Finanzierungen sollten grundsätzlich zu Marktbedingungen zwischen den Konzernunternehmen verrechnet werden, um den Konzern objektiv zu steuern. Das verhindert Verzerrungen der Teilergebnisse der einzelnen Konzernunternehmen, etwa durch falsche Verrechnungszinsen oder unangemessene Verrechnungskurse bei den Währungen.

Zu D: Bei dezentraler Finanzführung im Konzern wird zwar die Liquiditätslage der Konzernunternehmen von der Zentrale überwacht, das Liquiditätsmanagement wird aber dezentral betrieben.

Zu E: Reine Finanzierungsgesellschaften halten keine Beteiligungen an anderen Konzerngesellschaften, sind also keine Holdingunternehmen.

Lösung 9-2: C, E, F

Zu A: Der tägliche Liquiditätsstatus enthält unter anderem die für den Tag geplanten Zahlungen, die der Bank nicht bekannt sind. Deshalb muss der Status vom Unternehmen selbst erstellt werden.

Zu B: Der Zeitpunkt, wann ein ausgestellter Scheck dem bezogenen Konto belastet wird, ist von vornherein nicht eindeutig fixiert, da es darauf ankommt, wann der Scheck von einer einziehenden Bank vorgelegt wird.

Zu D: Die Zusammenführung der Bestände aller erfassten Kontokorrentkonten auf einem oder wenigen (zum Beispiel für verschiedene Währungen) Master-Konten (Zielkonten) bezeichnet man als Pooling. Pooling ist weitergehend als Netting, die Abwicklung konzerninterner Zahlungsströme über Verrechnungskonten mit Zahlungsausgleich von Spitzenbeträgen.

Lösung 9-3: F

Zu A: Der Finanzplan ist nicht für das gesamte Jahr taggenau, bestenfalls für einige Tage in der unmittelbaren Zukunft. Für die fernere Zukunft ist er in Wochen, Monate oder Quartale eingeteilt, für die nur die Periodenliquidität ermittelt wird. Er kann also nicht für alle Tage des Jahres die Momentanliquidität feststellen.

Zu B: Der Finanzplan soll die Liquidität sichern, die durch Ein- und Auszahlungen beeinflusst wird. Er kann sich deshalb nicht allein auf die Planung von Einzahlungen beschränken.

Zu C: Die Umsatzerlöse gemäß Plan-Gewinn-und-Verlust-Rechnung müssen nicht bar anfallen. Die geplanten baren Umsatzerlöse muss man für den Finanzplan erst aus den Planumsätzen errechnen beziehungsweise schätzen.

Zu D: Die Bezeichnung „rollierend" bedeutet unter anderem, dass der so gekennzeichnete Finanzplan immer eine etwa gleich lange Planperiode umfasst, diese also nicht immer kürzer wird.

Zu E: Im Grenzfall kann man vorübergehend aus Liquiditätsgründen Verlustgeschäfte vornehmen, wenn diese in der liquiditätsmäßig kritischen Zeit mehr Einzahlungen als Auszahlungen bewirken.

Lösung 9-4: A, C, D, E, F, G

Zu A: Die Vorräte erscheinen auf der Kapitalherkunftsseite, was für sie als Aktiva bedeutet, dass sie abgenommen haben müssen (A^-).

Zu B: Die langfristigen Verbindlichkeiten werden per Saldo aufgebaut, da auf der Kapitalherkunftseite Passivposten-Erhöhungen stehen (P^+).

Zu C: Die liquiden Mittel werden aufgebaut, weil sie als Aktiva auf der Kapitalverwendungsseite stehen (A^+). Es wird Kapital verwendet, um zum Beispiel den Kassenbestand aufzubauen.

Zu D: Da die Summe der Aktiva und Passiva in zwei aufeinanderfolgenden Jahren jeweils gleich hoch ist, ist auch die Differenz aus den Erhöhungen und Senkungen der Positionen je Bilanzseite gleich:

$$A^+ - A^- = P^+ - P^-$$

Setzt man die negativen Ausdrücke unter Vorzeichenumkehr auf die jeweils andere Seite, so ergibt sich, dass die beiden Seiten einer Bewegungsbilanz immer gleich sein müssen:

$$A^+ + P^- = P^+ + A^-$$

Zu E und F: Einzige Kapitalfreisetzung ist der Abbau der Vorräte, einziger Kapitalentzug der Abbau kurzfristiger Verbindlichkeiten.

Zu G: Kapitalbindung sind die Erhöhungen der Aktiva (79 T€ + 338 T€ + 1.289 T€).

Zu H: Die Höhe der Kapitalzuführungen (Passiva-Erhöhungen P^+) kann von der Höhe der Kapitalbindungen (Aktiva-Erhöhungen A^+) abweichen. Gemäß den Erläuterungen zu D gilt: Lediglich die Summe aus Kapitalzuführung (Passiva-Erhöhungen P^+) und -freisetzung (Aktiva-Senkungen A^-) ist zwingend gleich der Summe aus Kapitalbindung (Aktiva-Erhöhungen A^+) und -entzug (Passiva-Senkungen P^-).

Lösung 9-5: B, E

Zu A: Finanzmittelfonds sind eine Zusammenfassung bestimmter Aktiv- und Passiv-positionen.

Zu C bis E: Allein Buchungen zwischen Fondskonten einerseits und Gegenfonds-konten andererseits führen zu einer Veränderung des Fonds.

Lösung 9-6: C, D

Zu A: Die Einhaltung der goldenen Bilanzregel sichert nicht die Liquidität des Unternehmens, da sie nicht mit exakten Zahlen zu Einzahlungen und Auszahlungen arbeitet. Die Regel fußt auch alleine auf Bilanzpositionen. Bilanzierte Tatbestände sind aber nicht alleinige Auslöser von Ein- und Auszahlungen. Außerdem wird bei der goldenen Bilanzregel mit groben Einteilungen der Aktiva und Passiva gearbeitet, aus denen nicht ersichtlich ist, wann genau die Aktiva zu Einzahlungen führen oder die Passiva zu Auszahlungen.

Zu B: Der Leverage-Effekt führt immer nur dann zu einer Erhöhung der Eigenkapital-rentabilität, wenn die Gesamtkapitalrentabilität den Zins für das Fremdkapital übersteigt. Ist der Kapitalgewinn positiv, so kann der Zins trotzdem die Gesamtkapital-rentabilität übersteigen, sodass eine Erhöhung der Verschuldung der Rentabilität des Eigenkapitals schadet.

Zu E: Nach dem Modigliani/Miller-Modell ist die Gesamtkapitalrentabilität unabhängig von der Höhe des Verschuldungskoeffizienten durch Marktmechanismen immer unverändert, sodass es kein Minimum der Kurve der Gesamtkapitalkosten als Funktion des Verschuldungsgrads gibt.

Lösung 9-7: C

Kapitalgewinn (Gesamtkapital-Nettoertrag):

$$100.000 \ € \times 6 \ \% = 6.000 \ €$$

Vorher:

$$50 \ \% \ \text{Fremdkapital} = 50.000 \ €$$

Darauf entfallen 9 Prozent Zinsen, das sind 4.500 Euro, der Rest von 1.500 Euro bleibt für Eigenkapital:

$$1.500 \ € \ / \ 50.000 \ € = 3 \ \%$$

Nachher:

$$80 \ \% \ \text{Fremdkapital} = 80.000 \ €$$

Darauf entfallen 9 Prozent Zinsen, das sind 7.200 Euro, der Saldo von −1.200 Euro bleibt für Eigenkapital:

$$-1.200 \ € \ / \ 20.000 \ € = -6 \ \%$$

Es resultiert eine Verschlechterung um 3 Prozent + 6 Prozent = 9 Prozent.

Lösung 9-8: B

Zu A: Das Modell der Portfolio-Selektion nach Markowitz berücksichtigt die Rentabilität und das Risiko (verstanden als Volatilität = Standardabweichung der Werte der Anlageobjekte).

Zu C: Aus dem ideal diversifizierten Portfolio ist das allgemeine Marktrisiko nicht eliminiert. Eliminierbar ist nur das spezifische Risiko der Einzelanlagen.

Zu D: Die Übernahme des unvermeidlichen allgemeinen Marktrisikos wird nicht durch eine erhöhte Rendite vom Markt honoriert, sondern nur das spezifische Risiko einer speziellen Anlage.

Zu E: Ein Portfolio ist im Sinne von Markowitz dann effizient, wenn sich kein anderes Portfolio finden lässt, das bei gleichem Ertrag ein geringeres Risiko aufweist oder bei gleichem Risiko einen höheren Ertrag verspricht.

Lösung 9-9: C, E, H, I, J, M, N

Tabelle 10.14

Zu Lösung 9-9

Zu Frage ...	2006	2007	Kennzahl
A	159,4 %	152,7 %	Anlagedeckung (weit) [%]
A	55,6 %	54,8 %	Anlageintensität [%]
B	77,5 %	52,9 %	Liquidität 1. Grades [%]
C	521,0 %	541,0 %	Bilanzkurs [%]
C	566,0 %	596,0 %	korrigierter Bilanzkurs [%]
D	742	664	Net Working Capital [T€]
E	33,8 %	36,2 %	Selbstfinanzierungsgrad [%]
F	0,8	0,8	Gesamtkapitalumschlaghäufigkeit
G	12,1	11,1	Schuldentilgungsdauer [Jahre]
H	4,4 %	3,4 %	Finanzaufwandsquote [%]
I	1,1	1,3	jährliche Deckungsrelation
J	1,8 %	1,7 %	Return on Investment [%]
K	2,2 %	2,1 %	Umsatzrentabilität [%]
L	12,5	7,0	Umschlaghäufigkeit der Kreditoren
M	62	68	Umschlagdauer des Absatzlagers [Tage]
N	6,1 %	7,7 %	Investitionsquote [%]
N	72,7 %	71,4 %	Investitionsdeckung [%]
N	181,8 %	157,1 %	Investitionsfinanzierungskraft [%]

Literaturverzeichnis

Achleitner, Ann-Kristin: *Handbuch Investment Banking*, 2. Auflage, Wiesbaden 2000.

Becker, Raimund: *Buy-Outs in Deutschland – Handbuch für Manager, Consultants und Investoren*, Köln 2000.

Beike, Rolf/Potthoff, Andreas: *Optionsscheine*, 3. Auflage, München 2000.

Beike, Rolf/Schlütz, Johannes: *Finanznachrichten lesen – verstehen – nutzen*, 4. Auflage, Stuttgart 2005.

Beike, Rolf/Schlütz, Johannes: *Optionen Online*, Stuttgart 2000.

Beike, Rolf/Barkow, Andreas: *Risk-Management mit Finanzderivaten*, 3. Auflage, München/Wien 2003.

Berens, Wolfgang/Brauner, Hans U./Frodermann, Jürgen (Hrsg.): *Unternehmensentwicklung mit Finanzinvestoren*, Stuttgart 2005.

Bestmann, Uwe: *Finanz- und Börsenlexikon*, 5. Auflage, München 2007.

Betsch, Oskar/Groh, Alexander/Lohmann, Lutz: *Corporate Finance: Unternehmensbewertung, M&A und innovative Kapitalmarktfinanzierung*, 2. Auflage, München 2000.

Blattner, Peter: *Internationale Finanzierung*, München/Wien 1997.

Blohm, Hans/Lüder, Klaus: *Investition*, 9. Auflage, München 2006.

Boehm-Bezing, Philip von: *Eigenkapital für nicht börsennotierte Unternehmen durch Finanzintermediäre*, Hohenheim 1998.

Börner, Christoph J./Grichnik, Dietmar (Hrsg.): *Entrepreneurial Finance*, Heidelberg 2005.

Bösl, Konrad/Sommer, Michael (Hrsg.): *Mezzanine Finanzierung*, München 2006.

Breuer, Wolfgang/Schweizer, Thilo: *Gabler Lexikon Corporate Finance*, Wiesbaden 2003.

Brezski, Eberhard/Kinne, Konstanze: *Finanzmanagement und Rating kompakt*, Ulm 2004.

Bruns, Christoph/Meyer-Bulterdiek, Frieder: *Professionelles Portfoliomanagement*, Stuttgart 2003.

Burger, Klaus-Michael (Hrsg.): *Finanzinnovationen – Risiken und ihre Bewältigung*, Stuttgart 1989.

Burghof, Hans-Peter/Henke, Sabine/Rudolph, Bernd/Schönbucher, Philipp J./Sommer, Daniel (Hrsg.): *Kreditderivate. Handbuch für die Bank- und Anlagepraxis*, 2. Auflage, Stuttgart 2005.

Busack, Michael/Kaiser, Dieter G. (Hrsg.): *Handbuch Alternative Investments*, Bd. 1 und 2, Wiesbaden 2006.

Büschgen, Hans E.: *Internationales Finanzmanagement*, 3. Auflage, Frankfurt a.M. 1997.

Büschgen, Hans E.: *Das kleine Börsenlexikon*, 22. Auflage, Düsseldorf 2001.

Busse, Franz-Josef: *Grundlagen der betrieblichen Finanzwirtschaft*, 5. Auflage, München/Wien 2003.

Däumler, Klaus: *Betriebliche Finanzwirtschaft*, 8. Auflage, Herne/Berlin 2002.

Eilenberger, Guido: *Betriebliche Finanzwirtschaft*, 7. Auflage, München 2002.

Eling, Martin: *Hedgefonds-Strategien und ihre Performance*, Lohmar/Köln 2006.

Eller, Roland: *Alles über Finanzinnovationen*, München 1995.

Eller, Roland: *Festverzinsliche Wertpapiere*, Wiesbaden 1995.

Eller, Roland/Gruber, Walter/Reif, Markus (Hrsg.): *Handbuch Kreditrisikomodelle und Kreditderivate*, Stuttgart 1999.

Fahrholz, Bernd: *Neue Formen der Unternehmensfinanzierung. Unternehmensüber-nahmen, Big Ticket-Leasing und Projektfinanzierungen*, 3.A., Wiesbaden 2001.

Fano-Leszczynski, Ursula: *Hedgefonds für Einsteiger*, Heidelberg 2005.

Gebhardt, Günther/Gerke, Wolfgang/Steiner, Manfred (Hrsg.): *Handbuch des Finanz-managements*, München 1993.

Gehreth, Bettina: *Mezzanine-Finanzierung*, Bergisch Gladbach/Köln 1992.

Geisel, Barbara: *Eigenkapitalfinanzierung*, Wiesbaden 2004.

Gleißner, Werner/Füser, Karsten: *Leitfaden Rating*, 2. Auflage, München 2003.

Grunow, Hans-Werner G./Figgener, Stefanus: *Handbuch Moderne Unternehmensfinan-zierung*, Heidelberg 2006.

Guserl, Richard/Pernsteiner, Helmut (Hrsg.): *Handbuch Finanzmanagement in der Praxis*, Wiesbaden 2004.

Häger, Michael/Elkemann-Reusch, Manfred (Hrsg.): *Mezzanine Finanzierungsinstru-mente*, Berlin 2004.

Henking, Andreas/Bluhm, Christian/Fahrmeir, Ludwig: *Kreditrisikomessung*, Berlin/ Heidelberg 2006.

Heussinger, Werner H./Klein, Marc/Raum, Wolfgang: *Optionsscheine, Optionen und Futures*, Wiesbaden 2000.

Hielscher, Udo: *Investmentanalyse*, 3. Auflage, München/Wien 1999.

Hilpisch, Yves: *Kapitalmarktorientierte Unternehmensführung*, Wiesbaden 2005.

Hilpold, Claus/Kaiser, Dieter G.: *Alternative Investment-Strategien*, Weinheim 2005.

Hofmann, Gerhard (Hrsg.): *Basel II und MaK*, 2. Auflage, Frankfurt a.M. 2004.

Hull, John C.: *Optionen, Futures und andere Derivate*, 6. Auflage, München 2006.

Hundt, Irina/Neitz, Bernd/Grabau, Fritz-René: *Rating als Chance für kleine und mitt-lere Unternehmen*, München 2003.

Jesch, Thomas A.: *Private-Equity-Beteiligungen*, Wiesbaden 2004.

Kaplan, Robert S./Norton, David P.: *Balanced Scorecard-Strategie erfolgreich umsetzen*, Stuttgart 1997.

Keiner, Thomas: *Rating für den Mittelstand*, Frankfurt/New York 2001.

Kern, Marco: *Kreditderivate*, Wiesbaden 2003.

Kienbaum, Jochen/Börner, Christoph J.: *Neue Finanzierungswege für den Mittelstand*, Wiesbaden 2003.

Kralicek, Peter/Böhmdorfer, Florian/Kralicek, Günther: *Kennzahlen für Geschäftsführer*, 4. Auflage, Wien/Frankfurt 2001.

Kratzer, Jost/Kreuzmair, Benno: *Leasing in Theorie und Praxis: Leitfaden für Anbieter und Anwender*, Wiesbaden 2002.

Lamprecht, Marc B.: *Handbuch Risikokapital*, München 2000.

Larek, Emil: *Leasing, Factoring und Forfaitierung als Finanzierungssurrogate*, Köln 1999.

Lindtner, Armin: *Asset Backed Securities – ein Cash flow-Modell*, 2. Auflage, Sternenfels 2006.

Lippe, Gerhard/Esemann, Jörn/Tänzer, Thomas: *Das Wissen für Bankkaufleute*, 9. Auflage, Wiesbaden 2001.

Lutter, Marcus/Scheffler, Eberhard/Schneider, Uwe H. (Hrsg.): *Handbuch der Konzernfinanzierung*, Köln 1998.

Meyer, Claus: *Betriebswirtschaftliche Kennzahlen und Kennzahlen-Systeme*, 3. Auflage, Sternenfels 2006.

Müller-Möhl, Ernst: *Optionen und Futures*, 4. Auflage, Stuttgart 1999.

Nagel, Kurt/Stalder, Jürgen: *Rating*, München 2002.

Olfert, Klaus/Reichel, Christopher: *Finanzierung*, 13. Auflage, Ludwigshafen 2005.

Olfert, Klaus: *Finanzierung, 10.A.*, Ludwigshafen 1999.

Padberg, Carsten/Padberg, Thomas: *Grundzüge der Corporate Finance*, Berlin 2006.

Perridon, Louis/Steiner, Manfred: *Finanzwirtschaft der Unternehmung*, 14. Auflage, München 2007.

Pougin, Erwin: *Genussrechte*, Stuttgart 1987.

Prätsch, Joachim/Schikorra, Uwe/Ludwig, Eberhard: *Finanz-Management*, 2. Auflage, München/Wien 2003.

Prester, Melanie: *Exit-Strategien deutscher Venture Capital Gesellschaften*, Münster 2002.

Priermeier, Thomas: *Finanzrisikomanagement im Unternehmen*, München 2005.

Pümpin, Cuno/Pfister, Bernd/Ankli, Martin: *Der Private-Equity-Investor als Strategy-Coach*, Bern 2005.

Rödl, Bernd/Zinser, Thomas: *Going Public*, Frankfurt 2002.

Rudolph, Bernd/Schäfer, Klaus: *Derivative Finanzmarktinstrumente*, Berlin/Heidelberg/New York 2005.

Ruh, Sabine Theodore: *Hedgefonds für Einsteiger*, Weinheim 2005.

Schefczyk, Michael: *Finanzieren mit Venture Capital und Private Euqity*, 2. Auflage, Stuttgart 2006.

Schmidt, Martin: *Derivative Finanzinstrumente*, 3. Auflage, Stuttgart 2006.

Schmidt, Reinhard H./Terberger, Eva: *Grundzüge der Investitions- und Finanzierungstheorie*, 4. Auflage, Wiesbaden 1997 (Nachdrucke 2002 und 2003).

Schneider, Dieter: *Investition und Finanzierung*, 5. Auflage, Wiesbaden 1980.

Seifert, Werner G./Voth, Hans-Joachim: *Invasion der Heuschrecken*, Berlin 2006.

Stadler, Wilfried (Hrsg.): *Die neue Unternehmensfinanzierung*, Landsberg a. L. 2004.

Steiner, Manfred/Bruns, Christoph: *Wertpapiermanagement*, 8. Auflage, Stuttgart 2002.

Storck, Ekkehard: *Globale Drehscheibe Euromarkt*, 3. Auflage, München 2005.

Tacke, Helmut R.: *Leasing*, 3. Auflage, Stuttgart 1999.

Übelhör, Matthias/Warns, Christian: *Grundlagen der Finanzierung*, 3. Auflage, Heidenau 2004.

Uszczapowski, Igor: *Optionen und Futures verstehen*, 5. Auflage, München 2005.

Volkart, Rudolf: *Corporate Finance*, 2. Auflage, Zürich 2006.

Weitnauer, Wolfgang: *Management Buy-Out*, München 2003.

Werner, Horst S.: *Mezzanine-Kapital*, Köln 2004.

Werner, Horst S.: *Stilles Gesellschaftskapital und Genussrechtskapital*, 4. Auflage, Wolfratshausen 2004.

Wiedmann; Klaus-Peter/Heckemüller, Carsten (Hrsg.): *Ganzheitliches Corporate Finance Management*, Wiesbaden 2003.

Wöltje, Jörg: *Investitions- und Finanzmanagement*, Köln/Wien 2002.

Wolf, Birgit/Hill, Mark/Pfaue, Michael: *Strukturierte Finanzierungen: Projektfinanzierung – Buy-Out-Finanzierung – Asset-Backed-Strukturen*, Stuttgart 2003.

Wurm, Gregor/Ettmann, Bernd/Wolff, Karl: *Kompaktwissen Bankbetriebslehre*, 14. Auflage, Troisdorf 2006.

Register